主　编：多克辛

副主编：陈　纯　申进朝　申　剑　谢品华

成　员（以姓氏拼音为序）：

安国安　陈　静　李　昂　李洪亮　李　杰　李　雁　刘　赞
南淑清　彭国伟　彭　华　秦红伟　戎　征　邵丰收　史淑娟
王建英　王玲玲　王　琪　王维思　王　伟　王潇磊　王兴国
王　宣　王媛林　魏　杰　魏秀丽　吴丰成　邢梦林　熊　飚
徐广华　徐　晋　徐　泠　杨靖文　于　莉　张洪川　张　杰
张　军　赵乾杰　郑　瑶　朱泽军

各章节编写人员：

第一章：陈　纯　王　楠
第二章：陈　纯　彭　华　邢梦林　郑　瑶　王　楠
第三章：李　昂　戎　征　魏　杰　陈　纯　徐　晋　陈臻懿
第四章：吴丰成　王玲玲　陈　纯　杨靖文
第五章：魏秀丽　陈　纯　王潇磊　赵乾杰
第六章：李　杰　史淑娟　安国安　王媛林
第七章：陈　静　王　宣　陈　纯

审　　定：多克辛　谢品华
法律顾问：董黎光

大气灰霾追因与防治对策

——河南省大气灰霾污染专项研究成果

多克辛　编著

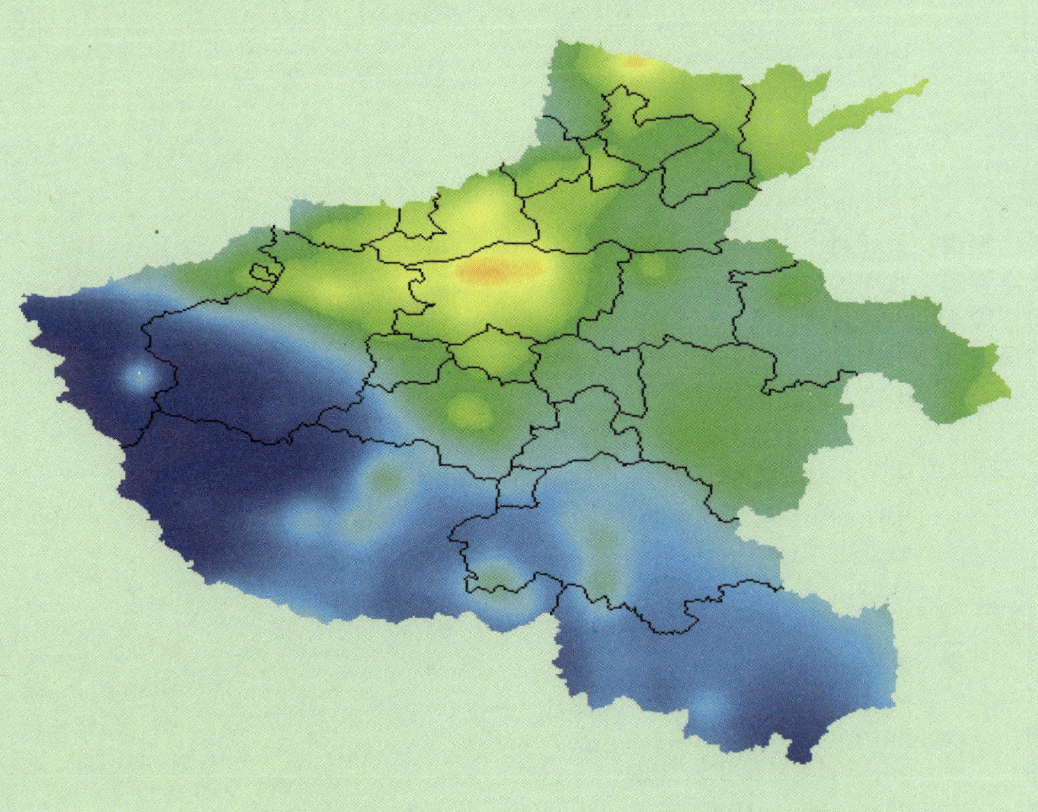

中国环境出版社・北京

图书在版编目（CIP）数据

大气灰霾追因与防治对策：河南省大气灰霾污染专项研究成果/多克辛编著. —北京：中国环境出版社，2016.3

ISBN 978-7-5111-2634-4

Ⅰ. ①大… Ⅱ. ①多… Ⅲ. ①空气污染控制—研究报告—河南省 Ⅳ. ①X510.6

中国版本图书馆 CIP 数据核字（2015）第 303976 号

出 版 人　王新程
责任编辑　孟亚莉
文字编辑　孔　锦
责任校对　尹　芳
封面设计　吴永信

出版发行　中国环境出版社
（100062　北京市东城区广渠门内大街 16 号）
网　　址：http：//www.cesp.com.cn
电子邮箱：bjgl@cesp.com.cn
联系电话：010-67112765（编辑管理部）
010-67112735（第一分社）
发行热线：010-67125803，010-67113405（传真）

印　　刷　北京中科印刷有限公司
经　　销　各地新华书店
版　　次　2016 年 3 月第 1 版
印　　次　2016 年 3 月第 1 次印刷
开　　本　787×1092　1/16
印　　张　24.75
字　　数　540 千字
定　　价　140.00 元

序

本书是河南省环境保护厅“河南省大气灰霾污染专项研究”的成果汇总。该项研究着眼于人民群众关注的热点问题——大气灰霾的成因、特征、影响及污染防治，由河南省环境监测中心牵头，中科院合肥物质科学研究院、中科院大气物理所协作，郑州、开封、洛阳、平顶山、安阳、信阳、周口七家环境监测站配合，共同完成这一研究工作。研究资料数据翔实，采用地面、激光雷达、卫星遥感监测等立体监测手段，运用污染物排放清单、$PM_{2.5}$源解析、大气质量数据模型等不同方法从多个角度对河南省大气灰霾的成因、特征及影响进行系统而深入的梳理，是国内首次在省级行政区域范围这一尺度上进行的灰霾系统研究。该研究提出了实施多种污染物$PM_{2.5}$、PM_{10}、SO_2、NO_2、NH_3的协同防治，针对能源结构调整、工业过程、扬尘、机动车、小散源及农业面源污染控制问题，提出了地区、行业的联防联控对策建议，有针对性和可操作性。以上这些研究成果既有突出的创新性又有实用性，为政府解决大气灰霾污染科学决策提供了有力的科技支撑，也为进一步的深入研究奠定了良好的基础。

将这一研究的成果整理出版，非常必要，本书对于国内以及国外从事相关工作的科研人员和管理人员有着重要的借鉴意义。同时也希望研究者再接再厉，继续开展大气灰霾的相关研究，为国家和政府解决大气污染问题贡献力量。

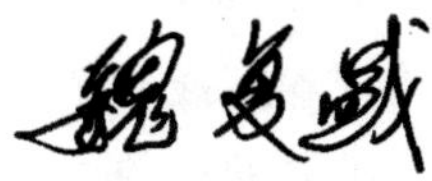

2015年11月

目　录

第 1 章
绪 论

1.1 立项背景

随着我国社会经济的高速、多元化发展，环境污染问题呈现出结构型、复合型、压缩型等特征，目前较为突出的环境空气复合污染问题主要是以灰霾、酸雨和臭氧污染为特征的区域性污染。尤其是 2013 年 1 月以来，我国中东部地区连续出现的灰霾污染引起了国内外的广泛关注，灰霾污染涉及范围广、污染程度重。2013 年 1 月 12—13 日发生的灰霾污染覆盖了我国整个中东部地区，1 月 29 日的污染区域面积更是超过 100 万 km^2，多个地区的能见度不足 500 m。区域性灰霾污染问题发生频率之高，影响范围之大，污染程度之重，在世界范围内都是少见的，严重威胁人民群众的身体健康和生态安全。这期间河南省也经历了大面积灰霾污染，其中郑州市更是连续呈现 $PM_{2.5}$ 的严重污染态势，日均浓度最高达 494 $\mu g/m^3$，PM_{10} 日均浓度最高达 936 $\mu g/m^3$，均超出标准限值 6 倍以上。大气污染形势十分严峻，大气灰霾污染防治已经刻不容缓。

河南省的大气环境问题近几年也呈现出显著的复合型污染的态势。在工业污染、机动车排放、建筑活动、生活面源等的共同作用下，河南省城市和区域环境空气中细粒子污染不断增高。以 2012 年 1 月 10 日环境保护部公布的重点城市空气质量日报为例：河南省 7 城市的污染数据均有不同程度加重，其中平顶山、郑州均为重度污染，在全国主要城市污染程度排名中，分居第二、第三位。而在全国公众参与的“2011 年国内外十大天气气候事件”中，河南省境内的秋季雾霾入选其中。2011 年上半年环境保护部发布的环境质量通报中，河南省半数省辖市空气污染严重，部分城市污染物浓度显著上升。

针对河南省大气灰霾污染的严峻形势，河南省环境保护厅向省委、省政府提交了开展河南省大气灰霾污染专项研究的请示；2013 年 2 月 25 日，主管省长批复了《河南省环境保护厅关于开展河南省大气灰霾污染专项研究的请示》，并要求“由省环保厅牵头抓紧开展工作”；3 月 21 日，省委、省政府主要领导就《习近平总书记等中央领导同志在中央统战部转呈的农工党中央〈关于积极应对区域灰霾污染的有关工作建议〉上的批示》提出，要“研究制定有效措施，及早实施”；4 月 2 日主管省长批复《河南省人民政府参事室关于加强大气灰霾污染防治、遏制大气环境质量持续恶化的建议》，要求“环保厅结合建议和河南实际，提出解决方案”。

按照批复要求，省环保厅立即成立了河南省大气灰霾污染专项领导小组，组织省环境监测中心拟订《河南省大气灰霾污染专项研究》工作方案，并于 2013 年 5 月 9 日邀请国内大气灰霾领域方面专家进行论证。工作方案共包含六大专题：大气灰霾污染现状评估；大气灰霾污染的遥感监测；主要大气污染源清单研究；大气灰霾源解析研究；区域大气复合污染的模拟研究；灰霾污染防治对策与建议。

按照省环保厅统一部署，确定省环境监测中心作为专项研究的技术牵头单位并承担专题一和专题六的具体研究任务，以竞争性谈判方式选定中科院安徽物质科学研究院（中科院安徽光机所）为技术协作单位以承担专题二～专题五的具体研究任务，同时充分发挥环保系统优势，遴选郑州、开封、洛阳、平顶山、安阳、信阳、周口七个省辖市环境监测站为技术辅助单位，具体负责人工样品采集。

1.2 项目依据

项目主要依据包括以下批示及技术文件：

1.《习近平总书记等中央领导同志在中央统战部转呈的农工党中央〈关于积极应对区域灰霾污染的有关工作建议〉上的批示》

2.《中华人民共和国环境保护法》（自 2015 年 1 月 1 日起施行）

3.《中华人民共和国大气污染防治法》（自 2016 年 1 月 1 日起施行）

4.《国务院大气污染防治十条措施》

5.《国家环境保护“十二五”规划》（国发[2011]42 号）

6.《国家环境监测“十二五”规划》，环境保护部，2011

7.《关于推进大气污染联防联控工作改善区域空气质量指导意见的通知》

8.《大气污染防治行动计划》（国发[2013]37 号）

9.《〈关于积极应对区域灰霾污染的有关工作建议〉上的批示》

10.《国务院关于加强环境保护重点工作的意见》（国发[2011]35 号）

11.《大气源解析技术指南》

12.《源清单编写指南》

13.《大气污染源优先控制分级技术指南》

14.《VOCs 排放量估算指南》

15.《城市 VOCs 监测技术指南》

16.《火电厂排放量计算指南》

17.《城市控制质量改善方案》

18.《环境空气质量标准》（GB 3095—2012）

19.《环境空气质量监测规范》（试行）

20.《空气污染气象条件预报等级标准》（气预函[2013]85 号）

21.《环境空气质量指数（AQI）技术规定（试行）》（HJ 633—2012）

22.《河南统计年鉴（2012 年）》

23.《河南环境统计（2013 年）》

24.《河南省污染源普查》

灰霾污染已经引起广大市民的高度重视和警惕，面对灰霾天气如何提出有针对性的防治对策，是当前急需解决的问题。目前，河南省对灰霾的研究还没有全面开展起来，更是还未深入到 $PM_{2.5}$。因此，需要对城市灰霾特别是细颗粒物（$PM_{2.5}$）进行基础性研究，以摸清污染的基本特征以及各因素对城市灰霾的影响。

1.3 大气灰霾定义及国内外研究现状

1.3.1 霾的定义及判识标准

“霾”是一种大气污染造成的能见度下降的大气现象；当大量细颗粒物浮游在空中时，由于大气中颗粒物细粒子对阳光的散射和吸收作用，导致大气能见度降低，天空看起来灰蒙蒙的，气象学把这一现象叫作“霾”。在中国气象局的《地面气象观测规范》中，霾的定义为：“大量极细微的干尘粒等均匀地浮游在空中，使水平能见度小于 10 km 的空气普遍有混浊现象，使远处光亮物微带黄、红色，使黑暗物微带蓝色”。我国大部分地区将受到人类活动显著影响的霾成为“灰霾”。

灰霾的判识标准，目前可依据的标准仅有气象行业标准《霾的观测和预报等级》。根据《霾的观测和预报等级》，能见度小于 10 km，排除降水、沙尘暴、扬沙、浮尘、烟幕、吹雪、雪暴等天气现象，相对湿度小于 80%时，可判识为霾；当相对湿度为 80%～95%时，根据地面气象观测规范的描述或表 1-1 进行判识，当超过限值时，可判识为霾。

表 1-1 霾的大气成分指标

指标	代码	限值	单位
直径小于 2.5 μm 的气溶胶质量浓度	$PM_{2.5}$	75	μg/m^3
直径小于 1 μm 的气溶胶质量浓度	PM_1	65	μg/m^3
气溶胶散射系数+气溶胶吸收系数	K_s+K_a	480	Mm^{-1}

在生活中，我们有时候称“霾”为“雾霾”，但实际上，雾和霾是有明显区别的。在气象学中，雾通常是指由大量悬浮在近地面空气中的微小水滴或冰晶组成的、能见度降低到 1 km 以内的自然现象。一般来讲，雾与霾的区别在于：①水分含量的大小：水分含量达到 90%以上一般是雾，水分含量低于 80%的是霾。水分含量在 80%～90%的，是雾和霾的混合物，但主要成分是霾；②能见度：如果目标物的水平能见度降低到 1 km 以内，就是雾；水平能见度在 1～10 km 的，称为轻雾或霭；水平能见度小于 10 km，且是灰尘颗粒

造成的，就是霾或灰霾；③厚度：雾的厚度只有几十米至 200 m，霾则有 1～3 km；④颜色：雾是乳白色、青白色，霾则是黄色、橙灰色；⑤边界：雾的边界很清晰，过了“雾区”可能就是晴空万里，但是霾与周围环境边界不明显。

随着城市大气污染的加剧，灰霾已经不再是一种简单的自然现象，城市的特殊自然条件及各类大气污染源对灰霾的形成具有举足轻重的意义。一般来讲，城市灰霾的形成有三方面因素。一是水平方向静风现象的增多。近年来随着城市建设的迅速发展，大楼越建越高，增大了地面摩擦系数，使风流经城区时明显减弱。静风现象增多，不利于大气污染物向城区外围扩展稀释，容易在城区内积累高浓度污染。二是垂直方向的逆温现象。逆温是指在一定条件下，对流层中出现的气温随高度增加而上升的现象。污染物在正常气候条件下，从气温高的低空向气温低的高空扩散，逐渐循环排放到大气中。但是逆温现象下，低空的气温反而更低，导致污染物不能及时扩散转移。三是气态污染物和悬浮颗粒物的增加，尤其是细颗粒物（$PM_{2.5}$）的增加。近年来，随着工业的发展，机动车数量的增多，污染物排放和城市悬浮物大量增加，直接导致能见度降低，使整个城市看起来灰蒙蒙的。

1.3.2 国外研究现状

国际上较早开始低能见度与灰霾天气的研究始于 20 世纪 60 年代，研究高潮以 1997 年美国大气清洁法案（CAA）的颁布及美国 IMPROVE 观测网的建立为主要标志。为保护公众健康，保证能见度不继续恶化，在法规和科学层面取得了一系列成果，相关文献回顾了美国现有的观测、建模、源排放方面的研究进展（Watson，2002）。IMPROVE 建立于 1988 年，Malm 介绍了该观测网的主要成果（Malm et al.，1994），由于该网络同时观测了消光系数和气溶胶细粒子成分谱（$PM_{2.5}$，离子成分、EOC、微量金属元素），因而给出了著名的 IMPROVE 公式，由成分谱反演消光系数，从而可以定量得出各成分的消光贡献并且考虑了吸湿增长，十分具有前瞻性。该研究的结果表明，美国大部分地区，硫酸盐对消光贡献最大，有机碳和沙尘粒子次之，黑炭最少。只有加利福尼亚州南部，硝酸盐是消光最大贡献者。另外，早在 1992 年就出现了论述二次气溶胶生成和传输的论文（Pandis et al.，1992），其后出现了碳气溶胶不同混合状态造成消光量变化的论文（Fuller et al.，1999）和气溶胶吸湿增长对散射影响的论文（Day et al.，2000）。

气象因素如相对湿度、风速、风向和大气混合高度在城区大气能见度的降低上起着重要的影响作用，先前研究（Chang，et al.，1999；Cheung et al.，2005；Lee et al.，2001；Tsai and Cheng，1999）总结出能见度与不同的天气气象条件之间的关系。在这些气象因素当中，风速和相对湿度被认为是影响能见度最主要的两个因素。在汉城（Tsai and Cheng，1999）的一次能见度研究当中，发现影响灰霾最主要的因素为：细颗粒物（$<2.98\ \mu m$）的浓度、细颗粒物中硫酸盐和硝酸盐的浓度以及相对湿度。有研究认为相对湿度能影响大气颗粒物的消光系数和散光系数，主要是因为颗粒物的粒径分布会随着相对湿度的改变而改变。一般来说，大气水分的含量随着相对湿度的增加而增加。硫酸铵、硝酸铵、氯化钠，

还有其他水溶性化合物的含量随着相对湿度的增加而增加，特别是当相对湿度超过 70%时更加明显。含有这些化合物的颗粒物粒径会随着这些化合物的吸湿而增大，所以当相对湿度超过 70%或小于 30%时，硫酸盐或硝酸盐对光线的消光贡献更大（Tang et al.，1993）。Senaraine 等研究奥克兰 2001 年霾天气与非霾天气大气粗颗粒和细颗粒中元素分布特征，鉴别了不同源中不同元素的富集因子，最后用因子分析讨论了霾天气可能存在的污染源，鉴别出 6 种可能源的分担率。Shoote 等利用多通道采样仪器分别采集 $PM_{2.5}$ 和 PM_{10} 等不同粒径的颗粒物，分析结果表明，奥克兰冬季容易形成灰霾主要原因：静风、汽车排放和家庭燃烧，主要污染源来自汽车排放、家庭燃烧，而春夏季大气里面的主要成分是海盐。苏门答腊岛、加里曼丹的霾是由于森林大火所产生的大量的烟尘所引起的。

国外学者还较早地对雾、灰霾的化学组成及气候特征进行了研究，其中 Kerr（1995）对由污染物质造成的灰霾气候制冷机制进行了研究；Malm 等（1992）对美国大陆性灰霾天气的时空演变进行了定量分析，并在此基础上对灰霾物质产生的源头进行了追踪和模拟；此外，国外学者在区域性霾现象对气候的影响（Sachweh et al.，1995），辐射雾的形成与城市气候的关系等方面，都作了较为系统、深入的研究。

1.3.3 国内研究现状

我国对灰霾的研究起步较晚，与国际先进水平差距至少有 20 年。20 世纪 80 年代，我国学者陆续开展了极富开拓性的大气气溶胶研究，这些工作直接促成了气溶胶专业委员会的诞生，早期研究的带头人包括苏维翰、顾闻周、林秉乐、车凤翔、徐立大和王明星等。这些早期研究为系统的区域灰霾研究奠定了坚实的基础。

2002 年 5 月，第 183 次香山科学会议以“可吸入颗粒物的形成机理和防治对策”为题专门讨论了大气颗粒物污染问题。魏复盛院士首先作了题为“空气细粒子（$PM_{2.5}$）的污染与危害”的主题综述报告，阐述了细颗粒的特性、细粒子的污染水平，以及对人体健康的危害，分析展望了相关研究工作的现状与未来发展。徐旭常院士作了题为“燃烧过程中 $PM_{2.5}$ 的生成及环境影响”的综述报告，指出我国城市大气中大量的 $PM_{2.5}$ 直接或间接地来自于燃烧过程。唐孝炎院士在题为“城市大气可吸入粒子的环境行为和影响”的评述报告中，重点从颗粒物的“质量—粒径—组分”方面以及其环境影响的“城市—区域—全球”角度论述了积极开展研究工作的重要性和在这两个方面可能的工作方向。

2002 年 12 月，为应对国际环境外交斗争的需要，由中国气象局、中国科学院、国家计委、科技部和外交部在北京联合主持召开“我国区域大气灰霾形成机制及其气候影响和预报预测研讨会”。在会上我国一些青年科学家提出了“灰霾”一词，以称呼由于人类活动增加导致的城市区域近地层大气的气溶胶污染导致能见度恶化现象。会议就我国主要由于各种人为和自然过程导致的大气气溶胶粒子增多而日益频发的大气混浊、能见度小于 10 km 的现象，即“大气灰霾”问题展开了研讨。会议还认识到当前有关灰霾关键组分对气候影响评价的不确定性很大，需要尽快建立有中国自主知识产权的灰霾天气及其重要组分的监测、预测、预报系统。

至此，我国的灰霾研究工作正式纳入了议程，此后我国对灰霾的研究逐年增加和深入。表 1-2 为 2002—2011 年题名为“灰霾”的研究的发文量统计。

表 1-2 2002—2011 年灰霾研究中文文献统计

年份	作者	篇数	主要内容
2002		0	
2003	吴兑	2	提出研究方向
2004	吴兑、刘爱君、刘攸弘等	5	灰霾识别气候分布警示
2005	吴兑、车慧正等	4	灰霾识别、光学特性
2006	吴兑、段菁春、钱公望等	10	能见度下降、灰霾天气、健康、单粒子
2007	吴兑、陈训来、张保安等	12	灰霾识别、数值试验
2008	傅家谟、张远航、吴兑等	21	二次气溶胶、复合污染、灰霾识别
2009	胡荣章、段菁春、范新强等	29	碳气溶胶、数值试验、气候分布
2010	范雪、波朱彤、潘鹄等	35	元素、非均相化学、激光雷达观测
2011	吴兑、牛红亚、洪也等	49	典型灰霾、微量元素、治理对策

可以看到，从 2003 年吴兑进行“珠江三角洲城市群区域大气灰霾形成机制及其预测预报控制方法研究”课题研究，并发表两篇论文以后，在正式发表中文刊物上灰霾文献逐渐增多。研究内容也从早期的灰霾定义、识别方法、气候特征，发展到近年的细粒子污染本质、粒子谱、离子成分、有机成分、碳成分、单颗粒物理化学特征、光学性质、遥感研究、有机气溶胶毒理学等多学科交叉内容。

1.3.4 灰霾污染与颗粒物的关系

经过十几年的发展，细颗粒物（$PM_{2.5}$）对灰霾污染和能见度降低具有很高贡献率已经作为一个定论被研究者所接受。

大量研究表明，从大气污染物来看，灰霾主要由人为污染源排放的一次颗粒物，以及这些一次颗粒物与污染气体反应生成的二次颗粒物共同作用引起的（图 1-1）。颗粒物是灰霾形成的根本原因，根据 Whitby 的三模态理论可以将颗粒物按照粒径及形成机制分为三类：①爱根核模态（Nuclei Mode Aerosol），粒径在 0.05 μm 以下，主要是由高温蒸汽凝结而成的原发性颗粒，这些颗粒在空气中不能稳定存在，易与其他颗粒发生互相凝聚，在大气中的平均滞留时间比较短；②积聚核模态（Accumulation ModeAerosol），粒径为 0.05～2 μm（及 $PM_{2.5}$），主要由爱根核模颗粒物相互凝聚以及大气中的挥发性气体物质经过化学反应转变成的低挥发性物质凝结而成，在大气环境中的平均滞留时间相对比较长，灰霾的发生与该模态颗粒物关系密切；③粗模态（Coarse-Particle Mode Aerosol），粒径在 2 μm 以上，主要由风扬颗粒以及海洋飞沫等形成，比较容易沉降，在大气中的平均滞留时间较短。

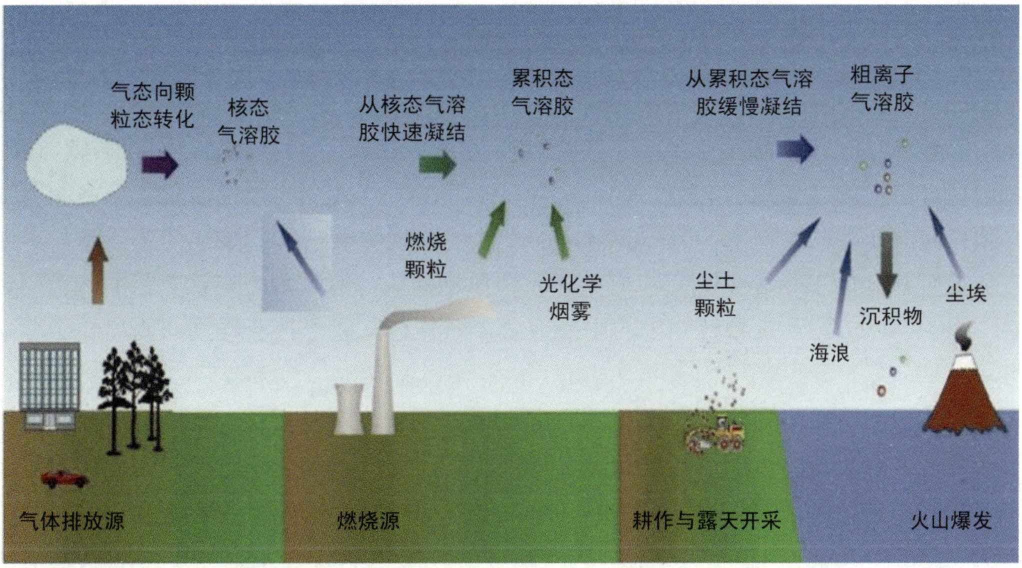

图 1-1 空气中颗粒物的来源及变化过程

同时，颗粒物尤其是 $PM_{2.5}$ 的散射、消光作用在空气能见度下降中占有主要地位。因为光的波长越接近颗粒物的波长，散射的强度越大。可见光的波长范围是 0.4～0.7 μm，大气颗粒物中粒径在该范围内的颗粒物比其他粒径段颗粒物对可见光的散射作用更强。大气颗粒物的浓度增加以及粒径分布是引起大气能见度下降的主要原因。

此外，颗粒物的化学组成（尤其是其中的二次水溶性成分）对颗粒物的消光作用的影响也比较大，因此有必要对颗粒物中的化学成分进行分析。目前所知的灰霾期间颗粒物的主要成分为硫酸盐、硝酸盐、铵盐、含碳颗粒（包括有机碳和元素碳：有机碳主要来自相对低温的燃烧过程和植物呼吸等，元素碳主要产生于高温燃烧过程）、重金属以及地壳物质等。

20 世纪 70 年代以来，国外的一些国家相继开展了与灰霾相关的研究。1980—1995 年美国城市灰霾的减少与城市空气中 $PM_{2.5}$ 浓度的降低以及硫排放的减少关系密切。美国西南部十几个气象站连续 25 年的能见度数据以及 10 年来空气污染浓度观测数据表明从 50—70 年代城市中良好能见度出现频率下降了 10%～30%，并且发现二次颗粒物对能见度的降低起着主导作用。Malm 等对美国大陆性灰霾天气的时空演变进行了定量分析，对灰霾期间颗粒物产生的源头进行了追踪和模拟，硫酸盐对能见度损伤的贡献最大，这些硫酸盐主要来自 SO_2 气体的排放，而煤燃烧的发电厂则是这些污染气体的主要来源。

Kang 等在研究韩国灰霾期间酸性气体与 $PM_{2.5}$ 的化学性质时发现，灰霾期间 $PM_{2.5}$ 质量浓度非常高，而且二次水溶性无机离子（SO_4^{2-}、NO_3^-、NH_4^+）和有机物是 $PM_{2.5}$ 的主要化学成分。Chen 等在研究大西洋中部夏季灰霾形成机制时也发现 SO_4^{2-} 对灰霾的形成起着非常重要的作用。Sisler 等对细颗粒成分进行了研究，提出高湿伴生的高浓度硫酸盐是影响能见度的最大因素，硝酸盐和有机物则是第二大影响因素。2002 年以后，国内很多学者也展开了有关城市灰霾天气污染的研究，特别是近些年来，对 $PM_{2.5}$ 研究更加深入细致。F.Yang 等研究了中国典型城市中 $PM_{2.5}$ 的化学组成，其中 SNA（Sulfate，Nitrate and Ammonium，7.1%～57%），有机物（17.7%～53%），地壳物质（7.1%～43%）和元素碳（1.3%～12.8%）是 $PM_{2.5}$ 的主要组成成分。Xinfeng Wang 等使用八级空气采样器采集济南灰霾过程中的颗粒物，分析颗粒物中 SO_4^{2-} 与 NO_3^- 的变化，发现硫酸盐和硝酸盐的生成与相对湿度的关系密切。Jihua Tan 等在研究广州灰霾天颗粒物的成分时发现，二次气溶胶成分（OC、SO_4^{2-}、NO_3^- 和 NH_4^+）是颗粒物中的主要成分，而且这些成分在灰霾期间明显高于非灰霾期间。

以上关于灰霾的研究均通过采集实际大气中的颗粒物，分析颗粒物的化学成分，结合气象因素等分析灰霾的可能形成机制。这些方法并不能分析灰霾期间颗粒物上二次气溶胶的生成机制，为了研究颗粒物上发生的二次化学反应过程，已有较多的研究通过实验室模拟来研究这些反应过程，现在大气二次细颗粒的形成机制已经是大气污染的研究热点。Janja Tursic 等通过实验室模拟研究灰霾条件下含 Mn 颗粒物在 SO_2 生成 SO_4^{2-} 的过程中的作用发现，含 Mn 颗粒的确在该过程中起到了促进硫酸盐生成的作用。现在国内外有许多学者开展了二次颗粒物生成方面的研究，比如，粒子是如何核聚与生长，有机酸可促进二次粒子形成，硫酸盐颗粒物在大气环境中的快速形成，异戊二烯光化学氧化形成 SOA，有机气溶胶的生长等。这些研究有助于从颗粒物上的化学反应过程来分析二次颗粒物的生成机制，为研究灰霾提供了更多的信息，同时也为治理和预防灰霾形成提供新的思路。

综上所述，灰霾的形成是一次颗粒物以及这些颗粒物与污染气体反应，生成的二次颗粒物在有限的大气容量下发生积聚导致空气能见度下降而引起的，而 $PM_{2.5}$ 对能见度的影响更加显著。因而对 $PM_{2.5}$ 开展更加深入系统的研究是提出更为科学有效的灰霾防治措施的必经之路。

第 2 章

河南省大气灰霾污染现状评估

河南省大气灰霾污染现状评估，一方面依托于河南省各地的空气自动站的监测数据，总结污染物的时空分布规律，并在此基础上对河南省环境空气质量进行整体评价；另一方面对河南省重点区域灰霾发生的频率和程度进行统计分析，总结灰霾发生规律。结合上述两方面研究成果，对灰霾与环境空气质量的相关性展开研究，明确河南省灰霾的主要影响因素，为后续的源清单、源解析，特别是灰霾的预警预报提供相关数据支撑和研究思路。

2.1 河南省基本情况

2.1.1 地理特征

河南省处于中国中部偏东，面积为 16.7 万 km^2。地势西高东低，北、西、南三面分别由太行山、伏牛山、桐柏、大别山环绕，间有断陷盆地，东部为宽阔的平原。其中山地和丘陵占全省总面积的 44.3%，平原占 55.7%。全省地貌大致由豫北、豫西、豫南山地和黄淮海平原、南阳盆地五个分区组成（图 2-1）。

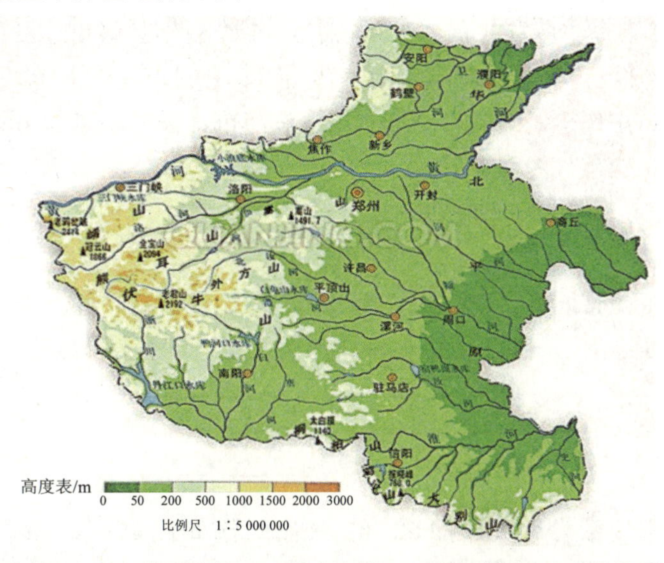

A 豫北山地；B、C 豫西山地；D 豫南山地；E 南阳盆地；F 黄淮海平原

图 2-1 河南省地貌分区

豫北山地位于黄河以北，是向东南凸出的弧形山脉，为海拔 1 000～1 500 m 的单面山。山地东西两侧地形显著不同：西北坡和缓，逐渐倾入山西高原；东南坡险峻，陡落于黄河冲积平原。山前有海拔 300～400 m 的丘陵；山间多小型盆地，较大的有林县、沁阳等盆地。

豫西山地位于黄河以南、南阳盆地以北，是秦岭山脉向东延续的 4 支余脉。它在河南省西部呈扇形向东北和东南展开，构成面积广大的豫西山地。山地海拔在 1 000～2 000 m，部分山峰超过 2 000 m，山脉向东逐渐降低、分散，形成低山丘陵。南支伏牛山脉呈西北—东南走向环绕于南阳盆地北侧；中间两支为熊耳山和外方山；北支小秦岭为河南最高山脉，主峰老鸦岔，海拔 2 413.8 m。

豫南山地包括桐柏、大别山脉，自西北向东南延伸，横亘于豫、鄂、皖边境。其中东部的大别山以低山为主，一般山势低缓，山体较破碎；西部的桐柏山脉山势也较低，海拔约 800 m，主要由低山丘陵组成；山地中分布有一些小盆地。它们共同构成了长江与淮河的分水岭。

黄淮海平原位于河南省东部，是中国黄淮海大平原的重要组成部分。黄河以南，平原略向东南倾斜；黄河以北，平原略向东北倾斜。平原高度多在海拔 100 m 以下，东部降至 50 m 左右，南部沿淮河一带的一些地方海拔在 30 m 上下，是省内最低处。整个平原地势平坦、土层深厚，地下水丰富，为河南省的主要农业区。南阳盆地也称南阳平原，为省内伏牛山、桐柏山和湖北省的武当山所环抱。盆地地势平坦，北高南低，海拔 80～150 m，土壤肥沃，是河南省的重要农业生产基地之一。

2.1.2 行政区划

截至 2014 年年底，全省共有 17 个省辖市、1 个省辖县级市（济源）、21 个县级市、87 个县、50 个市辖区。其中省辖市包括：郑州市、开封市、洛阳市、平顶山市、安阳市、鹤壁市、新乡市、焦作市、濮阳市、许昌市、漯河市、三门峡市、南阳市、商丘市、信阳市、周口市、驻马店市（图 2-2）。

2.1.3 气候与气象特征

河南省地处亚热带北界，光、热、水气候资源比较丰富，过渡带气候特征明显，兼有南、北两方的气候特色。一般特点是冬季寒冷雨雪少，春季干旱风沙多，夏季炎热雨丰沛，秋季晴和日照足。

2.1.3.1 光照

省内各地日照时数为 2 000～2 600 h。在空间分布上具有东北多西南少，平原多山区少的特点：豫东北、北部、商丘等地，年日照多于 2 500 h，其中南乐一带，超过 2 600 h，是全省光照最充足的地方；西南和南部大别山区是全省日照最少的地区，全年日照不足

2 000 h。在时间分布上，各地均以夏季日照充足，春、秋次之，冬季最差。

图 2-2 河南省行政区划

各地日照百分率为 49%～58%，分布规律与日照数完全一致。

河南各地年太阳辐射量 4 400～5 200 MJ/m^2，4 800 MJ/m^2 等值线位于卢化—宝丰—郾城—郸城一线。太阳辐射量的年变化，具有夏季大，冬季小，春季居中，春季大于秋季的特点。

2.1.3.2 气温

大部分地区年平均气温 13～15℃，日平均气温稳定通过 10℃，活动积温 4 200～4 900℃，无霜期 190～230 d，可以满足一般作物两年三熟或一年两熟的生长需要。伏牛山—淮河干流一线为亚热带北界。其南部地区属亚热带气候，1 月平均气温 0℃以上，7 月气温 28℃左右，年平均气温 15℃，≥10℃积温 4 700～5 000℃，持续期 220 d 以上。越冬作物生长基本上无生理冻害。亚热带并界以北，属暖温带气候，范围广大，地形复杂，气温东高西低。西部山区年平均气温 12℃左右，是全热量最少的地区，≥10℃积温 3 500～3 700℃，持续期 190 d 左右。其他地区年平均气温 14℃左右，≥10℃积温 4 300～4 700℃，持续期 210 d 左右。

2.1.3.3 降水

年平均降水量 600～1 200 mm，自西北向东南递增。少雨区位于伊、洛、卫河沿岸一带，不足 600 mm；多雨区在淮南，1 000 mm 以上。河南雨水集中于夏季。夏季占全年雨量的比例：淮南占 45%～50%，黄淮间占 50%～60%，豫北占 60%以上。4—9 月雨量占全年雨量的 80%～90%，与当时的光、温条件相匹配，对农业生产非常有利。影响雨水的季风各年强度不一，雨量年际悬殊甚大，多时可超过年平均雨量的 50%，甚至 1 倍、数倍；少时只及年平均雨量的 1/2，甚至 1/4。这种极端情况对农业又产生一些不利影响。

2.1.3.4 气压与风

河南年平均气压 930～1 010 hPa，随着地势的升高，大气压力渐小。豫西伏牛山腹地低于 930 hPa；豫东平原区为 1 010 hPa。气压系统有季节性变化，呈大陆型。冬季 12 月或 1 月气压最高，夏季 7 月气压最低。自 1 月起，各地气压普遍下降，豫西山区 6 月下降最快，其他地区 4 月下降最快。7 月最低。然后升高，8 月、9 月升高幅度较大。

河南一年内风向变化较大，冬季偏北，夏季偏南，春、秋季风向多变。这是基本趋势。但是山脉、河谷、盆地对季节环流有所影响，形成地方性风，使各地主导风向与总趋势有所不同。例如：三门峡市多东风，新安多西风，南召多东南风，方域多东北风，林县、嵩县和灵宝全年以静风为主。

河南省年平均风速为 1.6～3.5 m/s。京广铁路以东平原区多在 3 m/s 以上。滑县、延津、长垣、兰考均为 3.5～3.7 m/s；方城、渑池为 3.3 m/s；鸡公山为 4.6 m/s，嵩山 5.5 m/s 是全省之冠；京广铁路以西的林县、灵宝、洛宁、嵩县、卢氏、栾川风速 1.6～1.8 m/s，为全省风速最小区。其余多在 2～3 m/s。风速的季节变化明显，年平均风速春季最大，冬季次之，夏季较小，秋季最小。各季的平均风速极大值均出现在海拔 1 178.4 m 处的嵩山。冬季最小值多在环境闭塞、气流受阻的山间盆地。

2.1.3.5 空气湿度

全省绝对湿度为 11～16 hPa。淮南绝对湿度 15 hPa，是省内高值区，林县、焦作、三门峡、栾川、西峡一线以西，不足 12 hPa，为省内低值区。嵩山 9.4 hPa，是全省绝对湿度最低值。其他地区 12～15 hPa。一年中绝对湿度夏季最大，秋季次之，春季较小，冬季最小。冬、夏两季的较差北大南小。信阳绝对湿度 7 月是 1 月的 5.88 倍；安阳达到 8.53 倍。绝对湿度 3—7 月急剧上升，8—12 月逐渐下降；7 月各地是 25～30 hPa，1 月为 3.0～5.5 hPa。

年平均相对湿度，自东南部的 75%降至西北部的 65%。淮南在 75%以上，三门峡不足 60%。相对湿度，夏季最大，春，初次之，冬季最小（豫北北部为春季最小）。最小相对湿度 0～10%。淮南南部 7%～10%，淮河两岸及南阳盆地 3%～5%，其他不足 3%。最小相对湿度为零者，各地都有出现，洛阳地区较普遍。

2.1.4　工业类型和工业布局

河南省工业门类丰富，以较为优越的矿产资源为依托的能源、原材料工业和以农业资源为依托的食品、纺织、机械工业在全国占重要位置。工业品产量居全国前列的主要有原煤、原油、发电量、水泥、农用化肥、平板玻璃、小型拖拉机、棉纱、布、卷烟、有色金属加工业，特别是铝加工业在全国占重要位置，氧化铝供应量占全国一半以上，铝、铅、白银产量均列全国首位。

20 世纪 90 年代以来，河南省工业发展呈持续上升趋势，规模以上工业企业的经济效益也大幅度提高。图 2-3 显示了近十年河南省工业增加值的变化，可以看到，近十年河南省重工业和轻工业增加值增长迅速，2013 年底工业增加总值、轻工业增加值、重工业增加值分别达到 13 986.51 亿元、4 595.82 亿元、9 390.7 亿元，分别同比增加了 10.5%、14.9% 和 8.5%，和 2002 年相比，约增长了 10 倍。

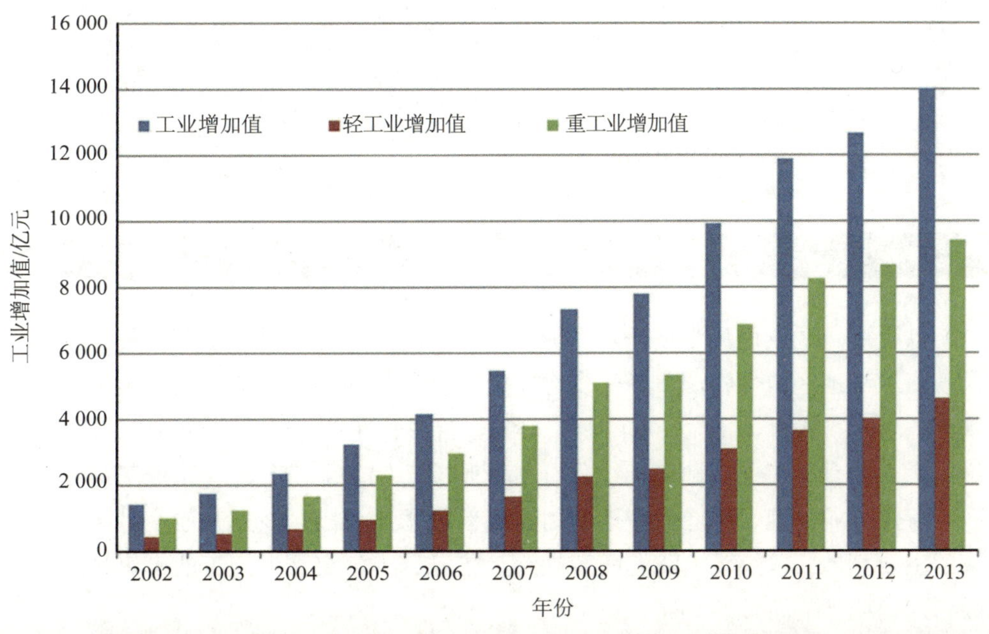

图 2-3　近十年河南省规模以上工业增加值

工矿业是河南省工业产业的核心，河南省工业企业的布局主要依托于工矿业分布。图 2-4 显示了工矿业的分布图，结合该图，可以看到目前河南工业布局有以下特点。

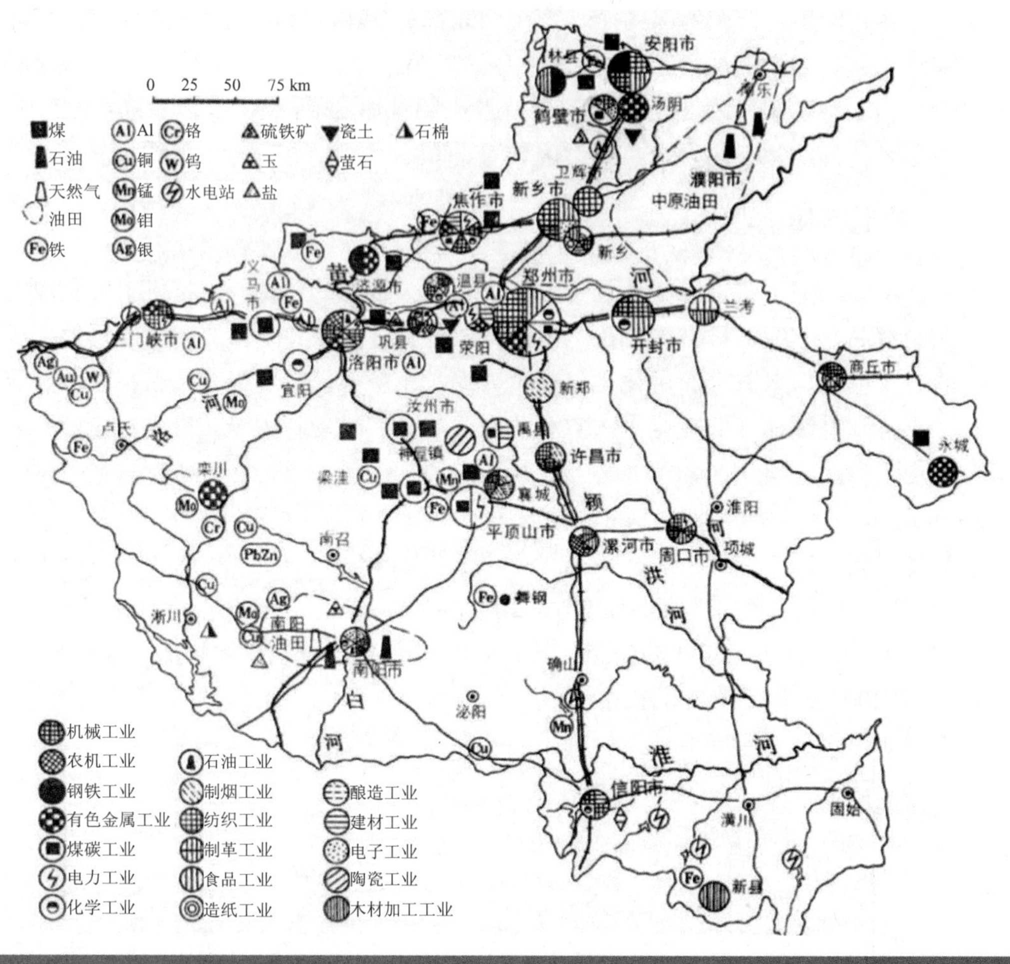

图 2-4 河南省主要工矿业分布

（1）以交通、区位优势为依托，形成了京广、陇海、焦枝沿线工业聚集带。京广、陇海两大铁路沿线地区自然资源、经济资源丰富，已成为河南工业的两大发展轴，沿两大轴线的郑州、洛阳、开封、商丘、三门峡、安阳、新乡、许昌、漯河、驻马店、信阳等城市，集聚着河南省的食品工业基地、棉纺化纤工业基地、铝工业带、煤炭工业基地、电子工业聚集区、石化工业基地、制造业基地和国家高新技术产业园区及郑州航空港区等，是河南工业化的主要基地。以京广、陇海两大铁路为依托、十字交叉形的工业密集带的地区工业布局成为河南明显的工业布局特征。

（2）以矿产资源、农副产品资源为依托，形成了资源指向型工业区。矿产资源是整个中部地区，尤其是河南的主要资源优势和现有工业布局的形成原因之一，在煤炭资源的开采地形成了平顶山、郑州、焦作、鹤壁、义马、永城六大煤炭工业基地，在煤炭和铝土资源丰富的京广线以西黄河两岸地区和豫东商丘地区形成了豫北、豫西、豫中、豫东四大铝工业带，在石油蕴藏丰富的东濮凹陷区和南阳盆地形成了中原油田、河南油田两大石油天然气开采基地和濮阳、洛阳、南阳三大石化工业基地。

（3）由于自然资源及经济发展水平不同，形成了“西重东轻、西高东低”的工业布局状况。京广线及京广线以西及豫北地区工业结构明显重型化，集中了河南省大部分的能源、原材料工业和机械工业，而京广线以东的豫东、豫东南地区则以农副产品原料加工为主，呈现出轻型工业结构特征。

（4）河南具有典型的初级、中间产品多，技术含量高、附加值大的最终产品少的工业布局特征。例如，河南省以生产中间产品为主的中间投入型工业，主要包括冶金、建材、石油化学、纺织、造纸、印刷等行业和机械装备工业，占全省工业总产值近 60%。

（5）装备工业和高新技术产业相对集中在郑州、洛阳等资金、技术、人才条件较好的地区。

在工业布局的交通指向和资源指向的影响下，河南省工业分布的地域性差异较大，表 2-1 分别显示了河南省各市规模以上工业单位数量和工业增加值。

表 2-1 河南省各市规模以上工业单位数及工业增加值

市（县）	单位数/个	轻工业增加值/亿元	重工业增加值/亿元
郑州市	2 736	473.43	1 999.97
开封市	1 254	210.86	249.57
洛阳市	1 770	236.78	1 113.23
平顶山市	799	108.00	575.50
安阳	937	199.42	572.65
鹤壁	555	129.24	261.03
新乡	1 243	312.00	485.70
焦作	1 211	339.20	647.60
濮阳	875	275.10	368.60
许昌	1 433	364.41	695.64
漯河	599	364.40	123.70
三门峡	637	44.60	639.00
南阳	1 568	351.35	528.58
商丘	979	244.77	294.73
信阳	1 154	193.40	227.10
周口	1 128	461.21	211.69
驻马店	1 476	260.06	229.86
济源	227	30.47	264.54

河南省 18 个地市规模以上工业单位数在 227～2 736 个，最少的为济源，最多的为郑州，排名前七位的依次为郑州、洛阳、南阳、驻马店、许昌、开封、新乡；轻工业增加值在 30.47 亿～473.43 亿元，最高为郑州，最低为济源，排名前七位依次为郑州、周口、许昌、漯河、南阳、焦作、新乡；重工业增加值在 123.7 亿～1 999.97 亿元，最高为郑州，

最低为漯河，排名前七位依次为郑州、洛阳、许昌、焦作、三门峡、平顶山、安阳。

2.1.5 能源结构

河南省能源由煤炭、石油、天然气和水电四部分构成。表 2-2 显示了河南省能源消耗总量及其构成。

表 2-2 河南省能源消耗总量及构成（2004—2013）

年份	能源消耗总量（折标煤）/万 t	原煤/%	原油/%	天然气/%	水电/%
2004	13 074	86.6	9.2	2.0	2.2
2005	14 625	87.2	8.7	2.2	1.9
2006	16 234	87.4	8.0	2.5	2.1
2007	17 838	87.7	7.9	2.5	1.9
2008	18 976	87.2	8.0	2.6	2.2
2009	19 751	87.0	7.9	2.8	2.3
2010	21 438	84.3	9.0	3.0	3.7
2011	23 061	83.5	9.8	3.3	3.4
2012	23 647	80.2	10.3	4.2	5.3
2013	24 756	80.8	11.3	4.3	3.6

能源消耗总量呈逐年升高的趋势；消耗总量构成中，原煤所占比重在 2010 年以前基本维持在 87%左右，2010 年后逐年降低；原油所占比重先降低后升高，天然气和水电占比逐渐升高。2010 年后，原煤占比出现较大程度的下滑，这是由于 2011 年起煤炭开采和洗选行业单位数量大量减少（2011 年该行业有 633 家企业，而 2012 年为 488 家），这可能和近几年的环保政策有关。

煤炭在河南省能源结构中占绝对优势，虽然近几年煤炭生产和消耗水平明显放缓甚至下滑，但仍然在生产和消耗总量中占比 80%以上。作为人类社会最主要的能源之一，煤炭被称为“工业的食粮”，在大多数工业部门都有广泛应用。

煤炭、电力、冶金、有色、化工、建材为煤炭消费的主要工业部门，煤炭和电力部门用煤量最大，2013 年分别占到全省原煤消耗总量的 36.2%和 37.1%。

能源结构中第二大能源——原油的消耗则几乎完全集中在石油石化部门，2013 年全省原油消耗总量为 893.82 万 t，石油石化部门为 893.38 万 t，占到 99.95%。轻工、机械和煤炭部门也有少量应用。

能源消费的地区差异较大，消费情况和能源的分布情况有较强的相关性。煤炭消费量较大的市有平顶山、郑州、洛阳、商丘、鹤壁、三门峡、焦作，占全省原煤消费量比重均在 5%以上；原油消费主要集中在洛阳、濮阳、南阳，三个地级市占比达到 99.95%，郑州、许昌、漯河、商丘有少量应用。

2.2 河南省环境空气污染现状

本节主要对河南省的 4 种大气常规监测污染物（PM_{10}、$PM_{2.5}$、SO_2、NO_2）的时间、地域以及垂直分布特征进行分析，采用的数据主要来自河南省 18 个地市的国控空气自动站，并采用地基、遥感手段辅助解释与验证。

2.2.1 环境空气污染物的地域分布特征

2.2.1.1 可吸入颗粒物 PM_{10}

图 2-5 显示了 2014 年河南省 18 个省辖市可吸入颗粒物 PM_{10} 的年均浓度及最大和最小日均浓度，图中红线为《环境空气质量标准》（GB 3095—2012）规定的 PM_{10} 的二级年平均浓度限值。

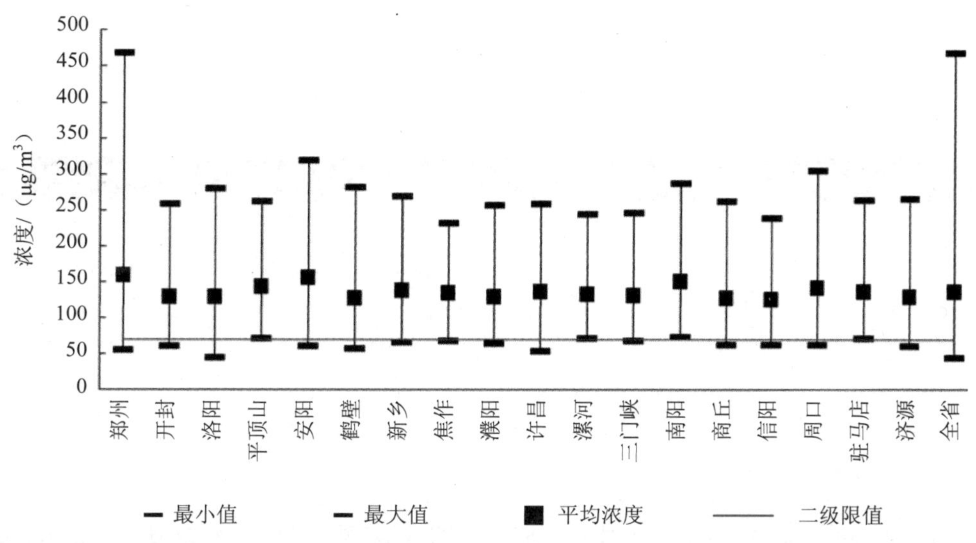

图 2-5 河南省各城市 PM_{10} 年均浓度（2014 年）

可以看到，河南省 18 个省辖市 PM_{10} 年均浓度值在 125～158 μg/m³，全省均值为 136 μg/m³。18 个省辖市年均浓度均超二级标准（70 μg/m³），按从低到高的顺序依次为信阳、商丘、鹤壁、濮阳、开封、洛阳、济源、三门峡、漯河、焦作、许昌、驻马店、新乡、周口、平顶山、南阳、安阳、郑州。

2.2.1.2 细颗粒物 $PM_{2.5}$

图 2-6 显示了 2014 年河南省 18 个省辖市细颗粒物 $PM_{2.5}$ 的年均浓度及最大和最小日

均浓度，图中红线为《环境空气质量标准》（GB 3095—2012）规定的 $PM_{2.5}$ 的二级年平均浓度限值。

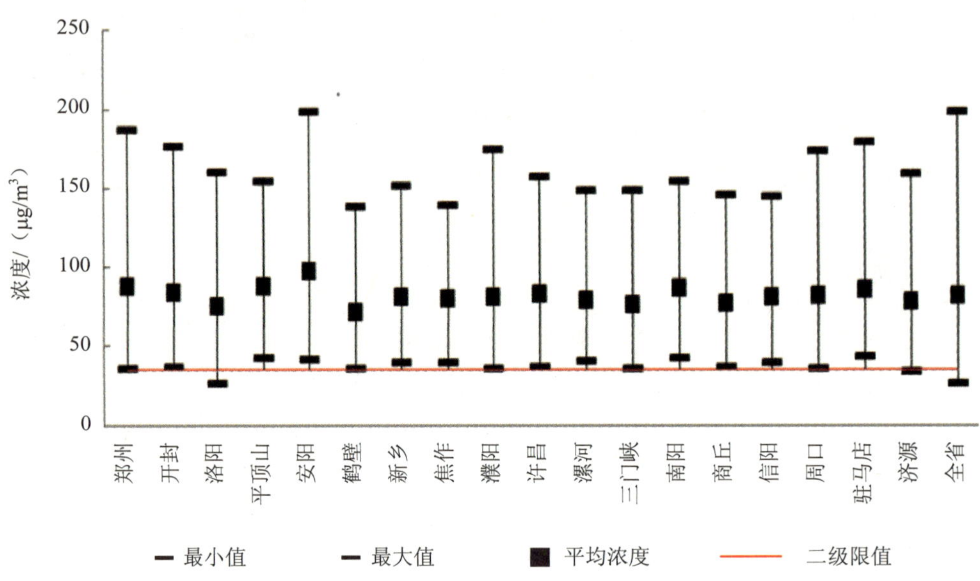

图 2-6　河南省各城市 $PM_{2.5}$ 年均浓度（2014 年）

可以看到，河南省 18 个省辖市 $PM_{2.5}$ 年均浓度值在 71～97 μg/m³，全省均值为 82 μg/m³。18 个城市年均浓度均超二级标准（35 μg/m³），按从低到高的顺序依次为鹤壁、洛阳、三门峡、商丘、济源、漯河、焦作、新乡、濮阳、信阳、周口、许昌、开封、驻马店、南阳、郑州、平顶山、安阳。

2.2.1.3　二氧化硫

图 2-7 显示了 2014 年河南省 18 个省辖市 SO_2 的年均浓度及最大和最小日均浓度，图中红线为《环境空气质量标准》（GB 3095—2012）规定的 SO_2 的二级年均浓度限值，绿线为一级限值。

河南省 18 个省辖市年均浓度值在 29～68 μg/m³，全省均值为 47 μg/m³。18 个城市中，年均浓度超一级标准（20 μg/m³）但达到二级标准（60 μg/m³）的省辖市共有 16 个，按浓度由低到高排序依次为南阳、信阳、商丘、开封、周口、许昌、濮阳、郑州、洛阳、驻马店、漯河、平顶山、三门峡、安阳、鹤壁、新乡，浓度年均值超二级标准的省辖市（浓度由低到高排序）依次为焦作、济源 2 个城市。相较于颗粒物，SO_2 年均值超标率不高，表明在“十二五”污染物削减目标的控制下，SO_2 排放量得到了较为显著的控制。

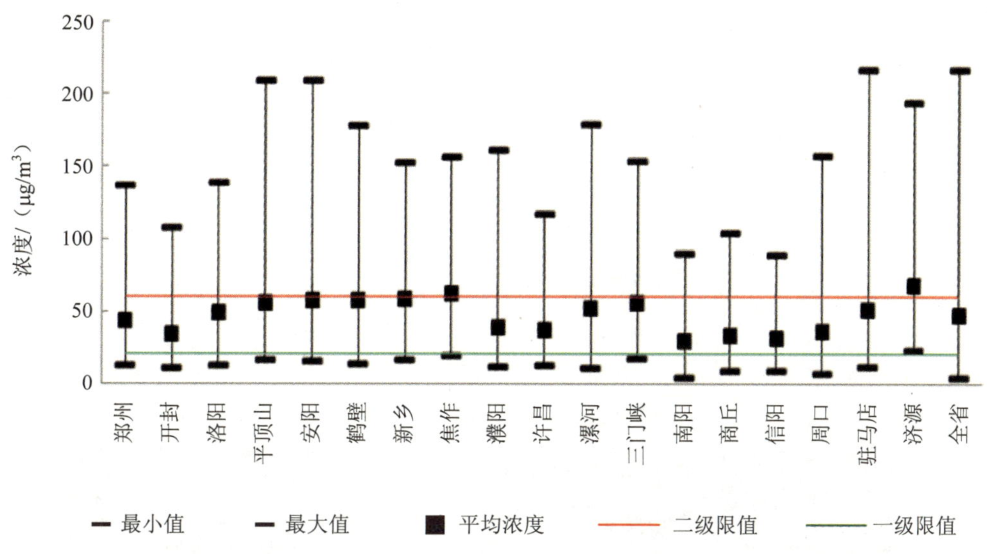

图 2-7　河南省各城市 SO_2 年均浓度（2014 年）

2.2.1.4　二氧化氮

图 2-8 显示了 2014 年河南省 18 个省辖市 NO_2 的年均浓度及最大和最小日均浓度，图中红线为《环境空气质量标准》（GB 3095—2012）规定的 NO_2 的年均浓度限值（一级和二级相同）。

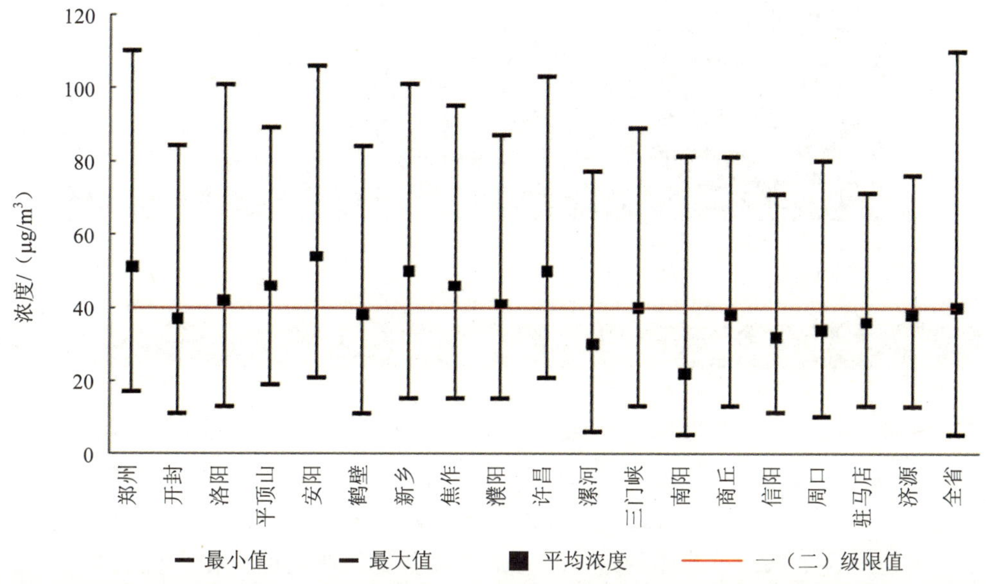

图 2-8　河南省各城市 NO_2 年均浓度（2014 年）

河南省 18 个省辖市 NO_2 年均浓度值在 22～54 μg/m³，全省均值为 40 μg/m³，与 NO_2 的年均浓度限值（40 μg/m³）持平。18 个城市中，年均浓度未超限值的城市（浓度由低到高排序）依次为南阳、漯河、信阳、周口、驻马店、开封、鹤壁、商丘、济源、三门峡 10 个城市，浓度年均值超限值的城市（浓度由低到高排序）依次为濮阳、洛阳、平顶山、焦作、新乡、许昌、郑州、安阳 8 个城市。

对 NO_2 的监测，除了上述的地面监测外，本书还采用了 OMI 数据对河南省 NO_2 的空间分布特征做出分析，并与地面监测站点分析所得出的结论相互对比验证。

采用的数据为 2011—2014 年每日 OMI NO_2 柱浓度数据平均后得到的 2011—2014 年河南省非采暖季 NO_2 空间分布，平均时间为每年的 5—9 月，得到结果如图 2-9 所示。

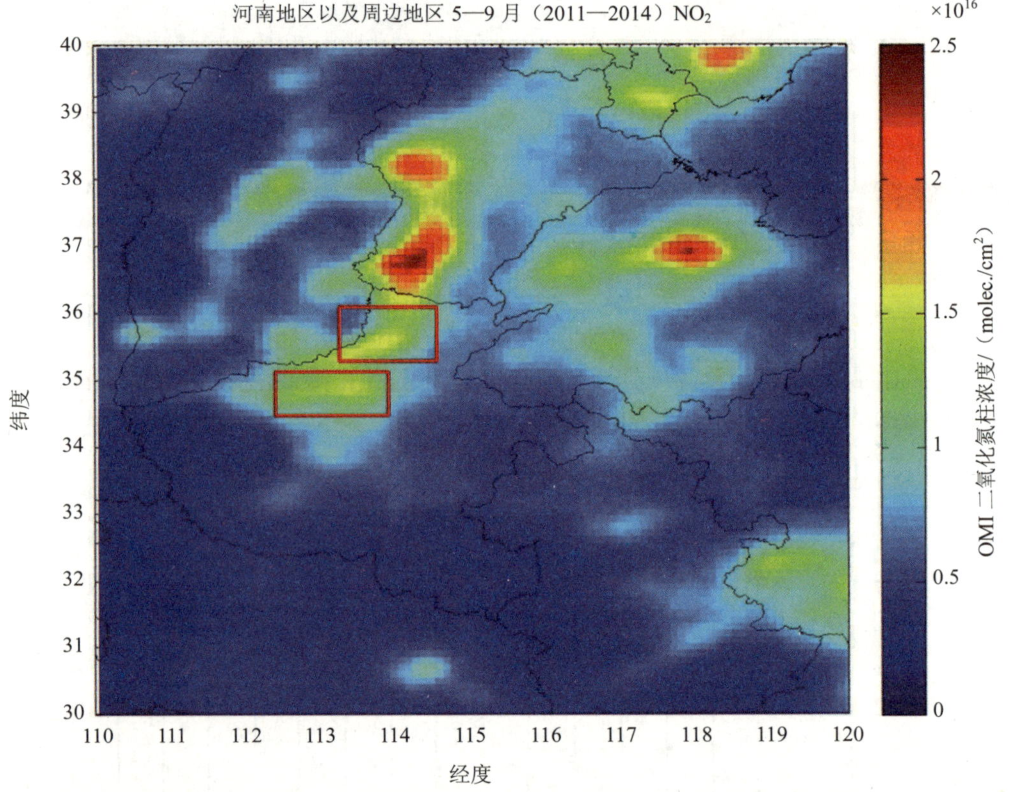

图 2-9　河南省及周边地区 NO_2 的分布（2011—2014 年）

图 2-9 显示，河南 NO_2 地域分布差异明显，高 NO_2 区域集中分布在河南的北部以及东北地区，且东北部与河北接壤处呈现 NO_2 连接分布。同时河南省北部出现两个“NO_2 带状分布”，其中一条沿着太行山脉南侧，覆盖安阳—鹤壁—新乡—焦作—济源等地；另一条沿着黄河流域，覆盖郑州—洛阳等地。两条带状分布与地理位置（太行山南侧，黄河流域）有关外，还与当地的产业结构有关。

卫星遥感监测结论与地面监测所得到的结论基本吻合。

2.2.2 环境空气污染物的时间分布特征

2.2.2.1 可吸入颗粒物 PM_{10}

图 2-10（a）、（b）分别显示了河南省 PM_{10} 的月均浓度和季均浓度。

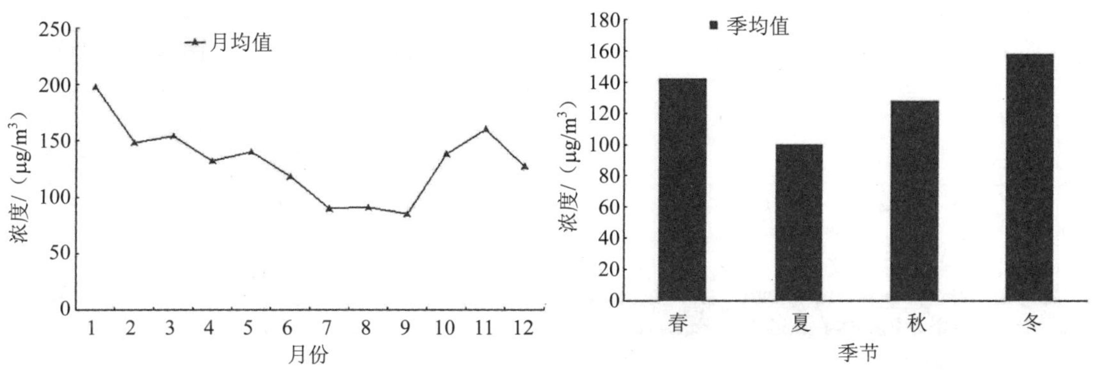

图 2-10（a） 河南省 PM_{10} 月均浓度（2014 年）　图 2-10（b） 河南省 PM_{10} 季均浓度（2014 年）

从图 2-10 可见，整体而言，河南省可吸入颗粒物 PM_{10} 季节变化表现为冬季＞春季＞秋季＞夏季，浓度分布在 100～158 μg/m³。冬季的 1 月浓度最高，达到了 198 μg/m³，而 7 月、8 月、9 月浓度较低。

图 2-11（a）、（b）对比了污染较重的郑州市和污染较轻的信阳市的月均浓度。可以看到，两市月均浓度分布趋势总体上与全省相似，但相比较而言，郑州冬季各月 PM_{10} 浓度均较高，季度均值为 180 μg/m³，而信阳冬季各月（1 月除外）和春秋季差别并不大。原因应该是信阳偏南，冬季没有大面积的燃煤取暖。

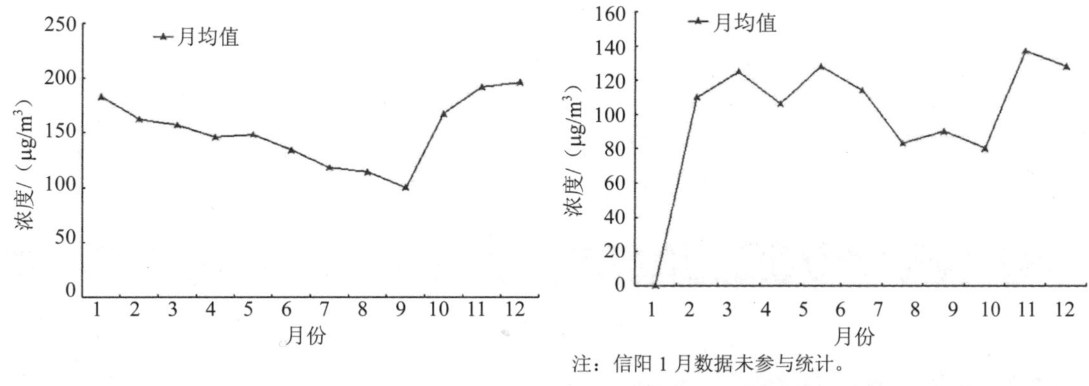

图 2-11（a） 郑州 PM_{10} 月均浓度（2014 年）　图 2-11（b） 信阳市 PM_{10} 月均浓度（2014 年）

2.2.2.2 细颗粒物 $PM_{2.5}$

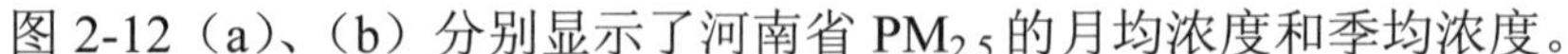

图 2-12（a）、（b）分别显示了河南省 $PM_{2.5}$ 的月均浓度和季均浓度。

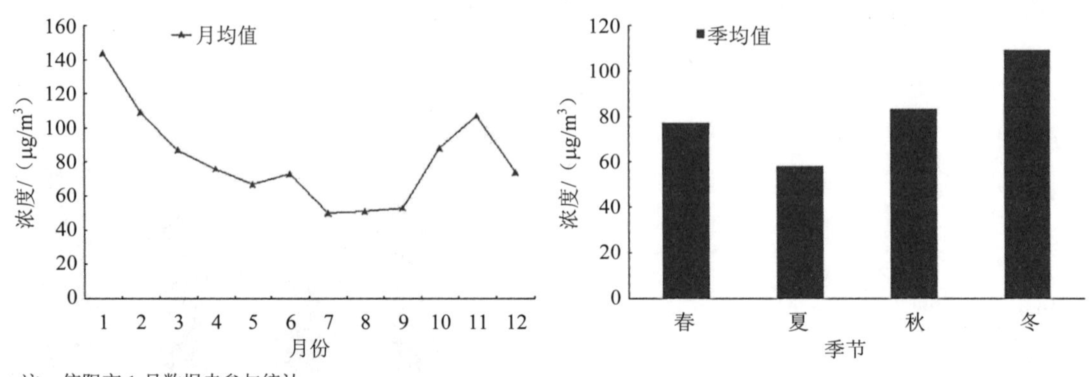

图 2-12（a） 河南省 $PM_{2.5}$ 月均浓度（2014 年） 图 2-12（b） 河南省 $PM_{2.5}$ 季均浓度（2014 年）

从图 2-12 可见，整体而言，河南省可吸入颗粒物 $PM_{2.5}$ 季节变化表现为冬季＞秋季＞春季＞夏季，浓度分布在 50～144 μg/m^3。冬季的 1 月浓度最高，达到了 144 μg/m^3，而 7 月、8 月、9 月浓度较低。值得注意的是，12 月 PM_{10} 和 $PM_{2.5}$ 均值较低，尤其是 12 月 $PM_{2.5}$ 均值仅有 74 μg/m^3，这与河南省 2014 年 12 月气象因素（大风天数较多）有关。

图 2-13（a）、（b）对比了污染较重的郑州市和污染较轻的信阳市的月均浓度。可以看到，两市月均浓度分布趋势总体上与全省相似。

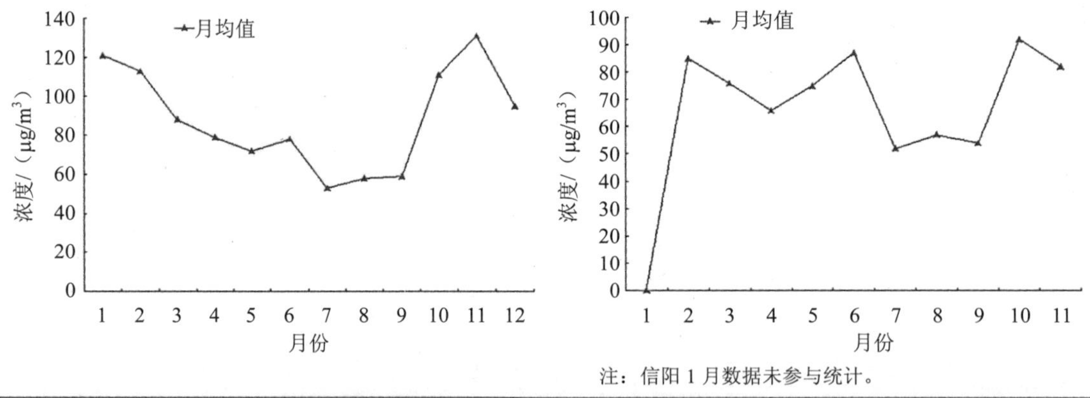

图 2-13（a） 郑州市 $PM_{2.5}$ 月均浓度（2014 年） 图 2-13（b） 信阳市 $PM_{2.5}$ 月均浓度（2014 年）

2.2.2.3 二氧化硫

图 2-14（a）、（b）分别显示了河南省 SO_2 的月均浓度和季均浓度。

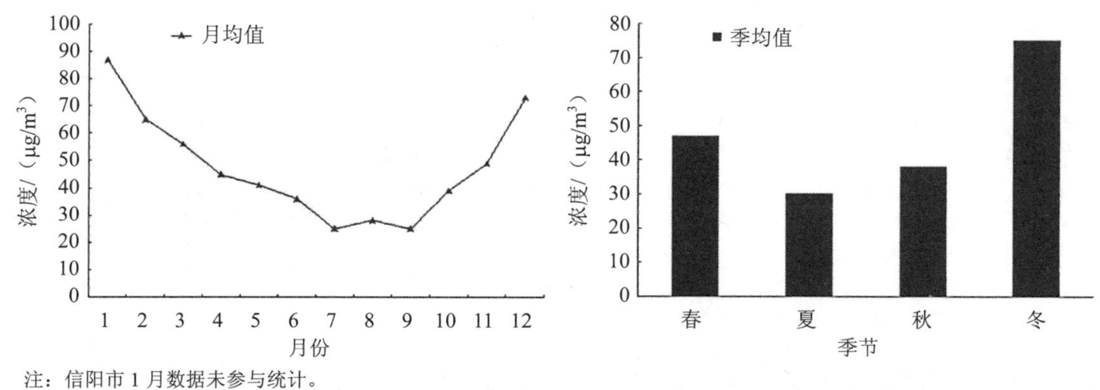

图 2-14（a） 河南省 SO_2 月均浓度（2014 年）　图 2-14（b） 河南省 SO_2 季均浓度（2014 年）

从图 2-14 可见，整体而言，河南省 SO_2 季节变化表现为冬季＞春季＞秋季＞夏季，浓度分布在 30～75 μg/m^3。冬季的 1 月浓度最高，达到了 87 μg/m^3，而 7 月、8 月、9 月浓度较低。

图 2-15（a）、（b）对比了污染较重的郑州市和污染较轻的信阳市的月均浓度。可以看到，两市月均浓度分布趋势总体上与全省相似。但信阳市各月均值相对郑州市较为平均。

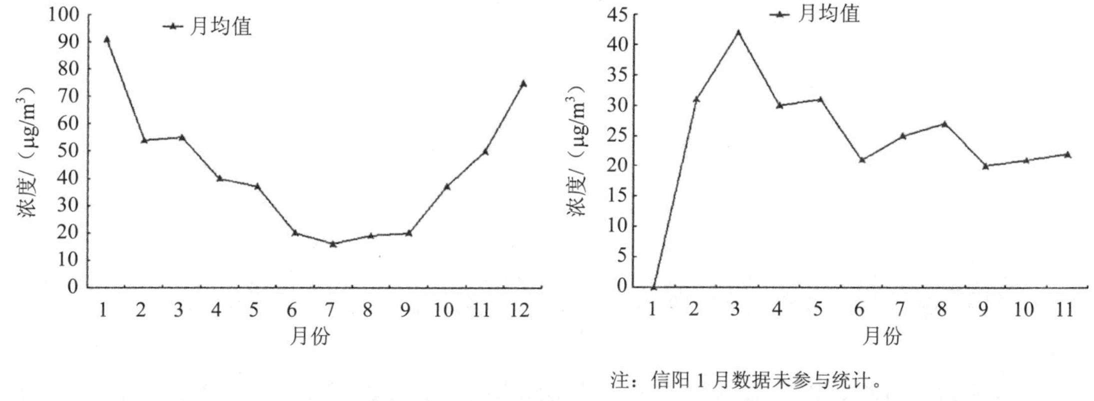

图 2-15（a） 郑州市 SO_2 月均浓度（2014 年）　图 2-15（b） 信阳市 SO_2 月均浓度（2014 年）

2.2.2.4 二氧化氮

图 2-16（a）、（b）分别显示了河南省 NO_2 的月均浓度和季均浓度。

从图 2-16 可见，整体而言，河南省 NO_2 季节变化表现为冬季＞秋季＞春季＞夏季，浓度分布在 29～51 μg/m^3。冬季的 1 月浓度最高，达到了 61 μg/m^3，而 7 月、8 月、9 月浓度较低。

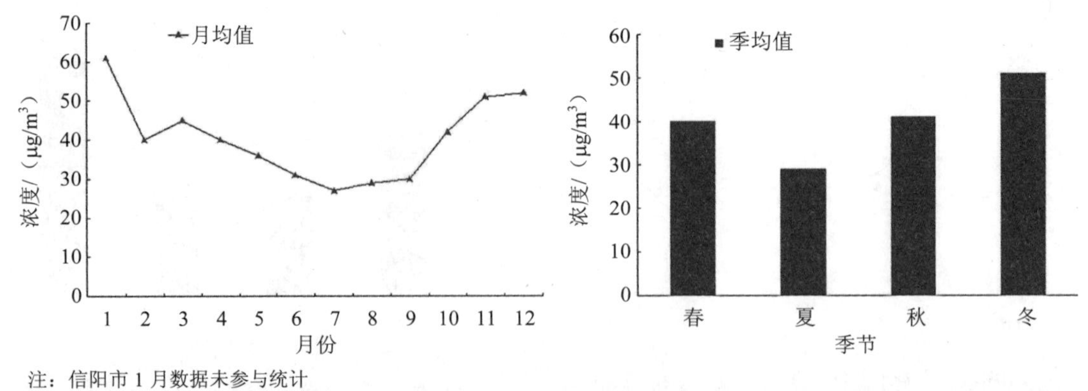

注：信阳市 1 月数据未参与统计

图 2-16（a） 河南省 NO_2 月均浓度（2014 年） 图 2-16（b） 河南省 NO_2 季均浓度（2014 年）

图 2-17（a）、（b）对比了污染较重的郑州市和污染较轻的信阳市的月均浓度。可以看到，两市月均浓度分布趋势总体上与全省相似。

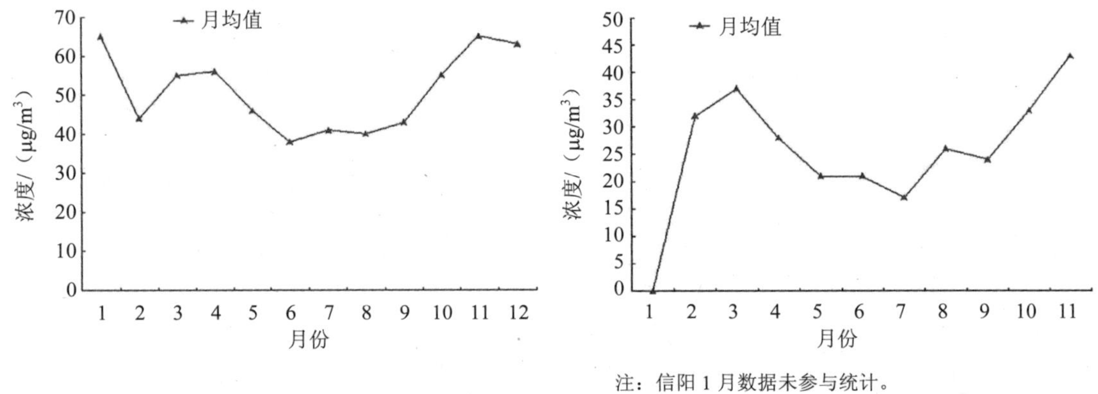

注：信阳 1 月数据未参与统计。

图 2-17（a） 郑州市 NO_2 月均浓度（2014 年） 图 2-17（b） 信阳市 NO_2 月均浓度（2014 年）

总体来看，河南省环境空气中 PM_{10}、$PM_{2.5}$、SO_2、NO_2 四种污染物均表现为冬季最高、夏季最低、春秋季节基本持平的特点，具体到月均值来看，表现为 1 月浓度最高，夏季各月浓度均较低的特点；12 月虽为冬季的采暖季，但由于 2014 年 12 月河南大部分地区大风天气较为频繁，污染物并未显示出很高的浓度。

除了地面监测外，本书还使用了卫星遥感监测手段对河南省 NO_2 柱浓度季度分布特征进行了分析。根据季节划分（12—2 月；3—5 月；6—8 月；9—11 月），得到河南省 NO_2 的季节分布特征，如图 2-18（a）～图 2-18（f）所示。

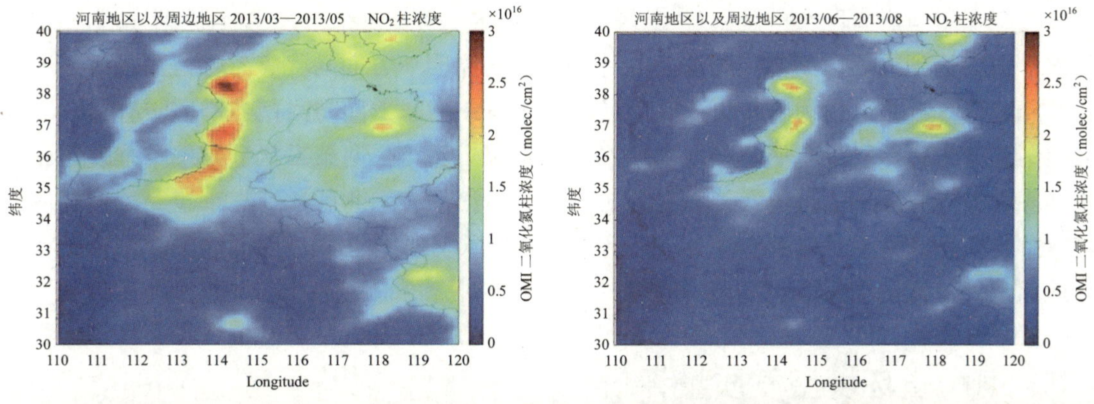

图 2-18（a）　河南省及周边地区 NO_2 的分布（2013.3—2013.5）

图 2-18（b）　河南省及周边地区 NO_2 的分布（2013.6—2013.8）

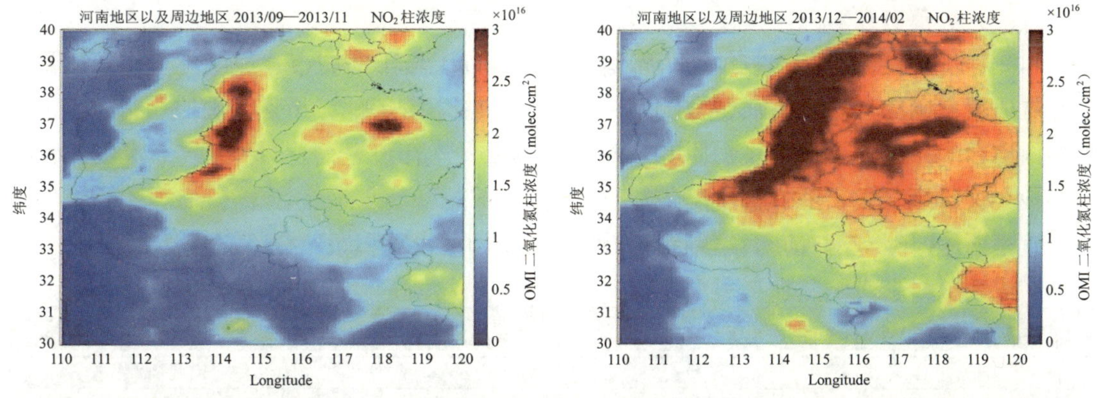

图 2-18（c）　河南省及周边地区 NO_2 的分布（2013.9—2013.11）

图 2-18（d）　河南省及周边地区 NO_2 的分布（2013.12—2014.2）

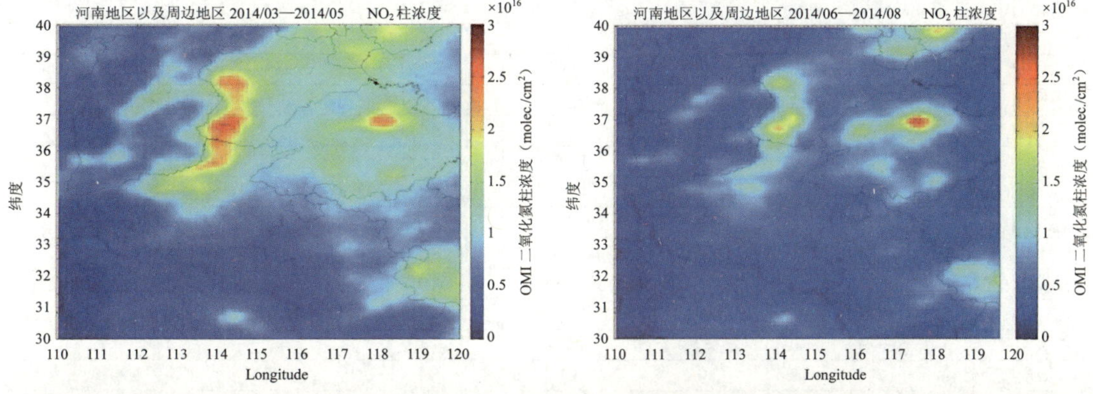

图 2-18（e）　河南省及周边地区 NO_2 的分布（2014.3—2014.5）

图 2-18（f）河南省及周边地区 NO_2 的分布（2014.6—2014.8）

图中显示河南省四个季度 NO_2 变化明显，6—8 月呈现最低值，以后逐渐递增，12 月至次年 2 月达到最大值状态。此浓度的趋势变化的原因一方面与气象条件有关，冬季温度低，NO_2 寿命较长，以利于转化，因而易形成积累；另一方面与河南冬季取暖有关，河南为中国北方省份，取暖会使燃煤量增加，而增大 NO_2 浓度。两条带状分布每个季度都比较明显。从 9—11 月、12 月至次年 2 月分布可以看出河南省东北部逐渐与京津冀浓度高值连接，形成华北平原大面积浓度分布。卫星遥感监测所表现出的 NO_2 的时间和季节分布特征与地面点式监测的结果具有高度一致性。

2.3 河南省环境空气质量评价

2.3.1 评价区域概况

（1）评价范围和对象

本次评价主要针对河南省 18 个省辖市地级及以上城市的城市建成区环境空气质量，评价点位采用国家环境空气质量监测网中的环境空气质量评价城市点（国控城市点）地方监测网络中的空气质量评价城市点和农村区域不在本次评价之列。

（2）评价区域人口分布情况

截至 2013 年年底，河南省各省辖市城镇、乡村人口数和城镇化率如表 2-3 所示。

表 2-3 河南省各省辖市人口分布情况

省辖市	常住人口/万人	城镇/万人	乡村/万人	城镇化率/%	市区人口密度/（人/km²）
郑州市	919	617	303	67.1	11 745
开封市	465	191	274	41.1	7 247
洛阳市	662	327	334	49.4	7 335
平顶山市	496	230	266	46.4	4 016
安阳市	509	223	286	43.8	4 646
鹤壁市	161	85	76	52.8	3 324
新乡市	568	261	306	46.1	6 873
焦作市	351	183	169	52.0	7 868
濮阳市	358	132	227	36.7	2 878
许昌市	430	190	240	44.2	5 380
漯河市	258	114	144	44.2	5 174
三门峡市	224	110	115	48.9	9 837
南阳市	1 009	386	623	38.3	4 671
商丘市	728	255	473	35.0	9 544
信阳市	638	253	385	39.7	1 812
周口市	878	306	573	34.8	3 040
驻马店市	690	241	449	34.9	2 404
济源市	72	39	32	54.8	—
全省	9 413	4 123	5 290	43.8	—

资料来源：河南统计年鉴（2014）。

本次环境空气质量评价主要对城镇区域进行评价，从表中可看到，郑州、洛阳、安阳、平顶山、三门峡、商丘等城镇人口数量和城区人口密度较大的地区往往污染物含量也较高，对这些地区的环境空气质量评价更应重点关注。

2.3.2 单项因子评价

2.3.2.1 细颗粒物 $PM_{2.5}$

2014 年，河南省省辖市城市细颗粒物 $PM_{2.5}$ 浓度日均值范围在 26～199 μg/m^3，浓度日均值二级标准平均达标率为 56.9%。省辖市浓度日均值二级标准达标率介于 42.1%～66.9%。全省细颗粒物 $PM_{2.5}$ 浓度年均值为 82 μg/m^3。浓度年均值超二级标准的城市（浓度由低到高排序）依次为鹤壁、洛阳、三门峡、商丘、济源、漯河、焦作、新乡、濮阳、信阳、周口、许昌、开封、驻马店、南阳、郑州、平顶山、安阳 18 个城市。

2.3.2.2 可吸入颗粒物 PM_{10}

2014 年，全省城市可吸入颗粒物 PM_{10} 浓度日均值范围在 45～468 μg/m^3，浓度日均值二级标准平均达标率为 67.5%。全省城市浓度日均值二级标准达标率均介于 50.8%～74.4%。

全省可吸入颗粒物 PM_{10} 浓度年均值为 136 μg/m^3。浓度年均值超二级标准的城市（浓度由低到高排序）依次为信阳、商丘、鹤壁、濮阳、开封、洛阳、济源、三门峡、漯河、焦作、许昌、驻马店、新乡、周口、平顶山、南阳、安阳、郑州 18 个城市。

2.3.2.3 二氧化硫

2014 年，全省城市二氧化硫浓度日均值范围在 4～217 μg/m^3，浓度日均值二级标准平均达标率为 98.7%。开封、南阳、商丘、信阳、周口、驻马店 6 个城市浓度日均值二级标准达标率为 100%，其他城市在 94.5%～99.7%。

全省二氧化硫浓度年均值为 47 μg/m^3。焦作、济源两个城市超二级年均浓度限值，其他 16 个省辖城市年均浓度均达到二级标准。

2.3.2.4 二氧化氮

2014 年，全省直辖城市二氧化氮浓度日均值范围在 5～110 μg/m^3，浓度日均值二级标准平均达标率为 96.9%。其中，南阳达到 100%，其余 17 个城市介于 90.1%～99.7%。

全省二氧化氮浓度年均值为 40 μg/m^3，与标准限值持平。浓度年均值达到一（二）级标准的城市（浓度由低到高排序）依次为南阳、漯河、信阳、周口、驻马店、开封、鹤壁、商丘、济源、三门峡 10 个城市，浓度年均值超一（二）级标准的城市（浓度由低到高排序）依次为濮阳、洛阳、平顶山、焦作、新乡、许昌、郑州、安阳 8 个城市。

2.3.2.5 一氧化碳

2014 年，全省城市一氧化碳浓度日均值范围在 0～6 $\mu g/m^3$，浓度日均值二级标准平均达标率为 97.7%。平顶山、漯河、商丘、信阳 4 个城市浓度日均值二级标准达标率为 100%，其他城市在 91.1%～99.7%。

百分位数浓度达到二级标准的城市（浓度由低到高排序）依次为平顶山、新乡、漯河、南阳、商丘、信阳、驻马店、郑州、开封、洛阳、鹤壁、焦作、濮阳、许昌、三门峡、济源、周口 17 个城市，安阳 1 个城市百分位数浓度超二级标准。

2.3.2.6 臭氧

2014 年，全省城市臭氧浓度日均值二级标准平均达标率为 82.7%。全省城市浓度日均值二级标准达标率均未达到 100%，介于 68%～95.3%。

百分位数浓度达到二级标准的城市（浓度由低到高排序）依次为郑州、鹤壁、开封、周口、洛阳、平顶山、南阳、驻马店、商丘、许昌、安阳、濮阳、信阳、三门峡、焦作、新乡 16 个城市，济源、漯河两个城市百分位数浓度超二级标准。

2.3.3 定性评价

从表 2-4 可以看出，就环境空气质量的单项指数来看，2014 年河南省 PM_{10} 的单项指数在 1.8～2.26，最高为郑州，最低为商丘；SO_2 的单项指数在 0.48～1.13，最高为济源，最低为南阳；NO_2 的单项指数在 0.55～1.35，最高为安阳，最低为南阳；$PM_{2.5}$ 单项指数在 2.03～2.77，最高为安阳，最低为鹤壁；CO 的年均值第 95 百分位数单项指数在 0.43～1.22，最高为安阳，最低为商丘和漯河；O_3（8 h）的年均值第 90 百分位数单项指数在 0.72～1.12，最高为漯河，最低为郑州。

$PM_{2.5}$ 均为 18 个地市的最大指数，各地市按从大到小排序依次为安阳、郑州、平顶山、南阳、驻马店、开封、许昌、周口、新乡、濮阳、信阳、焦作、漯河、济源、商丘、三门峡、洛阳、鹤壁。

河南省环境空气质量综合指数在 6.9～9.51，各地市从大到小排序依次为安阳、焦作、郑州、新乡、济源、平顶山、许昌、驻马店、濮阳、周口、三门峡、洛阳、鹤壁、开封、漯河、南阳、商丘、信阳。

2.3.4 污染程度对比

（1）河南省内城市环境质量对比

按照《环境空气质量指数（AQI）技术规定》（试行），计算出各省辖市 AQI 后统计了空气质量指数为优良和重度、严重污染的天数比例（表 2-5）。

表 2-4 2014 年城市环境空气质量定性评价

城市名称	$I_{PM_{10}}$	I_{SO_2}	I_{NO_2}	$I_{PM_{2.5}}$	$I_{CO\text{-}95}$	$I_{O_3H_8\text{-}90}$	I_{sum}	I_{max}
郑州	2.26	0.72	1.28	2.51	0.78	0.72	8.26	2.51
开封	1.84	0.57	0.93	2.40	0.78	0.81	7.32	2.4
洛阳	1.84	0.82	1.05	2.14	0.83	0.89	7.57	2.14
平顶山	2.03	0.93	1.15	2.51	0.50	0.91	8.04	2.51
安阳	2.20	0.97	1.35	2.77	1.22	1.00	9.51	2.77
鹤壁	1.81	0.97	0.95	2.03	0.80	0.77	7.33	2.03
新乡	1.96	0.98	1.25	2.31	0.58	1.04	8.11	2.31
焦作	1.91	1.03	1.15	2.29	0.90	1.03	8.32	2.29
濮阳	1.83	0.65	1.03	2.31	0.95	1.00	7.76	2.31
许昌	1.94	0.62	1.25	2.37	0.83	0.98	7.99	2.37
漯河	1.87	0.87	0.75	2.26	0.43	1.12	7.29	2.26
三门峡	1.86	0.93	1.00	2.17	0.73	1.03	7.72	2.17
南阳	2.13	0.48	0.55	2.49	0.60	0.97	7.22	2.49
商丘	1.80	0.55	0.95	2.20	0.43	0.98	6.90	2.2
信阳	1.79	0.52	0.80	2.31	0.45	1.01	6.88	2.31
周口	2.01	0.60	0.85	2.34	1.08	0.86	7.74	2.34
驻马店	1.94	0.85	0.90	2.46	0.83	0.98	7.95	2.46
济源	1.84	1.13	0.95	2.23	0.85	1.06	8.06	2.23
全省	1.94	0.79	1.01	2.34	—	—	—	—

表 2-5 2014 年城市环境空气质量日达标情况 单位：%

城市名称	优良比例	重度、严重污染比例	城市名称	优良比例	重度、严重污染比例	城市名称	优良比例	重度、严重污染比例
郑州	44.7	10.7	新乡	48.5	7.9	南阳	44.1	9.6
开封	50.7	9.3	焦作	51.5	8.8	商丘	54.0	5.8
洛阳	59.7	7.7	濮阳	49.6	9.1	信阳	52.9	7.9
平顶山	49.3	11.8	许昌	43.8	11.2	周口	54.0	9.6
安阳	37.3	14.8	漯河	45.2	8.5	驻马店	50.4	11.5
鹤壁	60.6	4.9	三门峡	55.1	9.6	济源	50.7	9.3
全省	50.1	9.3						

2014 年，全省省辖城市环境空气质量优、良天数比例为 50.1%，鹤壁达到了 60%以上，洛阳、三门峡、商丘、周口、信阳、焦作、开封、济源、驻马店、濮阳、平顶山、新乡、漯河、郑州、南阳、许昌、安阳 17 个省辖城市均在 60%以下。

其中，重度和严重污染天数比例在 4.9%～14.8%，全省平均为 9.3%。18 个省辖城市按从高到低依次为安阳、平顶山、驻马店、许昌、郑州、周口、南阳、三门峡、济源、开封、濮阳、焦作、漯河、信阳、新乡、洛阳、商丘、鹤壁。

（2）郑州与周边省份城市对比

表 2-6～表 2-8 显示了 2011—2013 年以及 2015 年 1 月、2 月郑州与周边省份部分环保重点城市的环境空气质量对比情况。

表 2-6 郑州与周边省份环保重点城市的环境空气质量（2012 年）

	SO_2 年均浓度/（mg/m^3）	NO_2 年均浓度/（mg/m^3）	PM_{10} 年均浓度/（mg/m^3）	$PM_{2.5}$ 年均浓度/（mg/m^3）	空气质量达到及好于二级的天数/d
石家庄	0.058	0.040	0.098	—	322
太原	0.056	0.026	0.080	—	324
南京	0.033	0.051	0.102	—	317
合肥	0.019	0.027	0.098	—	331
济南	0.055	0.041	0.104	—	324
郑州	0.051	0.046	0.105	—	319
武汉	0.030	0.054	0.097	—	321
西安	0.040	0.042	0.118	—	306

表 2-7 郑州与周边省份环保重点城市的环境空气质量（2013 年）

	SO_2 年均浓度/（$\mu g/m^3$）	NO_2 年均浓度/（$\mu g/m^3$）	PM_{10} 年均浓度/（$\mu g/m^3$）	$PM_{2.5}$ 年均浓度/（$\mu g/m^3$）	空气质量达到及好于二级的天数/d
石家庄	105	68	305	154	49
太原	80	43	157	81	162
南京	37	55	137	78	198
合肥	22	39	115	88	180
济南	95	61	199	110	79
郑州	59	52	171	108	134
武汉	33	60	124	94	161
西安	46	57	189	105	157

注：2013 年数据根据新《环境空气质量标准》（GB 3095—2012）的城市统计结果计算。

表 2-8 郑州与周边省份环保重点城市的环境空气质量（2015 年 1 月、2 月）

1 月	石家庄	济南	合肥	武汉	西安	太原	郑州
综合排名	72	67	27	61	56	63	70
PM_{10}/（$\mu g/m^3$）	229	209	121	149	187	137	237
$PM_{2.5}$/（$\mu g/m^3$）	152	112	102	131	95	89	159
2 月	石家庄	济南	合肥	武汉	西安	太原	郑州
综合排名	67	64	36	59	52	57	69
PM_{10}/（$\mu g/m^3$）	172	174	102	119	146	109	197
$PM_{2.5}$/（$\mu g/m^3$）	114	97	84	110	65	69	133

从以上各表可以看出，2011 年、2012 年，郑州与周边环保重点城市环境空气质量达到和好于二级标准的天数均在 300 d 以上，PM_{10} 均达到或接近 GB 3095—1996 所规定的二级限值（0.1 mg/m^3），SO_2 和 NO_2 大部分城市也达到了二级限值要求（SO_2：0.06 mg/m^3，NO_2：0.04 mg/m^3），各个城市之间差别不大；而进入 2013 年后，郑州及其周边环保重点城市环境空气质量明显恶化，各城市 PM_{10}、$PM_{2.5}$ 均严重超出新的 GB 3095—2012 规定的二级限值（PM_{10}：70 μg/m^3，$PM_{2.5}$：35 μg/m^3），其中郑州超标 2 倍之多，各城市二氧化氮也超出 GB 3095—2012 规定的二级限值（40 μg/m^3），其中郑州略超二级限值，二氧化硫大部分城市达到了二级标准限值，其中郑州勉强达到。总体来看，郑州的环境空气污染水平处于华北城市群的中间水平。

但进入 2015 年后，郑州环境空气污染状况明显加剧，从表 2-8 可以看到，2015 年 1 月、2 月郑州的颗粒物含量甚至超过了以往污染最为严重的石家庄，这一点需要引起高度重视。

2.4　河南省灰霾发生频度和特征

目前，我国主要按照气象行业标准《霾的观测和预报等级》（QX/T 113—2010）对霾进行标识，当能见度小于 10 km，排除降水、沙尘暴、扬沙、浮尘、烟幕、吹雪、雪暴等天气现象，相对湿度小于 80%时，判识为霾；当相对湿度为 80%～95%时，一般按照 $PM_{2.5}>75$ 或 $PM_1>65$ 或气溶胶散射系数加气溶胶吸收系数大于 480，判识为霾。根据能见度 V 将霾分为四级（5km≤V<10 km，轻微；3 km≤V<5 km，轻度；2 km≤V<3 km，中度；V<2 km，重度）。本书主要依据河南省气象局提供的数据，对河南省主要城市的灰霾发生频度和程度进行统计，分析了灰霾的季节分布特征，并结合相关气象数据和污染数据进一步对灰霾的天气特征进行了分析。

2.4.1　灰霾的发生频率和程度统计

表 2-9 显示了 2014 年河南省灰霾发生天数和频率，统计城市包括郑州、开封、洛阳、安阳、周口和信阳。

表 2-9　河南省部分城市灰霾发生天数和频率（2014 年）

	郑州		开封		洛阳		安阳		周口		信阳	
	天数/d	频率/%	天数/d	频率/%	天数/d	频率/%	天数/d	频率/%	天数/d	频率/%	天数/d	频率/%
轻微灰霾	127	34.8	206	56.4	59	16.2	134	36.7	35	9.6	109	29.9
轻度灰霾	59	16.2	72	19.7	15	4.1	73	20.0	5	1.4	31	8.5
中度灰霾	21	5.8	11	3.0	4	1.1	42	11.5	2	0.5	13	3.6
重度灰霾	26	7.1	6	1.6	3	0.8	27	7.4	0	0.0	21	5.8
总计	233	63.8	295	80.8	81	22.2	276	75.6	42	11.5	174	47.7

总体来看，2014 年上述几个城市灰霾天数在 42～295 d，发生频率在 11.5%～80.8%，地域差异比较大，其中开封、安阳、郑州三个城市灰霾发生频率很高，灰霾出现天数分别达到了 295 d、276 d、233 d，发生频率分别达到了 80.8%、75.6%、63.8%。

从灰霾程度来看，各个城市的灰霾以轻微霾和轻度霾为主，但程度有所区别。

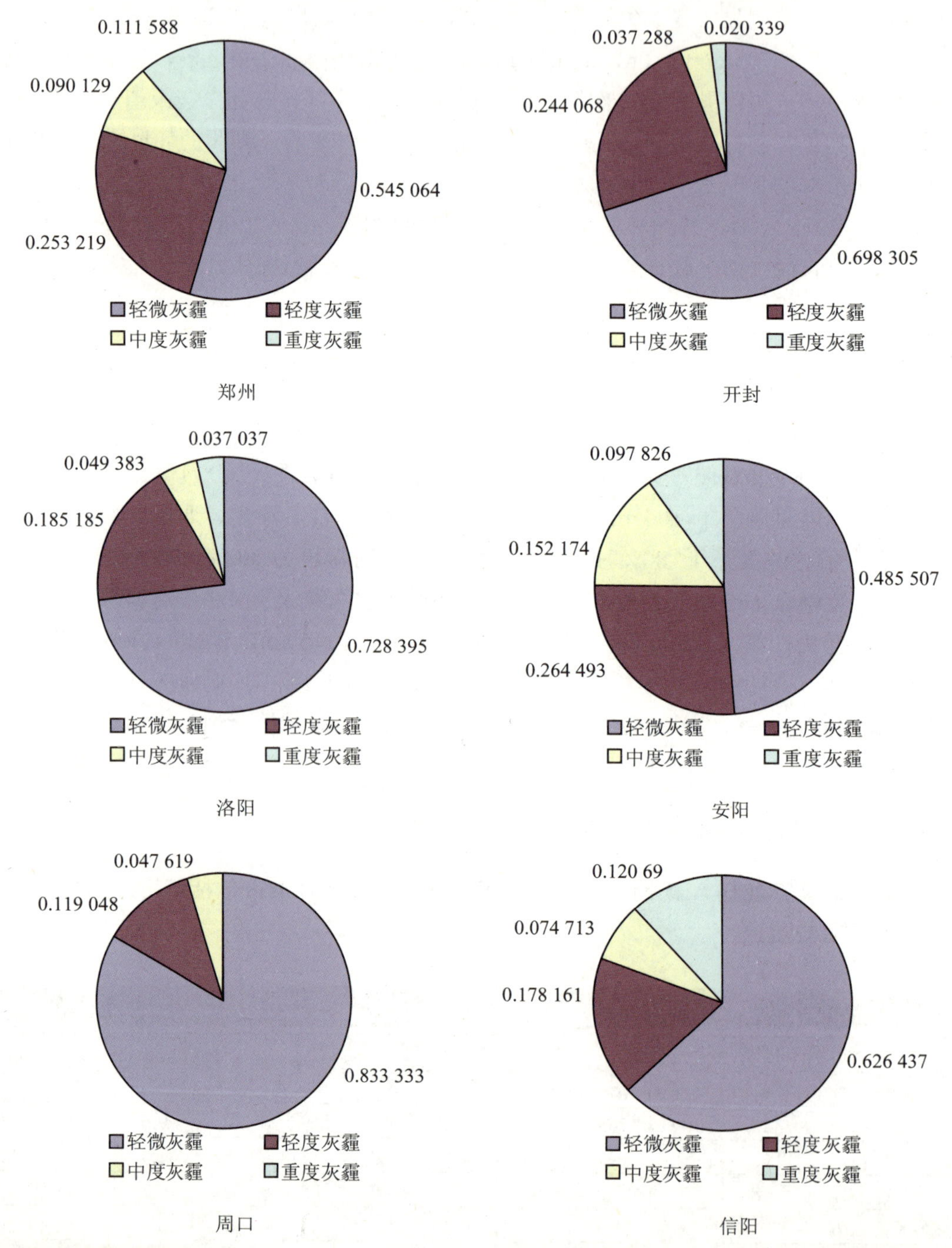

图 2-19 河南省部分城市灰霾污染程度（2014 年）

从图 2-19 可以看到，重点区域主要城市的轻微霾天数占霾总天数的比重在 48.6%～83.3%，轻度霾天数占霾总天数的比重在 11.9%～26.4%，中度霾在 3.7%～15.2%，重度霾在 2.0%～12.1%。开封、洛阳、周口三地中度霾和重度霾比重较小：开封重度霾与中度霾比重之和为 5.8%，洛阳为 8.6%，周口为 4.8%；而郑州、安阳、信阳三地中度霾和重度霾比重较大：郑州重度霾与中度霾比重之和为 20.2%，安阳为 25%，信阳为 19.5%。从霾的发生频率和程度综合来看，研究区域郑州、安阳、开封三地雾霾较为严重，而信阳中度霾和重度霾发生频率也较高，需要引起注意。

2.4.2　灰霾的季节分布特征

图 2-20 显示了研究区域各城市各等级灰霾的季节分布情况。

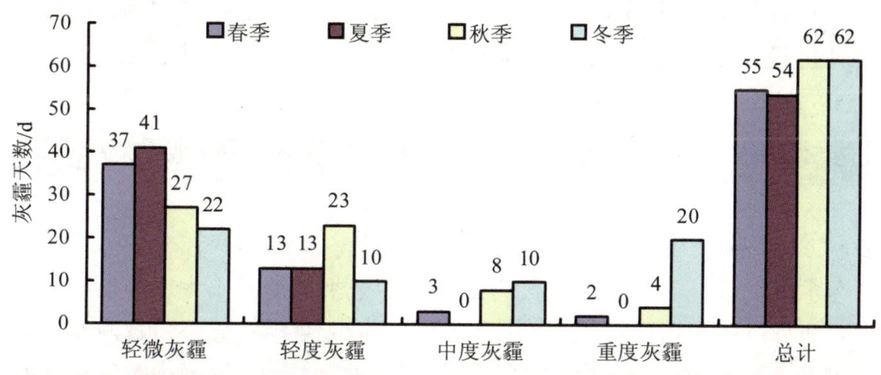

图 2-20（a）　郑州灰霾的季节分布（2014 年）

如图 2-20（a）所示，从各季节灰霾的总天数来看，郑州秋冬季节灰霾天数持平，而春、夏季节灰霾天数持平，秋、冬季节要略高于春夏季节，但程度并不明显。轻微灰霾各个季节出现最为频繁，夏季最高，达到了 41 d；轻度灰霾秋季出现天数最多，达到 23 d，其他季节基本持平；中度灰霾和重度灰霾类似，均在冬季出现天数最多，分别达到了 10 d 和 20 d，夏季未有出现。

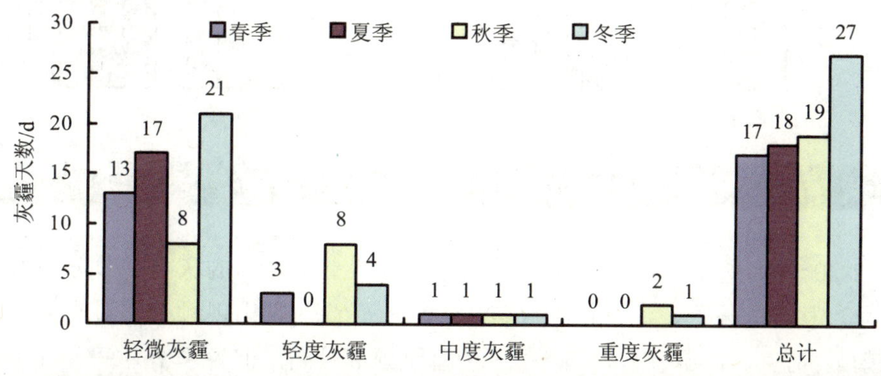

图 2-20（b）　洛阳灰霾的季节分布（2014 年）

如图 2-20（b）所示，从各季节灰霾的总天数来看，洛阳的灰霾季节分布特征表现为冬季>秋季>夏季>春季，其中冬季灰霾天数为 27 d，明显高于其他三个季节。轻微灰霾出现频率明显高于其他程度的灰霾，冬季最高，为 21 d；轻度灰霾主要出现在秋季，春季和冬季略有出现；中度灰霾和重度灰霾各个季节很少出现。

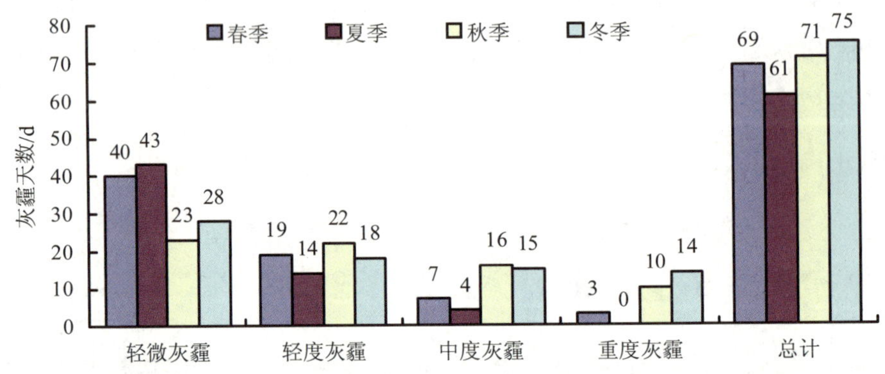

图 2-20（c） 安阳灰霾的季节分布（2014 年）

如图 2-20（c）所示，从各季节灰霾的总天数来看，安阳的灰霾季节分布特征表现为冬季>秋季>春季>夏季，冬季灰霾天数为 75 d，各个季节差异不太明显。轻微灰霾出现频率明显高于其他程度的灰霾，夏季最高，为 43 d；轻度灰霾在夏季出现频率最高，但各季节之间差异不大；中度灰霾和重度灰霾主要出现在秋冬季节，其中中度灰霾在秋季出现天数最多，为 16 d，重度灰霾在冬季出现天数最多，为 14 d。

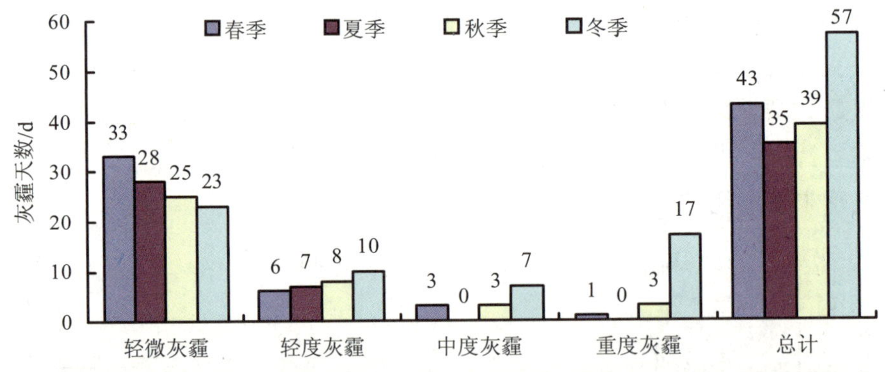

图 2-20（d） 信阳灰霾的季节分布（2014 年）

如图 2-20（d）所示，从各季节灰霾的总天数来看，信阳的灰霾季节分布特征表现为冬季>春季>秋季>夏季，冬季灰霾天数为 57 d。轻微灰霾出现频率明显高于其他程度的灰霾，春季最高，为 33 d；轻度灰霾在冬季出现频率最高，但各季节之间差异不大；中度灰霾和重度灰霾主要出现在冬季，其中中度灰霾为 7 d，重度灰霾为 17 d。

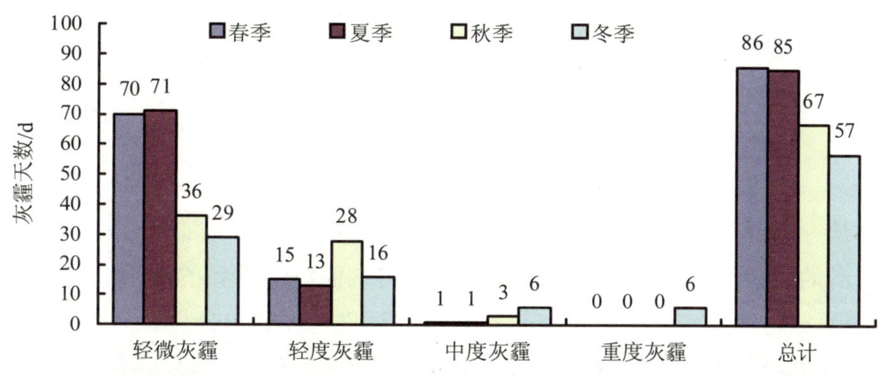

图 2-20（e）　开封灰霾的季节分布（2014 年）

如图 2-20（e）所示，从各季节灰霾的总天数来看，开封的灰霾季节分布特征表现为春季≈夏季＞秋季＞冬季。轻微灰霾出现频率明显高于其他程度的灰霾，春季和夏季出现天数最多，分别为 70 d 和 71 d；轻度灰霾在秋季出现频率最高，为 28 d；中度灰霾和重度灰霾主要出现在冬季，均为 6 d。

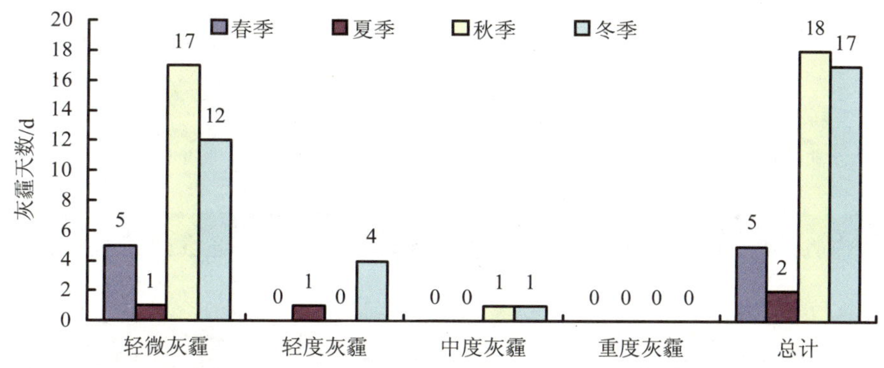

图 2-20（f）　周口灰霾的季节分布（2014 年）

如图 2-20（f）所示，从各季节灰霾的总天数来看，周口的灰霾季节分布特征表现为秋季≈冬季＞春季＞夏季。轻微灰霾出现频率明显高于其他程度的灰霾且主要出现在秋季，为 17 d；轻度灰霾主要出现在冬季，为 4 d；中度和重度灰霾基本没有出现。

综合以上分析，研究区域各个城市的灰霾季节分布不尽相同。但总体表现为秋冬季节尤其是冬季的灰霾天数高于春夏季节（除开封）。轻微灰霾在春夏季节出现的最多，轻度灰霾大多出现在秋季，而重度灰霾主要出现在秋季和冬季。与河南省大气污染规律基本一致。

2.5 灰霾与环境空气质量的相关性研究

2.5.1 灰霾天气的污染特征

霾不仅仅是一种天气特征，更与大气污染特别是颗粒物污染有着千丝万缕的联系。以下就前文各城市的霾天统计数据结合当地当时空气自动监测站得到的 $PM_{2.5}$、PM_{10}、SO_2、NO、NO_2 监测数据对河南省部分城市灰霾天气下的污染特征做出分析。

图 2-21 各图显示了不同程度灰霾天气下 $PM_{2.5}$、PM_{10}、SO_2、NO、NO_2 污染物的平均浓度，数据范围为 2014 年全年。

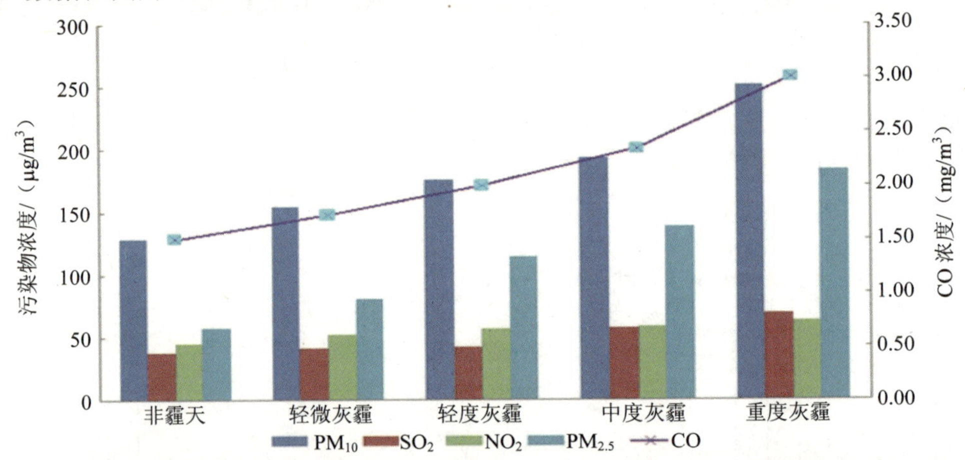

图 2-21（a） 郑州各等级灰霾天气污染物浓度均值

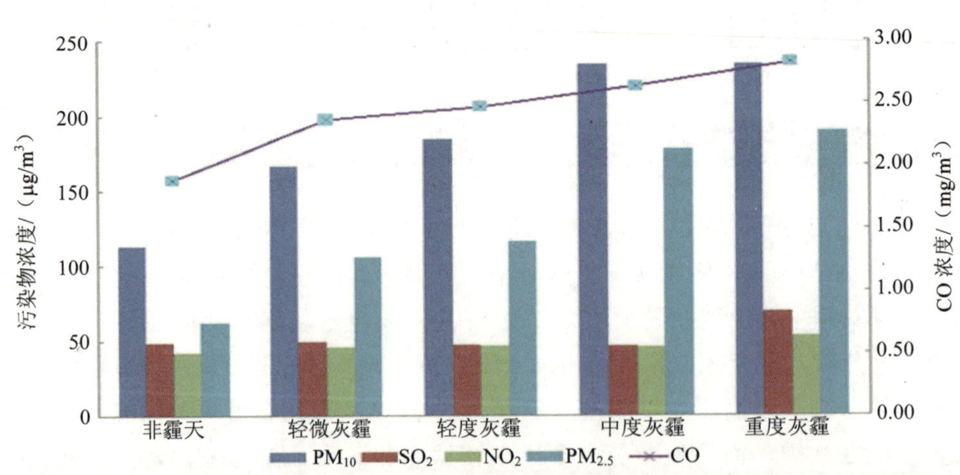

图 2-21（b） 洛阳各等级灰霾天气污染物浓度均值

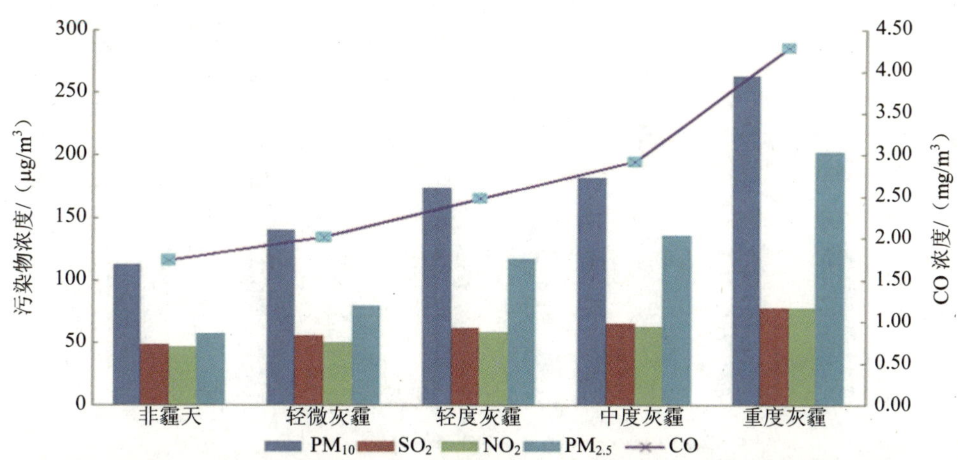

图 2-21（c）　安阳各等级灰霾天气污染物浓度均值

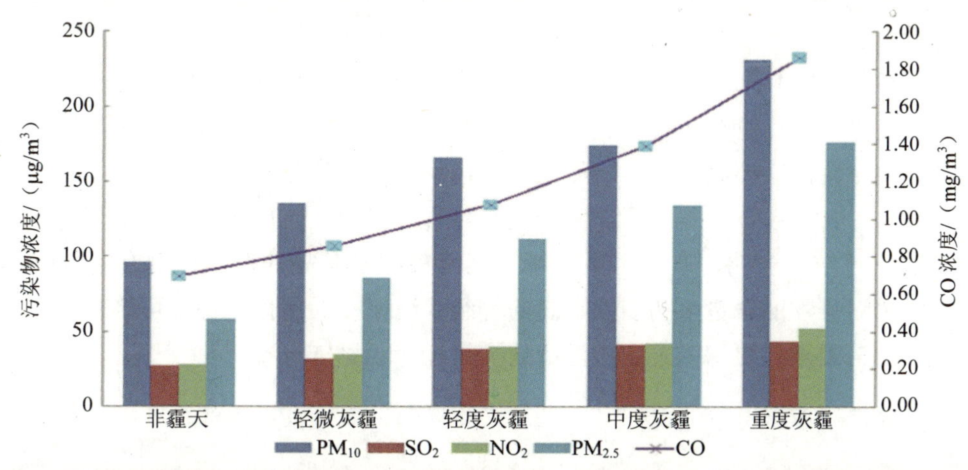

图 2-21（d）　信阳各等级灰霾天气污染物浓度均值

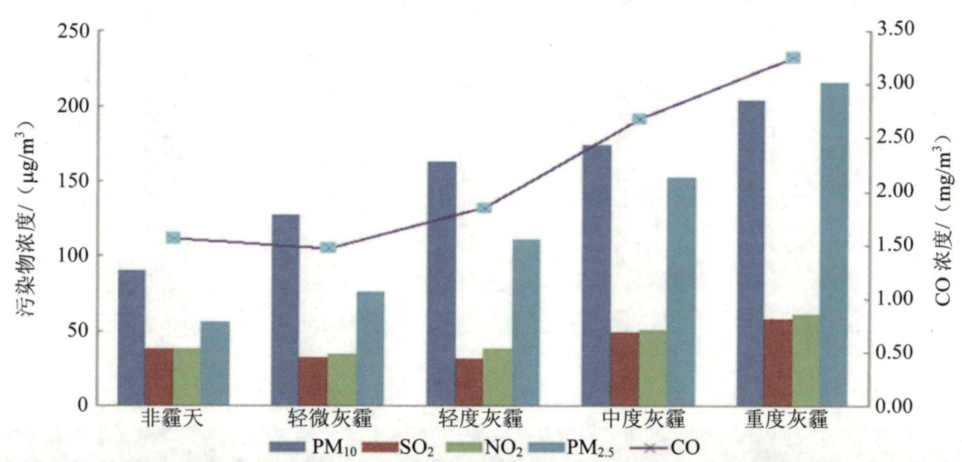

图 2-21（e）　开封各等级灰霾天气污染物浓度均值

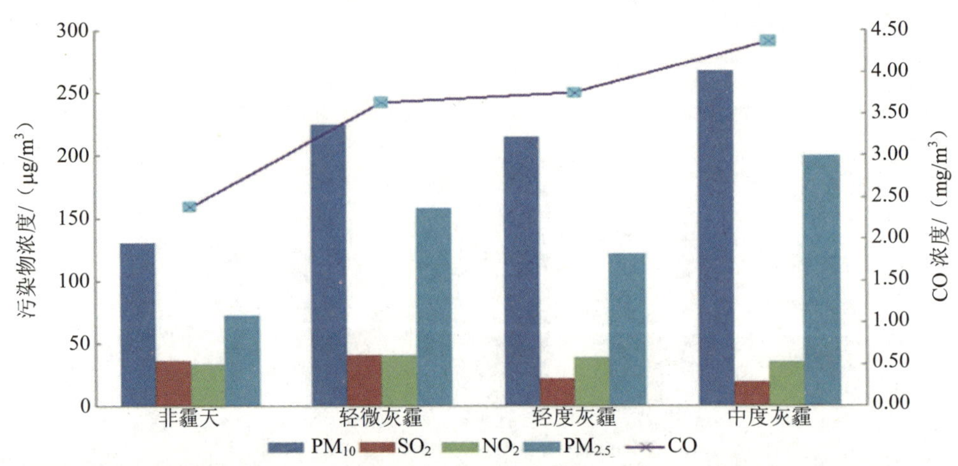

图 2-21（f） 周口各等级灰霾天气污染物浓度均值

可以看出各城市各项污染因子随霾程度有以下的变化规律：

（1）颗粒物（PM_{10}、$PM_{2.5}$）浓度与霾程度呈现很明显的正相关性，重霾天气下 PM_{10} 和 $PM_{2.5}$ 含量明显较其他天气高。这是由于能见度是判定霾的主要指标，而颗粒物气溶胶是造成能见度下降的主要因素。本书结果与国内外研究结果是类似的。

（2）NO_2、SO_2、CO 等气态污染物浓度与霾程度呈现一定的正相关。

以上的研究结果表明，研究区域环境空气污染因子与霾的发生程度有着较强的相关性。可以通过污染物的含量来初步判断霾的等级，这在霾的预报预警中可能有所作用。当然，这些规律需要通过更深入、更广泛的研究进一步识别或证实。

2.5.2 灰霾天气下的气象特征

图 2-22 显示了 2014 年河南省部分城市不同等级灰霾天气下的气温、相对湿度及风速。

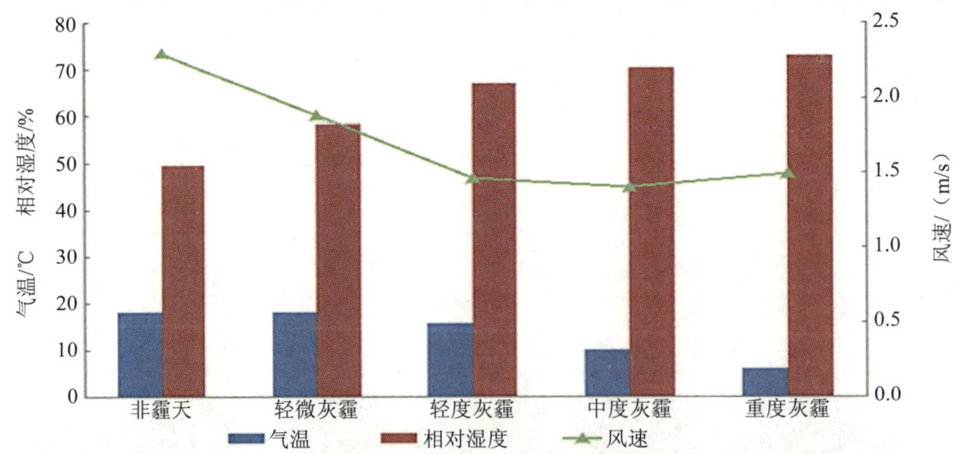

图 2-22（a） 郑州各等级灰霾天气气象特征

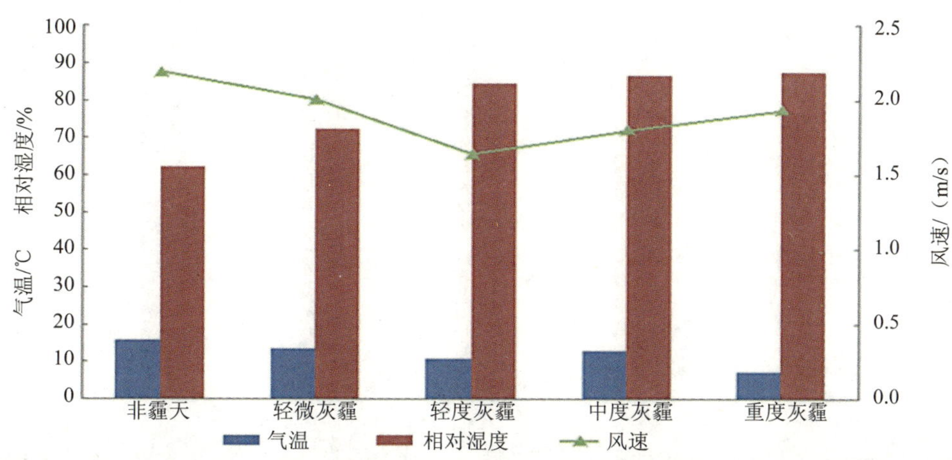

图 2-22（b） 洛阳各等级灰霾天气气象特征

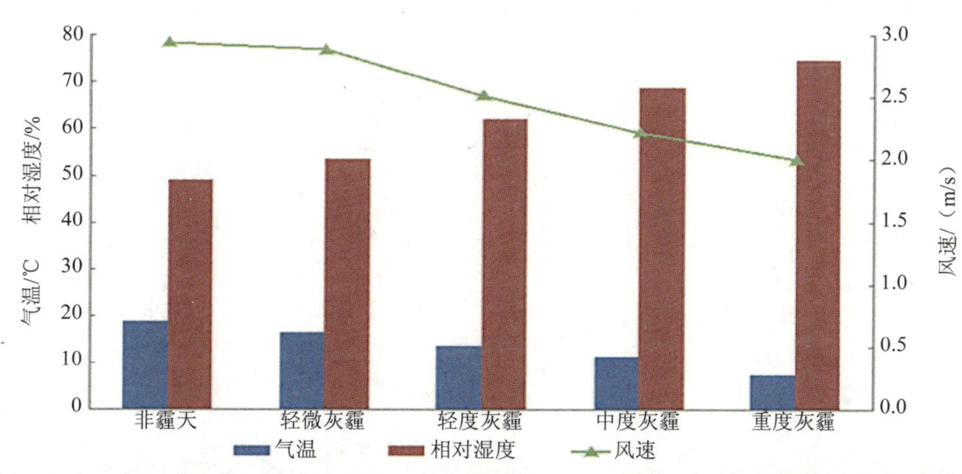

图 2-22（c） 安阳各等级灰霾天气气象特征

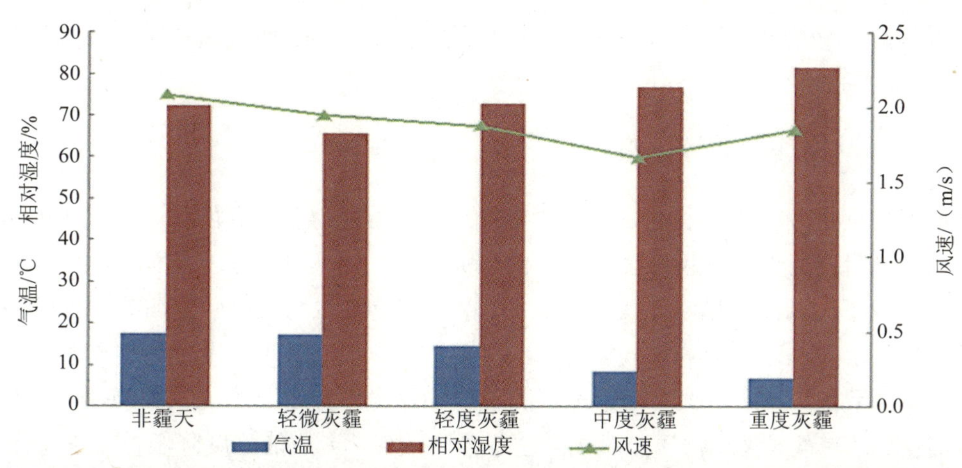

图 2-22（d） 信阳各等级灰霾天气气象特征

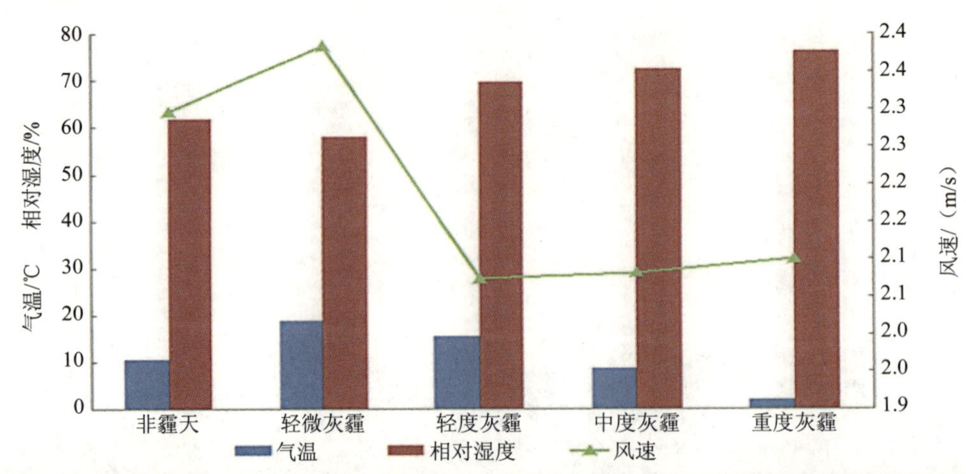

图 2-22（e） 开封各等级灰霾天气气象特征

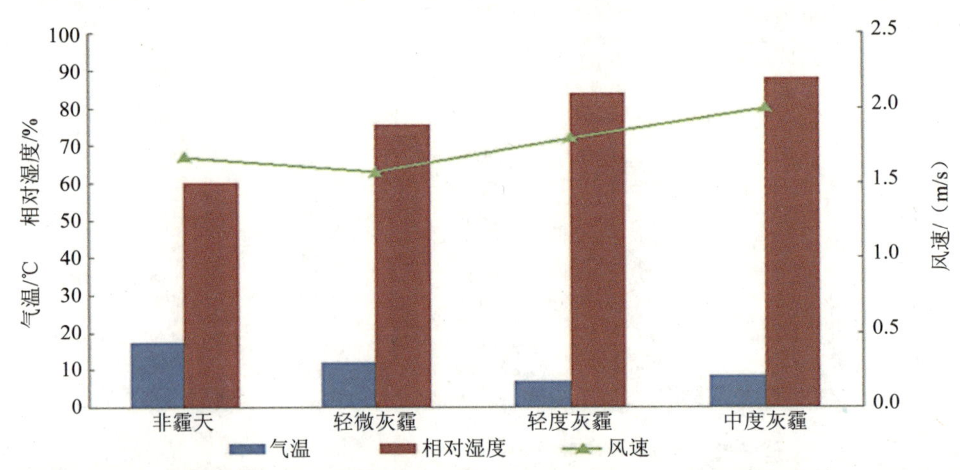

图 2-22（f） 周口各等级灰霾天气气象特征

从图 2-22 可以看出，相对湿度随灰霾等级的升高而升高，而气温和风速随灰霾等级的升高而降低。

2.5.3 大气能见度影响因素分析

能见度是反映大气透明度的一个重要指标，定义为视力正常者能将一定大小的黑色目标物从地平线附近的天空背景中区别出来的最大距离。河南省属于半湿润气候，全年湿度大多在 80%以下，因而能见度是灰霾判定的决定性因素。主要是两类因素会影响能见度：一是颗粒物气溶胶，这是影响大气能见度的主要因素，研究表明，北京地区颗粒物消光系数占总消光系数的 70%～80%，南京地区的颗粒物消光系数占总消光系数的 95%以上，其中的硫酸盐、硝酸盐、含碳物质能对光产生强烈的散射，造成能见度降低；二是气象条件，风速、气压、混合层高度等气象因素能改变污染物浓度，因而与能见度关系密切。其中，混合层高度对能见度影响，在混合层高度改变 1 h 之后最明显。研究表明，在我国南京的相对湿度等气象要素与能见度的相关性研究中，相对湿度与能见度的相关性最好，达到 –0.632，甚至超过了颗粒物与能见度的相关性。

本书分析了河南省部分城市的能见度水平以及能见度受颗粒物等污染因素和其他气象因素的影响程度。选用数据为上述六个城市 2014 年全年的气象数据和污染数据。

2.5.3.1　研究区域能见度水平

图 2-23 和图 2-24 分别显示了 2014 年各城市的每个月和每个季节能见度均值。

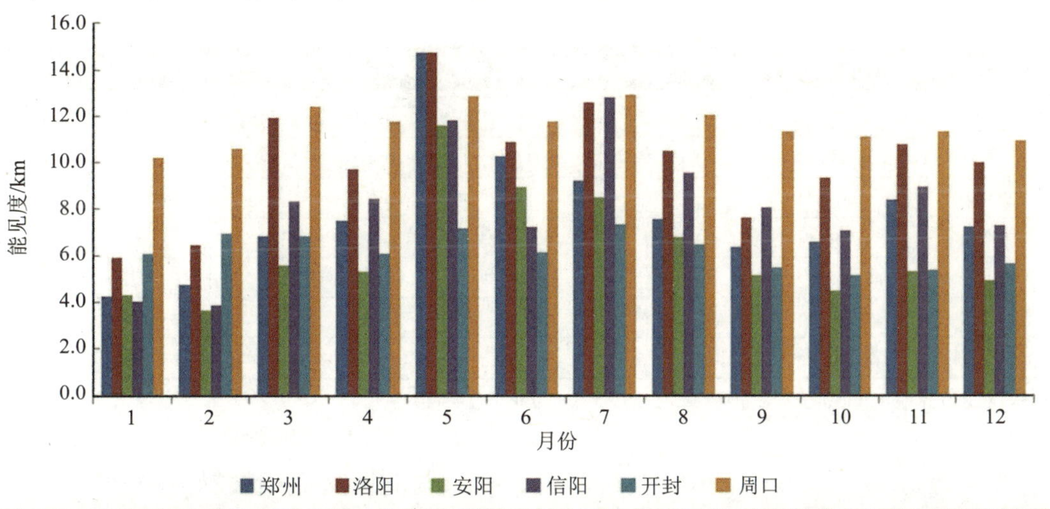

图 2-23　河南省部分城市能见度的月变化（2014 年）

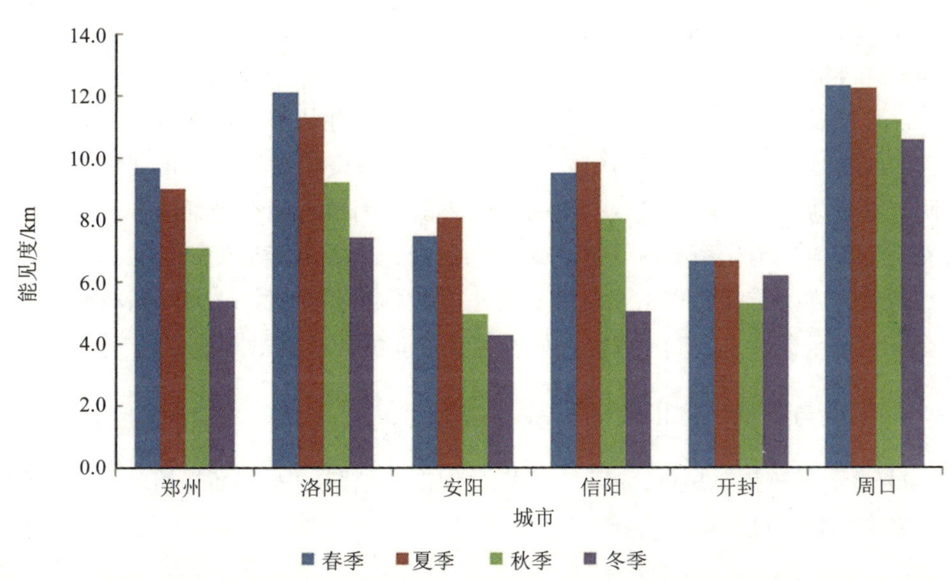

图 2-24　河南省部分城市能见度的季节变化（2014 年）

从图 2-23 和图 2-24 中可看出，从地域差异来看，安阳和开封能见度较低，而洛阳和周口能见度最高，这一点和灰霾程度是一致的。从月际变化来看，各城市基本都表现出 5 月能见度最高，而 1 月能见度最低的特点。各城市能见度的季节变化则表现为春季≈夏季＞秋季＞冬季。

2.5.3.2 能见度与污染因子的相关性

表 2-10 显示了郑州、开封、洛阳、安阳、周口和信阳的能见度与 PM_{10}、SO_2、NO_2、CO、$PM_{2.5}$、O_3 的相关性。

表 2-10 河南省部分城市能见度与污染因子的 Pearson 相关系数（2014 年）

	PM_{10}	SO_2	NO_2	CO	$PM_{2.5}$	O_3
郑州	−0.411**	−0.155*	−0.332**	−0.408**	−0.615**	−0.001
洛阳	−0.565**	0.162*	−0.199**	−0.315**	−0.605**	−0.010
安阳	−0.374**	−0.155*	−0.260**	−0.405**	−0.558**	0.260**
信阳	−0.442**	−0.217**	−0.316**	−0.448**	−0.415**	0.305**
开封	−0.362**	0.218**	0.053	−0.143*	−0.354**	−0.105
周口	−0.563**	−0.170**	−0.223**	−0.170**	−0.570**	0.056*

注：** 在 0.01 水平（双侧）上显著相关；* 在 0.05 水平（双侧）显著相关。

可以看到，几个污染因子中，PM_{10}、CO、$PM_{2.5}$ 与能见度相关性较好且全部呈负相关，其他几个因子相关性并不好。颗粒物尤其是 $PM_{2.5}$ 与能见度相关性明显较好，其中 $PM_{2.5}$ 与能见度的相关系数在 0.354～0.615，均达到了极显著水平，PM_{10} 与能见度的相关系数在 0.362～0.565，也达到了极显著水平。CO 与能见度的相关性相对略差，几个城市的相关系数在 0.143～0.448。

这一点与文献报道一致，国内外学者的研究成果也往往显示能见度与 $PM_{2.5}$ 的相关性最好。例如，黄建、吴兑等基于 1954—2004 年的气象资料对珠江三角洲的能见度影响因素进行研究，认为该地区能见度未得到有效改善的原因很可能在于细粒子的污染；刘新民等在研究北京市大气消光系数时认为，颗粒物的消光系数是能见度下降的最主要贡献者；陈义珍等在研究广州市和北京市大气能见度与颗粒物的关系时，认为不同粒径的颗粒物与能见度均呈现幂函数关系，其中 $PM_{2.5}$ 与能见度之间的相关系数最高，达到了 0.61。

2.5.3.3 能见度与其他气象因素的关系

表 2-11 显示了郑州、开封、洛阳、安阳、周口和信阳的能见度与相对湿度、温度及风速等气象因素的相关性。

表 2-11 河南省部分城市能见度与气象因素的 Pearson 相关系数（2014 年）

	郑州	洛阳	安阳	信阳	开封	周口
相对湿度	–0.645**	–0.756**	–0.628**	–0.381**	–0.630**	–0.430**
温度	0.46**	–0.013	0.338**	0.247**	0.305**	0.000
风速	0.505**	0.170**	0.358**	0.096	0.089	0.030

注：** 在 0.01 水平（双侧）上显著相关；* 在 0.05 水平（双侧）显著相关。

可以看到，在温度、相对湿度、风速几个气象因素中，相对湿度与能见度呈现负相关，而风速和温度呈现正相关。相对湿度与能见度的相关性最好，几个城市的相关系数在 0.381～0.756，均达到了极显著水平；温度和风速与能见度相关性则呈现出明显的地域差异，郑州、安阳、开封等灰霾出现频率较高的城市两者显著正相关，而周口、信阳等城市则并未显示出显著的相关性。

2.5.3.4 能见度与颗粒物、相对湿度的回归分析

由以上分析可以看到，影响研究区域能见度的主要因素是颗粒物和能见度，以下就郑州市的监测数据对能见度与颗粒物之间、能见度与相对湿度之间进行回归分析，并对能见度与颗粒物及相对湿度进行多元回归分析，以进一步讨论相对湿度即颗粒物对能见度的影响。

（1）能见度与颗粒物之间的回归分析

用 SPSS 分别用线性、对数、倒数、二次、复合、幂、指数、Logistic 等各种方程对能见度与 $PM_{2.5}$ 进行了回归分析，7 种方程的相关系数如表 2-12 所示。

表 2-12 各种拟合方程的相关系数

城市	线性	对数	二次	幂	指数	Logistic	三次
郑州	0.615	0.705	0.681	0.739	0.706	0.706	0.710

可见，用幂函数进行拟合时相关系数最好。拟合曲线和方程如图 2-2 所示。

拟合方程：

$$\ln y = 0.691 - 0.948\ln x \qquad (2\text{-}1)$$

式中，y 为能见度（km）；x 为 $PM_{2.5}$ 含量（mg/m^3）

（2）能见度与相对湿度之间的回归分析

用 SPSS 分别用线性、对数、二次、三次、幂、指数、Logistic 等各种方程对能见度与相对湿度进行了回归分析，7 种方程的相关系数如表 2-13 所示。

可见，用三次函数进行拟合时相关系数最好。拟合曲线和方程如图 2-26 所示。

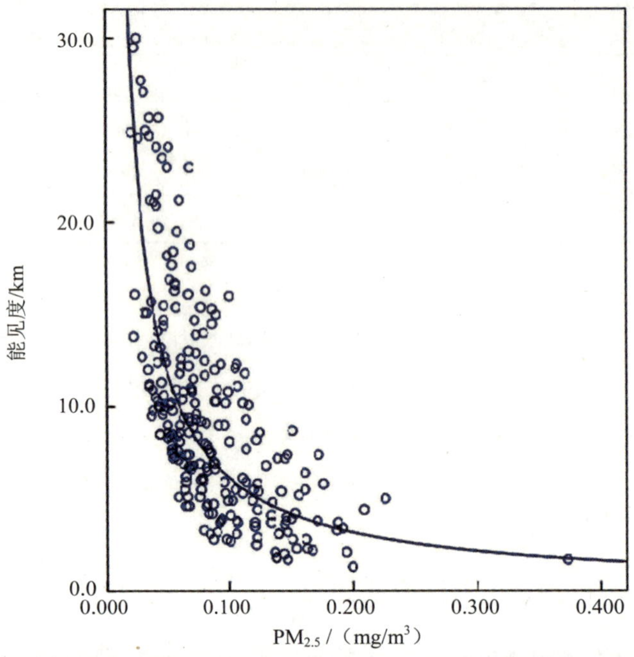

图 2-25 郑州市能见度与 $PM_{2.5}$ 的相关性曲线

表 2-13 各种拟合方程的相关系数

城市	线性	对数	二次	幂	指数	Logistic	三次
郑州	0.645	0.668	0.668	0.606	0.612	0.612	0.670

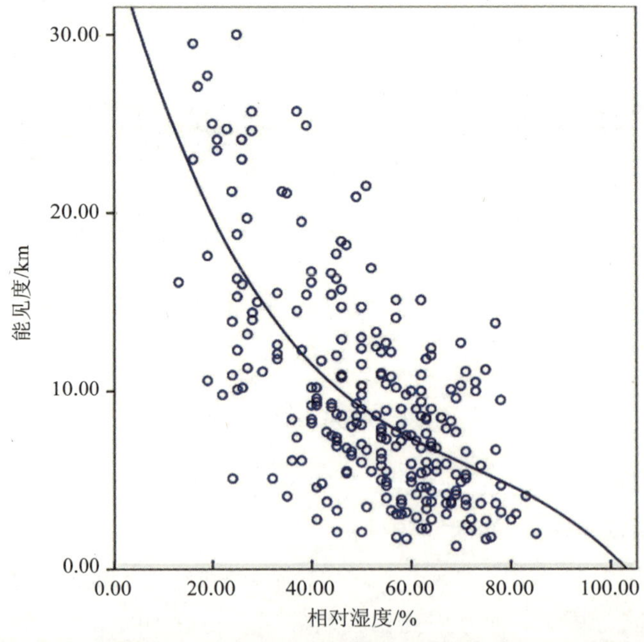

图 2-26 郑州市能见度与相对湿度的相关性曲线

$$\cdots^{-5}x^3 + 0.012x^2 - 0.967x + 34.902 \quad (2\text{-}2)$$

…湿度（%）。

…之间的二元线性回归分析

…对湿度（RH）和颗粒物（PM_{10}、$PM_{2.5}$）为自变量，用…度取 95%。能见度-相对湿度-PM_{10} 和能见度-相对湿度-…

…相对湿度与颗粒物的二元线性回归模型

	回归系数	P 值		
		相对湿度	颗粒物	常量
…93	0.787	0.000	0.000	0.000
…54	0.750	0.000	0.000	0.000

…时，两个拟合方程的各自变量 P 值均小于 0.05，拟合…两个特点：一是 $PM_{2.5}$ 回归系数大于 PM_{10}，表明 $PM_{2.5}$…粒物回归系数大于相对湿度的回归系数，表明颗粒物对…

…区域能见度的因素在气象方面主要为相对湿度，在污染…CO。PM_{10}、$PM_{2.5}$ 浓度与霾程度呈现很明显的正相关性，…较其他天气高；NO_2、SO_2、CO 等气态污染物浓度与霾…h）与霾程度呈现一定的负相关关系。影响研究区域能…湿度，在污染因子方面为 $PM_{2.5}$，其次为 PM_{10} 和 CO。

勘　误

第 45 页倒数第 8 行，“首要污染物为可吸入颗粒物（PM_{10}）”应为“首要污染物为细颗粒物（$PM_{2.5}$）”。

2.6　小结

（1）河南省城市环境空气质量形势依然严峻，首要污染物为可吸入颗粒物（PM_{10}），属于大气污染较为严重的省份。从 2014 年河南省大气污染物的浓度看，全省 PM_{10} 年均浓度值为 136 μg/m^3，18 个地市浓度值在 125～158 μg/m^3，全部超出《环境空气质量标准》（GB 3095—2012）二级浓度限值；全省细颗粒物（$PM_{2.5}$）年均浓度值为 82 μg/m^3，18 个地市浓度值在 71～97 μg/m^3，全部超出二级浓度限值；全省二氧化硫（SO_2）年均值为 47 μg/m^3，18 个地市浓度值在 29～68 μg/m^3，其中焦作和济源超出二级浓度限值；全省二氧化氮（NO_2）均值为 40 μg/m^3，18 个地市年均浓度值在 22～54 μg/m^3，濮阳、洛阳、平顶山、焦作、新乡、许昌、郑州、安阳 8 个地市超出浓度限值。

（2）河南省城市环境空气质量具有明显的地域特征。几种主要的大气污染物（PM_{10}、$PM_{2.5}$、SO_2、NO_2）均表现出西、北地区污染物浓度较高，东、南地区污染物浓度较低的特点。京广—陇海铁路可作为河南省大气污染的地理标志线：沿线的郑州、安阳、开封等城市环境空气污染最为严重；河南省西北部的焦作、济源等地 SO_2 污染较严重，而东南方向的商丘、周口、信阳等地相对污染较轻；河南省中部的平顶山等城市污染也相对较为严重；此外太行山山脉东侧也存在大气污染物的“聚集带”。

（3）河南省城市环境空气质量具有明显的季节特征。几种污染物的浓度均表现为冬季最高，春秋两季次之，夏季最低的特点。从月际分布来看，各种污染物浓度均在 1 月出现最高值，而最小值一般出现在 7 月、8 月、9 月。此外，受秋季秸秆燃烧、不利气象条件等的影响，6 月、10 月易出现污染物的局部高值，这一点也需引起高度注意。

郑州市的每日小时浓度均值表现出明显的规律性。PM_{10}、$PM_{2.5}$、SO_2 几种污染物的小时浓度在凌晨逐渐升高，一般在凌晨 5—6 时达到最大值，接着逐渐降低，在中午 11—14 时降至最小值，此后会缓慢升高；NO_2 的小时浓度有典型的双峰特征，在凌晨逐渐升高，一般在凌晨 4—5 时达到第一次极大值，接着逐渐降低，在上午 10—11 时降至最小值，然后缓慢升高，在下午 18 时达到第二次极大值，此后会有缓慢的降低。

（4）《环境空气质量标准》（GB 3095—2012）所规定的 6 个基本项目的全省日均值二级标准平均达标率为 56.9%～98.7%。其中，SO_2 达标率最高，全省日均值二级标准达标率平均为 98.7%，18 个省辖市中有 6 个城市日均值二级标准达标率达到了 100%，有 16 个城市年均值达到了二级标准浓度限值。其次为 CO，全省日均值二级标准平均达标率为 97.7%，18 个省辖市中有 4 个城市浓度日均值二级标准达标率为 100%。第三为 NO_2，全省日均值达标率为 96.9%，18 个省辖城市中有 10 个城市年均值达到了标准浓度限值；第四为臭氧（O_3），全省 8 h 滑动平均二级标准平均达标率为 82.7%。最后为 PM_{10} 和 $PM_{2.5}$，全省日均值二级标准达标率平均分别为 67.5%和 56.9%，18 个省辖城市年均值均未达到二级标准限值。

（5）18 个省辖市城市环境空气质量优、良天数比例为 37.3%～60.6%，重度污染和严重污染天数比例为 4.9%～14.8%。全省平均环境空气质量优、良天数比例为 50.1%，18 个省辖城市中，鹤壁最高，安阳最低；重度和严重污染天数比例平均为 9.3%，安阳最高，鹤壁最低。全省环境空气首要污染物是细颗粒物 $PM_{2.5}$，其次为 PM_{10}。

（6）郑州的环境质量处于华北华中地区环保重点城市环境空气污染的中间水平，并有日趋严重的趋势。进入 2013 年后，郑州与周边环保重点城市后环境空气质量明显恶化，郑州环境空气质量处于周边重点环保城市的中间水平；但郑州空气质量状况恶化更为迅速。就 2015 年 1 月和 2 月城市对比结果来看，郑州污染状况已经非常严重，甚至超越了以往污染最为严重的石家庄，需要引起高度重视。

（7）研究区域的灰霾污染状况地域差别较大。2014 年周口、洛阳、信阳、郑州、安阳、开封几个城市灰霾天数在 42～295 d，发生频率在 11.5%～80.8%。其中开封、安阳、郑州三个城市灰霾发生频率较高，分别达到了 80.8%、75.6%、63.8%。

（8）研究区域各个城市的灰霾以轻微霾和轻度霾为主，但程度有所区别。轻微霾天数占霾总天数的比重在 48.6%～83.3%，轻度霾天数占霾总天数的比重在 11.9%～26.4%，中度霾在 3.7%～15.2%，重度霾在 2.0%～12.1%。开封、洛阳、周口三地中度和重度霾比重较小，而郑州、安阳、信阳三地中度和重度霾比重较大。

（9）研究区域各个城市的灰霾季节分布不尽相同。总体表现为秋冬季节尤其是冬季的灰霾天数高于春夏季节。轻微灰霾在春夏季节出现最多，轻度灰霾大多出现在秋季，而重度灰霾主要出现在秋季和冬季。

（10）颗粒物浓度和相对湿度与灰霾等级相关性较大。灰霾等级各污染因子中，颗粒物（PM_{10}、$PM_{2.5}$）浓度与灰霾等级呈现很明显的正相关性；NO_2、SO_2、CO 等气态污染物浓度与灰霾等级呈现相关性较低。各气象因素中，相对湿度与灰霾等级呈现明显的正相关，气温和风速与灰霾等级呈现一定的负相关。对于影响研究区域大气能见度的因素，在气象方面主要为相对湿度，在污染因子方面为主要为 $PM_{2.5}$。研究区域各个城市的相对湿度与能见度的 Pearson 相关系数在 0.516～0.809，达到了极显著水平。各个城市的 $PM_{2.5}$ 与能见度的 Pearson 相关系数在 0.516～0.809，达到了极显著水平；PM_{10} 在 0.286～0.400，CO 在 0.179～0.448，也达到了极显著水平。

第 3 章

区域污染时空分布和污染输送的遥感监测

目前，我国对大气环境监测主要采用点式监测手段，利用配备各种传感器的自动监测仪器来对局部环境空气质量进行连续监测。此类方法监测结果稳定、可靠，连续可比，对反映局部大气环境质量具有重要意义。但是，点式监测手段也存在一定的局限性；例如无法反映大尺度范围、不同高度层污染物的分布特征以及变化趋势等；随着环境监测科学的发展，远距离、大尺度范围的遥感监测技术开始成为我国环境监测技术手段的有力补充。

高分辨的卫星遥感监测对于研究大尺度范围内污染气体作用越来越重要。相对于地面探测仪器，卫星探测由于其可以在短时间内获得大区域内污染物分布而得到广泛应用，为研究污染的时空变化特征提供了新的手段。

随着激光技术的发展，微弱信号检测技术的应用，激光雷达以它独特的高时空分辨率和高测量精度、实时在线等优势成为一种重要的主动遥感工具。激光雷达能获得不同高度大气层的污染物分布情况。

MAX-DOAS 是一种以光谱测量为基础，利用差分吸收光谱技术结合痕量气体的特征吸收截面获取气体浓度信息的光谱测量分析技术；可以采用一套系统，同时获得多种污染气体的浓度等信息，目前已经在环境监测领域得到了广泛的应用。

利用这些新型监测手段，我们能够形成天地一体化的立体监测网络；针对传统监测手段无法完成的污染物远距离输送、重灰霾天气追踪等，也能进行系统、科学的监测，并为大气灰霾的防治提供重要依据。

3.1 遥感及污染输送监测的原理

3.1.1 激光雷达原理

随着激光技术的发展，微弱信号检测技术的应用，激光雷达以它独特的高时空分辨率和高测量精度、实时在线等优势成为一种重要的主动遥感工具。激光雷达的探测原理是探究激光与大气中的分子以及气溶胶粒子之间相互作用所产生的各种物理过程。不同的大气物理过程与不同的光散射有关，选择不同的光散射过程就可以对大气颗粒物、水汽、痕量气体等进行观测。偏振激光雷达要求系统具有偏振探测功能和米散射探测功能。偏振功能主要用于大气边界层以上沙尘和卷云的退偏振比垂直廓线的探测；米散射功能用于大气消光垂直廓线探测以及颗粒物质量浓度的反演。偏振激光雷达可以通过对大气退偏振度的测量确定颗粒物的形状特征，进而对颗粒物进行分类，并判断其来源。例如局地生成的二次颗粒物大多为规则的球形粒子，外部输入的沙尘颗粒多为不规则形状。偏振激光雷达还可以给出消光系数、光学厚度等颗粒物光学特性。激光雷达一般由激光发射光学单元、接收光学单元和后继光学及控制单元三部分组成（图 3-1）。

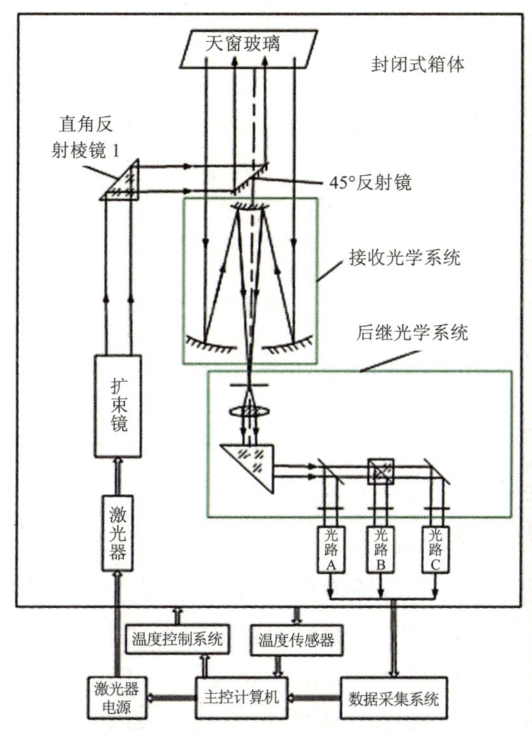

图 3-1　激光雷达系统结构原理

（1）气溶胶消光系数

由于激光从激光器传输到距离 r 处及粒子后向散射光传输至接收器处，激光能量均要遭到衰减。根据比尔-布格-朗伯定律，接收器接收到距离 r 处粒子的后向散射功率为：

$$\overline{P}_r = \overline{P}_{r0}\exp\{-2\int_0^r \alpha(r')\,\mathrm{d}r'\} \tag{3-1}$$

式中，e 指数中 2 代表往返路径上的大气对激光的衰减作用，$r=0$ 是对应于 $\overline{P}_{r0}$ 的位置，α 是包括粒子散射和吸收作用在内的体消光系数。则有：

$$\overline{P}_r(r) = P_t\frac{A_r P(\pi)}{r^2 4\pi}\beta_s\frac{\Delta h}{2}\exp\{-2\int_0^r \alpha(r')\,\mathrm{d}r'\} \tag{3-2}$$

这就是激光雷达的基本方程。对激光雷达的应用而言，通常情况下 $\beta = P(\pi)\beta_s$。因此，重写方程（3-2）后得：

$$P_{\mathrm{r}}(r)=P_{\mathrm{t}}kr^{-2}\beta(r)\exp\{-2\int_0^r\alpha(r')\,\mathrm{d}r'\} \tag{3-3}$$

式中，$P_{\mathrm{r}}(r)$ 是激光雷达接收到距离 r 处的大气后向散射回波信号功率（W），P_{t} 是激光发射功率（W），k 为激光雷达系统常数（$\mathrm{W\cdot km^3\cdot Sr}$），距离 r 是时间的函数，$\beta(r)$ 是距离 r 处的大气后向散射系数（$\mathrm{km^{-1}Sr^{-1}}$），$\alpha(r)$ 是距离 r 处的大气消光系数（$\mathrm{km^{-1}}$）。但是这里有两个未知参数 α 和 β，它们与粒子和（或）分子的光学性质以及数量密度有关。除非方程唯一地与 β 或 α 有关，否则不可能求出回波功率的绝对数值。

对激光雷达方程的求解采用 Fernald 后向积分法：

事先已知某一高度 r_c 处（标定高度）该波长大气气溶胶和空气分子的消光系数（标定值），则在标定高度 r_c 以下该波长在各高度的气溶胶消光系数为（后向积分）：

$$\alpha_{\mathrm{a}}(r)=-\frac{S_1}{S_2}\alpha_{\mathrm{m}}(r)+\frac{X(r)\exp[2(\frac{S_1}{S_2}-1)\int_r^{r_{\mathrm{c}}}\alpha_{\mathrm{m}}(r)\mathrm{d}r]}{\dfrac{X(r_{\mathrm{c}})}{\alpha_{\mathrm{a}}(r_{\mathrm{c}})+\frac{S_1}{S_2}\alpha_{\mathrm{m}}(r_c)}+2\int_r^{r_{\mathrm{c}}}X(r)\exp[2(\frac{S_1}{S_2}-1)\int_r^{r_{\mathrm{c}}}\alpha_{\mathrm{m}}(r)\mathrm{d}r]\mathrm{d}r} \tag{3-4}$$

由式（3-4）可以看出，若要从激光雷达测量的回波信号中得到大气气溶胶的消光系数，必须事先知道标定高度 r_{c}、大气分子消光系数 $\alpha_{\mathrm{m}}(r)$、气溶胶消光系数标定值 $\alpha_{\mathrm{a}}(r_{\mathrm{c}})$、大气分子消光后向比 S_1 和气溶胶消光后向比 S_2 这五个参数。对于标定高度 r_{c} 是通过选取近乎不含气溶胶的清洁大气层所在的高度来确定，这个高度通常在对流层顶附近，结合国内外相关探空资料，在这里我们选取 20km；$S_1=\alpha_{\mathrm{a}}(r)/\beta_{\mathrm{a}}(r)$ 是气溶胶消光后向散射比，它依赖于发射的激光波长、气溶胶的尺度谱分布和折射指数，取 $S_1=40$ Sr。S_2 是大气分子消光后向散射比，根据瑞利散射理论可取 $8\pi/3$；$\alpha_{\mathrm{m}}(R)$ 可通过大气分子的后向散射系数 $\beta_{\mathrm{m}}(R)$ 求得；$\alpha_{\mathrm{a}}(R_{\mathrm{c}})$ 先通过气溶胶散射比 $R'(\lambda_2,R)$ 获得气溶胶后向散射系数标定值 $\beta_{\mathrm{a}}(R_{\mathrm{c}})$，再由气溶胶消光后向散射比 S_1 获得消光系数标定值 $\beta_{\mathrm{a}}(R_{\mathrm{c}})$，获得以上几个参数后就可根据式（3-4）求得气溶胶消光系数。

（2）气溶胶退偏比

利用偏振激光雷达技术来探测大气时，激光雷达方程如下式表示：

$$P_{\mathrm{rp}}(r)=P_{\mathrm{t}}k_{\mathrm{p}}r^{-2}\beta_{\mathrm{p}}(r)\exp\{-2\int_0^r\alpha_{\mathrm{p}}(r')\mathrm{d}r'\}$$

$$P_{\mathrm{rs}}(r)=P_{\mathrm{t}}k_{\mathrm{s}}r^{-2}\beta_{\mathrm{s}}(r)\exp\{-\int_0^r[\alpha_{\mathrm{p}}(r')+\alpha_{\mathrm{s}}(r')]\mathrm{d}r'\} \tag{3-5}$$

式中，下标 p 和 s 分别表示与发射激光偏振方向平行和垂直的两个方向，P_{t} 是激光发射功率（W），$P_{\mathrm{rp}}(r)$ 和 $P_{\mathrm{rs}}(r)$ 分别为激光雷达接收到的在距离 r 处大气后向散射平行分量和垂直分量的回波功率（W），k_{p} 和 k_{s} 分别是接收平行分量通道和垂直分量通道的雷达系统常数（$\mathrm{W\cdot km^3\cdot Sr}$），$\beta_{\mathrm{p}}(r)$ 和 $\beta_{\mathrm{s}}(r)$ 分别表示在距离 r 处大气后向散射系数的平行分量和垂直分量（$km^{-1}Sr^{-1}$），$\alpha_p(r)$和$\alpha_s(r)$分别表示在距离r处大气消光系数的平行分量和垂直分量（km^{-1}）。

偏振激光雷达探测的退偏振比$\delta(r)$可表示为：

$$\delta(r)=\frac{p_{rs}(r)/k_s}{p_{rp}(r)/k_p}=\frac{\beta_s(r)}{\beta_p(r)}\exp\{\int_0^r[\alpha_p(r')-\alpha_s(r')]dr'\} \tag{3-6}$$

一般情况下，$\alpha_p(r)=\alpha_s(r)$，所以式（3-6）可以写成：

$$\delta(r)=\frac{\beta_s(r)}{\beta_p(r)}=k\frac{P_{rs}(r)}{P_{rp}(r)} \tag{3-7}$$

式中，$k=k_p/k_s$。这样，通过分析偏振激光雷达接收到的各个高度处大气后向散射回波功率的平行分量$P_{rp}(r)$和垂直分量$P_{rs}(r)$以及这两个通道的增益常数比k，利用式（3-7），就可以获得大气退偏振比的垂直分布廓线$\delta(r)$。由于大气中气体分子的退偏振比很小，仅为 0.029 7，因此，偏振激光雷达探测大气中非球形粒子时获得的大气退偏振比主要来自这些$\delta(r)$非球形粒子的贡献。

（3）颗粒物的区域输送通量

将激光雷达水平测量，获取地面的颗粒物消光系数；同时在同一地点测量颗粒物质量浓度；然后把相同条件下的消光系数与质量浓度对放在一起，二者之间存在一定的线性关系，积累一定量的数据，通过迭代法可以得到关系式的系数。在不同的气象条件下，温度和相对湿度对颗粒物质量浓度测量有一定的影响，需要根据实际情况对关系模型进行调整和优化，本实验采用的模型为指数模型，考虑温度和相对湿度对质量浓度的影响，模型公式为：

$$m(z)=a\times\sigma(z)^b+k\times e^{-(z-Z_0)\cdot(\frac{273-T}{273})^{\frac{1}{t}}}\times RH+C \tag{3-8}$$

式中，$m(z)$为高度 z 处的气溶胶质量浓度，a、b、C为模型参数，$\sigma(z)$为高度z处的气溶胶消光系数，k为影响系数，z为高度，T为温度，Z_0为气溶胶标，T和 RH 分别为温度和相对湿度，$\frac{1}{t}$是伸缩因子。

在获取颗粒物质量浓度的空间垂直分布$m(z)$后，将风场矢量数据$\vec{V}$与输送通道方向矢量$\vec{r}$进行矢量相乘，获取风向在输送通道上的投影值，然后乘以气溶胶质量浓度，半定量获取不同高度的颗粒物输送通量$flux(z)$；对不同高度的输送通量求和从而获得颗粒物输送总量$Sum(flux)$，即：

$$\begin{gathered}flux(z)=m(z)\cdot\vec{V}\times\vec{r}\\ Sum(flux)=\sum^{n}flux(z)\end{gathered} \tag{3-9}$$

式中，$\vec{V}$为风场矢量，$\vec{r}$表示定义的输送通道方向矢量。当 flux（z）值为正时，表示颗粒物沿输送通道输入；当 flux（z）值为负时，表示颗粒物沿输送通道输出。

3.1.2 MAX-DOAS 原理

MAX-DOAS 是一种以光谱测量为基础，利用差分吸收光谱技术结合痕量气体的特征吸收截面获取气体浓度信息的光谱测量分析技术，目前已经在环境监测领域得到了广泛的应用。

地基 MAX-DOAS 技术是被动 DOAS 技术的一种，MAX-DOAS 利用不同仰角的望远镜接收太阳散射光，根据污染气体各自的特征吸收谱线，反演出污染气体的垂直柱状浓度 VCD（Vertical Column Density）以及浓度随高度的分布廓线，通过测量天顶方向和几个离轴方向的大气吸收光谱来获取大气中污染气体的空间分布。在监测过程中，反射镜指向正北，通过步进电机带动反射镜分别转至 5°、10°、15°、20°和 90°完成一个测量循环，从而实现对不同角度的测量，MAX-DOAS 的测量原理如图 3-2 所示。

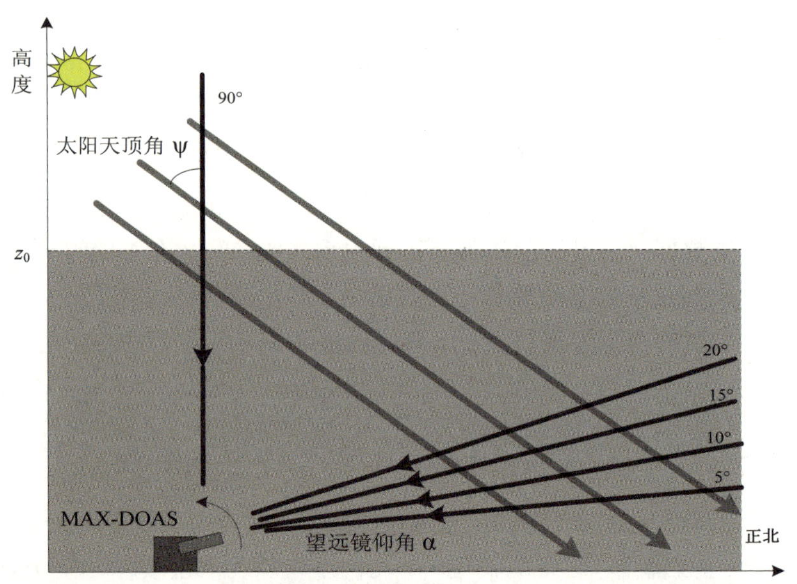

图 3-2 MAX-DOAS 测量原理示意

MAX-DOAS 技术是利用痕量气体 O_3、SO_2、NO_2 在紫外可见波段的 “指纹” 吸收实现了对上述气体的实时测量。MAX-DOAS 利用不同仰角的望远镜接收太阳散射光，根据污染气体各自的特征吸收谱线，反演出污染气体的垂直柱状浓度 VCD（Vertical Column Density）以及浓度随高度的分布廓线，这是一种实时、在线的测量方法，非常适合对大气环境污染进行遥感测量，同时该方法获取的污染气体垂直柱状浓度可以为卫星结果校验提供数据源。

MAX-DOAS 通过依次观测不同角度（5°、10°、15°、20°和 90°）获得对应角度的太阳散射光谱，再利用 DOAS 方法计算得到各个角度的斜柱浓度，结合辐射传输模型获取测量地区的污染气体的垂直柱状浓度。该系统由棱镜、望远镜、遮光板及其驱动装置、电机及温度控制电路板、光纤、光谱仪与控制计算机等组成（图 3-3）。棱镜将散射光导入接收望远镜中，接收望远镜将散射光汇聚到光纤中，驱动电机带动棱镜旋转将不同角度的散射光导入接收望远镜中，而遮光板的功能为控制光路的通断，实现对背景的测量。进入望远镜的散射光在完成色散、采集与数字化通过 USB 线传导到计算机中存储、计算，最终实现对大气痕量气体垂直柱浓度及廓线的解析。

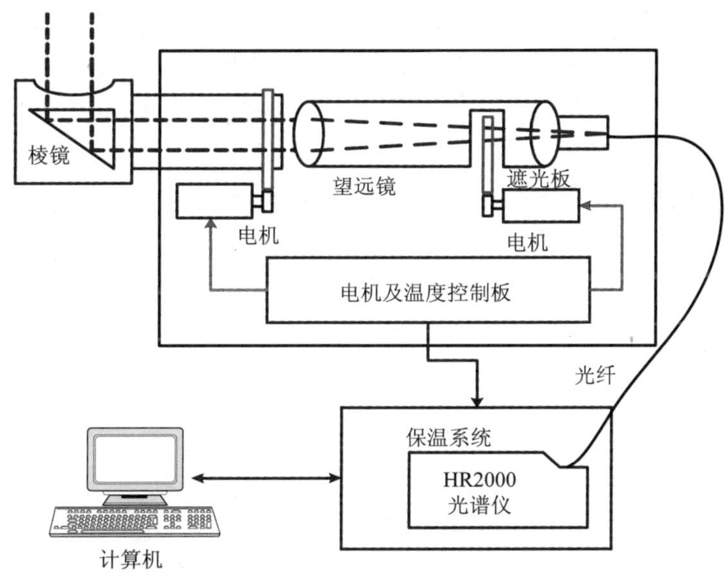

图 3-3　MAX-DOAS 系统结构示意

3.2　遥感技术应用及国内外研究现状

3.2.1　遥感监测技术

遥感技术是从远距离感知目标反射或自身辐射的紫外线、可见光、红外线、微波等电磁波对目标进行探测和识别的技术。

从 1608 年汉斯 · 李波尔赛制造了世界第一架望远镜开始，人类就进入了遥感技术的萌芽时期——无记录地面遥感阶段（1608—1838 年）；1839 年达盖尔（Daguerre）发表了他和尼普斯（Niepce）拍摄的照片，第一次成功地将拍摄事物记录在胶片上，开启了有记录地面遥感阶段（1839—1857 年）。随着科技的进步，空中摄影遥感阶段（1858—1956 年）横跨两次世界大战，彩色摄影、红外摄影、雷达技术、多光谱摄影、扫描技术以及运载工具和判读成图设备逐步进入遥感领域。1957 年，苏联发射了人类第一颗人造地球卫星，标志着人类进入了现代遥感时代。我国 20 世纪 50 年代组建专业飞行队伍，开展航摄和应用，开始了中国遥感事业的征程。1975 年通过返回式卫星，首次获得中国自己的卫星相片。目前我国的遥感事业仍处于蓬勃发展时期，地基遥感、航空遥感、航天遥感均有成熟的科研院所和大批的科研人员，不断将遥感技术应用到各个相关领域。

现代遥感技术正在不断向多个纵深方向发展，一是光谱的探测由紫外、可见、红外谱段逐渐向 X 射线和 γ 射线扩展；单光谱向多光谱扩展；从低分辨率光谱到高分辨率光谱扩展；从单一的电磁波向声波、引力波、地震波等多种波的综合扩展。二是地面、航空、航天多层次遥感综合运用，在时间分辨率、空间分辨率、光谱分辨率等要素中相互取长补短。三是遥感信息处理的自动化，并与现代定位技术结合提高定量化、精确化水平。四是遥感技术正在从农业、林业、地质、海洋、水文、气象、测绘和军事侦察等传统领域向环境保护、减灾救灾等更多应用领域扩展。

大气环境卫星遥感监测是 20 世纪 60 年代开始系统形成的新型大气探测方法。传统大气污染监测是以定点取样的实验室分析为基础，结合电化学技术对大气污染进行监测，只能反映取样点很小范围内的空气污染程度，无法对区域性大气环境质量状况进行全面、实时、在线监测，还需要投入大量的人员、设备和资金，并不能满足科学研究和国家决策的需求。卫星遥感技术监测大气具有常规地面监测所不具备的优势：监测范围广、重复周期短、成本低、多平台、多光谱；能直观地动态监测污染物的多时间尺度、多空间尺度的变化趋势和分布特征，观测大气中气溶胶和微量气体的变化趋势，研究其源和汇；获得地面或高空大区域三维空间数据，得到大尺度空间范围内的大气组分的垂直柱状浓度状况和水平范围。

近年来，地基遥感技术也逐渐成熟，其更高的时间分辨率，便捷的空间分层观测技术，灵活的观测点位或路线选择，较卫星更加完善的污染气体特征光谱传感器等诸多优势正在弥补常规地面监测和航空航天遥感监测的薄弱环节，在北京奥运会、上海世博会、2014 年 APEC 峰会、南京青奥会等重大活动环境信息采集与剖析中发挥了重要作用。在地基大气遥感监测方面，目前研究热点集中在激光雷达技术、傅里叶变换红外光谱（FTIR）方法、可调谐半导体激光吸收光谱（TDLAS）技术、差分吸收光谱技术（DOAS）等。其中激光雷达、差分吸收光谱技术在气溶胶、痕量气体的垂直分布监测中发挥了重要作用。激光雷达技术实现了遥感探测技术向高时空分辨率高精度领域的发展，它可以利用激光与大气中气溶胶颗粒、气体分子的相互作用来实现对大气光学及物理特性参数进行高时空分辨率的精细探测，最早用于 NO_2 垂直分布监测。差分吸收光谱（DOAS）技术主要是利用空气和污染源中的痕量污染成分对紫外及可见光波段的吸收特征来进行定性定量分析的，分为主动 DOAS 技术和被动 DOAS 技术，主动 DOAS 广泛应用在紫外和可见波段范围，进行标准污染物 O_3、NO、SO_2 等的日常监测。利用自然光源（日光、月光等）作为光源的被动 DOAS 技术，可以实现对大气平流层、对流层中的痕量气体柱浓度及其垂直分布进行研究。相继出现了地基、机载、星载被动 DOAS 技术，应用于痕量气体和气溶胶物理化学特性的监测，例如研究平流层 O_3、测量大气对流层中的 NO_x 和 SO_2、研究痕量气体的全球分布变化等。相比较而言，激光雷达、被动 DOAS 技术等遥感技术以其大范围、连续实时监测方式而成为环境污染监测的理想工具，也成为当前重要污染指标的常规在线监测技术的发展方向和技术主流。其中激光雷达技术需要高功率的激光光源，被动 DOAS 技术则利用了自然光源。

星地遥感结合研究大气成分的研究近年来已经起步，开展遥感大气成分的相关科研工作在空气质量控制、可持续发展尤其是大气环境研究方面有重大的科学研究价值和现实的指导意义。所以利用大气环境遥感监测对流层痕量气体的总量、密度、时空分布以及传输特征等相关研究成为当今国内外热点研究课题。

3.2.2 国外研究现状

最早研制的大气成分卫星探测仪器是后向散射紫外光谱仪 BUV，它装载在 1970 年 4 月美国国家大气研究中心发射的 Nimbus-4 卫星上，用来观测臭氧的垂直分布状况。1978 年，在美国 Nimbus-7 卫星上搭载了用于监测臭氧总量变化的 TOMS 传感器，标志着卫星遥感对对流层痕量气体正式研究的开始。Varotsos 等利用 1979—1992 年 13 年的 Nimbus-7 TOMS 遥感数据分析了希腊上空的臭氧衰减，研究结果表明，其上空的臭氧衰减率为每年 0.8%；1995 年 4 月 21 日，欧空局 ESA 发射的 ERS-2 卫星，来探测气溶胶和臭氧层的浓度分布。日本于 1996 年发射的 ADEDS-Ⅱ卫星上搭载有温室气体干涉监测仪，可提供全球大气中的 CO_2、CH_4 和 CFCs 等温室气体的遥感监测数据。1999 年和 2002 年美国发射的 Terra 和 Aqua 等对地观测系统卫星上搭载了 MODIS，一天两次为全球提供臭氧和气溶胶分布信息。2002 年 3 月 1 日欧空局发射的 ENVISAT-1 上装载了三个探测器 GOMOS、MODIS、SCIAMACHY，用来研究 HNO_3、CH_4、H_2O、N_2O、CFCs 等气体的成分变化及其对大气状态参数和辐射收支的影响，并且可以测量恒星光谱、大气发射光谱，以及大气吸收光谱，来探测气溶胶和臭氧层的浓度分布。2003 年 8 月 13 日在加拿大发射的 SCISAT-1 上搭载了红外高光谱探测器 ACEFTS，可以用来监测 O_3、H_2O、NO、NO_2 和气溶胶的垂直廓线、组成、密度和大小情况。2004 年 7 月 15 日，在 NASA 发射的地球观测系统卫星 Aura 上装载了对流层发射分光仪（TES）、高分辨动力分支探测仪（HIRDLS）、微波分支探测仪（MLS）和臭氧监测仪（OMI）四个大气探测器，其中 OMI 可以获得全球低层臭氧和其他影响空气质量的污染物 NO_2、SO_2 等痕量气体的分布状况。2006 年 10 月 ESA 发射了第一个业务化气象应用的极轨卫星 Metop，上面载有 12 个大气探测传感器，其中 GOME-2 和 IASI 专门用于观测对流层痕量气体。NASA 的新千年计划（NMP）中的 EO-3 卫星搭载了地球同步红外成像傅里叶变换光谱仪（GFITS），分辨率非常高，可以长时间地探测研究区域的大气水汽、温度廓线以及 NO_2 和 O_3 等大气痕量气体。Velders 等采用三维模式并结合 GOME 相关数据，初步对全球对流层 NO_2 柱总量分布状况进行研究。Lamsal 等利用 GOME 卫星遥感数据和大气化学传输模式输出的北美部分地区 NO_2 廓线信息，计算出研究区地面 NO_2 浓度，并与地面观测的浓度数据进行比较。Richter 等利用 GOME 卫星数据研究对对流层 NO_2 的精确反演方法，提高了卫星数据反演方法的科学性和准确性。Boersma 等研究闪电在对流层产生的 NO_2 的时空分布状况，是利用 GOME 资料并结合模式模拟方法。Jacob 等研究由于自然因素产生的 NO_x 的时空分布和季节变化特征，是在 GOME 卫星数据的基础上进行的。2005 年，Andeas 等研究 1996—2004 年全球的 NO_2 变化趋势，也是利用 GOME 和 SCIAMACHY 的对流层 NO_2 数据，结果发现对流层 NO_2 浓度增长显著的地区集中在中国东部以及香港地区，而且其增长速度远远高于其他主要 NO_2 的浓度高值区。

国外在大气组分地面遥感监测研究方面也取得了很大的进展，由美国能源部组织的旨在研究全球气候变化的大气辐射观测实验项目（ARM）由于广泛使用激光雷达监测云和气溶胶，为提高全球气候模式模拟能力提供宝贵的资料（JAMES R.，2002），Sugimoto 等（2008）利用自行研制的偏振激光雷达系统建立一个遍布东亚及南亚多个国家或地区的激光雷达观测网，用于长期观测气溶胶（尤其是沙尘气溶胶）垂直结构和光学特性在传输过程中变化特征，并资料同化到化学传输模式研究沙尘气溶胶和区域污染物及气候变化；Kenneth 等从 1999 年 1 月 14 日至 2 月 8 日进行了 Aerosols99 移动观测计划，这项观测沿着弗吉尼亚的 Norfolk 和南非的开普敦，获得了南北大西洋几个不同地区的气溶胶垂直分布特征（Voss et al.，2001）；Satheesh 等（2006）在印度南部城市班加罗尔使用激光雷达探测气溶胶时空分布，获得了当地气溶胶的光学特性和边界层动力性质；Welton 等在大型观测实验第二次气溶胶特性观测实验（ACE-2）中利用微脉冲激光雷达获得当地站点的气溶胶垂直分布及物理特性，并与其他地基观测仪器和卫星资料进行对比分析（Eellsworth et al.，2000）。在柱浓度反演过程中，Wagner et al.（2001）推荐将 Ring 光谱被作为一种吸收结构参与拟合过程去除 Ring 的影响；Hendrick et al.（2006）对几种常用的辐射传输模型对天顶 DOAS 和 MAX-DOAS 反演结果的影响做了对比分析；2006 年日本科学家在泰山进行了为期一个月的对流层 NO_2 地基遥感观测，将 MAX-DOAS 的对流层 NO_2 柱浓度测量数据与 OMI 卫星的对流层 NO_2 柱浓度产品进行对比分析，结果显示在泰山地区 OMI-NO_2 卫星产品可能会有 1.6×10^{15} molec./cm^2（20%）的正偏；Heckel et al.（2005）利用 MAX-DOAS 在 Po-Valley 的观测结果反演出 HCHO 廓线，采用循环迭代方法；Vigouroux et al.（2009）将最优估算法扩展应用于 MAX-DOAS 技术反演 HCHO 廓线；Irie et al.（2011）利用 MAX-DOAS 实现了 NO_2、HCHO 等多种组分的廓线反演；Li et al.（2012）利用参数化廓线法反演出了 NO_2、HCHO 等组分的廓线，并于点式仪器对比，具有较好的相关性。采用 MAX-DOAS 自身来解决辐射模型所需要的气溶胶参数问题，即使用 O_4 的斜柱浓度来推断大气的气溶胶信息，该方法最早由 Wagner et al.（2000a）提出。Wagner et al.（2004）和 Frieb et al.（2006）在以后的研究工作中指出利用 MAX-DOAS 解析气溶胶消光廓线的方法；随后，Honninger et al.（2004）在 MAX-DOAS 综述文章中指出了同样的问题；Irie et al.（2008，2009）第一次用 MAX-DOAS 实际测量结果反演得到了日本 Tsukuba 的对流层气溶胶廓线。

3.2.3　国内研究现状

我国科学家从 20 世纪 80 年代中期以来在大气组分方面的研究越来越深入，1986 年赵柏林等利用 NOAA/AVHRR 资料，对海上大气气溶胶进行了研究，由于是研究的尝试阶段，仅对渤海上空一个点进行了测量，结果表明，对气溶胶浓度计算所达到的精度可以满足气候和环境研究的需要。胡顺星等利用激光雷达对对流层 2～4 km 高度范围的臭氧分布进行了测量。结果表明，用 YAG 激光产生的两个波段（266 nm 和 289 nm），可以得到比较精确的臭氧分布。刘金涛等采用高光谱分辨率激光雷达（HSRL）系统，同时测量了大气风和气溶胶的光学特性，取得了较好的效果。目前我国利用卫星遥感监测对流层大气的相关研究还处于初级阶段，主要集中在全国区域，针对省、市等的区域性研究较少，而且大多使用 GOME 和 SCIAMACHY 数据，OMI 的资料的使用较少。江文华等（2006）利用 GOME NO_2 对流层柱浓度卫星遥感资料分析北京市大气 NO_2 季节变化和年际变化特征，并将北京市地面 NO_2 日均质量浓度月平均值变化与上空 GOME NO_2 对流层柱浓度月平均值变化进行比较研究，结果表明两者随时间的变化趋势具有很好的相关性和一致性。张兴赢等（2007）利用 SCIAMACHY 和 GOME 卫星遥感数据全面研究近 10 年来中国的对流层 NO_2 柱浓度变化，结果发现对流层 NO_2 柱浓度增长趋势明显，NO_2 污染最严重的地区主要集中在人口聚居和工业发达的京津冀、长江三角洲、珠江三角洲以及四川盆地等地区。李莹等把 SCIAMACHY 卫星对流层 NO_2 垂直柱浓度数据与地基 DOAS 观测反演得到的大气层 NO_2 柱总量数据进行比较研究，并做了大气层 NO_2 柱总量时空分布特点的相关研究，结果表明中国东部以及香港地区增长显著。张彦军等利用 OMI 数据，开展不同类型城市的 NO_2 的分布及变化趋势研究。这些研究大部分都是从遥感卫星上获取数据，从时间和空间上研究 NO_2 柱总量和柱浓度的变化特点，并结合地面观测数据进行深入的对比研究，为后人在其他地区利用卫星遥感监测大气痕量气体浓度及影响因素的研究提供了整体思路和方法路线。刘莉利用 GMS-5 可见光通道研究了湖面上空气溶胶光学厚度，试验证明了该方法的可行性。毛节泰等利用 MODIS 资料和地面多波段光度计资料对整个中国、中国东部地区及四川盆地等地的气溶胶特性做了大量的研究工作，并取得了一定的成果。国际上在利用卫星资料研究气溶胶方面做了很多的工作，尤其是在利用气溶胶光学特性并根据其路径散射光谱进行反演方面。目前，国外对气溶胶进行反演的方法主要有 8 种，即单通道反射率反演法、多通道反射率反演法、基于稠密或暗色植被区的黑体反演法。

在大气组分地基遥感监测研究方面，周军等使用自行研制的激光雷达系统探测平流层和对流层大气气溶胶光学特性，发现火山爆发期间平流层气溶胶光学特性有较大变化，还观测到对流层气溶胶存在复杂的多层垂直结构；邱金桓等利用多波长激光雷达探测北京地区对流层中上部云和气溶胶的垂直分布情况，首次发现沙尘气溶胶粒子有可能在更高的高度进行远距离输送；1998 年在世界上首次利用激光雷达在号称第三极的青藏高原进行气溶胶探测，发现夏季青藏高原上空的上升气流可能比较强（白宇波等，2000）；张镭等利用激光雷达观测资料，结合气候研究预测模式（WRF），研究沙尘气溶胶辐射效应及其对大气边界层的影响，发现沙尘气溶胶白天平均加热大气 0.68 K/h 而晚上却平均冷却大气 –0.21 K/h（Zhang et al.，2007）；华灯鑫等利用激光雷达在低层大气的温度、湿度及气溶胶的高精度、全天候实时遥感等工作取得了许多有意义的结果，尤其白天测量大气温湿度的精度已达到世界先进水平（Hua and Kobayashi，2005）；刘智深领导的中国海洋大学激光雷达团队研制的车载非相干测风激光雷达系统，获得国内外同行的认可（Liu et al.，2008）；龚威等自行研制米-拉曼激光雷达系统，并在武汉开展大气气溶胶的遥感研究（Gong et al.，2010）；黄建平等利用 CALIPSO 星载激光雷达观测资料，研究了夏季青藏高原地区的沙尘天气过程，发现来自塔克拉玛干沙漠的沙尘气溶胶会造成青藏高原上空的异常加热，从而影响东亚大气环流，最终会对东亚地区的气候产生重要影响（Huang et al.，2007b）。

中国科学院安徽光学精密机械研究所早在二十世纪七八十年代，就开展了利用差分吸收技术反演大气微量气体浓度的研究，掌握了 DOAS 方法的核心技术和大气成分的反演算法并研制了多种相关设备，成功研制了国产第一台大气环境 DOAS 系统，用于城市空气质量监测系统，目前国内已安装 500 多套无人值守基于 DOAS 技术的城市空气质量自动监测系统，应用于城市大气环境监测以及污染源排放监测，参与国家城市空气质量的日报和预报工作，这一监测系统的产品化填补了国产空白，并获得了国家科技进步二等奖；在此基础上开展了被动 DOAS 光谱反演技术、基于辐射传输模型的垂直柱浓度，以及廓线反演技术的研究。研制了地基天顶散射光被动 DOAS 系统、地基 MAX-DOAS 系统、车载 DOAS 系统、机载 MAX-DOAS 系统、机载成像 DOAS 系统，以及星载 DOAS 模拟器等。从 2006 年起，受北京市 2008 年奥运空气质量保障任务牵引，中国科学院安徽光学精密机械研究所再次加强了 DOAS 技术在大气痕量气体特别是大气污染气体的监测研究。付强等（2008）利用 MAX-DOAS 观测研究北京奥运限车期间的污染气体柱浓度，张兴赢等利用 MAX-DOAS，开展地基遥感大气成分监测，针对目前国际先进的大气成分载荷（OMI、SCIAMACHY、GOME-2）的 NO_2 和 SO_2 产品开展真实性检验。司福祺等（2010）采用循环迭代法，基于 MACARTIM 模型实现了气溶胶光学厚度反演。Li et al.（2010）对 2006 年珠江三角洲地区 MAX-DOAS 观测结果分析，建立了 O_4 的 DSCD 的查找表，并采用 L-M 算法查找计算气溶胶结果；Clemer et al.（2010）利用四个波段上（360 nm、477 nm、577 nm、630 nm）MAX-DOAS 测量的 O_4 信息，基于大气传输模型 LIDORT 和最优估算法，实时地解析出气溶胶垂直消光廓线信息。通过 MAX-DOAS 本身反演出气溶胶廓线，也为下一步准确获取痕量气体垂直廓线提供了保证。

3.3 主要研究内容

沿河南省主要污染输送通道建立大气成分环境监测网络，开展区域污染物（气态+颗粒物）输送通量和时空分辨实时监测。采用区域污染分布及输送监测平台（MAX-DOAS、

激光雷达和 $PM_{10}/PM_{2.5}$ 等），掌握在不同天气条件下测量地区的污染物分布特征，识别高浓度污染气团，判断其可能来源，提取可能发生污染物积累、污染加重的前期信息。

主要包括以下三个方面：

（1）分别在河南省的主要输送通道布置激光雷达，探测气溶胶垂直分布，掌握区域气溶胶的时空分布，并估算气溶胶输送通量。

（2）分别在河南省的主要输送通道布置 MAX-DOAS，观测研究 SO_2、NO_2 地面柱浓度，掌握 SO_2、NO_2 的时空分布等信息。

（3）利用多元卫星数据结果（NO_2、SO_2、颗粒物等），获得河南省区域污染时空分布状况，并将遥感卫星和地面站点监测数据相结合，实现对城市群大气污染的区域综合观测。计划 2013 年 7—8 月进行前期准备，2013 年 9 月—2014 年 6 月开展连续观测。

3.4 区域污染输送和时空分布遥感监测

3.4.1 观测方案

3.4.1.1 布点原则

（1）监测点应位于河南省的污染物输送通道上，能兼顾不同区域的分布及输送观测；

（2）监测点周围不应有明显污染源；

（3）站点应尽量位于已有站点，方便数据对比及设备安装；

（4）观测光束附近不能有阻碍环境空气流通的高大建筑物、树木或其他障碍物。从观测光束到附近最高障碍物之间的水平距离，应为该障碍物与观测光束高度差的两倍以上；

（5）观测点附近无强大的电磁干扰，周围有稳定可靠的电力供应。

3.4.1.2 部署的站点

立体遥感站点设置如图 3-4 所示。

3.4.1.3 观测时段

2013 年 11 月 25 日—2014 年 11 月 30 日。

3.4.2 常规污染气体立体监测

通过在安阳市、焦作市、三门峡市分别安装三套激光雷达和 MAX-DOAS 设备，开展了对 NO_2 和 SO_2 对流层垂直柱浓度和垂直分布信息的观测。通过观测，获得河南省北部重点城市污染物时空分布规律，并与当地监测站点式观测结果进行对比分析，获得污染物在不同高度内的分布变化情况。

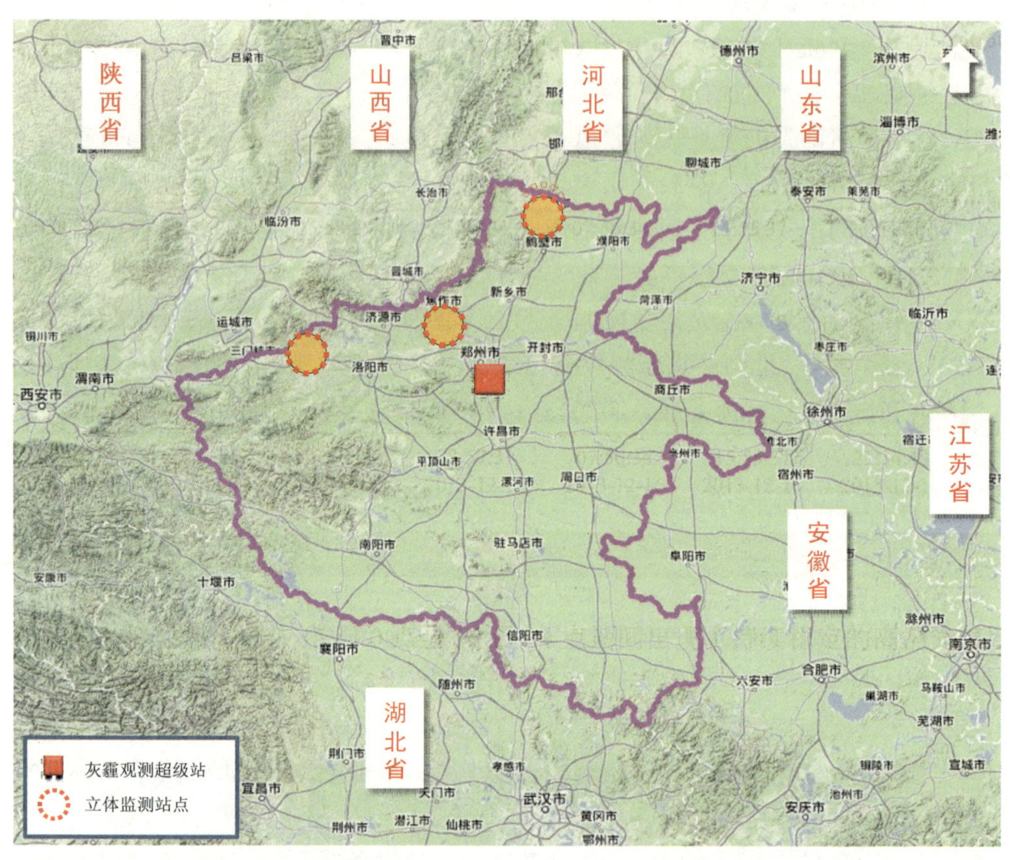

图 3-4　立体遥感站点设置

（1）三个站点区域分布对比

为反映不同地区污染物水平特征，取测量期间各站点的平均值，得到安阳市、焦作市和三门峡市的 NO_2、SO_2 区域分布水平。从图 3-5 可见，安阳市 NO_2 浓度比焦作市和三门峡市高，平均水平在 68.56×10^{15} molec./cm^2，三门峡市 NO_2 浓度最低，平均水平为 42.13×10^{15} molec./cm^2；对于 SO_2 而言，焦作市浓度最高，约为 156.3×10^{15} molec./cm^2，安阳市和三门峡市较低。

（2）月均值变化结果

利用整个测量期间的结果，计算不同月份的平均值，分析不同月份污染物浓度的变化趋势。从图 3-6 可以看出，NO_2 垂直柱浓度在冬季很高，在 12 月和 1 月处于最高值，而从 2 月开始明显降低，3—6 月 NO_2 浓度均处于低值水平。通过一年的监测结果可见，NO_2 浓度全年呈现出两头高、中间低的“U”形变化趋势，即在春冬季较高，夏秋季浓度较低。

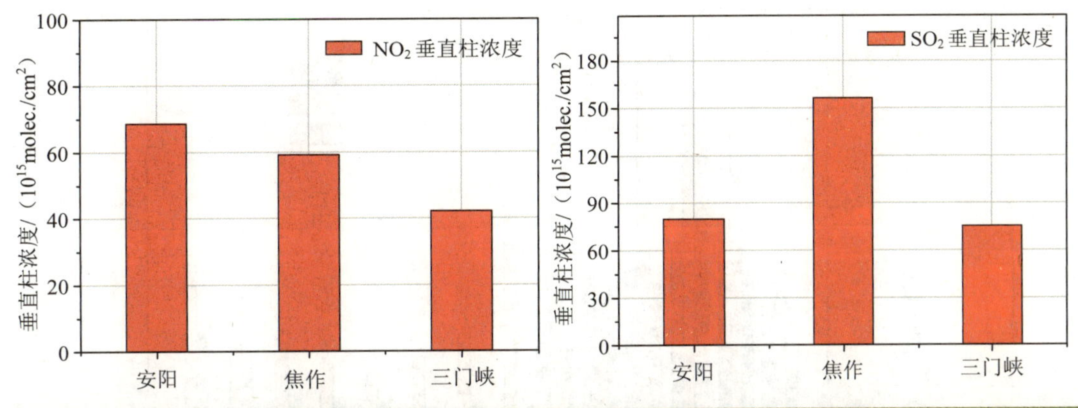

图 3-5　三站点 SO_2、NO_2 柱浓度特征对比

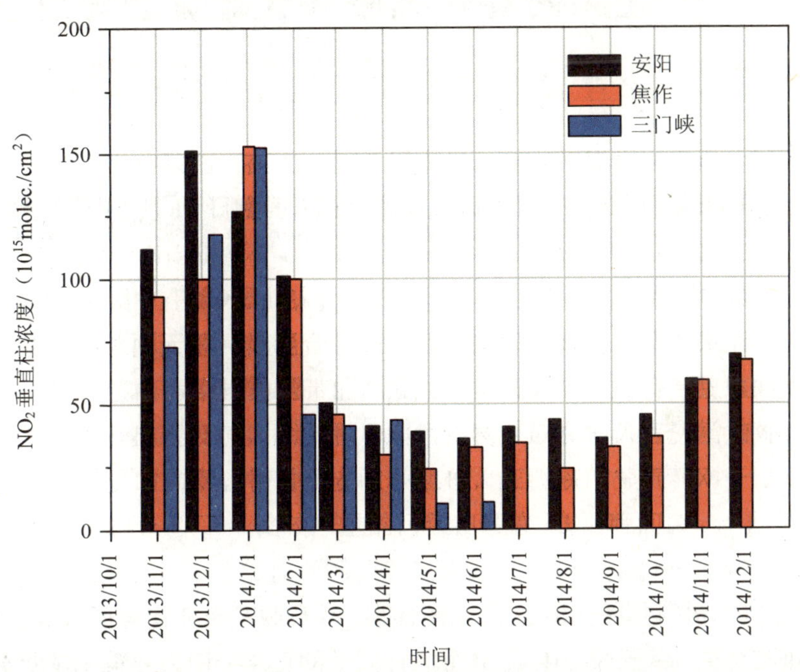

图 3-6　NO_2 月均值浓度变化

图 3-7 所示为各站点 SO_2 垂直柱浓度的月均值结果。与 NO_2 类似，全年变化也呈现出明显的“U”形变化趋势。从计算结果可以明显看出，SO_2 垂直柱浓度在冬季很高，安阳市和三门峡市在 12 月和 1 月处于最高值，焦作市在 2 月出现最高值，而从 3 月开始明显降低，3—6 月 SO_2 浓度均处于低值水平。

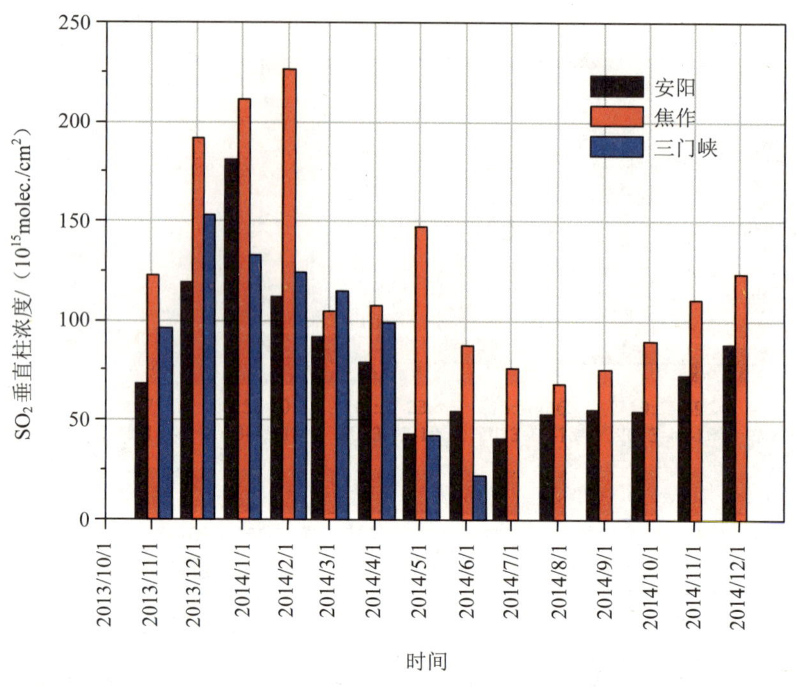

图 3-7　SO_2 月均值浓度变化

综合以上月均值结果可见，由于冬季本地排放较高，产生了大量的 NO_2 和 SO_2 等气体污染物，同时由于大部分时段风速较小，污染物不易扩散，从而出现了长时段的污染累积过程，使得在冬季月份的结果明显偏高，而进入 2 月以后，随着供暖季的结束，本地排放减少，同时风向的转变，偏东南风变多、降水也随之增多，为污染物的扩散和沉降提供了客观条件，从而使得污染物浓度明显降低。总体上看，春冬季高，夏秋季低，呈现出“U”形变化趋势。

（3）常规气体污染物立体监测与地面点式监测的对比

利用 MAX-DOAS 测量的 NO_2 浓度和 SO_2 浓度，反映了对流层内所有高度浓度的总和，对区域、污染气体的时空分布的研究具有非常重要的意义。但是要准确了解局部空气污染程度，还需要与地面点式仪器的测量结果相结合，分析污染的成因、来源及污染分布特征，为有效监测和治理空气污染提供有效的数据支撑。

图 3-8 为 MAX-DOAS 测量安阳市、焦作市和三门峡市的 NO_2 和 SO_2 柱浓度与地面点式仪器测量结果的月均值对比。

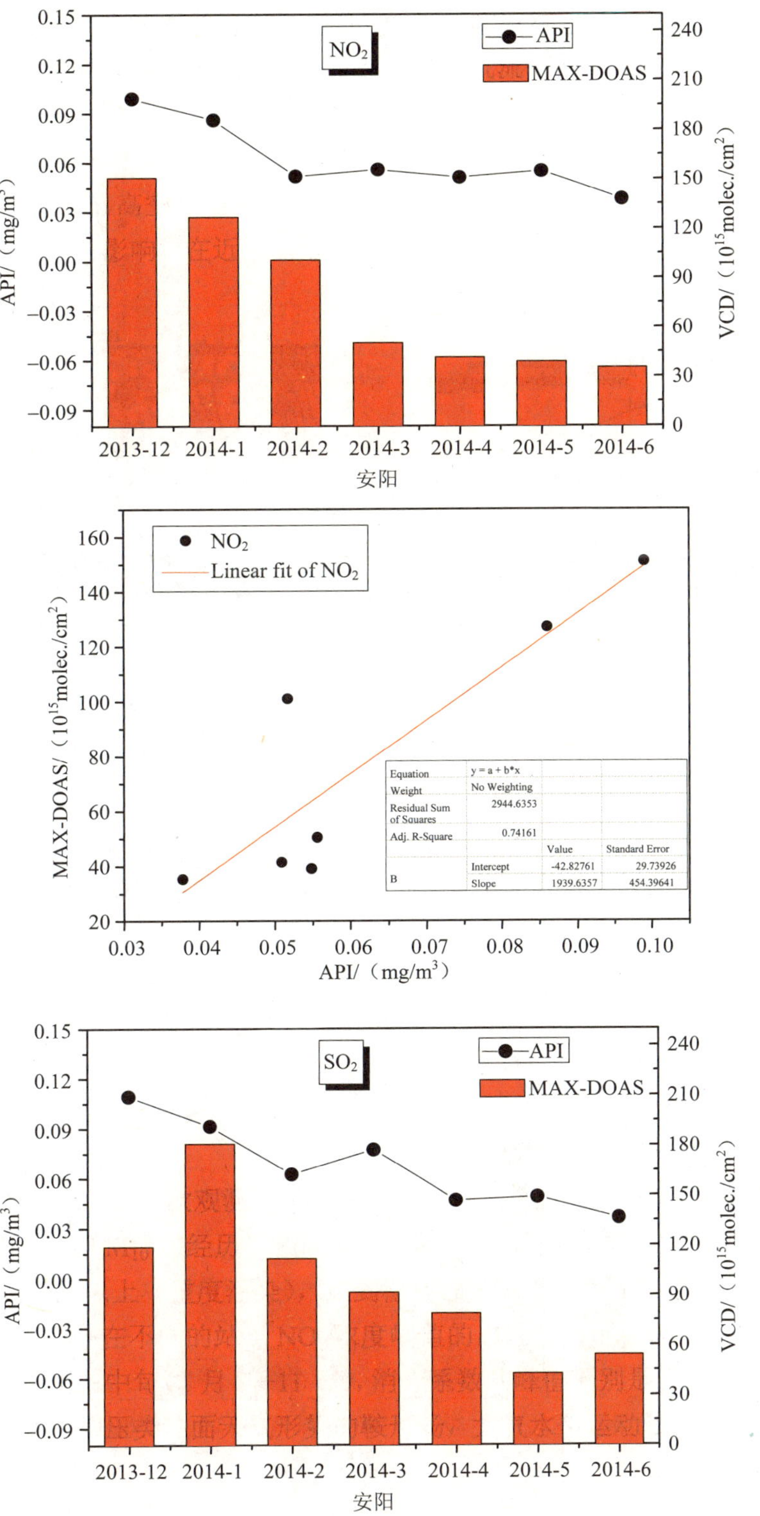
NO2
API
MAX-DOAS
API/（mg/m3）
VCD/（10^15molec./cm^2）
2013-12 2014-1 2014-2 2014-3 2014-4 2014-5 2014-6
安阳
NO2
Linear fit of NO2
MAX-DOAS/（10^15molec./cm^2）
API/（mg/m3）
Equation y = a + b*x
Weight No Weighting
Residual Sum of Squares 2944.6353
Adj. R-Square 0.74161
Value Standard Error
B Intercept -42.82761 29.73926
Slope 1939.6357 454.39641
SO2
API
MAX-DOAS
API/（mg/m3）
VCD/（10^15molec./cm^2）
2013-12 2014-1 2014-2 2014-3 2014-4 2014-5 2014-6
安阳

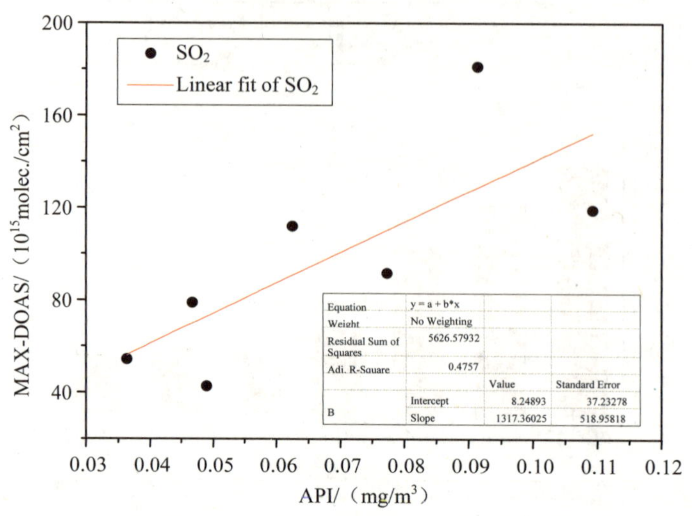

图 3-8 安阳市 MAX-DOAS 与点式仪器结果

通过对比发现，安阳市 NO_2 浓度从 2013 年 12 月到 2014 年 6 月呈现出明显降低趋势，从点式数据可见，NO_2 浓度在 2014 年 2 月起出现了明显的降低，但从立体空间上看，MAX-DOAS 结果则表明在 3 月才出现明显降低，这说明在 2 月近地面 NO_2 浓度开始降低，但在高空浓度仍然较大，总体上比较可见，二者相关系数 R^2 为 0.74，变化趋势比较一致。SO_2 浓度在 1—6 月也表现出明显的降低趋势，但点式数据在 3 月略有升高，立体监测结果从 2014 年 1 月起持续降低，二者相关系数 R^2 为 0.477，大部分时间的变化趋势一致。

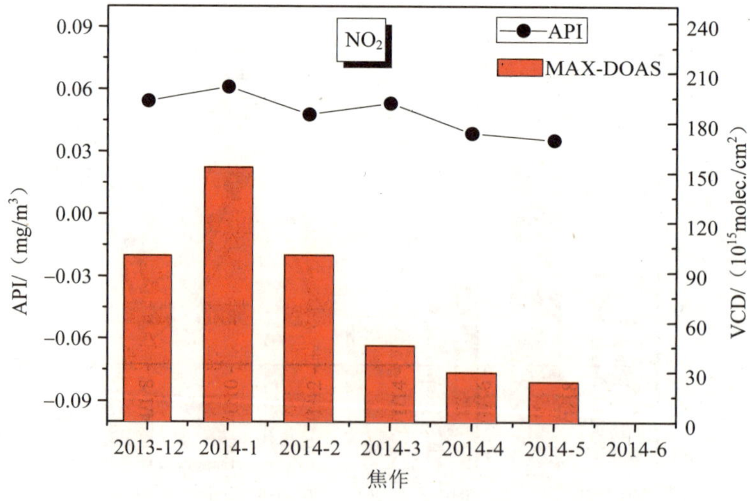

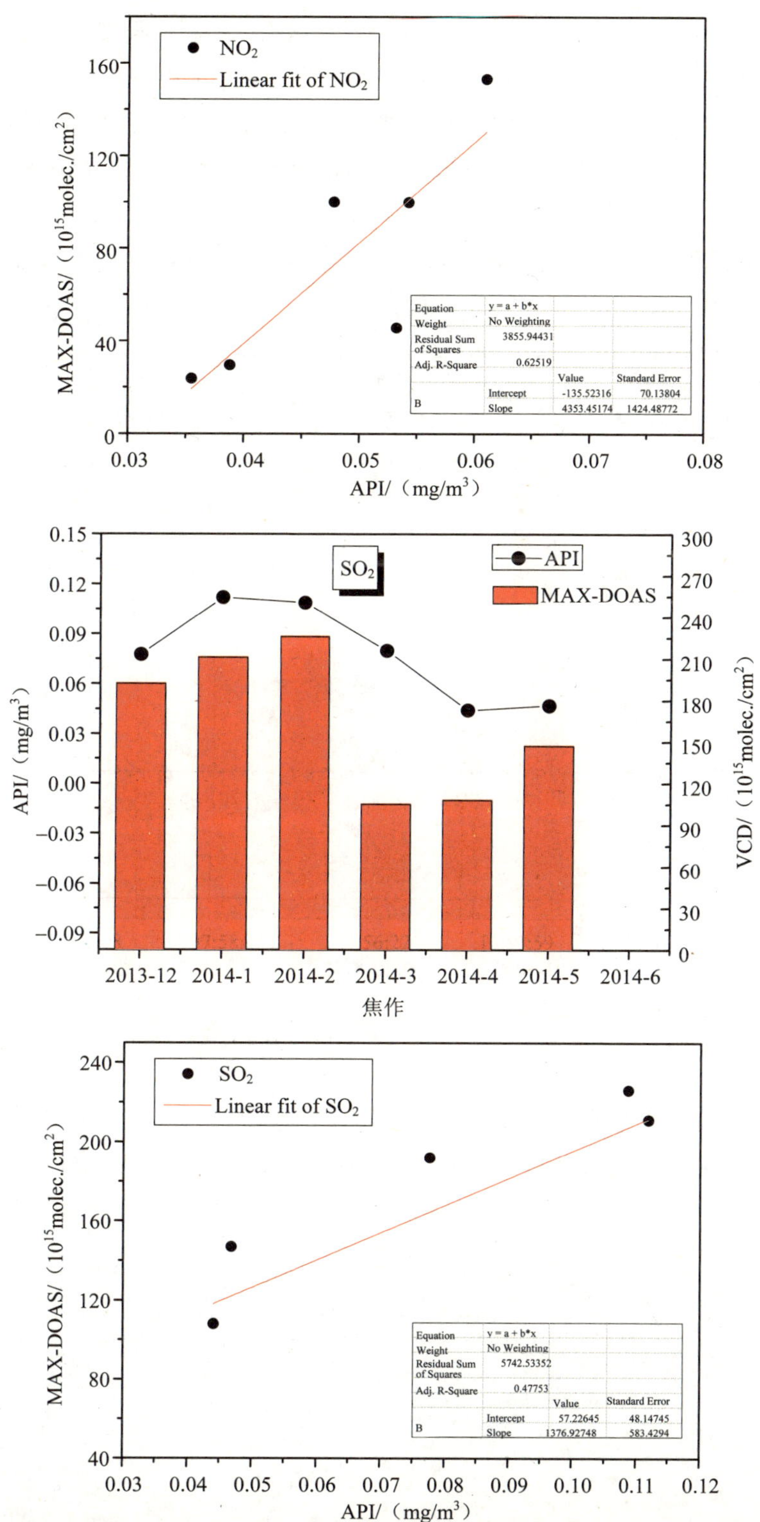

图 3-9　焦作市 MAX-DOAS 结果与点式仪器对比

焦作市 NO_2、SO_2 浓度均从 2014 年 1 月到 2014 年 6 月呈现出降低趋势，但在 2013 年 12 月到 2014 年 1 月出现升高。从点式数据可见，NO_2 浓度降低比较缓慢，在 1 月和 3 月甚至出现了升高过程，但从立体空间上看，MAX-DOAS 结果则表明从 1 月 NO_2 浓度明显降低，这说明在焦作 NO_2 主要集中在近地面，地面变化不大，高空变化明显。总体上比较可见，二者相关系数 R^2 为 0.626，变化趋势比较一致。SO_2 浓度在 2—3 月升高，随后降低，二者表现出相同的变化趋势，二者相关系数 R^2 为 0.475 7，大部分时间的变化趋势一致。

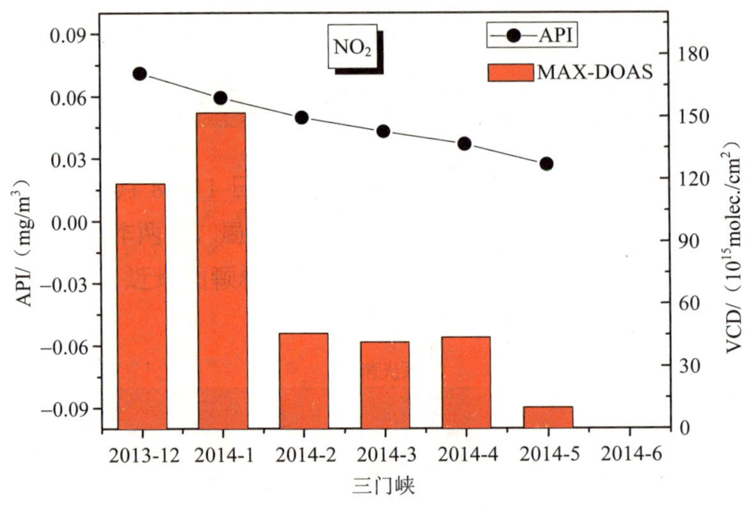

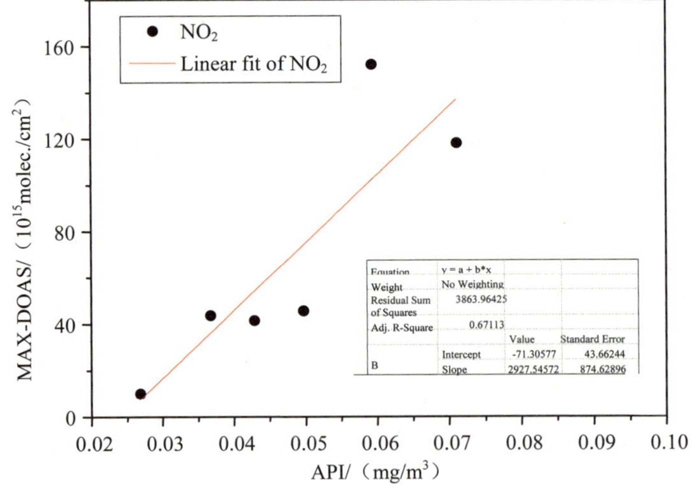

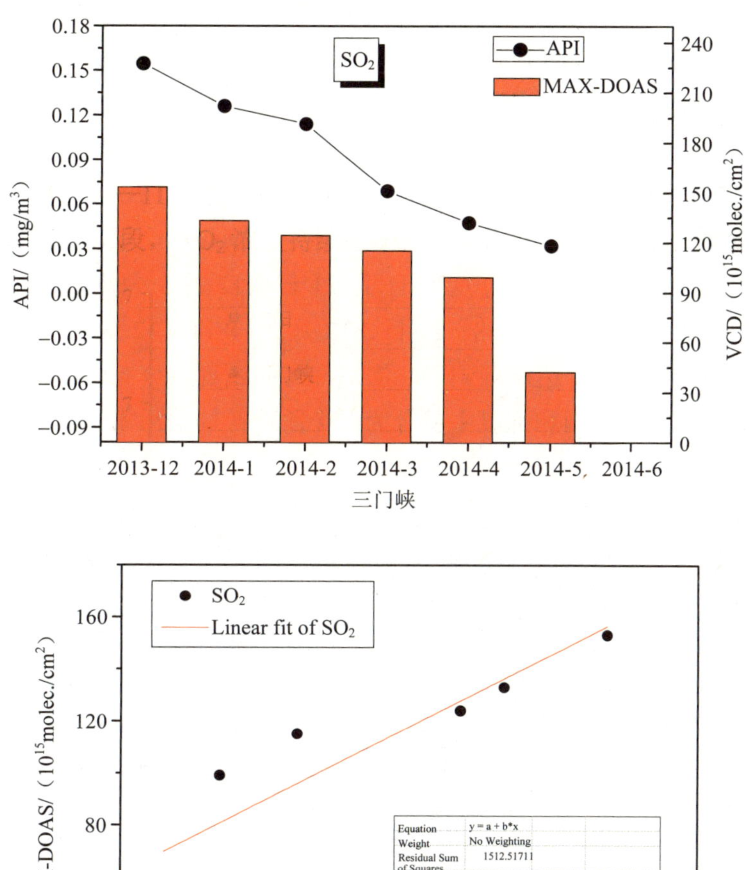

图 3-10 三门峡市 MAX-DOAS 结果与点式仪器对比

三门峡市 NO_2、SO_2 浓度均从 2013 年 12 月到 2014 年 6 月呈现出降低趋势。从点式数据可见，NO_2 浓度呈现出一致降低趋势，而立体遥感结果则在 1 月略有升高，随后在 2 月出现明显降低，这说明三门峡近地面 NO_2 浓度变化缓慢，而高空由于输送等原因变化比较大。总体上比较可见，二者相关系数 R^2 为 0.67，变化趋势比较一致。SO_2 浓度在 2013 年 12 月到 2014 年 6 月持续降低，二者表现出相同的变化趋势，二者相关系数 R^2 为 0.74，变化趋势比较一致。

3.4.3 颗粒物立体监测

3.4.3.1 总体监测结果

激光雷达在焦作市、安阳市、三门峡市的颗粒物监测总体情况如下：

利用卫星数据，同样观测到郑州、安阳、焦作、三门峡四个城市在 11 月 2 日—12 月 21 日出现了几次高的 AOT 情况，分别为 11 月 21 日、12 月 3—6 日、12 月 14 日。出现 AOT 的高值，恰好处于河南 11 月 18—24 日、12 月 2—8 日、12 月 15—25 日的几个污染阶段。12 月 12—16 日激光雷达观测到了一次局部污染过程，分布范围大，持续时间长，并有间歇期，根据其分布范围和强度主要分为两个阶段：局地污染生成阶段和污染稳定阶段（图 3-11）。

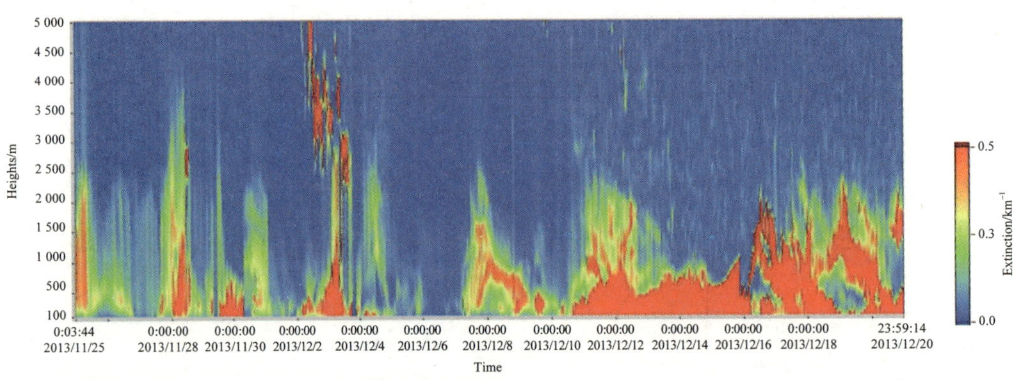

图 3-11 2013 年 11—12 月雷达观测颗粒物

2014 年 1—2 月，安阳市和焦作市 2 月的整体空气质量均比 1 月好。但在 1 月中上旬，尤其是 1 月 4—17 日，安阳和焦作出现了长达近半个月的污染，2 月观察到两次比较明显的污染时间段，分别是 1 月底至 2 月初和 2 月 16—18 日。从这几次污染的雷达观测结果来看，局地污染是 3 个站点的主要污染形式，其中焦作市的污染程度最重（图 3-12）。

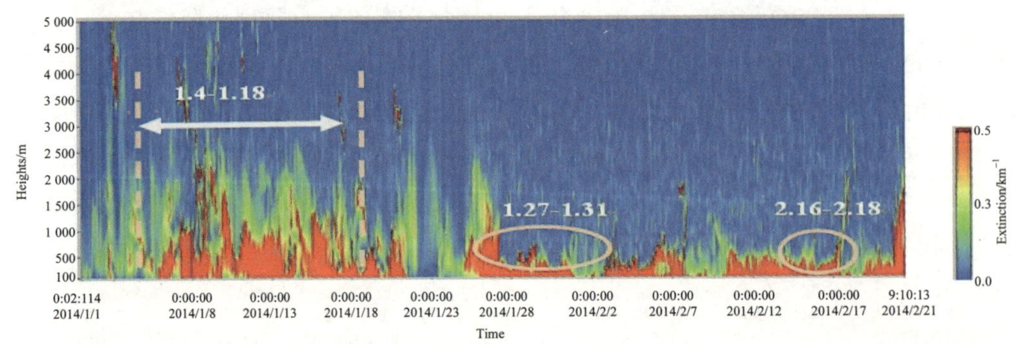

图 3-12 2014 年 1—2 月雷达观测颗粒物

2014 年 2—3 月，激光雷达观测到的明显污染有两次，分别是 2 月 25 日—3 月 1 日和 3 月 5—11 日。第一次污染过程中，三个城市的 API 和颗粒物浓度均有不同程度的上升；第二次污染过程中，三门峡污染程度最严重，API 最高值超过 300，3 月 10 日甚至达到 450。相对于 2014 年 1 月，三个城市的污染层高度进一步下降，主要集中在 0.5km，昼夜变化明显。但三门峡的污染具有明显的周期性（约一周）慢积累与快清除的锯齿形特征；污染过程的形成由以冷锋过境为标志的天气系统所决定；随着浓度升高，粗粒子比重增加，细粒子没有呈富集趋势，说明来自外来颗粒物的输送较多（图 3-13）。

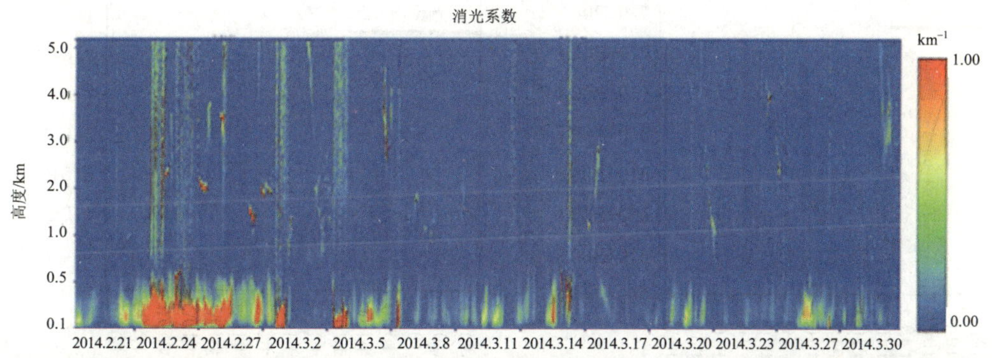

图 3-13　2014 年 2—3 月雷达观测颗粒物

2014 年 4 月，三个城市的 API 和颗粒物浓度均有下降，AQI 最高值均超过 200。安阳市的污染比焦作市总体严重，但 4 月下旬三门峡市的污染浓度加重。从激光雷达观测的结果来看，4 月污染主要集中表现为由本地排放引起的局地污染，污染层高度和 3 月一样聚集在 0.5 km 以内。但与 3 月不同的是，浓度升高的同时，粗粒子比重降低，表明来自外来颗粒物的输送减小（图 3-14）。

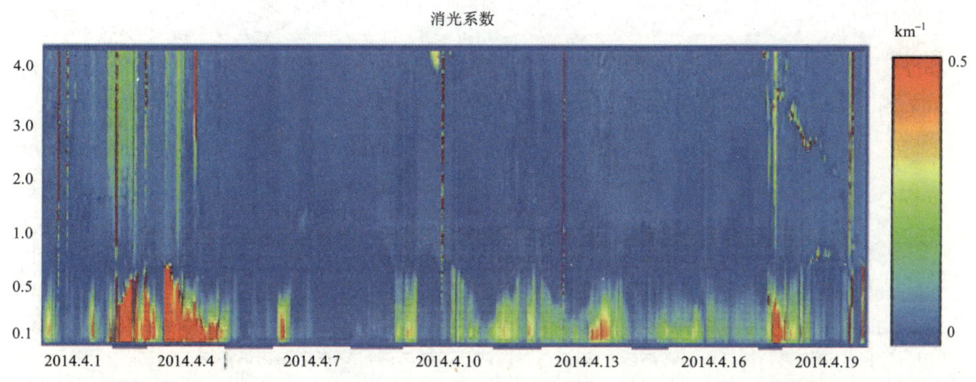

图 3-14　2014 年 4 月激光雷达观测颗粒物

2014 年 4—5 月，安阳、焦作和三门峡三市总体空气质量较 3 月继续好转，激光雷达观测到的明显污染主要集中 4 月下旬和 5 月中旬；4 月下旬安阳和焦作的污染主要以本地污染为主；5 月 9—11 日，安阳、焦作、三门峡市的污染都较为严重，其中三门峡的污染最严重，三个城市的污染层高度较 3 月有所上升，主要集中在 0.8 km。从污染源来看，1 km 以上高空的污染主要来自西南/东南和西北方向（图 3-15）。

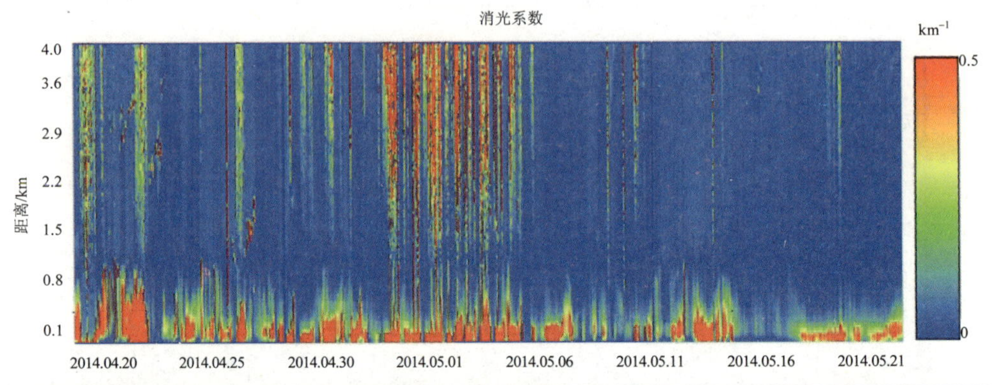

图 3-15 2014 年 5 月激光雷达观测颗粒物

2014 年 6 月，安阳、焦作和三门峡三市总体空气质量较好，气溶胶消光系数平均值为 0.44 km^{-1}，激光雷达观测到的明显污染主要集中 6 月中下旬，6 月 15—20 日的污染主要由秸秆燃烧引起，且三个城市的污染层高度与 5 月类似，主要集中在 0.9 km（图 3-16）。

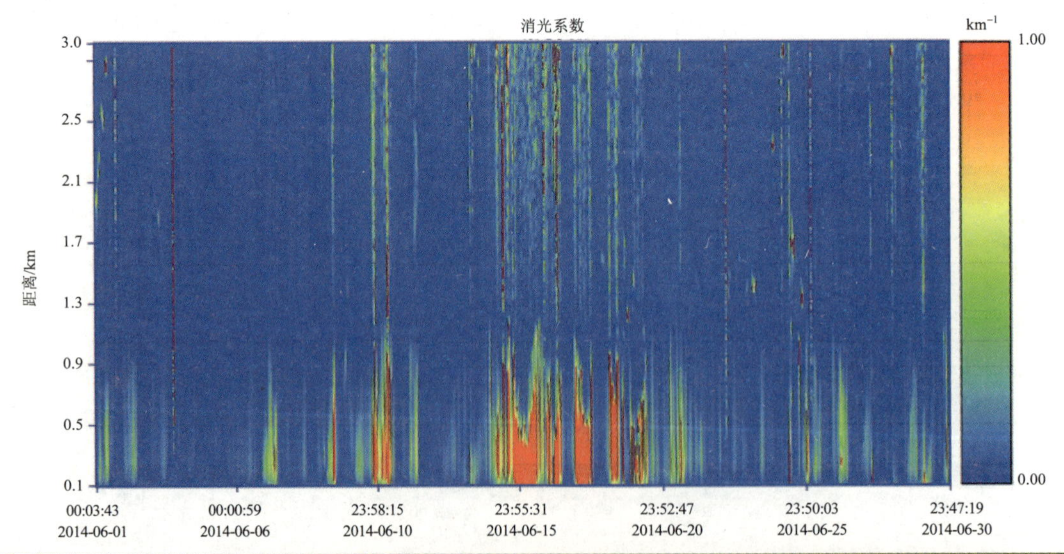

图 3-16 2014 年 6 月激光雷达观测颗粒物

2014 年 7 月，安阳、焦作和三门峡三市气溶胶消光系数继续降低，气溶胶消光系数平均值为 0.4 km^{-1}，激光雷达观测到几次轻微的局地污染，局地污染发生的时间比较分散，且持续时间较短，在 7 月底观测到一次相对持续时间比较长的局地污染，气溶胶消光系数峰值为 0.8 km^{-1}（图 3-17）。

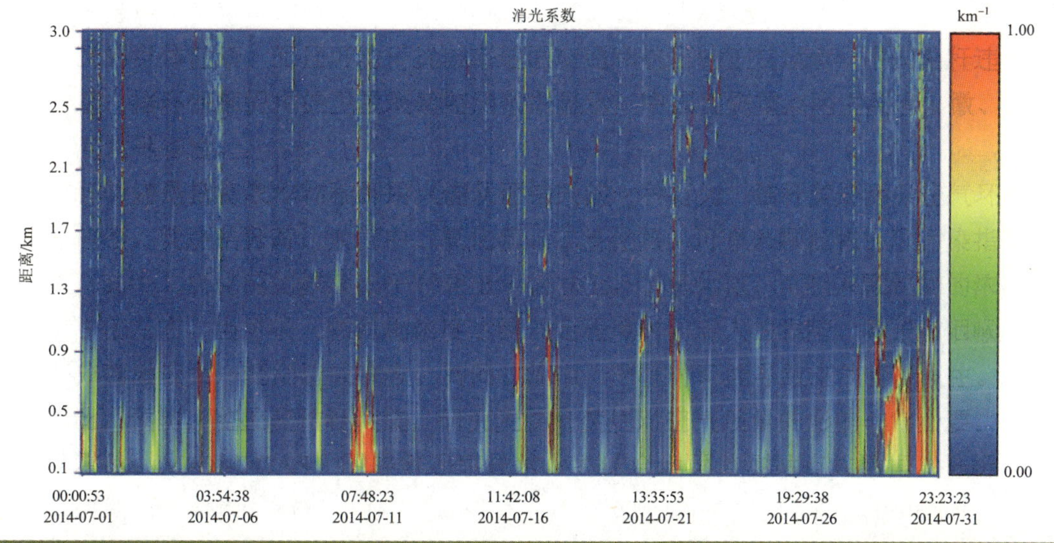

图 3-17　2014 年 7 月激光雷达观测颗粒物

2014 年 8 月，安阳、焦作和三门峡三市的空气污染物浓度升高，且出现污染天气的频率也增加，基本每监测 2～3 d 就会出现一次局地污染，气溶胶消光系数平均值为 0.51 km^{-1}（图 3-18）。

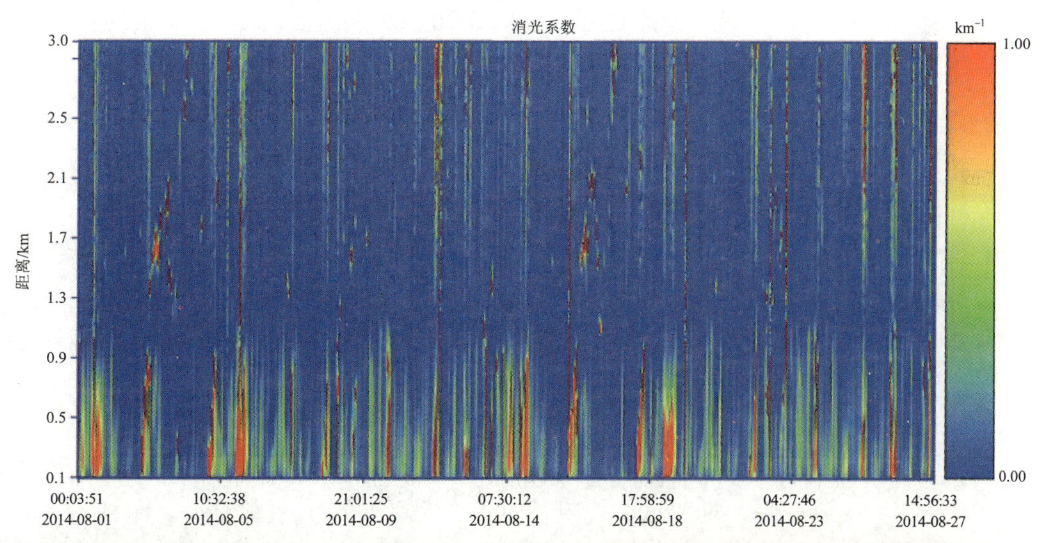

图 3-18　2014 年 8 月激光雷达观测颗粒物

2014 年 10 月中上旬，安阳、焦作和三门峡三市的空气污染物浓度明显升高，两次比较明显的局地污染出现在 10 月 3—5 日和 10 月 7—9 日气溶胶消光系数平均值为 0.73 km^{-1}（图 3-19）。

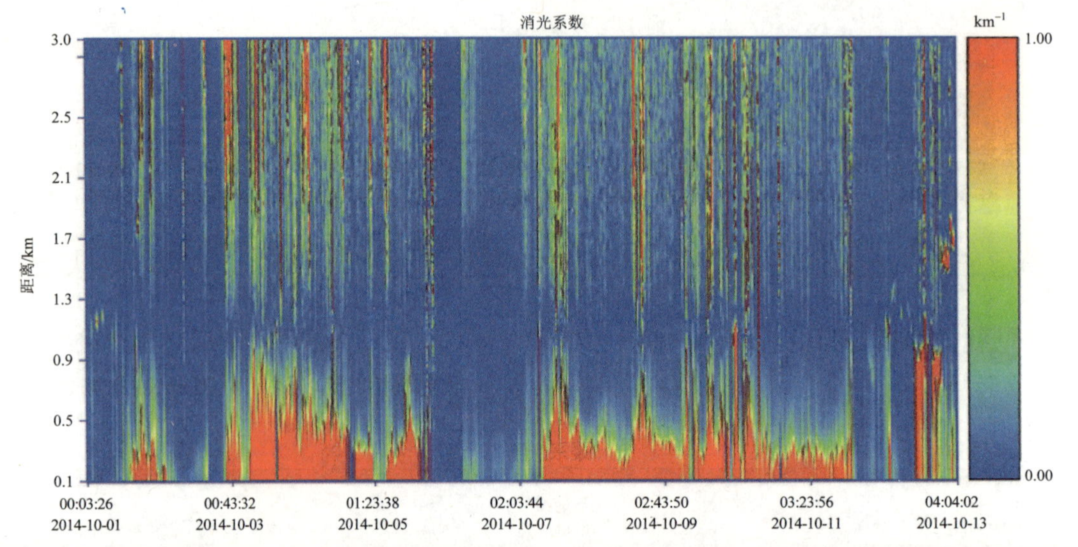

图 3-19　2014 年 10 月激光雷达观测颗粒物

3.4.3.2　颗粒物空间分布特征

利用激光雷达的观测结合，统计了春、夏、秋、冬四个季节颗粒物垂直空间分布特征，统计中不考虑秸秆焚烧、灰霾等特殊过程，如图 3-20、图 3-21 所示。

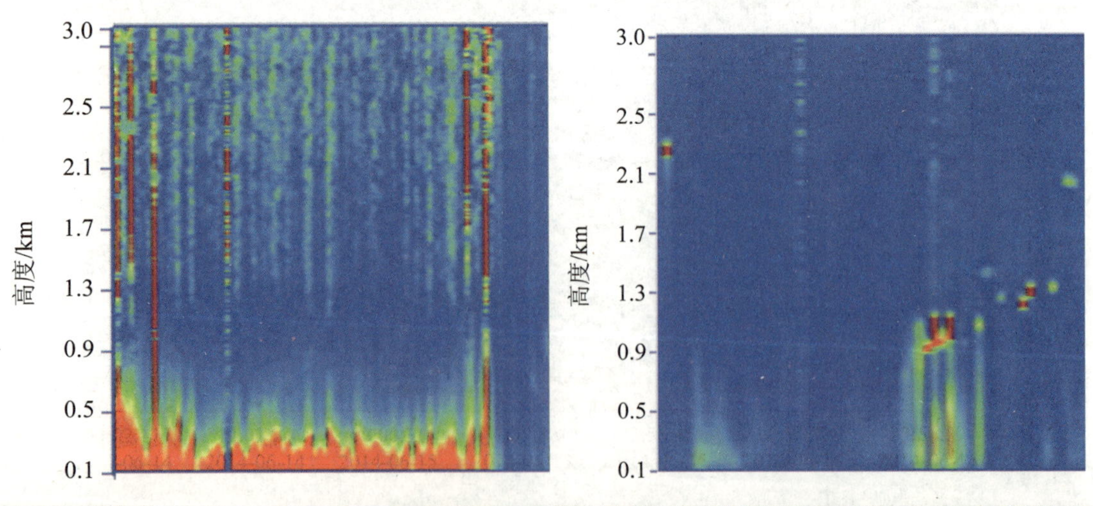

图 3-20　颗粒物垂直分布特征，左图为春季的结果，右图为夏季的结果

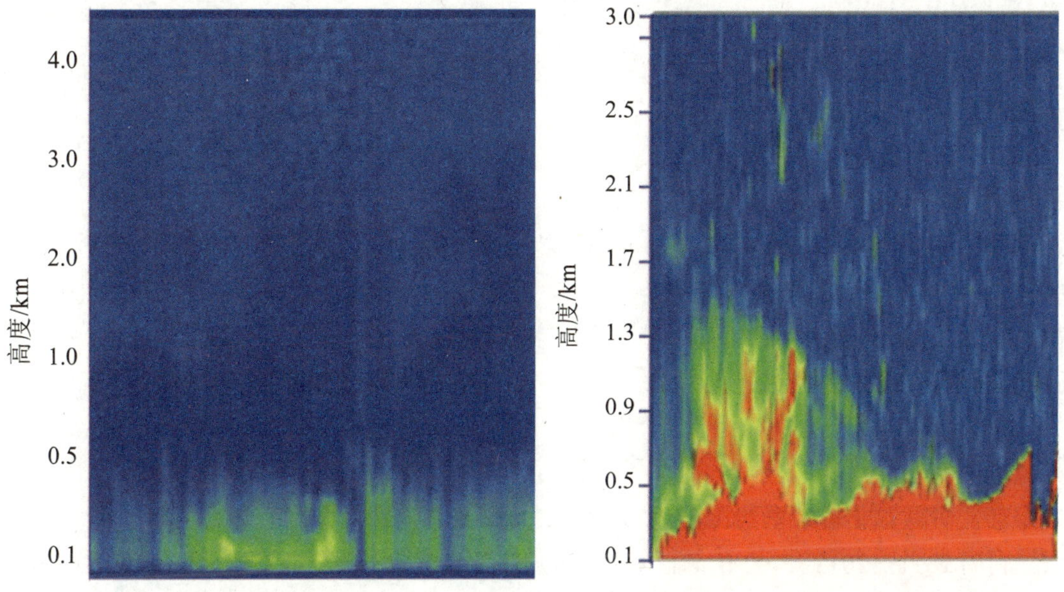

图 3-21　颗粒物垂直分布特征，左图为秋季的结果，右图为冬季的结果

AOD 值随着波长的增大而减小，并呈现出明显的季节变化特征。光学厚度随季节变化规律为：冬季＞春季＞夏季＞秋季。消光系数与 AOD 呈现正相关的季节变化规律，春季 AOD 的光谱依赖性明显减小，相应仅为 0.49，说明由于沙尘气溶胶粗粒子的存在，使得气溶胶光学厚度增大，同时颗粒的光谱依赖性降低。而冬季光学厚度的光谱依赖性大于其他季节。同时 AOD 频率分布呈现明显的季节变化特征。秋、夏两季的 AOD 频率分布相似，AOD 均趋向于低值分布，且均在 0.3～0.5 出现频率最大；冬季的 AOD 最大频率也出现在 0.6～0.9 范围，频率占 44%，大于 0.7 的 AOD 440 比例增大到 30%。从气溶胶粒子谱分布来说，各季节气溶胶粒子体积尺度谱分布均成双峰分布，春季细模态体积浓度最低 0.03，冬季最高 0.26，且冬季细模态的体积中值半径比其他季节大 0。气溶胶粒子体积尺度谱分布的主要差别体现在粗细模态粒子体积浓度上，细模态体积浓度呈现明显的季节变化规律：冬季＞春季＞秋季＞夏季，除了夏季和秋季，粗细粒子体积浓度比和光学厚度变化一致，说明光学厚度的季节变化主要是由于粗细粒模态体积浓度不同造成的。另外，安阳粗模态体积中值半径也存在明显的季节变化，其中春季的粗模态体积中值半径不但变化范围最小，而且最大值和最小值均小于其他季节，而冬季变化范围最大，说明冬天的污染源更多样。

3.5 区域污染时空分布的卫星遥感监测

3.5.1 观测方案

本书中河南以及周边区域经纬度范围为 110°—120°E、30°—40°N。使用 2013 年 11 月—2014 年 11 月 OMI L2 卫星数据，重构了河南省以及周边区域 NO_2 月平均空间分布，着重分析了 NO_2 分布特征，并针对重点城市得到 NO_2 时空变化特性，而后结合重点灰霾阶段分析灰霾过程中 NO_2 变化趋势。

3.5.2 河南省以及周边区域 NO_2 空间分布特征

（1）河南省非采暖季 NO_2 空间分布（2011—2013 年）

利用 2011—2013 年 OMI 每日 OMI NO_2 柱浓度数据，平均后得到了 2011—2014 年河南省非采暖季 NO_2 空间分布。平均的时间为每年的 5—9 月，原因如下：① 5—9 月为河南非采暖季，避免了采暖燃煤对 NO_2 空间分布的影响，空间分布更好地体现河南省 NO_2 分布特征；② 冬季 NO_2 寿命长，不利于削减，使区域 NO_2 容易受到邻近区域影响，而形成积累，从而导致高 NO_2 值呈片状分布，而无法体现河南省 NO_2 空间分布特征。故针对河南省 NO_2 空间分布特征，此处采用 5—9 月。得到结果如图 3-22 所示。图中显示：河南 NO_2 分布地域分布差异明显，高 NO_2 区域集中分布在河南的北部以及东北地区，且东北部与河北接壤处呈现 NO_2 连接分布。同时河南省北部出现两个“NO_2 带状分布”，其中一条沿着太行山脉南侧，途经地区为安阳—鹤壁—辉县—焦作—济源等地；另一条沿着黄河流域，途经地区为郑州—巩义—洛阳等地。两条带状分布与地理位置（太行山南侧，黄河流域）有关外，还与当地的产业结构有关，工业较密集。

而河南省其他地市，除平顶山以及南阳周边区域略成高值外，都呈现低值分布，此与当地多为农业产区，NO_2 排放相对较小。

（2）河南省 NO_2 柱浓度季度分布特征（2013—2014 年）

根据季度划分（12—次年 2 月；3—5 月；6—8 月；9—11 月），得到河南省季度分布空间特征以及时间变化特征，如图 3-23 所示。图中显示河南省四季度 NO_2 变化明显，6—8 月呈现最低值，以后逐渐递增，12—次年 2 月达到最大值状态。此浓度的趋势变化的原因一方面与气象条件有关，冬季温度低，NO_2 寿命较长，不利于 NO_2 的转化，而形成积累；另一方面与河南省冬季取暖有关，河南省为中国北方省份，取暖会使燃煤量增加，而增大 NO_2 浓度。两条带状分布每个季度都比较明显。从 9—11 月、12—次年 2 月分布可以看出河南省东北部逐渐与京津冀浓度高值连接，形成华北平原大面积浓度分布。

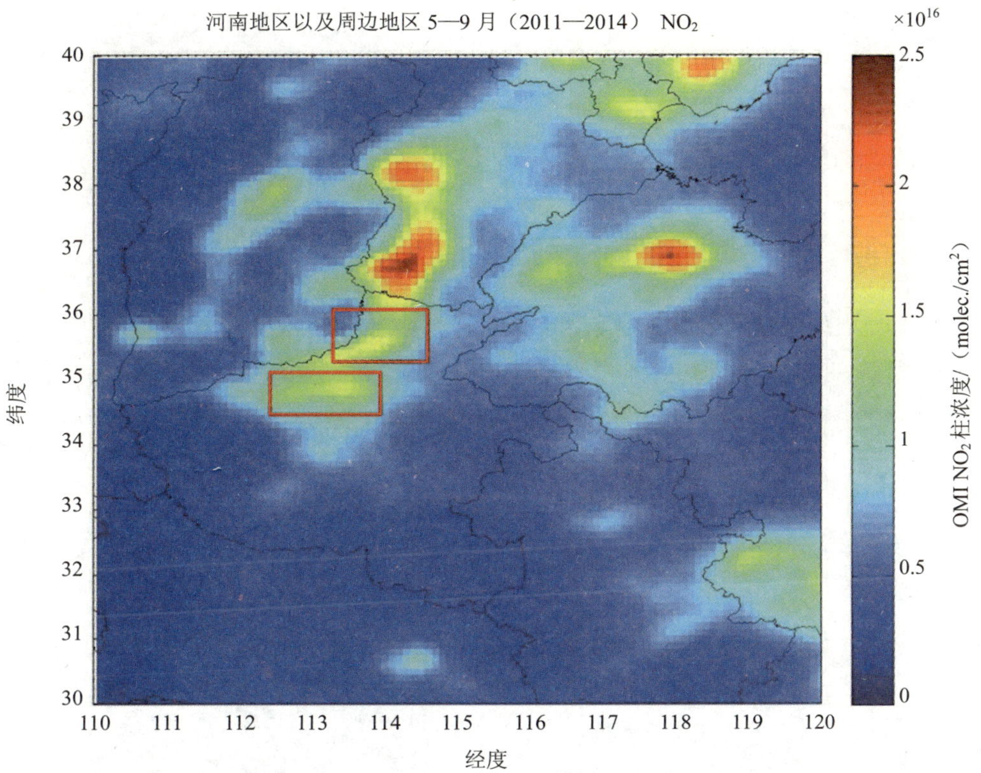

图 3-22　河南省 NO_2 空间分布特征（2011—2014 年 05-09）

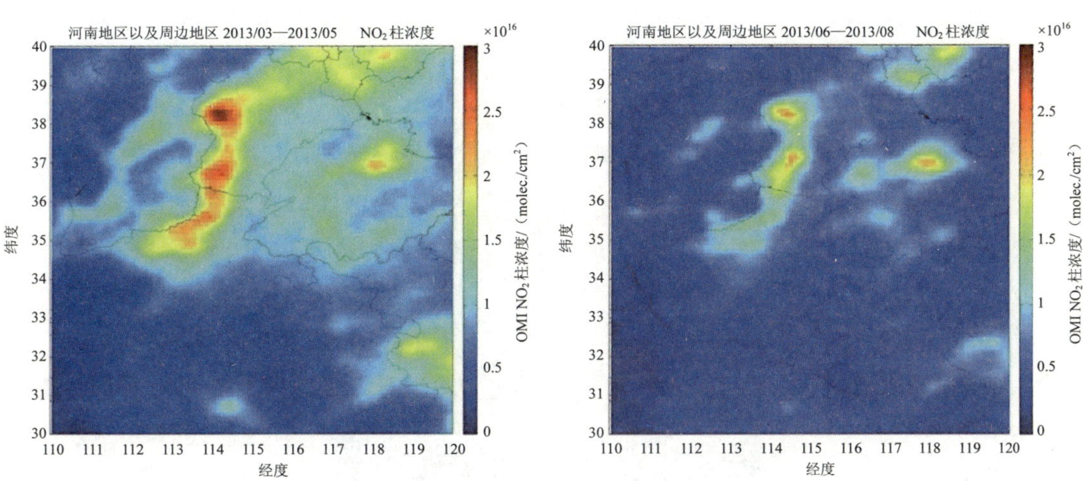

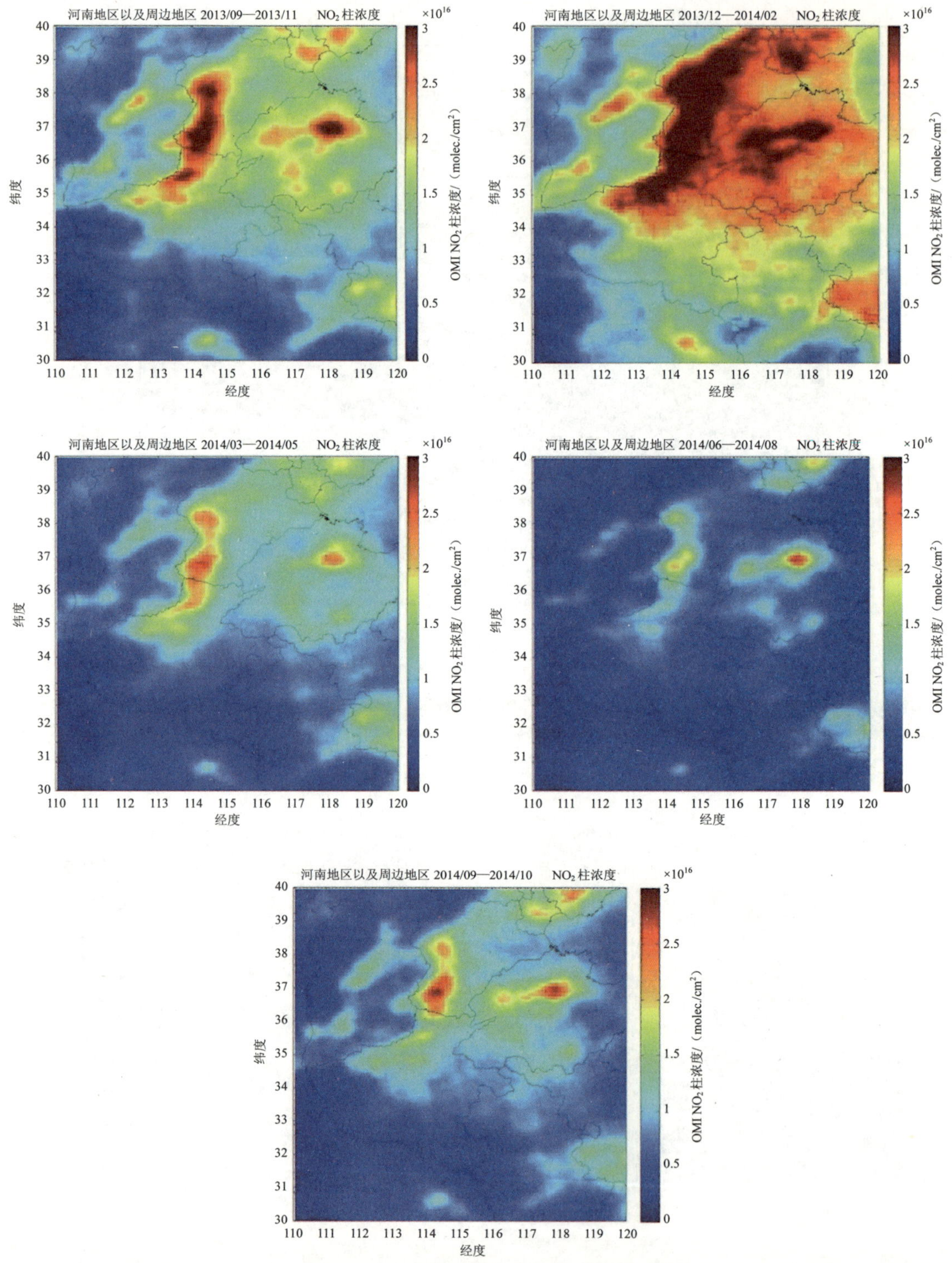

图 3-23 河南省 NO_2 柱浓度季度分布特征（2013/03—2014/10）

3.5.3　河南省重点城市 NO_2 时间变化特征

选择河南省重点 8 城市：①安阳、焦作（第一分布带）；②郑州、洛阳（第二分布带）；③平顶山（中部工业城市）；④三门峡（西部城市）；⑤信阳、周口（农业城市），作为河南省 NO_2 柱浓度日变化重点分析城市进行分析，其中经纬度范围如表 3-1 所示。

表 3-1　重点 8 城市经纬度范围

地名	经度范围（E）	纬度范围（N）	特征
安阳	114.25～114.45	36.00～36.20	第一分布带
焦作	113.08～113.40	35.08～35.30	
郑州	113.40～113.90	34.58～34.89	第二分布带
洛阳	112.32～112.55	34.50～34.75	
平顶山	113.13～113.43	33.67～33.77	中部工业城市
三门峡	111.13～111.23	34.73～34.83	西部城市
信阳	114.00～114.2	32.06～32.16	南部农业城市
周口	114.50～114.80	33.52～33.70	

根据经纬度范围，提取每日 NO_2 柱浓度信息，得到 2013 年 12 月—2014 年 11 月每城市 NO_2 柱浓度日均值和月均值变化趋势（图 3-24）。

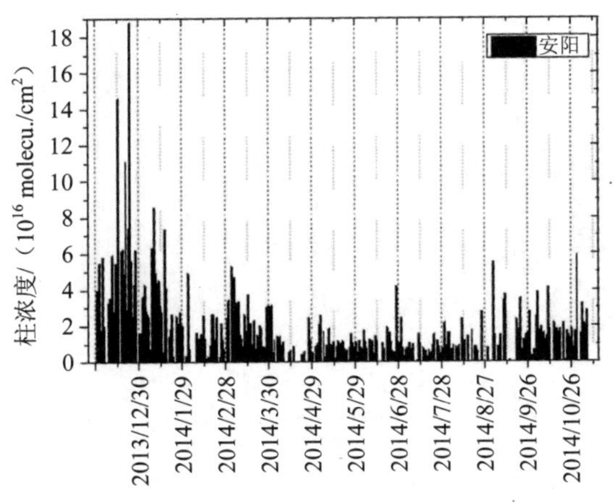

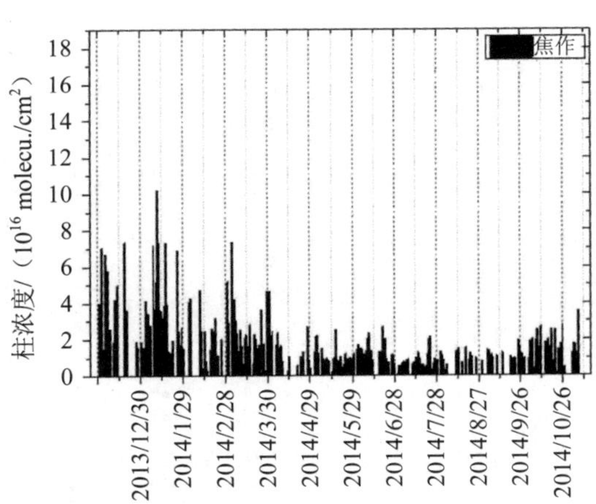

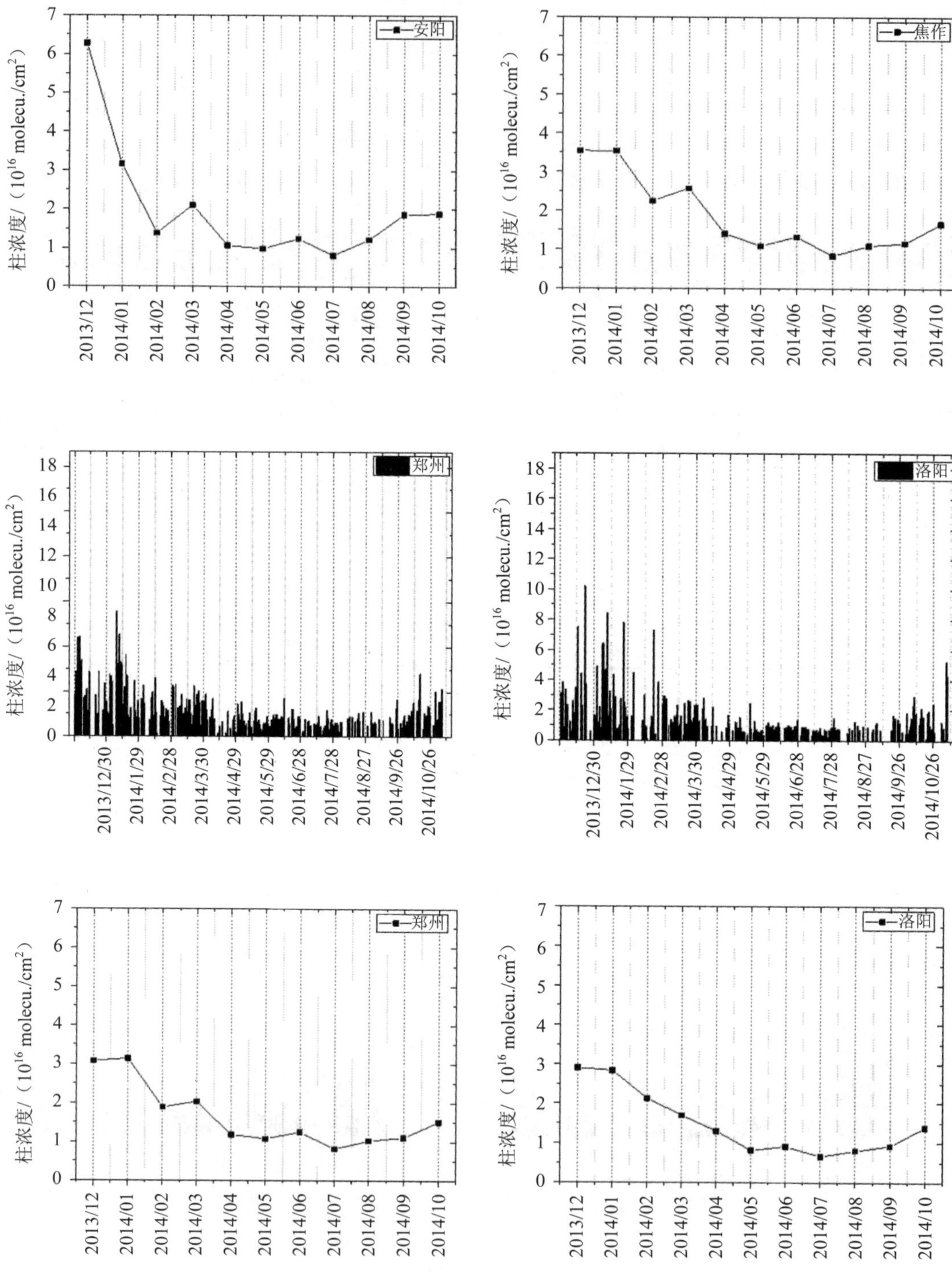
安阳
焦作
郑州
洛阳
郑州
洛阳
柱浓度/（10^{16} molecu./cm^2）
2013/12
2014/01
2014/02
2014/03
2014/04
2014/05
2014/06
2014/07
2014/08
2014/09
2014/10
2013/12/30
2014/1/29
2014/2/28
2014/3/30
2014/4/29
2014/5/29
2014/6/28
2014/7/28
2014/8/27
2014/9/26
2014/10/26

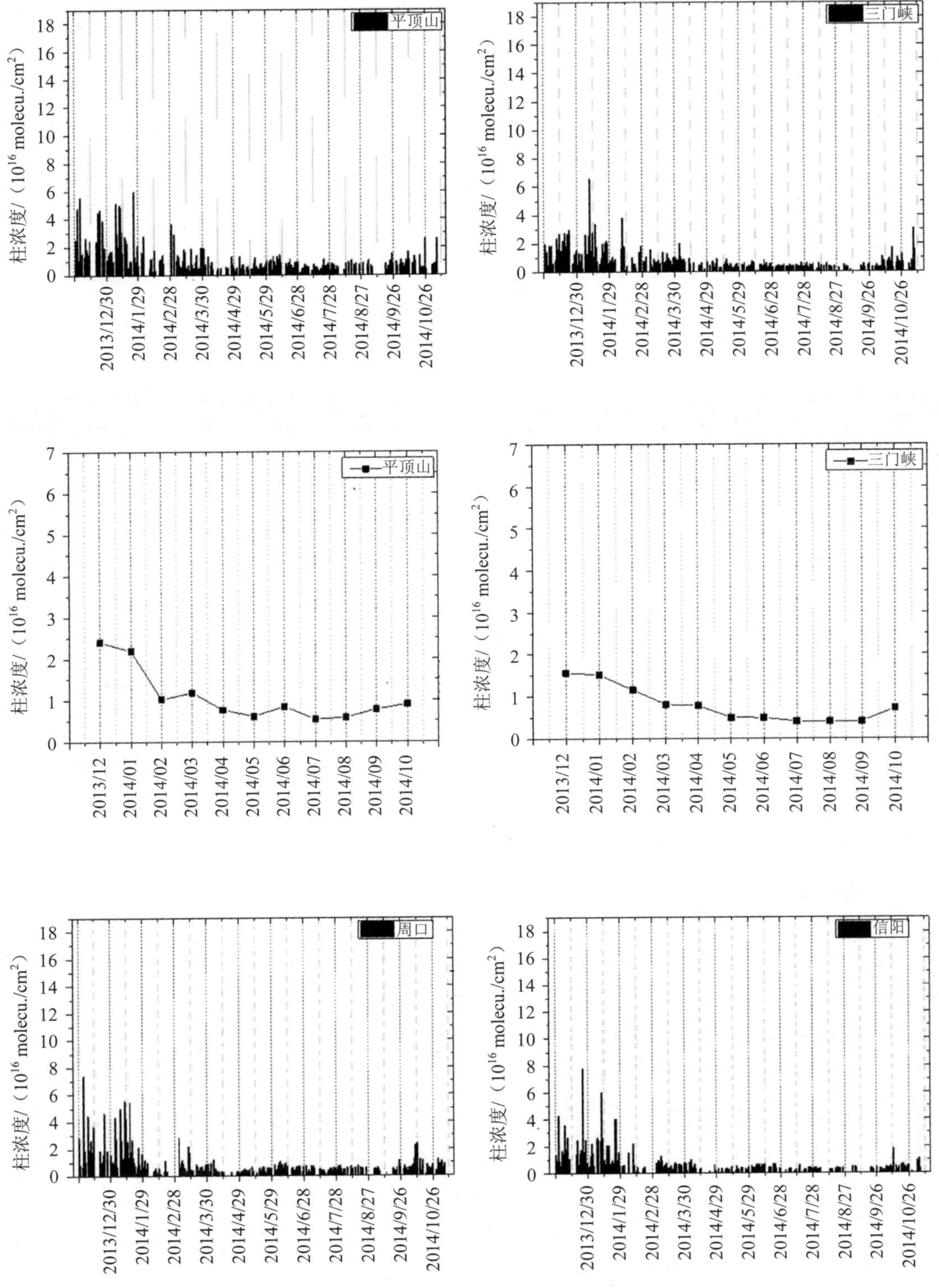

平顶山
三门峡
周口
信阳
柱浓度/（10^{16} molecu./cm^2）
2013/12/30
2014/1/29
2014/2/28
2014/3/30
2014/4/29
2014/5/29
2014/6/28
2014/7/28
2014/8/27
2014/9/26
2014/10/26
2013/12
2014/01
2014/02
2014/03
2014/04
2014/05
2014/06
2014/07
2014/08
2014/09
2014/10

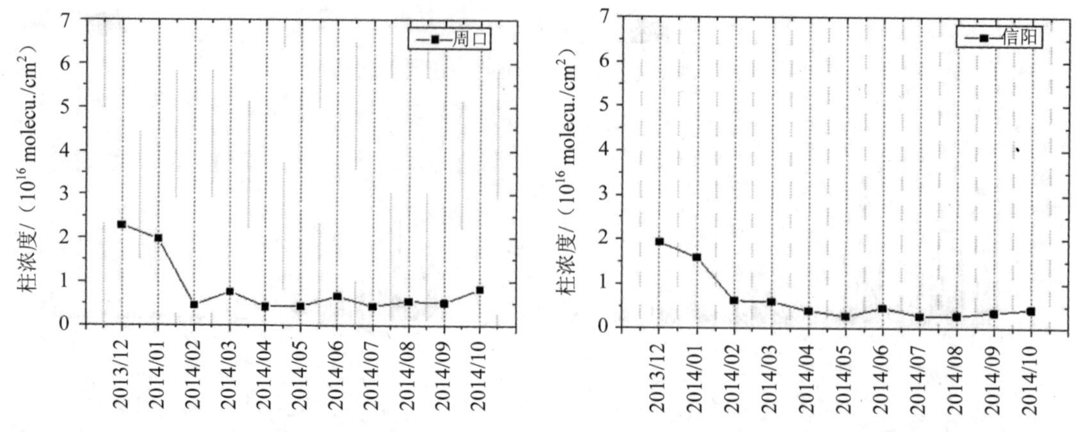

图 3-24 河南重点 8 城市 NO_2 日变化以及月变化（2013/12—2014/11）

每个城市日变化序列显示明显月变化趋势，平均浓度在 12 月普遍呈现高值，6—8 月呈现低值状态；不同城市之间比较，北方城市 NO_2 浓度高于南部城市，东部城市 NO_2 浓度高于西部城市。而且第一分布带城市略高于第二分布带城市，第二分布带城市高于中心城市；中心工业城市高于西部以及农业城市。从变化趋势来看，①安阳、焦作、郑州、洛阳四城市呈最相似趋势，与其相互靠近同处第一、第二分布带相关；②2013 年 12 月初灰霾期间 NO_2 的突然增加，除三门峡市外，其他七个城市基本同时出现高值，体现了这个高值的大面积性。相似情况还包括 2014 年 1 月中旬持续高值的出现；2014 年 11 月初突发高值的出现，但此次高值主要集中在北方城市，在信阳以及周口体现不明显；③2014 年 10 月下旬在周口出现突发高值，并在郑州、安阳、焦作呈现高值分布，体现此次高值分布的偏东性。下面将针对此四阶段重点分析。

3.5.4 灰霾阶段 NO_2 时空趋势

选择日变化中出现高值的四个阶段，做河南省 NO_2 空间分布的日变化，以期分析污染的空间变化特征。

（1）2013 年 12 月（以 12 月 4—6 日为例）

12 月 4—6 日为河南一次灰霾过程，期间 NO_2 浓度经历了一个从低到高，而后削减的过程，此次过程出现时间快，仅一天就达到最大值，由于在此期间风速很小，基本为静稳天气，因此本次过程主要由本地的积累产生（图 3-25）。

（2）2014 年 1 月中旬

2014 年 1 月河南省 NO_2 高值的出现从河南北部开始，1 月 12 日扩大到河南全省，一直持续到 17 日，18 日再次集中到河南省北部，20 日以后逐渐衰减，21 日河南省大气条件转好。本次污染过程几乎覆盖了河南全省，从北部开始逐渐向南部扩展，而后由从南部开始清除。由此可见，由北部开始的本地积累是形成灰霾的主要原因，而在 20 日以后的消

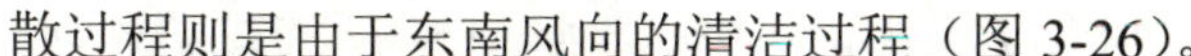

散过程则是由于东南风向的清洁过程（图 3-26）。

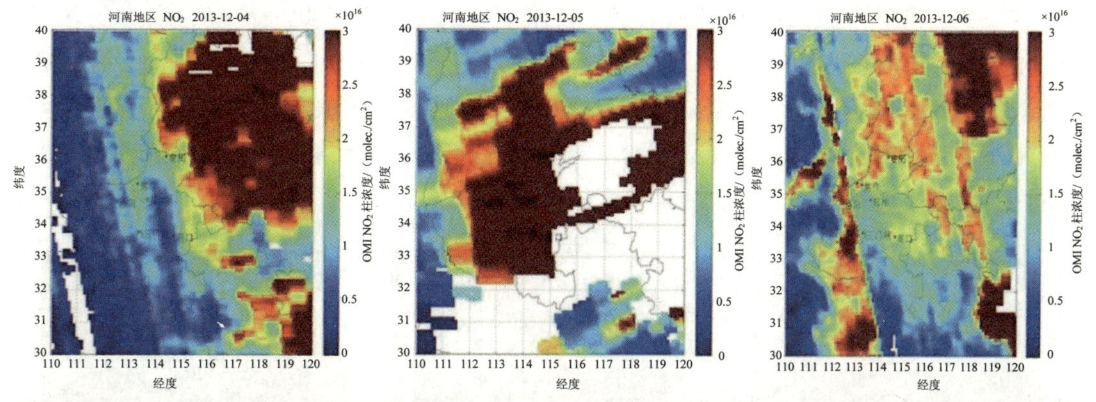

图 3-25　OMI 卫星观测的河南省 12 月 4—6 日 NO_2 浓度分布

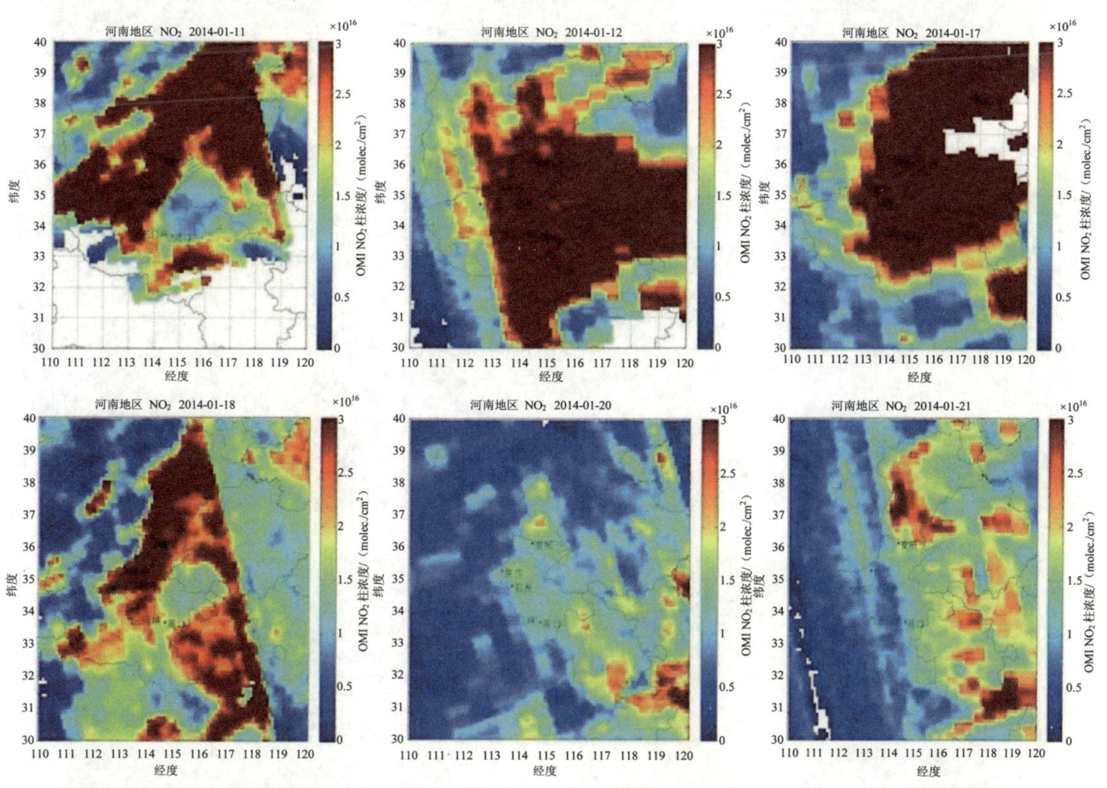

图 3-26　河南省 2014 年 1 月中旬 NO_2 分布

（3）2014 年 10 月上旬

2014 年 10 月河南再次出现灰霾，此次灰霾的出现恰好秸秆燃烧季节，分析过程中将结合火点图一起分析。

此次河南省灰霾的出现同样伴随着 NO_2 浓度的升高，而且同样对应着火点图的出现。10 月 7—9 日从火点图可以看出，火点主要集中在河南北部，此处恰好对应 NO_2 浓度高值的出现，同样从云图可以看出，火点密集的地方呈现灰霾状，10 号火点出现在河南中部，同样出现的霾状分布，对应左图同样出现 NO_2 浓度的高值，表明此次火点的出现是灰霾出现的主要原因，灰霾出现的同时伴随着 NO_2 浓度的高值，两者再次表明具有很大关联（图 3-27）。

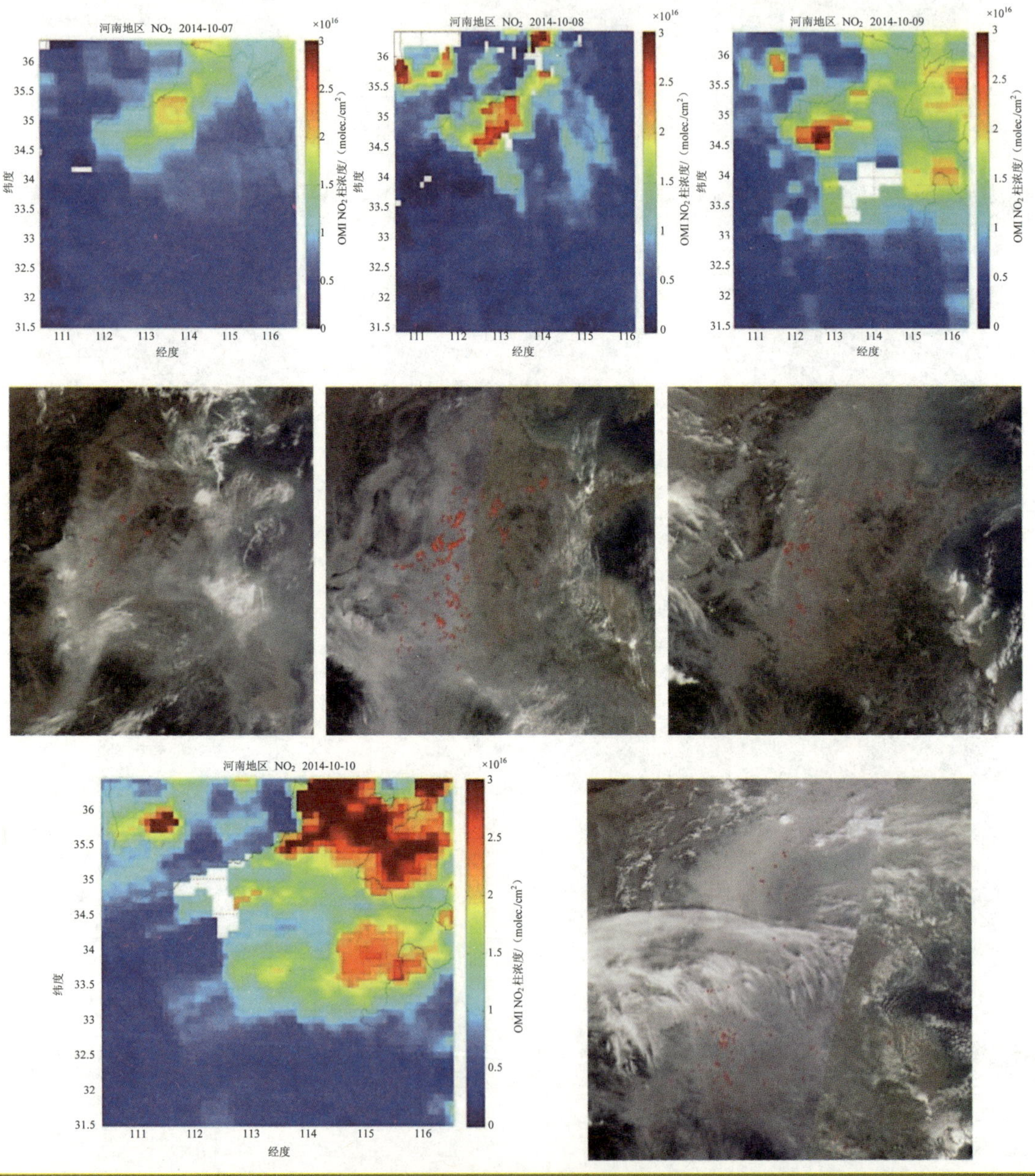

图 3-27　2014 年 10 月 7—10 日 NO_2 分布

（4）2014 年 11 月上旬

11 月 2—5 日，NO_2 主要分布河南北部城市，并经历了一个由低到高，而后削减至洁净的过程，而 6 日河南省北部地区出现 NO_2 大面积高值，考虑与天气状况有关，而形成 NO_2 积累（图 3-28）。

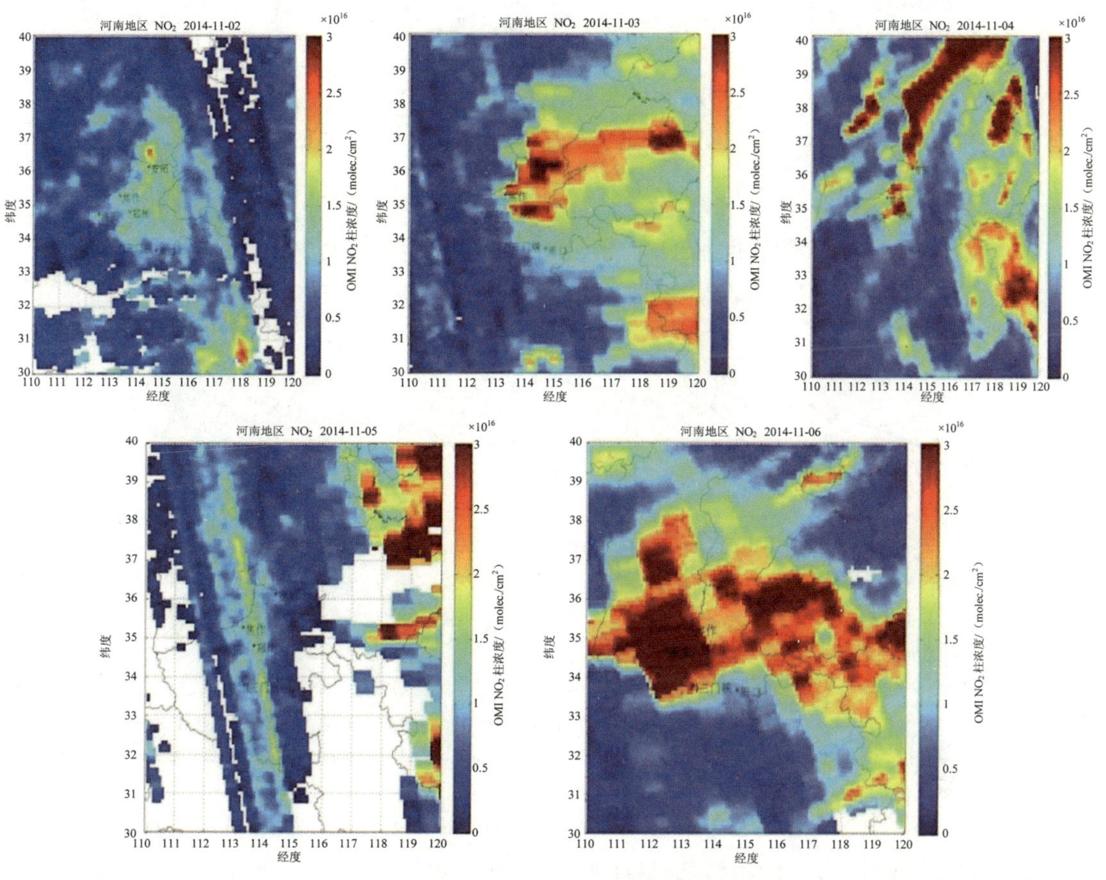

图 3-28　2014 年 11 月 2—6 日 NO_2 分布

3.5.5　AOT 区域分布特征

为分析河南省气溶胶分布特征，利用 MODIS 数据产品，获得了河南省在不同时段的 AOT 分布图（图 3-29）。

从图 3-29 可以看出，在不同的季节时段，AOT 区域分布特征差异明显，集中分布在中部和北部，其中在 6—8 月高 AOT 在河南省呈现出大面积分布趋势。此阶段是河南省秸秆燃烧阶段，考虑 AOT 的出现与秸秆燃烧相关。在非秸秆燃烧阶段，AOT 相对降低，高值主要分布在河南省中东部郑州、开封等地。同时，由于冬季部分重污染时段卫星数据缺失，导致冬季平均结果比其他季节偏低，因此，这里的 AOT 结果仅用于说明河南省的区域分布情况。

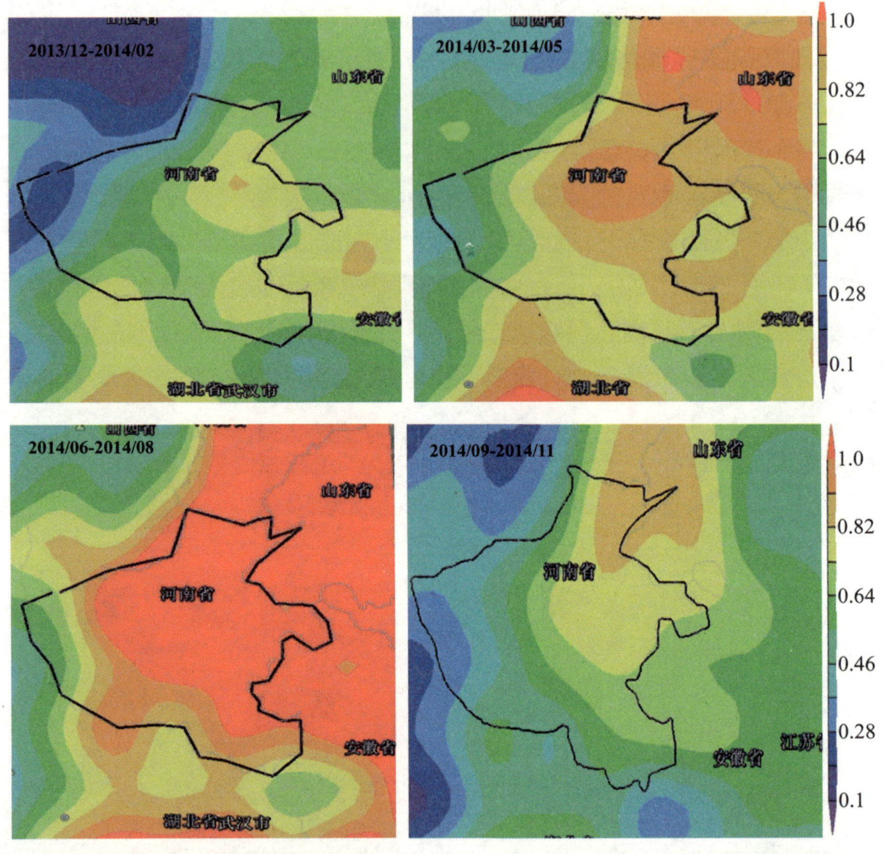

图 3-29　基于 MODIS 数据的河南省 AOT 分布特征

在以上基础上，又提取了河南省安阳市、焦作市、郑州市、洛阳市、平顶山市、三门峡市、信阳市和周口市 8 个城市的 AOT 结果（图 3-30）。

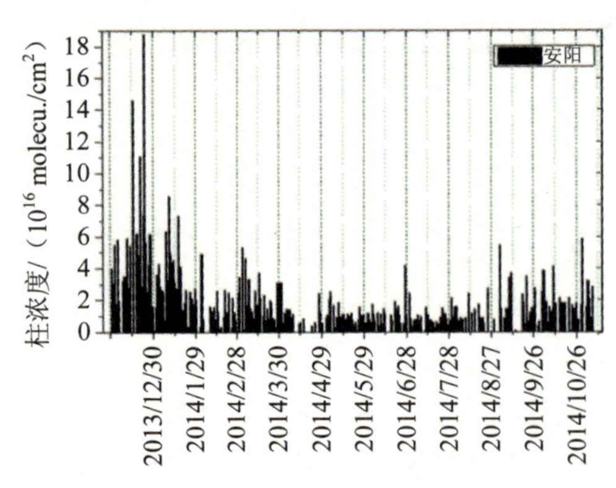

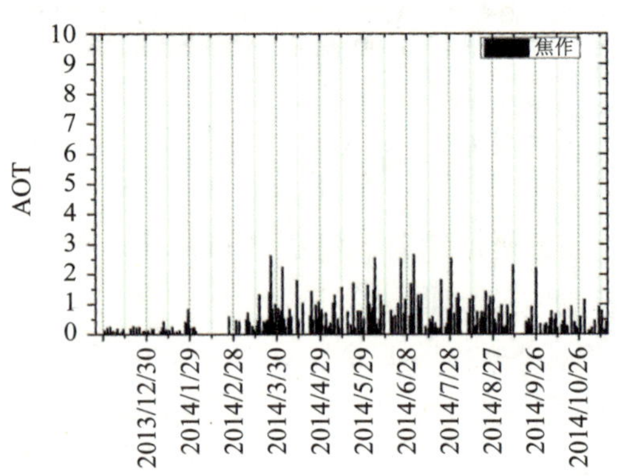

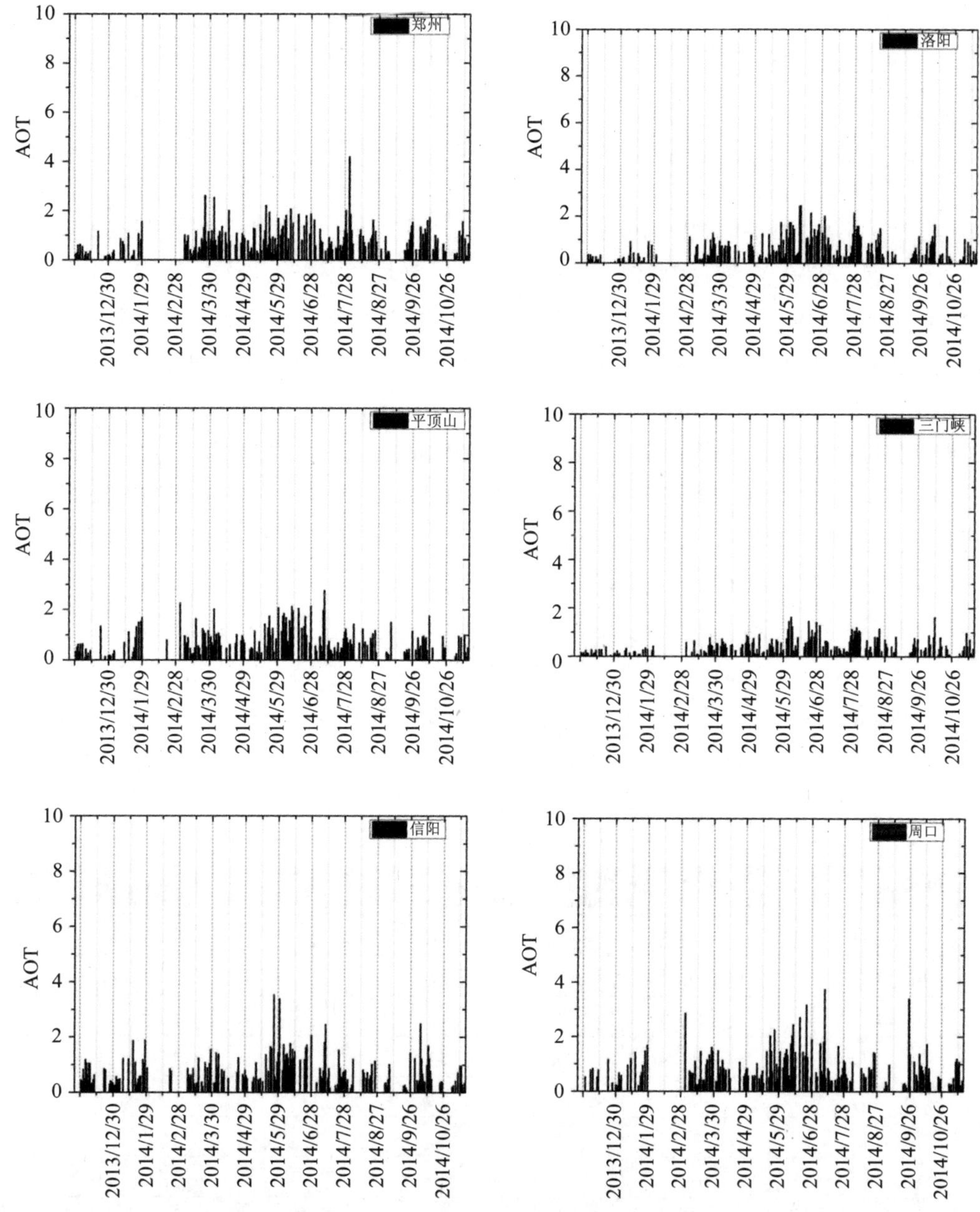

图 3-30　河南重点 8 城市 AOT 日均值变化（2013/12—2014/11）

图 3-30 显示，河南省 8 城市 AOT 日均值变化明显，在 6 月 8 个城市都出现 AOT 的高值，其中在南部农业城市（如信阳）AOT 的高值变化最为明显，说明农作物的燃烧在该时段是影响河南省 AOT 的首要原因；在 9 月底、10 月初再次出现 AOT 的突变，同样表现为南部城市变化最为明显，这次过程仍然与农作物的燃烧有关。

3.6 污染物输送量估算

3.6.1 污染物输送通道

污染输送主要指的是外围污染源在特定的风场作用下，持续对监测区域带来的污染物输入过程。对污染输送过程的监测，有利于研究污染物的来源、途径，能够为污染防控措施的出台提供有效的数据支持。本书通过在河南省的安阳市、焦作市、三门峡市分别安装三套激光雷达和 MAX-DOAS，对颗粒物和污染气体（NO_2 和 SO_2）开展地基遥测，在研究其时空分布的基础上，评估河南省北部地区对河南省污染物输送的影响。

研究中利用气象数据监测结果，统计了观测期间的风频次结果（表 3-2）。从结果可以看出，东北、东南、西南三个方向为主导风向，西北方向次之，来自东部的气流相对较少。

结合监测期间风速风向信息分析，河南省在来自西北方向的气流在太行山脉的影响下，极易形成高空下沉气流，从而出现近地面风速较小，空气污染大量积累，并伴随低空逆温层的出现，不利于污染气流扩散，进一步加剧了污染程度；而来自东北方向的气流也会带来河北、山东西北部污染输送的影响。利用安装在安阳市、焦作市和三门峡市的激光雷达和 MAX-DOAS 观测的颗粒物和污染气体 NO_2、SO_2 的浓度出现高值的频次和风向信息，结合气流后向轨迹模型，确定了西北、东北两个污染输送通道，而在东南方向的输入则存在季节性变化，污染输送与麦秸秆焚烧有关（图 3-31）。

表 3-2 监测期间风向频次统计　　单位：频次

月份/风向	西北	东北	东南	东	西南	静稳
2013-12	11	9	11	4	3	3
2014-1	14	19	14	5	16	0
2014-2	5	18	13	5	11	0
2014-3	9	16	19	2	12	5
2014-4	3	15	17	3	12	3
2014-5	6	6	17	6	16	0
2014-6	8	11	14	6	11	0
2014-7	4	4	16	4	10	4
2014-8	3	12	18	3	22	6
2014-9	7	14	10	6	18	2
2014-10	4	16	19	3	18	2
2014-11	9	16	17	4	19	0

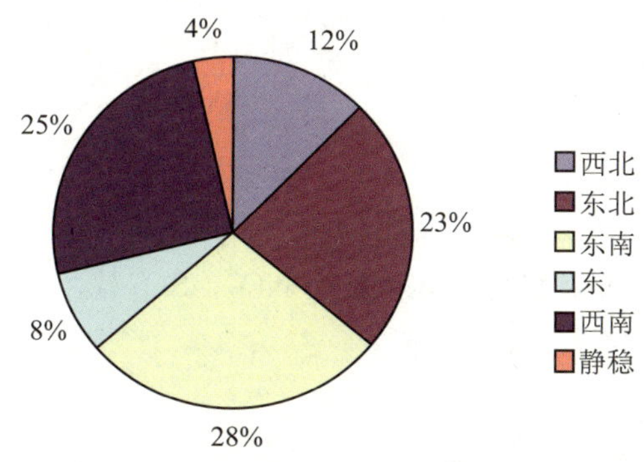

图 3-31 监测期间风频统计

- 东北输送通道

东北输送通道的监测用于评估位于河南省东北方的山东省、河北省部分工业区及城市排放对河南省空气质量的影响。位于安阳站点的激光雷达和 MAX-DOAS 观测了 2013 年 11 月 25 日到 2014 年 12 月 8 日的颗粒物及污染气体 NO_2、SO_2 的浓度信息。通过监测结果可见，在东北风向的影响期间，颗粒物观测到了 3 次高值过程，NO_2 观测到 6 次高值过程，SO_2 观测到 5 次高值过程，扣除本地排放影响，来自东北方向的污染输入是引起高值的另一个因素。

- 西北输送通道

西北输送通道的监测用于评估位于河南省西北方的陕西省、山西省部分工业区及城市排放对河南省空气质量的影响。位于三门峡、焦作站点的激光雷达和 MAX-DOAS 分别观测了 2013 年 11 月 25 日到 2014 年 12 月 8 日的颗粒物及污染气体 NO_2、SO_2 的浓度信息。通过监测结果可见，在西北风向的影响期间，颗粒物观测到了 7 次高值过程，NO_2 观测到 5 次高值过程，SO_2 观测到 6 次高值过程，扣除本地排放影响，来自西北方向的污染输入是引起高值的另一个因素。

- 西南通道

西南通道主要评估来自河南省内部西南地市对中部及北部空气质量的影响。通过激光雷达及 MAX-DOAS 观测发现，在西南风向影响期间，颗粒物和污染气体都没有出现明显的升高过程，并在部分时段出现了降低，认为西南方向没有带来污染物的输送过程。

- 东南通道

东南通道主要评估来自河南省内部东南地市对中部及北部空气质量的影响。通过激光雷达及 MAX-DOAS 观测发现，在 2013 年 12 月到次年 4 月东南风向影响期间，颗粒物和污染气体都没有出现明显的升高过程，并在部分时段出现了降低，认为该时段东南方向没有带来污染物的输送过程；但从 5 月起，在东南风影响期间，激光雷达观测到 4 次高值过程，MAX-DOAS 观测到 3 次 NO_2 浓度和 4 次 SO_2 浓度高值过程，参考卫星火点图，该时段出现了大面积的麦秸秆焚烧区域，这是引起高值出现的主要因素。因此，东南通道的影响主要是农作物焚烧引起。

3.6.2 污染输送量估算

利用 OMI 卫星的 NO_2、SO_2 观测结果，估算了河南省全年 NO_2、SO_2 浓度总量，再利用安装在河南省北部的三套 MAX-DOAS 的 NO_2、SO_2 柱浓度结果估算了在特定风场下外围省区对河南省的输入量。

算法流程如下：

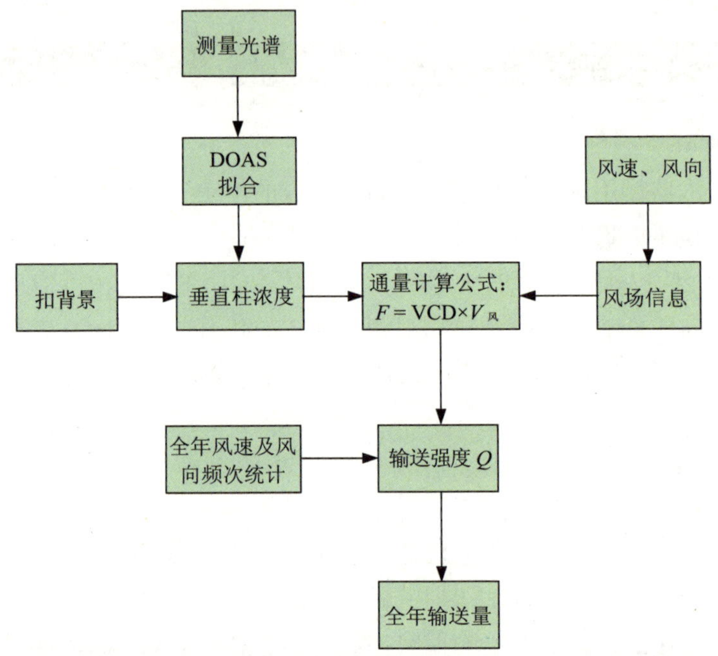

图 3-32 输送通量算法流程

利用 DOAS 算法结合测量光谱可以获得对流层污染物垂直柱浓度，结合风场信息，利用通量计算公式，计算出污染物输送强度，再结合风频等信息估算一段时间内的污染物输送量。

其中，输送强度 Q：

$$Q = \text{VCD}_i \times V_{风} \times \cos\theta \tag{3-10}$$

式中，Q 为输送强度，单位为 molec./（cm·s），即在单位 cm 长度上每秒输入的污染物的分子数，VCD_i 为气体的垂直柱浓度，$V_{风}$为风速，θ 为风向和测量点与输入点连线的夹角。

在已知风速、风向信息，以及污染物垂直柱浓度的情况下，结合污染输送的长度，可以估算该输送截面在污染输送期间的输送强度及污染物一定时间内的输送量。由于地基站点的单一、不连续性，在实际计算中利用卫星数据获得输送界面上污染物浓度变化曲线，同时结合地基 MAX-DOAS 柱浓度进行修正，从而获得不同时段输送界面上污染物的分布情况，估算不同时段的污染物输送量。

3.7　典型污染过程分析

3.7.1　典型灰霾过程分析

3.7.1.1　灰霾过程一（2013.12.12—16）

2013 年 12 月 12—16 日，在河南省北部出现了一次大面积、长时间的灰霾过程，安装在安阳、焦作和三门峡的激光雷达和 MAX-DOAS 均观测到了颗粒物和污染气体的升高、持续和消失过程，在区域性弱风场的影响下，此次局地污染过程分布范围大，持续时间长，并有间歇期。从 2013 年 12 月 11—19 日安阳、焦作和三门峡 PM_{10} 的日均值图（图 3-33）可以看出，颗粒物和 NO_2 浓度均经历了一次较为完整的累积、升高、持续、稳定及消散过程，根据其分布范围和强度主要分布分为 3 个阶段：局地污染生成初期阶段、稳定阶段和沉降消散阶段，初期阶段是在 12 月 12—14 日，稳定阶段是在 12 月 15—16 日，沉降消散阶段是从 17 日开始。

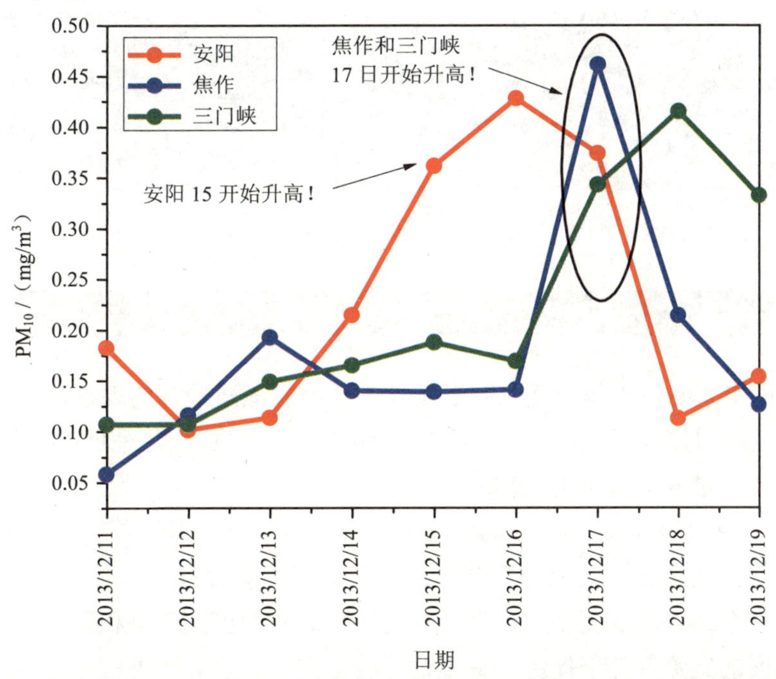

图 3-33　安阳、焦作和三门峡 PM_{10} 日均值

地面点式仪器观测情况：

在 12 月 12—16 日灰霾过程期间，地面点式仪器先后观测到了 PM_{10} 的升高及降低过程。其中，安阳市在 12 月 15 日 PM_{10} 浓度开始升高，并持续到 17 日，而焦作和三门峡则从 17 日开始出现高值，焦作市在 18 日降低，三门峡在 19 日降低。通过点式测量数据可见，灰霾过程主要集中在河南省东北部地区，西北部地区持续时间较短。

颗粒物观测情况：

（1）灰霾生成初期阶段　12 月 12—14 日

由于风速较小，空气相对湿度增大，使得颗粒物和污染气体不易扩散，从而开始出现了高污染过程。从 2013 年 12 月 12 日中午开始，安阳激光雷达观测到颗粒物层高度逐渐抬升过程，高度升高至 1.9 km，如图 3-34 所示，污染物逐渐积累并在 14 日 12 点左右出现稳定的高浓度污染层。

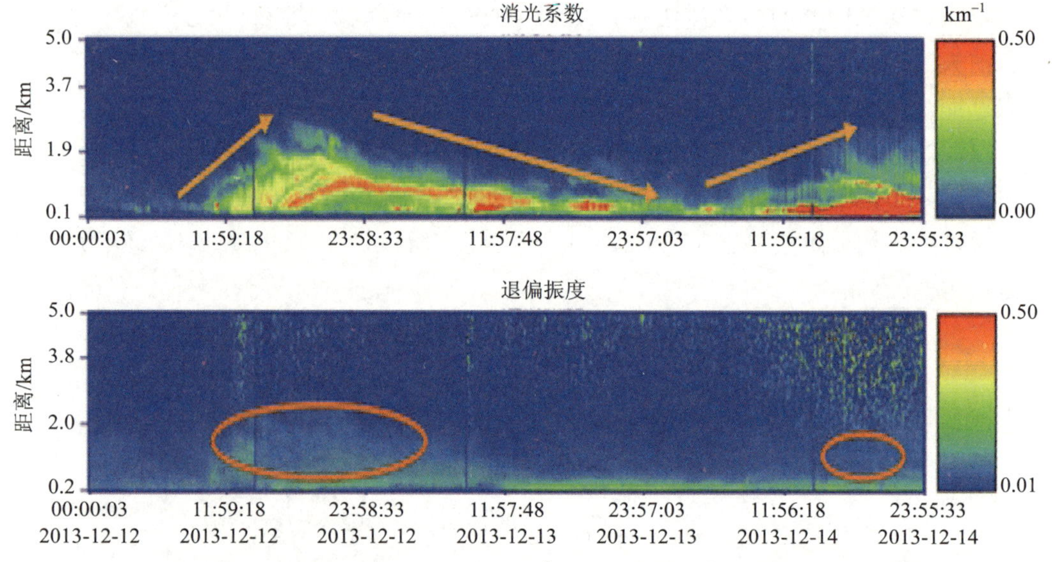

图 3-34　2013.12.12—14 日安阳雷达结果

从 12 日中午开始，焦作也观测到了颗粒物高度层逐渐抬升的现象，其消光系数平均值高于安阳，到 20 时左右基本形成了稳定的污染层。13 日白天污染程度下降，但在 14 日上午又开始积累并进入了重灰霾过程。

三门峡在 12 日中午开始出现了局地污染，13 日晚上 19 时开始污染物高度逐渐抬升，消光系数平均值为 0.39 km^{-1}，污染层趋于稳定，进入灰霾过程。

综合以上三个站点的观测结果可见，在灰霾形成初期出现污染积累、污染层抬高，在低风速、高湿度的气象条件下促进了灰霾过程的形成。

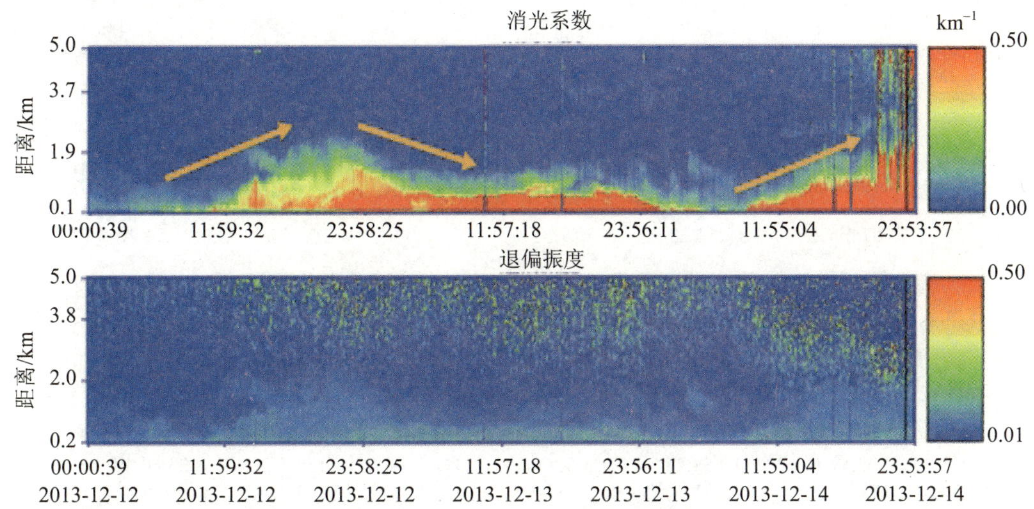

图 3-35 2013.12.12—14 日焦作雷达结果

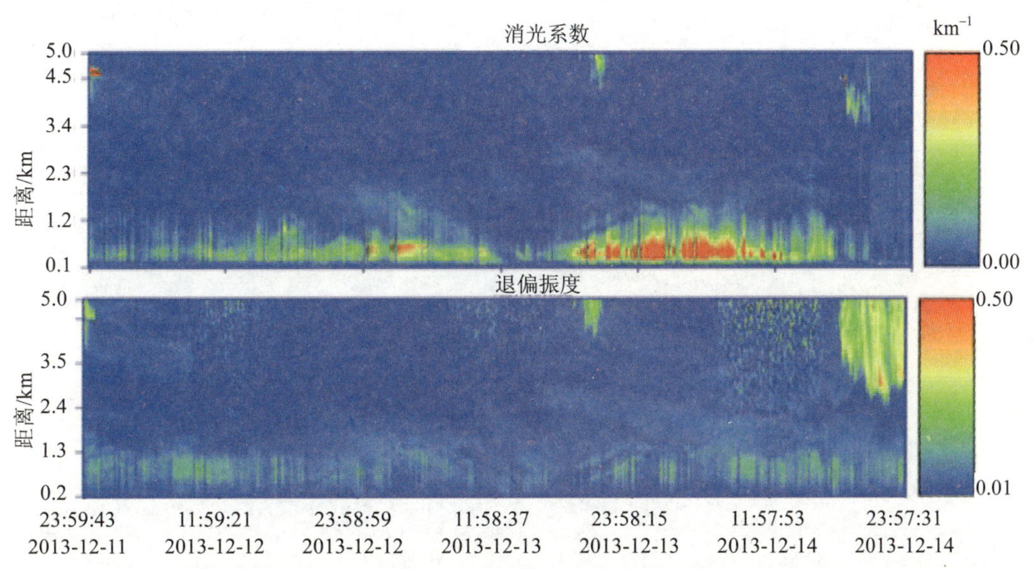

图 3-36 2013.12.12—14 日三门峡雷达结果

（2）稳定形成阶段 12 月 15—16 日

从 15 日开始，河南省北部的颗粒物和污染气体均出现了长时间、高稳定的持续过程，进入了一次持续时间长、影响范围广的重灰霾过程。

从雷达观测结果可以看出，安阳从 15 日 0 点到 16 日 24 点一直处于稳定的重污染过程，在近地面到 1km 高度出现了一层持续的高消光气团，消光系数达到 0.5 km^{-1} 以上。

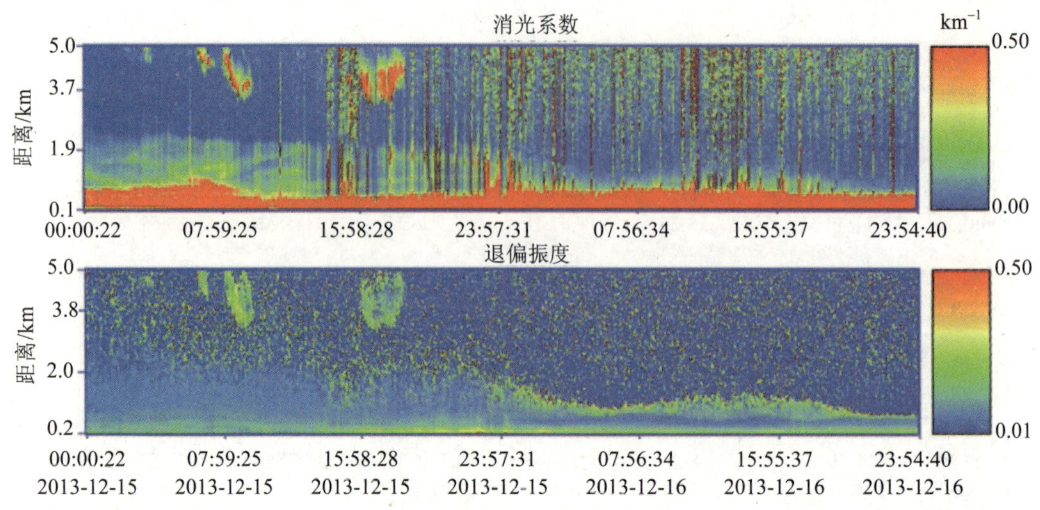

图 3-37 2013.12.15—16 日安阳雷达结果

与安阳类似，焦作也从 15 日 0 点至 16 日 24 点期间出现了持续稳定的高消光气团。

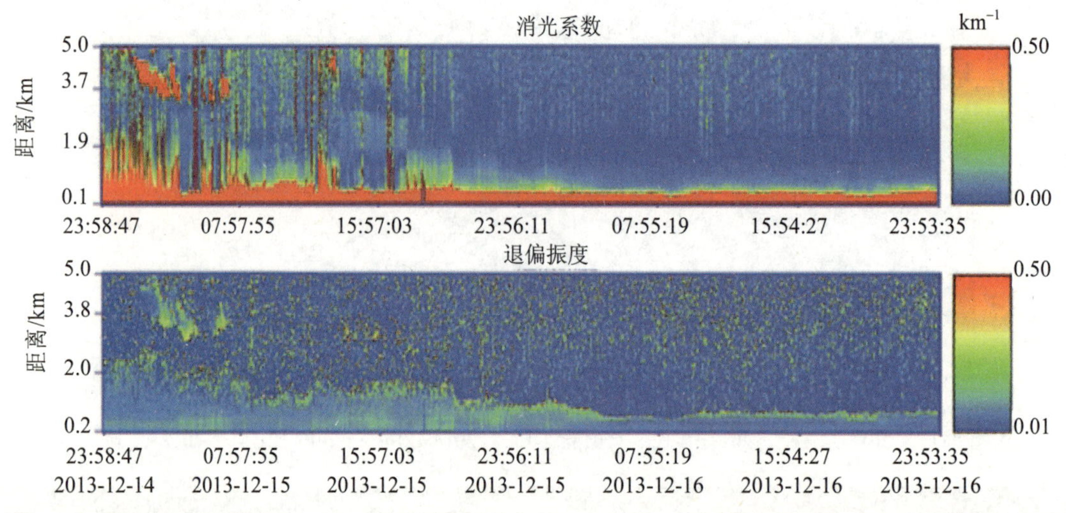

图 3-38 2013.12.15—16 日焦作雷达结果

在此期间，三门峡也出现了一层比较稳定的消光气团，但是相比安阳和焦作比较弱，消光系数在 0.3 km^{-1} 左右。

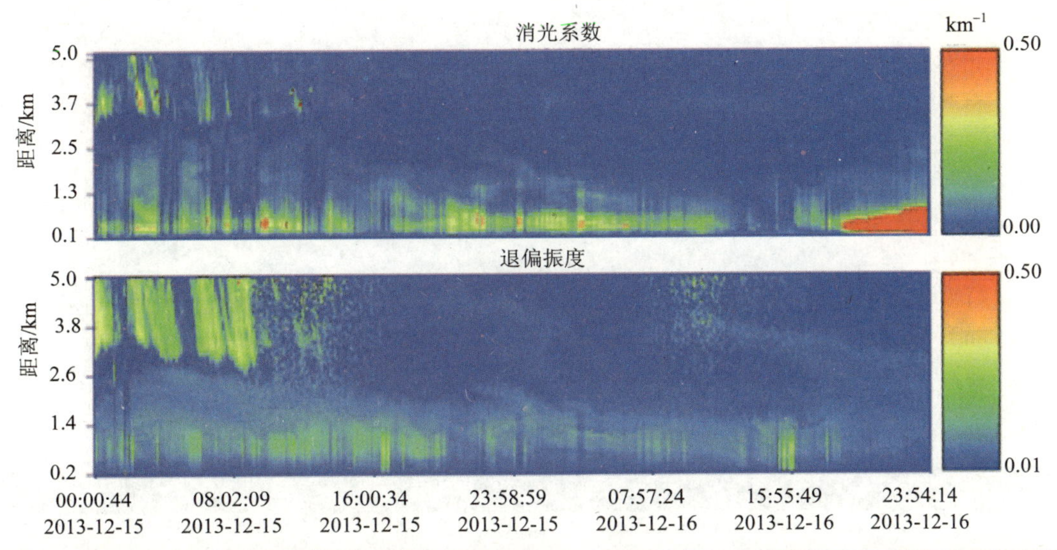

图 3-39 2013.12.15—16 日三门峡雷达结果

综合这三个观测点的数据，在 12 月 15 日中午，安阳和焦作均出现了较为明显的污染物抬升现象，随后至 12 月 16 日晚间，两个观测点都经历了污染物下降后再次骤升，最后趋于稳定的演变过程，但安阳的整体气溶胶消光系数比焦作高，两地的峰值分别为 0.87 km^{-1} 和 0.56 km^{-1}，污染层集中在 1.9 km 以下，对应一个稳定或中性边界层中低空急流区（LLJ）的污染物输送层，连续两天都可见混合层高度随时间大致线性增长的发展演变过程。当混合层发展到夜间边界层内污染物输送带的高度时，垂直混合作用将导致地面污染物浓度的迅速升高。所以气溶胶出现高值，除了和局地污染物排放在白天有所增加外，来自高层向下的输送也是个更重要的因素。相对于安阳和焦作，三门峡的空气相对干净，污染物高度更低一些，集中在 1.2 km 以下，比较严重的污染出现在 13 日晚间。

（3）沉降消散过程

从 17 日开始，河南省北部灰霾开始逐渐消散，雷达观测的颗粒物消光系数明显降低，灰霾污染程度明显下降。如图 3-40 所示，从 12 月 18 日 4 点钟开始，高空到近地面强消光气团消散，灰霾过程基本结束。

污染气体观测情况：

在此次灰霾过程期间，MAX-DOAS 观测到 NO_2 的一次完整的累计、升高、持续及消散过程，如图 3-41 所示。其中安阳站的浓度变化最明显，从 12 月 12 日开始升高，并持续升高到 14 日，随后一直处于较高浓度水平，而焦作站点升高较为缓慢，14 日出现明显升高过程，三门峡 NO_2 浓度也是在 14 日出现明显升高，并在 18 日再次出现明显的升高过程，而安阳站和焦作站的 NO_2 浓度开始降低。

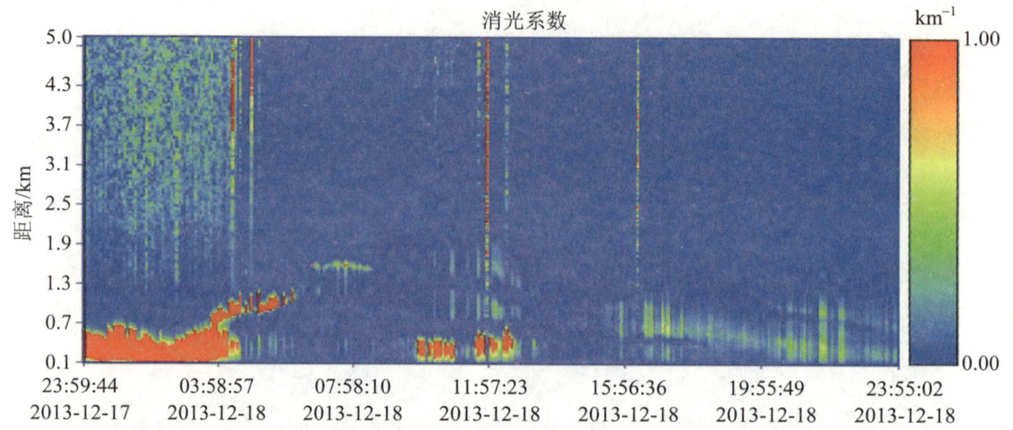

图 3-40 灰霾消散过程

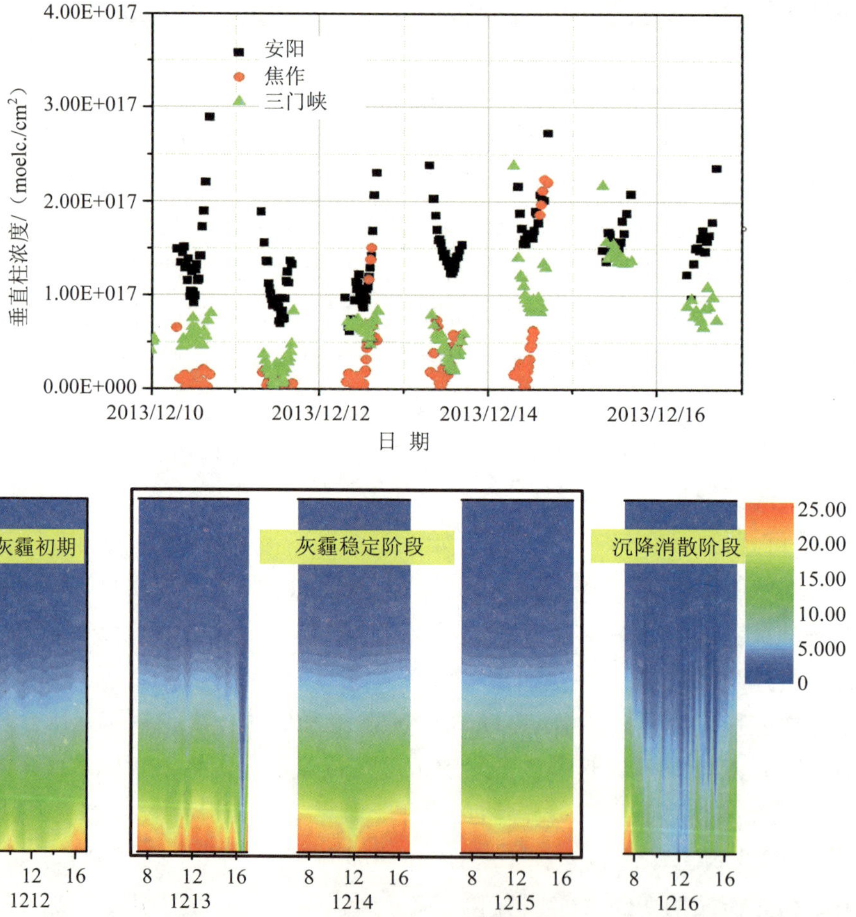

图 3-41 MAX-DOAS 柱浓度及廓线结果

这次灰霾过程主要受河南省内部和北部的输送影响所致，气流在北部受阻，从而不利于污染物的扩散，形成长时间积累过程，再加上冷热气流交汇，使得空气湿度变大，从而出现灰霾复合污染过程。

（4）气象情况分析

12 月 15 日 1 000 m 高空平均风速 4.1 m/s，温度为 1.8℃，主风向为西北风，高空西风受地形背风坡下沉气流影响，在近地面形成区域性弱风场污染物汇聚区，容易造成大范围重污染（图 3-42）。

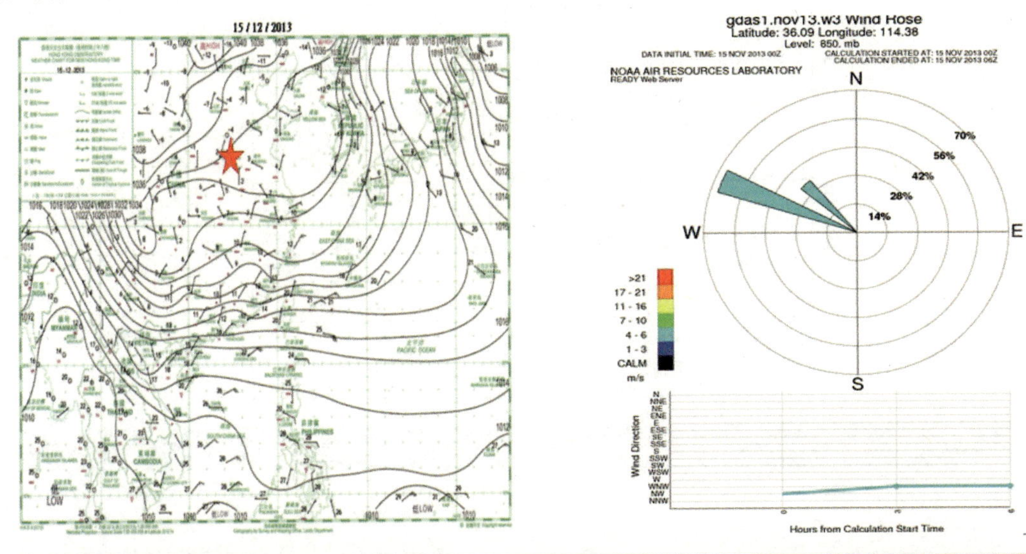

图 3-42　气象场情况

从 Hysplit 的后向轨迹模型来看，三个地方的污染均主要来自西北。受来自西北区域的大陆性气流影响，污染源可能主要源自化石燃料或生物燃料燃烧等人为污染源（图 3-43）。

3.7.1.2　灰霾过程二（2014 年 1 月 6—19 日）

2014 年 1 月中上旬，再次观测到了一次灰霾过程，从图 3-44 可以看出，在这段时间，三个城市的 $PM_{2.5}$ 和 PM_{10} 均经历了相同的变化趋势，其中出现了三次颗粒物的高峰值，$PM_{2.5}$ 达到 150 μg/m^3 以上（重度污染），达到橙色预警水平。激光雷达和 MAX-DOAS 则观测到了这灰霾过程，在不同的站点 NO_2 浓度峰值的出现时间不尽相同，激光雷达观测到的颗粒物则集中在 1 月中旬（1 月 8—11 日），消光系数的峰值分别是焦作＞安阳＞三门峡，由于该时段处于属于均压类地面天气形势的鞍形场，大气水平运动较弱，污染物的浓度也较高。

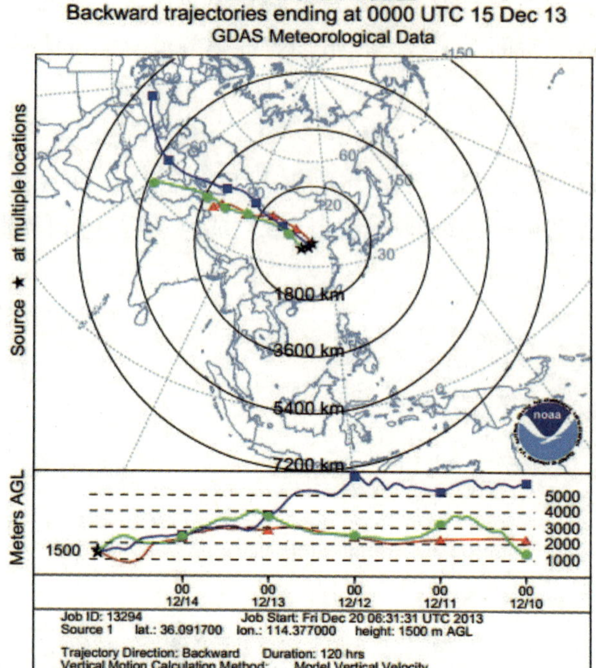

图 3-43 后向轨迹

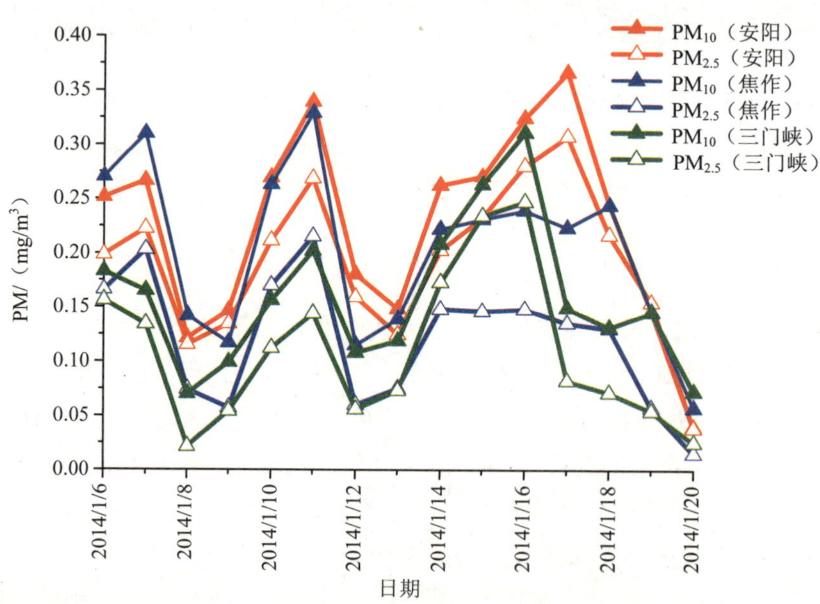

图 3-44 安阳、焦作和三门峡 PM_{10} 和 $PM_{2.5}$ 日均值

（1）颗粒物观测结果

安阳：安阳 1 月 8—11 日，存在较为严重的局地污染，污染物高度始终集中在 1 km 以下，9 日以后近地面颗粒物的退偏比逐渐增大，大颗粒气溶胶所占比例增加，消光系数最高值达 0.732 km^{-1}，退偏比峰值达 0.23（图 3-45）。

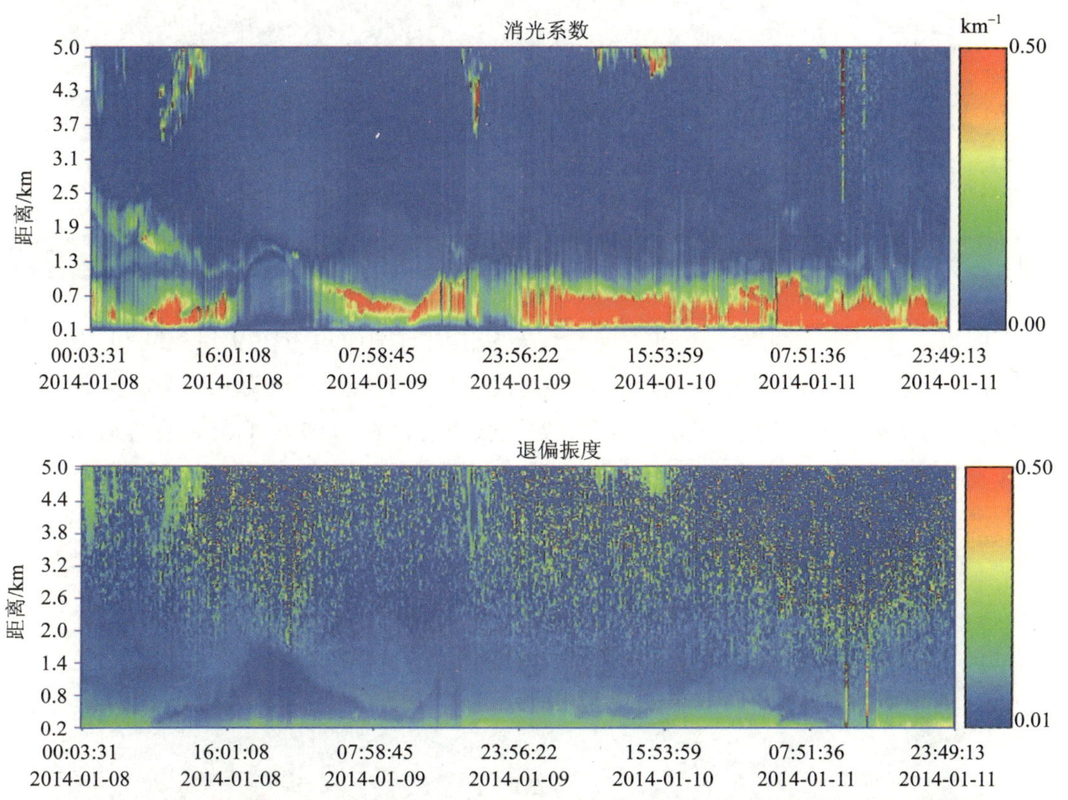

图 3-45 安阳雷达结果

焦作：焦作 1 月 8—11 日，局地污染更严重，消光系数峰值达 1.2 km^{-1}，9 日之前污染物高度集中在 1 km 以下，9 日以后污染物高度抬升，随后稳定在 1.3 km 处，近地面颗粒物退偏比稳定，数值范围在 0.015～0.178（图 3-46）。

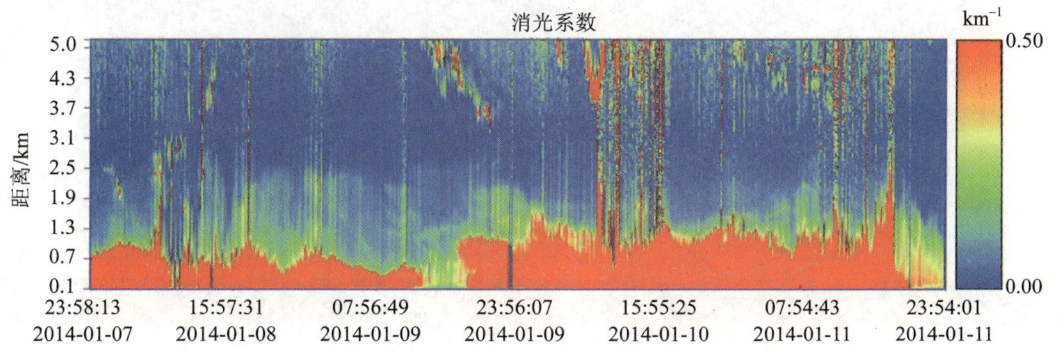

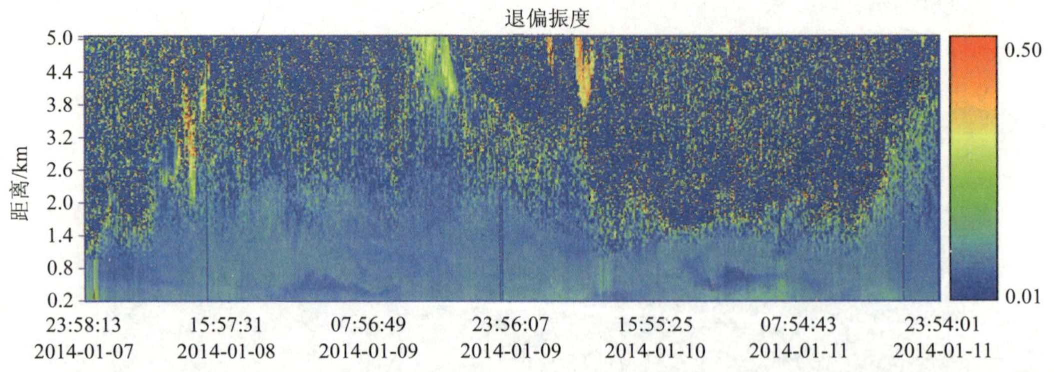

图 3-46　焦作雷达结果

三门峡：三门峡 1 月 8—11 日，局地污染发生的时间段集中在 9 日夜间和 10—11 日白天，相对于安阳和焦作两地，局地污染程度较轻，消光系数峰值为 0.55 km^{-1}，污染物高度集中在 1.3 km 以下，近地面颗粒物的退偏比数值范围在 0.017～0.35，存在较多的大粒子颗粒物（图 3-47）。

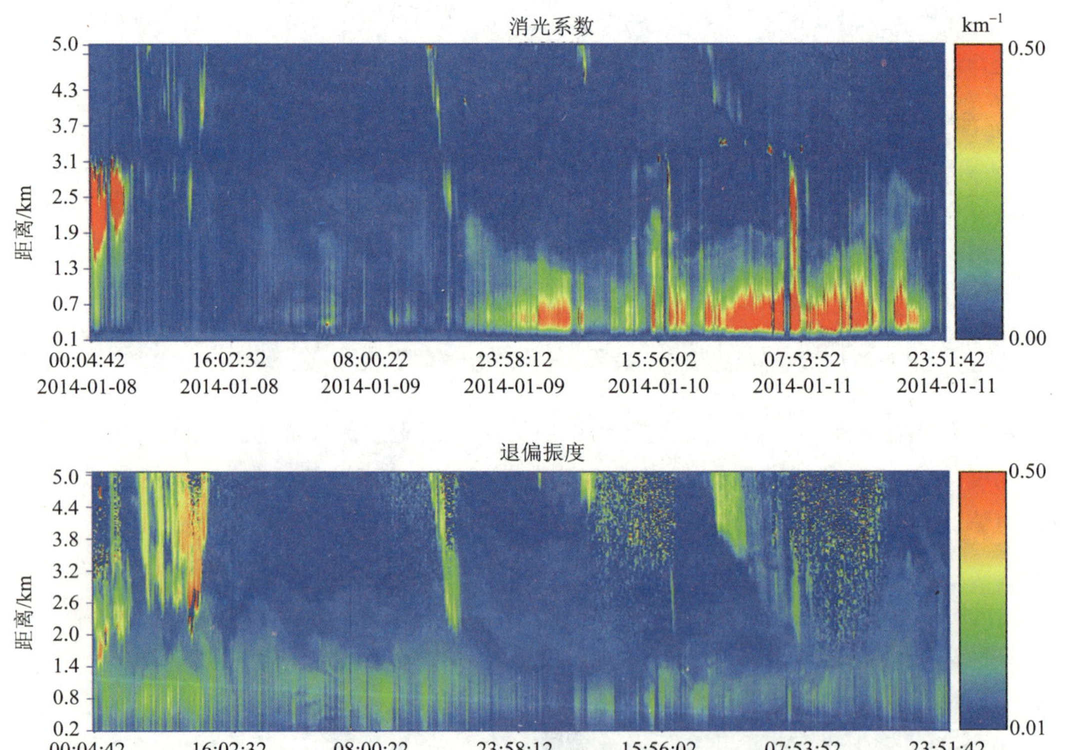

图 3-47　三门峡雷达结果

（2）污染气体观测结果

在 1 月 6—19 日灰霾过程期间，MAX-DOAS 观测到 NO_2 的升高过程。其中在 1 月 8 日安阳站观测到 NO_2 的明显升高，并持续到 10 日，而焦作站和三门峡站没有出现高值，从 1 月 12 日开始，安阳站、焦作站和三门峡站都出现了明显的升高过程（图 3-48）。

总体上看，1 月 10—11 日是灰霾形成的初期阶段，三个站点都观测到浓度升高过程，12—14 日是灰霾稳定阶段，NO_2 浓度持续处于高值，15 日开始消散，为沉降消散过程。

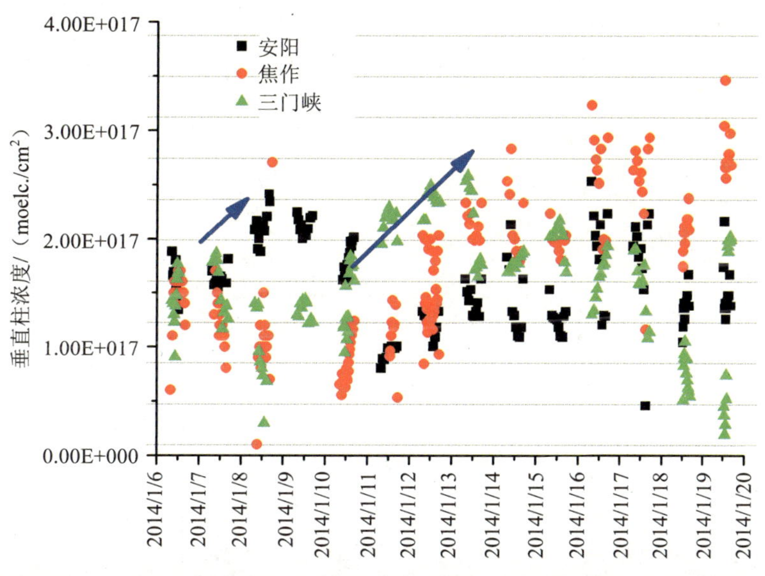

图 3-48　MAX-DOAS 观测结果

（3）气象情况分析

1 月 9 日，控制河南的高压主体分裂，河南处于对称的两个高压间的均压场内，即为鞍形场，属于均压类地面天气形势，此类天气形势控制下，大气水平运动较弱，污染物水平扩散或向周边地区聚集的可能性小（图 3-49）。

3.7.1.3　灰霾过程三（2014 年 10 月 5—12 日）

10 月 5—12 日，京津冀区域经历了一次严重的污染，在此污染持续过程中激光雷达同时观测了北京怀柔和焦作的颗粒物分布，焦作的颗粒物仍主要集中在近地面，10 月 5 日凌晨在高空处观测到以细粒子为主的污染层，随后消光系数减弱，6 日上午污染层再次出现，高度逐渐降低，而气溶胶消光系数随高度的下降而增加，7 日上午近地面消光系数峰值达到 1.26 km^{-1}，且持续集中在 0.8 km 以下；污染消散始于 11 日之后，由于冷空气影响和风速的加大，近地面污染浓度下降（图 3-50）。

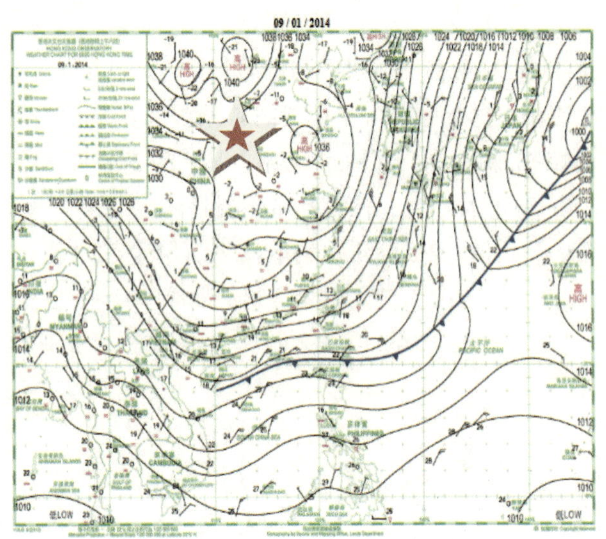

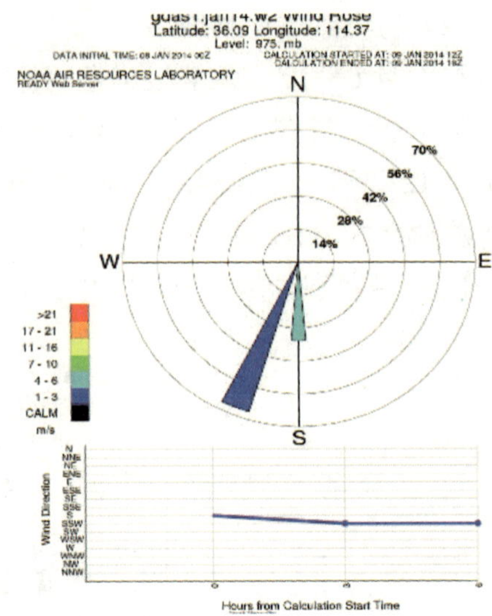

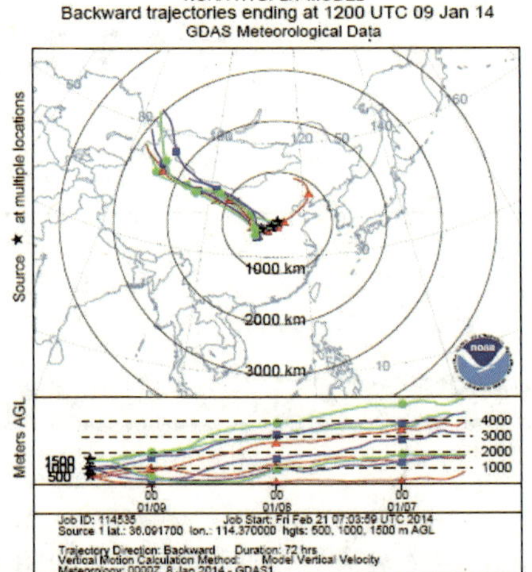

图 3-49　2014 年 1 月 9 日安阳天气图、风玫瑰图及后向轨迹图

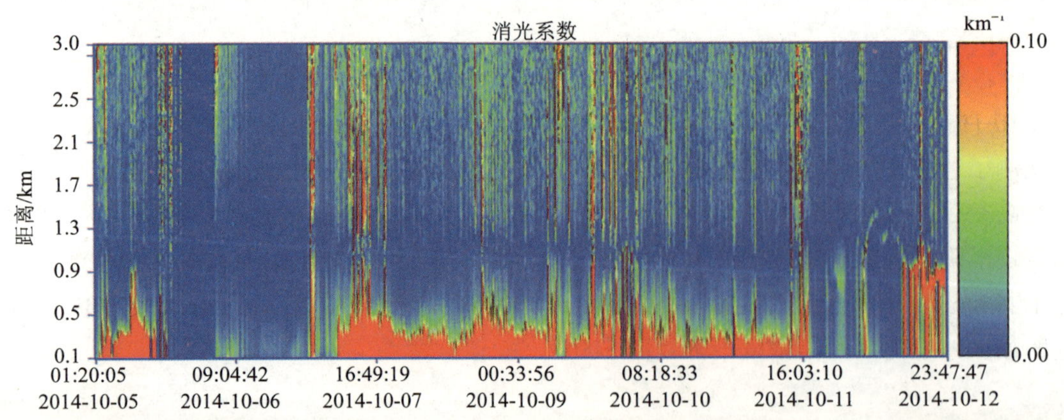

图 3-50　焦作激光雷达观测比对（2014.10.5—12）

（1）颗粒物观测结果

焦作 10 月 5 日起，局地污染占主导，污染持续高峰始于 10 月 7 日上午 8：30，此后消光系数范围在 0.29～1.2，污染层高度在 0.9 km 以下，11 日晚上 22 点以后近地面污染消散，但 12 日下午又有局地污染产生。但从气态污染物观测结果显示，在 9 月 29 日到 10 月 10 日期间，河南安阳站对流层 NO_2 和 SO_2 垂直柱浓度出现了升高过程，分别是 NO_2（垂直柱浓度升高为）：10 月 2—4 日、10 月 10 日；SO_2（垂直柱浓度升高为）：10 月 2—3 日、10 月 6 日、10 月 10 日（图 3-51）。

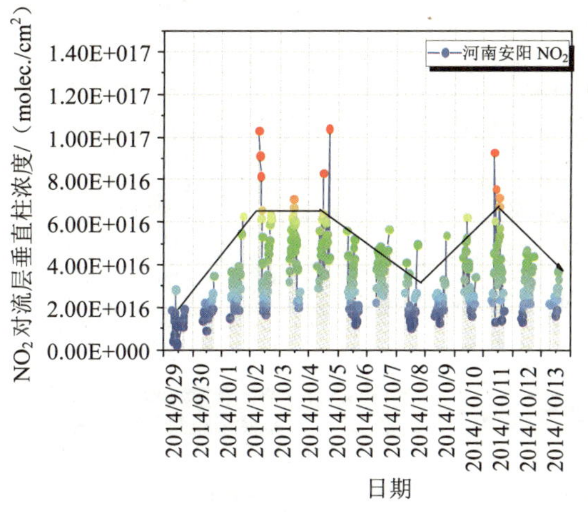

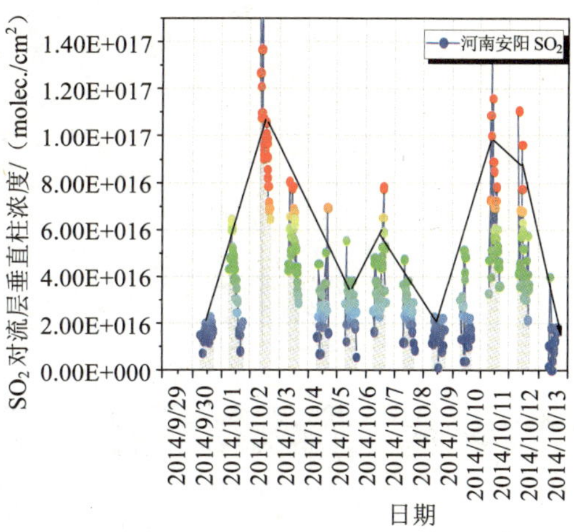

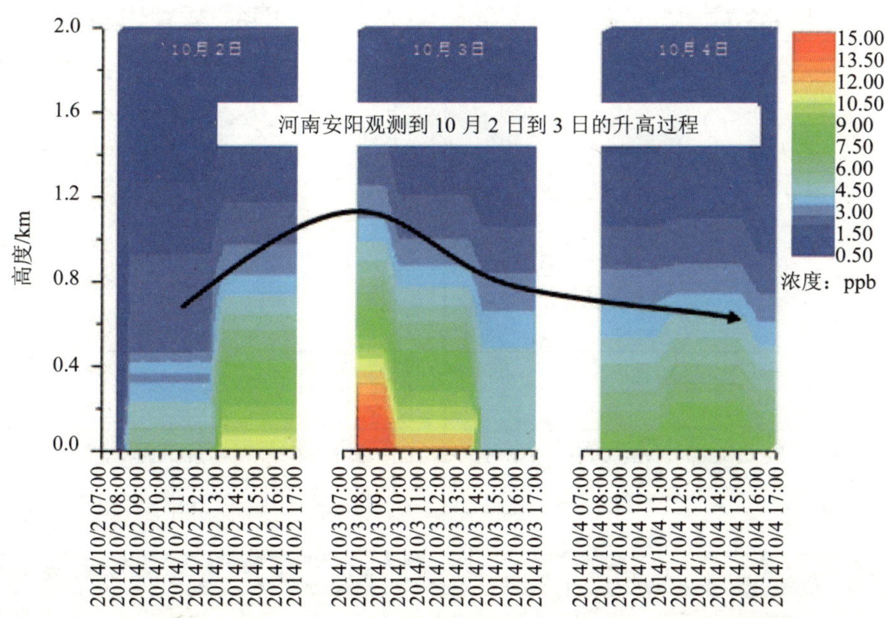

图 3-51 MAX-DOAS 观测柱浓度及廓线

（2）气象情况分析

从 10 日的气象场来看，在台风的作用下，河南省位于低压，西风带受阻，污染聚集，不易扩散。同时台风北部的流场带来东部潮湿空气（图 3-52）。

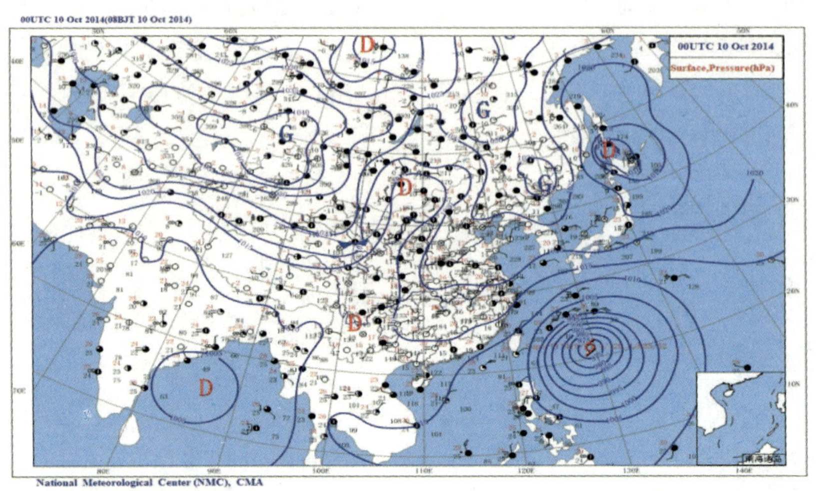

图 3-52 气象场

从 HYSPLIT 后向轨迹图来看，高值出现时，气流主要以东南和西南方向为主（图 3-53）。

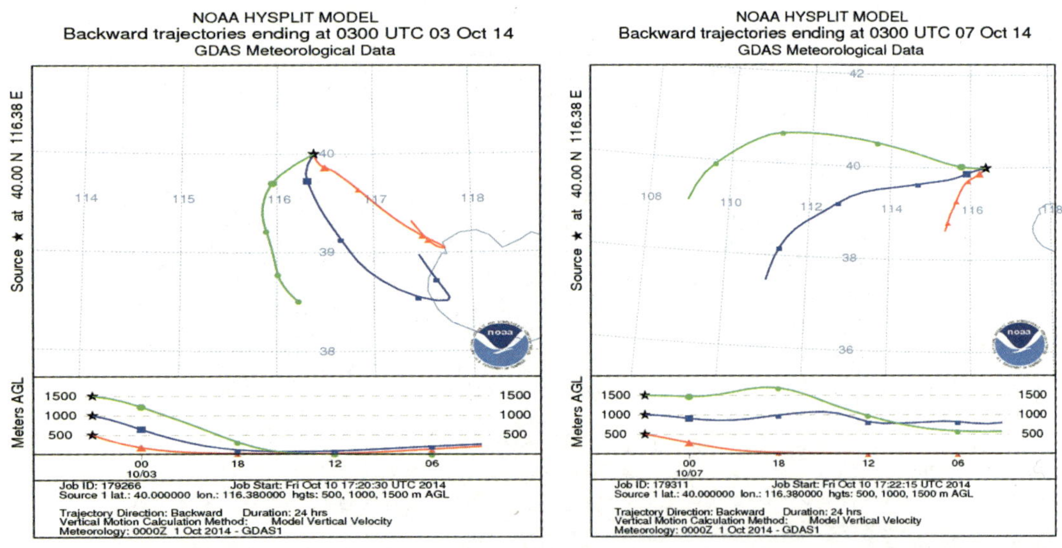

图 3-53 后向轨迹结果（10 月 3 日、10 月 7 日）

3.7.2　典型秸秆焚烧过程分析

随着农业收割机械化的发展，农民常常普遍采用焚烧的方式处理农作物收割后残留秸秆。这虽然是一种既快速又经济的处理方式，但在焚烧过程中会产生大量的 CO、氮氧化物和多环芳烃等有害气体及可吸入颗粒物，不仅造成大气环境质量的显著下降，直接影响当地居民的身体健康，而且可能干扰城市地面交通和航班的正常运营。中国秸秆违规焚烧现象严重，据环保部提供的卫星遥感监测数据显示，中国焚烧重点区主要有安徽、江苏、河南、河北等省份。

秸秆焚烧是指将农作物秸秆用火烧从而销毁的一种行为。秸秆焚烧污染空气环境，危害人体健康。焚烧秸秆时，大气中二氧化硫、二氧化氮、可吸入颗粒物 3 项污染指数达到高峰值，其中二氧化硫的浓度比平时高出 1 倍以上，二氧化氮、可吸入颗粒物的浓度比平时高出 3 倍左右。当可吸入颗粒物浓度达到一定程度时，对人的眼睛、鼻子和咽喉含有黏膜的部分刺激较大，轻则造成咳嗽、胸闷、流泪，严重时可能导致支气管炎发生。

因此，预防、监控麦秸秆焚烧，研究麦秸秆焚烧对空气质量的影响非常必要。本书利用激光雷达、MAX-DOAS、卫星等遥感技术，并结合地面监测站点式数据，分析了在麦秸秆焚烧期间颗粒物、NO_2、SO_2 三种成分的浓度变化情况，评估了秸秆焚烧对空气质量的影响。

（1）颗粒物观测结果

2014 年 6 月 12—16 日，正处于夏初麦收季节期间，安阳、焦作、三门峡三个观测站点均观测到由秸秆燃烧造成的局地污染，三个地方峰值的出现时间集中在 14—15 日，以秸秆为代表的生物质燃烧释放的颗粒物的特点之一为主要排放粒径较小的细颗粒物，这从三个观测点退偏比的大小也可以得到确认（图 3-54～图 3-59）。

安阳

2014.6.13—2014.6.14（初始阶段）

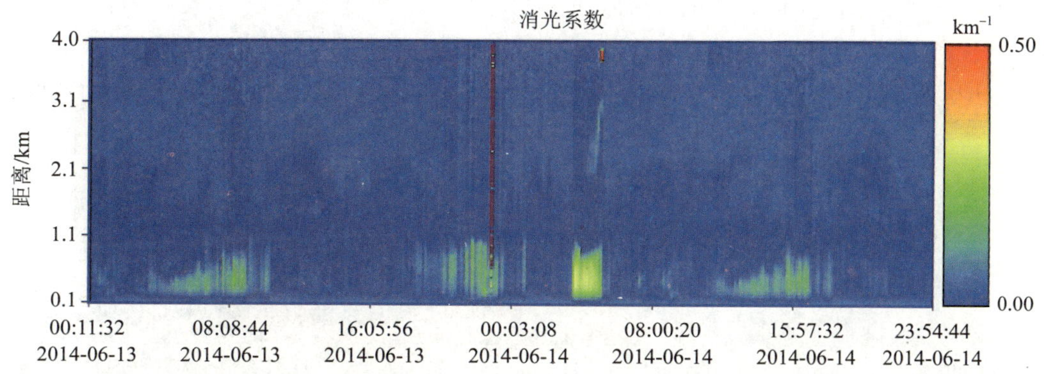

图 3-54　消光系数和退偏比

2014.6.15—2014.6.16（严重污染阶段）

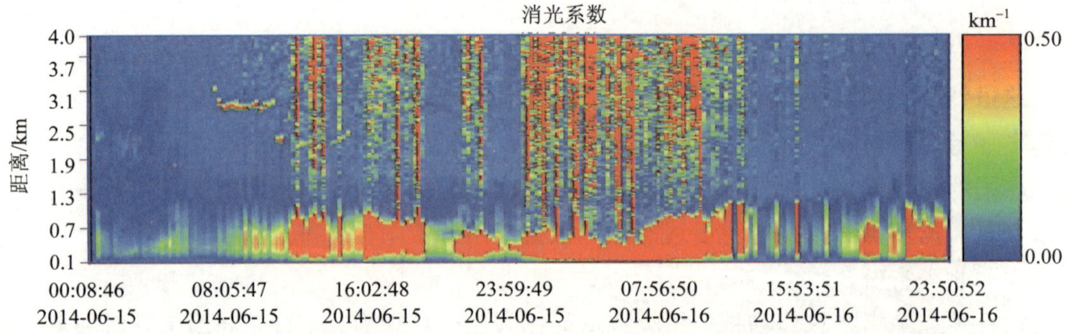

图 3-55 消光系数和退偏比

焦作

2014.6.12—2014.6.13（初始阶段）

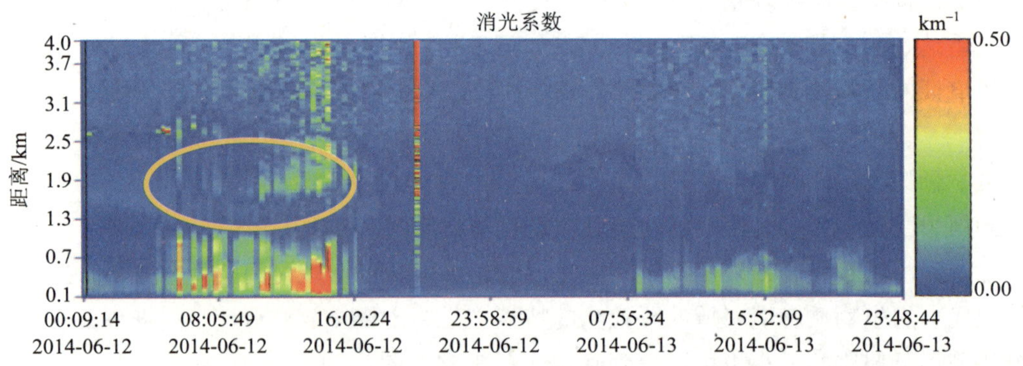

图 3-56 消光系数和退偏比

2014.6.14—2014.6.16（严重污染阶段）

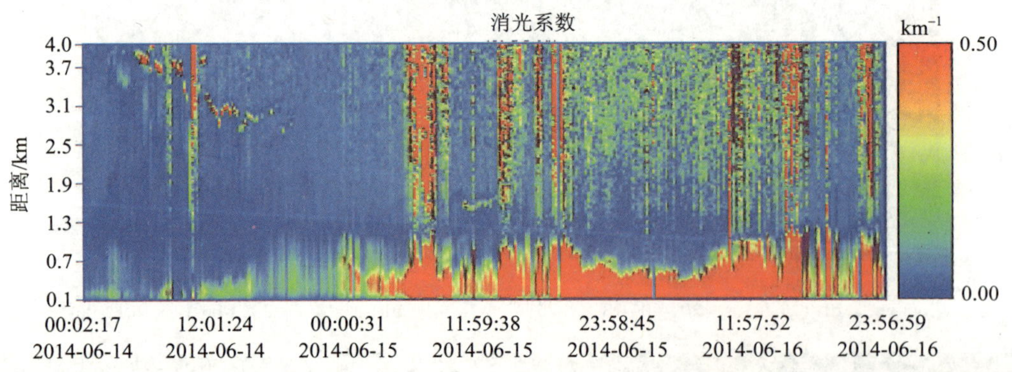

图 3-57 消光系数和退偏比

三门峡

2014.6.12—2014.6.13（初始阶段）

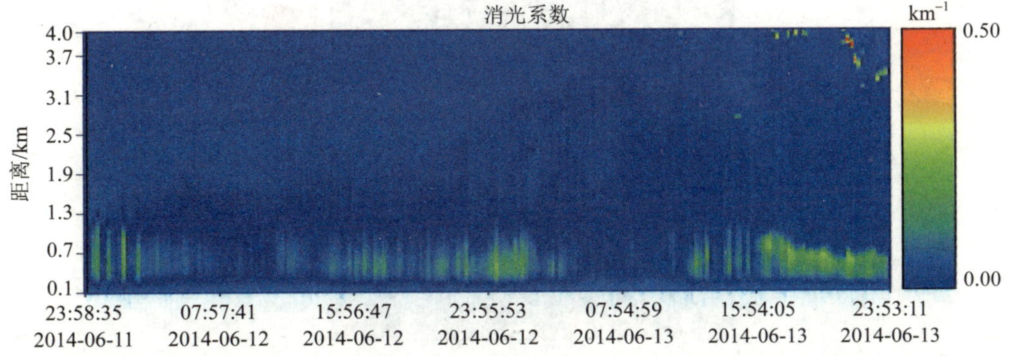

图 3-58　消光系数和退偏比

2014.6.14—2014.6.16（严重污染阶段）

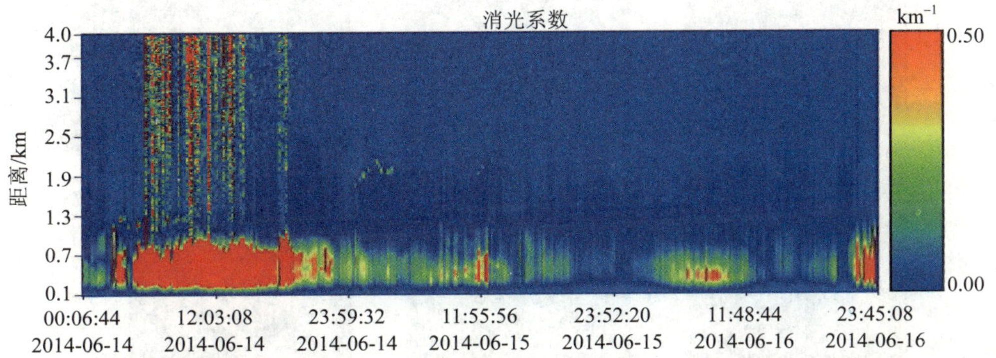

图 3-59　消光系数和退偏比

（2）污染气体观测结果

在 5—6 月的监测期间，NO_2 的浓度和 SO_2 的浓度大部分时段均处于低值水平，但从 5 月底到 6 月中旬测量期间，部分时段出现了高值。图 3-60 所示为 6 月 12—17 日的近地面气溶胶结果和 NO_2 廓线结果，从气溶胶消光廓线结果可以看出，6 月 12 日起在 300 m 高度处出现高气溶胶消光，并在 14 日达到最高，主要集中在近地面到 700 m 高度内，15 日气溶胶消散，16 日又开始出现，并在 17 日再次出现高值；而从 NO_2 廓线结果可见，在 6 月 12 日 1.8～2.7km 高度出现 NO_2 输送过程，13 日输送减弱，近地面较高，而在 14 日在 1.5～2.2 km 高度又出现了明显的输送过程，15 日、16 日在 2.2～3 km 存在微弱输送，但在 17 日在该高度处出现了较强的输送。

综上可见，在此期间出现了 2 次明显的气溶胶输送过程，分别是在 14 日和 17 日，NO_2

的输送与气溶胶基本同步发生，但与气溶胶相比，输送高度较高，近地面、1.5～2.5 km 都存在明显的输送过程（图 3-60）。

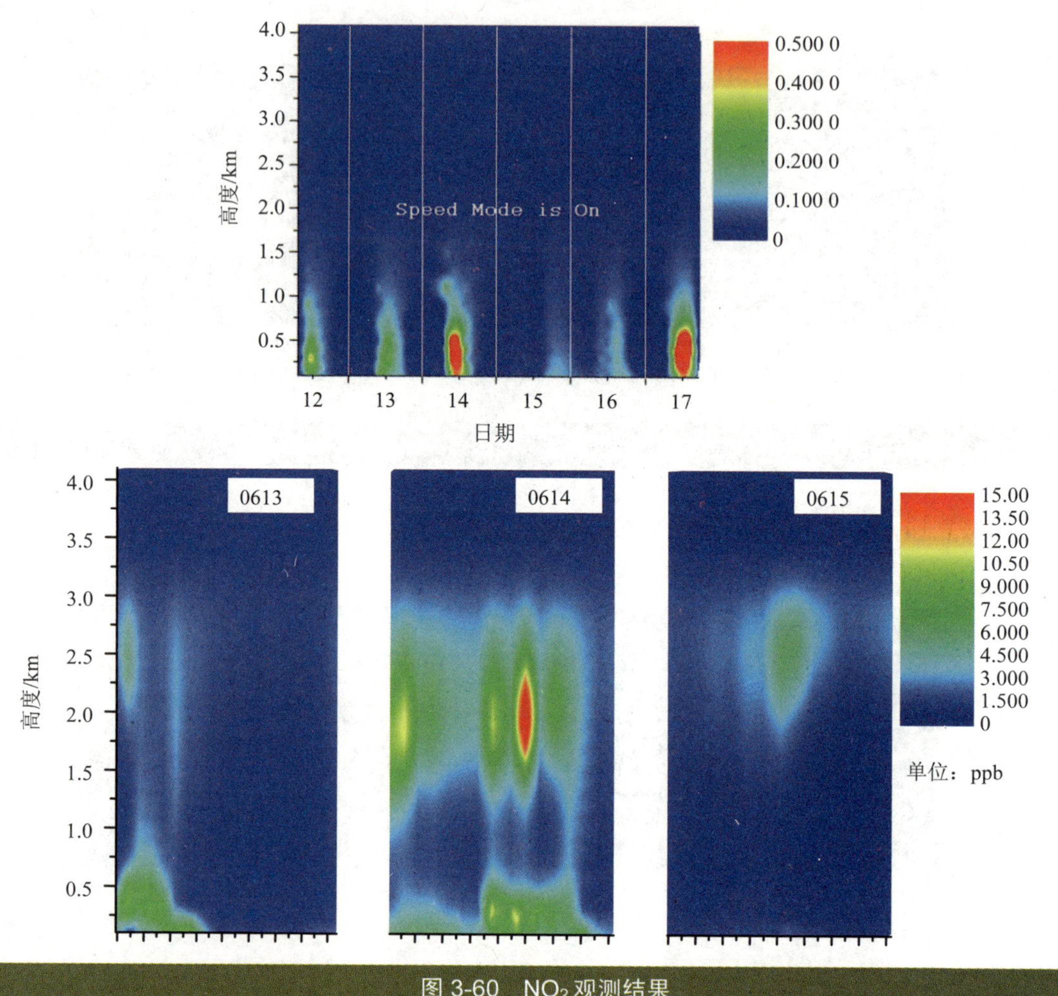

图 3-60 NO_2 观测结果

（3）火点图和后向轨迹分析

由于秸秆焚烧火点分布在各县、乡，不易查证，难以统计，因此对秸秆焚烧的治理往往无的放矢，难以奏效。卫星遥感技术具有时效性强、覆盖范围广、资料获取快捷的优势，利用卫星遥感技术可以动态、实时、准确地获取大范围的秸秆分布情况，便于有关部门有针对性地开展秸秆焚烧的督察和治理工作。国内外在卫星遥感监测秸秆焚烧方面主要基于 MODIS 和 AVHRR 卫星观测数据进行。MODIS 和 AVHRR 具有高时间分辨率，可连续地追踪秸秆焚烧情况。

在本书中，为分析输送的来源，参考了当地信息，由于正处于麦收季节，周边农田的秸秆焚烧可能是高值的主要来源。因此，参考环保部卫星火点图进行分析，如图 3-61 所示。

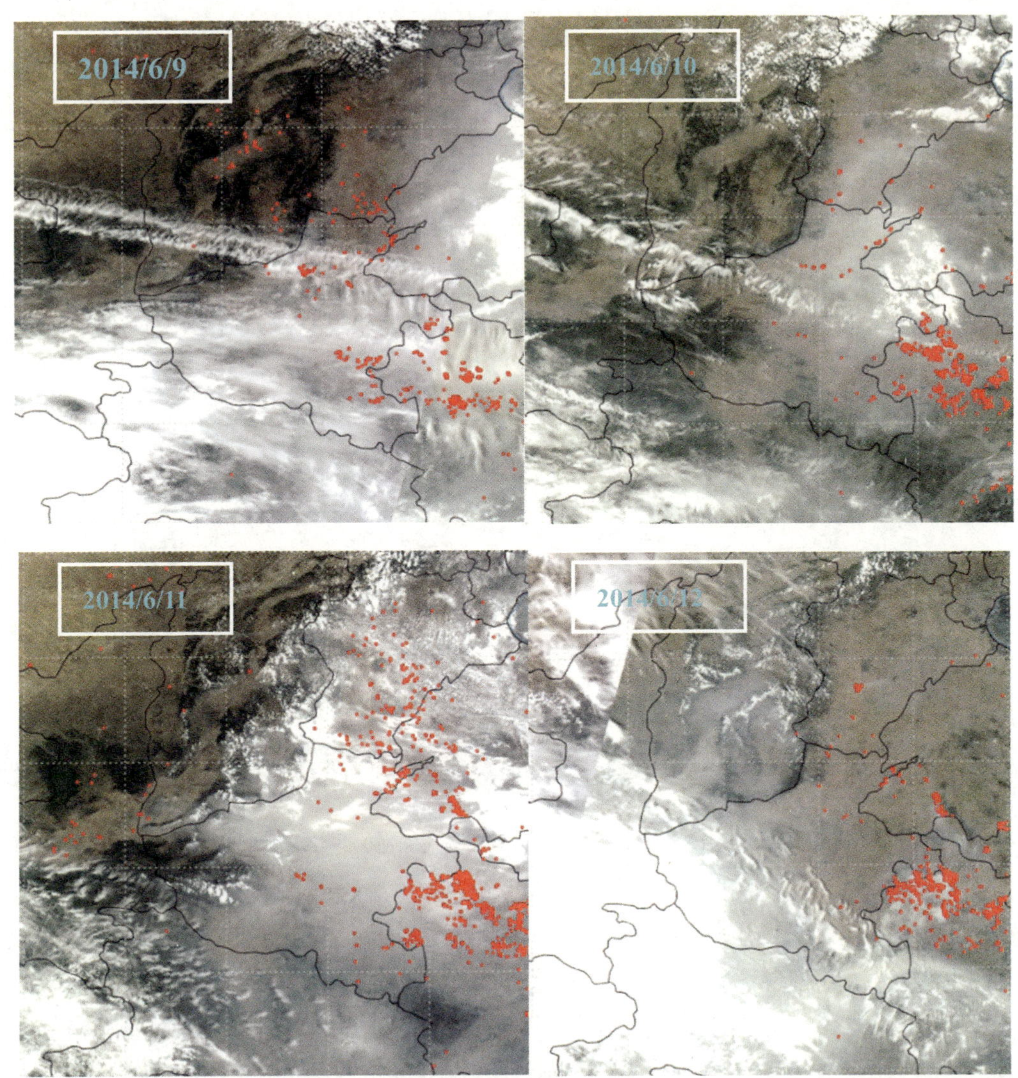

图 3-61　6 月 9—15 日卫星火点影像

由图 3-61 可以看出，5 月底到 6 月初，站点周围火点较少，而从进入 6 月开始，安阳、焦作周边出现多处明显的火点，尤其在焦作附件火点比较集中，在河南南部和东南部农业集中地区也出现了大量火点。除了河南本省内部的火点外，位于河南省东南方向的安徽省、位于河南省以东的山东省、位于河南省北方的河北省也存在大量的火点，其中安徽省北部的大量火点则更为明显、集中，在东南风向的影响下会对河南省产生明显的影响。

参考气流后向轨迹模型（图 3-62），在麦秸秆集中焚烧地区带来了外围输送。

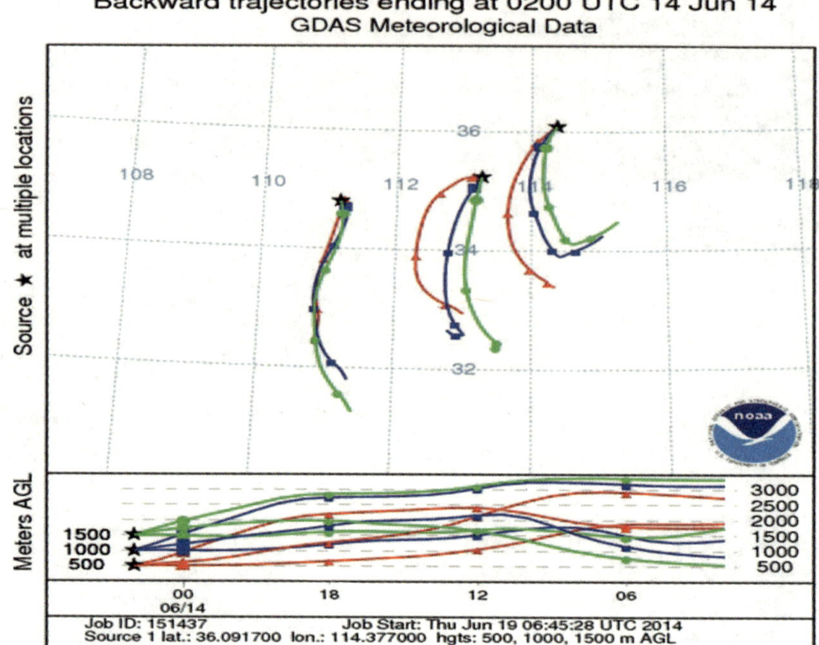

图 3-62 后向轨迹

从后向轨迹来看，气团的运动轨迹经过了火点分布较密集的区域，气团除了受到附近生物质燃烧的影响，还受到外来的区域传输的叠加，作为火点东北位置的河南地区必然也会受到上游地区生物质燃烧气溶胶传输的影响。通常，以秸秆为代表的生物质燃烧除了能够释放颗粒物外，还能够释放大量的气态组分 CO_2、CO、NO_x、VOC，以及硫酸和盐酸气体、碱性气体、氨，氨气在空气中的保留时间很短，遇到酸性气体或者酸性颗粒物，就会马上反应，产物组分可以吸附到颗粒物的表面，也可以生成新的凝结核，颗粒物的老化过程会增加颗粒物的量，使颗粒物的排放因子增大。雷达观测的结果显示，河南秸秆燃烧时期，气溶胶消光系数在 0.69～1.23 km^{-1} 波动，退偏比较小，退偏峰值为 0.2，说明以细颗粒物为主，但到污染后期退偏比逐渐增大，这是由于河南附近的秸秆燃烧，加上周边污染的输送，使颗粒物在长距离的输送过程中产生了老化，不仅使污染加剧，也增大了颗粒物的粒径和排放因子。

（4）影响分析

参考当地自动监测站的监测数据，给出了安阳市 PM_{10}、$PM_{2.5}$、NO_2 以及 SO_2 在 6 月 11—20 日麦秸秆焚烧输送过程中的监测结果（图 3-63）。从整体变化趋势可以看出，麦秸秆焚烧期间带来的输送主要表现为 PM_{10} 的迅速增加，是造成空气质量恶化的首要污染物，最大日均浓度值超过正常情况 1 倍以上，这与颗粒物在输送过程中的吸湿膨胀变大有很大关系。参考有关文献，秸秆焚烧期间 PM_{10} 最大日均浓度值可超过正常情况 3 倍以上，监测期间数据未呈现文献所述情况，应与当地严格控制秸秆焚烧有关。从 NO_2 和 SO_2 浓度的结果可见，NO_2 的浓度在 13 日达到最高值，而 SO_2 的浓度也在 14 日到达了最高值，二者的变化幅度明显低于 PM_{10}。

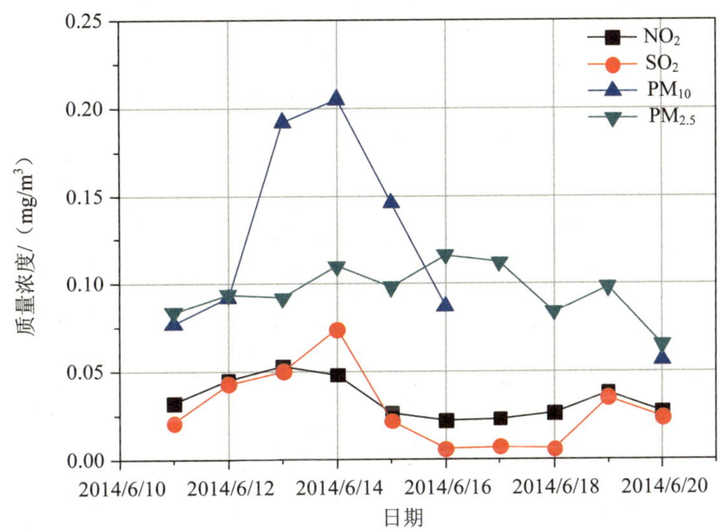

图 3-63 污染物浓度变化

为评估麦秸秆焚烧期间外围输入对安阳市的影响，以 6 月 11 日的监测结果作为麦秸秆焚烧输入前的 NO_2 和 SO_2 本底值，13 日的结果为 NO_2 输入后的结果，14 日的结果为 SO_2 输入后的结果，估算了麦秸秆焚烧对当地空气污染的影响。综上分析可知，在 5 月底到 6 月中旬期间，气态污染物（NO_2 和 SO_2）和颗粒物的浓度明显升高，河南省及周边出现的大面积的秸秆焚烧是污染物的主要来源，其中 PM_{10} 和 SO_2 的输入较为明显，PM_{10} 增加了 2.52 倍，SO_2 增加了 0.78 倍。

3.8 小结

（1）河南省空气污染具有明显的区域性、季节性变化特征。河南省城市大气污染物浓度呈现典型的“V”形变化，即冬、春季节高、夏、秋季节低；最小值基本都出现在 7 月、8 月。采暖期空气污染明显加剧，说明城市能源消费结构仍以煤炭为主。由于受到河南省南部及周边安徽、江苏等省的夏、秋季秸秆焚烧的影响，每年的 6 月、10 月河南省部分城市颗粒物、NO_2、SO_2 的浓度出现升高。2013 年 11 月—2014 年 10 月，安阳、焦作和三门峡的整体空气质量呈现出明显的季节特征，颗粒物的高浓度值主要集中在秋冬季。尤其是在 12 月中下旬和 1 月中上旬，激光雷达均探测到安阳和焦作出现了长达半个月的污染。污染层高度平均在 2 km 以下，且昼夜变化明显。灰霾期间对流层底部气溶胶消光系数平均值均在 0.3 km^{-1} 以上，消光系数可增大到干净空气时的 3～4 倍，在离地面 900 m 处容易出现峰值，且退偏比都小于 0.2，这说明了灰霾天气中依然以细粒子和球形粒子为主要类型。

西、北高，东、南低。河南省地势西高东低，北、西、南三面环山，呈半环形分布，东部为平原，空气污染状况具有显著的地理分布特征。京广—陇海铁路可作为河南省大气污染的地理标志线：京广线和陇海线交会处西北污染较严重，东南污染较轻。安阳是京广铁路进入河南的第一站，洛阳、开封地处陇海铁路沿线，污染均较为严重，特别是郑州，地处陇海线和京广线交会处，环境空气质量更差。另外太行山山脉东侧工业较为集中，如安阳的钢铁、焦作的炼铝等，加上太行山地理条件不利于污染扩散，导致污染物在河南省西北集聚，长期存在污染物的“聚集带”。这与河南省整体的工业布局、自然资源分布和各城市工业企业的发展水平关系密切。

（2）污染过程中污染物立体分布特征。河南大气边界层高度存在着比较明显的日变化特征，即夜间大气边界层高度比较低，白天大气边界层高度相对较高，中午前后达到最高，边界层高度比较稳定地分布在 1.8 km 以下，热对流边界层高度可达到 2.5 km，动力边界层高度约为 1.5 km，热对流边界层下降速度明显快于动力边界层下降速度。河南城区 3 km 以内大气气溶胶光学厚度分布在 0～1.01，峰值概率分布在 0.4～0.8，其平均光学厚度为 0.62（±0.13）。由统计结果可以看出，灰霾期间整体上光学厚度比较高，甚至达到 0.8 的高值，说明大气边界层内大气气溶胶粒子浓度较高。

立体观测发现灰霾期间颗粒物污染层高度平均在 2 km 以下，且昼夜变化明显；气溶胶出现明显的多层结构，污染气体高度平均在 1～1.5 km 以下，高浓度污染层主要集中在 0～500 m。对流层底部气溶胶消光系数平均值均在 0.3 km^{-1} 以上，达到了非污染时段时的 3～4 倍，消光系数峰值多数情况下出现在离地面 900 m，且退偏比都小于 0.2，这说明了灰霾天气中依然以细粒子和球形粒子为主要类型。局地污染的强度依次为焦作、安阳和三门峡。外来输送的气溶胶在传输过程中，由于大粒子的干湿沉降导致其在近地面浓度上升。

（3）利用污染气体和颗粒物地基遥感结果，结合监测期间气象数据，综合分析得到了河南省两个污染输送通道，分别为来自河北和山东方向的东北输送通道、来自山西和陕西方向的西北输送通道。东南方向存在季节性输送（发生在 5—6 月的秸秆焚烧）。其他方向基本没有外围输送过程出现。

河南省东北方向为主要输送通道，东北方向输入对全省 NO_2 和 $PM_{2.5}$ 总量的贡献率：气体 NO_2 12.19%、$PM_{2.5}$ 20.3%；西北方向输送相对较少，但也会对河南省空气质量产生一定的影响，对全省 NO_2 和 $PM_{2.5}$ 总量的贡献率：气体 NO_2 3.25%、$PM_{2.5}$ 5.7%。

总体看在监测期间来自整个北部外围省区 NO_2 和 $PM_{2.5}$ 输送量分别占河南省 NO_2 和 $PM_{2.5}$ 总量比例为 15.44%和 26%。在冬季重霾过程中来自区域输送的贡献显著上升。

（4）形成河南省灰霾天气的成因和过程复杂。城市是河南省边界层主要的气溶胶发源地，边界层以上气溶胶来源、输送机制相对比较复杂，气溶胶可能来自多个不同的源；地面温度、湿度、气压、风向等气象因素尤其是下垫面对边界层气溶胶垂直分布存在明显的影响，而对边界层以上气溶胶分布的影响似乎不太明显。此外，陆陆之间不充分的对流及城市复杂下垫面使得河南城区气溶胶水平分布不均匀，又由于秋冬季节温度偏低、湿度偏大，其气溶胶垂直分布较陆地有明显的沉降现象，边界层内的污染容易下降，和近地面的局地污染混合，加重了灰霾期间的气溶胶消光系数值，从而使能见度急剧下降。

局地污染（本地源）是主要来源。来自本地工业排放、机动车尾气、燃煤电厂等排放是河南省近地面污染主要来源。从立体监测结果分析，安阳主要受本地交通以及部分工业区排放的影响，而焦作近地面出现局地污染的频率较高，且由于工业排放较多，污染浓度比安阳更高；三门峡局地污染相对较轻，但由于本地不易扩散，容易形成较长时间的污染过程。例如 2014 年 1 月底的局地污染加重，有春节期间烟花爆竹燃放的贡献；1 km 以上高空的污染主要来自西北方向；2014 年 6 月的局地污染主要由秸秆燃烧造成，污染初期以细粒子为主，但到污染后期退偏比逐渐增大，由于周边污染的输送，使颗粒物在长距离的输送过程中产生了老化，不仅使污染加剧，也增大了颗粒物的粒径和排放因子。

外围输送导致灰霾污染进一步加剧。来自西北方向的气流在太行山脉的影响下，极易形成高空下沉气流，加之低空逆温层导致近地面风速较小，污染物大量积累，进一步加剧了污染。而来自东北方向的气流也会带来河北、山东西北部污染输送的影响，加上太行山地理条件不利于污染扩散，导致污染物在河南省西北集聚，在太行山东侧形成“聚集带”。此外 2013 年 11 月 25—27 日监测期间观测到以沙尘污染为主的污染过程，安阳主要是局地扬尘加沙尘输送，焦作和三门峡主要源于沙尘输送，三门峡受西北方向沙尘输送影响最大。沙尘输送的特征是大粒径粒子浓度升高，空气相对湿度短时间内下降（三门峡 11 月 25 日 RH=78%，11 月 27 日 RH＝32%）。

不利于污染扩散的气象条件是灰霾污染催化剂。河南省冬季比较容易形成不利于污染物扩散的地面天气形势，均压类均压场和低压类华北低压，这类天气地面气压场较弱，地面和低空风速较小，甚至有时地面出现静风，常伴有较强的辐射逆温或低空逆温，不易被破坏，低层大气层结构稳定，容易形成较高的污染浓度（如 2013 年 12 月 12—17 日、2014 年 1 月 12—19 日的重霾污染过程）。陆陆间不充分的对流及城市复杂下垫面使得河南城区气溶胶水平分布不均匀，又由于秋冬季节温度偏低、湿度偏大，其气溶胶垂直分布较陆地有明显的沉降现象，边界层内的污染容易下降，和近地面的局地污染混合，加重了灰霾期间的气溶胶消光系数值，从而使能见度急剧下降。

第 4 章

河南省大气污染源清单

污染源排放清单是大气灰霾源解析、环境空气质量预测模型及大气环境容量测算的基础内容，对了解大气污染的成因分析、过程演变和分布有着十分重要的意义。污染源清单是在污染源排放数据库、污染排放监测调查和科学的估算基础上编制的。它从污染物源头排放的技术角度，以一种简捷的方式给出每个点源、面源、线源和体源的名称、序号、坐标，以及排放源的物理特征参数，体现了污染物排放的时空特性。

大气污染物排放清单由指各种排放源在一定时间跨度和空间区域内向大气中排放的大气污染物的量的集合。大气污染物排放清单应当覆盖化石燃料固定燃烧、工艺过程、移动源、溶剂使用、扬尘、生物质燃烧和农业等排放源，包含二氧化硫（SO_2）、氮氧化物（NO_x）、一氧化碳（CO）、挥发性有机物（VOCs）、氨（NH_3）、一次颗粒物（$PM_{2.5}$ 和 PM_{10}）和臭氧（O_3）等大气污染物。

污染源清单的核心是各类排放源的污染物排放量，这种排放量以在一定的单元或网格内、在一定的时间段内各类污染源排放污染物的质量在污染源清单中的反映。本书在综合利用现场实测法、质量守恒计算法和外推法等方法的情况下，主要利用排放因子法进行不同类型排放源源强的估算，从而建立污染源排放清单。

目前，源清单的建立有以下几种方法：

（1）现场实测法

现场实测法是利用测量设备在现场对某个特定源进行实时监测。如对水泥厂烟囱排放废气流量和 SO_2 浓度的测量，则可算出废气中 SO_2 的源强。现场实测的监测时间比较灵活，可以持续很长时间，也可以只监测所需要的几个小时。烟气连续监测系统（简称 CEMS）是为烟气排放污染物连续监测而专门设计的在线监测系统。从估算精度方面考虑，最精确的方法是现场实测，但是从费用方面考虑，这种方法最昂贵。

（2）质量守恒计算法

质量守恒计算法是一种估算法，它指运用质量守恒定律计算某物质在一个生产工段或反应体系前后总量的差值来确定该物质的排放。对于“简单”体系，可轻易算出所排放物质的浓度和量。但是对于含有众多“入口”和“出口”的复杂系统，该方法就很容易出现误差。考虑物质进入和离开该体系的所有可能途径并精确知道每种途径中该物质的数量是运用此种计算方法的必要条件。

（3）外推法

外推法是在不能直接估算排放量的情况下，根据类比同类排放的情况进行推算的方法。外推法需要对所研究的污染物排放与类比调查对象所在企业或排放系统的生产规模、生产工艺、生产工况、运行时间等要素综合分析对比的基础上进行类比推算。这种方法是在前人大量的工作实践的基础上得出的一整套能比较客观反映污染排放规律的估算统计方法，被大多数人所认可。

（4）排放因子估算法

相对众多排放量小、地点分散、过程复杂的源，将结合排放因子法。

排放因子法又称排污系数法，排放因子法的基本原理如下：

$$EM（i，j，k，1）=AC（i，j，k）×EF（j，k，1） \quad (4\text{-}1)$$

式中，i 为地理范围或网格，j 为排放过程，k 为时间，1 为排放物种；EM 为排放量，AC 是行为方式，EF 是与行为方式有关的排放因子，也就是说污染物的排放量是地理范围、排放过程、排放时间和排放因子的函数。以驾驶燃烧汽油小轿车为一种行为方式为例，其数量表现为网格内的小轿车数量乘以行驶里程；其尾气排放是一种排放过程，会有 VOC、NO_x、CO 等污染物的排放因子，排放因子表现为单位车辆行驶单位里程的排放量。汽车尾气的 VOC、NO_x、CO 等污染物的排放量就是这类行为方式的数量乘以排放因子。

4.1 国内外研究现状

4.1.1 国外污染源清单研究

从 20 世纪 80 年代开始，美国就开展了估算美国全国的人为源排放清单项目。1990 年完成了 SO_2 和 NO_x 清单的编制，并发布了排放源分类码；1993 年，美国环保局（EPA）建立排放清单改进计划和国家颗粒物排放清单；1996 年，美国建立了国家排放趋势清单；1999 年，美国完成了包含排放趋势清单和有毒有害气体清单的国家排放清单的编制。EPA 编制的美国国家污染物排放清单数据库，包含大气污染源排放量数据，清单的物种是主要大气污染物、臭氧前驱物和 $PM_{2.5}$，具体为 NO_x、SO_2、VOCs、CO、原 PM_{10}、可过滤的 PM_{10}、原 $PM_{2.5}$ 和可过滤的 $PM_{2.5}$ 以及 188 种有毒大气污染物（HAPs）等。统计范围包括点源、面源、行驶源和非行驶源。

欧洲学者通过 GENEMIS 项目，建立了覆盖欧洲大陆的 1985 年和 1990 年 20 km×20 km 的高分辨率排放清单。欧洲的排放清单有 CORINAIR 和 EMEP 系列排放清单，覆盖欧洲 30 个国家，采用统一的排放源分类方法 SNAP90，这些排放源的分类覆盖 260 多种人类活动，包含 8 种污染物：SO_2、NO_x、NMVOC、CO、CO_2、CH_4、N_2O、NH_3 等。

日本在 2007 年开发了新的 1980—2020 年亚洲排放清单（REAS）。REAS 提供了 2000

年的排放、1980—2003 年的历史排放和 2010—2020 年的预期排放。主要污染物包括 NO_x、SO_2、NMVOC、CO、BC 和 OC，空间分辨率为 0.5°×0.5°。

在全球排放清单中，目前主要的项目有全球排放清单行动（GEIA）和全球大气研究排放数据库（EDGAR）等，EDGAR 的分辨率达到 1°×1°。

4.1.2 国外对中国排放源的研究

2003 年美国 Argonne 国家实验室 DavidG.Streets 等做了 2000 年亚洲的气体和气溶胶排放清单的研究，估算了亚洲 64 个地区包括生物质燃烧的主要人为源排放，提出中国的排放在整个亚洲的排放中占主导地位。此清单包含了所有的气态污染物（SO_2、NO_x、VOC、CO、CO_2、CH_4、NH_3）以及 BC、OC，亚洲区域的空间分辨率为 1°×1°。

2007 年日本国立环境研究院开发的 1980—2020 年亚洲排放清单认为中国 NO_x 排放比 1980 年显著增长了 280%。

4.1.3 国内污染源清单的研究

国内在污染源排放因子和污染源排放清单方面也开展了一些研究，取得了一定的成果。我国对二氧化硫、温室气体、氮氧化物等大气污染物的排放清单建立的研究较多。可将我国排放清单编制的研究分为三个发展阶段。

第一阶段：始于 20 世纪 80 年代中后期

20 世纪 80 年代中后期，我国开始建立颗粒物排放清单；20 世纪 90 年代初开始，北京大学环境学院唐孝炎、白郁华等与美国 UNC 大学和 USEPA 合作，开展了天然源排放特征的研究，包括排放因子测定、排放规律研究、排放通量计算、建立高分辨率区域排放清单和机理研究。

中国科学院生态环境研究中心的白乃彬 1996 年根据国内排放因子和国家、部门及各省市统计年鉴公布的排放源数据，按照 1 km×1 km 的网格精度估计了中国 1992 年的 CO_2、SO_2 和 NO_x 的排放数据。

第二阶段：始于 20 世纪 90 年代中后期

20 世纪 90 年代末中国环境学研究院调查分析了中国城市、电厂 SO_2 排放量，对中国分省 SO_2 排放量的统计数据进行校核，绘制出中国 SO_2 的 1°×1°网格分省分地区的排放量及排放强度示意图；2000 年开始，南开大学率先深入研究开放源排放清单；胡斌样等给出了我国汽车排放清单的建立方法，并建立了我国 3 种汽车技术发展模式的排放清单。这期间的排放清单时空分辨率较低，主要应用于空气质量模型。

第三阶段：始于最近几年

2003 年，清华大学贺克斌、余学春等建立了北京市城 8 区 PM_{10}、SO_2 和 NO_x 1 km×1 km 网格化排放清单。污染源包括电厂、工业、采暖锅炉、居民、机动车、工业无组织排放及扬尘等。2005 年北京大学胡建林建立了珠江三角洲污染源清单，以及相应的中国排放因子库和统计基础数据库。2006 年赵斌、马建中建立了天津大气污染源排放清单，分析了固定源、动物源、汽车移动源等的污染物排放种类及排放量，2007 年上海环境监测中心开发了上海港 2003 年船舶空气污染排放清单。总体来说，这一阶段清华大学在污染源清单方面开展了大量的研究工作，他们采用了卫星观测、污染源调查等一系列方法建立了全国高时空分辨率的各类污染源排放清单，如交通排放清单等。也第一次计算了以 2008 年为基准年全国 2 364 个县的月交通排放情况，并且通过空间分配，交通源排放的分辨率达到 0.05°×0.05°。同时，也通过清单研究了在中国 NO_x、气溶胶等各类污染物的排放趋势，并指出 1990—2005 年 $PM_{2.5}$ 的排放因子减少 7%～69%。

本书的目的主要是建立大气灰霾一次源排放清单，为河南省主要城市大气细颗粒源解析提供基础数据；根据源数据精度建立一定的空间尺度和时间分配的源排放网格化模型，为空气质量模式的搭建提供最基础的污染物源数据，对大气灰霾二次污染物模拟，了解某一区域空气污染状况，确立合适的污染减排实施方案有着重要的作用。

4.2 主要研究内容

本书对河南省全省区域的大气排放源清单的编制原则是以环境统计、能源消耗等宏观数据为主线结合对城市重点工业进行精细化调查测算的方法，建立区域中尺度的面源和点源分布清单。主要工作内容如下述。

4.2.1 污染源调查

按源清单中估算的源排放类型，分为人为源（人类的生产活动和生活活动产生的排放）和天然源（自然界的各种物理、化学和生物过程的排放）。人为源又分为流动源和固定源两部分。按源排放的轨迹，又可分为点源（产生大量排放的确定的独立源）、面源（源强较小、数量众多、分散不能明确分辨的源）和线源（机动车、飞机、火车等交通排放）。本书将污染源按不同物种排放特点分为点源、面源和线源来研究。

点源：全省各地工业企业中排放烟囱高度为 30 m 以上排放源。

面源：30 m 以下的企业排放烟囱、无组织排放、工艺过程排放、城镇生活燃料消耗、建筑施工工地、裸露土地扬尘等。

线源：机动车尾气排放、道路扬尘。

由于城市和市外交通道路车流量的不确定性，仅将城市主干道和次干道的道路扬尘和机动车排放作为线源，其余全部作为面源处理。

4.2.2 大气污染源排放清单估算

源清单的核心是各类污染源的污染物排放量。源排放估算的一般方法有：现场实测法；排放因子法；质量守恒计算法；外推法等。

本书在综合利用现场实测法、质量守恒计算法和外推法等方法的情况下，主要利用排放因子法进行不同类型排放源源强的估算，从而建立源排放清单。

考虑到本次河南省源清单的复杂性，要保证排放清单的完整准确，在调查过程中需要严格的程序和多种方法的结合，大气污染源的调查主要有以下几种方法：

（1）根据环保部门的环境统计综合年报信息系统、排污收费登记表、环境污染物自动监测系统等提取收集本研究所需的大气污染源的各种基本信息以及污染物的排放量数据。

（2）现场进行实测调查统计，对于有组织排放的大气污染物（如烟囱排放的 SO_2、NO_x 或颗粒物等），可根据实测的废气流量和污染物浓度计算污染物的排放量。

（3）选择部分河南省主要的工业大气污染源，进行走航监测，对其污染源普查数据进行校正。

（4）采用 GIS 遥感技术来掌握大气污染源的情况；主要处理扬尘源等。

（5）对于不可直接获得排放量的线源和部分面源，可采用模型估算法和排放因子法进行估算。具体各类源的基础数据来源及最终排放量的计算方法如表 4-1 所示。

本项目在建立大气主要污染物二氧化硫（SO_2）、氮氧化物（NO_x）、一氧化碳（CO）、挥发性有机物（VOCs）、氨（NH_3）、一次颗粒物（$PM_{2.5}$ 和 PM_{10}）。清单的估算方法是现场实测法和排放因子法。按照环保部 2014 年颁布的《大气细颗粒物 $PM_{2.5}$ 源排放清单编制技术指南》《$PM_{2.5}$ 排放量核算技术规范（火电厂、水泥工业企业）》《大气挥发性有机物源排放清单编制技术指南》《大气氨源排放清单编制技术指南》等技术要求进行编制。

二氧化硫和氮氧化物数据来源直接使用环境统计数据。PM_{10} 估算根据中国环境科学出版社 2003 年出版的《工业污染物产生和排放系数手册》及我省主要工业锅炉、工业炉窑和其他锅炉燃烧活动水和除尘器技术水平进行核算。

在估算之前，需要做大量的基础调研和监测工作。

（1）通过河南省环保厅获取全省涉气污染源企业名单和污染统计报表，精确至每个点经纬度；城镇生活面源能源消耗。

（2）通过调研统计资料获取全省能源结构和消耗量，精确至县级。

（3）通过环统数据获取全省机动车保有量及年污染排放。

（4）进行城镇车流量的监测统计。

（5）对全省涉气重点污染源企业的生产能力、污染处置水平、地理信息、能效消耗情况进行现场核查登记。

（6）对电厂、水泥厂、钢铁厂、焦化厂等各类企业污染去除效率、不同锅炉污染物排放处置技术水平、烟囱高度、烟囱内径、烟气温度和速率等参数进行现场监测和调查。

（7）对全省城市道路分布、铺装水平和里程数等进行调查统一。

（8）对全省建筑工地、堆场、各类裸露土地面积进行高分辨卫星图片解译。

（9）调研全省储油站、加油站分布及销售量等。

表 4-1　河南省大气污染源数据来源及估算方法

<table>
<tr><th>源排放类型</th><th>基础数据</th><th>估算方法</th></tr>
<tr><td>点源（工业）</td><td>环境统计年报信息、去除率采用有代表性现场监测数据、烟囱参数除尘器实地核查登记</td><td rowspan="3">除 SO_2、NO_x 外，$PM_{2.5}$、PM_{10} 等按技术指南方法编制</td></tr>
<tr><td>工业面源</td><td>环境统计年报信息推算无组织排放</td></tr>
<tr><td>生产工艺面源</td><td>环境统计年报信息、去除率采用有代表性现场监测数据、烟囱参数除尘器实地核查登记</td></tr>
<tr><td>溶剂、涂料挥发面源</td><td>环境统计年报信息、统计年鉴</td><td>按技术指南方法编制</td></tr>
<tr><td>加油站存储、销售、油料存储、运输销售</td><td>中石油、中石化公司提供数据等</td><td>按技术指南方法编制</td></tr>
<tr><td>生活面源</td><td>环境统计年报信息、统计年鉴</td><td>生活用标煤、液化石油气、天然气分各市的人均生活能源消耗，按分县人口和排放因子估算分县生活面源；按技术指南方法编制</td></tr>
<tr><td>交通无组织扬尘</td><td>分市机动车保有量、机动车年均行驶里程和各县的道路公里数及道路铺装情况</td><td>按技术指南方法编制</td></tr>
<tr><td>建筑施工无组织扬尘</td><td>分市建筑施工面积、各县建筑业总产值、卫星遥感解析数据</td><td rowspan="3">按技术指南方法编制。估算各市的排放量，再按各县建筑总产值和各县人口分摊到各县</td></tr>
<tr><td>堆料无组织扬尘</td><td>分市建筑施工面积、各县建筑业总产值、卫星遥感解析数据</td></tr>
<tr><td>裸露地表无组织扬尘</td><td>卫星遥感解析数据</td></tr>
<tr><td>机动车排放</td><td>环境统计数据</td><td>机动车保有量、平均活动水平、我省油品和各车型的排放因子，按技术指南方法编制</td></tr>
</table>

4.2.3　数据进行网格化预处理

以河南省污染源数据资料为基础，利用 SMOKE 模型建立在空间、时间和气象场条件上的污染源清单，对原始排放源清单的预处理，并进行时间、空间和化学物种分配；然后进行交叉参考文件的建立，最终得出源清单分析报告排放源清单的准确性严重影响了排放源模型及空气质量模型的数值模拟结果。

4.3　技术路线和依据

结构及其消耗量，人口耕地等社会基础数据，通过公安部门调取城市主要干道车流量数据或组织人员对主要省辖市和直管县进行道路车流量监测，组织全省监测人员对重点工业企业上报生产信息、地理坐标、锅炉、烟囱参数、除尘器效率等进行实地核查监测。根据活动水平资料情况确定河南省各市的污染源排放类型，按照已颁布的排放因子和排放量估算方法进行河南省18个地市和10个直管县工业企业、城镇生活、机动车等各类源主要大气污染物排放量估算。在此基础上利用SMOKE模型进行数据网格化处理。

拟采用的技术路线如图4-1所示。

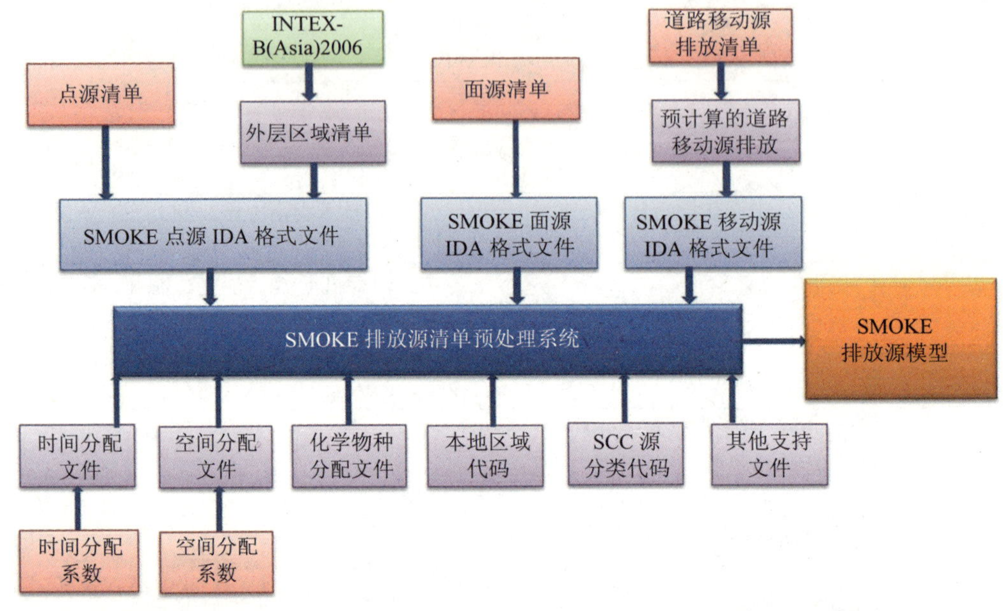

图4-1 技术路线

各类清单编制的技术依据：《大气细颗粒物 $PM_{2.5}$ 源排放清单编制技术指南》《$PM_{2.5}$ 排放量核算技术规范（火电厂、水泥工业企业）》《大气挥发性有机物源排放清单编制技术指南》《大气氨源排放清单编制技术指南》。

4.4 排放源清单的预处理

4.4.1 排放源分级分类体系的确立

首先按照源清单编制技术规范要求对清单编制区域内的排放源进行初步摸底调查，明确当地排放源的主要构成，在分类分级体系中选取合适的第一、二级排放源类型，以确定源清单编制过程中的活动水平数据调查和收集对象。

在数据调查和收集阶段应当涵盖排放源分类中涉及所有燃烧/工艺技术和颗粒物末端控制技术，在数据整理过程中根据当地排放源的特点确定源清单分类。

4.4.2　排放源计算空间尺度的确立

点源是指可获取固定排放位置及活动水平的排放源，在排放清单中一般体现为单个企业或工厂的排放量；面源是指难以获取固定排放位置和活动水平的排放源的集合，在本清单中一般体现为行政区的排放总量。

对于某一个排放源，可以只由点源或面源组成，也可以同时包含点源和面源。编制排放清单时，对于面源，本书设定其参与计算的最小行政区单元为县级行政区域。对应每一个排放源计算的空间尺度，并对点源和面源进行分别处理。

4.4.3　数据调查收集和质量控制

编制清单时设置数据获取的基准年份为 2013 年，活动水平调查时收集与基准年份相对应的数据。基准年份数据缺失的，采用了相邻年份的数据，并根据社会经济发展状况进行适当调整。

本书数据的调查收集过程应与现有数据统计体系相结合，优先从环境统计、统计年鉴中获取相关信息，同时对工业污染源进行现场核查，典型企业处理设施处理水平。对活动水平数据应采取统一的数据处理方法和数据存储格式，保证了数据收集和传递的质量。

4.4.4　对原始排放源数据的预处理

利用河南省环境监测部门提供的污染物普查数据进行数值模式污染源清单制作前，需根据 SMOKE 模式及空气质量模式应用格式进行原始数据的规范与整合，并对数据进行总体校验。原始数据主要分为面源和点源数据的整理。在空气质量模式中，由于适用扩散规律及条件不同使得两种类型的污染源需进行区分处理和输入。

4.4.4.1　排放源的分类处理

在排放源预处理时，将原始数据划分为点源及面源进行整合及校验，具体如下。

（1）面源

面源原始数据主要包括：工业面源、城镇生活面源、机动车尾气排放、人口资源耕地、扬尘排放及加油站油库 VOC 排放量等数据信息。统计单元按河南省县区级以上行政区划分。除各类污染物排放数据外，还包含煤炭消费、脱硫设备信息等冗余数据，需对其进行分类、筛选并校验（表 4-2）。校验方式为与对应地区各类污染物历史面源排放总量及其他省市地区对应排放量进行总体量级的比对校验。校验无误后，按模式输入要求转换格式即可。

表 4-2 面源排放源清单例表 单位：t

行政区划代码	SO_2 年排放量	NO_x 年排放量	CO 年排放量	VOC 年排放量	$PM_{2.5}$ 年排放量	PM_{10} 年排放量
410102	440	100	33 241.6	7 268.082 1	42.727 6	75.887 5
410103	520	113	2 431.3	557.547 8	42.604 3	75.887 5
410104	770	102	461.8	138.264 7	36.620 7	65.325
410105	620	104	281.5	78.894 7	106.750 7	192.725
410106	750	138	13 896.0	3 080.037 7	27.396 2	50.862 5
410108	390	84	521.8	133.588 6	33.179 1	60.937 5
410122	590	99	13 331.6	2 971.617 2	39.048 2	71.825
……	……	……	……	……	……	……

（2）点源

点源主要为电厂和工业点源，是指烟囱几何高度超过冠层高度的大气污染物排放源。点源的数据中含有地理坐标、烟囱及烟气的相关参数和标准工业分类代码。因地理坐标直接决定了排放统计与计算准确性，应首先对此项参数进行校验（图 4-2）。地理坐标确认无误后，将原始数据分类整理后以行政区为单元统计并与历史数据及其他省市地区对应排放量进行比对校验（表 4-3）。校验无误后，按模式输入要求转换格式即可。2013 年通过对 5 300 多家省重点企业工业的现场核查，收集了企业排放烟囱的具体信息，将 30 m 以上烟囱作为点源，同一企业多烟囱采取等效处理成 1 个点源，共计 1 233 个企业。

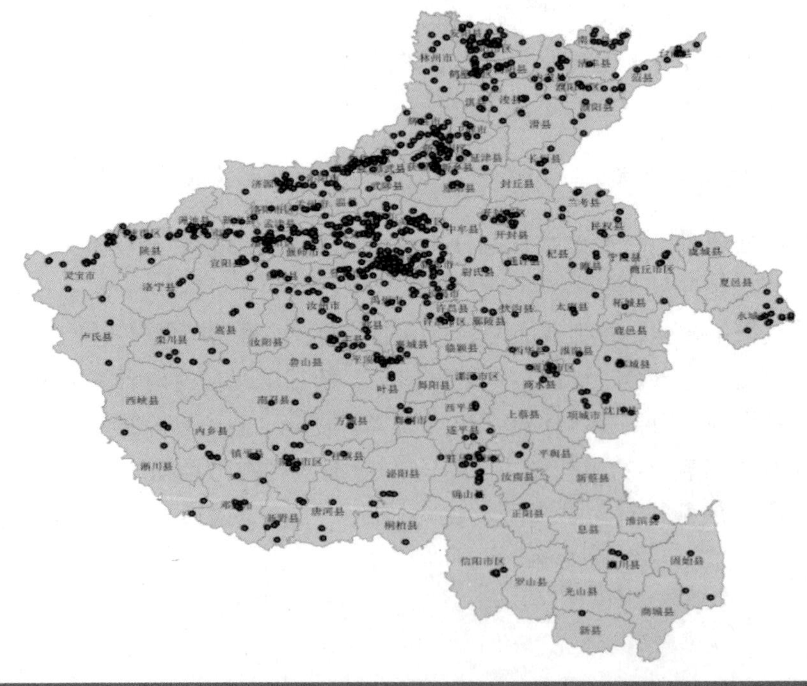

图 4-2 点源的地理坐标校验效果

表 4-3 点源排放源清单例表

行政区划代码	经度	纬度	SO_2 年排放量/t	NO_x 年排放量/t	CO 年排放量/t	VOC 年排放量/t	$PM_{2.5}$ 年排放量/t	PM_{10} 年排放量/t	烟囱 1 高度/m	烟囱 1 内径/m	出口烟气温度/℃	烟气流速/(m/s)
410602	114.153	35.954	23.659	14.111	7.430	129.612	8.730	3.242	240	9	45	6.5
411081	113.287	34.113	34.000	11.760	6.192	15.409	8.568	3.182	240	9.5	73	7
411081	113.236	34.190	35.700	4.100	4.644	11.555	6.120	2.273	240	7	48	5.6
411281	111.146	33.357	7.735	1.911	1.006	480.269	1.989	0.739	240	7.5	50	7
419004	112.797	34.221	45.900	13.230	6.966	85.925	12.242	4.547	240	4.3	78	7
410962	115.230	35.745	16.460	114.370	1.718	1.192	4.348	0.000	240	3.6	72	6
410962	115.066	35.786	16.190	101.912	1.690	1.172	4.276	0.000	240	3.6	72	6
……	……	……	……	……	……	……	……	……	……	……	……	……

4.4.4.2 对原始排放源清单的时间、空间分配

对排放清单数据进行时间分配。对于引入的排放数据，按照排放源的时间特征分配对应的因子，这些排放数据矢量就包含了清单物种每小时的排放（表 4-4、表 4-5）。

表 4-4 排放源的 24 h 分配系数

源类型\时间	0	1	2	3	4	5
电力	0.032 5	0.03	0.028 8	0.028 4	0.029 2	0.031 6
工业	0.026	0.007	0.007	0.007	0.007	0.007
采暖&居民	0.018	0.018	0.018	0.018	0.018	0.038
运输	0.017 3	0.013 2	0.013 8	0.015 0	0.015 5	0.015 7
源类型\时间	6	7	8	9	10	11
电力	0.035 4	0.040 3	0.043 3	0.045 7	0.047 8	0.048 6
工业	0.007	0.029	0.045	0.068	0.068	0.068
采暖&居民	0.075	0.075	0.038	0.038	0.03	0.045
运输	0.029 0	0.056 4	0.059 9	0.059 0	0.059 4	0.054 0
源类型\时间	12	13	14	15	16	17
电力	0.049 4	0.049 7	0.050 1	0.05	0.049 7	0.048 9
工业	0.068	0.068	0.068	0.068	0.068	0.066
采暖&居民	0.045	0.038	0.03	0.03	0.038	0.075
运输	0.050 1	0.058 7	0.060 0	0.062 0	0.059 4	0.057 4
源类型\时间	18	19	20	21	22	23
电力	0.047 7	0.047 3	0.046 6	0.044	0.039 7	0.035 3
工业	0.063	0.037	0.037	0.037	0.037	0.037
采暖&居民	0.075	0.075	0.075	0.054	0.018	0.018
运输	0.055 7	0.049 0	0.045 4	0.041 7	0.030 8	0.021 6

表 4-5　排放源的周分配系数

源类型\时间	星期一	星期二	星期三	星期四	星期五	星期六	星期日
电力	0.147	0.147	0.147	0.147	0.147	0.135	0.13
工业	0.162	0.162	0.162	0.162	0.162	0.113	0.077
采暖 & 居民	0.143	0.143	0.143	0.143	0.143	0.143	0.142
运输	0.155	0.155	0.155	0.155	0.155	0.117	0.108

空间分配或网格化，是将排放清单中污染源的位置分配到空气质量模型域的网格中。在这里设置两层嵌套，第一区域取华中地区，水平分辨率为 45 km；第二区域为河南省，水平分辨率为 15 km。

空间分配的结果是将以排放源为基础的清单排放转变为网格化的排放，即将清单数据变成网格化的矩阵。根据人口、道路网和土地利用的空间权重因子并结合其他类型的空气权重因子，构成了空间分配权重因子库，可分别用于各类面源、道路和非道路移动源等的空间分配。

普通排放源清单中，污染物是按照标准污染物的形式来报告的，即 SO_2、NO_2、CO、VOC、PM_{10} 和 $PM_{2.5}$ 等形式，而空气质量模型中是通过模型物种来描述大气的化学性质的。因而，排放源清单处理必须进行化学物种映射，把污染物转换成模型物种的形式。VOC 物种分配依据 SAPRC99、CB05、RADM2 等化学机制。

4.4.4.3　交叉参考文件的建立

排放清单中污染源的数量众多，从输入清单中收集并处理每个污染源的时间、空间、物种的分配信息运算量巨大，因此，需要建立排放源与空间分配因子、立排放源与空间分配因子、时间谱及化学物种谱之间关联的文件，交叉参考文件的作用是建立时间谱、化学物种谱等之间的映射关系。

4.5　河南省排放源清单的建立过程

4.5.1　排放因子法估算污染源排放清单

（1）源强的测算方法

本书主要利用排放因子法进行不同类型排放源源强的估算，从而建立源排放清单。排放量的计算在第四级排放源层面完成。对于某个给定的第四级排放源，排放量由式（4-2）计算：

$$E=A\times \mathrm{EF}\ (1-\eta) \qquad (4\text{-}2)$$

式中，A 为第四级排放源对应的活动水平，一般为燃料消耗量或产品产量。对于点源，

A 为该排放源的活动水平；对于面源，A 为清单中最小行政区单元的活动水平。EF 为污染物产生系数；η 为污染控制技术对污染物的去除效率。

（2）活动水平库的建立

排放清单中的活动水平数据包括行为活动量、使用的工艺技术、排放时间分布等信息，对于点源活动水平还包括排放点经纬度。活动水平数据来源于调研数据和估算数据两个方面。调研数据包括统计数据、行业报告、政府公报等公开发布数据；估算数据包括表观消费量、时间序列法、线性回归法计算得到数据。活动水平数据主要是反映与排放密切相关的排放源特征，排放清单包括的活动水平数据资料内容繁多，由不同类型的排放源所决定，如国民生产总值、工农业生产总值、人口数据、辖区面积等，各类汽车保有量等。

各类源活动水平数据的收集，需调研其行为方式，这是与排放量的估算直接相关。按估算精度的要求，活动水平数据都应该在县级水平以上，但现有的相关统计数据不能达到这个精度要求，因此我们可以采取两种方法，一是根据其他相关统计数据将我们所需要的活动水平数据分摊到县级水平，比如在只有河南全省生活消费煤炭量的情况下，根据研究区域内各市各县区的农业人口数量，将煤炭使用量分摊至各县区；二是利用其他基础数据作为替代变量，作为排放量分摊的依据。为了便于查找和数据利用，本书在所收集到的各类活动水平数据的基础上建立活动水平库。

a. 固定燃烧源

固定燃烧源活动水平数据通过点源和面源结合的方式获取。电力部门的调查范围包括各类火力发电企业、含热电厂和企业自备电厂；供热部门包括热电厂和各类集中供热企业；工业部门包括使用工业锅炉的各类工业企业；民用部门包括商业、城市居民、农村居民使用的各种固定燃烧设施。

电力部门、供热部门和工业部门应尽可能按点源方式获取逐个排污设施的活动水平数据。需获取的活动水平信息包括排污设施的经纬度、燃料类型、锅炉类型、燃料消耗量以及除尘设施的类型。对于每个排污设施，根据其燃料类型、锅炉类型和除尘设施的类型确定其所属的第四级源分类。对于燃煤锅炉需获取燃煤灰分信息。对于热电联产企业，应分别获取其用于发电和供热的燃料消耗量，用于计算电力和供热部分的排放。优先采用实地调查的方式获取活动水平数据。无法开展活动水平调查时，可环境统计和污染源普查数据中获取相应信息。民用部门一般按面源处理。可从当地能源统计数据中获取民用部门分能源品种能源消费量。当地不具备该数据时，可基于上一级行政区域的活动水平数据并利用人口密度等代用参数获得。所获取的数据一般为第二级排放源的活动水平，通过实地抽样调研、类比调查等途径获得技术比例，进而确定第四级排放源的活动水平。

b. 工业过程源

工业过程源活动水平数据推荐按点源方式获取。工业过程源的调查范围包括钢铁、有色冶金、建材、化工四个行业的生产设施。四个行业的企业中使用的燃煤锅炉按固定燃烧源处理。

需获取的活动水平信息包括排污设施的经纬度、产品产量、生产工艺以及除尘设施的类型。对于每个排污设施，根据其产品、生产工艺和除尘设施的类型确定其所属的第四级源分类。优先采用实地调查的方式获取活动水平数据。无法开展活动水平调查时，可从环境统计和污染源普查数据中获取相应信息。

4.5.2 主要污染物排放因子的研究

除了大部分点源有详细的监测统计数据其排放量可直接获取外，由于没有统计数据或根本无法监测统计，其他少部分点源、全部面源和线源都需要利用排放因子法估算。

污染源排放因子的确定是以环保部出台的清单技术指南作为依据和支撑。主要引用环境保护部于 2014 年 8 月发布了《大气细颗粒物一次源排放清单编制技术指南（试行）》《大气挥发性有机物源排放清单编制技术指南（试行）》和《大气氨源排放清单编制技术指南（试行）》三项技术指南，以及后来发布《大气可吸入颗粒物一次源排放清单编制技术指南（试行）》《扬尘源颗粒物排放清单编制技术指南（试行）》《道路机动车大气污染物排放清单编制技术指南（试行）》《非道路移动源大气污染物排放清单编制技术指南（试行）》和《生物质燃烧源大气污染物排放清单编制技术指南（试行）》5 项技术指南。其余污染源清单中所需的排放因子结合美国 EPA AIRCHIEF 的 AP-42 提供的详细的排放因子系统，排放因子的计算方法和清单的估算方法。

4.5.2.1 点源排放因子的确定

点源主要为工业燃烧源，工业燃烧源的排放因子有两种确定方法：一是根据燃料类型和燃烧器的不同而确定；二是依据一些经验的单位产品的排污系数来确定。燃料燃烧的排放因子一般指每单位燃料投入量（质量、体积）所排放的污染物的量，而后者单位产品的排污系数定义为吨产品的污染物排放量。

VOCs 的排放因子主要来源于《大气挥发性有机物源排放清单编制技术指南》；$PM_{2.5}$ 排放因子根据《大气细颗粒物（$PM_{2.5}$）源排放清单编制技术指南》及河南省实测活动水平测算；PM_{10} 排放因子根据《大气可吸入颗粒物一次源排放清单编制技术指南》及河南省实测活动水平测算。

NO_x、CO 的排放因子采用《实用环境统计》《工业污染物产生和排放系数手册》中的数值。

各类扬尘对 $PM_{2.5}$ 和 PM_{10} 的贡献参考《扬尘源颗粒物排放清单编制技术指南》，对河南省 18 个地市及 10 个直管县的各类扬尘源基础数据进行调查监测。

根据燃料和炉型的不同，各燃料各种锅炉的排放因子见表 4-6。

表 4-6　不同种类燃料的 NO_x、CO 的排放　　单位：kg/t

燃料	炉型	NO_x	CO
煤	电站锅炉	9.08	3.37
	工业锅炉	5.748	1.548
	采暖炉及家用炉	3.99	10.1
油	电站锅炉	12.86	0.005
	工业锅炉	8.84	0.245
	采暖炉及家用炉	8.84	0.245
气	电站锅炉	6.2	—
	工业锅炉	3.4	0.006 3
	采暖炉及家用炉	1.843	0.006 3

表 4-7　工业燃烧、点源等挥发性有机物各类源排放因子

行业	行业细分	燃料类型	排放因子	单位
工商业	制造业	煤	3.85	g/kg 煤
		燃料油	0.17	g/kg 燃料油
		煤气	0.000 44	g/m^3 煤气
		液化石油气	4.8	g/m^3 液化石油气
		天然气	0.088	g/m^3 天然气
	住宿和餐饮业	煤	3.85	g/kg 煤
火力发电		煤	0.39	g/kg 煤
		燃料油	0.12	g/kg 燃料油
		煤气	0.000 44	g/m^3 煤气
		液化石油气	4.8	g/m^3 液化石油气
		天然气	0.088	g/m^3 天然气
供暖		煤	0.93	g/kg 煤
		燃料油	0.12	g/kg 煤
		煤气	0.000 44	g/m^3 煤气
		液化石油气	4.8	g/m^3 液化石油气
		天然气	0.088	g/m^3 天然气

表 4-8　固定燃烧源对应的 $PM_{2.5}$ 产生系数　　单位：g/kg

行业	燃料	$PM_{2.5}$	行业	燃料	$PM_{2.5}$
电力	柴油	0.50	供热	柴油	0.50
	燃料油	0.62		燃料油	0.62
	天然气/（g/m^3）	0.03		天然气/（g/m^3）	0.03
	其他气体/（g/m^3）	0.03		其他气体/（g/m^3）	0.03
工业	柴油	0.50	原煤	7.35	
	燃料油	0.67			
	煤油	0.90			
	天然气/（g/m^3）	0.03			
	其他气体/（g/m^3）	0.03			

4.5.2.2 面源排放因子的确定

根据本项目面源分类情况，分别确定各种面源的排放因子。

（1）生活面源排放因子

$PM_{2.5}$排放因子借鉴《大气细颗粒物（$PM_{2.5}$）源排放清单编制技术指南》，结合 Zhang J.等（2000）测定的我国农村和城市家用炉灶所排放的 SO_2、NO_x、CO 等的排放因子，再结合国内其他有关生活面源的排放因子，确定本项目研究的生活面源的排放因子（表 4-9）。

表 4-9 固定燃烧源对应的 $PM_{2.5}$ 产生系数

行业	燃料	工艺技术	$PM_{2.5}$/（g/kg）
民用	洗精煤	煤炉	2.97
	其他洗煤	煤炉	2.97
	型煤	煤炉	2.97
	柴油		0.50
	燃料油		0.28
	煤油		0.90
	天然气/（g/m^3）		0.03
	液化石油气		0.17
	其他气体/（g/m^3）		0.03
	秸秆	煤炉	6.56
	薪柴	煤炉	3.24

表 4-10 生活面源排放因子 单位：kg/t

燃料	SO_2	NO_x	CO
煤	8.33	2.42	8.22
燃油	12.6	2.26	8.27
液化石油气	0.038 6	0.353 7	2.919 5

（2）生产工艺排放、溶剂涂料使用、垃圾焚烧处理排放

VOCs 的排放因子全部参考《大气挥发性有机物源排放清单编制技术指南》。

表 4-11　工艺过程污染物 VOCs 的排放因子

工艺过程	工艺过程细分	排放因子	单位
天然原油和天然气开采	石油开采	1.417 5	g/kg 原油
	天然气开采	0.5	g/kg 产品
基础化学原料制造	乙烯	0.097	g/kg 产品
	丙烯	0.111	g/kg 产品
	丙烯腈	0.988	g/kg 产品
	苯	1.72×10^5	kg/生产线
	甲苯	1.72×10^5	kg/生产线
	乙苯	0.1	g/kg 产品
	丁二烯	139.74	g/kg 产品
	苯乙烯	0.223	g/kg 产品
	邻二甲苯	1.72×10^5	kg/生产线
	间二甲苯	1.72×10^5	kg/生产线
	对二甲苯	1.72×10^5	kg/生产线
	混合二甲苯	1.72×10^5	kg/生产线
	化学原料药	430	g/kg 产品
肥料制造	尿素	0.01	g/kg 产品
	合成氨	4.72	g/kg 产品
涂料、油墨、颜料及类似产品制造	油墨	50	g/kg 产品
	油漆	15	g/kg 产品
	染料	81.4	g/kg 产品
	炭黑	52	g/kg 产品
	印染	81.4	g/kg 产品
合成树脂	聚氯乙烯	0.744 8	g/kg 产品
	聚苯乙烯	5.4	g/kg 产品
	聚丙烯	3	g/kg 产品
	高密度聚乙烯	5.7	g/kg 产品
	线性聚乙烯	10	g/kg 产品
	低密度聚乙烯	10	g/kg 产品
合成纤维	精对苯二甲酸	19.8	g/kg 产品
	丙烯腈	0.988	g/kg 产品
	乙二醇	0.515	g/kg 产品
	尼龙	3.3	g/kg 产品
	涤纶	0.7	g/kg 产品
	腈纶	37.1	g/kg 产品
	丙纶	37.1	g/kg 产品
	维纶	7.7	g/kg 产品
	黏胶纤维	14.5	g/kg 产品
合成橡胶	顺丁橡胶/丁苯橡胶/氯丁橡胶/丁腈橡胶	7.17	g/kg 产品

工艺过程	工艺过程细分	排放因子	单位
再生橡胶制造	轮胎	0.91	kg/个
泡沫塑料制造	泡沫塑料	770	g/kg 产品
塑料人造革、合成革制造	人造革/合成革	0.182	kg/m^2 革
精炼石油产品	精炼石油	1.82	g/kg 产品
煤炭开采	洗煤	0.196	g/kg 产品
水泥、石灰和石膏的制造	水泥/石灰/石膏	0.177	g/kg 产品
砖瓦、石材及其他建筑材料制造	黏土砖瓦	0.132	g/kg 产品
	建筑陶瓷	29.22	g/kg 产品
	沥青油毡	0.432	g/kg 产品
玻璃及玻璃制品制造	平板玻璃	4.4	g/kg 产品
	玻璃纤维	3.15	g/kg 产品
陶瓷制品制造	卫生陶瓷	29.22	g/kg 产品
	搪瓷	29.22	g/kg 产品
炼钢	电弧炉	0.1	g/kg 钢
	热轧	0.3	g/kg 钢
	工艺轧钢	0.2	g/kg 钢
炼焦	机械炼焦	2.96	g/kg 焦炭
	土法炼焦	5.36	g/kg 焦炭
植物油加工	玉米油	9.35	g/kg 产品
	棉花籽油	8.75	g/kg 产品
	花生油	10.35	g/kg 产品
	大豆油	2.45	g/kg 产品
	非食用植物油	9.165	g/kg 产品
制糖	制糖	8	g/kg 糖
农副食品加工业	植物油提炼；溶剂萃取	5.5	g/kg 产品
肉制品及副产品加工业	熏肉	0.143	g/kg 肉制品
烘烤食品制造	饼干	1	g/kg
	面包	10.62	g/kg
酒的制造	白酒	25	g/kg 产品
	酒精	218.25	g/kg 产品
	啤酒	0.25	g/kg 产品
	红酒	0.5	g/kg 产品
人造板制造	人造板	0.5	g/m^3 人造板
纸浆制造	牛皮纸制浆法	3.1	g/kg 纸浆
水利、环境和公共设施管理业	固体废物焚烧	0.74	g/kg 垃圾
	固体废物堆肥	0.74	g/kg 垃圾
	固体废物填埋	0.23	g/kg 垃圾
电力、燃气及水的生产和供应业	污水处理	0.001 1	g/kg 污水

表 4-12 溶剂涂料使用 VOC 排放因子

工艺过程	工艺过程细分	排放因子	单位
杀虫剂	敌敌畏	576	g/kg 农药
	氧化乐果	568	g/kg 农药
	氯氰菊酯	562	g/kg 农药
除草剂	百草枯	276	g/kg 农药
	多菌灵	382	g/kg 农药
	草甘膦	355.8	g/kg 农药
杀菌剂	稻瘟净	568	g/kg 农药
建筑涂料	建筑内墙涂料	120	g/kg 涂料
	建筑外墙水性涂料	120	g/kg 涂料
	建筑外墙溶剂型涂料	450	g/kg 涂料
汽车喷漆	汽车	21.2	kg/辆
	摩托车	1.8	kg/辆
	自行车	0.3	kg/辆
	轿车	2.43	kg/辆
	汽车喷漆（大车）	20	kg/辆
其他涂层	饮料罐涂层	97	吨/生产线・年
	漆包线涂层	84.37	吨/生产线・年
	金属家具涂层	218	吨/厂・年
	家电涂层	0.2	kg/件
	木制家具涂层	0.4	kg/件
	机床涂层	0.4	kg/件
	设备涂层	0.4	kg/件
油墨印刷	传统油墨印刷	750	g/kg 油墨
	新型油墨印刷	100	g/kg 油墨
染料印染		81.4	g/kg 涂料
沥青	沥青铺路	353	g/kg 沥青
	打字机	60	吨/厂・年
	其他办公用品	25	吨/厂・年
	干洗（三氯乙烯、四氯乙烯）	1 000	g/kg 干洗剂
	去污脱脂	0.044	kg/人・年
	生活和商业溶剂使用	0.1	kg/人・年
	烹饪	3.5	g/人・年

表 4-13　垃圾焚烧处理污染物排放因子　单位：kg/t

	SO_2	NO_x	CO
市政垃圾焚烧	1.78	1.48	0.188
医疗垃圾焚烧	0.25	3	0.1

4.5.2.3 加油站储存、销售和油品运储、加油站 VOCs 排放因子

加油站正常运营时油品挥发主要来自于储罐呼吸损失、油挥发损失，加油站储存、销售和油品运储、加油站 VOCs 的排放因子参考了《大气挥发性有机物源排放清单编制技术指南》。

表 4-14 VOCs 排放因子

工艺过程	工艺过程细分	排放因子	单位
油品储存	原油	0.123	g/kg
	汽油	0.156	g/kg
油品运输	原油	1.603 6	g/kg
	汽油	1.603 6	g/kg
加油站	汽油/柴油	3.243	g/kg

4.5.2.4 扬尘源

参考《扬尘源颗粒物排放清单编制技术指南（试行）》，城市扬尘源排放量的计算应在综合所有主要影响因素后的具体排放源层面完成。对于某个给定的最低级排放源，城市扬尘的排放量由式（4-3）计算：

$$W = E \times A \times T \tag{4-3}$$

式中，W 为某个给定的排放源的城市扬尘排放量；E 为排放源对应的单位活动水平的排放系数，一般为单位时间单位面积（道路扬尘源为单位道路长度）的城市扬尘源排放量；A 为城市扬尘源的活动水平因子；T 为活动时间跨度。

土壤扬尘源、道路扬尘源、施工扬尘源以及堆场扬尘源都推荐采用实地调查的方法直接获取活动水平和相关排放系数计算参数。不同季节的城市扬尘源活动水平差异较大，对大气颗粒物浓度的贡献比例也存在明显差异，应对城市扬尘的各类来源进行分季节统计，对应的排放系数和排放量计算公式中的参数也需要作相应的调整，由年均值变更为季节均值，以获取更加准确全面的城市扬尘源排放清单；从源类型变化看，不同类型的城市扬尘源活动水平获取途径不同。

由于缺少采样施工工地的起尘面积率、工地表面积尘含水率、工地路面尘积负荷和机动车流量等数据，无法运用公式计算施工扬尘 PM_{10} 排放系数。本书采用我国北方建筑工地的常用推荐排放系数 $E_{c_{10}}$=0.106 1 kg/（m^2·月），计算施工扬尘 PM_{10} 排放量。施工扬尘 $PM_{2.5}$ 排放量则是根据美国环保局推荐的 $PM_{2.5}/PM_{10}$ 比值 0.1 及施工扬尘 PM_{10} 排放量进行估算。

由于缺少堆场堆放物质量的数据，本书通过已知的堆场面积进行估算。假设：①每平

方米堆放物质为 0.5 t，即堆放密度为 0.5t/m^2. ②每隔 2 周堆场的物质就会更新一次，即全年的装卸频率 N=26。城市地面扬尘的扬尘量估算公式为：

$$G_Y=S_Y \times D \times N \tag{4-4}$$

铺装道路和未铺装道路扬尘排放系数根据路面铺设与否分别计算。

对于铺装道路，道路扬尘排放系数计算公式如下：

$$E_{Pi}=k_i \times (sL)^{0.91} \times (W)^{1.02} \times (1-\eta) \tag{4-5}$$

式中，E_{Pi} 为铺装道路的扬尘中 P_{Mi} 排放系数，g/VKT（机动车行驶 1 km 产生的颗粒物质量）；k_i 为产生的扬尘中 P_{Mi} 的粒度乘数，参照美国 EPA 通过实验和回归分析而得的数据。

式（4-5）中用到的颗粒物的粒度乘数、颗粒物的粒度乘数及系数 a、b、c、d 的取值以及汽车尾气、刹车磨损和轮胎磨损带来的排放系数等见表 4-15 至表 4-17。

表 4-15　铺装道路产生的颗粒物的粒度乘数

粒 径	粒度乘数/（g/VKT）
$PM_{2.5}$	0.15
PM_{10}	0.62
PM_{30}	3.23

表 4-16　未铺装道路产生的颗粒物的粒度乘数及系数 a、b、c、d 的取值

未铺装道路	工业区			公共道路		
	$PM_{2.5}$	PM_{10}	PM_{30}	$PM_{2.5}$	PM_{10}	PM_{30}
k /（g/VKT）	42.285	422.85	1 381.31	50.742	507.42	1 691.4
a	0.9	0.9	0.7	1	1	1
b	0.45	0.45	0.45	—	—	—
c	—	—	—	0.2	0.2	0.3
d	—	—	—	0.5	0.5	0.3

表 4-17　未铺装道路汽车尾气、刹车磨损和轮胎磨损带来的排放系数

粒径范围	C_i /（g/VKT）
$PM_{2.5}$	0.102
PM_{10}	0.133
PM_{30}	0.133

4.5.3 活动水平数据的收集

4.5.3.1 工业源

根据环境统计资料，将工业源按排放量划分为重点工业源和非重点工业源，其中重点工业源占各项污染物总排放量的 85%。

（1）工业源的企业活动水平

本项目对全省 2012 年和 2013 年上报的重点企业进行了现场核查，最终获得其生产活动水平数据和污染处置设施情况，并对其处置效果进行了监测和数据收集，结果见表 4-18。

表 4-18 2013 年河南省重点企业生产活动水平数据

类型	燃料类型			
	煤消费量/万 t	天然气消费量/万 m^3	燃料油/t	用电量/亿 kWh
重点工业	17 536.93	459 452	30.17（不含车船）	1 388.97
非重点工业	1 129	—	—	—
城镇生活	1 209	106 055	—	—
共计	19 875.93	565 507	30.16	—
电力、燃气及水的生产和供应业	13 164	85 301	2.47	
非金属矿物制品业	1 101.37	67 901.68	10.33	
黑色金属冶炼和压延加工业	377.96	141 172.87	—	
有色金属冶炼及压延加工业	506.5	68 444.55	—	
化学原料及化学制品制造业	822.74	5 831	—	
石油加工、炼焦及核燃料加工业	390.69	59 256	1.96	
采煤采矿业	59.57	7 861.67	13.19	
其他	1 113.34	23 683	2.09	
共计	17 536.93	459 452	30.17	

（2）河南省电厂废气污染物治理水平

根据河南省 2013 年环境统计报表，河南省共有电厂锅炉 378 台，废气治理设施 1 353 套，脱硫设施 256 套，脱销设施 61 套，除尘设施 1 029 套。对现场监测除尘器类型和除尘效率统计结果，80%为电袋除尘，20%为电除尘。大于 80%负荷的正常生产情况下，电袋除尘效率为 99.6%～99.99%。电除尘为 98.6%～99.96%。$PM_{2.5}$ 的去除效率参考《大气细颗粒物（$PM_{2.5}$）源排放清单编制技术指南》推荐的电厂不同除尘条件的参数。PM_{10} 的去除效率参考《大气可吸入颗粒物一次源排放清单编制技术指南》推荐的电厂不同除尘条件的参数。

（3）河南省水泥厂废气污染物治理水平

根据河南省 2013 年环境统计报表，河南省共有水泥厂 254 家，水泥窑 134 台，废气治理设施 3 123 套，脱销设施 11 套，除尘设施 3 003 套。对现场监测除尘器类型和除尘效率统计结果，均为袋除尘。大于 80%负荷的除尘器正常使用情况下，有组织袋除尘效率为 95.6%～99.9%。$PM_{2.5}$的去除效率参考《大气细颗粒物（$PM_{2.5}$）源排放清单编制技术指南》推荐的水泥厂参数和河南省的平均除尘水平。PM_{10}的去除效率参考《大气可吸入颗粒物一次源排放清单编制技术指南》推荐的电厂不同除尘条件的参数。

（4）河南省钢铁冶炼厂废气污染物治理水平

根据河南省 2013 年环境统计报表，河南省共有炼铁炼钢厂 132 家，冶炼炉 344 台，废气治理设施 556 套，脱硫设施 21 套，有组织除尘设施 535 套。有组织集气罩收尘效率在 96%～99%。$PM_{2.5}$的去除效率参考《大气细颗粒物（$PM_{2.5}$）源排放清单编制技术指南》推荐的钢铁厂参数和河南省的平均除尘水平。PM_{10}的去除效率参考《大气可吸入颗粒物一次源排放清单编制技术指南》推荐的电厂不同除尘条件的参数。

4.5.3.2　居民源的活动水平

河南省居民源的活动水平数据，主要指河南省生活燃烧面源燃料的消耗量。通过对调查河南省 2013 年的统计年鉴，获得了 2013 年河南省居民燃煤量和燃气量，如表 4-19 所示。

表 4-19　2013 年河南省各地级市居民生活源的活动水平数据

地级市	燃料类型	
	生活煤消费量/万 t	生活天然气消费量/万 m^3
郑州市	179.32	29 749.00
开封市	90.13	5 782.00
洛阳市	120.00	1 500.00
平顶山市	4.01	3 000.00
安阳市	49.00	7 438.34
鹤壁市	40.33	6 964.35
新乡市	52.87	4 844.92
焦作市	59.59	518.22
濮阳市	5.41	10 576.70
许昌市	115.26	12 514.00
漯河市	33.00	1 432.00
三门峡市	170.00	415.92
南阳市	83.97	80.00
商丘市	12.32	900.90
信阳市	16.17	1 464.45
周口市	37.85	7 059.43
驻马店市	60.62	2 589.32
济源市	8.00	2 000.00
平均	63.21	5 490.53

4.5.3.3 交通源的活动水平

本项目研究中，交通源包括了 2013 年河南省各类型机动车的保有量，数据来源于 2013 年河南省统计年鉴。各类型机动车的保有量如表 4-20 至表 4-23 所示。

表 4-20 2013 年河南省各地级市机动车保有量 单位：辆

地级市	机动车保有量					
	载客汽车	载货汽车	三轮汽车	低速载货汽车	普通摩托车	轻便摩托车
郑州	1407 830	177 785	47 809	28 300	388 872	16 262
开封	207 260	46 636	39 361	38 185	118 794	5 883
洛阳	480 685	109 902	17 773	14 414	377 327	5 107
平顶山	251 328	56 112	17 301	2 838	259 391	4 628
安阳	312 008	69 560	73 808	5 363	166 575	16 163
鹤壁	105 999	22 232	2 688	1 885	15 370	130
新乡	346 188	72 441	20 840	6 985	137 297	2 005
焦作	231 471	67 620	13 320	2 723	164 701	5 703
濮阳	287 508	82 865	929	63 718	208 020	5 527
许昌	281 226	74 299	15 156	6 330	302 954	190
漯河	114 556	30 011	17 836	3 766	153 710	1 080
三门峡	165 434	36 990	10 136	3 113	185 922	4 912
南阳	326 400	88 823	28 426	16 379	864 826	34 489
商丘	245 136	78 335	53 295	8 687	149 422	1 689
信阳	162 368	120 790	22 884	39 382	497 192	3 450
周口	235 092	178 625	115 144	25 587	486 898	4 292
驻马店	195 747	71 502	18 578	13 783	392 374	17
济源	78 304	18 307	5 752	2 470	75 381	1 137
总计	5 434 540	1 402 835	521 036	283 908	4 945 026	112 664

表 4-21 2013 年河南省各地级市载客汽车保有量 单位：辆

地级市	载客汽车保有量				
	微型	小型	中型	大型	总和
郑州	62 632	1 317 149	9 899	18 150	1 407 830
开封	11 226	189 630	2 865	3 539	207 260
洛阳	20 748	447 748	5 603	6 586	480 685
平顶山	7 989	236 295	2 977	4 067	251 328
安阳	21 765	276 352	9 691	4 200	312 008
鹤壁	4 503	91 940	8 273	1 283	105 999
新乡	19 013	314 272	7 966	4 937	346 188
焦作	13 530	205 598	9 118	3 225	231 471

地级市	载客汽车保有量				
	微型	小型	中型	大型	总和
濮阳	30 569	248 527	3 944	4 468	287 508
许昌	18 943	255 819	4 396	2 068	281 226
漯河	4 727	107 079	1 474	1 276	114 556
三门峡	4 030	153 577	3 468	4 359	165 434
南阳	7 007	307 207	6 315	5 871	326 400
商丘	11 316	225 977	2 544	5 299	245 136
信阳	5 797	147 834	5 560	3 178	162 369
周口	8 187	216 716	4 735	5 454	235 092
驻马店	2 559	183 452	5 897	3 839	195 747
济源	1 147	76 239	312	606	78 304

表 4-22　2013 年河南省各地级市载货汽车保有量　单位：辆

地级市	载货汽车保有量				
	微型	轻型	中型	重型	总和
郑州	14 544	94 138	20 682	48 421	177 785
开封	3 149	27 951	6 204	9 332	46 636
洛阳	818	66 806	10 324	31 954	109 902
平顶山	199	33 714	4 551	17 648	56 112
安阳	3 643	34 389	7 567	23 961	69 560
鹤壁	4 950	11 327	1 191	4 764	22 232
新乡	809	42 262	5 717	23 653	72 441
焦作	348	22 035	5 983	39 254	67 620
濮阳	6 028	45 946	6 330	24 561	82 865
许昌	2 864	39 966	14 823	16 646	74 299
漯河	122	15 425	3 949	10 515	30 011
三门峡	185	19 220	7 853	9 732	36 990
南阳	2 453	56 604	5 875	23 891	88 823
商丘	277	44 961	5 485	27 612	78 335
信阳	939	101 994	8 275	9 582	120 790
周口	1 143	53 691	17 599	106 192	178 625
驻马店	250	44 425	12 907	13 920	71 502
济源	165	9 710	2 220	6 212	18 307

表 4-23 2013 年河南省各地级市摩托车保有量 单位：辆

地级市	摩托车保有量				
	微型	轻型	中型	重型	总和
郑州	14 544	94 138	20 682	48 421	177 785
开封	3 149	27 951	6 204	9 332	46 636
洛阳	818	66 806	10 324	31 954	109 902
平顶山	199	33 714	4 551	17 648	56 112
安阳	3 643	34 389	7 567	23 961	69 560
鹤壁	4 950	11 327	1 191	4 764	22 232
新乡	809	42 262	5 717	23 653	72 441
焦作	348	22 035	5 983	39 254	67 620
濮阳	6 028	45 946	6 330	24 561	82 865
许昌	2 864	39 966	14 823	16 646	74 299
漯河	122	15 425	3 949	10 515	30 011
三门峡	185	19 220	7 853	9 732	36 990
南阳	2 453	56 604	5 875	23 891	88 823
商丘	277	44 961	5 485	27 612	78 335
信阳	939	101 994	8 275	9 582	120 790
周口	1 143	53 691	17 599	106 192	178 625
驻马店	250	44 425	12 907	13 920	71 502
济源	165	9 710	2 220	6 212	18 307

4.5.3.4 扬尘源的活动水平

本项目研究中，通过卫星数据解析河南省的裸露土地面积、堆场面积、施工面积等来获取计算道路扬尘、施工扬尘等的面积基础数据，同时通过年鉴和交通部门调查获取公路里程数等基础数据，从而计算道路扬尘。这些活动水平数据如表 4-24 所示。

表 4-24 扬尘面积和道路原始数据

地级市	土壤扬尘	施工扬尘	堆场扬尘	道路扬尘	
	裸露土壤面积/km^2	工地面积/km^2	堆场面积/km^2	Nr/辆	道路长度/km
郑州	47.51	46.82	7.40	68 082 993	1 842.89
开封	25.38	4.66	0.81	25 072 767	132.59
洛阳	43.57	21.17	6.89	28 845 037	489.61
平顶山	44.15	16.24	7.57	14 597 034	174.30
安阳	22.67	9.77	13.85	22 466 753	270.76
鹤壁	4.54	5.30	2.54	25 072 767	775.96
新乡	23.07	5.90	4.32		
焦作	12.49	2.59	1.86	25 072 767	135.46
濮阳	12.84	6.99	3.90	28 851 539	
许昌	3.76	6.29	2.79	25 072 767	95.16

地级市	土壤扬尘	施工扬尘	堆场扬尘	道路扬尘	
	裸露土壤面积/km^2	工地面积/km^2	堆场面积/km^2	Nr/辆	道路长度/km
漯河	30.69	28.95	1.69	14 597 034	152.17
三门峡	3.97	2.41	0.61	14 597 034	56.81
南阳	34.43	8.65	8.29		
商丘	8.38	8.92	3.35	25 072 767	216.53
信阳	72.96	8.54	2.52	14 626 918	122.23
周口	26.88	20.11	5.79	14 899 208	193.74
驻马店	20.99	5.85	1.24	25 072 767	202.06
济源	3.13	1.45	0.92	25 072 767	126.45

此外，本项目研究中为了更好地对单位面积、单位人口等排放量进行研究，通过对 2013 年的年鉴调查，获取了河南省 2013 年人口、面积、GDP 等基础数据。同时为了更好地比较，也获取了我国重点城市及河南周边省份的基础数据，如表 4-25 所示。

表 4-25　河南省人口、GDP 和面积情况及其他省份情况

地级市	人口/万人	GDP/亿元	面积/km^2
郑州	984.3	6 077.59	7 604.82
开封	532.2	1 376.04	6 298.51
洛阳	659.0	2 981.12	15 173.17
平顶山	586.1	1 816.23	7 895.49
安阳	622.4	1 730.73	7 360.27
鹤壁	158.8	545.78	2 125.75
新乡	642.2	1 813.95	8 243.7
焦作	352.0	1 551.35	3 881.04
濮阳	359.8	989.70	4 230.44
许昌	429.6	1 716.19	5 074.491
漯河	255.8	797.12	2 698.72
三门峡	223.2	1 127.32	10 031.27
南阳	1 160.0	2 624.18	26 508
商丘	854.7	1 761.71	10 693.57
信阳	745.8	1 610.27	18 920.3
周口	969.6	1 766.13	11 971.97
驻马店	777.2	1 503.09	15 070.22
济源	70.3	5 549.79	1 934.1
河南省总计	10 382.8	32 219.01	165 715.83
北京	2 114.8	19 500.60	16 410.54
上海	2 500	21 602.12	6 340.5
河北	7 185	26 575.01	188 500
山东	9 580	54 684.3	157 900
安徽	6 928.5	19 038.9	140 000
湖北	5 779	25 669.49	185 900
山西	3 610.8	12 112.8	156 700

* 注：北京、上海、河北、山东、安徽、湖北和山西基础数据信息来源于百度百科。

4.6 源清单的建立

4.6.1 全省范围主要污染物清单总体情况

如表 4-26 所示，清单获取了河南省全省及 18 个省辖市的 SO_2、NO_x、$PM_{2.5}$、PM_{10}、CO、VOCs 和 NH_3 的排放量。由表可知，河南省全省 SO_2 的排放量为 125.4 万 t，NO_x 为 156.56 万 t，$PM_{2.5}$ 为 28.21 万 t，PM_{10} 为 38.78 万 t，CO 为 795.13 万 t，VOCs 为 102.74 万 t，NH_3 为 88.67 万 t。

表 4-26 全省主要行政区域污染物排放量 单位：万 t

污染物	SO_2	NO_x	$PM_{2.5}$	PM_{10}	CO	VOCs	NH_3
全省	125.4	156.56	28.21	38.78	795.13	102.74	88.67
郑州	13.04	21.45	4.39	9.21	103.82	11.08	4.63
开封	5.36	5.40	0.47	0.74	21.21	4.30	4.20
洛阳	12.55	14.09	2.06	3.65	59.74	9.36	6.44
平顶山	11.03	9.94	2.57	2.87	114.56	5.30	4.17
安阳	12.01	9.12	3.53	3.04	51.82	6.10	4.37
鹤壁	3.86	5.68	0.80	1.71	28.23	1.47	1.14
新乡	5.99	9.34	2.01	1.46	60.17	5.50	4.77
焦作	6.50	10.86	1.72	1.27	48.13	5.64	2.27
濮阳	2.39	5.77	0.59	1.00	24.57	4.43	3.06
许昌	4.48	7.57	1.12	1.37	32.09	6.84	3.80
漯河	1.86	2.27	0.48	2.60	11.95	3.53	2.12
三门峡	11.82	8.32	2.00	1.39	38.22	2.78	2.74
南阳	7.57	10.33	1.39	1.63	52.50	9.48	10.26
商丘	3.50	7.37	0.69	1.34	38.40	5.92	7.37
信阳	3.30	5.97	1.02	1.31	33.45	5.96	9.22
周口	2.40	8.64	1.19	1.90	17.06	7.32	8.51
驻马店	3.94	4.43	0.94	1.21	28.91	6.80	8.99
济源	4.13	4.49	1.24	1.08	30.31	0.94	0.62
电厂源	35.50	63.21	4.31	5.71	44.09	1.32	—
工业源	65.10	39.64	14.74	8.60	238.67	59.92	0.91
交通源	—	51.25	5.13	—	211.04	12.30	0.52
居民源	15.13	2.43	0.36	0.67	301.33	29.20	1.20
农业源	—	—	—	—	—	—	86.04
建筑扬尘	—	—	2.19	17.70	—	—	—
道路扬尘	—	—	1.48	6.10	—	—	—

注：其中建筑扬尘包含土壤扬尘、施工扬尘和堆场扬尘。以下分析中 PM_{10} 指的是 $PM_{2.5}$ ~ PM_{10} 的颗粒物，不包括 $PM_{2.5}$。模型输入的 PM_{10} 也是指 $PM_{2.5}$ ~ PM_{10}。

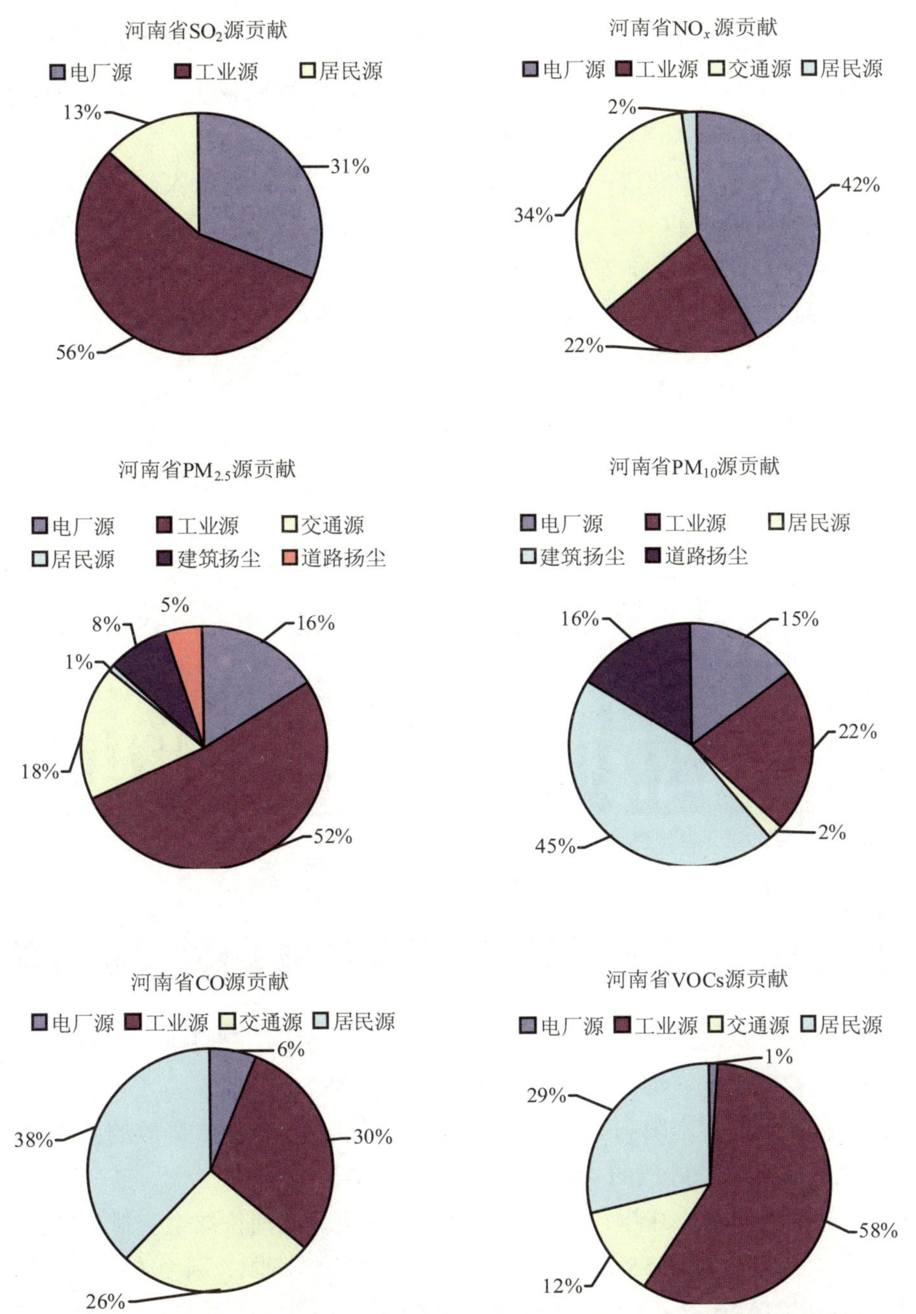

图 4-3 河南主要大气污染物源贡献

如图 4-3 所示，SO_2 的排放来源于电厂源、工业源和居民源，其中工业源和电厂源共排放 110.6 万 t，约占总排放的 87.9%。

NO_x 的排放来源于电厂源、工业源、交通源和居民源，其中电厂源和交通源共排放

154.1 万 t，约占总排放的 98.4%。

$PM_{2.5}$和 PM_{10} 来源于电厂源、工业源、交通源、居民源、建筑扬尘和道路扬尘，其中 $PM_{2.5}$工业源排放 14.74 万 t，约占总排放的 52%；PM_{10} 的建筑扬尘排放 17.70 t，约占总排放的 45%，其次工业源排放 8.60 万 t，约占总排放的 22%。

CO 来源于电厂源、工业源、交通源和居民源，居民源排放最大，共 301.33 万 t，约占总排放的 38%，工业源和交通源的排放相当。VOCs 来源于工业源、电厂源、交通源和居民源，其中工业源贡献较大，共排放 59.92 万 t，约占总排放的 58%。NH_3 绝大多数来源于农业源，农业源共排放 86.04 万 t，约占总排放的 97%。

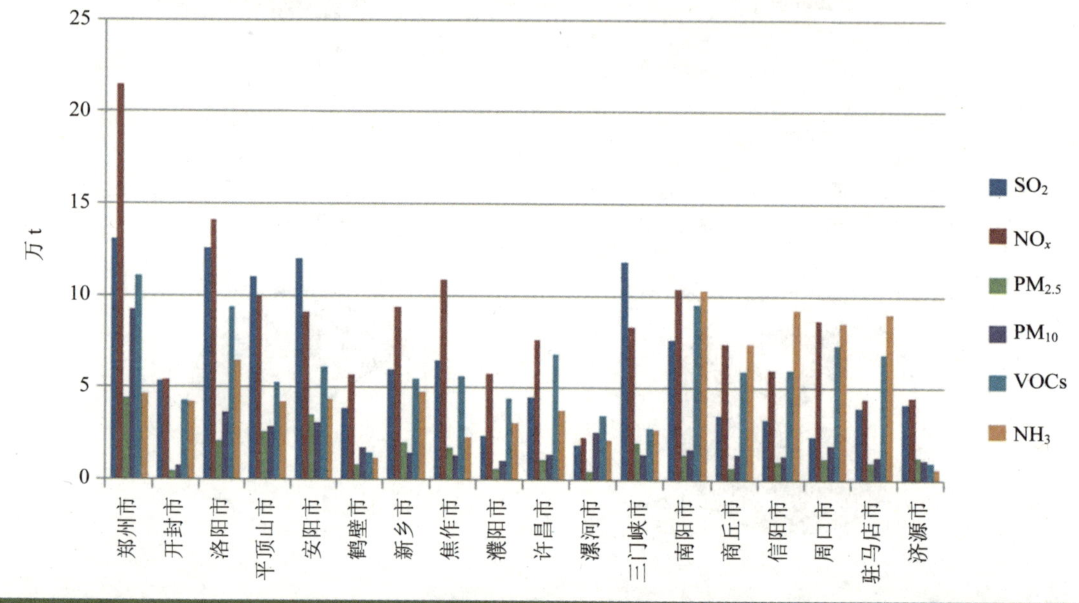

图 4-4 河南省污染物排放量

如图 4-4 所示，从 SO_2 排放来看，SO_2 排放来看，洛阳、三门峡、安阳、郑州和平顶山排放量位居全省前 5 位，约占全省 SO_2 排放总量的 48.5%。

郑州、洛阳、焦作、南阳和平顶山 NO_x 排放量位居全省 NO_x 排放的前五位，共排放 66.67 万 t，约占全省 NO_x 排放的 41.8%。

从 PM_{10} 的排放来看，郑州、洛阳、安阳、平顶山、漯河位居全省排放的前五位，共排放 21.37 万 t，约占全省的 55%。郑州、安阳、平顶山、洛阳、新乡 $PM_{2.5}$ 的排放位居全省前五位，共排放 14.56 万 t，约占全省排放的 52%。

CO 排放中，平顶山、郑州、新乡、洛阳和南阳一氧化碳排放量位居全省前五位，共排放 390.79 万 t，约占全省总排放的 49%。

VOCs 的排放中，郑州、南阳、洛阳、周口和许昌位居全省排放的前五位，共排放 44.08 万 t，约占全省总排放的 43%。南阳、信阳、驻马店、周口和商丘是全省 NH_3 排放的前五位，共排放 44.35 万 t，约占总排放的 50%。

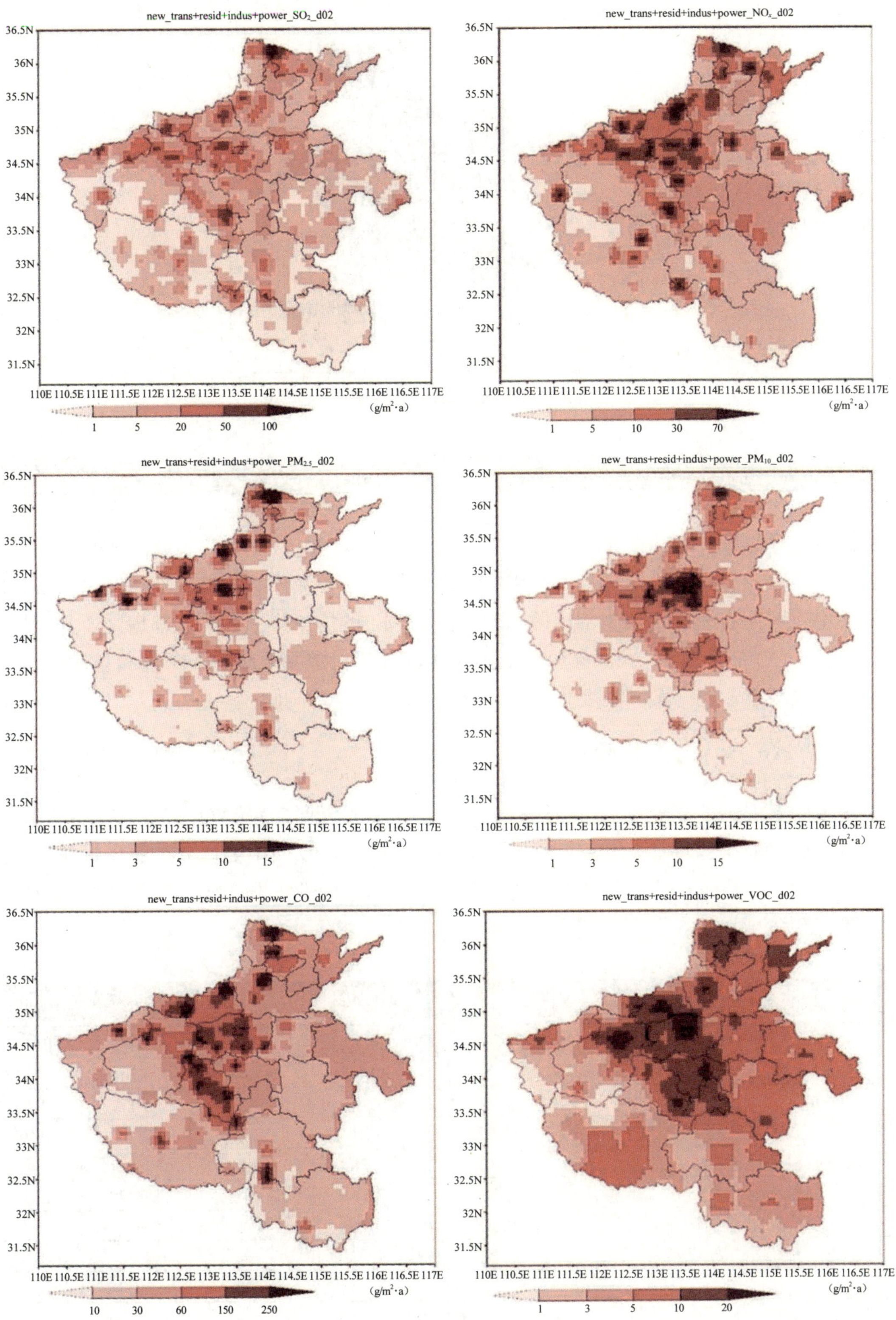
new_trans+resid+indus+power_SO2_d02
(g/m²·a)
1 5 20 50 100
new_trans+resid+indus+power_NOx_d02
(g/m²·a)
1 5 10 30 70
new_trans+resid+indus+power_PM2.5_d02
(g/m²·a)
1 3 5 10 15
new_trans+resid+indus+power_PM10_d02
(g/m²·a)
1 3 5 10 15
new_trans+resid+indus+power_CO_d02
(g/m²·a)
10 30 60 150 250
new_trans+resid+indus+power_VOC_d02
(g/m²·a)
1 3 5 10 20
36.5N 36N 35.5N 35N 34.5N 34N 33.5N 33N 32.5N 32N 31.5N
110E 110.5E 111E 111.5E 112E 112.5E 113E 113.5E 114E 114.5E 115E 115.5E 116E 116.5E 117E

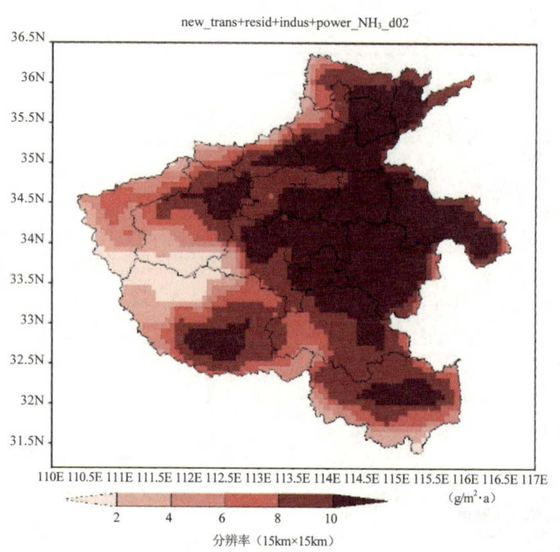

图 4-5 河南省主要污染物排放空间分布

图 4-5 所示为河南省主要大气污染物（SO_2、NO_x、$PM_{2.5}$、PM_{10}、CO、VOCs 和 NH_3）排放的空间分布特征。由图可知，河南省 SO_2 的排放主要集中在中部及北部地区；NO_x 的排放集中在河南省东北部及中部地区；$PM_{2.5}$ 和 PM_{10} 的排放集中在中北部地区，其他地方相对较低；CO 的排放主要集中在中部地区；VOCs 的排放主要集中在中部和东北部地区；NH_3 的排放与农业源有关，主要集中在河南省的东部及南部地区。

4.6.2 全省范围主要污染物工业行业排放特征

对河南省的主要工业行业排放进行分析，获取了河南省 SO_2、NO_x、CO、PM_{10} 和 $PM_{2.5}$ 的全省工业行业排放特征。如表 4-27 所示，河南省的污染物的主要排放行业集中在七大类行业，且大部分污染物排放行业为电力、热力生产和供应业、非金属矿物制品业以及黑色金属冶炼和压延加工业。

表 4-27 河南省主要工业行业污染物排放 单位：万 t

工业行业	SO_2	NO_x	CO	$PM_{2.5}$	PM_{10}
电力、热力生产和供应业	37.22	64.08	44.68	4.31	5.71
非金属矿物制品业	16.84	16.87	154.51	6.12	4.46
黑色金属冶炼和压延加工业	11.82	3.21	42.28	2.76	0.97
化学原料和化学制品制造业	8.91	3.28	30.11	—	—
有色金属冶炼和压延加工业	8.36	3.86	—	3.77	2.05
煤炭开采和洗选业	0.36	0.16	4.95	—	—
石油加工、炼焦和核燃料加工业	3.70	1.18	—	1.00	0.21
其他	17.45	6.05	6.23	1.09	0.91

注：每种污染物的工业行业排放仅给出了排放前五的行业，剩下的排放全部统计在其他中。

4.6.2.1 河南省 SO_2 的工业排放特征

如表 4-28 所示，河南省全省 SO_2 重点工业排放 100.60 万 t，占全省 SO_2 总排放的 80.5%，其中排放量最大的五个行业共排放 83.15 万 t，占全省 SO_2 工业排放的 83%，占全省总排放的 72%。

表 4-28 河南省 SO_2 排放工业行业特征

工业行业 \ SO_2	排放量/万 t	占全省工业排放 SO_2 比例/%	占全省 SO_2 排放量比例/%
电力、热力生产和供应业	37.22	0.37	0.32
非金属矿物制品业	16.84	0.17	0.15
黑色金属冶炼和压延加工业	11.82	0.12	0.10
化学原料和化学制品制造业	8.91	0.09	0.08
有色金属冶炼和压延加工业	8.36	0.08	0.07
其他	17.45	0.17	0.15
全省工业（含电厂）SO_2 排放	100.60		
全省 SO_2 总排放	125.4		

由图 4-6 可知，电力、热力生产和供应业是全省最大的 SO_2 排放行业，占全省工业排放的 37%。非金属矿物制品业排放占第二位，占全省工业排放的 17%。黑色金属冶炼和压延加工业，化学原料和化学制品制造业和有色金属冶炼和压延加工业分别排名第三至第五，分别占总工业排放的 12%、9%和 8%，其他行业占 17%。

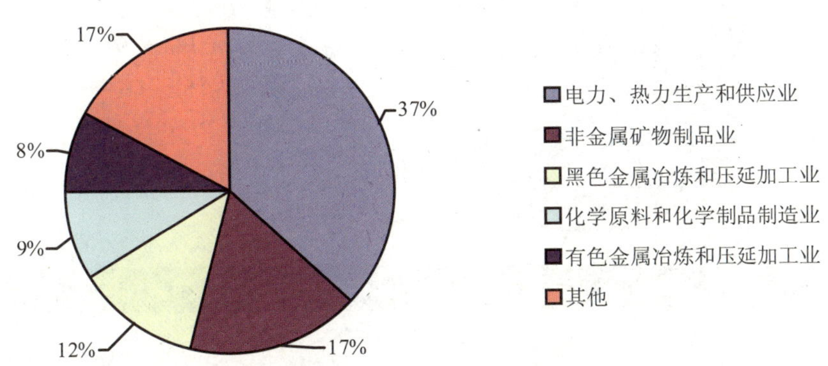

图 4-6 河南省 SO_2 行业排放占全省工业 SO_2 排放比例

4.6.2.2 河南省 NO_x 的工业排放特征

从河南省 NO_x 的排放工业行业特征可以看出，全省 NO_x 重点工业排放 97.4 万 t，占全

省总 NO_x 排放的 64%，其中排放量最大的五个行业共排放 NO_x 91.3 万 t，占总工业排放的 94%，占全省总 NO_x 排放的 60%。

表 4-29 河南省 NO_x 排放工业行业特征

工业行业 \ NO_x	排放量/万 t	占全省工业排放 NO_x 比例/%	占全省 NO_x 排放量比例/%
电力、热力生产和供应业	64.08	0.658	0.42
非金属矿物制品业	16.87	0.173	0.11
有色金属冶炼和压延加工业	3.86	0.04	0.03
化学原料和化学制品制造业	3.28	0.03	0.02
黑色金属冶炼和压延加工业	3.21	0.03	0.02
其他	6.05	0.06	0.04
全省工业（含电厂）NO_x 排放	97.35		
全省 NO_x 总排放	156.56		

由图 4-7 可知，电力、热力生产和供应业依然是 NO_x 排放最高的行业，占全省工业排放的 67%。非金属矿物制品业排放占第二位，占全省工业排放的 17%。有色金属冶炼和压延加工业，化学原料和化学制品制造业和黑色金属冶炼和压延加工业分别排名第三至第五，分别占总工业排放的 4%、3%和 3%，其他行业占 6%。

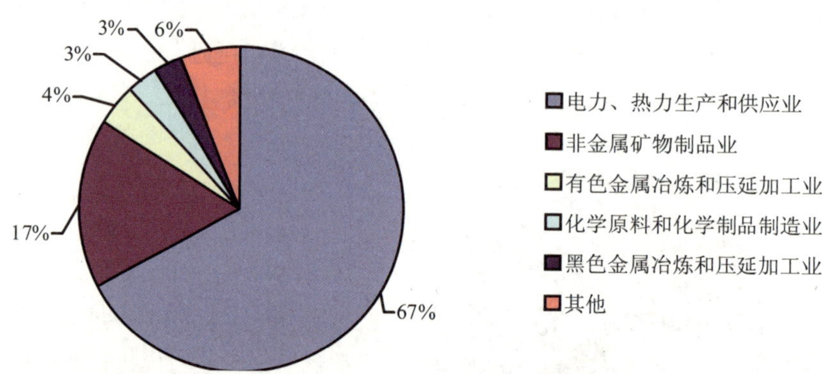

图 4-7 河南省 NO_x 行业排放占全省工业 NO_x 排放比例

4.6.2.3 河南省 CO 的工业排放特征

如表 4-30 所示，河南省工业 CO 排放 282.76 万 t，占全省总 CO 排放的 36%，其中排放量最大的五个行业共排放 CO 276.53 万 t，占全省工业 CO 排放的 98%，占全省总 CO 排放的 35%。

表 4-30 河南省 CO 排放工业行业特征

工业行业 \ CO	排放量/万 t	占全省工业排放 CO 比例/%	占全省 CO 排放量比例/%
非金属矿物制品业	154.51	0.54	0.19
电力、热力生产和供应业	44.68	0.16	0.06
黑色金属冶炼和压延加工业	42.28	0.15	0.05
化学原料和化学制品制造业	30.11	0.11	0.04
煤炭开采和洗选业	4.95	0.02	0.01
其他	6.23	0.02	0.01
全省工业（含电厂）CO 排放	282.76		
全省 CO 总排放	795.13		

如图 4-8 所示，非金属矿物制品业是河南省工业 CO 排放最高的行业，占全省工业排放的 54%。电力、热力生产和供应业排放占第二位，占全省工业排放的 16%。黑色金属冶炼和压延加工业、化学原料和化学制品制造业以及煤炭开采和洗选业分别排名第三至第五，分别占总工业排放的 15%、11%和 2%，其他行业占全省工业排放总 CO 的 2%。

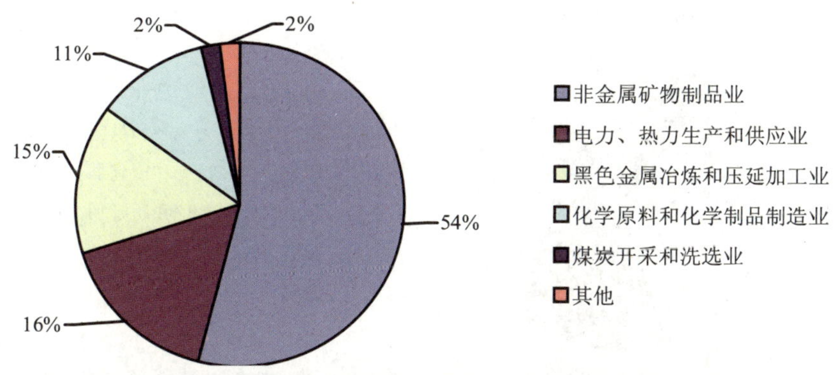

图 4-8 河南省 CO 行业排放占全省工业 CO 排放比例

4.6.2.4 河南省 $PM_{2.5}$ 的工业排放特征

如表 4-31 所示，河南省工业 $PM_{2.5}$ 排放 19.05 万 t，占全省总 $PM_{2.5}$ 排放的 68%，其中排放量最大的五个行业共排放 $PM_{2.5}$ 17.96 万 t，占全省工业 $PM_{2.5}$ 排放的 94%，占全省总 $PM_{2.5}$ 排放的 64%。

表 4-31 河南省 $PM_{2.5}$ 排放工业行业特征

工业行业 \ $PM_{2.5}$	排放量/万 t	占全省工业排放 $PM_{2.5}$ 比例/%	占全省 $PM_{2.5}$ 排放量比例/%
非金属矿物制品业	6.12	0.32	0.22
电力、热力生产和供应业	4.31	0.23	0.15
有色金属冶炼和压延加工业	3.77	0.20	0.13
黑色金属冶炼和压延加工业	2.76	0.14	0.10
石油加工、炼焦和核燃料加工业	1.00	0.05	0.04
其他	1.09	0.06	0.04
全省工业（含电厂）$PM_{2.5}$ 排放	19.05		
全省 $PM_{2.5}$ 总排放	28.21		

非金属矿物制品业是 $PM_{2.5}$ 排放最高的行业，占全省工业排放的 32%。电力、热力生产和供应业排放占第二位，占全省工业排放的 23%。有色金属冶炼和压延加工业、黑色金属冶炼和压延加工业、石油加工、炼焦和核燃料加工业分别排名第三至第五，分别占总工业 $PM_{2.5}$ 排放的 20%、14%和 5%，其他行业占全省工业排放总 $PM_{2.5}$ 的 6%。

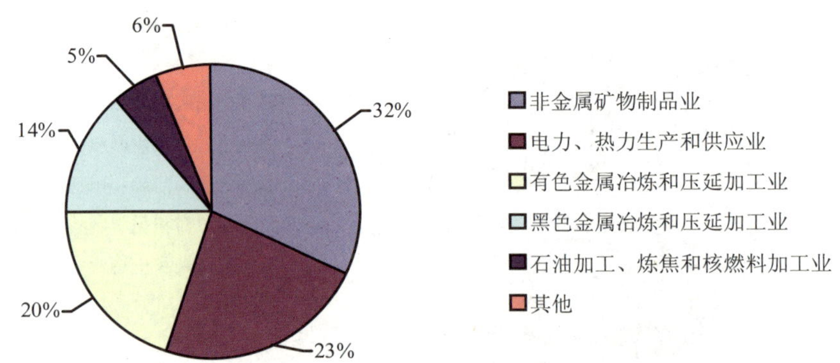

图 4-9 河南省 $PM_{2.5}$ 行业排放占全省工业 $PM_{2.5}$ 排放比例

4.6.2.5 河南省 PM_{10} 的工业排放特征

由表 4-32 可知，河南省省工业 PM_{10} 排放 14.31 万 t，占全省总 PM_{10} 排放的 37%，其中排放量最大的五个行业共排放 PM_{10} 13.4 万 t，占全省工业 PM_{10} 排放的 94%，占全省总 PM_{10} 排放的 35%。

表 4-32　河南省 PM_{10} 排放工业行业特征

工业行业 \ PM_{10}	排放量/万 t	占全省工业排放 PM_{10} 比例/%	占全省 PM_{10} 排放量比例/%
电力、热力生产和供应业	5.71	0.40	0.15
非金属矿物制品业	4.46	0.31	0.12
有色金属冶炼和压延加工业	2.05	0.14	0.05
黑色金属冶炼和压延加工业	0.97	0.07	0.03
石油加工、炼焦和核燃料加工业	0.21	0.01	0.01
其他	0.91	0.06	0.02
全省工业（含电厂）PM_{10} 排放	14.31		
全省 PM_{10} 总排放	38.78		

如图 4-10 所示，电力、热力生产和供应业是 PM_{10} 排放最高的行业，占全省工业排放的 41%。非金属矿物制品业占第二位，占全省工业排放的 31%。有色金属冶炼和压延加工业、黑色金属冶炼和压延加工业和石油加工、炼焦和核燃料加工业分别排名第三至第五，分别占总工业 PM_{10} 排放的 14%、7%和 1%，其他行业占全省工业排放总 PM_{10} 的 6%。

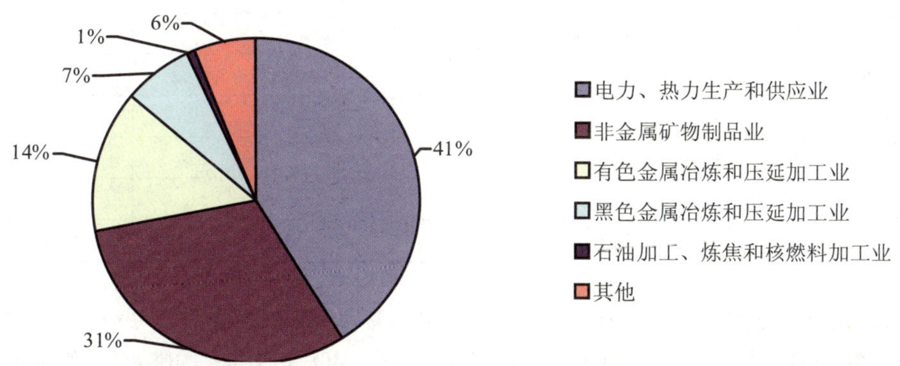

图 4-10　河南省 PM_{10} 行业排放占全省工业 PM_{10} 排放比例

综上所述，非金属矿物制品业、电力、热力生产和供应业、黑色金属冶炼和压延加工业、有色金属冶炼及压延加工业、化学原料和化学制品制造业是我省 SO_2、NO_x、CO、$PM_{2.5}$ 和 PM_{10} 等主要污染物的重点排放企业类型。因此这些行业，应作为河南省大气污染防控的重点行业。

4.6.3　全省行政区域主要污染物清单

对全省 18 个地级市的污染物清单进行统计分析，获取河南省主要行政区域污染物的污染物的源贡献及工业行业特征。

郑州：郑州位于东经 112°42′—114°13′，北纬 34°16′—34°58′，东西宽 166 km，南北长 75 km，北临黄河，西依嵩山，东南为广阔的黄淮平原。郑州市属北温带大陆性季风气候，冷暖适中、四季分明，春季干旱少雨，夏季炎热多雨，秋季晴朗日照长，冬季寒冷少雪。郑州市冬季最长，夏季次之，春季较短。郑州是河南省省会，区域中心城市、综合功能型城市，主要源分别是二次气溶胶、生物质燃烧、燃油源、机动车、燃煤除外的其他工业。

由表 4-33 可知，郑州市污染物排放量 SO_2 为 13.04 万 t，NO_x 为 21.45 万 t，$PM_{2.5}$ 为 4.39 万 t，PM_{10} 为 9.21 万 t，CO 为 103.82 万 t，VOCs 为 11.08 万 t，NH_3 为 4.63 万 t。如图 4-11 所示，郑州市的 SO_2、$PM_{2.5}$ 和 VOCs 主要来源于工业源的排放，这三种污染物工业排放分别占总排放的 52%、44%和 74%。电厂源对 SO_2 和 NO_x 的贡献较大，分别占总排放的 37%和 48%。建筑扬尘对郑州市的 PM_{10} 贡献较大，占 41%。郑州市 NH_3 排放绝大多数来源于农业源，占到总排放的 97%。

表 4-33 郑州市污染物排放清单 单位：万 t

污染物	SO_2	NO_x	$PM_{2.5}$	PM_{10}	CO	VOCs	NH_3
居民源	1.49	0.23	0.08	0.14	35.26	1.68	0.06
工业源	6.77	4.41	1.94	1.91	29.31	8.17	0.04
电厂源	4.78	10.25	0.76	0.98	7.71	0.16	0.00
交通源	—	6.56	0.62	—	31.54	1.07	0.02
农业源	—	—	—	—	—	—	4.50
建筑扬尘	—	—	0.42	3.81	—	—	—
道路扬尘	—	—	0.57	2.37	—	—	—
总计	13.04	21.45	4.39	9.21	103.82	11.08	4.63

从郑州市污染物排放的工业行业特征发现，电力、热力生产和供应业，非金属矿物制品业，有色金属冶炼和压延加工业，造纸和纸制品业位居 SO_2、NO_x 排放的前四位，这四个行业排放的污染物分别占到郑州市总 SO_2、NO_x 排放的 77%、65%。非金属矿物制品业，有色金属冶炼和压延加工业，电力、热力生产和供应业是郑州市 $PM_{2.5}$ 和 PM_{10} 的主要行业贡献，分别占到总排放的 53%和 26%。对于郑州市的 CO 排放来说，非金属矿物制造也在工业行业中对 CO 有较大贡献，占到总排放的 22%（图 4-11）。

开封：开封市位于黄河中下游，太行山脉东南方，地处河南省中东部，东经 113°52′15″—115°15′42″，北纬 34°11′45″—35°01′20″，在中国版图上处于豫东大平原的中心部位。开封属暖温带大陆性季风气候，冬季寒冷干燥，春季干旱多风，夏季高温多雨，秋季天高气爽，四季分明。开封属于低矮面源污染密集型城市，主要污染源有煤燃烧、土壤扬尘、机动车、建筑尘等。

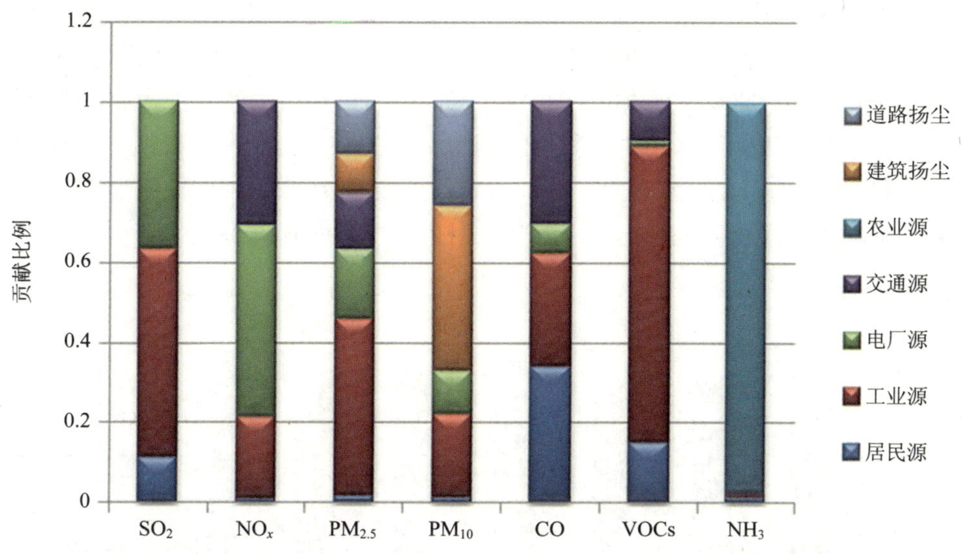

图 4-11　郑州市污染物源贡献

表 4-34 可知，开封市 SO_2 排放 5.36 万 t，NO_x 排放 5.40 万 t，$PM_{2.5}$ 排放 0.47 万 t，PM_{10} 排放 0.74 万 t，CO 排放 21.21 万 t，VOCs 排放 4.30 万 t，NH_3 排放 4.20 万 t。开封市 SO_2、$PM_{2.5}$、CO 和 VOCs 主要来源于工业源，这几种污染物工业源的排放分别占到全市的 56%、34%、39%和 56%。同郑州一样，建筑扬尘也对开封市的 PM_{10} 贡献较大，占到总排放的 51%。电厂源对开封市的 SO_2 贡献较小，为 11%。交通源对开封市的 NO_x、$PM_{2.5}$ 和 CO 贡献较大，分别为 36%、36%和 32%。NH_3 的排放同样绝大多数来源于农业源。

表 4-34　开封市污染物排放清单　单位：万 t

污染物	SO_2	NO_x	$PM_{2.5}$	PM_{10}	CO	VOCs	NH_3
居民源	1.74	0.15	0.01	0.02	5.07	1.25	0.05
工业源	3.02	1.22	0.16	0.14	8.37	2.39	0.03
电厂源	0.60	2.07	0.05	0.06	0.88	0.04	0.00
交通源	—	1.96	0.17	—	6.89	0.63	0.02
农业源	—	—	—	—	—	—	4.09
建筑扬尘	—	—	0.04	0.38	—	—	—
道路扬尘	—	—	0.04	0.14	—	—	—
总计	5.36	5.40	0.47	0.74	21.21	4.30	4.20

开封市的污染物排放工业行业特征显示，化学原料和化学制品制造业，非金属矿物制品业，电力、热力生产和供应业是开封市 SO_2、NO_x 排放的主要行业，这三类行业的排放分别占到开封市 SO_2、NO_x 总排放的 49%和 55%。电力、热力生产和供应业，非金属矿物制品业，农副食品加工业，化学原料和化学制品制造业，有色金属冶炼和压延加工业是开封市 $PM_{2.5}$ 和 PM_{10} 的主要贡献行业，分别占到总排放的 36%和 26%。化学原料和化学制品制造业是 CO 排放的主要工业行业，占到开封市 CO 总排放的 38%（图 4-12）。

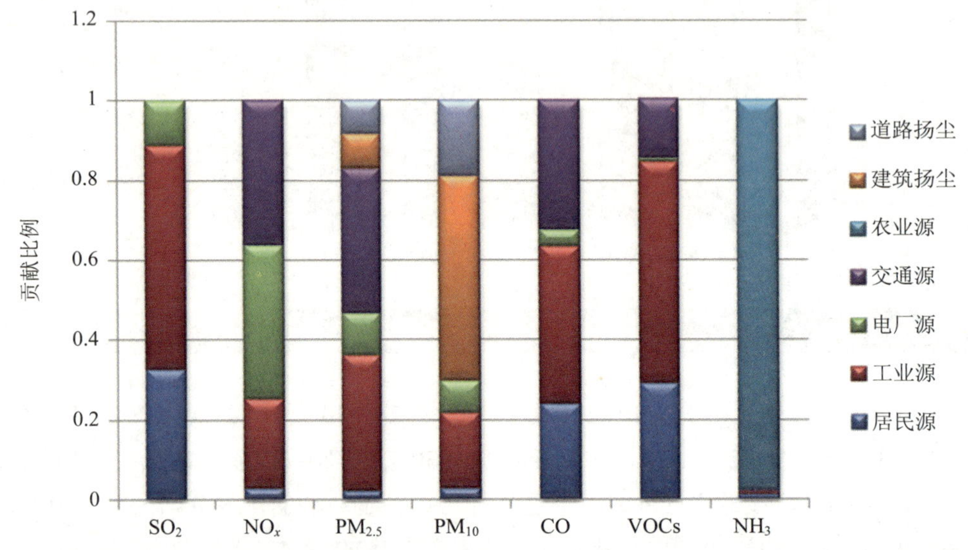

图 4-12 开封市污染源贡献

洛阳：洛阳市地处九州腹地，东经 112°16′—112°37′，北纬 34°32′—34°45′，位于中国第二阶梯与第三阶梯交界带，欧亚大陆桥东段，东西宽约 179 km，南北长约 168 km，横跨黄河中游南北两岸。地势西高东低，境内山川丘陵交错，地形复杂多样，其中山区面积占 45.51%，丘陵面积占 40.73%，平原面积占 13.8%。洛阳市位于暖温带地带，气候具有春季多风、气候干旱，夏季炎热、雨水集中，秋季晴和，日照充足，冬季干冷、雨雪稀少的显著特点。全年四季分明，热量、降水量随时间分布具有显著的季节性特点。洛阳市是石化密集型城市，主要污染源有锅炉燃烧源、柴油源等。

如表 4-35 所示，洛阳市 SO_2 的排放量 12.55 万 t，NO_x 排放量为 14.09 万 t，$PM_{2.5}$ 为 2.06 万 t，PM_{10} 为 3.65 万 t，CO 为 59.74 万 t，VOCs 为 9.36 万 t，NH_3 为 6.44 万 t。如图 4-13 所示，洛阳市 SO_2、NO_x 和 $PM_{2.5}$ 主要来源于电厂源，电厂源对这三种污染物的贡献分别为 50%、53%和 33%。建筑扬尘源对 PM_{10} 的贡献为 47%，居民源对 CO 的贡献达到 47%。VOCs 主要来源于工业源，工业源的贡献比例达到 68%。NH_3 绝大多数来源于农业源。

表 4-35　洛阳市污染物排放清单　　单位：万 t

污染物	SO_2	NO_x	$PM_{2.5}$	PM_{10}	CO	VOCs	NH_3
居民源	2.56	0.25	0.01	0.02	27.99	1.80	0.07
工业源	3.72	3.05	0.63	0.30	11.44	6.35	0.08
电厂源	6.27	7.52	0.69	0.92	7.34	0.16	0.00
交通源	—	3.27	0.36	—	12.97	1.05	0.05
农业源	—	—	—	—	—	—	6.23
建筑扬尘	—	—	0.21	1.73	—	—	—
道路扬尘	—	—	0.16	0.68	—	—	—
总计	12.55	14.09	2.06	3.65	59.74	9.36	6.44

从洛阳市的工业行业特征看，电力、热力生产和供应业，石油加工、炼焦和核燃料加工业，有色金属冶炼和压延加工业和非金属矿物制品业是洛阳市 SO_2、NO_x 的主要行业来源，这四类行业分别对 SO_2、NO_x 污染物源的贡献为 74%、72%。电力、热力生产和供应业，有色金属冶炼和压延加工业，非金属矿物制品业，黑色金属冶炼和压延加工业是洛阳市 $PM_{2.5}$ 和 PM_{10} 的主要贡献行业，分别占 59%和 33%。非金属矿物制品业的排放对 CO 的贡献最大，其次是电力、热力生产和供应业，化学原料和化学制品制造业，黑色金属冶炼和压延加工业，这四个行业的排放对 CO 贡献达 31%（图 4-13）。

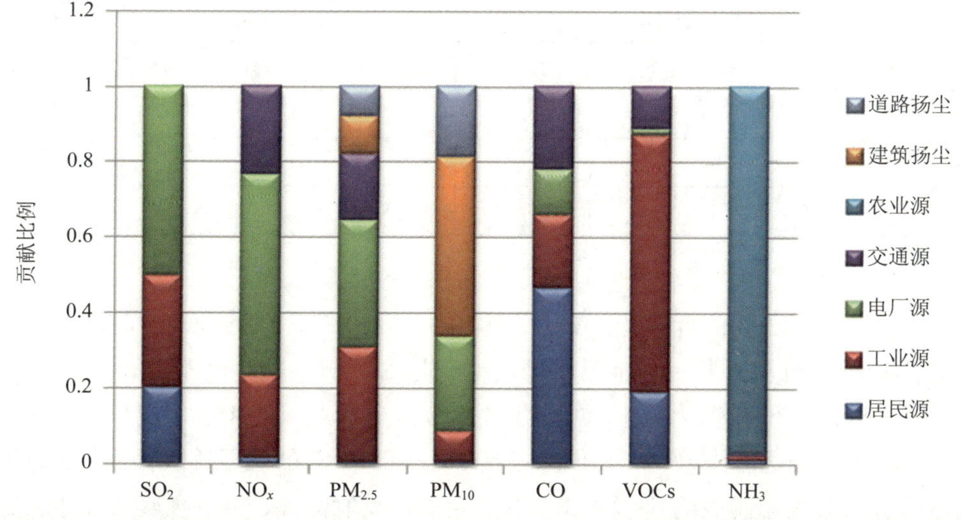

图 4-13　洛阳市污染物源贡献

平顶山：平顶山市处于豫西山地和淮河平原的过渡地带。西部以山地为主，最高山峰位于鲁山县西部边界的尧山，海拔 2 153.1 m。东部以平原为主。在低山和平原之间，分布着高低起伏的丘陵。从北往南看，大体有三列山地夹两组河谷平原。北部是箕山，中部是外方山的东段及平顶山市区以北的落凫山等低山，南部则是伏牛山东段及其余脉。北部夹北汝河冲积平原，南部夹沙河、澧河等冲积平原，其海拔高度大多在 300～700 m，具有西高东低的特征。平顶山市为大陆性季风气候，地处暖温带，春暖、夏热、秋凉、冬寒，四季分明，雨量充沛，光照充足。风向以偏南、西北、东北风最多，春夏盛刮偏南风，秋冬盛刮偏北风，常有来自西伯利亚的冷空气入侵。平顶山是煤化密集型城市，主要污染源为煤燃烧、机动车、二次气溶胶、土壤扬尘等。

如表 4-36 所示，平顶山市 SO_2 的年排放量为 11.03 万 t，NO_x 排放 9.94 万 t，$PM_{2.5}$ 为 2.57 万 t，PM_{10} 为 2.87 万 t，CO 为 114.56 万 t，VOCs 为 5.30 万 t，以及 NH_3 为 4.17 万 t。从平顶山市污染物的源贡献看，SO_2、$PM_{2.5}$ 和 VOCs 主要贡献源是工业源，工业源对这三种污染物的贡献比例分别达到 64%、56%和 62%，NO_x 的主要由工业源和电厂源占较大比重，分别为 31%和 46%，CO 中居民源占 61%，建筑扬尘和电厂源是平顶山市 PM_{10} 的主要贡献者，分别贡献 46%和 32%。农业源对 NH_3 的贡献达到 97%。

表 4-36 平顶山市污染物清单 单位：万 t

污染物	SO_2	NO_x	$PM_{2.5}$	PM_{10}	CO	VOCs	NH_3
居民源	0.06	0.05	0.00	0.01	70.19	1.31	0.06
工业源	7.06	3.13	1.43	0.51	28.86	3.28	0.04
电厂源	3.91	4.62	0.70	0.93	5.65	0.14	0.00
交通源	—	2.15	0.25	—	9.87	0.57	0.03
农业源	—	—	—	—	—	—	4.04
建筑扬尘	—	—	0.17	1.32	—	—	—
道路扬尘	—	—	0.02	0.1	—	—	—
总计	11.03	9.94	2.57	2.87	114.56	5.30	4.17

从平顶山市各污染物的行业特征来看，电力、热力生产和供应业，食品制造业，石油加工、炼焦和核燃料加工业，非金属矿物制品业是 SO_2 排放的主要行业，共占总排放的 62%，电力、热力生产和供应业是 NO_x 的主要工业排放行业，占 45%。在工业行业中，非金属矿物制品业和电力、热力生产和供应业是 $PM_{2.5}$ 和 PM_{10} 的主要排放行业，这两类行业分别占这两种污染物总排放的 51%和 37%。非金属矿物制品业，黑色金属冶炼和压延加工业，电力、热力生产和供应业，煤炭开采和洗选业，化学原料和化学制品制造业是 CO 工业排放前五的行业，共占总 CO 排放的 22%（图 4-14）。

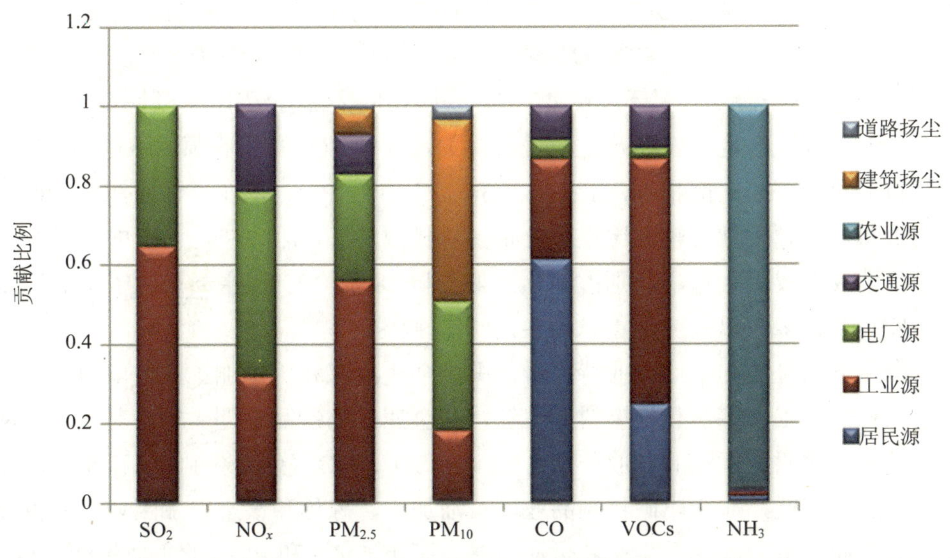

图 4-14　平顶山市污染物源贡献

安阳：安阳市地势西高东低，西部为山区，东部为平原。西部系太行山东麓，东部属黄淮海平原，地形复杂多样，平原、山地、丘陵、泊洼分别占总面积的 53.8%、29.7%、10.8%、5.7%。安阳的气候为典型的暖温带半湿润大陆性季风气候，气候温和，四季分明，日照充足，雨量适中，春季温暖，夏季炎热多雨，秋季凉爽，冬季寒冷干燥，历年平均气温 12.7～13.7℃。极端最高气温 43.2℃，极端最低气温–21.7℃。安阳属于冶金、焦化密集型城市，主要源于锅炉燃油源、柴油源、煤燃烧、二次气溶胶等。

表 4-37　安阳市污染物清单　单位：万 t

污染物	SO_2	NO_x	$PM_{2.5}$	PM_{10}	CO	VOCs	NH_3
居民源	0.95	0.11	0.01	0.02	15.65	1.60	0.06
工业源	10.19	3.65	2.74	1.07	20.61	3.82	0.04
电厂源	0.86	1.94	0.11	0.15	1.30	0.08	0.00
交通源	—	3.42	0.33	—	14.26	0.60	0.02
农业源	—	—	—	—	—	—	4.24
建筑扬尘	—	—	0.27	1.52	—	—	—
道路扬尘	—	—	0.07	0.28	—	—	—
总计	12.01	9.12	3.53	3.04	51.82	6.10	4.37

如表 4-37 所示，安阳市 SO_2 的年排放量为 12.01 万 t，NO_x 排放 9.12 万 t，$PM_{2.5}$ 排放 3.53 万 t，PM_{10} 排放 3.04 万 t，CO 排放 51.82 万 t，VOCs 排放 6.10 万 t 以及 NH_3 排放 4.37 万 t。从安阳市的污染源源贡献看（图 4-15），安阳市的大部分污染物（除 NH_3 外）的主要贡献来源于工业源，这也与安阳是工业城市有关。其中 SO_2 的工业源贡献达到 85%，NO_x 的交通源和工业源排放比例相当，分别约占 38%和 40%，$PM_{2.5}$ 的工业源贡献为 78%，PM_{10} 的建筑扬尘和工业源贡献占较大比重，分别占总排放的 50%和 35%，CO 的居民源、工业源和交通源排放占较大比重，分别占 30%、40%和 28%。VOCs 主要来源于工业源排放，占 63%，NH_3 绝大多数以农业源贡献为主，约占 97%。

安阳市污染物排放的工业行业特征看，黑色金属冶炼和压延加工业，电力、热力生产和供应业，石油加工、炼焦和核燃料加工业，非金属矿物制品业四大行业是 SO_2、NO_x 的主要排放行业，这四大行业的排放分别占安阳市 SO_2、NO_x 总排放的 82%和 58%。黑色金属冶炼和压延加工业，非金属矿物制品业，石油加工、炼焦和核燃料加工业，有色金属冶炼和压延加工业，电力、热力生产和供应业是安阳市 $PM_{2.5}$ 和 PM_{10} 的主要工业排放行业，分别占总 $PM_{2.5}$ 和 PM_{10} 排放的 80%和 41%。黑色金属冶炼和压延加工业，非金属矿物制品业，化学原料和化学制品制造业，电力、热力生产和供应业是排放 CO 的主要行业，占总排放的 42%（图 4-15）。

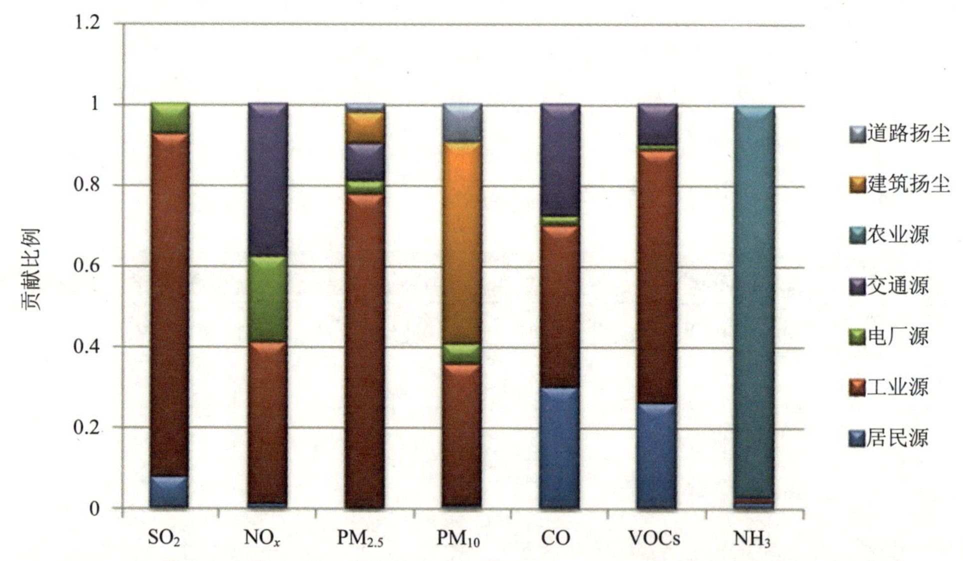

图 4-15 安阳市污染物源贡献

鹤壁：鹤壁市位于太行山东麓和华北平原的过渡地带，属暖温带半湿润型季风气候，四季分明，光照充足，温差较大。春季多风少雨，夏季炎热湿润，秋季秋高气爽，冬季寒冷多雾。鹤壁市是我国中部地区重要的现代化工基地、镁加工基地和食品产业集群。

由表 4-38 可知，鹤壁市 SO_2 年排放量 3.86 万 t，NO_x 年排放量 5.68 万 t，$PM_{2.5}$ 年排放

量 0.80 万 t，PM_{10} 年排放量为 1.71 万 t，CO 年排放量为 28.23 万 t，VOCs 年排放量为 1.47 万 t，NH_3 为 1.14 万 t。从源贡献来看，鹤壁市的工业源在 SO_2、VOCs 排放中占较大比重，分别占总排放的 63%和 65%。另外，与之前不同的是，电厂源是鹤壁市 NO_x 的主要贡献，占总 NO_x 排放的 72%，PM_{10} 中道路扬尘也占有较大比重，约占 50%。农业源对 NH_3 有主要贡献，约占 97%。

表 4-38　鹤壁市污染物排放清单　单位：万 t

污染物	SO_2	NO_x	$PM_{2.5}$	PM_{10}	CO	VOCs	NH_3
居民源	0.38	0.08	0.01	0.01	16.59	0.31	0.02
工业源	2.44	1.05	0.31	0.19	7.98	0.96	0.01
电厂源	1.04	4.08	0.17	0.23	1.77	0.05	0.00
交通源	—	0.47	0.05	—	1.89	0.15	0.01
农业源	—	—	—	—	—	—	1.11
建筑扬尘	—	—	0.06	0.43	—	—	—
道路扬尘	—	—	0.20	0.85	—	—	—
总计	3.86	5.68	0.80	1.71	28.23	1.47	1.14

从工业行业特征看，非金属矿物制品业，电力、热力生产和供应业，化学原料和化学制品制造业，农副食品加工业是鹤壁市 SO_2、NO_x 的主要排放行业，这四类行业的排放约占鹤壁市总 SO_2、NO_x 排放的 84%和 90%。非金属矿物制品业，电力、热力生产和供应业是 $PM_{2.5}$、PM_{10} 和 CO 的主要工业行业贡献，这两大行业的排放分别占总 $PM_{2.5}$、PM_{10} 和 CO 排放的 53%、23%和 33%（图 4-16）。

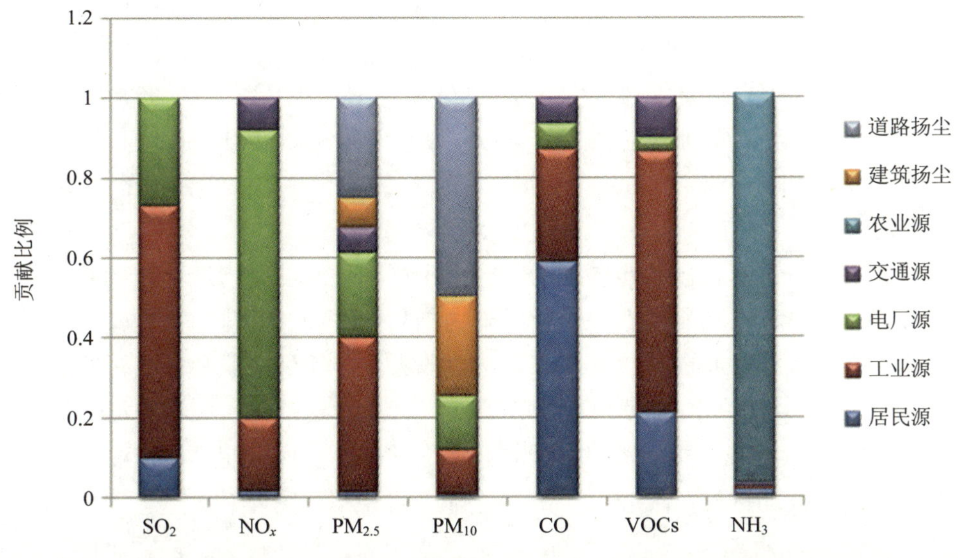

图 4-16　鹤壁市污染物源贡献

新乡：新乡市地处中原腹地，河南省北部，北纬 35°18′，东经 113°54′，南临黄河，与郑州市、开封市隔河相望；北依太行，与鹤壁市、安阳市毗邻；西连太极故里焦作市，与晋东南接壤；东接油城濮阳市与鲁西相连。是国家重要的综合交通枢纽，中原城市群城市之一。新乡市属暖温带大陆性季风气候，四季分明，冬寒夏热，秋凉春早。季风特征明显，冬季盛行东北风，夏季盛行西南风。在地理环境、大气环流、地形、地势等因子的综合作用下，形成了暖温大陆性季风型气候。新乡市是中国优秀旅游城市、中国电池工业之都等。

表 4-39 新乡市污染物排放清单 单位：万 t

污染物	SO_2	NO_x	$PM_{2.5}$	PM_{10}	CO	VOCs	NH_3
居民源	0.80	0.13	0.05	0.09	13.44	1.48	0.06
工业源	3.24	2.68	1.36	0.56	35.72	3.25	0.04
电厂源	1.95	4.22	0.20	0.27	2.27	0.08	0.00
交通源	—	2.32	0.31	—	8.74	0.70	0.02
农业源	—	—	—	—	—	—	4.65
建筑扬尘	—	—	0.07	0.48	—	—	—
道路扬尘	—	—	0.02	0,06	—	—	—
总计	5.99	9.34	2.01	1.46	60.17	5.50	4.77

由表 4-39 可知，新乡市 SO_2 的年排放 5.99 万 t，NO_x 的年排放 9.34 万 t，$PM_{2.5}$ 年排放 2.01 万 t，PM_{10} 年排放 1.46 万 t，CO 年排放 60.17 万 t，VOCs 年排放 5.50 万 t，NH_3 的年排放 4.77 万 t。从新乡市的源贡献来看，SO_2、$PM_{2.5}$、CO 和 VOCs 中，工业源贡献较大，分别占总排放的 54%、68%、59%和 59%。电厂源、工业源和交通源对新乡市的 NO_x 排放相当，分别占总排放的 45%、29%和 25%。PM_{10} 中，工业源和建筑扬尘的贡献相当，分别占 38%和 33%。农业源是 NH_3 的最大贡献，新乡市的农业源对 NH_3 贡献为 98%。

从工业行业特征分析，新乡市的电力、热力生产和供应业，造纸和纸制品业，化学原料和化学制品制造业，医药制造业，非金属矿物制品业对 SO_2 的排放贡献较大，这五大行业对新乡市的总 SO_2 排放贡献约占 74%。电力、热力生产和供应业和非金属矿物制品业对新乡市的 NO_x、$PM_{2.5}$ 和 PM_{10} 的贡献较大，这两大行业对这三种污染物的贡献分别占总排放量的 64%、74%和 54%。非金属矿物制品业，化学原料和化学制品制造业和电力、热力生产和供应业对 CO 的排放贡献较大，约占总排放的 63%（图 4-17）。

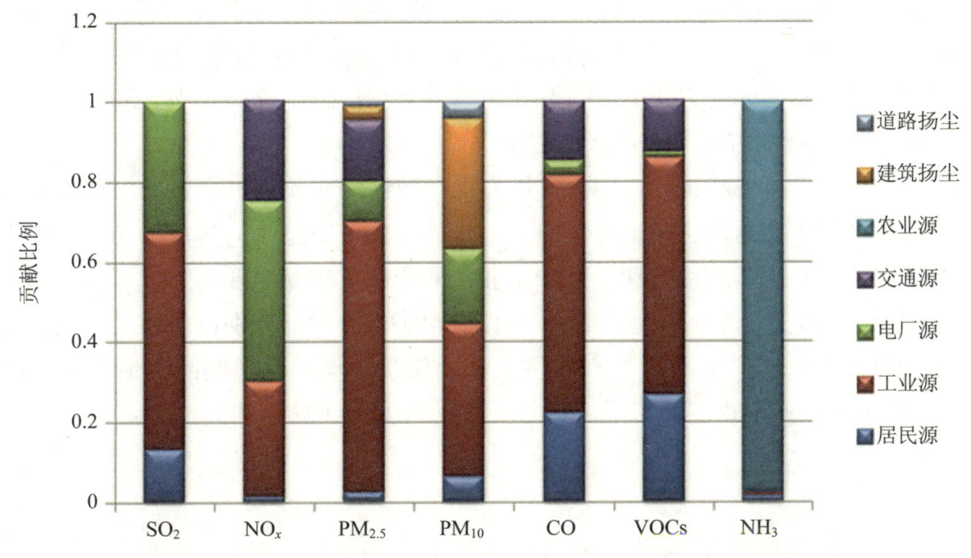

图 4-17 新乡市污染物源贡献

焦作：焦作市北依太行与山西省接壤，南临黄河与郑州、洛阳相望，地理坐标为北纬 35º10′—35º21′，东经 113º4′—113º26′，东西长约 32.5 km，南北宽约 19.7 km。焦作地处黄河南北之通道，扼晋豫两省之要冲，自古就是豫西北地区重要的物资集散地。焦作市面积 4 072 km^2，2012 年焦作市中心城区建成区面积 110 km^2。焦作市属温带大陆性季风气候，日照充足，冬冷夏热、春暖秋凉，四季分明，年平均气温 12.8～14.8℃。

表 4-40 焦作市污染物排放清单 单位：万 t

污染物	SO_2	NO_x	$PM_{2.5}$	PM_{10}	CO	VOCs	NH_3
居民源	0.51	0.12	0.04	0.08	15.07	0.94	0.03
工业源	2.75	2.81	1.10	0.59	15.27	3.99	0.02
电厂源	3.24	4.37	0.18	0.24	1.98	0.12	0.00
交通源	—	3.56	0.33	—	15.81	0.59	0.01
农业源	—	—	—	—	—	—	2.21
建筑扬尘	—	—	0.03	0.21	—	—	—
道路扬尘	—	—	0.04	0.15	—	—	—
总计	6.50	10.86	1.72	1.27	48.13	5.64	2.27

由表 4-40 可知，焦作市年 SO_2 排放量 6.50 万 t，NO_x 排放量 10.86 万 t，$PM_{2.5}$ 年排放量 1.72 万 t，PM_{10} 年排放量 1.27 万 t，CO 排放 48.13 万 t，VOCs 排放 5.64 万 t，NH_3 排放 2.27 万 t。从源贡献看，工业源和电厂源对焦作市的 SO_2 贡献较大，两种源的排放分别占

总排放的 42%和 50%，NO_x 中工业源、电厂源和交通源贡献相当，分别占总量的 26%、40%和 33%。$PM_{2.5}$、PM_{10} 和 VOCs 中工业源贡献较大，分别占各自总排放的 64%、46%和 71%。居民源、工业源和交通源对 CO 排放的贡献相当，分别占总排放的 31%、32%和 33%。农业源对 NH_3 排放的贡献占主导地位，约占 97%。

从焦作市的工业行业特征看，电力、热力生产和供应业和有色金属冶炼和压延加工业对 SO_2 的排放占较大比重，这两大行业的 SO_2 排放占焦作市总 SO_2 排放的 78%。电力、热力生产和供应业，有色金属冶炼和压延加工业和非金属矿物制品业对 NO_x、$PM_{2.5}$ 和 PM_{10} 的排放贡献较大，这三大行业对总 NO_x、$PM_{2.5}$ 和 PM_{10} 的贡献分别占 60%、69%和 64%。非金属矿物制品业，电力、热力生产和供应业，化学原料和化学制品制造业是焦作市的 CO 排放主要工业行业，这三大行业占总 CO 排放的 34%（图 4-18）。

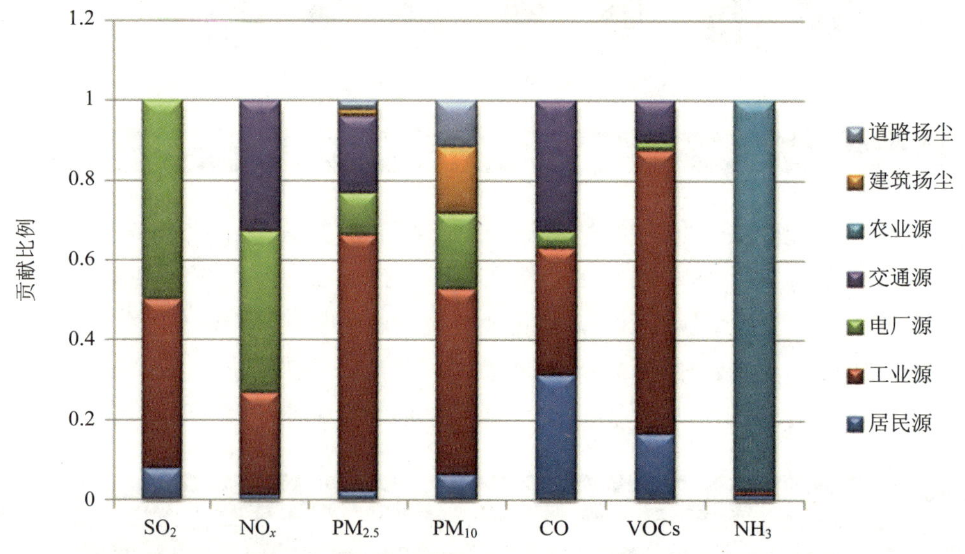

图 4-18 焦作市污染物源贡献

濮阳：濮阳位于中国河南省的东北部，黄河下游北岸，冀鲁豫三省交会处。地貌系中国第三级阶梯的中后部，属于黄河冲积平原的一部分。地势较为平坦，自西南向东北略有倾斜，海拔一般在 48～58 m。濮阳市位于中纬地带，常年受东南季风环流的控制和影响，属暖温带半湿润大陆性季风气候。特点是四季分明，春季干旱多风沙，夏季炎热雨量大，秋季晴和日照长，冬季干旱少雨雪。光辐射值高，能充分满足农作物一年两熟的需要。

如表 4-41 所示，濮阳市 SO_2 年排放量为 2.39 万 t，NO_x 年排放量为 5.77 万 t，$PM_{2.5}$ 年排放量为 0.59 万 t，PM_{10} 年排放量为 1.00 万 t，CO 年排放量为 24.57 万 t，VOCs 和 NH_3 分别排放 4.43 万 t 和 3.06 万 t。从源贡献来说，濮阳市与别的城市最大区别是交通源在各种污染物中的比重加大，像 NO_x、$PM_{2.5}$ 和 CO 排放的主要贡献源为交通源，交通源对这三种污染物的贡献分别为 68%、51%和 79%。根据调查数据显示，濮阳机动车中重型货车所占比例较高，致使交通源的贡献明显偏高。工业源对 SO_2 和 VOCs 的贡献较大，分别贡献 71%和 57%。建筑扬尘在 PM_{10} 中占据较大比重，为 57%。农业源对 NH_3 的贡献为 97%。

表 4-41　濮阳市污染物排放清单　单位：万 t

污染物	SO_2	NO_x	$PM_{2.5}$	PM_{10}	CO	VOCs	NH_3
居民源	0.23	0.05	0.01	0.01	3.08	1.45	0.04
工业源	1.69	0.75	0.09	0.08	1.47	2.53	0.03
电厂源	0.47	1.04	0.05	0.07	0.49	0.02	0.00
交通源	—	3.93	0.30	—	19.53	0.43	0.02
农业源	—	—	—	—	—	—	2.97
建筑扬尘	—	—	0.08	0.57	—	—	—
道路扬尘	—	—	0.06	0.27	—	—	—
总计	2.39	5.77	0.59	1.00	24.57	4.43	3.06

从工业行业分布特征来看，化学原料和化学制品制造业，电力、热力生产和供应业，农副食品加工业，非金属矿物制品业和造纸和纸制品业占据 SO_2 排放的前五位，共排放 2.16 万 t，占总排放的 90%。电力、热力生产和供应业，非金属矿物制品业，化学原料和化学制品制造业，石油加工、炼焦和核燃料加工业，石油和天然气开采业占据 NO_x 排放的前五位，共排放 1.79 万 t，占总排放的 31%。电力、热力生产和供应业，化学原料和化学制品制造业，农副食品加工业，非金属矿物制品业等是 $PM_{2.5}$ 和 PM_{10} 排放的主要贡献行业，这四大类行业对 $PM_{2.5}$ 和 PM_{10} 总量的贡献分别为 19%和 27%。化学原料和化学制品制造业和电力、热力生产和供应业是 CO 排放的主要贡献行业，共占总排放的 8%（图 4-19）。

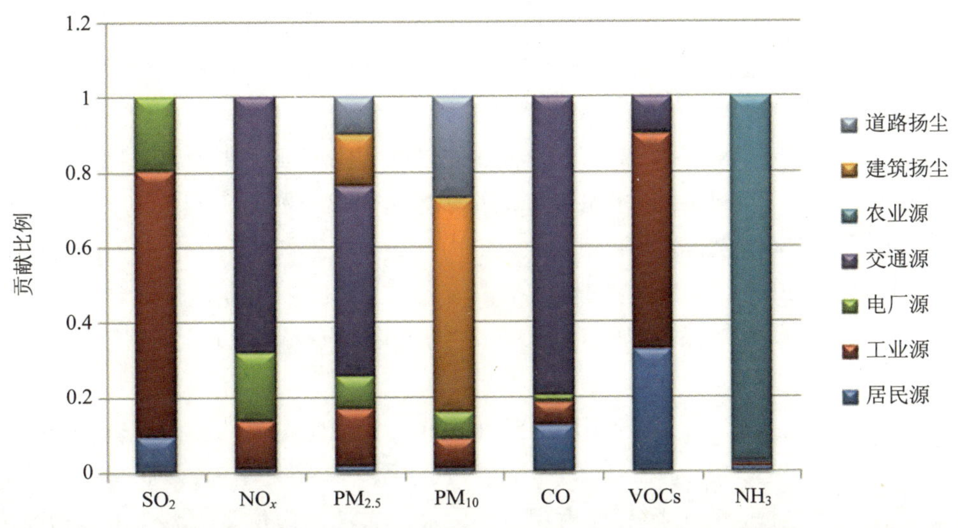

图 4-19　濮阳市污染物源贡献

从行业看，濮阳市的化学原料和化学制品制造业在各种污染物的贡献中都占较大比重，说明濮阳市除了交通贡献大外，也是个典型的化工城市。

许昌：许昌地处中国中东部腹地，北临万里黄河，西依伏牛山脉、中岳嵩山，东、南接黄淮海大平原。许昌属伏牛山余脉向豫东平原的过渡带，东西长 124 km，地势由西向东倾斜。许昌市属暖温带亚湿润季风气候，热量资源丰富，雨量较多，光照充足，无霜期长。春季干旱多风沙；夏季炎热雨集中；秋季晴和气爽日照长；冬季寒冷少雨雪。年平均气温在 15℃左右。

表 4-42 许昌市污染物排放清单 单位：万 t

污染物	SO_2	NO_x	$PM_{2.5}$	PM_{10}	CO	VOCs	NH_3
居民源	1.10	0.36	0.03	0.06	13.80	1.35	0.05
工业源	2.46	1.57	0.58	0.40	6.29	4.81	0.03
电厂源	0.92	3.66	0.22	0.29	2.01	0.10	0.00
交通源	—	1.97	0.20	—	10.00	0.58	0.02
农业源	—	—	—	—	—	—	3.70
建筑扬尘	—	—	0.06	0.52	—	—	—
道路扬尘	—	—	0.03	0.10	—	—	—
总计	4.48	7.57	1.12	1.37	32.09	6.84	3.80

由表 4-42 可知，许昌市 SO_2 年排放量为 4.48 万 t，NO_x 排放 7.57 万 t，$PM_{2.5}$ 排放 1.12 万 t，PM_{10} 排放 1.37 万 t，CO 排放 32.09 万 t，VOCs 排放 6.84 万 t，NH_3 排放 3.80 万 t。从源贡献看，许昌市污染物主要以工业源排放为主。工业源对 SO_2、$PM_{2.5}$ 和 VOCs 贡献较大，分别占总排放量的 55%、52%和 70%。电厂源在 NO_x 排放中占较大比重，为 48%。建筑扬尘和工业源对 PM_{10} 的贡献相当，分别为 38%和 30%。CO 中居民源和交通源占较大比重，分别为 43%和 31%。农业源在 NH_3 排放中占 97%。

从许昌市工业行业分布特征看，电力、热力生产和供应业，非金属矿物制品业和石油加工、炼焦和核燃料加工业对 SO_2 和 NO_x 的贡献较大，这三种行业对 SO_2、NO_x 总排放贡献分别为 64%和 67%。非金属矿物制品业，电力、热力生产和供应业以及石油加工、炼焦和核燃料加工业在 $PM_{2.5}$ 和 PM_{10} 的排放中占较大比重，三种行业的排放分别占总排放的 65%和 49%。非金属矿物制品业以及电力、热力生产和供应业对 CO 的贡献较大，共占 25%（图 4-20）。

漯河：漯河市位于伏牛山东麓平原与淮北平原交错地带，总地势西高东低，有少量黄土岗分布，漯河境内有大小河流 81 条，均属淮河水系，主要河流有沙河、澧河、颍河等，其中沙、澧河横贯全境，在市区交会后穿越市区而过。漯河市位于暖温带南部边缘，属于暖湿性季风气候。冬季寒冷干燥，夏季高温多雨。一年之中，冷暖交替，四季分明。

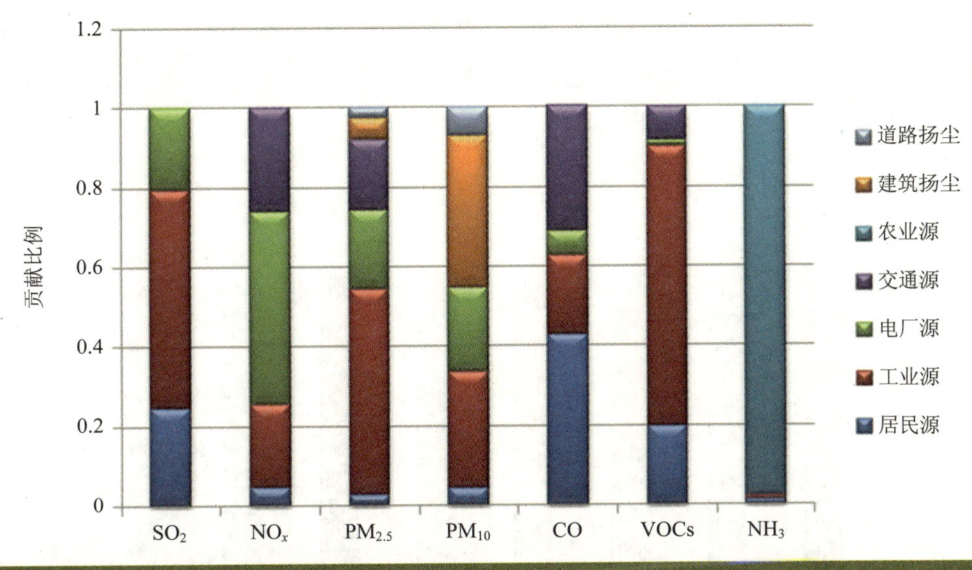

图 4-20 许昌市污染物源贡献

如表 4-43 所示，漯河市 SO_2 年排放量为 1.86 万 t，NO_x 年排放量为 2.27 万 t，$PM_{2.5}$ 为 0.48 万 t，PM_{10} 为 2.60 万 t，CO 为 11.95 万 t，VOCs 为 3.53 万 t，NH_3 年排放为 2.12 万 t。从源贡献图看，漯河市 SO_2 和 VOCs 的排放主要由工业源贡献，工业源对这两种污染物的贡献分别为 78%和 68%。交通源对 NO_x 的排放贡献占较大比重，为 46%。$PM_{2.5}$ 和 PM_{10} 主要来源于建筑扬尘，建筑扬尘对 $PM_{2.5}$ 和 PM_{10} 分别贡献 50%和 90%。交通源和居民源对 CO 排放的贡献相当，分别为 41%和 39%。NH_3 排放有 98%来源于农业源。

表 4-43 漯河市污染物排放清单 单位：万 t

污染物	SO_2	NO_x	$PM_{2.5}$	PM_{10}	CO	VOCs	NH_3
居民源	0.21	0.05	0.01	0.02	4.66	0.78	0.03
工业源	1.45	0.43	0.04	0.02	1.76	2.41	0.02
电厂源	0.20	0.75	0.06	0.08	0.58	0.02	0.00
交通源	—	1.04	0.09	—	4.94	0.31	0.01
农业源	—	—	—	—	—	—	2.07
建筑扬尘	—	—	0.24	2.35	—	—	—
道路扬尘	—	—	0.04	0.13	—	—	—
总计	1.86	2.27	0.48	2.60	11.95	3.53	2.12

从漯河市的工业行业分布特征看，造纸和纸制品业，化学原料和化学制品制造业，电力、热力生产和供应业，食品制造业以及酒、饮料和精制茶制造业是 SO_2 的主要工业行业贡献源，这四大行业对 SO_2 排放的贡献为 79%。NO_x 主要来源于电力、热力生产和供应业，

化学原料和化学制品制造业以及造纸和纸制品业等行业，共贡献 48%。工业行业对 $PM_{2.5}$ 和 PM_{10} 排放较少。化学原料和化学制品制造业以及电力、热力生产和供应业是 CO 排放的主要工业行业源，共占 19%（图 4-21）。

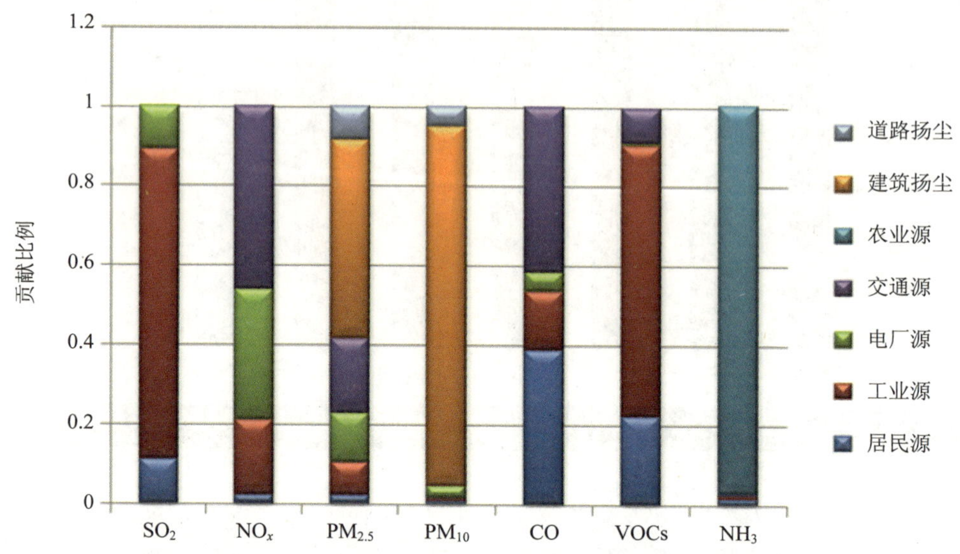

图 4-21 漯河市污染物源贡献

从漯河市的源贡献及工业行业分析看，漯河市的扬尘源和化工行业是主要污染来源。

三门峡：三门峡市域总面积 10 496 km²，地貌以山地、丘陵和黄土塬为主，其中山地约占 54.8%，丘陵占 36%，平原占 9.2%。三门峡市地处中纬度内陆区，大部分地区属暖温带大陆性季风气候。历年平均气温 13.8℃，年平均日照 2 261.7 h，无霜期 216 d，年均降水量 580～680 mm。由于地貌特征复杂，形成了具有暖温带、温带和寒温带的多元气候。

表 4-44 三门峡市污染物排放清单 单位：万 t

污染物	SO_2	NO_x	$PM_{2.5}$	PM_{10}	CO	VOCs	NH_3
居民源	2.37	0.26	0.03	0.05	17.01	0.66	0.04
工业源	5.86	2.67	1.66	0.83	11.13	1.58	0.05
电厂源	3.59	4.11	0.19	0.25	2.04	0.09	0.00
交通源	—	1.28	0.09	—	8.04	0.46	0.03
农业源	—	—	—	—	—	—	2.63
建筑扬尘	—	—	0.02	0.20	—	—	—
道路扬尘	—	—	0.01	0.06	—	—	—
总计	11.82	8.32	2.00	1.39	38.22	2.78	2.74

由表 4-44 可知，三门峡市 SO_2 年排放量为 11.82 万 t，NO_x 年排放量为 8.32 万 t，$PM_{2.5}$ 和 PM_{10} 的年排放量分别为 2.00 万 t 和 1.39 万 t，CO 年排放 38.22 万 t，VOCs 和 NH_3 年排放分别为 2.78 万 t 和 2.74 万 t。从三门峡市的污染物源贡献来看，工业源和电厂源在污染物排放中占较大比重，表明三门峡市是典型的工业城市，污染引起的污染较为严重。SO_2 和 NO_x 排放中，工业源分别贡献 50%和 32%，电厂源分别贡献 30%和 49%。$PM_{2.5}$、PM_{10} 和 VOCs 主要来源于工业源，工业源对这三种污染物的贡献分别为 83%、60%和 57%。CO 排放中，居民源和工业源相当，分别为 45%和 29%。96%的 NH_3 来自于农业源。

从三门峡市的工业行业分布特征看，电力、热力生产和供应业，有色金属冶炼和压延加工业，非金属矿物制品业，化学原料和化学制品制造业以及燃气生产和供应业这五大行业是 SO_2 和 NO_x 排放的重要排放行业，分别共占 SO_2 和 NO_x 排放总量的 78%和 81%。有色金属冶炼和压延加工业，非金属矿物制品业以及电力、热力生产和供应业在 $PM_{2.5}$ 和 PM_{10} 排放中占较大比重，三大行业分别占 $PM_{2.5}$ 和 PM_{10} 排放的 91%和 77%。非金属矿物制品业以及电力、热力生产和供应业对 CO 排放的贡献为 32%。从三门峡市是典型的工业城市，从行业影响看，有色金属冶炼和压延加工业，电力、热力生产和供应业以及非金属矿物制品业是三大中污染行业（图 4-22）。

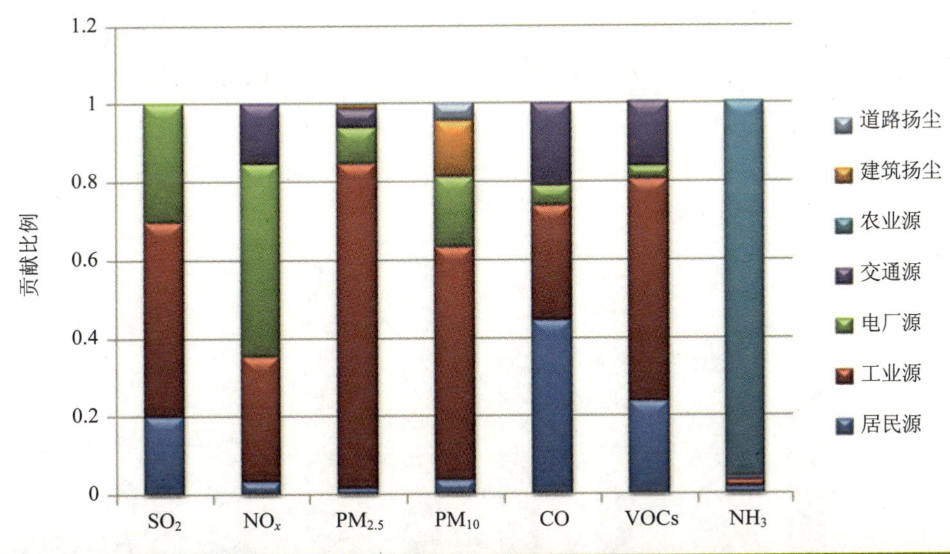

图 4-22　三门峡市污染物源贡献

南阳：南阳市东北西三面环山，南部是丘陵地，整个地形成为一个近马蹄形的盆地，总面积 2.66 万 km^2，山区、丘陵、平原约各占 1/3，耕地 1 312 万亩，辖 2 区 10 县，是河南省第三大城市，同时也是河南省面积最大的地级市。南阳地处亚热带向温带的过渡地带，属于季风大陆湿润半湿润气候，四季分明。

表 4-45 南阳市污染物排放清单 单位：万 t

污染物	SO_2	NO_x	$PM_{2.5}$	PM_{10}	CO	VOCs	NH_3
居民源	1.07	0.28	0.02	0.03	11.28	3.19	0.15
工业源	5.05	2.68	0.66	0.76	20.73	4.88	0.15
电厂源	1.45	3.86	0.18	0.24	1.96	0.08	0.00
交通源	—	3.51	0.45	—	18.53	1.33	0.08
农业源	—	—	—	—	—	—	9.88
建筑扬尘	—	—	0.06	0.52	—	—	—
道路扬尘	—	—	0.02	0.08	—	—	—
总计	7.57	10.33	1.39	1.63	52.50	9.48	10.26

从表 4-45 可知，南阳市年 SO_2 排放量为 7.57 万 t，NO_x 排放量为 10.33 万 t，$PM_{2.5}$ 排放量为 1.39 万 t，PM_{10} 排放量为 1.63 万 t，CO 排放量为 52.50 万 t，VOCs 排放量为 9.48 万 t，NH_3 排放量为 10.26 万 t。从源贡献图分析，工业源是 SO_2 和 VOCs 排放的主要来源，分别占 SO_2 和 VOCs 总排放的 67%和 51%。此外，工业源和交通源在 NO_x、$PM_{2.5}$ 和 CO 排放中是重要贡献源，在 NO_x 排放中分别占 26%和 34%，在 $PM_{2.5}$ 排放中分别占 47%和 32%，在 CO 排放中分别占 39%和 35%。PM_{10} 排放中工业源和建筑扬尘源是重要排放源，两者分别对 PM_{10} 排放的贡献为 47%和 32%。96%的 NH_3 排放来源于农业源排放。

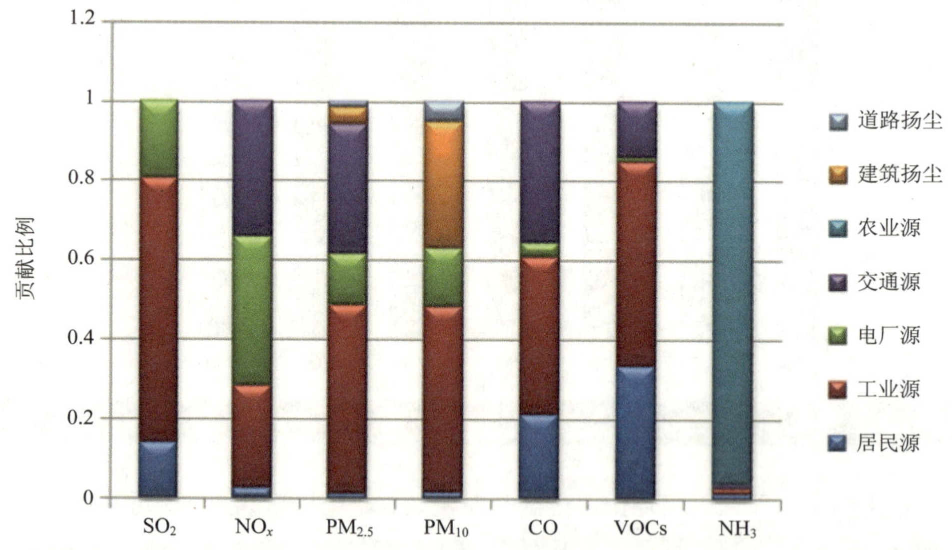

图 4-23 南阳市污染物源贡献

从南阳市的工业行业分布特征看，化学原料和化学制品制造业，电力、热力生产和供应业，黑色金属冶炼和压延加工业，非金属矿物制品业以及酒、饮料和精制茶制造业是 SO_2

排放量较大的前五大行业，这五大行业排放的 SO_2 占南阳市 SO_2 总排放的 72%。而电力、热力生产和供应业，非金属矿物制品业，化学原料和化学制品制造业以及黑色金属冶炼和压延加工业这四大行业是 NO_x 排放的主要行业，共占 NO_x 总排放的 58%。非金属矿物制品业，电力、热力生产和供应业以及黑色金属冶炼和压延加工业是 $PM_{2.5}$ 和 PM_{10} 的主要排放行业，分别共占总排放的 50%和 53%。非金属矿物制品业是 CO 的最大排放行业，占总排放的 34%（图 4-23）。

商丘：商丘市地貌按其成因和形态类型的特征，分为黄河冲积平原、淮河冲积平原两大类型区，主要为黄河冲积平原区。平原面积 8 636 km^2，占全市总面积的 100%。商丘属暖温带半温润大陆性季风气候，春暖、夏热、秋凉、冬寒，四季分明。

表 4-46 商丘市污染物排放清单 单位：万 t

污染物	SO_2	NO_x	$PM_{2.5}$	PM_{10}	CO	VOCs	NH_3
居民源	0.14	0.03	0.00	0.00	26.53	2.61	0.09
工业源	2.22	0.57	0.10	0.11	1.55	2.42	0.06
电厂源	1.14	3.83	0.18	0.24	2.04	0.04	0.00
交通源	—	2.93	0.26	—	8.28	0.85	0.03
农业源	—	—	—	—	—	—	7.18
建筑扬尘	—	—	0.09	0.75	—	—	—
道路扬尘	—	—	0.06	0.24	—	—	—
总计	3.50	7.37	0.69	1.34	38.40	5.92	7.37

如表 4-46 所示，商丘市 SO_2 年排放 3.50 万 t，NO_x 年排放 7.37 万 t，$PM_{2.5}$ 年排放 0.69 万 t，PM_{10} 年排放 1.34 万 t，CO 年排放 38.40 万 t，VOCs 年排放 5.92 万 t，NH_3 年排放为 7.37 万 t。从各种源贡献来说，整体来说商丘市的工业源贡献相对较少，商丘并不是典型的工业城市。工业源仅在 SO_2 的排放中占较大比重，为 63%。在 NO_x 的排放中，电厂源和交通源占较大比重，分别占 52%和 40%。$PM_{2.5}$ 的排放交通源贡献最大，为 38%。PM_{10} 中建筑扬尘占主要地位，占总排放的 56%。居民源对 CO 的排放贡献最大，达到了 69%。VOCs 中工业源和居民源排放相当，分别排放 41%和 44%。农业源对商丘市 NH_3 的排放贡献达 97%。

从工业行业特征看，非金属矿物制品业，电力、热力生产和供应业以及造纸和纸制品业是 SO_2、NO_x 排放的主要工业行业，这三类行业的排放分别占 SO_2、NO_x 总排放的 52%和 31%。电力、热力生产和供应业以及非金属矿物制品业是 $PM_{2.5}$ 和 PM_{10} 的最大贡献行业，两大行业分别占 $PM_{2.5}$ 和 PM_{10} 总排放的 16%和 13%。电力、热力生产和供应业是 CO 的最大贡献行业，占总排放的 2%（图 4-24）。

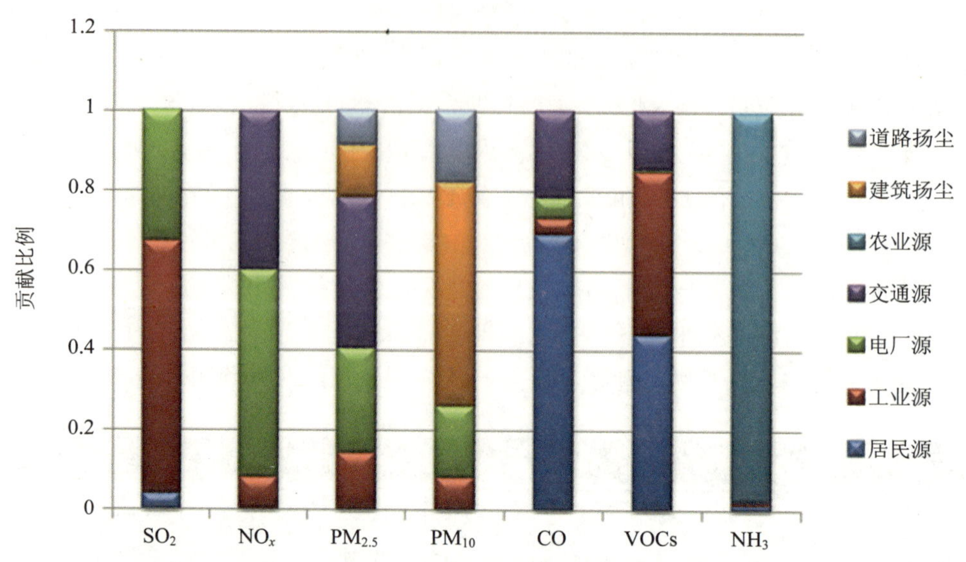

图 4-24 商丘市污染物源贡献

由以上分析看出，商丘市并不是典型的工业城市，工业源的排放在各污染物排放总量中所占比例相对较小。

信阳：信阳位于淮河上游，地势南高北低。西部和南部为桐柏山、大别山，面积近 7 000 km^2，占全市总面积的 37.1%，是长江、淮河两大流域的分水岭。中部是丘陵岗地，合肥—潢川盆地西半部分，海拔 50～100 m，面积 7 000 多 km^2，占全市总面积的 38.5%。北部是平原和洼地，面积 4 000 多 km^2，占全市总面积的 24.6%。信阳位于亚热带的中北部（秦岭—淮河以南），属北亚热带，为亚热带湿润地区，属典型的季风气候，受亚热带季风影响，自然景观山清水秀。

表 4-47 信阳市污染物排放总量 单位：万 t

污染物	SO_2	NO_x	$PM_{2.5}$	PM_{10}	CO	VOCs	NH_3
居民源	0.20	0.04	0.01	0.02	5.98	2.51	0.14
工业源	2.15	1.13	0.54	0.34	14.29	2.43	0.10
电厂源	0.94	2.54	0.15	0.19	1.40	0.06	0.00
交通源	—	2.27	0.22	—	11.77	0.95	0.06
农业源	—	—	—	—	—	—	8.92
建筑扬尘	—	—	0.08	0.70	—	—	—
道路扬尘	—	—	0.02	0.06	—	—	—
总计	3.30	5.97	1.02	1.31	33.45	5.96	9.22

由表 4-47 可知，信阳市 SO_2 年总排放量 3.30 万 t，NO_x 年总排放量 5.97 万 t，$PM_{2.5}$ 和 PM_{10} 年总排放量分别为 1.02 万 t 和 1.31 万 t，CO 年总排放量为 33.45 万 t，VOCs 和 NH_3 的年总排放量分别为 5.96 万 t 和 9.22 万 t。从源贡献看，工业源对 SO_2 和 $PM_{2.5}$ 贡献较大，分别占 65%和 43%，在 CO 和 VOCs 中占一定的比重，分别为 43%和 41%。NO_x 排放中电厂源和交通源所占比例相当，分别为 43%和 38%。PM_{10} 中建筑扬尘占很大比例，为 53%。信阳市的 NH_3 排放量较大，其中农业源排放 8.92 万 t，占总排放的 97%，说明信阳市是农业型城市。

从信阳市工业行业特征分布看，黑色金属冶炼和压延加工业，电力、热力生产和供应业以及非金属矿物制品业三大行业是 SO_2、NO_x、$PM_{2.5}$、PM_{10} 和 CO 排放的主要行业，三大行业的排放分别占总排放的 78%、58%、65%、38%和 47%。由此看出，信阳市的污染物行业特征较为明显，主要由黑色金属冶炼和压延加工业，电力、热力生产和供应业以及非金属矿物制品业三大行业的排放引起（图 4-25）。

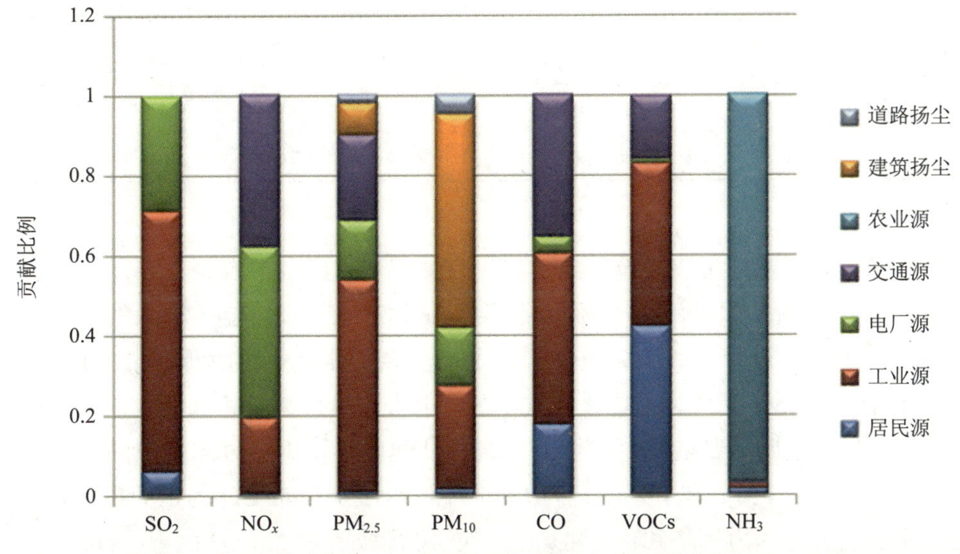

图 4-25　信阳市污染物源贡献

周口：周口地属黄淮平原，地势西北高、东南低。按照河南省地貌区划和等级系统划分，市内以沙颍河为界，以北为黄河冲积平缓平原区，以南为淮河及其支流冲积湖积平原区。周口地处中纬度地带，属亚热带季风气候和暖温带季风型气候模糊地带，具备南北方之长，四季分明，雨量充沛，冬季温差较大，降水夏秋偏多、冬季偏少。

如表 4-48 所示，周口市 SO_2 年排放量 2.40 万 t，NO_x 排放量为 8.64 万 t，$PM_{2.5}$ 和 PM_{10} 分别排放 1.19 万 t 和 1.90 万 t，CO 排放 17.06 万 t，VOCs 和 NH_3 分别排放 7.32 万 t 和 8.51 万 t。从各污染物的源贡献看，周口市与其他城市的最大区别在于交通源的排放在 NO_x、$PM_{2.5}$ 和 CO 排放中占主导地位，这与周口市机动车中重型货车所占比例较高，致使交通源的贡献明显偏高有关。工业源依然是 SO_2 的最主要排放源，占 SO_2 总排放的 64%。在 NO_x、$PM_{2.5}$ 和 CO 排放中，机动车的排放占绝对主导地位，分别占这三种污染物排放的 89%、70%和 84%。建筑扬尘是 PM_{10} 的主要贡献源，为 86%。工业源和居民源在 VOCs 排放中所占比例相当，分别为 40%和 46%。农业源对周口市 NH_3 的贡献达 98%，表明周口也是个农业型城市。

表 4-48 周口市污染物排放清单 单位：万 t

污染物	SO_2	NO_x	$PM_{2.5}$	PM_{10}	CO	VOCs	NH_3
居民源	0.41	0.09	0.02	0.04	2.09	3.38	0.11
工业源	1.54	0.32	0.10	0.06	0.32	2.93	0.06
电厂源	0.46	0.49	0.02	0.03	0.25	0.01	0.00
交通源	—	7.73	0.83	—	14.40	1.00	0.04
农业源	—	—	—	—	—	—	8.31
建筑扬尘	—	—	0.19	1.64	—	—	—
道路扬尘	—	—	0.03	0.13	—	—	—
总计	2.40	8.64	1.19	1.90	17.06	7.32	8.51

从周口的工业行业分布特征看，电力、热力生产和供应业，农副食品加工业，食品制造业，非金属矿物制品业以及化学原料和化学制品制造业是 SO_2 排放较大的行业，共占总排放的 66%。电力、热力生产和供应业是 NO_x 的主要工业行业排放源，占总排放的 6%。周口市工业行业的 $PM_{2.5}$ 和 PM_{10} 总体排放不高，电力、热力生产和供应业，农副食品加工业，化学原料和化学制品制造业，非金属矿物制品业以及纺织业位居排放的前五位，这五大行业的排放分别占 $PM_{2.5}$ 和 PM_{10} 总排放的 7%和 5%。周口市 CO 的工业排放也不高，最大排放行业是电力、热力生产和供应业，占 CO 总排放的 2%。由以上分析可知，周口市的机动车排放是城市的主要污染来源，工业行业排放相对较低，农业源对 NH_3 排放贡献较大，是个典型的农业城市（图 4-26）。

驻马店：驻马店市位于河南省中南部，主要有山地、丘陵、岗地、平原等地貌类型。山地包括豫南桐柏山向西延伸的余脉，山地面积为 1 950 km^2，占全市土地总面积的 12.9%。驻马店市地处亚热带与暖温带的过渡地带，具有亚热带与暖温带的双重气候特征，是典型的大陆性季风型半湿润气候。阳光充足，热量丰富，雨量充沛，四季分明，温和湿润。

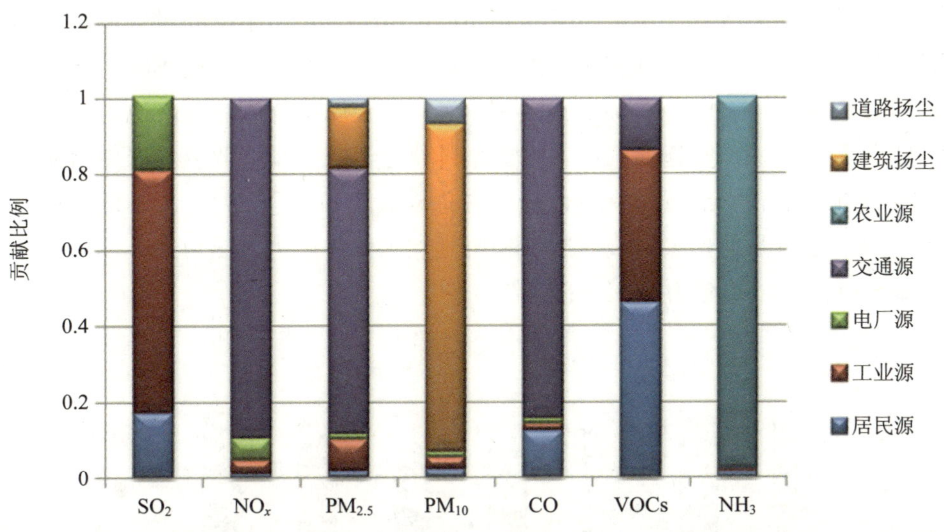

图 4-26　周口市污染物源贡献

由表 4-49 可知，驻马店市 SO_2 年排放量为 3.94 万 t，NO_x 排放量为 4.43 万 t，$PM_{2.5}$ 和 PM_{10} 排放量分别为 0.94 万 t 和 1.21 万 t，CO 排放 28.91 万 t，VOCs 和 NH_3 排放分别为 6.80 万 t 和 8.99 万 t。从污染物源贡献来看，驻马店 SO_2、$PM_{2.5}$ 的排放较大部分来源于工业源的排放，工业源对 SO_2 和 $PM_{2.5}$ 的贡献分别为 58%和 50%。交通源在 NO_x 的排放中占较大比重，为 50%。PM_{10} 中建筑扬尘是主要污染者，占 40%。交通源和工业源是 CO 主要的两个来源，分别为 36%和 37%。工业源和居民源时 VOCs 主要的两大来源，分别为 45%和 41%。97%的 NH_3 来源于农业源，且农业源排放量较大，表明驻马店市的农业及畜牧业发达。

表 4-49　驻马店市污染物排放清单　单位：万 t

污染物	SO_2	NO_x	$PM_{2.5}$	PM_{10}	CO	VOCs	NH_3
居民源	0.85	0.13	0.02	0.04	6.57	2.77	0.13
工业源	2.27	1.38	0.47	0.29	10.76	3.06	0.09
电厂源	0.82	0.71	0.12	0.14	1.09	0.03	0.00
交通源	—	2.21	0.22	—	10.48	0.94	0.05
农业源	—	—	—	—	—	—	8.72
建筑扬尘	—	—	0.05	0.48	—	—	—
道路扬尘	—	—	0.06	0.26	—	—	—
总计	3.94	4.43	0.94	1.21	28.91	6.80	8.99

从工业行业特征分布看，非金属矿物制品业，电力、热力生产和供应业，化学原料和化学制品制造业，黑色金属冶炼和压延加工业以及农副食品加工业是 SO_2、NO_x 排放前五的行业，分别占 SO_2、NO_x 总排放的 69%和 44%。非金属矿物制品业，电力、热力生产和供应业，黑色金属冶炼和压延加工业，化学原料和化学制品制造业以及农副食品加工业是 $PM_{2.5}$ 和 PM_{10} 排放量较大的五个行业，分别占总排放的 60%和 27%。CO 的工业排放行业主要是非金属矿物制品业，黑色金属冶炼和压延加工业和电力、热力生产和供应业，这三大行业对总 CO 的排放贡献为 40%（图 4-27）。

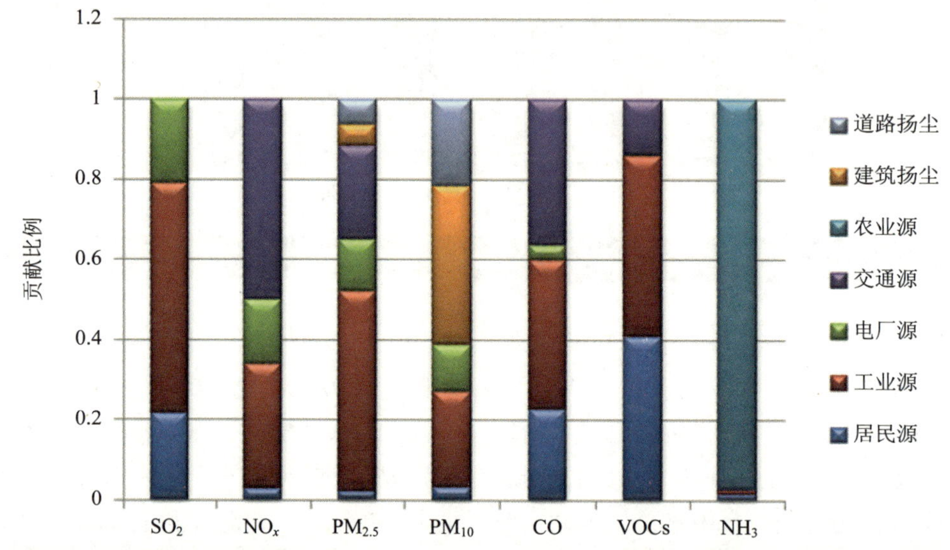

图 4-27　驻马店市污染物源贡献

济源：济源市地处河南西北部太行山南麓，地形北高南低。与山西省毗邻，属暖热带季风气候。四季分明，气候温和，光、热、水资源丰富，非常有利于发展工农业生产。但受季风影响显著，冷热分明，干旱或半干旱季节明显，春季气温回升快，多风少雨、干旱频发；夏季炎热，热量充足，降雨集中，局部易涝易旱；秋季秋高气爽，气温降幅较大，雨量减少；冬季寒冷，雨雪稀少。

如表 4-50 所示，济源市 SO_2 年排放量为 4.13 万 t，NO_x 排放量为 4.49 万 t，$PM_{2.5}$ 和 PM_{10} 的年排放量分别为 1.24 万 t 和 1.08 万 t，CO 年排放量 30.31 万 t，VOCs 和 NH_3 年排放量分别为 0.94 万 t 和 0.62 万 t。从源贡献来看，济源市的工业排放较为严重。SO_2 的排放中，工业源和电厂源占绝对主导地位，占总排放的 98%，说明济源的 SO_2 排放几乎全部来自工厂的排放。NO_x 排放中电厂源占较高比重，约为 71%，而工业源和电厂源共占 NO_x 排放的 85%。$PM_{2.5}$ 和 PM_{10} 中也是工业源和电厂源占很高的排放比例，分别占 $PM_{2.5}$ 总排放的 90%，PM_{10} 总排放的 76%。CO 和 VOCs 中，工业源排放占很大比重，分别占总排放的 42%和 69%。97%的 NH_3 来源于农业源，但济源市 NH_3 的总排放量较低，表明济源并不是以农业为主的城市。

表 4-50　济源市污染物排放清单　单位：万 t

污染物	SO_2	NO_x	$PM_{2.5}$	PM_{10}	CO	VOCs	NH_3
居民源	0.07	0.02	0.01	0.01	11.09	0.13	0.01
工业源	1.22	0.63	0.84	0.46	12.80	0.65	0.01
电厂源	2.84	3.17	0.27	0.36	3.34	0.05	0.00
交通源	—	0.67	0.07	—	3.09	0.11	0.01
农业源	—	—	—	—	—	—	0.60
建筑扬尘	—	—	0.02	0.12	—	—	—
道路扬尘	—	—	0.03	0.13	—	—	—
总计	4.13	4.49	1.24	1.08	30.31	0.94	0.62

从济源市工业行业排放特征分析，电力、热力生产和供应业是济源市 SO_2、NO_x和 PM_{10}最大的排放行业，黑色金属冶炼和压延加工业是 $PM_{2.5}$和 CO 最大的排放行业。电力、热力生产和供应业，黑色金属冶炼和压延加工业，有色金属冶炼和压延加工业，石油加工、炼焦和核燃料加工业以及非金属矿物制品业这五类行业是济源市 SO_2、NO_x、$PM_{2.5}$和 PM_{10}排放量较大的五大行业，分别占这四种污染物总 98%、84%、90%和 77%。黑色金属冶炼和压延加工业，电力、热力生产和供应业，石油加工、炼焦和核燃料加工业，有色金属冶炼和压延加工业以及化学原料和化学制品制造业是 CO 排放较前的五大行业，占总 CO 排放的 53%。由以上分析可知，济源市的主要污染来源于工业排放，且工业排放集中在电力、热力生产和供应业，黑色金属冶炼和压延加工业，有色金属冶炼和压延加工业，石油加工、炼焦和核燃料加工业以及非金属矿物制品业五大行业中，是个典型的工业性污染城市（图 4-28）。

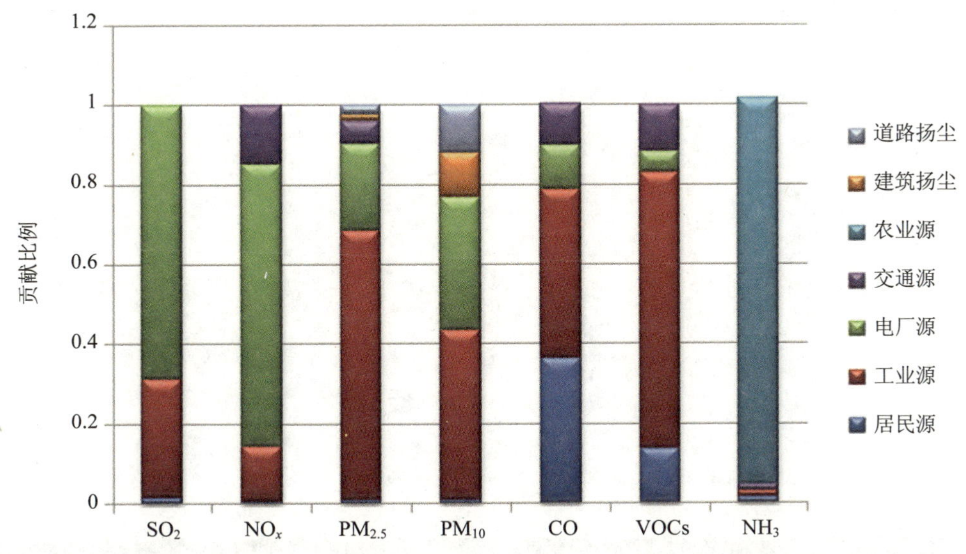

图 4-28　济源市污染物源贡献

4.6.4 重点区域污染物分布特征

针对河南省的重点区域污染物排放进行研究，获取了河南省豫北（包括安阳、濮阳、鹤壁、新乡和焦作）、豫西（包括洛阳、三门峡和济源）和豫中南（郑州、巩义）区域污染物的分布特征。由表 4-51 可知，河南省的主要污染物都集中在这三个区域，其中三个区域 SO_2 的排放占全省的 62%，NO_x 排放占全省的 59%，$PM_{2.5}$ 排放占全省的 65%，PM_{10} 排放占全省的 61%，CO 排放占全省的 56%，VOCs 排放占全省的 46%，NH_3 的排放占比例相对较少，约为 34%。

表 4-51 重点区域污染物分布特征 单位：万 t

污染物	SO_2	NO_x	$PM_{2.5}$	PM_{10}	CO	VOCs	NH_3	总和
豫北	30.75	40.77	8.65	8.48	212.92	23.14	15.61	340.32
豫西	28.5	26.9	5.3	6.12	128.27	13.08	9.8	217.97
豫中	13.04	21.45	4.39	9.21	103.82	11.08	4.63	167.62
总和	72.29	89.12	18.34	23.81	445.01	47.3	30.04	725.91
全省	115.73	151.03	28.21	38.78	795.13	102.74	88.67	1 320.29

由图 4-29 知，河南省的主要污染物排放集中在豫北和豫西地区，豫北和豫西地区污染物的排放在总排放中占较大比例。而在这两个区域中豫北的贡献最大，尤其是 $PM_{2.5}$。但在 PM_{10} 的浓度上，豫中的贡献略高于豫北，而 PM_{10} 的浓度建筑扬尘占较大比重，表明豫中的郑州具有大规模的建设。豫中地区 NH_3 的贡献较小，而 NH_3 主要来源于农业源，表明郑州地区的农业贡献相对较小。由以上分析可知，豫中、豫西和豫北地区是河南省的重污染地区，而豫北又是重中之重。

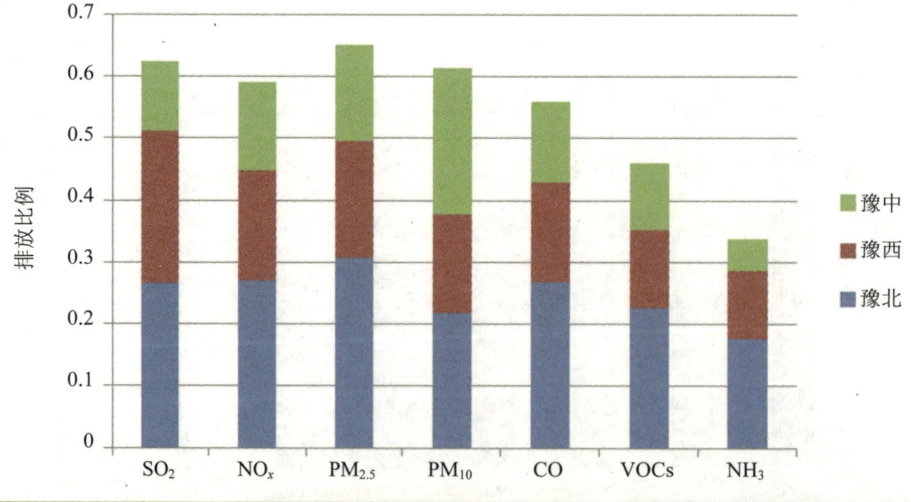

图 4-29 河南省重点区域污染物排放占全省排放的比例

4.6.5　污染物排放与 GDP、面积的关系

根据河南省 2013 年污染源排放清单，结合各省辖市 2013 年国民生产总值（GDP）、城市面积（详见 4.5.3 节）对河南省 18 个省辖市单位 GDP 和单位面积的主要大气污染物排放量进行测算，获得了各省辖市的单位 GDP 和单位面积污染物排放量，如表 4-52 和表 4-53 所示。

表 4-52　各城市单位 GDP 污染物排放量　单位：t/亿元

城市＼污染物	SO_2	NO_x	$PM_{2.5}$	PM_{10}	CO	VOCs	NH_3
郑州	23.49	38.65	7.91	16.59	187.08	18.23	7.62
开封	44.39	44.73	3.89	6.15	175.68	31.25	30.52
洛阳	42.10	47.25	6.93	12.23	200.40	31.40	21.60
平顶山	73.74	66.48	17.19	19.20	765.87	29.18	22.96
安阳	76.62	58.22	22.54	19.40	330.69	35.25	25.25
鹤壁	70.75	104.16	14.67	31.42	517.24	26.93	20.89
新乡	36.98	57.68	12.39	8.99	371.46	30.32	26.30
焦作	41.91	69.98	11.06	8.21	310.22	36.36	14.63
濮阳	24.17	58.30	5.96	10.08	248.29	44.76	30.92
许昌	26.09	44.08	6.54	7.96	187.01	39.86	22.14
漯河	23.29	28.52	6.00	32.59	149.86	44.28	26.60
三门峡	104.89	73.76	17.70	12.31	339.04	24.66	24.31
南阳	32.36	44.13	5.93	6.96	224.29	36.13	39.10
商丘	25.05	52.73	4.92	9.60	274.80	33.60	41.83
信阳	23.59	42.73	7.27	9.36	239.37	37.01	57.26
周口	15.27	54.84	7.58	12.10	108.36	41.45	48.18
驻马店	28.66	32.27	6.87	8.82	210.47	45.24	59.81
济源	95.80	104.14	28.71	25.12	703.53	1.69	1.12

表 4-53 各城市单位面积污染物排放量 单位：t/km²

城市＼污染物	SO_2	NO_x	$PM_{2.5}$	PM_{10}	CO	VOCs	NH_3
郑州	17.51	28.80	5.90	12.37	139.43	14.57	6.09
开封	8.32	8.38	0.73	1.15	32.91	6.83	6.67
洛阳	8.26	9.27	1.36	2.40	39.30	6.17	4.24
平顶山	13.99	12.62	3.26	3.64	145.34	6.71	5.28
安阳	21.44	16.29	6.31	5.43	92.54	8.29	5.94
鹤壁	16.80	24.73	3.48	7.46	122.79	6.92	5.36
新乡	7.24	11.30	2.43	1.76	72.76	6.67	5.79
焦作	15.97	26.67	4.21	3.13	118.21	14.53	5.85
濮阳	5.71	13.78	1.41	2.38	58.67	10.47	7.23
许昌	8.51	14.38	2.13	2.60	61.02	13.48	7.49
漯河	7.09	8.69	1.83	9.93	45.65	13.08	7.86
三门峡	11.47	8.07	1.94	1.35	37.08	2.77	2.73
南阳	2.85	3.88	0.52	0.61	19.74	3.58	3.87
商丘	4.05	8.53	0.80	1.55	44.46	5.54	6.89
信阳	1.74	3.15	0.54	0.69	17.67	3.15	4.87
周口	2.01	7.22	1.00	1.59	14.27	6.11	7.11
驻马店	2.61	2.94	0.63	0.80	19.17	4.51	5.97
济源	21.37	23.24	6.41	5.61	156.98	4.86	3.21

4.6.5.1 污染物排放与面积关系

图 4-30 所示为河南省各市单位面积 SO_2 的排放量，安阳、济源和郑州位于河南省单位面积二氧化硫排放量的前三位，其中安阳和济源的单位面积二氧化硫排放量为 21 t/km²，郑州为 17 t/km²，相当于全省平均水平的 2.2 倍和 1.7 倍。

由河南省各市单位面积 NO_x 的排放量可知，郑州、焦作和鹤壁位于全省单位面积氮氧化物排放量的前三位，分别为 29 t/km²、27 t/km² 和 25 t/km²，相当于全省平均水平的 2.2 倍、2.1 倍和 1.9 倍（图 4-31）。

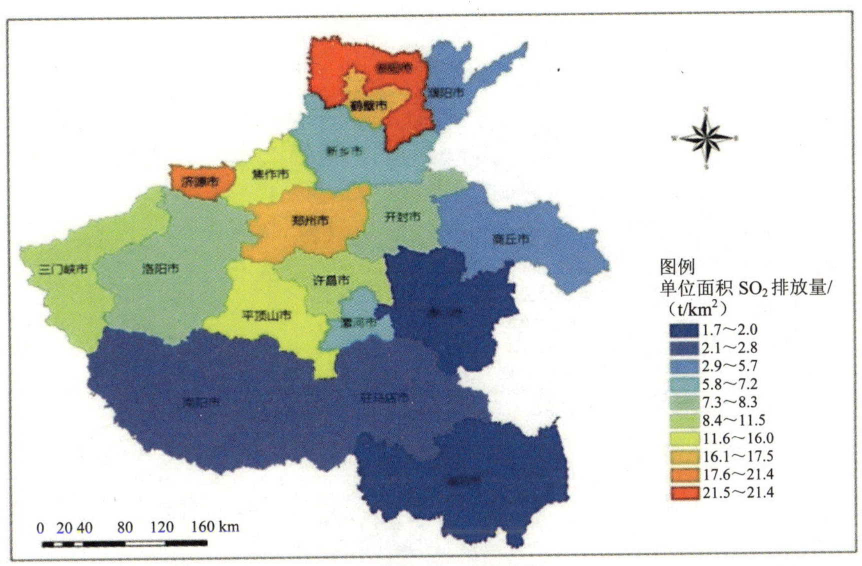

图 4-30　单位面积 SO_2 排放量统计

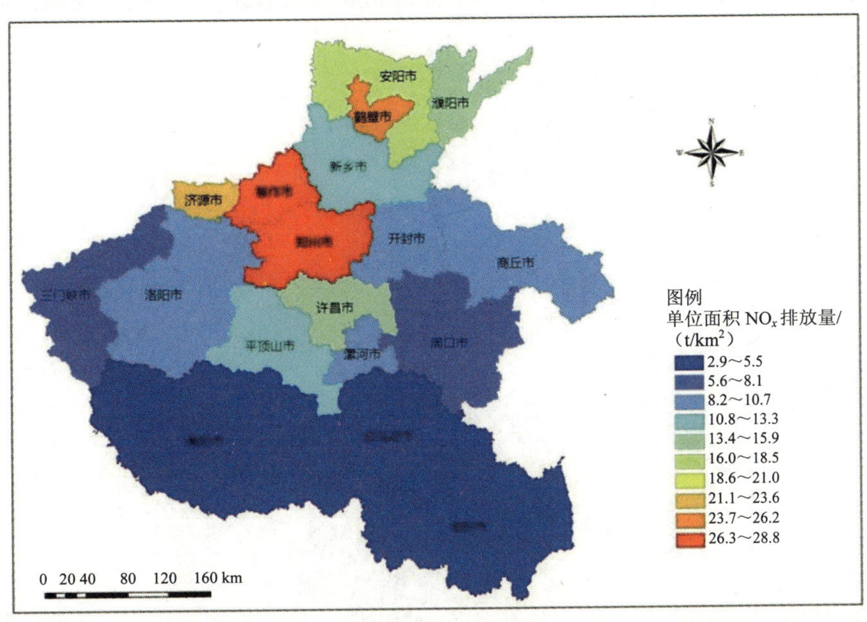

图 4-31　单位面积 NO_x 排放量统计

郑州、漯河和鹤壁位于全省单位面积 PM_{10} 排放量的前三位，分别为 12 t/km^2、10 t/km^2 和 7 t/km^2，相当于全省平均水平的 3.4 倍、2.8 倍和 2 倍（图 4-32）。

济源、安阳和郑州位于全省单位面积 $PM_{2.5}$ 排放的前三位，分别为 6.4 t/km^2、6.3 t/km^2 和 5.9 t/km^2，相当于全省平均水平的 2.6 倍、2.5 倍和 2.4 倍（图 4-33）。

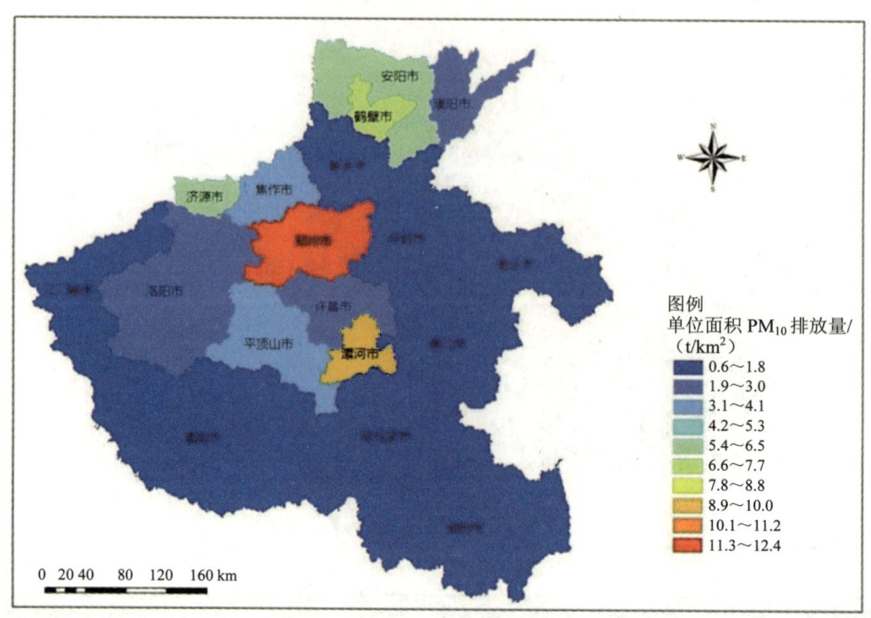

图 4-32 单位面积 PM_{10} 排放量统计

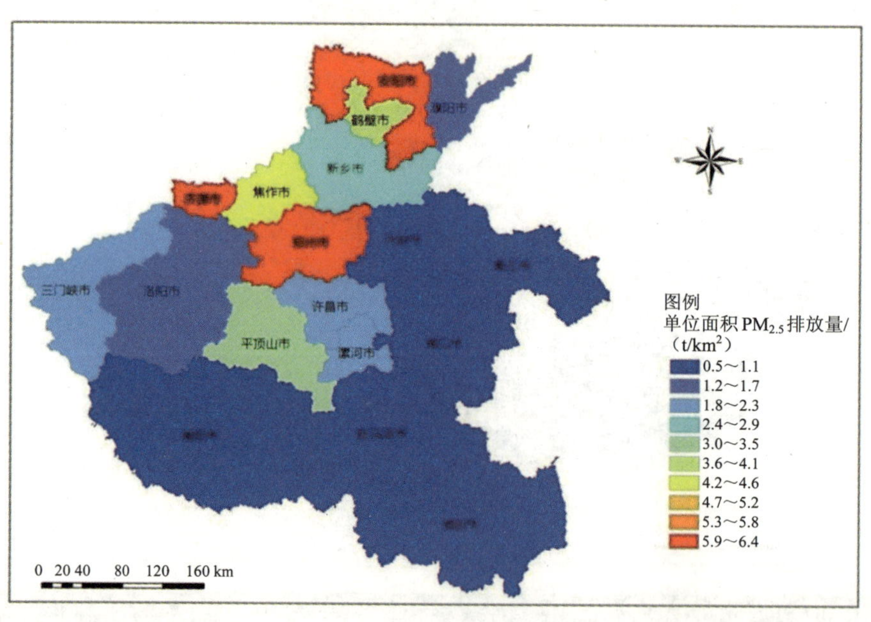

图 4-33 单位面积 $PM_{2.5}$ 排放量分布

济源、平顶山和郑州位于全省单位面积一氧化碳排放量的前三位，分别为 156.9 t/km^2、145.3 t/km^2 和 139.4 t/km^2，相当于全省平均水平的 2.3 倍、2.1 倍和 2 倍（图 4-34）。

郑州、焦作、许昌位于全省单位面积 VOCs 排放量的前三位，分别为 14.57 t/km^2、

14.53 t/km² 和 13.48 t/km²，相当于全省平均水平的 1.90 倍、1.89 倍和 1.76 倍（图 4-35）。

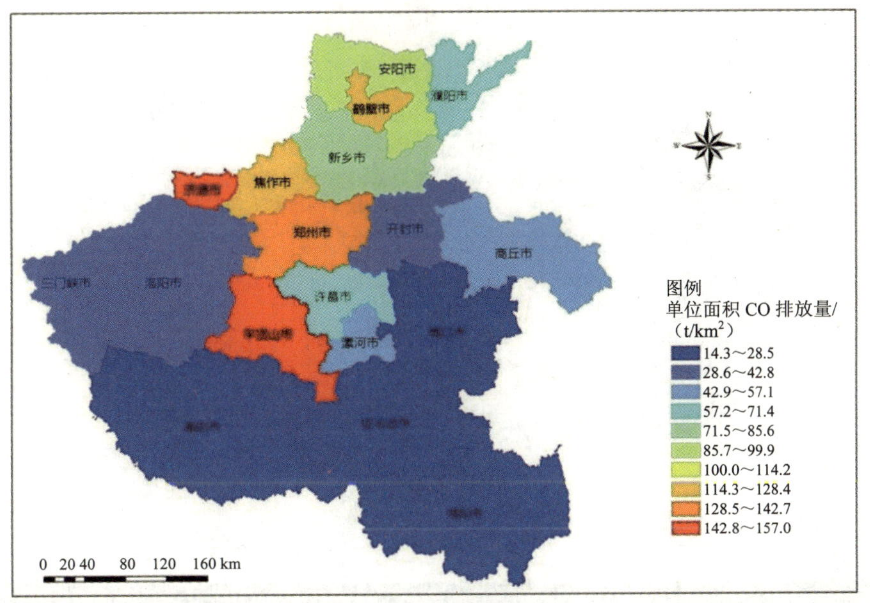

图 4-34　单位面积一氧化碳排放量分布

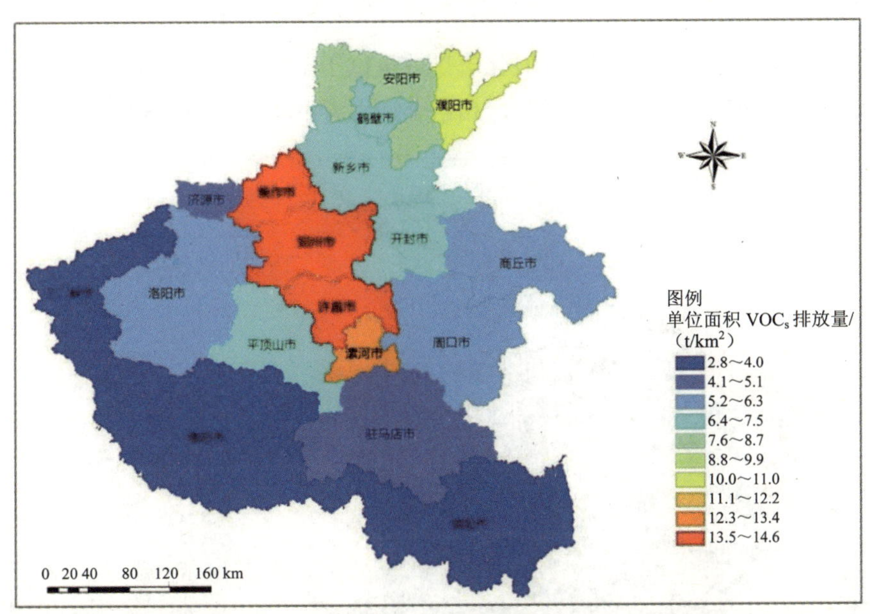

图 4-35　单位面积 VOCs 排放量分布

漯河、许昌、濮阳位于全省单位面积 NH_3 排放量的前三位，分别为 7.86 t/km²、7.49 t/km² 和 7.23 t/km²，大约相当于全省平均水平的 1.30 倍、1.24 倍、1.20 倍（图 4-36）。

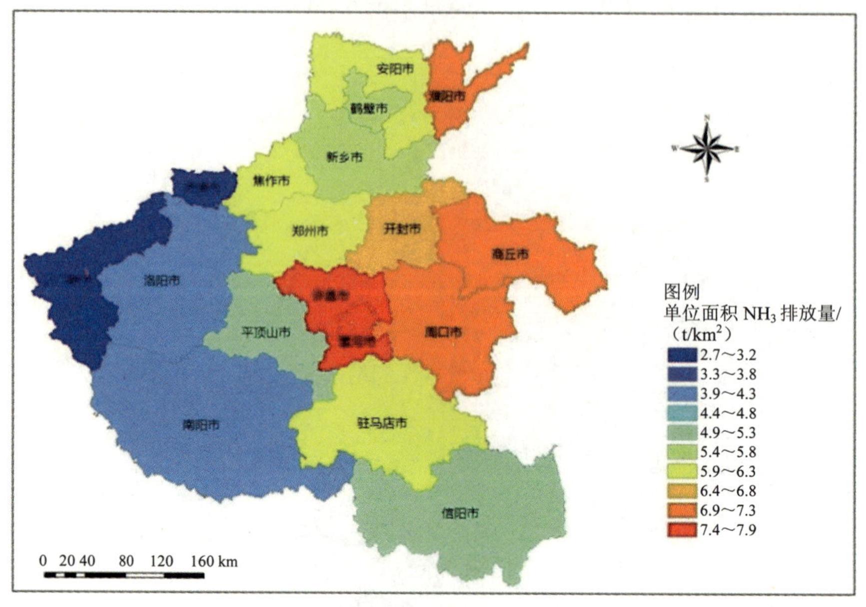

图 4-36 单位面积 NH_3 排放量分布

4.6.5.2 污染物排放与 GDP 关系

由图 4-37 知，河南省单位 GDP 二氧化硫排放量位于全省前三位的是三门峡、济源和安阳，分别为 104 t/亿元、95 t/亿元和 76 t/亿元，相当于河南省平均水平的 2.3 倍、2.1 倍和 1.7 倍。

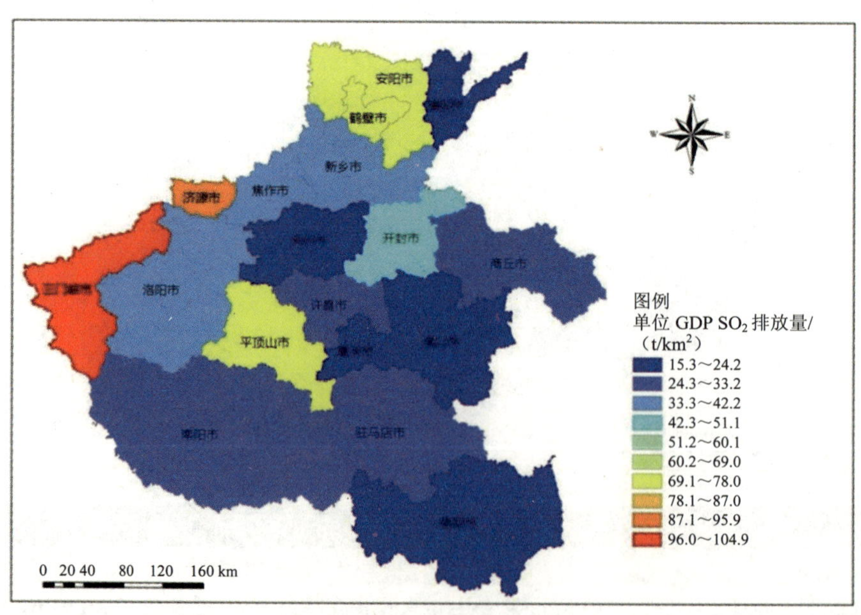

图 4-37 单位 GDP 二氧化硫排放量分布

鹤壁、济源和三门峡位于全省单位 GDP 氮氧化物排放量的前三位，其中鹤壁和济源的排放量为 104 t/亿元，三门峡为 73 t/亿元，相当于全省平均水平的 1.8 倍、1.3 倍（图 4-38）。

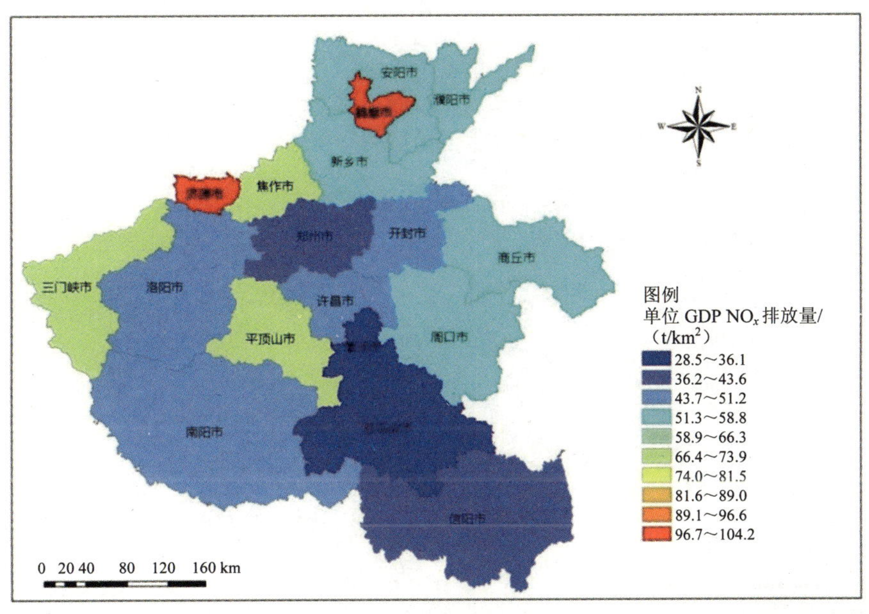

图 4-38 单位 GDP 氮氧化物排放量分布

漯河、鹤壁和济源位于全省单位 GDP PM_{10} 排放量的前三位，分别为 33 t/亿元、31 t/亿元和 25 t/亿元，相当于全省平均水平的 2.3 倍、2.2 倍和 1.8 倍（图 4-39）。

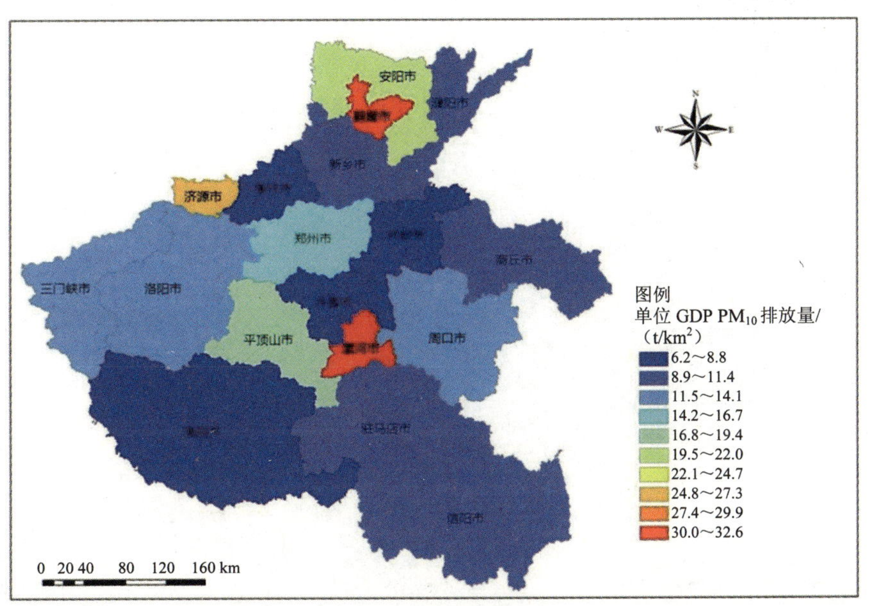

图 4-39 单位 GDP PM_{10} 排放量分布

济源、安阳和三门峡位于全省单位 GDP $PM_{2.5}$ 排放量的前三位，分别为 29 t/亿元、23 t/亿元和 18 t/亿元，相当于全省平均水平的 2.6 倍、2.1 倍和 1.6 倍（图 4-40）。

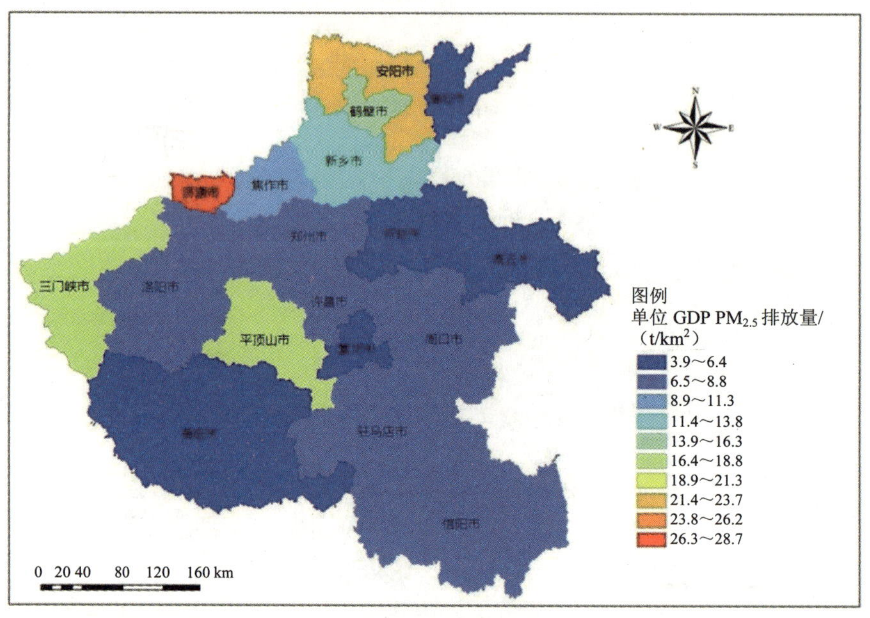

图 4-40 单位 GDP $PM_{2.5}$ 排放量分布

平顶山、济源和鹤壁位于全省单位 GDP 一氧化碳排放量的前三位，分别为 765.8 t/亿元、703.5 t/亿元和 517.2 t/亿元，相当于全省平均水平的 2.5 倍、2.3 倍和 1.7 倍（图 4-41）。

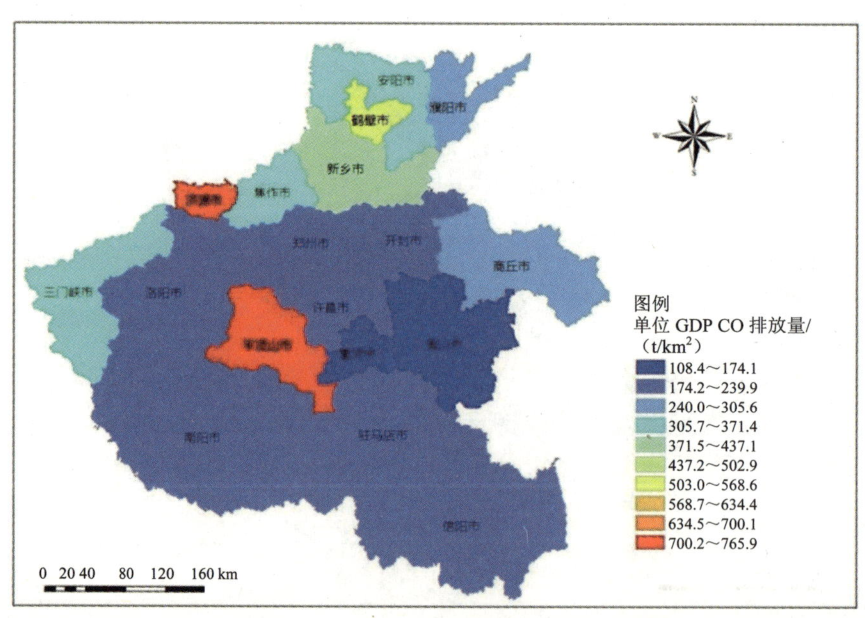

图 4-41 单位 GDP 一氧化碳排放量分布

驻马店、濮阳和漯河位于全省单位 GDP VOCs 排放量的前三位，分别为 45.24 t/亿元、44.76 t/亿元和 44.28 t/亿元，约相当于全省平均水平的 1.3 倍（图 4-42）。

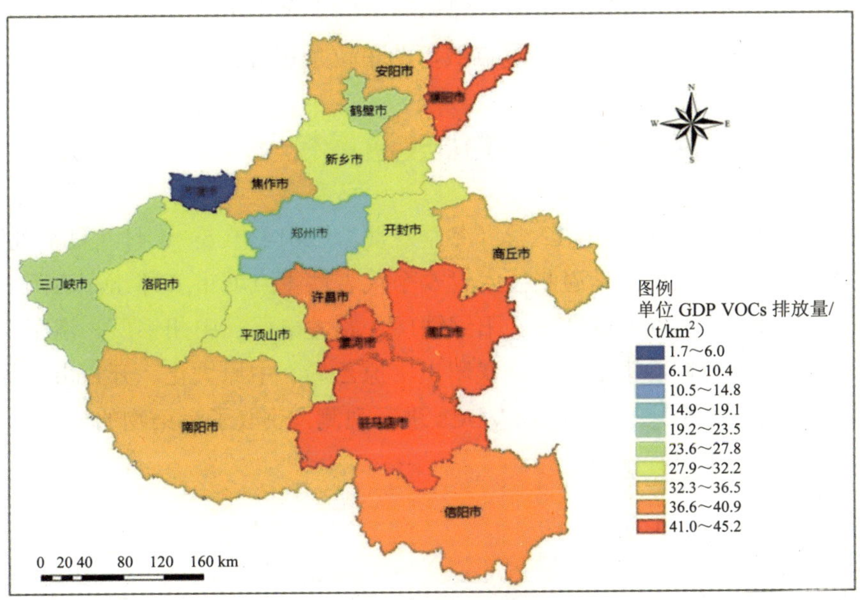

图 4-42　单位 GDP VOCs 排放量分布

驻马店、信阳和周口位于全省单位 GDP NH_3 排放量的前三位，分别为 59.81 t/亿元、57.26 t/亿元和 48.18 t/亿元，分别相当于全省平均水平的 2.07 倍、1.98 倍和 1.66 倍（图 4-43）。

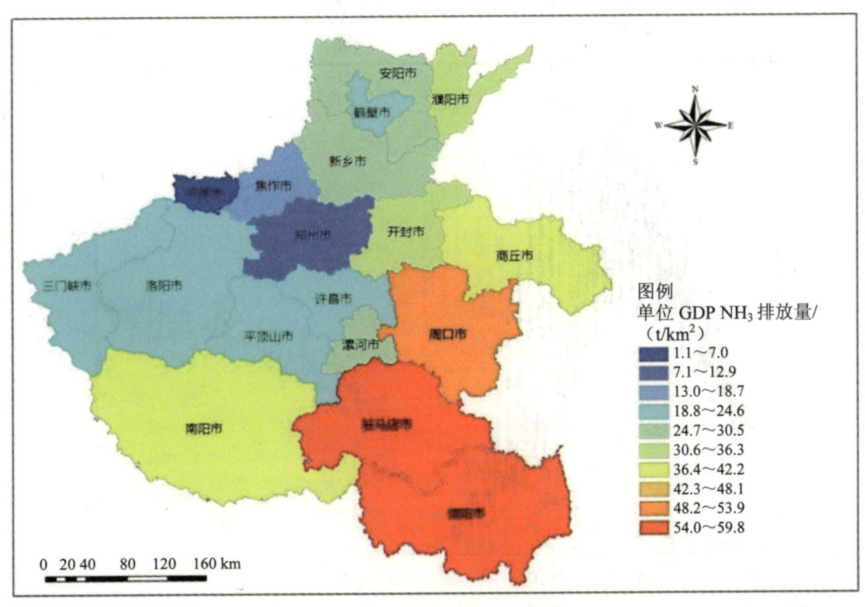

图 4-43　单位 GDP NH_3 排放量分布

综上所述，不管是单位 GDP 还是单位面积 SO_2、NO_x、$PM_{2.5}$、PM_{10} 和 CO 排放量，济源、平顶山、鹤壁、三门峡、安阳和郑州的单位排放量位于全省前列；对于 VOCs 和 NH_3 的排放而言，驻马店、濮阳、信阳、漯河等市位于全省单位排放量的前列，因此在对污染物总量控制的基础上还应对上述重点城市的单位量进行控制。

4.7 部分重点区域大气污染物排放通量校验

在本项目的研究中，2013 年 12 月（冬季观测），2014 年 5—6 月（夏季观测），采用了车载 DOAS 和车载 FTIR 光学遥测技术对 5 个代表性重点城市（郑州、洛阳、安阳、平顶山、开封）和 10 个重点工业区（安阳钢铁厂、姚孟电厂、中州铝厂、洛阳炼油厂、天瑞卫辉水泥厂、安阳市铜冶镇化工区、濮阳市中原乙烯、中原大化、开封市开封化肥厂和平顶山市神马氯碱）的 SO_2、NO_2 以及 VOCs 进行观测，获取了污染物的分布及排放特征，从而实现对排放源清单进行核算。

4.7.1 通量检测原理

4.7.1.1 车载 DOAS 技术的技术原理

太阳光在大气中传输，会被大气分子、气溶胶粒子散射和吸收。车载 DOAS 测量系统测量天顶散射太阳光，由望远镜接收到的散射光谱信息包含了区域的污染气体（如 SO_2、NO_2 等）的吸收特征，通过对这些光谱的分析可以获得污染气体分子的柱密度。此系统中，光谱范围固定在 290～420 nm（光谱范围 130 nm）这个波段有较强的 SO_2、NO_2 吸收结构（图 4-44）。

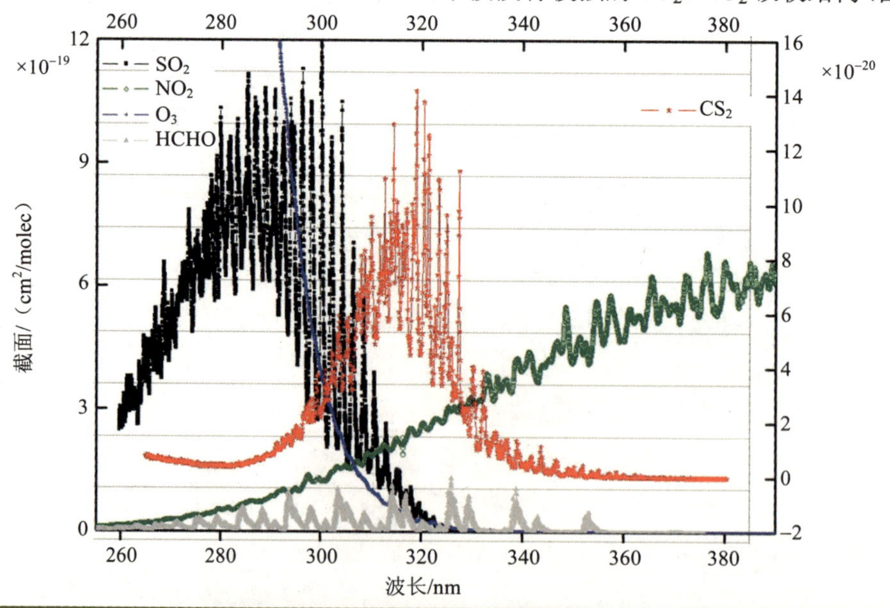

图 4-44 不同气体的吸收截面

根据 Lambert-beer 吸收定律，有式（4-6）：

$$I(\lambda)=I_0(\lambda)\mathrm{e}^{-\sum_i \sigma_i(\lambda)\mathrm{SCD}_i}g(\lambda) \tag{4-6}$$

式中，$I_0(\lambda)$ 为洁净地区的光强，$I(\lambda)$ 为经过大气吸收后的接收光强，$\sigma_i(\lambda)$ 是第 i 种气体分子的吸收截面，SCD_i 是第 i 种气体分子的斜柱密度，$g(\lambda)$ 代表大气中的瑞利散射、米散射、地面反射以及光学系统等造成的衰减。差分吸收光谱方法通过数字滤波滤除由瑞利散射、米散射、地面反射等引起的慢变化，提供污染气体分子的差分光学吸收密度，通过最小二乘方法根据式（4-6）由光谱解析获得污染气体的斜柱密度。因为车载 DOAS 系统以天顶方向观测，观测时间段基本处于中午时间太阳天顶角最小的时候，所以由式（4-6）反演得到的斜柱浓度就近似为垂直柱浓度。

实际测量中车载 DOAS 系统置于运动平台上（如汽车），连续通过污染气团（“烟羽”）外相对“干净”位置，然后通过烟羽下方，最后驶离烟羽。这样就可以获取一系列随不同位置的污染气体的垂直柱浓度分布，如图 4-45 所示中浓度曲线。

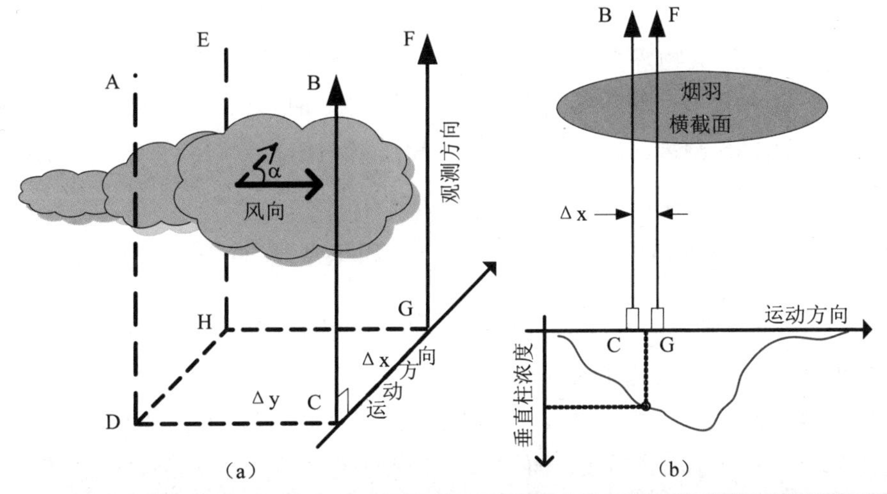

图 4-45 烟羽通量计算

图 4-45（a）示意了如何实现对排放通量的测量。一般而言，用描述守恒量传输的连续偏微分方程来表示任意有限区域内的能量守恒。在各自适应条件下，这些量（包括质量、能量、动量、电荷等）都是守恒的，它们的传输行为都可以用连续性方程来描述，如式（4-7）：

$$\frac{\partial\phi}{\partial t}+\vec{\nabla}\cdot\vec{f}=\sigma \tag{4-7}$$

式（4-7）所表示的连续性方程，主要涉及三方面要素：守恒量的源、通量散度和守恒量的时间变化率。对于估算一定区域内污染物排放量而言，式（4-7）中：ϕ 为物质对体积的微分比例（$\phi=\frac{\mathrm{d}q}{\mathrm{d}V}$，$q$：物质的量，$V$：体积，$q=\int\phi\mathrm{d}V$），也就是物质的密度，本书中指的就是痕量气体的浓度，$\vec{f}$ 为通量，也就是ϕ流量密度的矢量函数，即每单位时间单位面积的痕量气体量流量，t 表示时间，σ 是ϕ单位体积单位时间的生成量（去除量），当$\sigma>0$时，则称σ为源，反之则称为汇。

如果我们对方程（4-7）体积积分，则有$\int\frac{\mathrm{d}q}{\mathrm{d}t}\mathrm{d}V+\int\nabla\cdot f\mathrm{d}V=\int\sigma\cdot\mathrm{d}V$。假设在围绕的区域内分子为常数，并且在测量的过程中并没有改变，那么$\frac{\mathrm{d}q}{\mathrm{d}t}$可以被忽略，则有：

$$\begin{aligned}\int\nabla\cdot f\mathrm{d}V&=\int\sigma\cdot\mathrm{d}V\\ \oint_S\vec{f}\cdot\vec{n}\mathrm{d}S&=\int\sigma\cdot\mathrm{d}V\end{aligned}\tag{4-8}$$

式中，污染物的排放通量可以从围绕区域污染气体的 VCD 和风速中获得。上式中应用散度定理，可以将连续性方程以积分的形式表达，则区域内污染物的排放通量可写为：

$$F=\int_A\mathrm{div}(\mathrm{VCD}\cdot\vec{W})\cdot\mathrm{d}A=\oint_S\mathrm{VCD}(s)\cdot\vec{W}\cdot\vec{n}\cdot\mathrm{d}s\tag{4-9}$$

式中，VCD 代表污染物垂直柱浓度，$\vec{n}$ 为平行于地面正交于行驶方向的单位向量，$\vec{W}$为绕行区域的平均风场。沿移动路线进行积分，即可获得区域内污染物的排放通量。对于天顶方向的车载 DOAS 测量，由于行驶路径上单个光谱的积分时间有限，可以将式（4-9）的连续积分转换为离散的求和，即式（4-10）。

$$F=\sum_i\mathrm{VCD}(s_i)\cdot\vec{W}\cdot\vec{n}\cdot\Delta s_i=\sum_i\mathrm{VCD}(s_i)\cdot\vec{W}\cdot\sin(\beta)(s_i)\cdot\Delta s_i\tag{4-10}$$

式中，β为汽车行驶方向与风向之间的夹角，Δs_i为连续两条测量光谱之间的距离差，可通过由 GPS 获取的车速与测量时间的乘积得到。

车载 DOAS 系统主要包括光谱仪、GPS 系统、望远镜等，如图 4-46 所示。望远镜接收天顶散射光，由光纤导入光谱仪，再送入计算机进行处理。GPS 接收模块接收地理、位置信息，储存在计算机中。

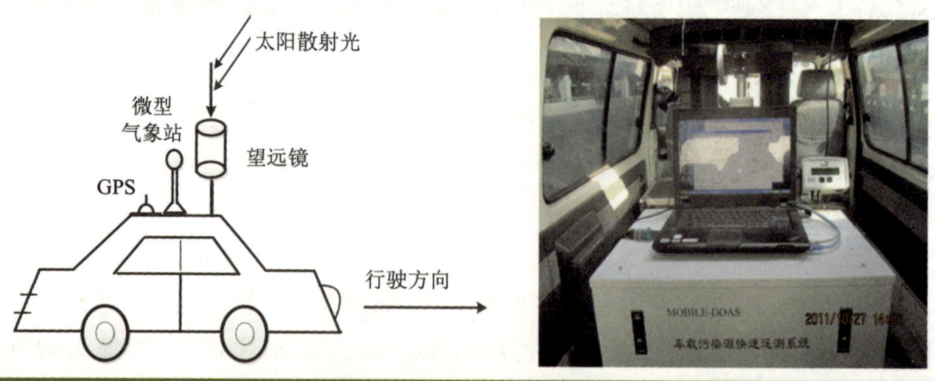

图 4-46 车载 DOAS 结构及系统

4.7.1.2 车载 FTIR

车载 FTIR 技术采用基于太阳直射光的太阳掩星傅里叶红外光谱方法（Solar Occultation Flux-FTIR）测量。系统主要包括太阳跟踪器、光谱仪和前置光路部分以及 GPS 信号接收定位系统，如图 4-47 所示。整个系统安装于移动监测平台上，由太阳跟踪器及前置光路将污染气体选择吸收后的太阳光引入光谱仪，从标准数据库中提取污染物分子的标准吸收截面，结合仪器参数（如分辨率、仪器线型函数）和气象参数（温度、压强），计算出污染物的柱浓度，再结合气象仪器和风场廓线测量设备提供的风速、风向信息，可以计算出污染物穿过某一个竖直平面的通量。监测车对测量区域绕行一圈，结合 GPS 系统提供测量点的经纬度位置信息，即可反演出经过该区域的污染物排放通量。测量系统由光学单元、控制单元、GPS、数据采集和处理单元共五部分组成。其中光学单元包括扫描镜、望远镜、光谱仪，控制单元用于对太阳光的跟踪控制，数据采集和处理部分负责进行数据的在线分析处理和存储。

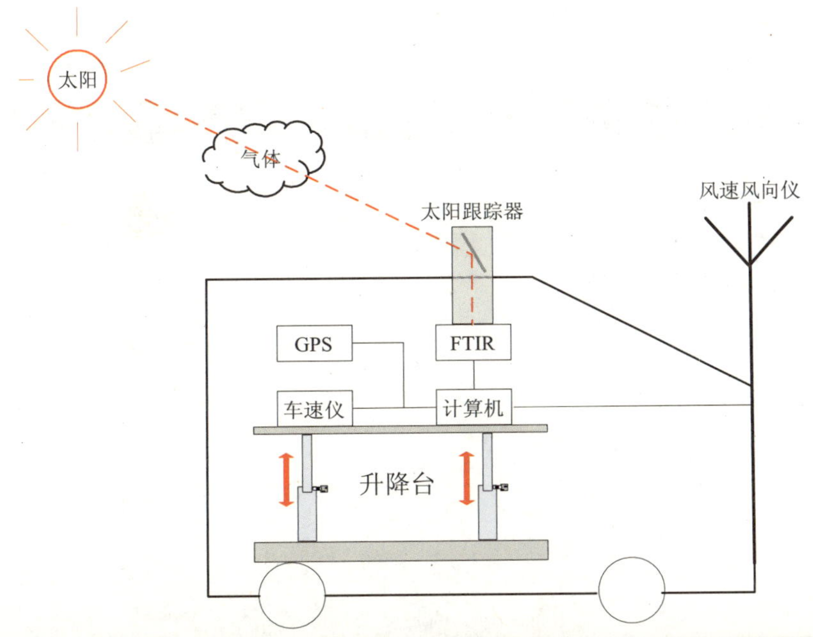

图 4-47 基于被动红外光谱探测技术的通量测量系统

4.7.2 观测方案

4.7.2.1 典型城市的光学遥感监测

对河南省的代表性城市，如郑州（综合功能型）、洛阳（石化密集型）、开封（低矮面源污染密集型）、平顶山（煤化密集型）或安阳（冶金、焦化密集型），利用车载 DOAS 技术在冬季（2013 年 12 月）和夏季（2014 年 5—6 月）各开展一次观测，获取城市主要污染物（SO_2、NO_2）的分布及排放。各城市的监测路线如下所示：

郑州（综合功能型）

监测路线：连霍高速—G4—G3001—连霍高速，约 120 km，全程约 2.5 h（图 4-48）。

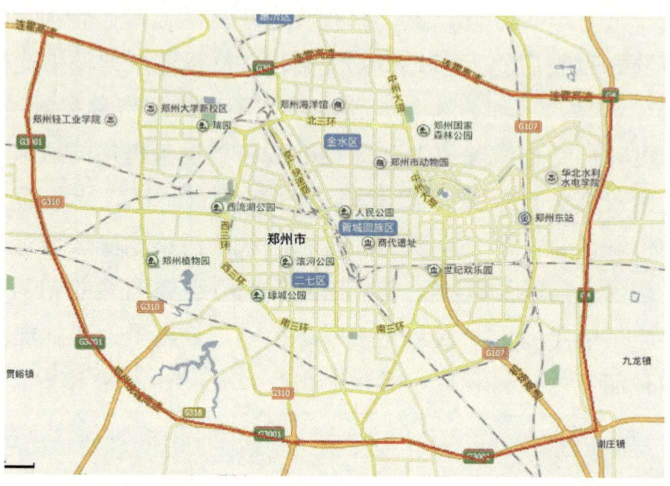

图 4-48　郑州市走航监测路线

洛阳（石化密集型）

监测路线：连霍高速—二广高速—宁洛高速—连霍高速，约 100 km，全程约 2 h（图 4-49）。

图 4-49　洛阳市走航监测路线

开封（低矮面源污染密集型）

监测路线：连霍高速—大广高速—郑民高速—S219（金明大道）—连霍高速，全程约 80 km，全程约 1.5 h（图 4-50）。

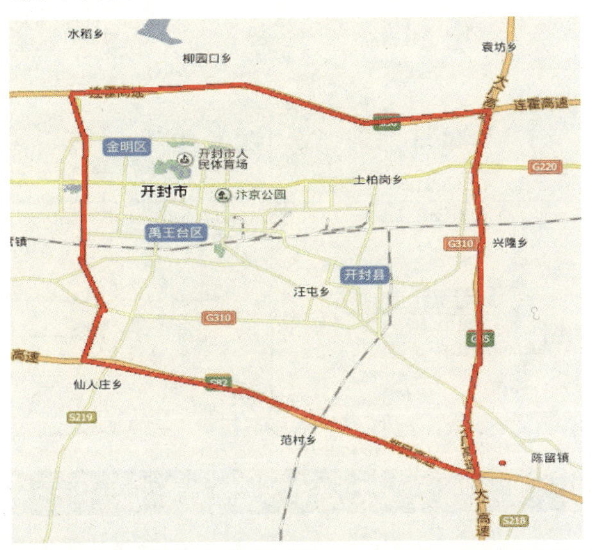

图 4-50　开封市走航监测路线

平顶山（煤化密集型）

监测路线：西环路—新南环路—开源路—神马大道—G311—平安大道—北环路—西环路，约 50km，全程约 1.5 h（图 4-51）。

图 4-51　平顶山市走航监测路线

安阳（冶金、焦化密集型）

监测路线：华祥路—邺城大道—光明路—长江大道—璋德路—文昌大道—华祥路，约

45km，全程约 1 h（图 4-52）。

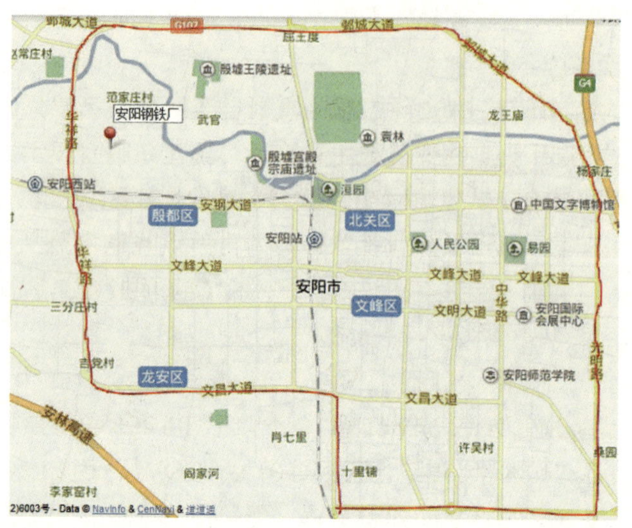

图 4-52 安阳市走航监测路线

4.7.2.2 重点工业区的光学遥感监测

针对河南省内具有代表性的重点工业区源、无组织排放源在冬季（2013 年 12 月）和夏季（2014 年 5—6 月）各开展一次移动监测（紫外 DOAS 技术和车载 FTIR 技术），测算监测期间区域内对外的输送通量，对已有污染源清单进行核算。各重点工业区的监测路线如下：

安阳钢铁厂

监测路线：华祥路—安钢大道—绕厂小路—安钢东路—安钢大道，总厂约 11 km，约 30 min（图 4-53）。

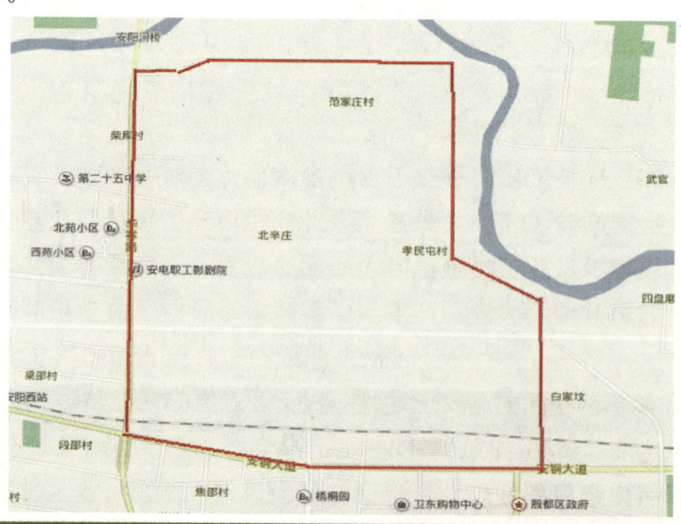

图 4-53 安阳钢铁厂走航监测路线

洛阳炼油厂

监测路线：大港路—S245—G207—河阳路—大港路，全程 13 km，约 30 min（图 4—54）。

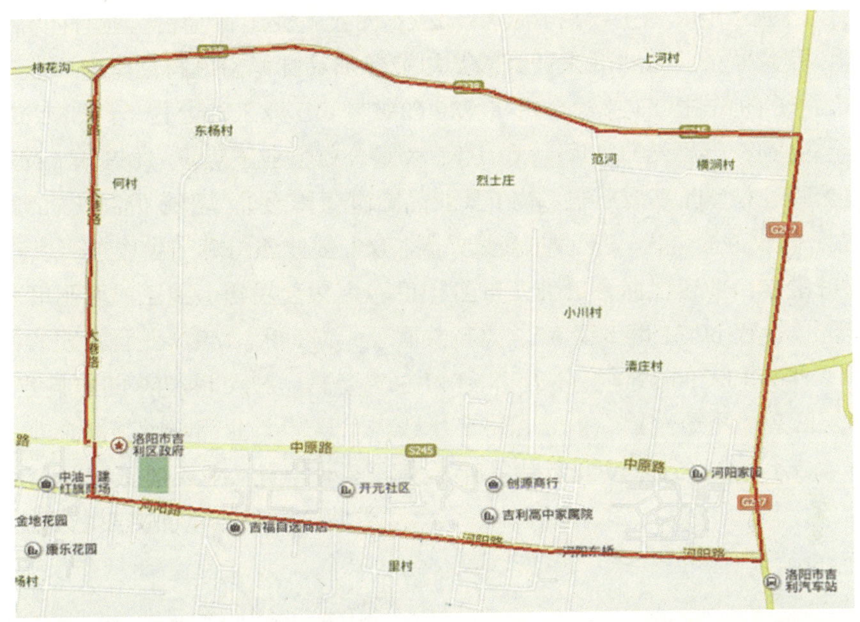

图 4-54 洛阳炼油厂走航监测路线

平顶山姚孟电厂

监测路线：西环路—南环路—姚电大道—李苗路—新南环路—西环路，约 8 km，约 20 min（图 4-55）。

图 4-55 平顶山姚孟电厂走航监测路线

焦作中州铝厂

监测路线：选择绕厂区的一条乡间小路，路线总厂约 9 km，约 20 min（图 4-56）。

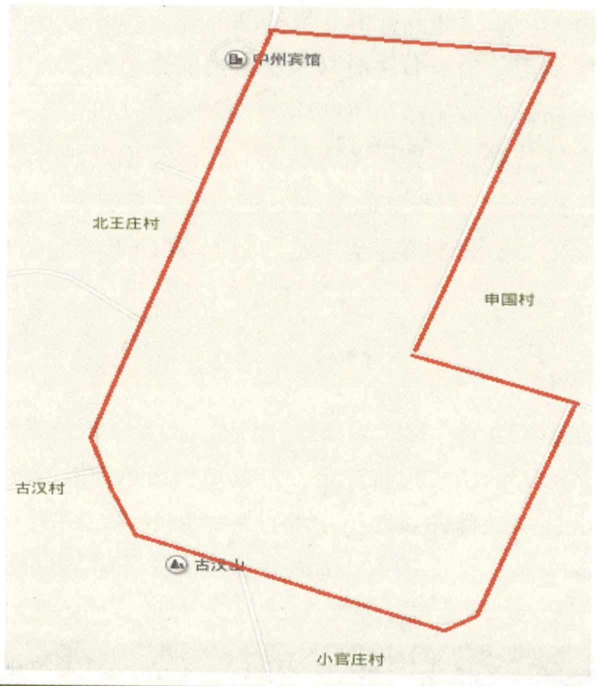

图 4-56 焦作中州铝厂走航监测路线

新乡卫辉天瑞水泥厂

监测路线：绕厂间的小路，全程约 3.5 km，约 10 min（图 4-57）。

图 4-57 新乡卫辉天瑞水泥厂走航监测路线

安阳市铜冶镇化工区

图中右侧为 221 省道（大白线），其他为厂区路（图 4-58）。

图 4-58　安阳市铜冶镇化工区走航监测路线

濮阳市中原乙烯、中原大化

图中上侧为中原路，右侧为化工中路，下侧为石化路，左侧为化工路（图 4-59）。

图 4-59　濮阳市中原乙烯、中原大化走航监测路线

开封市开封化肥厂

图 4-60 中上侧为新宋路，右侧为化工路，下侧大致为 011 县道路，左侧为村间道路。

图 4-60 开封化肥厂走航监测路线

平顶山市神马氯碱

图 4-61 中上侧为建设路、右侧为 103 省道、下侧为神马大道、左侧为开发路

图 4-61 平顶山市神马氯碱走航监测路线

4.7.3 观测结果

4.7.3.1 典型城市的光学遥感监测

开封

利用车载 DOAS 对开封主城区进行了观测，冬季观测在 12 月 9 日和 12 月 22 日共

进行了 3 次有效观测，观测时间段内 12 月 9 日主要以西北风场和 12 月 22 日以南风风场为主；夏季观测在 5 月 15 日、5 月 16 日和 5 月 17 日进行了 8 次有效观测，测量时间段内 5 月 15 日风场以西风为主，5 月 16 日以南/东南风风场为主，5 月 17 日为东风风场。

受开封钢铁厂和开封发电厂的输送影响开封市绕城 SO_2、NO_2 柱浓度分布特征，对比开封市冬季和夏季的观测结果，夏季 SO_2、NO_2 柱浓度分布特征更为明显。在西风场影响下，在测量路径的东部观测到 SO_2、NO_2 柱浓度高值，由风场前向轨迹判断，此风场下这两大污染源对开封市主城区影响较小。但在南风及东风风场影响下，这两大污染源，会对主城区空气质量造成重要影响。

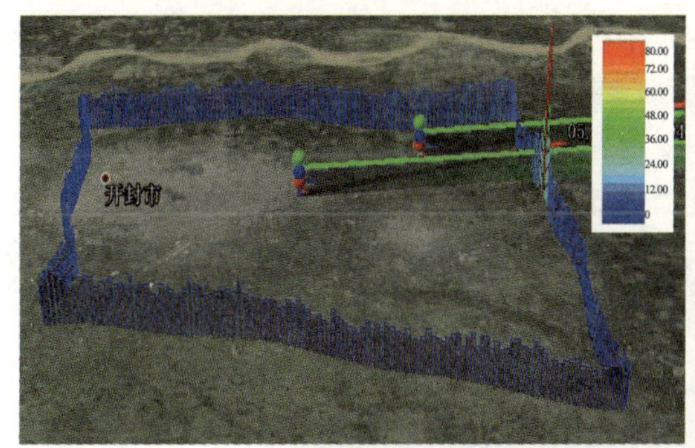

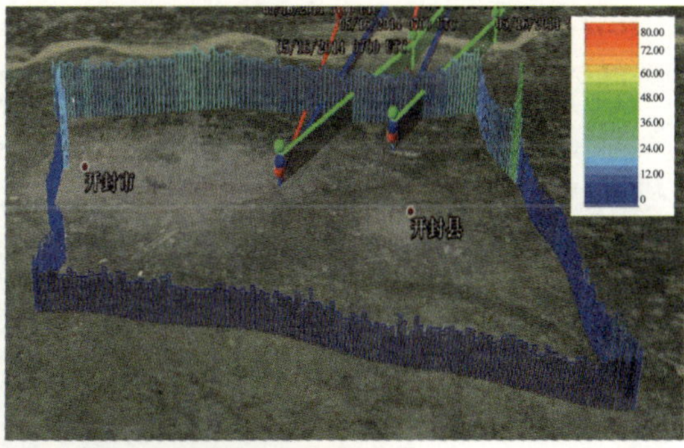

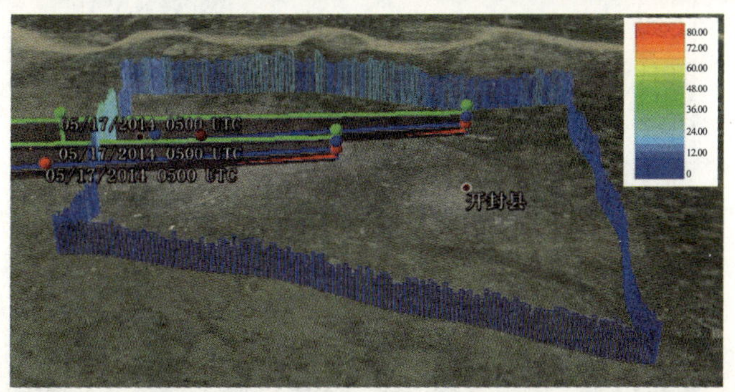

图 4-62　5 月三种风场下的风场轨迹与数据图叠加

统计了开封市夏季观测中 5 月 15—17 日车载 DOAS 观测期间开封城区黄河水利学院监测点地面 SO_2 浓度值。当风向转为南风和东风时，开封市区地面 SO_2 浓度值显著提升，表明上述分析的两大污染源对开封市空气质量影响较大（图 4-63）。

与冬季观测结果相比，夏季开封市 SO_2、NO_2 排放通量大幅上升。整个观测期间，开封市平均 SO_2 排放量为 0.67±0.43 kg/s，NO_2 平均排放量为 0.40±0.20 kg/s（图 4-64）。

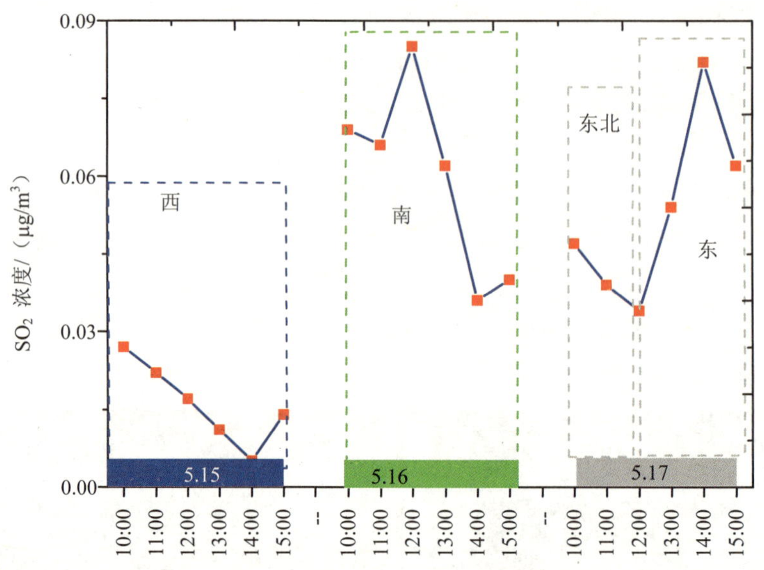

图 4-63　5 月 15—17 日开封黄河水利学院监测点 SO_2 小时均值

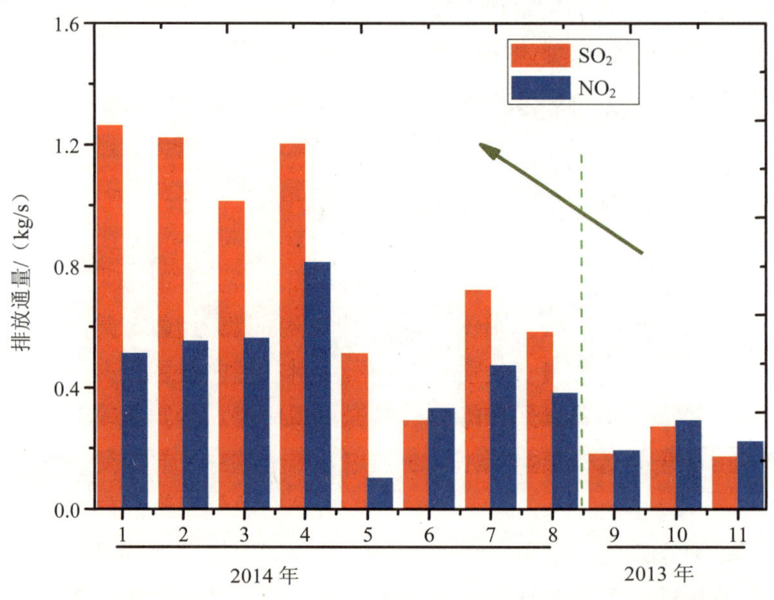

图 4-64　观测期间开封市 SO_2、NO_2 排放通量

郑州

利用车载 DOAS 对郑州主城区进行了观测，冬季观测在 12 月 10 日和 12 月 21 日共进行了 4 次有效观测，观测时间段 12 月 10 日主要以偏西风场为主，12 月 21 日主要以东南风场为主；夏季观测在 5 月 21 日、5 月 22 日和 5 月 26 日进行了 6 次有效观测，测

量时间段内 5 月 21 日和 5 月 22 日郑州的主导风场为东南风为主，5 月 26 日以西北/西风场为主。

夏季观测中，郑州市外环并无明显的浓度高值区，这与冬季的观测结果有较大差别。冬季观测中，郑州市的北部及西北部具有较高的 SO_2、NO_2 浓度值，结合当时的风场轨迹判断主要由西北角测量区域内、外的两大污染源排放造成（图 4-65）。夏季这两大污染源排放的减少，对郑州市主城区空气质量改善具有较大促进作用，尤其在西风/西北风场下。

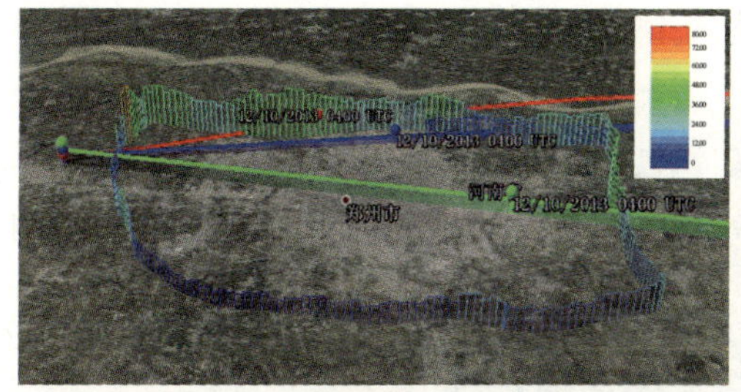
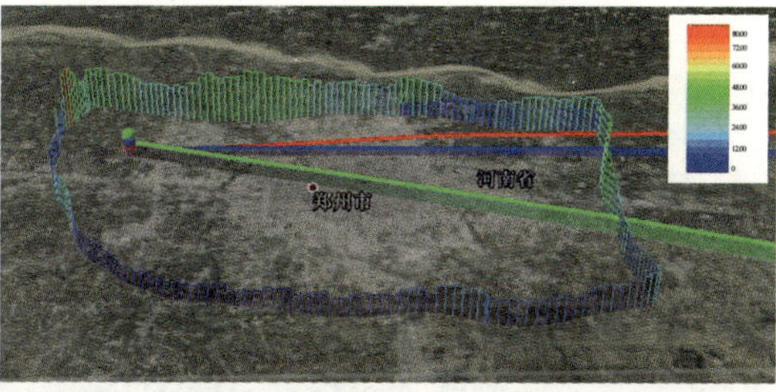

图 4-65 冬季西风场下 SO_2 柱浓度分布与风场前向轨迹

估算了郑州市 SO_2、NO_2 排放通量，观测的通量计算结果如图 4-66 所示。与冬季的观测结果相比，夏季观测期间郑州市 SO_2、NO_2 的排放通量大幅下降。整个观测期间，郑州市 SO_2 平均排放量为 1.17±1.14 kg/s，NO_2 平均排放量为 1.17±0.92 kg/s。

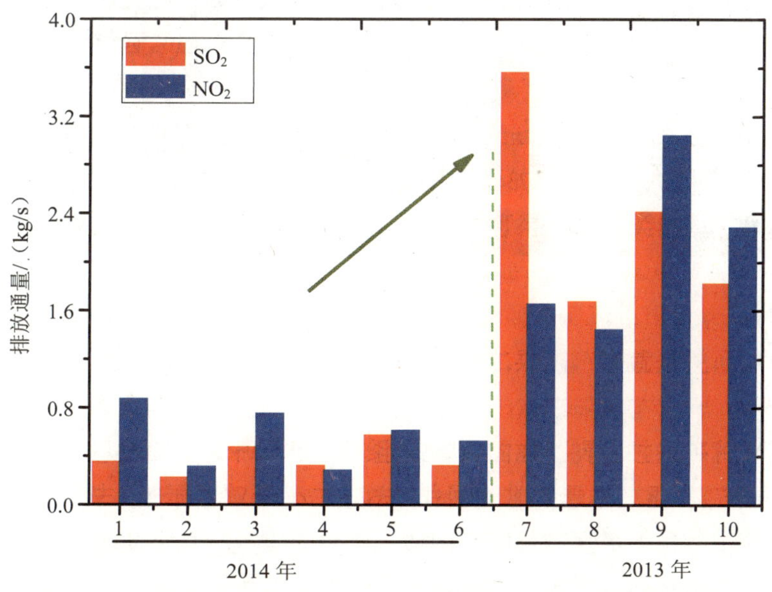

图 4-66 观测期间郑州市 SO_2、NO_2 排放通量

安阳

利用车载 DOAS 对安阳市主城区进行了观测，冬季观测在 12 月 11 日和 12 月 12 日共进行了 3 次有效观测，观测时间段内 12 月 11 日主要以西南风场和 12 月 12 日以东北/东风场为主；夏季观测在 5 月 18 日、5 月 19 日和 5 月 20 日进行了 5 次有效观测，测量时间段内 5 月 18 日的主导风场为东南风，5 月 19 日为西北风转东南风，5 月 20 日上午为西北风，下午为南/东南风。

安阳市冬季和夏季的观测结果相似，SO_2、NO_2 的浓度分布特征主要由安阳钢铁厂的排放引起。但在夏季的东南/南风风场观测中，整个测量路径的西南—西北路段都具有很高的 SO_2 浓度值，表明西南—西北路段（安阳市的南和西南）以外也具有零星的小型工业源排放，这点在冬季的观测中并未发现。结合安阳钢铁厂与安阳市城区的地理位置关系，并结合风场的前向轨迹模型判断（图 4-67），在西北风场下，安阳钢铁厂的排放会对安阳市主城区的空气质量产生重要影响。

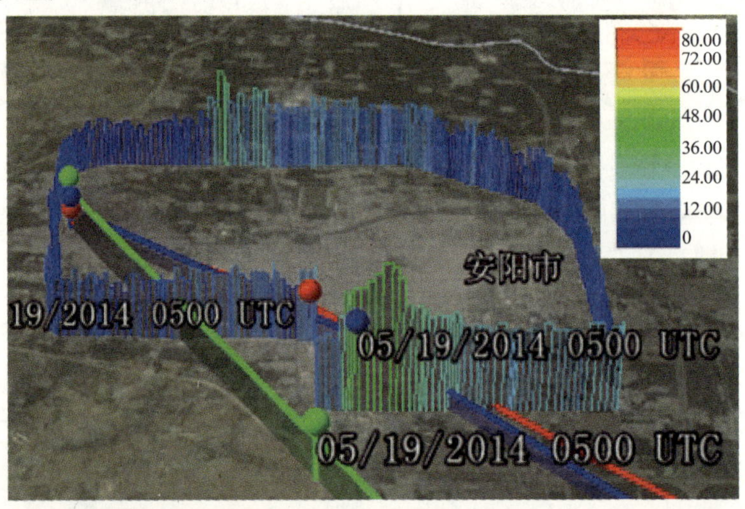

图 4-67 西北风场下安阳钢铁厂处 SO_2 空间分布图与风场轨迹叠加

图 4-67 所示为安阳市环保局监测站点夏季观测中 5 月 18—20 日 SO_2 的地面监测数据小时均值。由地面监测数据得出，在西北风场下安阳市主城区的 SO_2 地面浓度有显著的提升。结合图 4-68 所示在安阳钢铁厂观测到的当风场由西北风转向东南风时的 SO_2、NO_2 的空间分布变化，可以共同判断安阳钢铁厂在西北风场下对安阳主城区的输送作用。同时也可以发现，在 5 月 18 日东南风场下的 11 时左右安阳市区的地面 SO_2 浓度也较高，由此得出，东南风场下，当测量区域外的西南边、南边的零星污染源集中排放时也会对安阳市主城区的空气质量造成较大影响（图 4-69）。

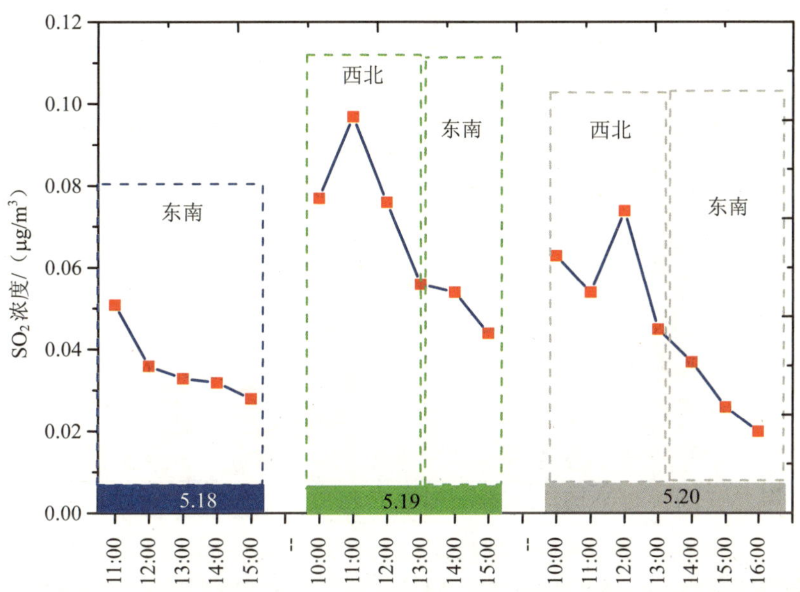

图 4-68　安阳市环保局监测点 SO_2 地面浓度小时均值

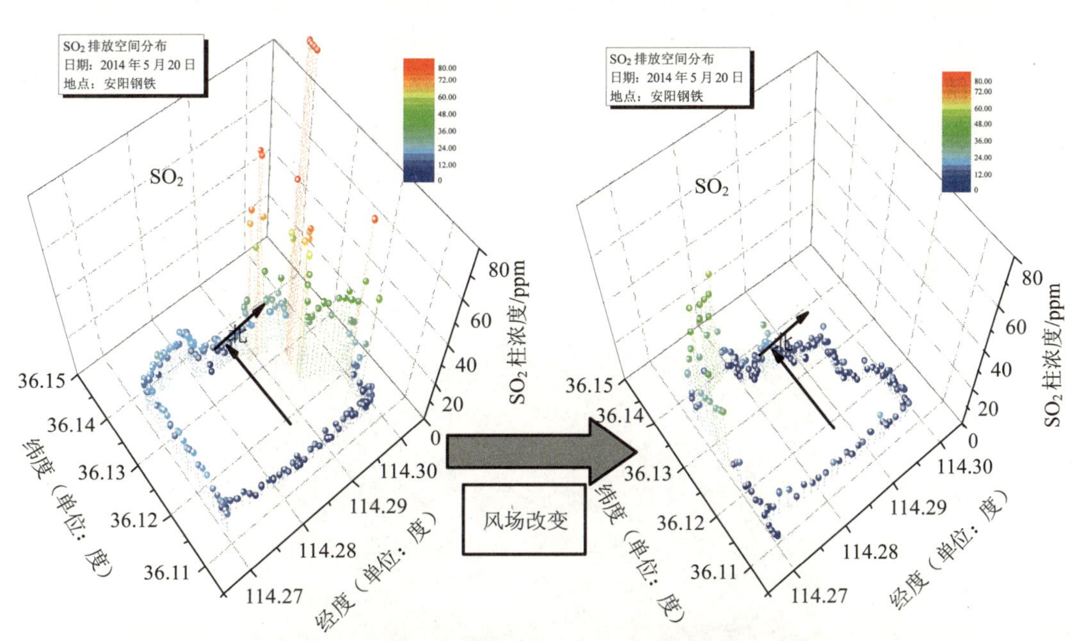

图 4-69　安阳钢铁厂观测到的风场转变过程中污染物空间分布的变化

估算了安阳市 SO_2、NO_2 的排放通量，通量计算结果如图 4-70 所示。与冬季的观测结果相比，夏季观测期间安阳市 SO_2、NO_2 的排放通量略有上升。整个观测期间，安阳市 SO_2 平均排放量为 0.78±0.64 kg/s，NO_2 平均排放量为 0.27±0.18 kg/s。

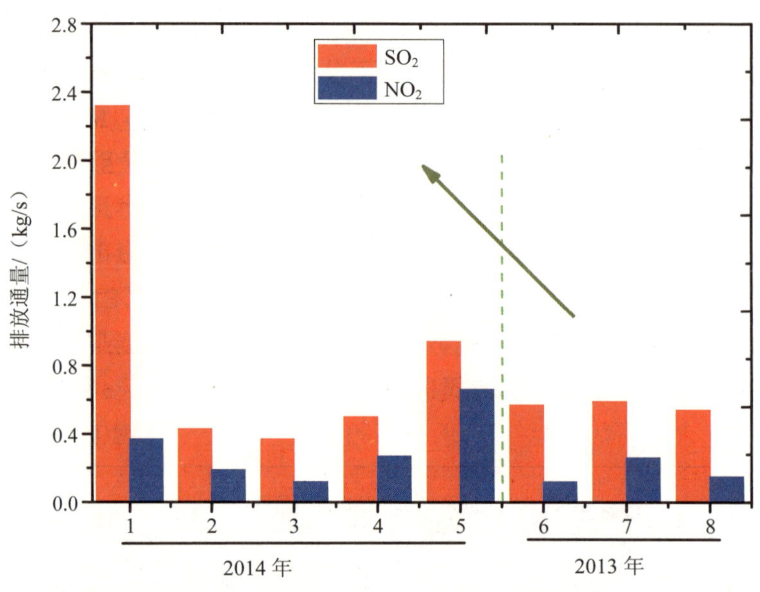

图 4-70　安阳市 SO_2、NO_2 排放通量

洛阳

利用车载 DOAS 对洛阳市主城区进行了观测，冬季观测在 12 月 15 日进行了 1 次有效观测，观测时间段内以东北/东风场为主；夏季观测在 5 月 30 日、6 月 1 日、6 月 2 日进行了 6 次有效观测，测量时间段内 5 月 30 日的风场以东南风场为主，6 月 1 日是东北风场，6 月 2 日以东南/东风场。

在东/东南风场下测量路径的东部 SO_2、NO_2 浓度同时抬升，表明在测量区域外东部有 SO_2、NO_2 污染源。在东北风场下，夏季和冬季在测量区域的东北部都观测到 SO_2 浓度高值，结合风场前向轨迹模型判断（图 4-71），此高值来源于北部的洛阳炼油厂排放。

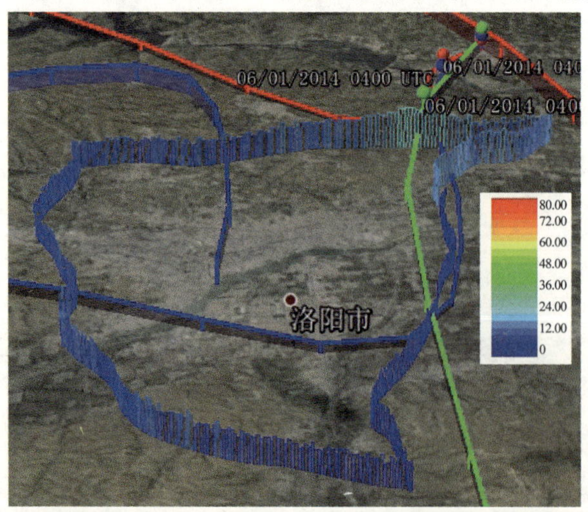

图 4-71　洛阳市 SO_2 的空间分布与风场前向轨迹模型叠加

估算了洛阳市 SO_2、NO_2 的排放量，通量的结果如图 4-72 所示。与冬季观测结果相比，夏季观测期间洛阳市的平均排放量有所下降。整个观测期间，洛阳市 SO_2 平均排放量为 0.81±0.45 kg/s，NO_2 平均排放量为 0.41±0.22 kg/s。

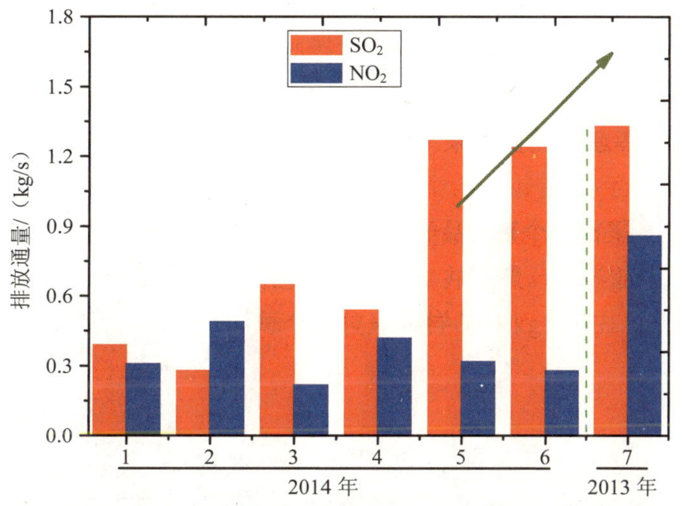

图 4-72 洛阳市 SO_2、NO_2 排放量

平顶山

利用车载 DOAS 对平顶山市主城区进行了观测，冬季观测在 12 月 20 日共进行了 1 次有效观测，观测时间段内以东南风场为主；夏季观测在 6 月 3 日、6 月 4 日和 6 月 5 日进行了 5 次有效观测，测量时间段内 6 月 3 日平顶山市的主导风场为东北风，6 月 4 日为南/西南风，6 月 5 日为东北风。

由冬季、夏季不同的空间分布特征显示，冬季神马氯碱的排放量较小，对整个平顶山市的 SO_2、NO_2 空间分布特征影响不大，冬季平顶山市污染物的空间分布特征主要受姚孟电厂影响，而夏季其分布特征受姚孟电厂、神马氯碱及区域外源共同影响，且神马氯碱的贡献更大（图 4-73）。

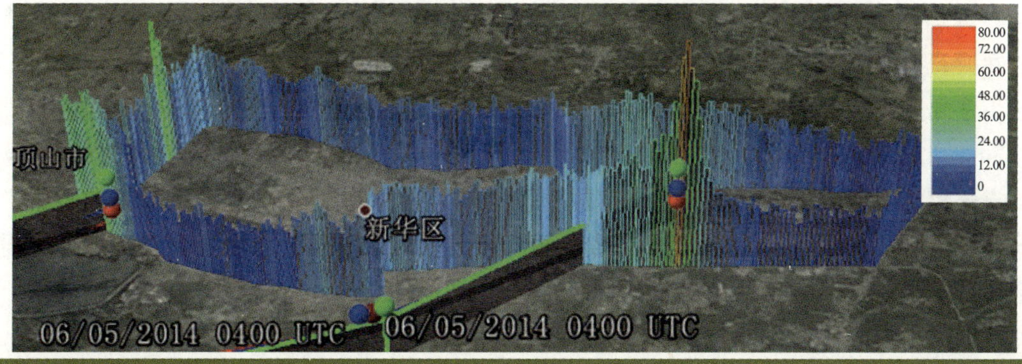

图 4-73 东北风场下平顶山 SO_2 空间分布与风场轨迹叠加

估算了平顶山市 SO_2、NO_2 的排放通量，测量的平均排放通量如图 4-74 所示。与冬季观测结果相比，平顶山市 SO_2 排放通量略有上升，NO_2 排放通量略有下降。整个观测期间，平顶山市 SO_2 平均排放量为 0.43±0.18 kg/s，NO_2 平均排放量为 0.21±0.14 kg/s。

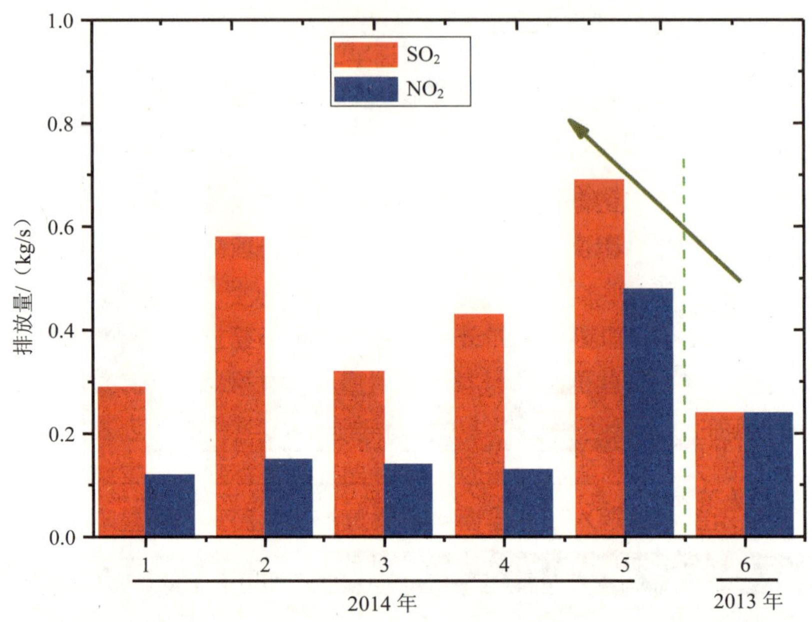

图 4-74 平顶山市 SO_2，NO_2 排放量

城市排放走航监测结果与源排放数据比较

将车载 DOAS 观测的各城市 SO_2、NO_x 排放数据与源统计排放数据比较，结果如图 4-75、图 4-76 所示。源统计数据来源于 2013 年河南省污染物排放统计数据，在此统计了几个城市的重点工业源、非重点工业源和城镇生活面源三大方面。车载 DOAS 的直接观测结果为 NO_2，为了和源统计 NO_x 数据比较，按照国内外一般采用的方法，将车载 NO_2 的排放量数据乘以 1.33 的系数后得到车载 NO_x 的排放结果。另外，车载 DOAS 观测的区域为几个城市的主城区，而源统计的数据为各个城市的整个行政区域，本书我们将源统计数据按照人口的比例等比例缩放到车载 DOAS 观测区域获取此区域的排放量。从统计数据上看，开封市全市的 SO_2 排放量约为 5.4 万 t，开封市全市人口约 500 万，而市区人口约 170 万，占总人口的 34%，则开封市区（约为车载 DOAS 观测区域）SO_2 的排放量为 5.4 万 t×34%≈1.8 万 t。由图可知，车载 DOAS 的观测结果与源统计排放数据整体接近。但也有一定的差别，这主要与车载 DOAS 的年排放观测结果是由冬季、夏季几次的观测结果来推算至全年而得到的，在这种推导的过程中，由于排放本身具有的时间变化特征会使得估算结果有偏差（表 4-54）。

表 4-54　车载城市观测与环统数据比较　　单位：t

城市	SO_2		NO_x	
	环统结果	车载结果	环统结果	车载结果
郑州市	36 209.27	36 897.12	54 352.75	49 073.17
开封市	18 219	21 129.12	18 358.20	16 777.15
洛阳市	32 253.83	25 544.16	28 172.03	17 196.58
平顶山市	22 061.32	13 560.48	25 555.87	8 808.00
安阳市	24 010.80	24 598.08	18 244.04	11 324.58

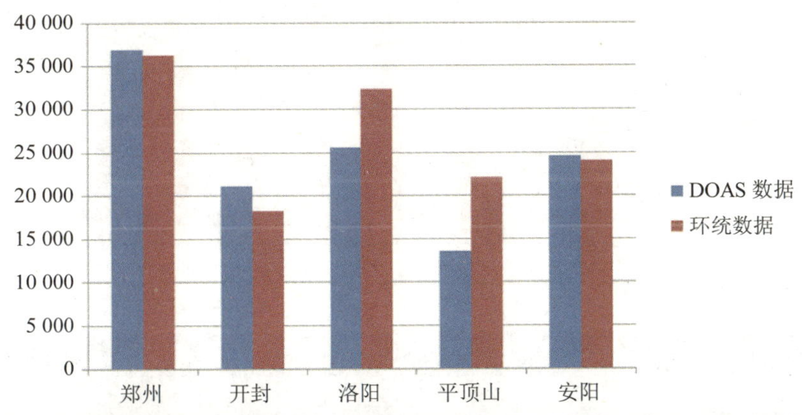

图 4-75　城市 SO_2 排放比较

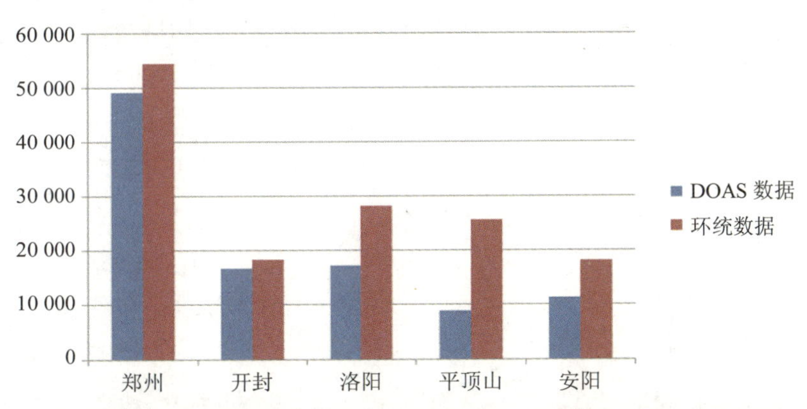

图 4-76　城市 NO_x 排放比较

4.7.3.2　重点工业区的光学遥感监测

（1）车载 DOAS 观测结果

安阳钢铁厂

夏季观测期间，安阳钢铁厂的平均 SO_2 排放通量为 0.44±0.09 kg/s，平均 NO_2 排放通量为 0.13±0.04 kg/s。夏季观测的 SO_2 排放量与冬季基本持平，NO_2 的排放量略有上升。结合两个季度的观测，整个观测期间安阳钢铁厂 SO_2、NO_2 的平均排放量分别为 0.43±0.09 kg/s、0.11±0.04 kg/s（图 4-77）。

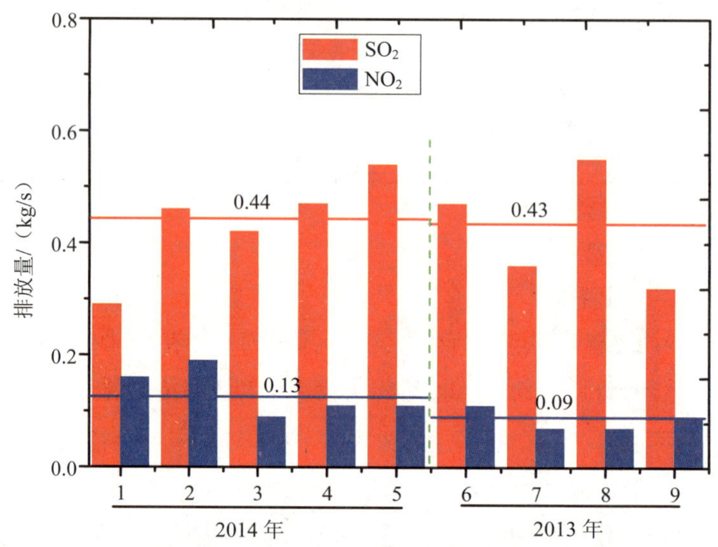

图 4-77 安阳钢铁厂 SO_2、NO_2 排放量

新乡卫辉市天瑞水泥厂

夏季观测中，SO_2、NO_2 的平均排放量分别为 0.12±0.02 kg/s、0.06±0.02 kg/s。与冬季观测相比，SO_2 平均排放量几乎持平，略有上升，而 NO_2 的平均排放量上升较大，这可能也与冬季观测时由于雾霾天对 NO_2 结果的影响。整个观测期间，中州铝厂 SO_2、NO_2 的平均排放量分别为 0.11±0.02 kg/s、0.04±0.02 kg/s（图 4-78）。

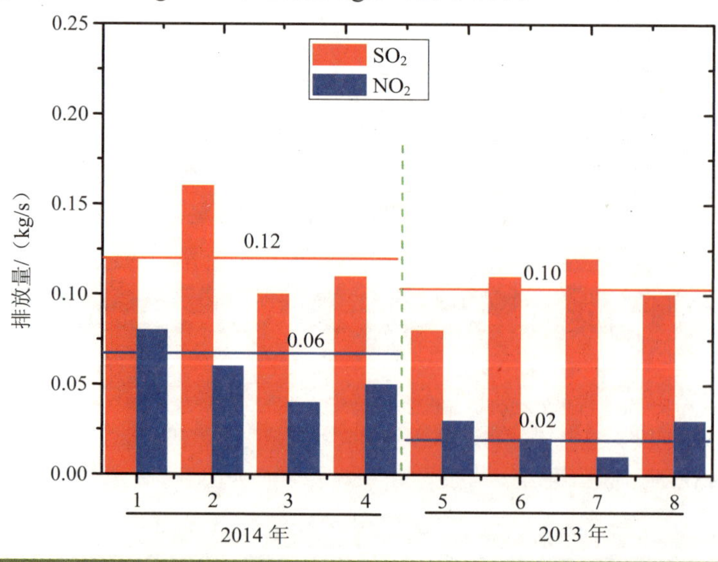

图 4-78 中州铝厂 SO_2、NO_2 排放量

焦作中州铝厂

夏季观测中，SO_2、NO_2 的平均排放量分别为 0.12±0.02 kg/s、0.06±0.02 kg/s。与冬季观测相比，SO_2 平均排放量几乎持平，略有上升，而 NO_2 的平均排放量上升较大，这可能也与冬季观测时由于雾霾天对 NO_2 结果的影响。整个观测期间，中州铝厂 SO_2、NO_2 的平均排放量分别为 0.11±0.02 kg/s、0.04±0.02 kg/s（图 4-79）。

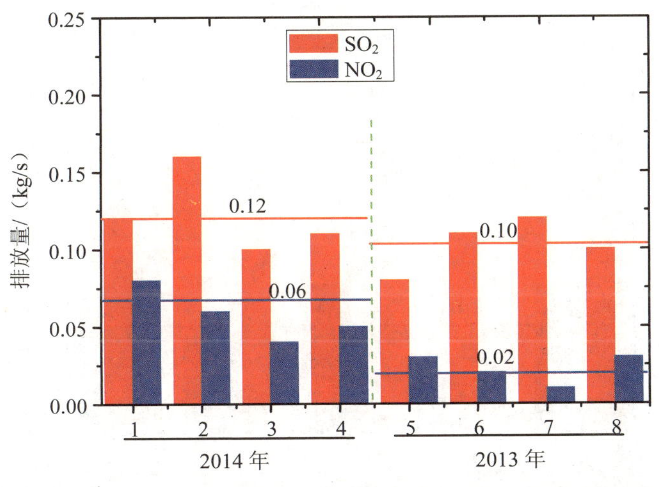

图 4-79　中州铝厂 SO_2、NO_2 排放量

洛阳炼油厂

夏季观测中 SO_2、NO_2 的平均排放量分别为 0.1±0.02 kg/s、0.06±0.04 kg/s。与冬季观测相比，此次观测洛阳炼油厂 SO_2、NO_2 的排放量大幅上升。整个观测期间，洛阳炼油厂 SO_2、NO_2 的平均排放量分别为 0.06 kg/s、0.04 kg/s（图 4-80）。

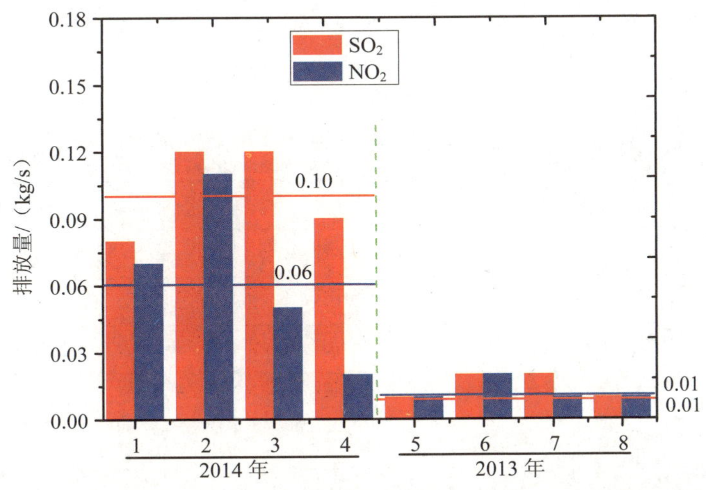

图 4-80　洛阳炼油厂 SO_2、NO_2 排放量

平顶山姚孟电厂

夏季观测姚孟电厂 SO_2、NO_2 的平均排放量分别为 0.14±0.05 kg/s、0.06±0.02 kg/s。与冬季相比，夏季观测 SO_2 的排放量明显上升，NO_2 排放量略有上升。整个观测期间，姚孟电厂 SO_2、NO_2 的平均排放量分别为 0.13±0.06 kg/s、0.06±0.02 kg/s（图 4-81）。

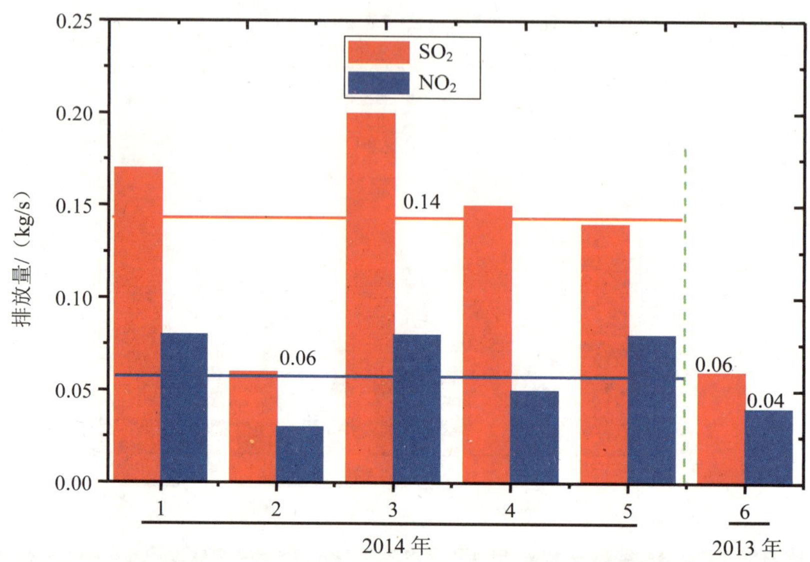

图 4-81　姚孟电厂 SO_2、NO_2 排放量

重点源监测与源排放原始数据比较

将车载 DOAS 观测的 SO_2 排放数据与源排放数据比对（表 4-55），车载 DOAS 监测得到的排放量都比源排放数据小。对于这种差值，主要有以下考虑：在车载 DOAS 通量计算时采用的是地面风场数据，这是造成车载 DOAS 通量误差的主要来源，通常情况下应采用烟羽高度的风场数据；车载 DOAS 观测次数相对较小，应增加样本数（图 4-82）。

表 4-55　重点源 SO_2 排放车载观测与环统数据比较　单位：t

重点源	SO_2	
	环统结果	车载结果
安阳钢铁厂	22 375	13 875
姚孟电厂	11 506	4 415
中州铝厂	13 063	3 784
天瑞水泥厂	366	315
洛阳炼油厂	14 151	3 152

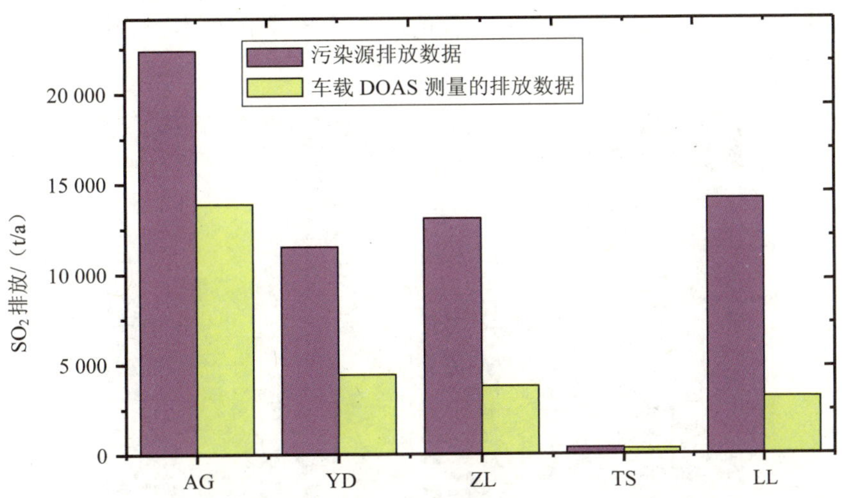

（AG：安阳钢铁厂，YD：姚孟电厂，ZL：焦作中州铝厂，TS：天瑞水泥厂，LL：洛阳炼油厂）

图 4-82　各重点源数据与污染源排放数据比对

（2）车载 FTIR 观测结果

① 2013 年冬季观测结果。

在 2013 年 12 月 9 日安阳市铜冶镇化工区监测结果中发现，氨气（NH_3）以及乙烯（C_2H_4）监测出明显柱浓度分布高值，且其分布均位于园区西北角，如图 4-83 所示。

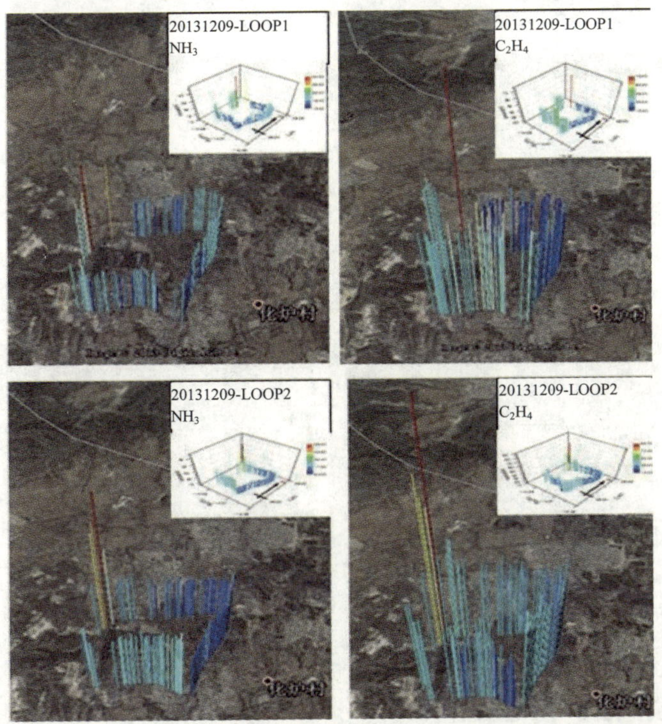

图 4-83　2013 年 12 月 9 日安阳 NH_3、C_2H_4 监测结果

在随后两天的监测中，这两种监测气体的高浓度区域虽然有所变化，但两者的高浓度检出点仍有比较高的一致性，如图 4-84 所示。

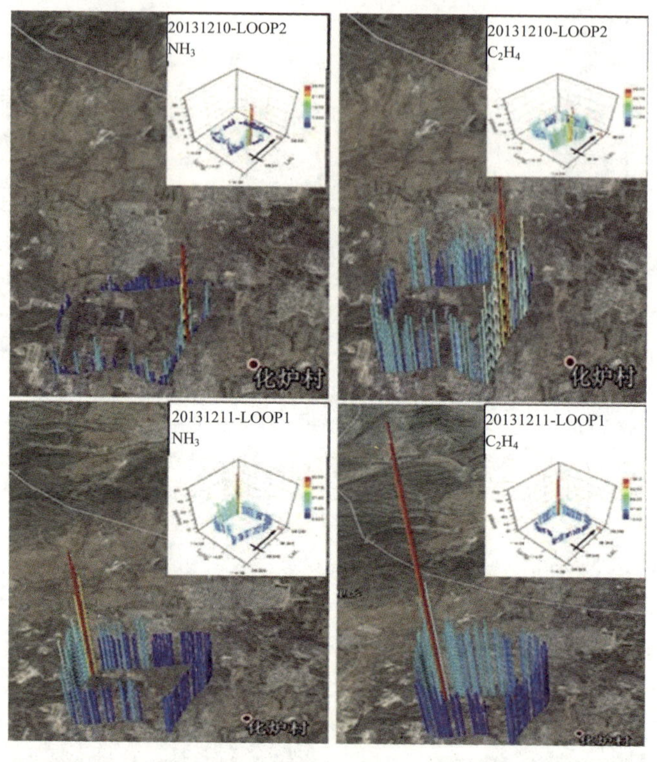

图 4-84　2013 年 12 月 10 日、11 日安阳 NH_3、C_2H_4 部分监测结果

在濮阳市中原乙烯以及中原大化化工区监测实验中，有两天检出比较明显的氨气（NH_3）排放，其中 2013 年 12 月 12 日四次不同时间段监测检出氨气（NH_3）在园区西边及西南角有非常明显的高浓度排放，如图 4-85 所示；2013 年 12 月 13 日四次不同时间段监测检出氨气（NH_3）在园区北边及东北角有非常明显的高浓度排放，如图 4-86 所示。

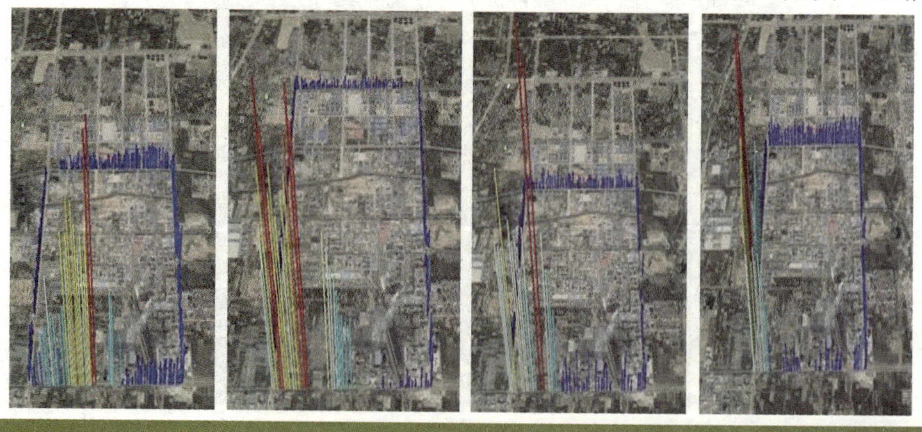

图 4-85　2013 年 12 月 12 日濮阳 NH_3 四次监测结果

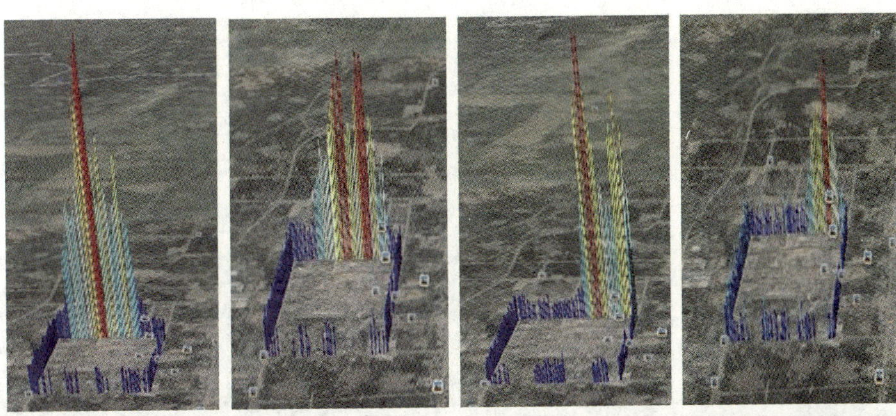

图 4-86　2013 年 12 月 13 日濮阳 NH_3 四次监测结果

在平顶山市化工区监测实验中，在 2014 年 1 月 13 日三次不同时间段检出较弱的氨气（NH_3）排放，监测时间段目测为弱东北风，在园区监测路径南北两侧中间位置沿风向上观测出较弱的氨气高浓度时空分布，因此排放源应该位于监测区域外，所监测到的为一次弱的氨气排放输入过程，如图 4-87 所示。

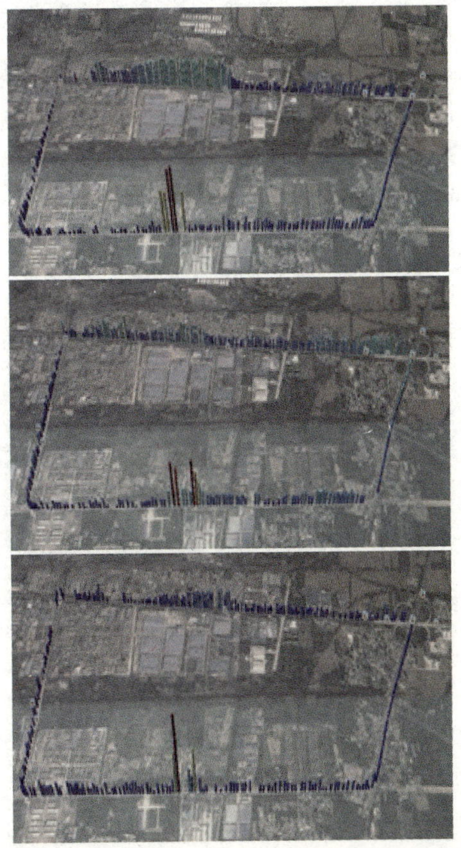

图 4-87　2014 年 1 月 13 日平顶山 NH_3 三次次监测结果

② 2014 年夏季观测结果。

安阳铜冶化工区：

图 4-88、图 4-89、图 4-90 分别为 5 月 20 日安阳铜冶化工区的 NH_3、C_2H_4、C_7H_8O 浓度检测结果，结果表明：在厂区的西北角都有明显的 NH_3、C_2H_4 以及 C_7H_8O 浓度分布，而在厂区的东南角及其附近都有明显的 C_2H_4 浓度分布。

图 4-88 2014 年 5 月 20 日安阳 NH_3 监测结果

图 4-89 2014 年 5 月 20 日安阳 C_2H_4 监测结果

图 4-90 2014 年 5 月 20 日安阳 C_7H_8O 监测结果

图 4-91、图 4-92、图 4-93 分别为 5 月 21 日安阳铜冶化工区的 NH_3、C_2H_4、C_7H_8O 浓度检测结果，结果表明：NH_3、C_2H_4、C_7H_8O 的浓度分布特征基本和 5 月 20 日相吻合，区别在于在厂区的东南角及其附近没有监测到明显 C_2H_4 的浓度分布。

图 4-91　2014 年 5 月 21 日安阳 NH_3 监测结果

图 4-92　2014 年 5 月 21 日安阳 C_2H_4 监测结果

图 4-93　2014 年 5 月 21 日安阳 C_7H_8O 监测结果

图 4-94、图 4-95、图 4-96 分别为 5 月 21 日安阳铜冶化工区的 NH_3、C_2H_4、C_7H_8O 浓度检测结果，结果表明：NH_3、C_2H_4、C_7H_8O 的浓度分布特征基本和 5 月 21 日相吻合，浓度高值出现在厂区西北角。

图 4-94　2014 年 5 月 22 日安阳 NH_3 监测结果

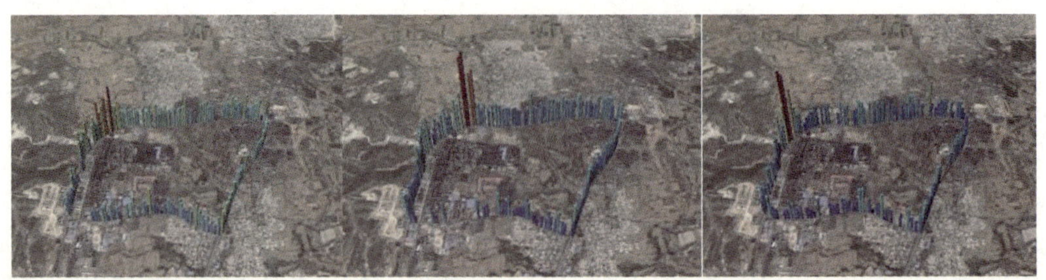

图 4-95 2014 年 5 月 22 日安阳 C_2H_4 监测结果

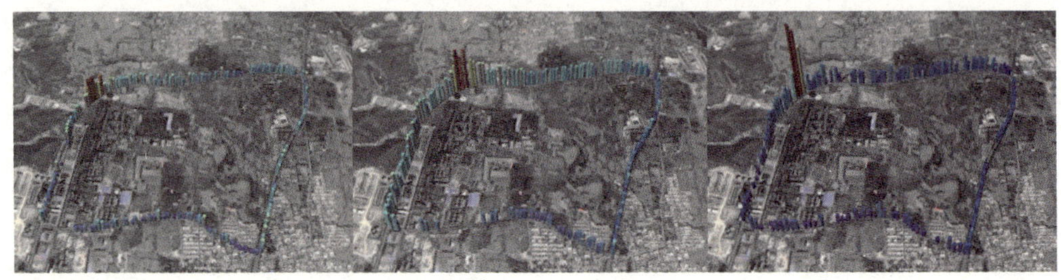

图 4-96 2014 年 5 月 22 日安阳 C_7H_8O 监测结果

以上为安阳铜冶化工区的浓度分布情况，可以看出 NH_3、C_2H_4、C_7H_8O 的浓度最大值在厂区的西北角都有出现，而在 20 日的监测结果可以看出在厂区的东南角及其附近监测到 C_2H_4 的浓度高值分布。

同时，由以上分布图可以看出，在 21 日的 C_2H_4 浓度最大值明显高于 20 日及 22 日。而 NH_3，除了在 20 日的第一圈测量的浓度最大值高于其他圈和其他天以外，包括浓度最大值浓度和平均值浓度在内的，其他浓度特征并无太大差别。

濮阳化工区：

图 4-97、图 4-98、图 4-99 分别为 5 月 22 日濮阳化工区的 NH_3、C_2H_4、C_7H_8O 浓度检测结果，结果表明：在厂区的北边有明显的 NH_3、C_7H_8O 高浓度值分布，而 C_2H_4 浓度分布不明显。

图 4-97 2014 年 5 月 22 日濮阳 NH_3 监测结果

图 4-98　2014 年 5 月 22 日濮阳 C_2H_4 监测结果

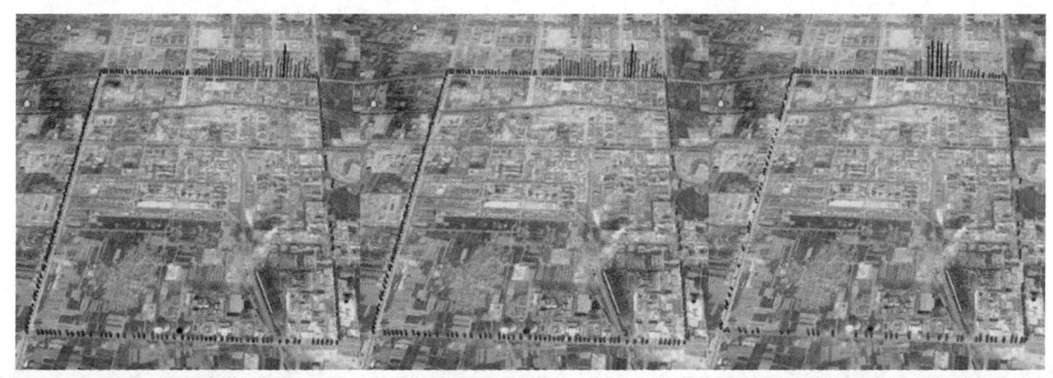

图 4-99　2014 年 5 月 22 日濮阳 C_7H_8O 监测结果

图 4-100、图 4-101、图 4-102 分别为 5 月 23 日濮阳化工区的 NH_3、C_2H_4、C_7H_8O 浓度检测结果，结果表明：NH_3、C_7H_8O 的浓度分布高值出现在厂区的西北角，C_2H_4 的浓度分布不明显。

图 4-100　2014 年 5 月 23 日濮阳 NH_3 监测结果

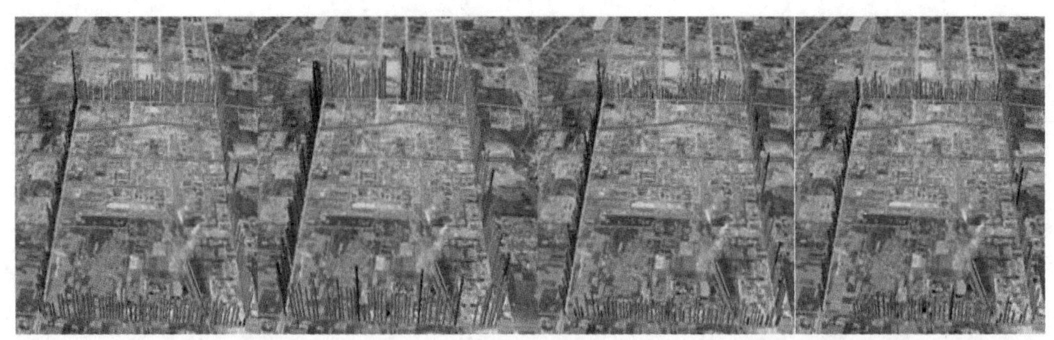

图 4-101 2014 年 5 月 23 日濮阳 C_2H_4 监测结果

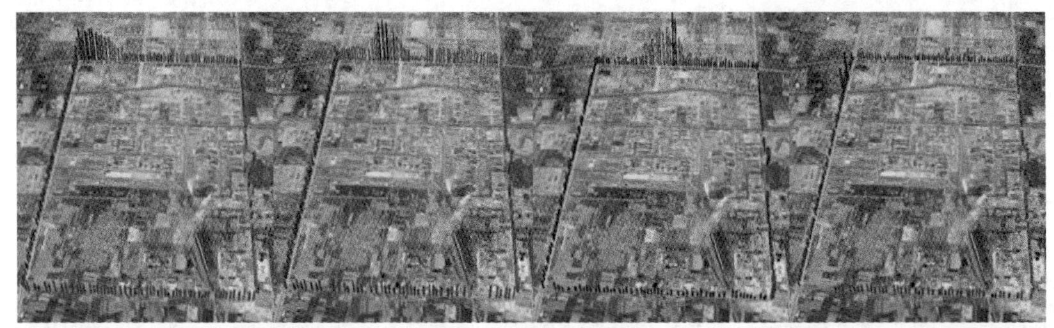

图 4-102 2014 年 5 月 23 日濮阳 C_7H_8O 监测结果

图 4-103、图 4-104、图 4-105 分别为 5 月 25 日濮阳化工区的 NH_3、C_2H_4、C_7H_8O 浓度检测结果，结果表明：25 日的 NH_3、C_7H_8O 有弱浓度分布，主要出现在厂区的东南方向，而第二圈的 C_2H_4 浓度分布东、北边弱高于西、南边。

图 4-103 2014 年 5 月 25 日濮阳 NH_3 监测结果

图 4-104　2014 年 5 月 25 日濮阳 C_2H_4 监测结果

图 4-105　2014 年 5 月 25 日濮阳 C_7H_8O 监测结果

从 20 日、23 日、25 日三天的监测结果浓度分布图可以看出，NH_3、C_7H_8O 浓度分布高值出现在厂区的北部，北偏西，以及东南风向位置，而 C_2H_4 浓度分布不明显。

同时，可以看出 25 日的 NH_3 浓度分布较 22 日、23 日弱，而 23 日的 C_2H_4 的最大值浓度则明显高于 22 日、25 日。

开封化工区：

图 4-106、图 4-107、图 4-108 分别为 5 月 15 日开封化工区的 NH_3、C_2H_4、C_7H_8O 浓度检测结果，结果表明：NH_3、C_7H_8O 的浓度分布高值出现在厂区的东北角，C_2H_4 的浓度分布不明显。

图 4-106　2014 年 5 月 15 日开封 NH_3 监测结果

图 4-107　2014 年 5 月 15 日开封 C_2H_4 监测结果

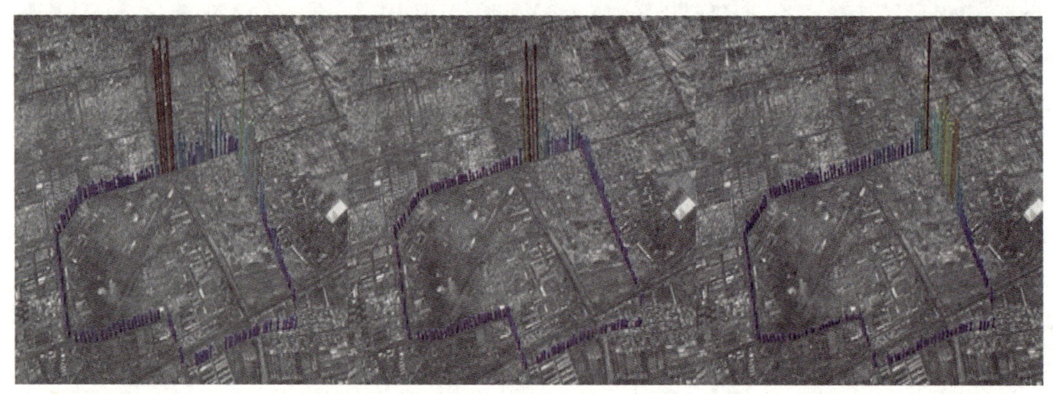

图 4-108　2014 年 5 月 15 日开封 C_7H_8O 监测结果

图 4-109、图 4-110、图 4-111 分别为 5 月 17 日开封化工区的 NH_3、C_2H_4、C_7H_8O 浓度检测结果，结果表明：NH_3、C_7H_8O 的浓度分布高值出现在厂区的西北角，第 1、第 2 圈 C_2H_4 的浓度分布不明显，第 2 圈的浓度东边方向的浓度分布弱高于西边。

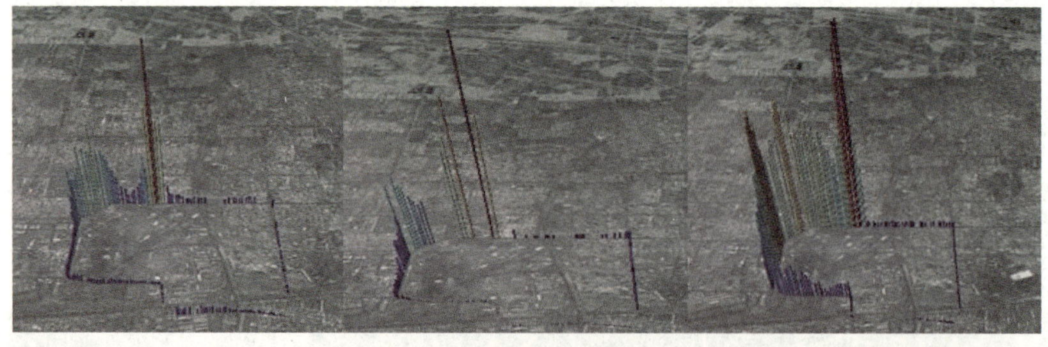

图 4-109　2014 年 5 月 17 日开封 NH_3 监测结果

图 4-110 2014 年 5 月 17 日开封 C_2H_4 监测结果

图 4-111 2014 年 5 月 17 日开封 C_7H_8O 监测结果

图 4-112、图 4-113、图 4-114 分别为 5 月 18 日开封化工区的 NH_3、C_2H_4、C_7H_8O 浓度检测结果，结果表明：NH_3、C_7H_8O 的浓度分布高值出现在厂区的西北角，C_2H_4 的浓度分布不明显。

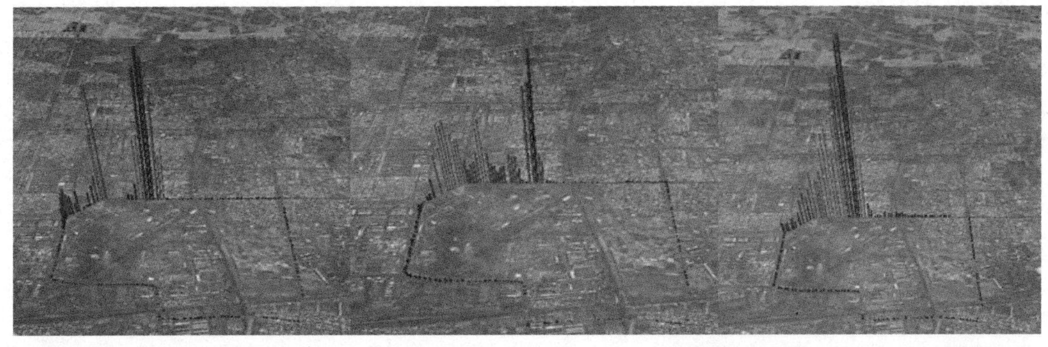

图 4-112 2014 年 5 月 18 日开封 NH_3 监测结果

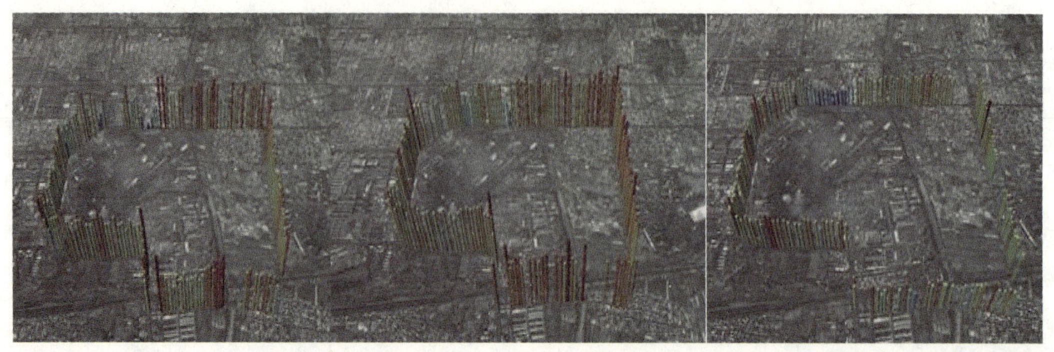

图 4-113　2014 年 5 月 18 日开封 C_2H_4 监测结果

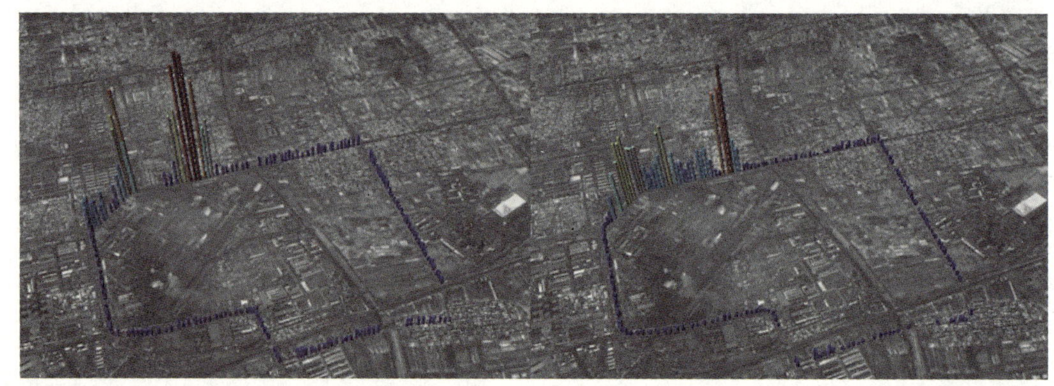

图 4-114　2014 年 5 月 18 日开封 C_7H_8O 监测结果

从 5 月 15 日、17 日以及 18 日的监测结果分布图可以看出，NH_3、C_7H_8O 的浓度分布主要出现在北边及其附近。而 C_2H_4 的浓度则没有明显的分布特征。

此外，平均碳原子数是化学原料以及燃料中各种烷烃的综合分布情况，一般计算公式为：化工材料中的平均碳原子数=∑（化工材料的各含碳烷烃所占的百分比×总的化工材料的质量×碳在此含碳烷烃中的质量分数×碳在此含碳烷烃的相对原子质量比）。通过对平均碳原子数的测量可以表征出两地化工厂区总烷烃的排放情况。在 2013 年冬季安阳濮阳化工园区块监测结果中发现，安阳各次测量测得的总平均碳原子数为 4.92，濮阳各次测量测得的总平均碳原子数为 4.65；2014 年夏季安阳各次测量测得的总平均碳原子数为 4.98，濮阳各次测量测得的总平均碳原子数为 5.18。

4.8　源清单建立的不确定性分析

源清单不确定性的来源主要由数据源的不确定性、排放因子的不确定性和质量控制的不确定性等方面的因素带来。目前对清单不确定性的分析主要有几种方法：

- 基于和实际监测结果的比较；
- 基于数值模型结果（如蒙特卡罗法）与有质量可靠性监测值的符合性；
- 基于概率分布模型的拟合方法与技术；
- 基于宏观数据总量一致性等分析。

本项目采用城市区域和重点企业走航观测方法和数值模型验证两种方法对河南省污染源清单进行了校验。

虽然本清单的建立是宏观数据结合重点企业的精确结果相结合的一个中尺度排放清单，存在非道路机动车、秸秆燃烧法、道路机动车燃料蒸发等排放未编入等不确定性，但从本清单与别的清单比较、车载走航观测的校验以及利用此清单输入获得的污染物浓度模拟结果与测量结果对比发现，本清单具有很好的可信度，能够较好地反映河南省的实际排放情况。

从针对城市和重点工业源的车载观测结果和源清单结果看出（图 4-115），在城市观测中，SO_2 和 NO_x 的排放量两者结果一致，虽然重点工业源中两者结果有一定差别，但也在合理范围之内（在同一数量级水平）（图 4-116）。

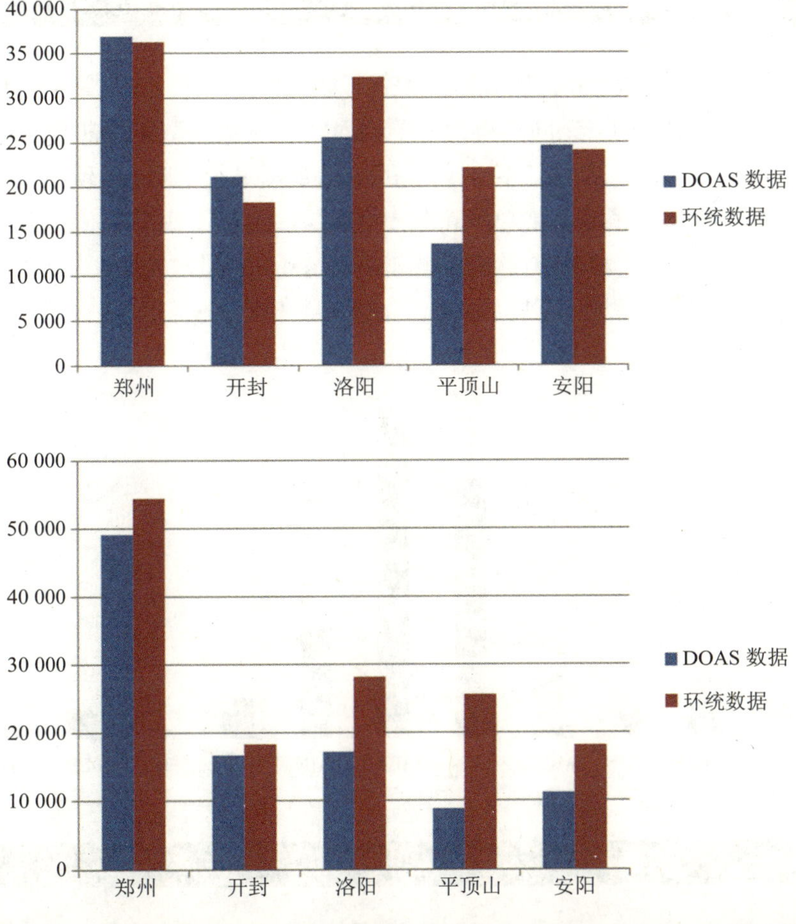

图 4-115　城市车载走航观测的结果对比（左：SO_2，右：NO_x）

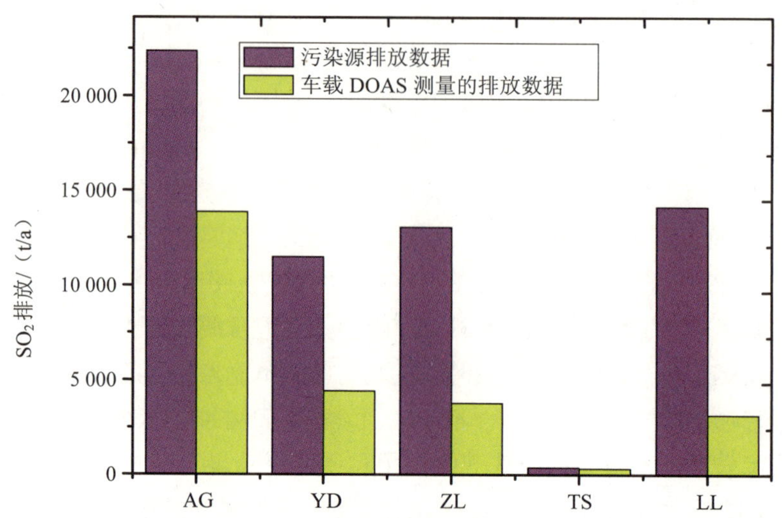

（AG：安阳钢铁厂，YD：姚孟电厂，ZL：焦作中州铝厂，TS：天瑞水泥厂，LL：洛阳炼油厂）

图 4-116 重点工业源车载走航 SO_2 观测结果的对比

此外，将本清单与清华的污染物清单 MEIC 进行比较，发现在污染物排放总量上能够保持较好的一致性（图 4-117）。同时将此清单输入空气质量模型，模拟了 SO_2、NO_2、PM_{10} 和 $PM_{2.5}$ 的浓度并且与河南省 15 个监测站点的月均数据进行比对，发现模拟值和测量值也有较好的一致性，也反映了本源清单的可信度（图 4-118）。

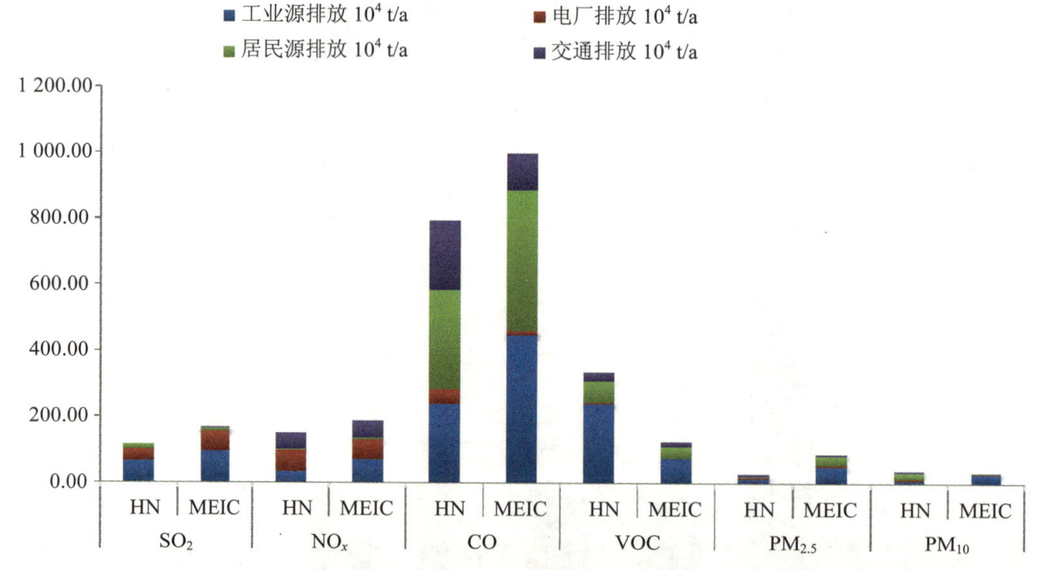

图 4-117 本清单与清华污染物清单（MEIC）比较

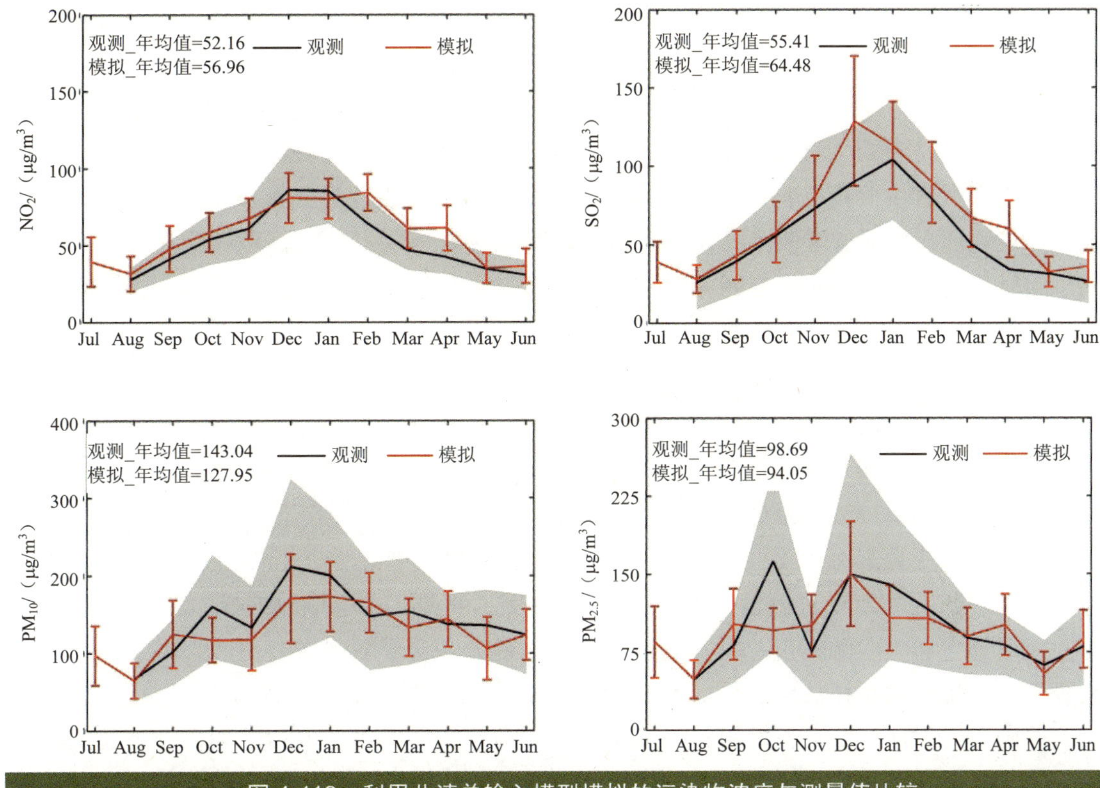

图 4-118　利用此清单输入模型模拟的污染物浓度与测量值比较

本次污染源排放清单的建立，通过对河南省环保、交通、建设、统计等相关部门的基础数据进行广泛收集，以及大量工业源及道路源的现场监测和核查工作，尽力做到数据的准确性和全面性，但由于条件限制和时间上的紧迫，本次清单调查还有很多细节还做得很不到位，例如，VOC 没有考虑装修材料的挥发和植被产生量等方面，此外农村生物质燃烧、医疗废物焚烧、河南省 3 个机场及铁路农业机械等非道路排放源也没有包括在内。同时对面源的调查还存在一定不足，网格还有待于进一步精细。除此之外，这次的清单建立还存在以下一些引起排放估算不确定性的因素。

点源：一方面由于点源数较多，且各点源贡献差异较大，在编制点源排放清单时一些小排放的点源不在此次清单编制范围内。另一方面，排放量统计数据中不包含部分污染物的排放量（如 CO 和 $PM_{2.5}$ 等），则采用排放因子估算，本研究中排放因子主要来源于环保部的指南及 AP-42，针对河南省的当地情况会存在一定的误差。

面源：在面源统计方面的误差主要来源于工业面源分类的准确性、活动水平数据的欠缺和误差、排放因子的误差等。本研究中将高度低于 30 m 的点源定义为工业面源，而某些排放源缺少排气筒高度参数，造成和实际情况存在一些差异。另外部分活动水平数据采用平均值以及排放因子采用 AP-42 的结果也会产生清单估算误差。

4.9 小结

通过对河南省的大气污染源调查与计算，建立了 2013 年河南省大气污染物排放清单，并对河南省全省主要污染物排放情况、河南省主要污染物工业行业排放特征、各行政区的主要污染物清单、重点区域污染物分布特征及污染物排放与 GDP、面积关系进行了分析研究。同时采用光学遥测技术对重点代表性城市及工业区进行观测，从而实现对源清单的核算。通过以上分析研究，得到如下结论。

4.9.1 河南省全省主要污染物排放情况

河南省 SO_2 的排放量为 125.40 万 t，NO_x 为 156.56 万 t，$PM_{2.5}$ 为 28.21 万 t，PM_{10} 为 38.78 万 t，CO 为 795.13 万 t，VOCs 为 102.74 万 t，NH_3 为 88.67 万 t。

全省 SO_2 主要来源于工业源和电厂源，占总排放的 87%；NO_x 排放主要来源于电厂源和交通源，约占总排放的 76%；$PM_{2.5}$ 主要来源于工业源，占总排放的 52%；PM_{10} 主要来源于建筑扬尘和工业源，占总排放的 67%；CO 最大来源于居民源，占 38%；VOCs 主要来源于工业源，占总排放的 58%；NH_3 绝大多数来源于农业源，占 97%。

洛阳、三门峡、安阳、郑州和平顶山 SO_2 排放量位居全省前 5 位，约占全省 SO_2 排放总量的 48.5%。郑州、洛阳、焦作、南阳和平顶山 NO_x 排放量位居全省 NO_x 排放的前五位，约占全省 NO_x 排放的 41.8%。郑州、洛阳、安阳、平顶山、漯河位居全省 PM_{10} 排放的前五位，约占全省的 55%。郑州、安阳、平顶山、洛阳、新乡 $PM_{2.5}$ 的排放位居全省前五位，约占全省排放的 52%。平顶山、郑州、新乡、洛阳和南阳 CO 排放位居全省前五位，约占全省总排放的 49%。郑州、南阳、洛阳、周口和许昌 VOCs 排放位居全省的前五位，约占全省总排放的 43%。南阳、信阳、驻马店、周口和商丘是全省 NH_3 排放的前五位，约占总排放的 50%。

4.9.2 河南省主要污染物工业行业排放特征

从河南省工业行业排放特征看，河南省重点工业行业 SO_2 排放 100.60 万 t，占全省总 SO_2 排放的 87%，电力、热力生产和供应业是全省最大的 SO_2 排放行业，占全省工业 SO_2 排放的 37%，非金属矿物制品业，黑色金属冶炼和压延加工业，化学原料和化学制品制造业和有色金属冶炼和压延加工业分别排名第二至第五。五大行业共排放 SO_2 83.15 万 t，占全省 SO_2 工业排放的 83%，占全省总排放的 72%。

全省 NO_x 重点工业排放 97.35 万 t，占全省总 NO_x 排放的 64%。电力、热力生产和供应业依然是 NO_x 排放最高的行业，占全省工业 NO_x 排放的 66%，非金属矿物制品业，有色金属冶炼和压延加工业，化学原料和化学制品制造业以及黑色金属冶炼和压延加工业位居第二到第五位。五大行业共排放 NO_x 91.3 万 t，占总工业 NO_x 排放的 94%，占全省总

NO_x 排放的 60%。

全省 CO 重点工业排放 282.76 万 t，占全省总 CO 排放的 36%。非金属矿物制品业是 CO 排放最高的行业，占全省工业排放的 55%，电力、热力生产和供应业，黑色金属冶炼和压延加工业，化学原料和化学制品制造业以及煤炭开采和洗选业位居其后。五大行业共排放 CO 276.53 万 t，占全省工业 CO 排放的 98%，占全省总 CO 排放的 35%。

全省 PM_{10} 和 $PM_{2.5}$ 重点工业排放分别为 14.31 万 t 和 19.05 万 t，分别占全省 PM_{10} 和 $PM_{2.5}$ 总排放的 37%和 68%。非金属矿物制品业是 $PM_{2.5}$ 排放最高的行业，占全省工业排放的 32%，电力、热力生产和供应业是 PM_{10} 排放最高的行业，占全省工业排放的 40%。有色金属冶炼和压延加工业，黑色金属冶炼和压延加工业和石油加工业，炼焦和核燃料加工业位居其后。五大行业，PM_{10} 和 $PM_{2.5}$ 分别共排放 13.4 万 t 和 17.96 万 t，占全省总 PM_{10} 和 $PM_{2.5}$ 工业排放的 94%和 94%，占全省总 PM_{10} 和 $PM_{2.5}$ 排放的 35%和 64%。

因此，非金属矿物制品业，电力、热力生产和供应业，黑色金属冶炼和压延加工业，有色金属冶炼及压延加工业，化学原料和化学制品制造业是我省 SO_2、NO_x、CO、$PM_{2.5}$ 和 PM_{10} 等主要污染物的重点排放企业类型。

4.9.3 各行政区的主要污染物清单

郑州 SO_2 排放 13.04 万 t、洛阳 SO_2 排放 12.55 万 t、安阳 SO_2 排放 12.01 万 t、三门峡 SO_2 排放 11.82 万 t 以及平顶山 SO_2 排放 11.03 万 t，这些城市位居全省 SO_2 排放的前 5 位。郑州 NO_x 排放 21.45 万 t，洛阳排放 14.09 万 t、焦作排放 10.86 万 t、南阳排放 10.33 万 t 以及平顶山排放 9.94 万 t，这些城市位居全省 NO_x 排放的前 5 位。郑州 PM_{10} 排放 9.21 万 t、洛阳排放 3.65 万 t、安阳排放 3.04 万 t、平顶山排放 2.87 万 t 以及漯河排放 2.60 万 t，这些城市是 PM_{10} 排放的前 5 位。郑州 $PM_{2.5}$ 排放 4.39 万 t、安阳排放 3.53 万 t、平顶山排放 2.57 万 t、洛阳排放 2.06 万 t、新乡排放 2.01 万 t，这些城市 $PM_{2.5}$ 的排放位居全省前 5 位。平顶山 CO 排放 114.56 万 t、郑州排放 103.82 万 t、新乡排放 60.17 万 t、洛阳排放 59.74 万 t 以及南阳排放 52.50 万 t，这些城市 CO 排放位居全省前 5 位。郑州 VOCs 排放 11.08 万 t，南阳排放 9.48 万 t、洛阳排放 9.36 万 t、周口排放 7.32 万 t 和许昌排放 6.84 万 t，这些城市位居 VOCs 全省排放的前 5 位。南阳 NH_3 排放 10.26 万 t、信阳排放 9.22 万 t、驻马店排放 8.99 万 t、周口排放 8.51 万 t 和商丘排放 7.37 万 t，这些城市是全省 NH_3 排放的前 5 位。

对绝大多数行政区域来说，SO_2、$PM_{2.5}$ 和 VOCs 主要来自于工业源和电厂源的排放，居民源、交通源和工业源对 CO 的排放贡献相当，但部分城市居民源排放较大（如平顶山、洛阳、商丘等）。NO_x 除了来自于工业源和电厂源外，交通源也占较大比重，PM_{10} 有很大一部分来源于建筑扬尘，NH_3 几乎全部来自于农业源（包括畜牧等）排放。

但部分城市，由于自身产业结构特点，各种源的贡献具有一定的差异。濮阳和周口的重型机动车辆较多，濮阳和周口的机动车排放超过工业源是这两个市的主要排放源。安阳、济源、三门峡等城市是典型的工业城市，工业源和电厂源在各污染物排放中占很高比重。

如济源市工业源和电厂源对 SO_2 的贡献为 98%，对 NO_x 的贡献为 85%，对 $PM_{2.5}$ 和 PM_{10} 分别占 90%和 76%。

从各城市的工业行业分布特征看，非金属矿物制品业、电力、热力生产和供应业、黑色金属冶炼和压延加工业、有色金属冶炼及压延加工业、化学原料和化学制品制造业依然是各城市 SO_2、NO_x、CO、$PM_{2.5}$ 和 PM_{10} 等主要污染物的重点排放企业类型。

针对重点区域污染物排放进行研究，河南省的主要污染物都集中在豫西、豫北和豫中三个区域，三个区域 SO_2 的排放占全省的 62%，NO_x 排放占全省的 59%，$PM_{2.5}$ 排放占全省的 65%，PM_{10} 排放占全省的 61%，CO 排放占全省的 56%，VOCs 排放占全省的 46%，NH_3 排放占全省的 34%。

4.9.4 污染物排放与 GDP、面积关系

对于单位 GDP 和单位面积 SO_2、NO_x、$PM_{2.5}$、PM_{10} 和 CO 排放量，济源、平顶山、鹤壁、三门峡、安阳和郑州的单位排放量位于全省前列；对于 VOCs 和 NH_3 的排放而言，驻马店、濮阳、信阳、漯河等城市位于全省单位排放量的前列，因此在对污染物总量控制的基础上还应对上述重点城市的单位量进行控制。

4.9.5 典型区域走航监测对排放通量的估算

采用光学遥测技术手段对河南省代表城市及重点工业区源的 SO_2、NO_2 和 VOC 进行测量，获得了测量区域 SO_2、NO_2 和 VOC 的分布及排放特征，从而对污染源清单进行核算。

在代表性城市监测中，受局地污染源排放影响，开封、安阳、洛阳和平顶山 SO_2、NO_2 具有明显的柱浓度分布特征，但夏季观测中郑州的分布特征不明显。开封由于受到开封钢铁厂和开封发电厂的影响，西风、东风和南风为主导的风场下在测量路径的东部、西部和北部观测到 SO_2、NO_2 浓度高值。且在东风和南风场影响下，这两大污染源的排放对主城区空气质量影响较大。安阳的空气质量主要受安阳钢铁厂的排放影响，尤其在西北风场影响下安阳主城区的空气质量会明显下降。在东南/南风风场影响下，安阳的空气质量同时也受到安阳南部的零星污染源集中排放影响。洛阳的 SO_2、NO_2 柱浓度分布特征受测量路径外东南部的污染源和洛阳炼油厂的影响，当为东北风场时，洛阳炼油厂的污染物会输送到洛阳市主城区，而在东南风场时测量路径的东部及南部出现高值。平顶山的污染物分布特征主要受姚孟电厂和神马氯碱的排放影响，且神马氯碱的贡献更大。夏季郑州观测中，不论在东南风场还是西北风场下都未发现明显的污染物空间分布特征，尤其是 SO_2，这与冬季的观测有所不同。

对 5 个代表性城市 SO_2、NO_2 的排放通量进行了估算，整个观测期间，开封市的平均 SO_2 排放通量为 0.67±0.43 kg/s，NO_2 排放通量为 0.40±0.20 kg/s；郑州的平均 SO_2 排放通量为 1.17±1.14 kg/s，NO_2 排放通量为 1.17±0.92kg/s；安阳市 SO_2 排放通量的平均值为

0.78±0.64 kg/s，NO_2 排放通量为 0.27±0.18 kg/s；洛阳市 SO_2 为 0.81±0.45 kg/s，NO_2 排放通量为 0.41±0.22 kg/s；平顶山市 SO_2 为 0.43±0.18 kg/s，NO_2 为 0.21±0.14 kg/s。SO_2 平均排放量为郑州＞洛阳＞安阳＞开封＞平顶山，NO_2 平均排放量为郑州＞洛阳＞开封＞安阳＞平顶山。将城市 SO_2 排放与源统计数据对比，车载 DOAS 观测结果与源统计数据接近。

同时，对重点工业区源的排放进行了估算，整个观测期间，安阳钢铁厂平均 SO_2 排放通量为 0.43±0.09 kg/s，NO_2 平均排放量为 0.11±0.04 kg/s；卫辉水泥厂 SO_2、NO_2 的平均排放量分别为 0.01±0.005 kg/s、0.004±0.001 kg/s；中州铝厂 SO_2、NO_2 的平均排放量分别为 0.11±0.02 kg/s、0.04±0.02 kg/s；洛阳炼油厂 SO_2、NO_2 的平均排放量分别约为 0.06 kg/s，0.04 kg/s；姚孟电厂 SO_2、NO_2 的平均排放量分别为 0.13±0.06 kg/s、0.06±0.02 kg/s。SO_2 排放量安钢＞姚孟电厂＞中州铝厂＞洛阳炼油厂＞卫辉天瑞水泥厂，NO_2 排放量安钢＞姚孟电厂＞洛阳炼油厂、中州铝厂＞卫辉天瑞水泥厂。同时将污染源清单与 2012 年源排放数据比对，车载 DOAS 的观测结果普遍偏小。

安阳市铜冶镇化工园区在监测时间段监测出氨气（NH_3）、乙烯（C_2H_4）以及苯甲醇（C_7H_8O）的排放浓度变化趋势；濮阳市中原大化、中原乙烯化工园区在监测时间段监测出氨气（NH_3）以及苯甲醇（C_7H_8O）的排放浓度变化趋势；安阳、濮阳两地均有较为明显的烷烃综合排放；安阳、濮阳的丙酮（C_3H_6O）排放水平较高。开封检测出非常明显的氨气（NH_3）以及苯甲醇（C_7H_8O）高浓度排放，且时空分布相关性很好；此外，安阳氨气、濮阳的氨气排放也较为明显，且排放较为集中。

总烷烃排放量：濮阳大化＞安阳铜冶；C_2H_4 排放量：开封化肥厂＞濮阳大化≈安阳铜冶＞平顶山神马氯碱；NH_3 排放量：开封化肥厂＞濮阳大化＞安阳铜冶＞平顶山神马氯碱；C_3H_6O 排放量：濮阳大化＞安阳铜冶；C_7H_8O 排放量：开封化肥厂＞濮阳大化≈平顶山神马氯碱＞安阳铜冶。

第5章

大气灰霾污染源排放特征及源解析

在颗粒物的防治中，源解析技术可以弄清大气颗粒物的来源和贡献率，其结果是制订大气污染防治规划的依据，对污染治理重点和科学决策有着十分重要的指导意义。目前，化学质量平衡法（CMB）作为一种原理简单、解析结果可靠的受体模型分析方法，在颗粒物源解析中得到了非常广泛的应用。而颗粒物的成分谱（受体成分谱）是CMB源解析的重要数据来源，将之与源成分谱结合使用，才能得到有价值的分析结果。因而建立起全面准确的颗粒物成分谱是颗粒物研究的基础性工作，对灰霾的治理具有重要意义。

5.1 大气颗粒物源解析的国内外研究现状

20世纪80年代以来，我国经济腾飞和城市化进程在不断加快，空气污染问题也日益突出。尤其是2013年1月以来，我国频发的大面积区域霾污染现象引起了国内外广泛关注。这期间河南省作为中部地区也经历了大面积灰霾污染，导致区域性的霾问题成为我国当前急需解决的难点和重点。改善中国区域性霾污染现状、提高大气能见度需对高浓度的$PM_{2.5}$进行有效的控制和治理，而使用科学的源解析方法来判断$PM_{2.5}$来源是控制和治理的关键。$PM_{2.5}$并非某一种化学类型的污染物，而是一些污染物的集合。$PM_{2.5}$的来源有两种，一种是直接以固态形式排放的一次粒子，另一种是由气态前体物（二氧化硫和氮氧化物等）通过大气化学反应而生成的二次粒子。近年来，工业发展和机动车增加带来了二氧化硫、氮氧化物等的排放，使城市$PM_{2.5}$中硫酸盐、硝酸盐、铵盐等二次粒子成分不断增加。国内外研究表明，削减$PM_{2.5}$的浓度需同时考虑控制$PM_{2.5}$一次源排放和$PM_{2.5}$前体物（二氧化硫和氮氧化物等）排放。

大气源解析技术是指对大气颗粒物来源进行定性或定量研究的一种技术。对大气污染来源的研究始于以污染源排放清单的分析和以污染源排放清单为基础的扩散模型（源模型）；20世纪70年代将着眼点由排放源转移到受体，开始了受体模式的研究。目前大气源解析技术的两大基本技术分别是：①基于源的大气扩散模式的源解析技术；②基于受体模型建立起来的源解析技术。其中基于各种大气扩散模式的源解析技术，可以广泛应用于一次及二次的气态污染物和颗粒物的来源解析；基于化学平衡受体模型的解析技术主要用于具有复杂来源的大气颗粒物来源解析。

这两种解析技术方法各有优点和不足，相互不能替代，在进行污染来源解析研究中，常常是将这两种方法联合起来，相互补充使用，出现将源清单、扩散模式和受体模式集成加以综合应用的趋势。目前，发达国家已建立了比较完善的污染源清单及数据库、各种源的排放因子系列和源排放化学成分谱库、各类大气扩散模式系统以及各类受体模型，为研究和确定源-受体关系奠定了很好的基础。美国和一些欧洲国家在 PM_{10} 和 $PM_{2.5}$ 源排放特征化学成分谱研究方面开展了大量的工作，建立了用于源解析研究的排放源特征谱库。源清单是基于对各污染源的详细调查，根据各源的基本工况和排放因子模型，建立污染源清单和数据库，据此可以分析各源排放对总排放量的贡献及对空气质量的相对影响，确定重点污染源。但由于源清单的不完整性及排放因子的可适用性，源清单分析的结果具有较大的不确定性，误差较大。

扩散模式是根据源排放量模拟污染物排放、迁移、扩散、化学转化等过程估算污染源对颗粒物质量浓度的贡献，可具体估算到每一个排放源的贡献情况，对于污染综合治理规划具有十分重要的意义。但扩散模式所需要的源排放清单具有很大的不确定性，特别是一些人为无组织排放源、天然源和二次细粒子源的参数难以确定，因此影响了扩散模式在源解析中的应用。

扩散模式方法基于污染源清单和污染源排放量，通过模拟污染物排放、迁移、扩散、化学转化等过程描述不同条件下污染物的时空分布状况，能够定量确定单个污染排放源对环境质量的贡献及污染分担率，并能够预测污染源排放的改变对环境空气质量的变化，这对于污染综合治理规划具有十分重要的意义。

大气扩散模式的种类很多，按模式理论的发展途径可分为统计理论模式、K 理论模式和相似理论模式；按模拟的时间尺度可分为短期平均及长期平均浓度模式；按污染源的形态又可分为点源、线源、面源、体源、多源或复合源模式。尽管大气扩散模式的种类繁多，但从应用角度出发，在实际工作中使用的大气扩散模式多属高斯模式及高斯模式的变形。

受体模式通过分析大气颗粒物化学成分和物理特性来推断污染物来源，估算各类污染源的贡献率，它较扩散模式大大简化，自问世以来得到了迅速发展，结果可以作为战略决策的依据。受体模式经过了 30 多年的发展，逐渐形成了富集因子、CMB 模式、多元统计分析（如因子分析、正矩阵因子分析等）用于识别和解析颗粒物来源的方法，目前国内大气颗粒物解析多采用化学质量平衡、多因子分析法以及多元统计分析方法。受体模型主要用于颗粒物的来源解析研究。在污染物从源到受体质量守恒且呈线性关系的假设下，受体模式通过分析受体大气颗粒物化学特性和物理特性来推断污染物的主要来源并估算各类污染源的贡献率。由于受体模型不依赖于气象资料和污染源清单，主要基于污染源排放特征、源排放化学成分谱和受体大气的物理化学特征，因此是一种典型的基于环境浓度水平“自上而下”的源解析方法，能有效确定影响受体大气的主要污染源类，避免了重要污染源类型的遗漏。

针对扬尘共同污染的现实问题，目前发展了一些二重源解析技术，这种技术方法建立在三次不同的 CMB 模型计算结果基础上，用 CMB 计算出各单一源类对环境的贡献率，用烟尘替代与其共线严重的单一源；将扬尘作为受体，其他各单一尘源类作为对其有贡献的源，用 CMB 模型计算出各单一源类对扬尘的分担率。多种技术的综合：将扩散模式和受体模式这两类模式结合使用，成为源解析研究的趋势之一，以满足环境管理和污染控制的需要。

逆向模拟技术是在三维立体的大气浓度水平观测的基础上，根据气象过程和化学过程，逆向运用空气质量模式，检验和建立的污染源清单。这一方法借助高质量的环境观测，可以获得污染源的时间和空间分布，但方法本身不具有将各类源（如机动车、燃煤）进行区分的能力。

目前发展的大气污染来源研究方法非常丰富，各有利弊。污染来源的研究在污染物的种类不断扩展的同时，技术方法的发展有两个基本趋势：一是采用多种技术方法进行相互验证，或进行不同方法的综合集成；二是使建立的污染源清单实现动态化，以反映污染源的时间和空间变化规律。2013 年 8 月我国正式发布《大气颗粒物来源解析技术指南（试行）》，把 CMB 和 PMF 作为大气颗粒物源解析的两个重要模型。

5.2 主要研究内容和技术路线

大气颗粒物来源解析工作是定性或定量识别大气颗粒物的来源，是一项长期、复杂且系统的技术性工作。大气颗粒物来源解析涉及多种技术方法、模型选择、样品采集与分析、化学成分谱的科学构建、模拟运算以及解析结果评估与应用等，必须强化技术要求和科学规范。

5.2.1 主要研究内容

（1）建立区域大气灰霾污染源成分谱和受体成分谱

结合河南省大气灰霾污染的基本特征，采集土壤尘、建筑尘、道路尘、钢铁尘、城市扬尘、燃煤尘、机动车尾气尘、生物质燃烧尘，分季节采集典型城市受体（环境空气）的样品。分析污染源和受体样品中重金属、EC/OC、水溶性离子及部分有机物浓度等，建立区域大气灰霾污染源成分谱和受体成分谱。

通过将污染源成分谱作为重要输入参数代入源解析模型（CMB）中，对各类污染源进行分析，进而得到各个源对环境污染的贡献值。目前，国内外通用的做法是选取表征各类源特点的且在迁移过程中变化不大的元素，即所谓的标识元素。如 Si 代表土壤尘、Al 代表煤烟尘、Fe 代表冶炼尘、Ca 代表建筑尘、Pb 代表汽油尘等。但由于存在地区差别、需要选取多个元素参加计算。由于排放源的化学组分比较复杂，其变化趋势与采样点化学组分含量变化趋势越一致，对于受体地区的排放贡献率可能越大。

（2）使用化学质量平衡法（CMB）进行模拟

化学质量平衡受体模型（CMB，chemical mass balance），是美国最早推荐使用的一种受体模型，模型的基本原理是质量守恒，即受体上每种化学组分的测量总浓度是所有源类贡献浓度值的线性加和。该模型是基于以下假设建立起来的：

① 可以识别出对环境受体中的大气颗粒物有明显贡献的所有污染源类，并且各源类所排放的颗粒物的化学组成有明显的差别；② 各源类所排放的颗粒物的化学组成相对稳定，化学组分之间无相互影响；③ 各源类所排放的颗粒物之间没有相互作用，在传输过程中的变化可以被忽略；④ 所有污染源成分谱是线性无关的；⑤ 污染源种类低于或等于化学组分种类；⑥ 测量的不确定度是随机的、符合正态分布。那么，在受体上测量的总物质浓度 C 就是每一源类贡献浓度值的线性加和。

$$C=\sum_{j=1}^{J}S_j \tag{5-1}$$

式中：C—— 受体大气颗粒物的总质量浓度，μg/m^3；

S_j—— 每种源类贡献的质量浓度，μg/m^3；

J—— 源类的数目，j=1，2，…，J。

如果受体颗粒物上的元素 i 的浓度为 C_i，那么公式可写成：

$$C_i=\sum_{j=1}^{J}F_{ij}\cdot S_j \tag{5-2}$$

式中：C_i—— 受体大气颗粒物中元素 i 的浓度测量值，μg/m^3；

F_{ij}—— 第 j 类源的颗粒物中元素 i 的含量测量值，g/g；

S_j—— 第 j 类源贡献的浓度计算值，μg/m^3；

J—— 源类的数目，j=1，2，…，J；

i—— 元素的数目，i=1，2，…，I。

把受体大气颗粒物中元素 i 的浓度监测值 C_i（μg/m^3）和颗粒物源中元素的测量指 F_{ij}（g/g）代入式（5-2），就得到一个方程组，只要所选择的元素数 i 大于或等于污染源数 j，理论上就能解出各类源对受体的贡献浓度 S_j，那么就可得到各源类的贡献率：

$$n_j=（S_j/C）\times 100\% \tag{5-3}$$

目前 CMB 模型最常采用的算法是有效方差最小二乘法，也就是说，加权的元素测量值与计算值之差平方和最小。

在 CMB 受体模型发展过程中，对方程组（5-2）的求解提出过很多种算法，主要有示踪元素法、线性程序法、普通加权最小二乘法、岭回归加权最小二乘法、部分最小方差法、神经网络法、有效方差最小二乘法等。目前 CMB 模型最常采用的算法是有效方差最小二乘法，即计算结果使加权的元素测量值与计算值之差的平方和最小。

即

$$m^2 = \sum_{i=1}^{I} \frac{\left(C_i - \sum_{j=1}^{J} F_{ij} \cdot S_j\right)^2}{V_{eff,i}} \tag{5-4}$$

其中

$$V_{eff,i} = \sigma_{C_i}^2 + \sum_{j=1}^{J} \sigma_{F_{ij}}^2 \cdot S_j^i \tag{5-5}$$

为有效方差，即权重值。

式中：σ_{C_i}—— 受体大气颗粒物的元素测量值 C_i 的标准偏差，μg/m³；

$\sigma_{F_{ij}}$—— 排放源的元素测量值 F_{ij} 的标准偏差，g/g；

S_j—— 源的元素贡献计算值的标准偏差，μg/m³。

由于有效方差 $V_{eff,i}$ 是未知数源贡献值 S_j 的函数，所以有效方差最小二乘法在实际运算中采用迭代法，即在前一步迭代计算的 S_j 的基础上再来计算一组新的 S_j 值。具体算法如下：

CMB 方程组的矩阵形式：

$$C = F \cdot S \tag{5-6}$$

用上标 K 表示第 K 步迭代的变量值。

（a）设源贡献初始值为零

$$S_j^{k=0} = 0 \quad j=1，2，\cdots，J \tag{5-7}$$

（b）计算有效方差矩阵 $V_{eff,i}$ 的对角线上的分量，所有的非对角线上的分量都等于零

$$V_{eff,i}^k = \delta_{C_i}^2 + \sum (S_j^k)^2 \cdot \delta_{F_{ij}}^2 \tag{5-8}$$

（c）计算 S_j 的第 K+1 步迭代的值

$$S_j^{k+1} = \left[F^T (V_e^k)^{-1} F\right]^{-1} F^T (V_e^k)^{-1} C \tag{5-9}$$

（d）如果式（5-10）中的结果大于 1%时，执行上一步迭代，如果小于 1%时，终止该算法。

若 $\left|S_j^{K+1} - S_j^K\right| / S_j^{K=1} > 0.01$　　返回第二步

若 $\left|S_j^{K+1} - S_j^K\right| / S_j^{K=1} \leqslant 0.01$　　到第五步　　（5-10）

（e）计算 S_j 的第 K+1 步迭代的值。

$$\sigma_{S_j} = \left\{\left[F^T (V_e^{k+1})^{-1} F\right]_{jj}^{-1}\right\}^{1/2} \tag{5-11}$$

式中：C=（C_1，…，C_i）^{T} 为第 I 个元素的 C_i 的列矢量；

S=（S_1，…，S_j）为第 j 种排放源类的贡献计算值 S_J 的列矢量；

$F= F_{ij}$ $I \times J$ 阶的源成分谱 F_{ij} 矩阵；

$V= V_{eff,I}$ 有效方差的对角矩阵。

因此应用有效方差最小二乘法求解 CMB 模型时，模型的输入参数为，受体化学元素谱浓度的测量值 C_i 和源成分谱的含量测量值 F_{ij}；模型的输出参数是，源贡献计算值 S_J 和 S_J 的标准偏差；元素的贡献计算值 S_{ij} 和 S_{ij} 的标准偏差。

（3）采用因子分析法源解析进行比较验证

因子分析法（FA）是一种多元统计分析方法，是由布利福德（Blifford）等在气溶胶研究中首先提出的，此后得到广泛应用。因子分析法是从变量之间的相关关系出发求解公因子及因子载荷，其基本原理是基于承认与污染源有关的变量间存在着某种相关性，在不损失主要信息的前提下，将一些具有复杂关系的变量或样品归结为数量较少的几个综合因子，因子负载系数的大小反映了因子与变量间的相关程度，此法用颗粒物的实测元素浓度进行运算，再结合被测地区的具体情况进行分析，获得主要污染来源及其贡献率。

因子分析法的主要优点是不需要事先设想污染源的结构、数目和假定由一个源所排放出来的所有元素在达到采样点之前保持等同相关，而且因子分析方法中不仅包括浓度参数，还可以包括非浓度参数，如粒径的大小、气象条件等，为污染源的识别提供了更多的信息。正因为如此，因子分析也成为颗粒物源解析的重要手段之一，尤其在污染源化学成分谱尚不完全的情况下，这种方法更加显现出它的优势。因子分析法目前已形成了主因子分析（PFA）、正矩阵因子分析（PMF）、目标转移因子分析（TTFA）和目标识别因子分析（TRFA）等各具特色的因子分析方法。正矩阵因子分析法是由 Paatero 和 Tapper 在 1993 年提出的一种有效的数据分析方法，首先利用权重确定出颗粒物化学组分中的误差，然后通过最小二乘法来确定出颗粒物的主要污染源及其贡献比率。与其他方法相比，具有不需要测量源成分谱，分解矩阵中元素非负，可以利用数据标准偏差来进行优化等特点。

研究结果表明，对于污染源数目少的体系，因子分析的解析结果比较成功；对于污染源数目多的体系，化学质量平衡法更优越一些。

5.2.2 主要技术路线

大气环境颗粒物的组成极其复杂，有的来自污染源的直接排放，有的则是一次污染物在大气中发生物理、化学或者生化反应而生成的二次污染物，要找出主要颗粒物污染源，最有效的方法就是通过主要的污染特征元素，辨别可能存在的污染来源。

排放源成分谱对源解析研究具有重要意义。确定有贡献污染源种类并了解其颗粒物的化学组成，是保障源解析结果准确性的重要依据。源成分谱是分析不同源排放特征的重要基础数据，源成分谱是受体模型的重要输入参数，源成分谱与受体成分谱结合，可分析不同源到受体的组分的变化，为受体模型的改进提供基础。为了采取有针对性的 $PM_{2.5}$ 污染控制措施，本书对其来源及化学组分特征进行了探讨和分析，并建立河南省典型城市主要 $PM_{2.5}$ 排放源的成分谱，利用受体模型进行大气中 $PM_{2.5}$ 来源解析研究提供具有代表性的基础数据，评估各个源对环境污染的贡献值。

通过分析气溶胶的化学组成及其变化可以直接评价城市空气污染的状况及相关污染物的来源。气溶胶 $PM_{2.5}$ 化学成分无机离子包括水溶性离子成分（硫酸盐、硝酸盐和铵盐等成分）和水不溶性组分（地壳物质和痕量元素），而有机组分包括有机碳和元素碳、多环芳烃类、挥发性有机物。

在河南省典型城市进行大气颗粒物采样，利用获取气溶胶粒子中的有机、无机成分。采用源解析模型（CMB），将环境大气中 $PM_{2.5}$ 的化学成分谱作为重要输入参数代入源解析模型中，对各类污染源进行分析；获取区域大气灰霾污染源排放特征，建立的污染源成分谱，输入模型 CMB，计算各个源对环境污染的贡献值。

技术路线如图 5-1 所示。

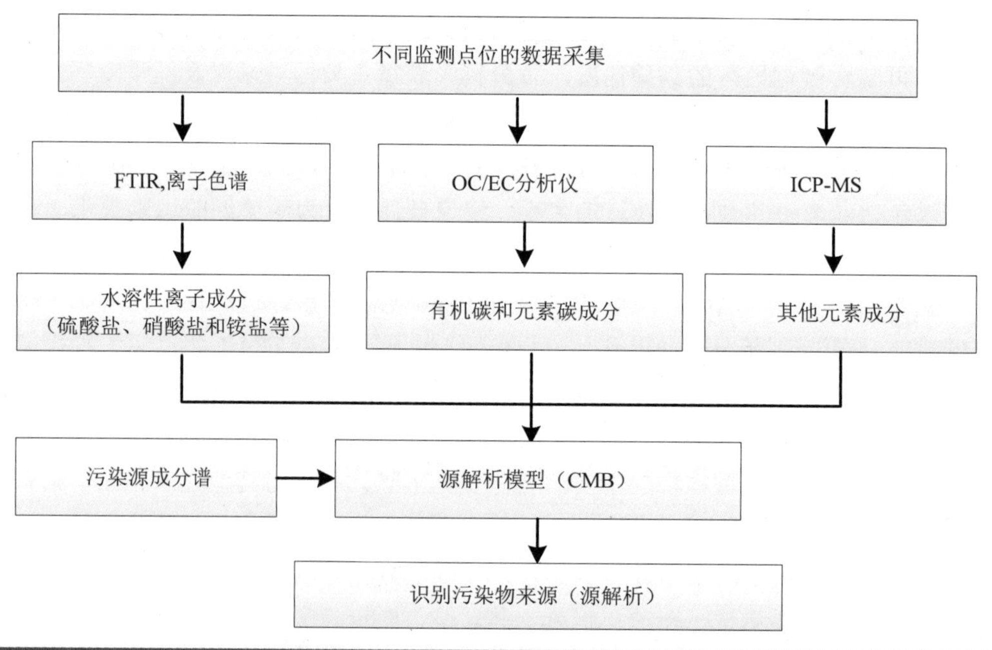

图 5-1　技术路线

5.3　源与受体样品的采样和分析

源样品采集的根本目的，是为了获得能够代表各种源类特定粒径的颗粒物样品的化学成分，并最终构建化学成分谱。为此颗粒物污染源样品采集需要满足代表性和真实性。

在环境空气颗粒来源解析中，污染源主要根据其排放颗粒物的化学组成特征不同进行分类，主要源类分为土壤尘、建筑尘、道路尘、扬尘、燃煤尘、钢铁尘、机动车尾气、生物质燃烧。代表性即正确建立研究地区各类尘源成分谱，通过详细的调研，要对区域内大气颗粒物排放源进行识别。真实性即要求采集的污染源样品能够反映颗粒物从源排放到环境空气的真实过程，同时也要求源样品的空气动力学粒径与受体颗粒物粒径相匹配。

5.3.1　源样品的采样方法

5.3.1.1　土壤尘

土壤尘主要包括农田、荒地、裸露山、未硬化、未绿化的空地等。这类源主要以 SI、Al、Ca 等地壳元素为主。

根据实际情况，在 7 个城市的主城区采集土壤样品，每个城市采集 2 个点位，共计 14 个。对采样点所在位置、地理坐标等信息做好记录，并拍照。采样前先用干净的铁铲采集 0～20 cm 地表土分析其重金属成分。每个点位采集样品 1 kg 左右。因无明显季节性，采集 1 次。

5.3.1.2　建筑尘

建筑尘主要是指各类建设施工或建筑拆迁过程中产生的颗粒物，不同施工阶段所产生的颗粒物的化学组成有所不同。Ca 是标志性元素。

根据实际情况，在 7 个城市的主城区选取有大面积裸露土地，正在进行开挖施工的工地采集典型尘样。每个城市采集 2 个点位，共计 14 个。对采样点所在位置、地理坐标等信息做好记录，并拍照。每个点位采集样品 1 kg 左右。因无明显季节性，采集 1 次。

5.3.1.3　道路尘

道路尘主要是指各个交通路口沉积的颗粒物，不同区域颗粒物的化学组成较稳定。

根据实际情况，在 7 个城市的主城区选取主要交通路口，收集道路尘样。每个城市采集 2 个点位，共计 14 个。对采样点所在位置、地理坐标等信息做好记录，并拍照。每个点位采集样品 1 kg 左右。因无明显季节性，2013 年 7 月采集 1 次。

5.3.1.4　扬尘

扬尘是各类单一源排放出来的初始颗粒物在扩散传输过程中有一部分沉降到城市某些载体表面混合，形成混合态颗粒物，在一定的动力条件下，再次或多次扬起到空中形成的悬浮颗粒物。

根据实际情况，在 7 个城市收集尘样。每个城市 2 个点位，共计 14 个。对采样点所在位置、地理坐标等信息做好记录，并拍照。每个点位采集样品 1 kg 左右。因无明显季节性，采集 1 次。

5.3.1.5 燃煤尘（钢铁尘）

燃煤尘、钢铁尘是典型的工业尘源，主要燃煤火电厂、钢铁厂生产中通过烟道直接向大气中排放。燃煤尘因为煤质的因素化学组成差别巨大，主要表现在 OC、EC 和水溶性离子方面。

根据实际情况，拟采集郑州 3 家典型的燃煤企业燃煤尘样品 5 个、安阳市 2 家钢铁厂钢铁尘样品 2 个（选择烟道内壁、烟道底部和除尘器）。对采样点位和尘类型等信息做好记录。每个点位采集样品 1 kg 左右。因无明显季节性，采集 1 次。

5.3.1.6 机动车尾气

对于机动车源样品可通过隧道采样。在足够长的交通隧道（不少于 1 000 m）内，在隧道中段位置设置大气颗粒物采样器，使用与受体采样相同的方式进行滤膜采样；或选取具有代表性的车型（包括汽油车、柴油车、各类非道路移动源等），使用随车采样器、稀释采样器或通过台架实验对机动车排放的样品进行采集。

根据研究区域车型实际情况，选择黄标车机动车 4 台（汽油 2 台、柴油 2 台）、其他达标车型 2 辆（汽油 2 台、柴油 2 台，其他车型如柴油大型普通客车、汽油越野车、汽油轿车和柴油越野车、摩托车参照文献资料），在机动车实际工况、怠速以及模拟 2540 工况的情况下，将机动车尾气排放管的尾气中的颗粒物采集到滤膜上，样品采集后干燥保存，以备分析。

5.3.1.7 生物质（秸秆焚烧）

生物质燃烧是指通过动物体的焚烧和植物燃烧产生颗粒物的源类，其中以植物燃烧为主，主要是秸秆。OC 的质量百分比一般在 40%以上，钾离子是其典型的标示组分。

根据实际情况，选取信阳、周口 2 市各选取 3 个点位，共计 6 个点位，在秸秆焚烧季节，采用 TH-1000C2 大流量 TSP 采样器进行采集，将颗粒物采集到滤膜上，样品采集后干燥保存，以备分析。因存在明显季节性，2013 年 10 月、2014 年 5 月，各采集 1 次。

5.3.2 受体样品的采样方法

源解析工作中受体样品的采集的根本目的是为了获得能够代表研究区域一定时期内大气颗粒物污染特征的受体样品及其化学组成，同时还要满足不同解析模型对受体样品数量的基本要求。采集到的受体样品应重视其空间代表性和时间代表性。

根据《环境空气质量监测规范》（试行）的相关要求布设受体采样点，优先选择若干国家环境空气质量监测点；同时综合考虑功能分布、人口密度、环境敏感程度等因素，适当增加受体采样点位。受体采样时间与频次依据颗粒物浓度、排放源的季节性变化特征及气象因素确定，典型污染过程加密采样频次。环境受体采样优先考虑布设于国控点位。

采用滤料采集法对不同点位处进行样品采集，采用 TH-1000C2 大流量 TSP 采样器进行采集，采集的滤膜分别是 20 cm×25 cm 的醋酸纤维滤膜和玻璃纤维滤膜。根据分析要求和目的的不同，对颗粒物的成分进行分析。

采样过程中避免了高层建筑和污染源，减少了受其他环境的影响，远离了表面有吸附作用的物质，同时避开了在将来会有较大程度的建筑物或者改变土地使用情况的地方。采样时间为从 2013 年冬季到 2014 年秋季，包含了一个完整的周期年。金属元素、有机物、水溶性离子、EC/OC 四类成分每个季节采样不低于 25 d，每天采样时间不低于 22 h，VOCs 每个季节采样 6 d，每天采集 12 次，每次 2 个小时。

5.3.3　源及受体样品的分析方法

源及受体样品的组分分析，主要过程包括称量滤膜采样前后的重量，确定采集样品的总质量；化学成分分析包括有机碳（OC）、元素碳（EC）、水溶性离子（铵根、硫酸根、硝酸根、氯离子、氟离子、钙离子、钠离子、镁离子和钾离子共 9 种）、无机元素（钾、钠、钙、镁、铝、钒、铬、锰、铁、镍、铜、锌、砷、镉、铅、钛、汞共 17 种元素），共计 28 种监测因子。

5.3.3.1　大气颗粒物中重金属分析

大气中颗粒物数量最大、成分复杂、性质多样，根据不同的监测目的，选用的前处理方法也不尽相同。目前，大气颗粒物中重金属总含量的前处理方法依然是全消解，而消解的方法有多种，常用的方法有电热板消解和微波消解法。而对不同的形态进行分析，又要用不同的浸提方法或者采用仪器联用技术。因此在分析样品时，前处理环节很重要，直接影响分析测定结果的准确性。

环境空气样品（滤膜样品）上的颗粒物分布比较均匀，批量处理时，采用微波消解法对样品的预处理更具有优势。其消解速度快，试剂用量少，省时省力，对人体和环境的危害较小。

元素分析可采用 ICP-MS 来进行。以环保部颁布实施的《空气和废气　颗粒物中铅等金属元素的测定　电感耦合等离子体质谱法》（HJ 657—2013）。金属元素选取 Al、V、Cr、Mn、Fe、Ni、Cu、Zn、As、Cd、Pb、Ti、Ca、K、Mg、Na 16 种为基础，参考美国 ASTM D7439—2008，英国标准 BS ISO 30011—2011 和法国标准 NF X43-207—2010 等，完成大气颗粒物中多种元素的分析测试工作。

5.3.3.2　大气颗粒物中的有机物分析

颗粒物中分析的有机物主要是多环芳烃类和挥发性有机物；高效液相色谱法（HPLC）是分析多环芳烃类有机物的首选方法。使用 Waters Alliance e2695 型液相色谱仪来分析 $PM_{2.5}$ 样品中 16 种多环芳烃的含量，包括萘、苊、二氢苊、芴、菲、蒽、荧蒽、芘、苯并

[*a*]蒽、䓛、苯并[*b*]荧蒽、苯并[*k*]荧蒽、苯并[*a*]芘、茚并[1,2,3-*cd*]芘、二苯并[*a,h*]蒽和苯并[*g,h,i*]苝。

气相色谱质谱法（GC-MS）是指利用气相色谱将化合物分离，质谱技术进行检测分析，是目前用于分析环境空气中的挥发性有机物常用方法。采用美国 INFIKON 公司的 HAPSITE 便携式气相色谱质谱联用仪，对环境空气中约 85 种挥发性有机物的特征及分布进行研究。

5.3.3.3 大气颗粒物的 EC/OC 及黑炭分析

石英膜样品中 EC 和 OC 采用美国 Sunset Laboratory Inc 的碳分析仪进行分析，该仪器采用的是热光法测量颗粒物中的 EC 和 OC，这是目前国际上使用最多、得到公认的元素碳和有机碳的分析方法。Sunset Laboratory Inc 碳分析仪在分析过程中通过内外标联合校准，并利用激光跟踪分割使分析具有高精确度和灵敏度。

采用烟污染光度反射计来测定大气颗粒物中的黑炭（BC）浓度；在每张完整的样品膜上随机选取 5 个较为均匀分布的点测量其反射率，通过比较样品膜与空白膜的反射率计算出相应的黑炭含量。光度计的读数通过公式“U=0.077 7×读数”可转化为输出电 U；假定滤膜上的颗粒呈单层分布，根据朗伯-比尔定律，电压可通过公式 $RZ=RZ_{max}$（URZ_0-URZ）/（$URZ_0-URZmax$）转化为黑度；其中 URZ_0、URZ、URZ_{max} 分别为全白滤膜、实际滤膜、全黑滤膜对应的电压，RZ_0、RZ、RZ_{max} 分别为三者对应的黑度。黑度转化为浓度（CR）的公式为：

$$CR=-(RM1/V)\ln[1-(RZ-RZ_0)/kRZ_{max}] \tag{5-12}$$

式中，V 为采样体积，k 和 RM1 为校正常量，本书中 RM1=11.2 μg；k=0.95、URZ_{max}=0.5、URZ_0=0.8、RZ_{max}=9；最后，CR 乘以面积校正系数（滤膜面积与暴露面积之比）得到 BC 的浓度。此方法测量 BC 浓度的相对标准偏差和检测限分别为 0.12%和 0.01 $\mu g/m^3$。

5.3.3.4 大气颗粒物的水溶性离子分析

离子色谱法是首推的同时测定多种阴离子的快速、灵敏而准确的分析手段。$PM_{2.5}$ 颗粒物水溶性离子分析采用美国戴安公司的 ICS-90 型离子色谱仪。阳离子分析物种为 NH_4^+、Na^+、K^+、Mg^{2+}及 Ca^{2+}；阴离子分析物种包括 F^-、Cl^-、NO_3^-、SO_4^{2-}。

取对角方向剪取两个 1/8 的颗粒物样品膜或空白膜，加入 10 mL 阻抗为 18 MΩ/cm 的高纯水进行超声洗提；振荡洗提 40 min 后，经微孔膜（材质：混合纤维素；孔径：0.45 μm；直径：25 mm）过滤，待测滤液贮存在清洁离心管中于 40℃保存，分析时由聚丙烯无菌注射器注入色谱系统。

5.4 河南省大气 $PM_{2.5}$ 成分谱及组成特征分析

本节利用 $PM_{2.5}$ 细颗粒物的手工监测数据建立起颗粒物成分谱，并进一步分析其分布特征。手工监测点位以郑州、洛阳、平顶山、安阳、信阳、周口、开封 7 个城市的国控大气自动站点位为基础，综合考虑了经济发展水平、工业布局、地形地貌特征、气象气候特征、历年污染水平等因素，具有合理性和代表性，可用以表征各城市市大气颗粒物污染水平。成分谱数据主要包括五大类因子：金属元素、有机物、水溶性离子、EC/OC、VOCs。图 5-2 显示了点位布设的示意图。

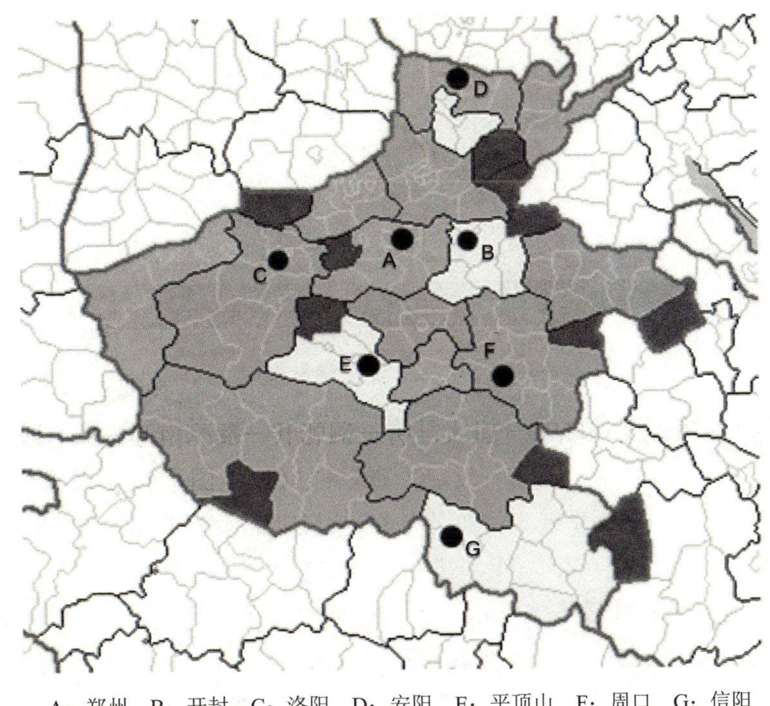

A：郑州　B：开封　C：洛阳　D：安阳　E：平顶山　F：周口　G：信阳

图 5-2 研究区地理位置

5.4.1 $PM_{2.5}$ 中金属元素分布特征

大气颗粒物是大气环境中组成最复杂、危害最大的污染物之一，而其中的痕量金属则是最大的污染源之一。大气颗粒物中的重金属污染物具有不可降解性及生物富集性，对环境和人类健康造成极大的潜在威胁。

环境污染领域所指的重金属主要是指生物毒性显著的汞、镉、铅、铬、砷等，也包括具有毒性的重金属锌、铜、钴、镍等污染物。它通过一定的途径进入环境后，不会被降解，只能慢慢累积，当其累积到一定的量时，才会爆发环境污染事件或中毒事件，因此，它往往具有潜在的危害性和污染的滞后性。

我国大气中重金属主要来源于工业生产、燃煤气体释放、汽车尾气排放及汽车轮胎磨损产生的大量含重金属的有害气体和粉尘等。这些重金属在实验动物身上都证明具有不同程度的致癌性，有的甚至是公认的致癌金属，虽然这些金属进入人体有多种途径，但以大气重金属由呼吸侵入时危险最大。

5.4.1.1 郑州市

郑州市环境空气 $PM_{2.5}$ 中金属元素各个季节含量如图 5-3 所示。

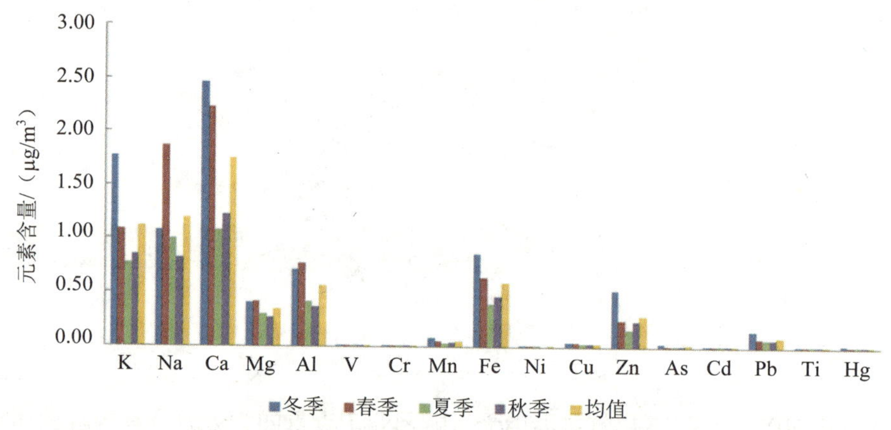

图 5-3 郑州市 $PM_{2.5}$ 颗粒物中金属元素含量

从平均含量来看，郑州市 $PM_{2.5}$ 颗粒物中主要的几种金属元素含量按从高到低依次为：Ca＞Na＞K＞Fe＞Al＞Mg＞Zn＞Pb。其中，Ca、Na、K 三种元素在 $PM_{2.5}$ 中的比重占到1%以上。国内外相关的研究一般把 Ca、K、Na、Mg、Al、Fe 等地壳元素作为大气颗粒物来源中地质尘的标识元素，本书结果明显显示出这类特征，表明郑州大气颗粒物的地源属性较为突出。此外，由于 Zn 被用作汽车轮胎及其他橡胶制品的硫化剂，轮胎磨损会在道路上富集 Zn；Pb 一度常被用作汽油中的防爆剂，故而这两种元素常被用作道路尘的标识元素；燃煤锅炉队 Zn 和 Pb 的排放也有突出贡献。本书中 Pb 和 Zn 在 $PM_{2.5}$ 颗粒物中均有一定程度的检出（所占比例分别为 0.31%和 0.1%），表明机动车和工业源对郑州大气颗粒物中金属元素成分有一定的贡献。

就季节分布特征来看，上述几种金属元素含量多表现出冬春季节＞秋季＞夏季的特点，这与 $PM_{2.5}$ 的季节分布特征呈现较明显的正相关性。这种特征的出现与天气特征和污染物排放量密切相关，冬春季节静稳天气较多，逆温频繁，导致污染物不易扩散；同时此时特别是冬季 11 月至次年 1 月正值北方采暖季，城市燃煤量增加，燃煤型污染严重，这些原因导致冬季颗粒物和金属元素含量明显较高。

5.4.1.2 开封市

开封市环境空气 $PM_{2.5}$ 中金属元素各个季节含量如图 5-4 所示。

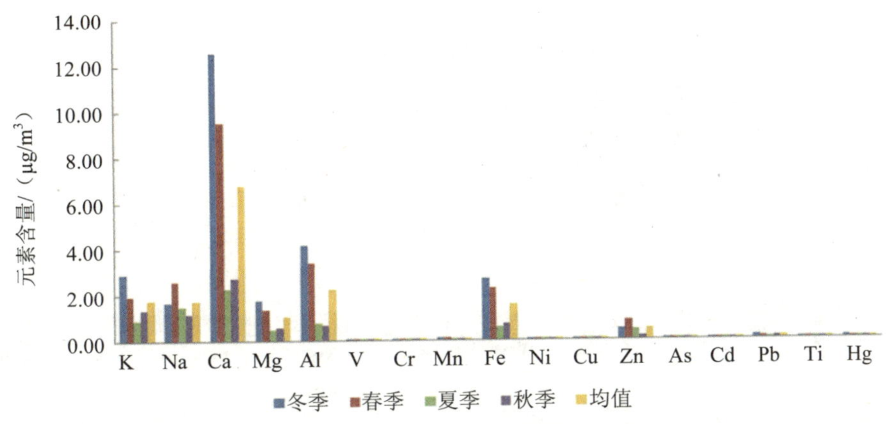

图 5-4 开封市 $PM_{2.5}$ 颗粒物中金属元素含量

从平均含量来看，开封市 $PM_{2.5}$ 颗粒物中主要的几种金属元素含量按从高到低依次为：Ca＞Al＞K＞Na＞Fe＞Mg＞Zn＞Pb。与郑州类似，开封大气颗粒物的地源属性较为突出，机动车和工业源对郑州大气颗粒物中金属元素成分有一定的贡献。值得注意的是，开封 Ca 元素含量非常高，尤其冬春季节，Ca 含量分别达到 12.58 μg/m^3 和 9.50 μg/m^3，占 $PM_{2.5}$ 比重达到 5.18%和 6.28%。在颗粒物的源解析技术中，Ca 在建筑水泥尘中占比 10%以上，因而一般把 Ca 元素作为建筑尘的标识性元素。开封 Ca 元素的高含量表明建筑尘很可能是开封大气 $PM_{2.5}$ 颗粒物的主要来源之一。

从季节分布特征来看，上述几种金属元素含量仍表现出冬春季节＞秋季＞夏季的特点。

5.4.1.3 洛阳市

洛阳市环境空气 $PM_{2.5}$ 中金属元素各个季节含量如图 5-5 所示。

从平均含量来看，洛阳 $PM_{2.5}$ 颗粒物中主要的几种金属元素含量按从高到低依次为：K＞Na＞Ca＞Fe＞Al＞Zn＞Mg＞Pb。洛阳大气颗粒物的地源属性仍较为突出，机动车和工业源对郑州大气颗粒物中金属元素成分有一定的贡献。但相比于郑州、开封，洛阳 K 含量和 Zn 含量较高，表明生物质燃烧和工业源可能对洛阳大气颗粒物的成分谱的贡献相比于上述两地市更大一些。

从季节分布特征来看，上述几种金属元素含量仍表现出冬春季节＞秋季＞夏季的特点。

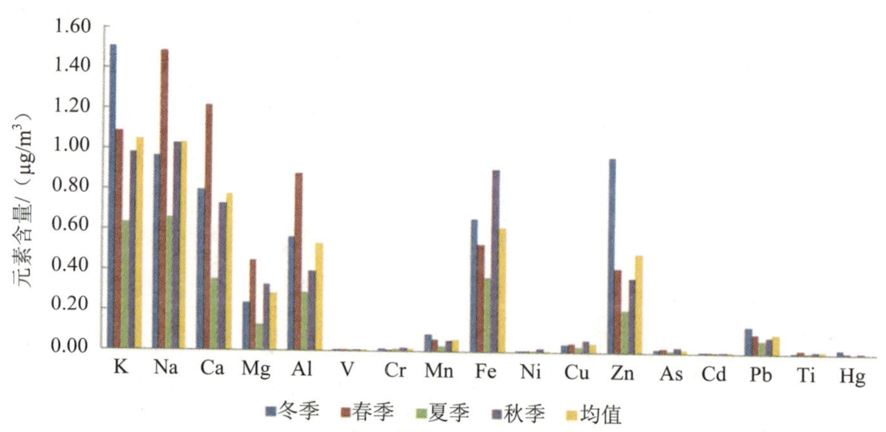

图 5-5 洛阳市 $PM_{2.5}$ 颗粒物中金属元素含量

5.1.1.4 平顶山市

平顶山市环境空气 $PM_{2.5}$ 中金属元素各个季节含量如图 5-6 所示。

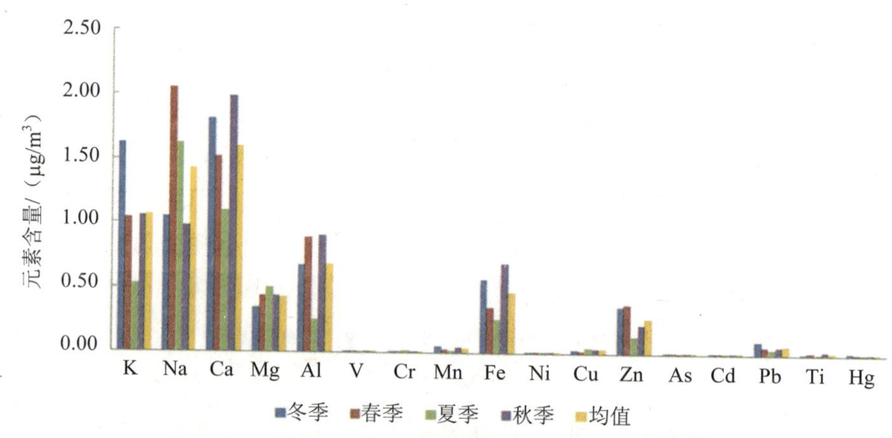

图 5-6 平顶山市 $PM_{2.5}$ 颗粒物中金属元素含量

从平均含量来看，平顶山市 $PM_{2.5}$ 颗粒物中主要的几种金属元素含量按从高到低依次为：Ca＞Na＞K＞Al＞Fe＞Mg＞Zn＞Pb。平顶山和郑州 $PM_{2.5}$ 中金属元素的含量和季节分布具有较强的相似性。

5.4.1.5 安阳市

安阳市环境空气 $PM_{2.5}$ 中金属元素各个季节含量如图 5-7 所示。

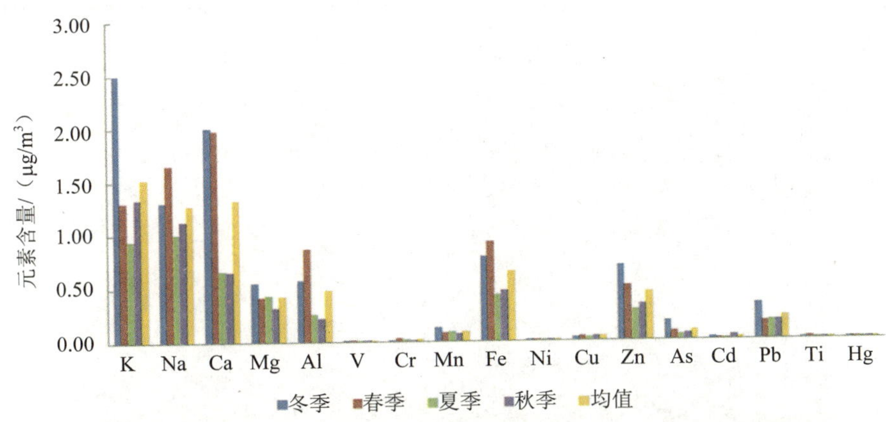

图 5-7　安阳市 $PM_{2.5}$ 颗粒物中金属元素含量

从平均含量来看，安阳市 $PM_{2.5}$ 颗粒物中主要的几种金属元素含量按从高到低依次为：K＞Ca＞Na＞Fe＞Al＞Zn＞Mg＞Pb。安阳和洛阳同作为工业重镇，两者 $PM_{2.5}$ 中金属元素的含量和季节分布具有较强的相似性。

5.4.1.6　周口市

周口市环境空气 $PM_{2.5}$ 中金属元素各个季节含量如图 5-8 所示。

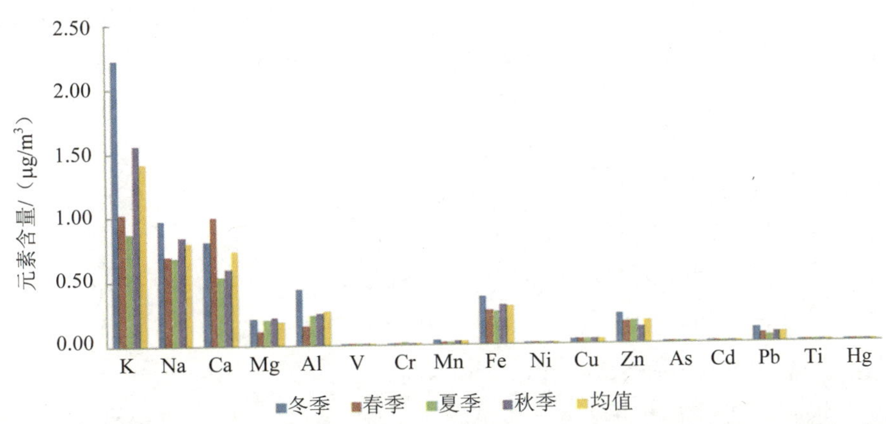

图 5-8　周口市 $PM_{2.5}$ 颗粒物中金属元素含量

从平均含量来看，周口市 $PM_{2.5}$ 颗粒物中主要的几种金属元素含量按从高到低依次为：K＞Na＞Ca＞Fe＞Al＞Mg＞Zn＞Pb。周口大气颗粒物的地源属性仍较为突出，机动车和工业源对郑州大气颗粒物中金属元素成分有一定的贡献。值得注意的是，周口 $PM_{2.5}$ 颗粒物中 K 含量较其他地市都高，在 $PM_{2.5}$ 中含量占比较高，尤其是冬季更是接近 2%，而其他元素占比均未超过 1%。K 作为秸秆燃烧产物中的高占比元素，常被用作生物质燃烧污染源的标识元素，周口 K 元素的高含量表明生物质燃烧可能是当地 $PM_{2.5}$ 的重要来源之一。实际调查中也确实发现当地秸秆燃烧现象较为普遍，这更加印证了这一结论。

5.4.1.7 信阳市

信阳市环境空气 $PM_{2.5}$ 中金属元素各个季节含量如图 5-9 所示。

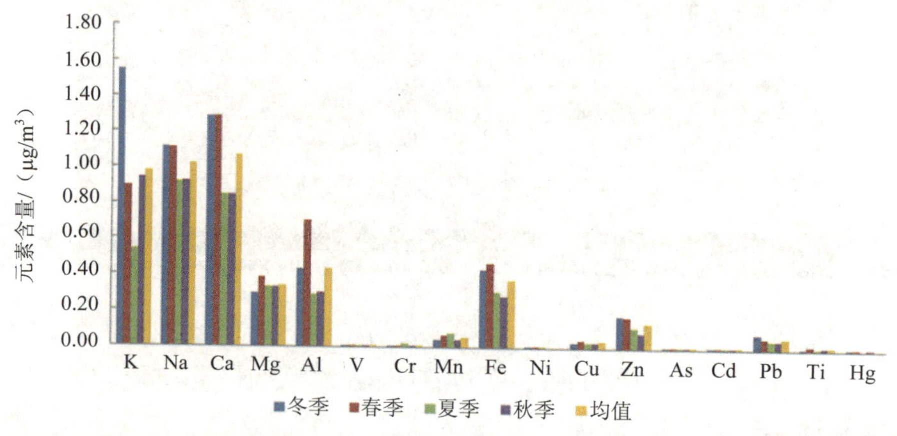

图 5-9 信阳市 $PM_{2.5}$ 颗粒物中金属元素含量

从平均含量来看，信阳市 $PM_{2.5}$ 颗粒物中主要的几种金属元素含量按从高到低依次为：Ca＞Na＞K＞Al＞Fe＞Mg＞Zn＞Pb。这和郑州 $PM_{2.5}$ 中金属元素的含量和季节分布具有较强的相似性。

5.4.2 $PM_{2.5}$ 中水溶性离子分布特征

水溶性离子是 $PM_{2.5}$ 中重要化学成分，水溶性离子中阴离子主要是硫酸盐、硝酸盐、氟离子、氯离子，阳离子主要是铵盐、碱金属和碱土金属离子。

$PM_{2.5}$ 中主要的水溶性离子组分是二次水溶性离子，包括硫酸盐、硝酸盐和铵盐。大气中的硫酸盐、硝酸盐来自一次排放的很少，主要来自于前提物一次排放二氧化硫、氮氧化物的转化；铵盐主要来自于农业面源、工业排放的 NH_3 等。由于硫酸盐、硝酸盐、铵盐有较高的消光系数，因此是影响能见度的重要因素之一。除了二次水溶性离子，还有其他离子组分，如 Cl^-、Ca^{2+}、K^+、Na^+、Mg^{2+}、F^-，含量相对较低，不同离子来源不同，主要来自于燃煤焚烧、土壤尘、扬尘。

5.4.2.1 郑州市

郑州市环境空气 $PM_{2.5}$ 中水溶性离子各个季节含量如图 5-10 所示。

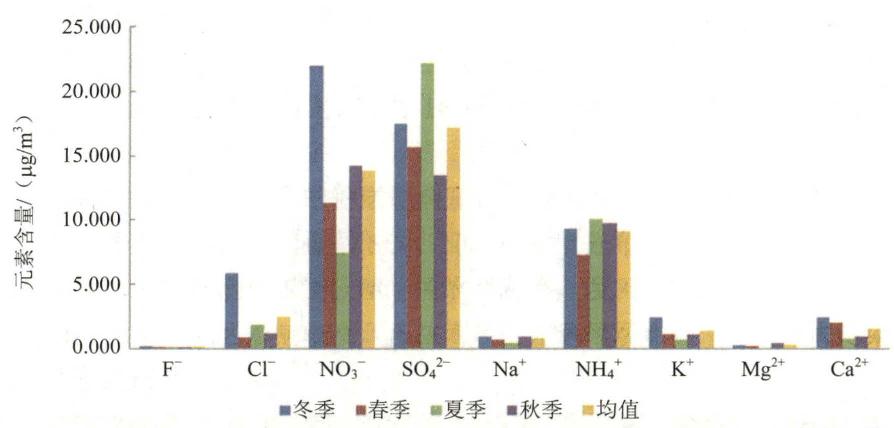

图 5-10　郑州市 $PM_{2.5}$ 颗粒物中水溶性离子含量

从平均含量来看，郑州市 $PM_{2.5}$ 颗粒物中主要的水溶性含量按从高到低依次为 SO_4^{2-}＞NO_3^-＞NH_4^+＞Cl^-＞Ca^{2+}＞K^+＞Na^+＞Mg^{2+}＞F^-。以往资料表明，SO_4^{2-}、Cl^-、NO_3^-是燃煤、汽车尾气的主要标识物；其中，汽车尾气排放的 NO_x 与 SO_x 质量比为 8∶1～13∶1，而燃煤锅炉等排放的 NO_x/SO_x 质量比约为 1∶2，故常用大气颗粒物中 NO_3^-/SO_4^{2-} 质量比来判断城市是以流动源（如汽车尾气）污染还是以固定源（如燃煤）污染为主。在此监测期间，郑州市大气 $PM_{2.5}$ 中 NO_3^-/SO_4^{2-}的质量比平均值为 0.80，这表明监测期间安阳市 $PM_{2.5}$ 的固定源污染还是主要的污染类型，流动源污染也占有一定的比重。

从季节分布来看，各种离子特征不同。SO_4^{2-}主要来自化石燃料的燃烧，季节分布表现为夏季＞冬季＞春季＞秋季。冬春取暖季节燃煤的大量增加及静稳天气的频繁出现导致了冬春两季出现高含量的 SO_4^{2-}，而夏季 SO_4^{2-}的高含量则和大气中 SO_2 转化为颗粒态 SO_4^{2-}的光化学反应和液相氧化有关。通常 SO_4^{2-}以$(NH_4)_2SO_4$、NH_4HSO_4 和 H_2SO_4 的形式存在，且这些硫酸盐是水溶态的，夏季辐射强度大大增加，光化学反应增强，SO_4^{2-}质量浓度会大大增加。NO_3^-主要来自机动车尾气和燃煤，表现为冬季＞春季＞秋季＞夏季，一方面是由于冬季静稳天气频繁出现，污染物不易排放；另一方面是由于温度的影响：当气温低于 15℃时，NO_3^-主要以粒子形态存在；当气温高于 30℃时，NO_3^-主要以气态 HNO_3 的形式存在。本书中 NO_3^-浓度在夏季低于冬季，这与文献报道也相一致。NH_4^+主要来源于牲畜喂养、农业灌溉和有机质的降解等过程产生的 NH_3 在大气中的转化。局地源对 NH_4^+的影响明显，季节变化不太显著，微生物活动强烈地时期（如夏秋季节）含量可能会高一些。

5.4.2.2　开封市

开封市环境空气 $PM_{2.5}$ 中水溶性离子各个季节含量如图 5-11 所示。

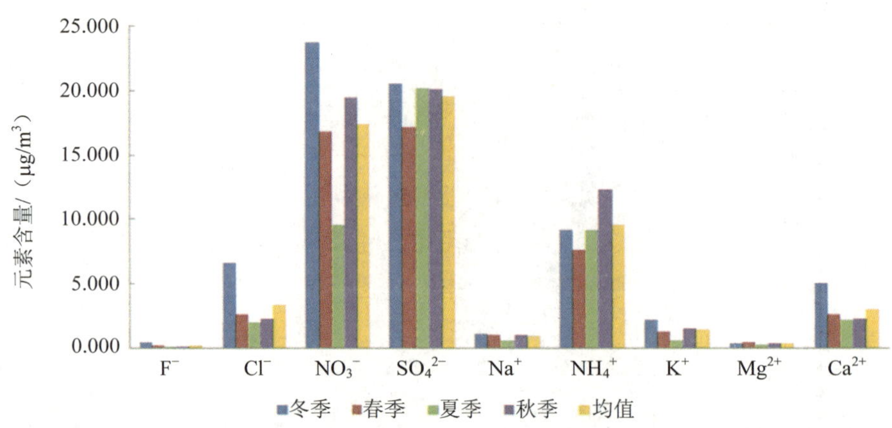

图 5-11 开封市 $PM_{2.5}$ 颗粒物中水溶性离子含量

从平均含量来看，开封市 $PM_{2.5}$ 颗粒物中主要的水溶性含量按从高到低依次为 SO_4^{2-}>NO_3^->NH_4^+>Cl^->Ca^{2+}>K^+>Na^+>Mg^{2+}>F^-。NO_3^-/ SO_4^{2-}的质量比平均值为 0.89。

数据表明开封环境空气 $PM_{2.5}$ 可溶性离子的季节分布特征与郑州类似。但三种主要离子比重较郑州、洛阳等地较低，表明工业源和机动车对环境空气 $PM_{2.5}$ 影响略小。

5.4.2.3 洛阳市

洛阳市环境空气 $PM_{2.5}$ 中水溶性离子各个季节含量如图 5-12 所示。

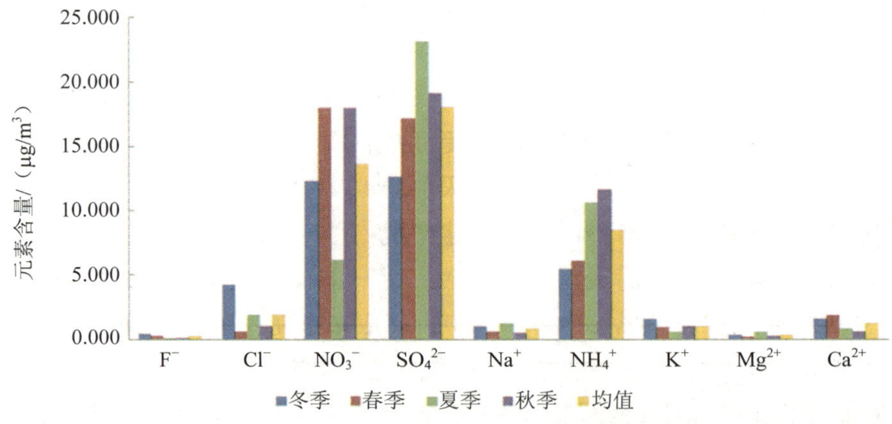

图 5-12 洛阳市 $PM_{2.5}$ 颗粒物中水溶性离子含量

从平均含量来看，洛阳 $PM_{2.5}$ 颗粒物中主要的水溶性含量按从高到低依次为 SO_4^{2-}>NO_3^->NH_4^+>Cl^->Ca^{2+}>K^+>Na^+>Mg^{2+}>F^-。NO_3^-/ SO_4^{2-}的质量比平均值为 0.76。

数据表明洛阳环境空气 $PM_{2.5}$ 可溶性离子的含量及季节分布特征与郑州类似。

5.4.2.4　平顶山市

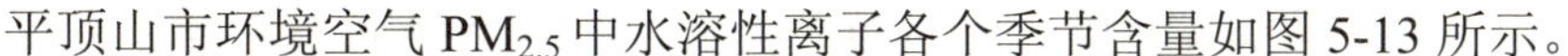

平顶山市环境空气 $PM_{2.5}$ 中水溶性离子各个季节含量如图 5-13 所示。

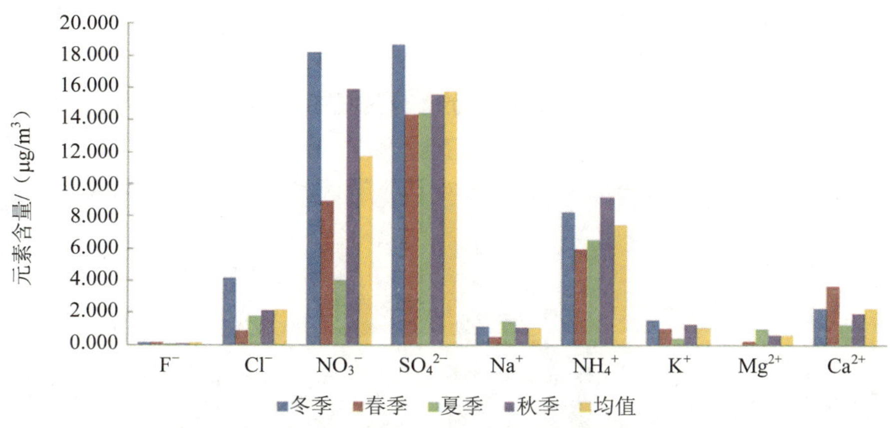

图 5-13　平顶山市 $PM_{2.5}$ 颗粒物中水溶性离子含量

从平均含量来看，平顶山市 $PM_{2.5}$ 颗粒物中主要的水溶性含量按从高到低依次为 SO_4^{2-}＞NO_3^-＞NH_4^+＞Cl^-＞Ca^{2+}＞K^+＞Na^+＞Mg^{2+}＞F^-。NO_3^-和 NH_4^+含量占 $PM_{2.5}$ 颗粒物的比重分别达到了 16.9%、12.6%、8.0%，NO_3^-/ SO_4^{2-}的质量比平均值为 0.75。

数据表明平顶山环境空气 $PM_{2.5}$ 可溶性离子的含量及季节分布特征与洛阳类似，两者 NO_3^-/ SO_4^{2-}几乎一致。实际上，平顶山和洛阳作为煤炭资源大市，锅炉燃煤对两者 $PM_{2.5}$ 的影响均较大。

5.4.2.5　安阳市

安阳市环境空气 $PM_{2.5}$ 中水溶性离子各个季节含量如图 5-14 所示。

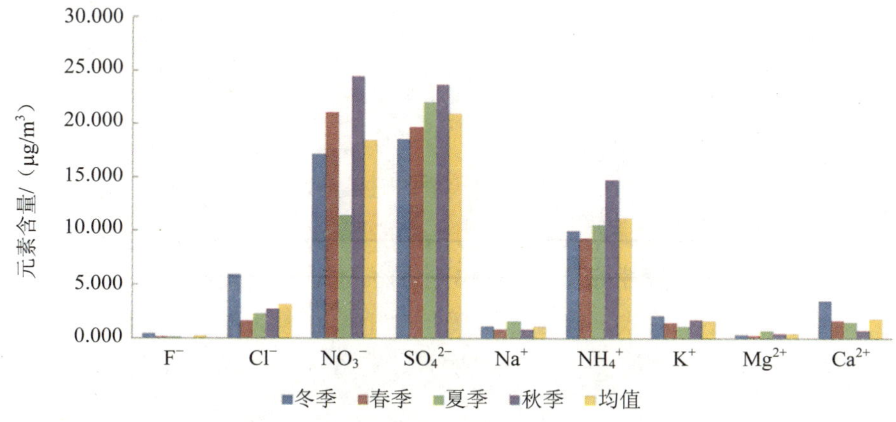

图 5-14　安阳市 $PM_{2.5}$ 颗粒物中水溶性离子含量

从平均含量来看，安阳市 $PM_{2.5}$ 颗粒物中主要的水溶性含量按从高到低依次为 $SO_4^{2-}>NO_3^->NH_4^+>Cl^->Ca^{2+}>K^+>Na^+>Mg^{2+}>F^-$。$NO_3^-/SO_4^{2-}$的质量比平均值为 0.88。

数据表明安阳环境空气 $PM_{2.5}$ 可溶性离子的含量及季节分布特征与郑州类似。

5.4.2.6 周口市

周口市环境空气 $PM_{2.5}$ 中水溶性离子各个季节含量如图 5-15 所示。

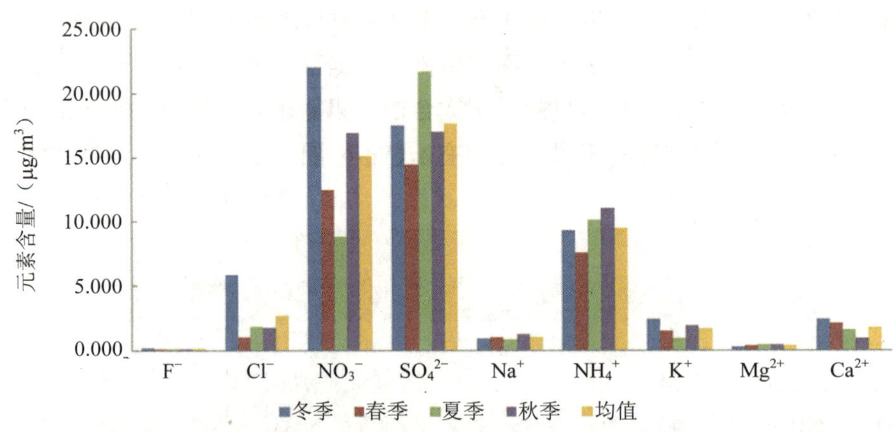

图 5-15 周口市 $PM_{2.5}$ 颗粒物中水溶性离子含量

从平均含量来看，周口市 $PM_{2.5}$ 颗粒物中主要的水溶性含量按从高到低依次为 $SO_4^{2-}>NO_3^->NH_4^+>Cl^->Ca^{2+}>K^+>Na^+>Mg^{2+}>F^-$。$NO_3^-/SO_4^{2-}$的质量比平均值为 0.85。

数据表明周口环境空气 $PM_{2.5}$ 可溶性离子的含量及季节分布特征与开封类似。三种主要离子比重较郑州、洛阳等地较低，表明工业源和机动车对环境空气 $PM_{2.5}$ 影响略小。同时，K^+含量相比于其他各市均略高，更加印证了生物质燃烧对周口 $PM_{2.5}$ 影响较大这一结论。

5.4.2.7 信阳市

信阳市环境空气 $PM_{2.5}$ 中水溶性离子各个季节含量如图 5-16 所示。

从平均含量来看，信阳市 $PM_{2.5}$ 颗粒物中主要的水溶性含量按从高到低依次为 $SO_4^{2-}>NO_3^->NH_4^+>Cl^->Ca^{2+}>K^+>Na^+>Mg^{2+}>F^-$。$NO_3^-/SO_4^{2-}$的质量比平均值为 0.62。

信阳可溶性离子含量的突出特点是 NO_3^-/SO_4^{2-}的质量比较低，表明移动源即机动车排放源对 $PM_{2.5}$ 的影响较小。

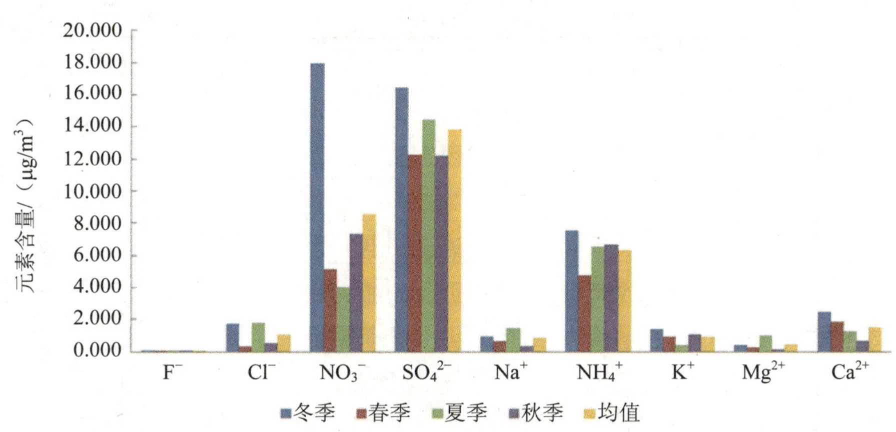

图 5-16　信阳市 $PM_{2.5}$ 颗粒物中水溶性离子含量

5.4.3　$PM_{2.5}$ 中有机物分布特征

颗粒物中拟分析的有机物主要是多环芳烃类。多环芳烃（PAHs）是指分子中含有两个或两个以上苯环结构的化合物，是煤、石油、煤焦油等有机化合物的热解或不完全燃烧产物，具有致畸、致癌、致突变和生物难降解的特性，是目前国际上关注的一类持久性有机污染物（POPs）。PAHs 在环境中虽是微量的，但分布广，人们通过大气、水、食品、吸烟等摄取，是人类癌症的重要起因。这类有毒物质几乎都能吸附在可吸入粒子（IP）上，能直接通过呼吸道、消化道、皮肤等被人体或通过食物链在动物和人的体内累积，而且人们在呼吸含有多环芳烃的空气或食用含有多环芳烃的食品或蔬菜时，其致癌作用一时不易发现，平均潜伏期长，严重影响人体健康与生态环境。PAHs 是发现最早、数量最多的一类有机致癌物。美国 EPA 公布的 129 种优先监测的污染物中，PAHs 就有 16 种，因此多年来 PAHs 一直受到人们的关注而成为环境科学研究的热点问题之一。

大气环境中的多环芳烃具有以下特点：① 含量低而毒性大；② 难降解；③ 易转化成毒性更大的物质；④ 生物富集放大。它们可以通过呼吸道和食物链进入人体，长期积累并不断富集放大而危害人类的健康。同时，还可通过干、湿沉降作用，迁移到人体和沉积物中，继续破坏生态环境。表 5-1 列出了美国 EPA 优控的 16 种多芳烃的性质。

从表 5-1 可以看出，多环芳烃中具有强致癌性的多为大环，具体包括苯并[*a*]蒽（BaA）、苯并[*b*]荧蒽（BbF）、苯并[*k*]荧蒽（BkF）、苯并[*a*]芘（BaP）、二苯并[*a,h*]蒽（DBA）、茚并[1,2,3,-*cd*]芘（IP）等几种。

表 5-1 16 种优控多环芳烃的性质

化合物名称及英文缩写	苯环数	分子量	S/（mg/L）	LogK_{OW}	沸点/℃	致癌活性
萘（NAP）	2	128.2	31.7	3.30	218	无
苊（ACY）	3	152.2	3.93	4.07	275	无
二氢苊（ACE）	3	154.2	1.19	3.92～5.07	279	无
芴（FLE）	3	166.2	1.68	4.18	298	无
菲（PHE）	3	178.2	1.00	4.45～4.57	340	无
蒽（ANT）	3	178.2	0.045	4.45	341	无
荧蒽（FLU）	4	202.3	0.26	5.20	384	争议
芘（PYR）	4	202.3	0.13	4.88	404	无
苯并[*a*]蒽（BaA）	4	228.3	0.005 7	5.61	438	强
䓛（CHY）	4	228.3	0.001 8	5.61	448	弱
苯并[*b*]荧蒽（BbF）	5	252.3	0.014	6.06	481	强
苯并[*k*]荧蒽（BkF）	5	252.3	0.004 3	6.06	481	强
苯并[*a*]芘（BaP）	5	252.3	0.003 8	6.04	500	特强
二苯并[*a,h*]蒽（DBA）	5	278.3	0.000 5	6.84	升华	特强
苯并[*g,h,i*]苝（Bper）	6	276.3	0.000 26	7.04～7.10	542	争议
茚并[1,2,3,-*cd*]芘（IP）	6	276.3	0.000 53	6.58	530	特强

注：*S* 为 25℃时多环芳烃在水中的溶解度；K_{OW} 为辛醇/水分配系数。

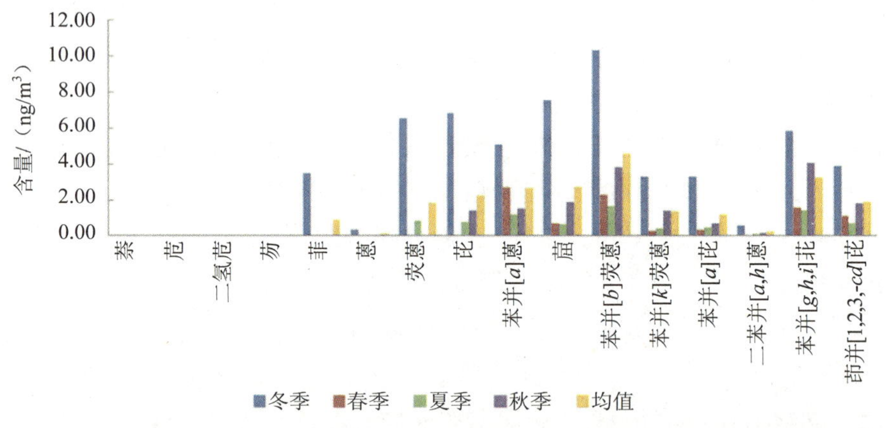

图 5-17（a） 郑州市 $PM_{2.5}$ 颗粒物中多环芳烃含量

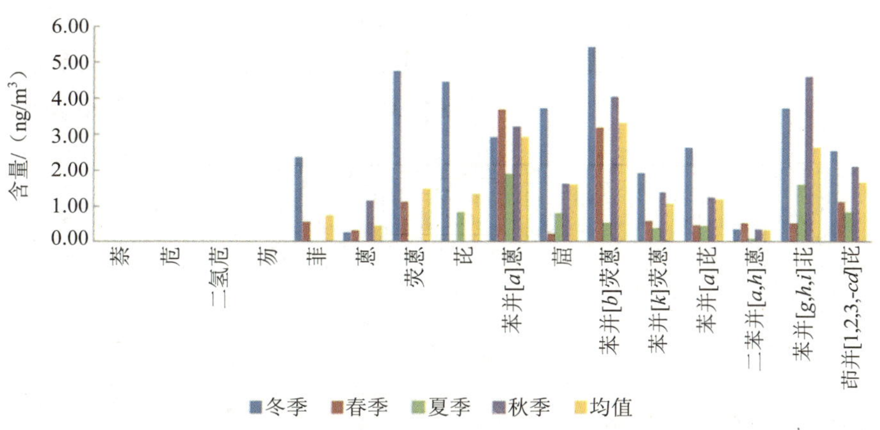

图 5-17（b） 开封市 $PM_{2.5}$ 颗粒物中多环芳烃含量

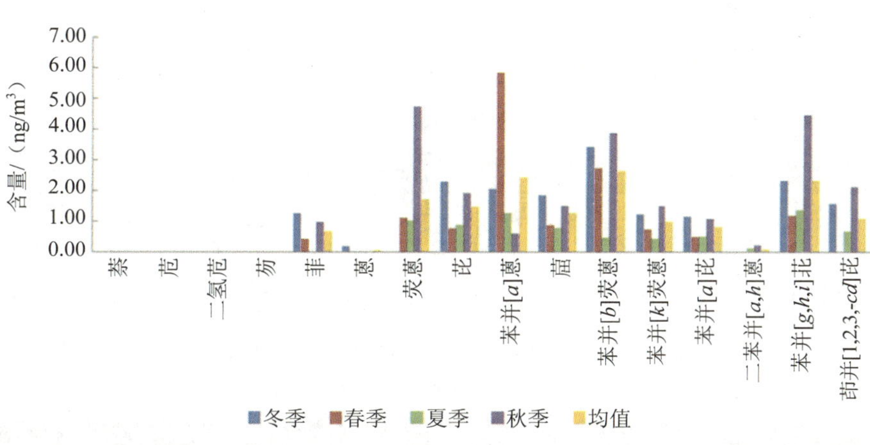

图 5-17（c） 洛阳市 $PM_{2.5}$ 颗粒物中多环芳烃含量

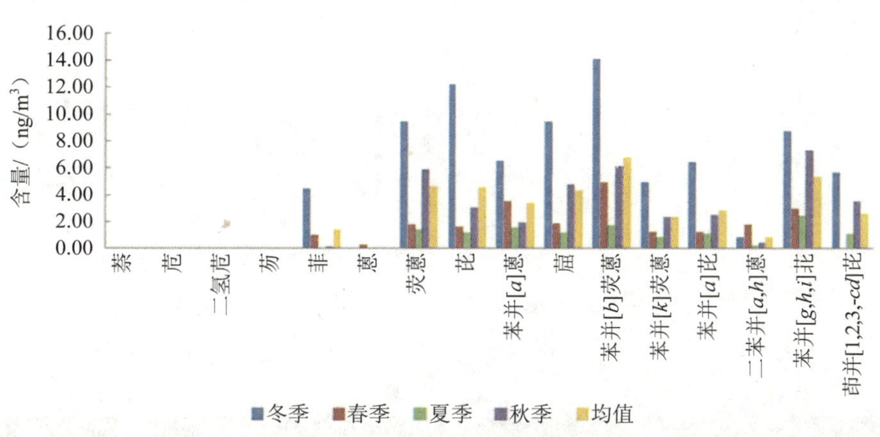

图 5-17（d） 安阳市 $PM_{2.5}$ 颗粒物中多环芳烃含量

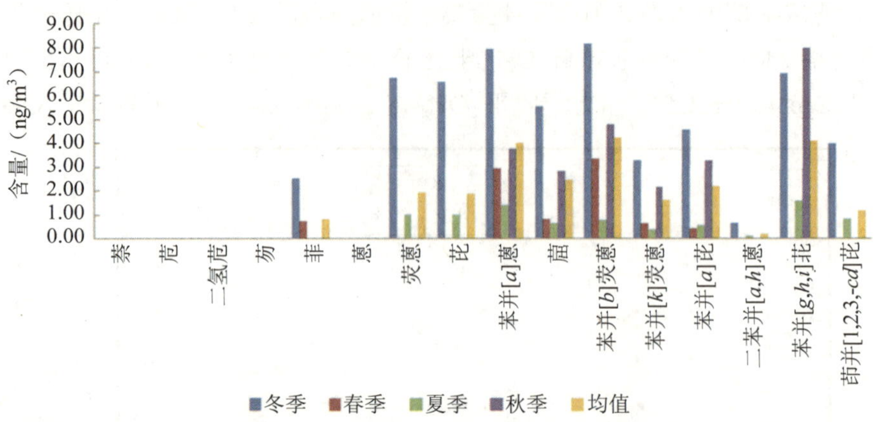

图 5-17（e） 平顶山市 $PM_{2.5}$ 颗粒物中多环芳烃含量

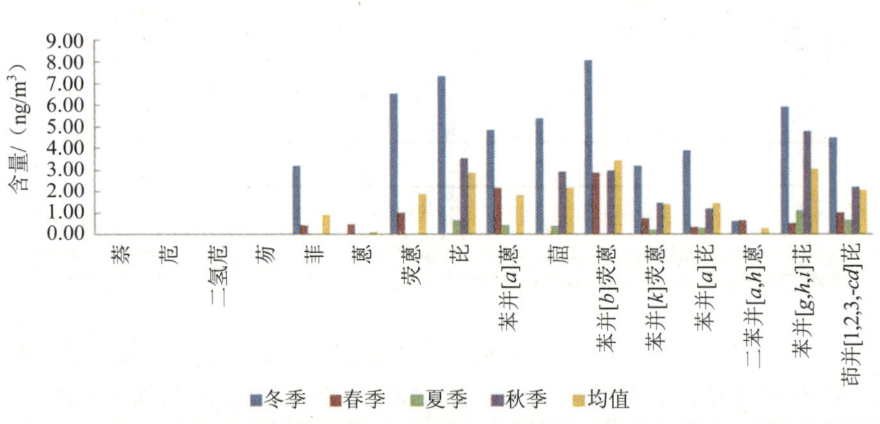

图 5-17（f） 周口市 $PM_{2.5}$ 颗粒物中多环芳烃含量

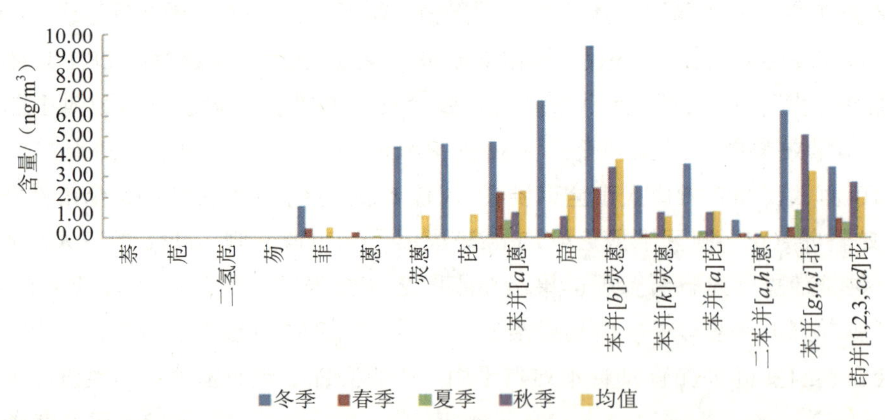

图 5-17（g） 信阳市 $PM_{2.5}$ 颗粒物中多环芳烃含量

如图 5-17（a～g）所示，各地市检出的多环芳烃主要有菲、荧蒽、芘、苯并[*a*]蒽、䓛、苯并[*b*]荧蒽、苯并[*k*]荧蒽、苯并[*a*]芘、二苯并[*a,h*]蒽、苯并[*g,h,i*]苝、茚并[1,2,3-*cd*]芘等。其中大环的多环芳烃如苯并[*a*]蒽、䓛、苯并[*b*]荧蒽、苯并[*k*]荧蒽、苯并[*a*]芘、苯并[*g,h,i*]苝、茚并[1,2,3-*cd*]芘均有检出且个别因子浓度不低。小环的萘、苊、二氢苊、芴、蒽等检出率很低。这可能与采样方法有关，因为小环类的挥发性较强，在经过滤膜保存、前处理后，大部分小环分子都已经逸散，故而未能检出。大环类则多为不挥发性有机物，因此多有检出。

在致癌活性较强的几种多环芳烃中，苯并[*b*]荧蒽（BbF）、苯并[*k*]荧蒽（BkF）、茚并（1,2,3,-*cd*）芘（IP）、苯并[*a*]芘（BaP）等几种多环芳烃的检出率、浓度水平均较高。《环境空气质量标准》（GB 3095—2012）规定苯并[*a*]芘（BaP）年均值的二类标准限值为 1 ng/m^3，本书七个地市苯并[*a*]芘全年平均浓度在 0.82～2.81ng/m^3，各市从高到低依次为：安阳、平顶山、周口、信阳、郑州、开封、洛阳。除洛阳外，其余六市均超出标准限值，需要引起高度警惕。

从各种多环芳烃的季节分布来看，多显示出秋冬季节较高、春夏季节较低的特点。表 5-2 列出了特强致癌性的苯并[*a*]芘（BaP）秋冬季节各地市的平均浓度。可以看到，各地市冬季 BaP 含量在 1.17～6.44 ng/m^3，安阳更是高达 6.44 ng/m^3，若以 1 ng/m^3 的标准（GB 3095—2012 年均值标准：1 ng/m^3；日均值标准：2.5 ng/m^3）来评价，则已经超出了 6 倍之多。

表 5-2　各地市各季 $PM_{2.5}$ 中 BaP 含量　单位：ng/m^3

季节＼地市	郑州	开封	洛阳	安阳	平顶山	周口	信阳
春季	0.32	0.46	0.51	1.24	0.41	0.36	N.D
夏季	0.49	0.44	0.52	1.07	0.56	0.32	0.32
秋季	0.68	1.25	1.09	2.50	3.27	1.18	1.29
冬季	3.28	2.62	1.17	6.44	4.58	3.90	3.62

注：N.D 为未检出。

2004 年，对郑州市大气中的有机物进行调查，当时的统计结果表明郑州市大气中苯并[*a*]芘的浓度范围在 1.55～136 ng/m^3，平均为 41.9 ng/m^3，超出《环境空气质量标准》（GB 3095—1996）标准限值（10 ng/m^3）4.19 倍。

多环芳烃环境污染的来源很多，主要可归纳为人为源和天然源两种。其中天然源包括火山爆发、森林草原燃烧以及秸秆不完全燃烧等。人为源则包括直接的交通排放，同时伴随轮胎磨损、路面磨损产生的沥青颗粒以及道路扬尘、家庭燃烧（煤、油、木材）、垃圾焚烧和工业活动（金属冶炼、铸造、石油冶炼、木材处理厂、炼焦厂）以及木炭烧烤、烹调、香烟等。

秋冬季节多环芳烃的高含量原因很多。除去静稳天气造成的污染物的原因以外，对于郑州、洛阳、平顶山、安阳等地，工业活动、汽车尾气排放可能是这些地市多环芳烃的重要来源；而对于周口、信阳来说，生物质燃烧也可能是不能不考虑的一个重要因素。对于本次研究的结果，需要注意到本书仅仅是针对 $PM_{2.5}$ 中的多环芳烃，而《环境空气质量标准》规定的 1 ng/m^3 的标准限值针对的是 PM_{10} 中的多环芳烃，若以 PM_{10} 为标准来评价本书结果，多环芳烃污染必会更加严重。由于多环芳烃类对人体健康影响巨大，本次检出且浓度水平较高的几种，恰好又是致癌活性最强的几种，其污染必须引起人们的高度警惕。

5.4.4 $PM_{2.5}$ 中 EC/OC 分布特征

碳是大气颗粒物中几种主要富含元素之一，它以有机碳（OC）、元素碳（EC）和碳酸盐（CC）等形式存在。大气中的有机碳（OC）是具有多种化学性质和热动力学性质的上百种或上千种单个有机物的聚合体，多数由气态污染物通过凝聚过程转化，种类繁多，包括脂肪类、芳香族类化合物酸和烷烃等。元素碳（EC）是由化石燃料的不完全燃烧产生的并由污染源直接排放，故 EC 只存在于由污染源直接排放的一次气溶胶中，它是一种高聚合、黑色、在 400℃以下很难被氧化的、原生的污染物，包括复杂的醇类、酚类和羧基类等有机组分。

含碳气溶胶对辐射平衡、能见度、环境质量、人类健康等都有重要影响。OC 中富含致癌物质和基因毒性诱变物，如多环芳烃、多氯联苯、氯代二噁英等，对人类健康会产生严重危害。OC 可以为大气化学反应提供氧化剂，且对光有散射作用，它对气候的影响则类似于硫酸盐、硝酸盐，主要是使地球变冷，对降低能见度和直接气候辐射强迫作用有重要贡献。EC 在常温下表现为惰性、憎水性，但在环境大气中停留一段时间后，在传输过程中可以捕获各种二次污染物，使颗粒表面的物理化学形态发生转变，变为亲水性的成云凝结核，从而对云的形成和微物理结构产生影响。EC 对可见光和红外光都有强烈吸收，是导致地球变暖的主要因素之一。Menon 等认为近几十年来中国出现的南涝、北旱的自然灾害，以及中国和印度地区气温缓慢变暖的现象可能都与气溶胶中 EC 含量的增加有关。

5.4.4.1 EC 和 OC 浓度水平

表 5-3 分季节给出了 2013 年 12 月—2014 年 11 月各个城市 OC、EC 的浓度水平。就地域分布来看，OC 全年均值在 14.2.0～20.8 μg/m^3，EC 的含量在 2.9～4.1 μg/m^3。EC 地域差异并不大。但 OC 表现出一定的地域差异，研究区域的 OC 含量为开封＞周口＞安阳＞信阳=平顶山＞洛阳=郑州。

就季节分布来看，各城市 OC 含量表现出秋冬季节大于春夏季节的特征。其中周口、安阳、开封三地秋季 OC 含量明显较高，分别达到了 30.9 μg/m^3、29.1 μg/m^3、28.6 μg/m^3。EC 的季节分布也表现出秋冬季节大于春夏季节的特征，但由于本身含量较低，这种特征并不明显。

表 5-3　研究区域 $PM_{2.5}$ 中 EC/OC 浓度　　单位：μg/m³

城市 季节	郑州		开封		洛阳		安阳		平顶山		周口		信阳	
	OC	EC	OC	EC	OC	EC	OC	EC	OC	EC	OC	EC	OC	EC
冬季	20.0	4.0	29.2	5.8	16.2	4.0	23.2	4.9	24.7	5.5	25.5	5.2	24.7	4.6
春季	12.1	2.6	17.4	3.9	11.3	2.3	12.1	2.9	11.4	2.6	10.9	2.5	11.3	2.4
夏季	9.5	3.1	8.1	2.4	8.6	2.3	9.1	2.8	8.7	3.2	8.4	2.9	7.9	2.3
秋季	15.0	3.2	28.6	4.4	20.5	3.2	29.1	4.2	18.9	3.9	30.9	4.2	19.8	3.1
均值	14.2	3.2	20.8	4.1	14.2	2.9	18.4	3.7	15.9	3.8	18.9	3.7	15.9	3.1

根据 2013 年秋季的调查研究，周口、信阳等地由于秸秆燃烧严重，致使秋季 OC 非常高，其中周口 2013 年秋季 OC 平均含量达到了 82.4 μg/m³，秸秆焚烧最严重时高达 163 μg/m³，信阳 2013 年秋季 OC 均值为 31.8 μg/m³，其余城市含量较低。与 2014 年秋季监测数据对比表明在省环保厅的督导和周口、信阳等地政府工作方案的指导下，秸秆禁烧工作取得了一定成效，$PM_{2.5}$ 有机碳含量有了一定程度的降低，但也要看到洛阳、安阳、开封等地 OC 含量 2013 去年有了明显升高，表明这方面工作仍需要进一步加强。

表 5-4 显示了本书得出的河南省各城市 OC、EC 浓度水平和国内外其他城市的对比。可以看到，研究区域 7 个城市处于国内外中等水平。当然，由于分析方法不同，研究时间不同，这种对比会有一定的偏颇之处，研究者需参考对待。

表 5-4　研究区域与其他城市 OC、EC 浓度比较

城市	时间	OC	EC
洛阳	2013.12—2014.11	14.2	2.9
平顶山	2013.12—2014.11	15.9	3.8
安阳	2013.12—2014.11	18.4	3.7
开封	2013.12—2014.11	20.8	4.1
周口	2013.12—2014.11	18.9	3.7
信阳	2013.12—2014.11	15.9	3.1
郑州	2013.12—2014.11	14.2	3.2
天津	2008 年秋季	20.2	6.5
上海	1999 年秋季	15.22	6.81
北京	1999 年秋季	28.79	10.23
西安	2003 年秋季	34.1	11.3
高雄（中国台湾地区）	1998.11—1999.4	10.4	4.0
北京	2002.9—2002.11	21.2	8.9
全州（朝鲜）	1995 年秋季	6.0	6.35
Uji（日本）	1998.9—1998.10	13.9	5.5
Kosan（韩国）	1997.9—1997.10	3.56	0.42

5.4.4.2 碳质组分对 $PM_{2.5}$ 的贡献

表 5-5～表 5-8 给出了各个季节 OC、EC 在 $PM_{2.5}$ 中的质量百分比。可以看到，冬季 7 个城市 OC 对 $PM_{2.5}$ 的贡献率在 15.7%～21.9%，EC 对 $PM_{2.5}$ 的贡献率在 2.4%～4.8%；春季 7 个城市 OC 对 $PM_{2.5}$ 的贡献率在 11.3%～17.5%，EC 对 $PM_{2.5}$ 的贡献率在 2.5%～3.7%；夏季 7 个城市 OC 对 $PM_{2.5}$ 的贡献率在 10.1%～15.7%，EC 对 $PM_{2.5}$ 的贡献率在 3.0%～5.7%；秋季 7 个城市 OC 对 $PM_{2.5}$ 的贡献率在 15.8%～24.8%，EC 对 $PM_{2.5}$ 的贡献率在 2.7%～3.8%。秋冬季节 OC 对 $PM_{2.5}$ 的贡献率明显较春夏季节高。信阳、平顶山 OC 对 $PM_{2.5}$ 的贡献明显较高，而郑州、开封 OC 的贡献明显较低。EC 对 $PM_{2.5}$ 的贡献在不同季节不同城市并无大的差别。

表 5-5 冬季 TCA、OC、EC 在 $PM_{2.5}$ 中的百分比

城市	$PM_{2.5}$/(μg/m^3)	TCA/(μg/m^3)	($TCA/PM_{2.5}$)/%	($OC/PM_{2.5}$)/%	($EC/PM_{2.5}$)/%	OC/EC
洛阳	92	22.6	24.5	17.6	4.4	4.0
平顶山	115	33.5	29.2	21.6	4.8	4.5
安阳	137	31.0	22.6	16.9	3.5	4.8
开封	243	38.4	15.8	12.0	2.4	5.0
周口	135	33.9	25.1	18.9	3.9	4.9
信阳	113	32.0	28.3	21.9	4.0	5.4
郑州	127	23.6	20.7	15.7	3.1	5.0

表 5-6 春季 TCA、OC、EC 在 $PM_{2.5}$ 中的百分比

城市	$PM_{2.5}$/(μg/m^3)	TCA/(μg/m^3)	($TCA/PM_{2.5}$)/%	($OC/PM_{2.5}$)/%	($EC/PM_{2.5}$)/%	OC/EC
洛阳	75	15.0	20.1	15.1	3.1	4.9
平顶山	101	15.5	15.3	11.3	2.5	4.5
安阳	104	16.8	16.1	11.6	2.8	4.2
开封	151	23.7	15.6	11.5	2.6	4.5
周口	68	14.9	21.9	16.1	3.6	4.4
信阳	65	15.1	23.4	17.5	3.7	4.7
郑州	72	16.3	22.6	16.8	3.6	4.6

表 5-7　夏季 TCA、OC、EC 在 $PM_{2.5}$ 中的百分比

城市	$PM_{2.5}$/（μg/m^3）	TCA/（μg/m^3）	（TCA/$PM_{2.5}$）/%	（OC/$PM_{2.5}$）/%	（EC/$PM_{2.5}$）/%	OC/EC
洛阳	66	12.2	18.5	13.1	3.4	3.8
平顶山	55	13.8	24.9	15.7	5.7	2.7
安阳	79	13.6	17.4	11.6	3.6	3.2
开封	80	11.9	14.8	10.1	3.0	3.4
周口	70	13.1	18.6	12.0	4.2	2.9
信阳	57	11.6	20.3	13.8	4.1	3.4
郑州	78	14.5	18.6	12.2	4.0	3.1

表 5-8　秋季 TCA、OC、EC 在 $PM_{2.5}$ 中的百分比

城市	$PM_{2.5}$/（μg/m^3）	TCA/（μg/m^3）	（TCA/$PM_{2.5}$）/%	（OC/$PM_{2.5}$）/%	（EC/$PM_{2.5}$）/%	OC/EC
洛阳	117	25.6	21.8	17.5	2.7	6.5
平顶山	102	25.2	24.6	18.5	3.8	4.9
安阳	151	35.8	23.7	19.3	2.8	7.0
开封	146	35.6	24.4	19.6	3.0	6.5
周口	124	37.7	30.3	24.8	3.4	7.3
信阳	84	24.8	29.3	23.4	3.7	6.4
郑州	95	20.1	21.2	15.8	3.4	4.6

根据相关文献，碳物质总量（TCA）一般用（TCA=OC×1.6+EC）来估算，根据此式，研究区域各城市冬季含碳物质总浓度为 22.6～38.4 μg/m^3，对 $PM_{2.5}$ 的贡献率为 15.8%～29.2%；春季含碳物质总浓度为 14.9～23.7 μg/m^3，对 $PM_{2.5}$ 的贡献率为 15.3%～23.4%；夏季含碳物质总浓度为 11.6～14.5 μg/m^3，对 $PM_{2.5}$ 的贡献率为 14.8%～24.9%；秋季含碳物质总浓度为 20.1～37.7 μg/m^3，对 $PM_{2.5}$ 的贡献率为 20.6%～29.5%。这一占比均低于文献报道的南方城市，如珠江三角洲 $PM_{2.5}$ 中碳质组分基本在 40%以上。虽然如此，研究区域碳质组分基本占到了 20%以上，说明含碳物质已经在细颗粒物中成为重要组分。从季节分布上看，秋冬季节 TCA 的含量和占比明显高于春夏季节；从地域分布来看，开封、安阳、周口在秋冬季节 TCA 含量明显较高，而春夏季节除开封春季 TCA 较高外，地域差异并不明显。这很可能和秋冬季节这些城市生物质燃烧有关。

5.4.4.3　OC 与 EC 的比值分析

OC 与 EC 的浓度比被用来评价颗粒物的来源。不同污染源排放颗粒物中 OC 与 EC 的相对含量不同，如柴油发动机 EC 排放量高于 OC，OC/EC 比值小于 1；生物质燃烧产物以有机物为主，OC/EC 比值较高；而烟草中 EC 的含量非常低，OC/EC 最高。OC/EC 还被广泛用于识别二次有机污染。Turpin 和 Huntzicher 对洛杉矶盆地的空气样品进行研究，认为

OC/EC=2.2 可以作为是否有二次污染的一个临界值。1996 年，Chow 等通过研究也认为如 OC/EC 的值高于 2，可认为存在二次污染，该临界值被很多研究者采用。

如表 5-5～表 5-8 所示，研究区域各个城市冬季 OC/EC 在 4.0～5.4，春季 OC/EC 在 4.2～4.9，夏季 OC/EC 在 2.7～3.8，秋季 OC/EC 在 4.6～7.3。四个季节 OC/EC 均高于临界值 2.2，表明河南省各个城市大气二次污染较为严重。夏季明显较低而秋季明显较高，这也与秋季秸秆燃烧的现象是相符合的。秋季除了郑州、平顶山两地外，其余城市 OC/EC 均高于 6.0，表明这些城市二次污染和产生的二次有机碳（SOC）较高，这也是生物质燃烧的一个明显标志，虽然相较于 2013 年秋季，周口、信阳的秸秆禁烧措施取得了一定成效，但这方面现象仍普遍存在，甚至 2014 年秋季在其他城市更加严重，表明秸秆禁烧这一举措仍需常抓不懈。

5.4.5 大气中的挥发性有机物分布特征

挥发性有机物（Volatile Organic Compounds，VOCs）是指在标准状态（273 K 和 101.3 kPa）下蒸汽压大于 0.13 kPa 的有机物，沸点一般介于 50～260℃。VOCs 是除颗粒物外第二大分布广泛和种类繁多的排放物，主要可分为碳氢化合物（如苯系物、链烃等）、卤代烃和含氧挥发性有机物等几个类别。其危害主要为：部分 VOCs 具有毒性和致癌、致畸、致突变性；可参与光化学烟雾反应形成臭氧，影响环境大气的氧化性，并能被进一步氧化最终形成二次有机气溶胶（SOA），造成能见度恶化，是形成复合型大气污染物的重要污染物；易被皮肤、黏膜吸收，对人体健康产生急性损害，危害极大。因此，空气中 VOCs 的污染已成为国内外环境关注的重点（表 5-9）。

表 5-9　85 种挥发性有机物名称和 CAS 号

序号	名称	CAS 号	序号	名称	CAS 号	序号	名称	CAS 号
1	异戊二烯	78-79-5	30	二氟二氯甲烷	75-71-8	59	1,3,5-三甲苯	108-67-8
2	反-2-戊烯	646-04-8	31	1,1,2,2-四氟-1,2-二氯乙烷	76-14-2	60	1,2,4-三甲苯	95-63-6
3	2,2-二甲基丁烷	75-83-2	32	氯乙烯	75-01-4	61	1,3-二氯苯	541-73-1
4	环戊烷	287-92-3	33	溴甲烷	74-83-9	62	1,4-二氯苯	106-46-7
5	2,3-二甲基丁烷	79-29-8	34	一氟三氯甲烷	75-69-4	63	1,2-二氯苯	95-50-1
6	2-甲基戊烷	107-83-5	35	1,1-二氯乙烯	75-35-4	64	1,2,4-三氯苯	120-82-1
7	3-甲基戊烷	96-14-0	36	二氯甲烷	75-09-2	65	六氯丁二烯	87-68-3
8	1-己烯	592-41-6	37	1,2,2-三氟-1,1,2-三氯乙烷	76-13-1	66	1,3-丁二烯	106-99-0
9	甲基环戊烷	96-37-7	38	1,1-二氯乙烷	75-34-3	67	丙酮	67-64-1
10	2,4-二甲基戊烷	108-08-7	39	顺-1,2-二氯乙烯	156-59-2	68	二硫化碳	75-15-0

序号	名称	CAS 号	序号	名称	CAS 号	序号	名称	CAS 号
11	2-甲基己烷	591-76-4	40	氯仿	67-66-3	69	反-1,2-二氯乙烯	156-60-5
12	2,3-二甲基戊烷	565-59-3	41	1,2-二氯乙烷	107-06-2	70	2-甲氧基-2-甲基丙烷	1634-04-4
13	3-甲基己烷	589-34-4	42	1,1,1-三氯乙烷	71-55-6	71	乙酸乙烯酯	108-05-4
14	甲基环己烷	108-87-2	43	苯	71-43-2	72	2-丁酮	78-93-3
15	2,3,4-三甲基戊烷	565-75-3	44	四氯化碳	56-23-5	73	乙酸乙酯	141-78-6
16	2-甲基庚烷	592-27-8	45	1,2-二氯丙烷	78-87-5	74	正己烷	110-54-3
17	3-甲基庚烷	589-81-1	46	三氯乙烯	79-01-6	75	四氢呋喃	109-99-9
18	正辛烷	111-65-9	47	顺-1,3-二氯丙烯	10061-01-5	76	环己烷	110-82-7
19	正壬烷	111-84-2	48	反-1,3-二氯丙烯	10061-02-6	77	一溴二氯甲烷	75-27-4
20	异丙苯	98-82-8	49	1,1,2-三氯乙烷	79-00-5	78	1,4-二噁烷	123-91-1
21	正丙苯	103-65-1	50	甲苯	108-88-3	79	2,2,4-三甲基戊烷	540-84-1
22	邻乙基甲苯	611-14-3	51	1,2-二溴乙烷	106-93-4	80	正庚烷	142-82-5
23	正癸烷	124-18-5	52	四氯乙烯	127-18-4	81	4-甲基-2-戊酮	108-10-1
24	1,2,3-三甲苯	526-73-8	53	氯苯	108-90-7	82	2-己酮	591-78-6
25	间二乙苯	141-93-5	54	乙苯	100-41-4	83	二溴一氯甲烷	124-48-1
26	对二乙苯	105-05-5	55	对/间二甲苯	108-38-3，106-42-3	84	溴仿	75-25-2
27	正十一烷	1120-21-4	56	苯乙烯	100-42-5	85	4-乙基甲苯	622-96-8
28	正十二烷	112-40-3	57	1,1,2,2-四氯乙烷	79-34-5			
29	氯代甲苯	100-44-7	58	邻二甲苯	95-47-6			

实际研究中，每个城市都只能检出 85 种 VOCs 中的一部分，在以下的评价中，选取其中检出率和含量较高的几种挥发性有机物。下面分地域对研究期间 VOCs 进行评价。

表 5-10 显示了平顶山环境空气中检出的 VOCs 种类和含量。

表 5-10　平顶山市环境空气中 VOCs 种类及含量　单位：μg/m³

	甲苯	乙苯	丙酮	乙酸乙烯酯	环戊烷	1,2-二氯乙烷	苯
春季	0.50	未检出	7.71	未检出	未检出	未检出	未检出
夏季	2.89	0.58	7.95	6.90	5.25	未检出	未检出
秋季	未检出	未检出	未检出	未检出	未检出	未检出	未检出
冬季	1.27	未检出	未检出	未检出	未检出	0.61	1.86

注：检出限：甲苯（0.45 μg/m³），乙苯（0.48 μg/m³），丙酮（2.38 μg/m³），乙酸乙烯酯（3.52 μg/m³），1,2-二氯乙烷（0.45 μg/m³），苯（0.73 μg/m³）。

可以看出，平顶山市四季环境空气中 VOCs 种类较少，主要有甲苯、乙苯、丙酮、乙酸乙烯酯、环戊烷、1,2-二氯乙烷、苯，以苯系物为主。夏季是 VOCs 的主要检出季节，检出率和含量都较高。其中含量最高的化合物为丙酮，浓度为 7.95 μg/m^3。

图 5-18 显示了郑州环境空气中检出的 VOCs 种类和含量。

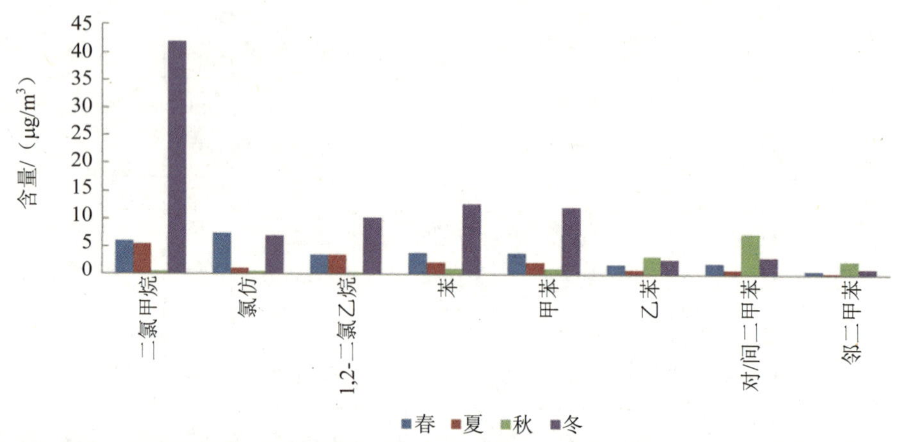

图 5-18 郑州市环境空气中 VOCs 种类及含量

可以看出，郑州市四季环境空气中 VOCs 种类以苯系物和卤代烃为主，主要有二氯甲烷、氯仿、1,2-二氯乙烷、苯、甲苯、乙苯、对/间/邻二甲苯。较为明显的一个特征是冬春季节尤其是冬季二氯甲烷、氯仿、1,2-二氯乙烷、苯、甲苯有检出且浓度较高，而秋季乙苯、对/间/邻二甲苯则有检出。含量最高的化合物为二氯甲烷，浓度为 41.9 μg/m^3。

图 5-19 显示了开封环境空气中检出的 VOCs 种类和含量。

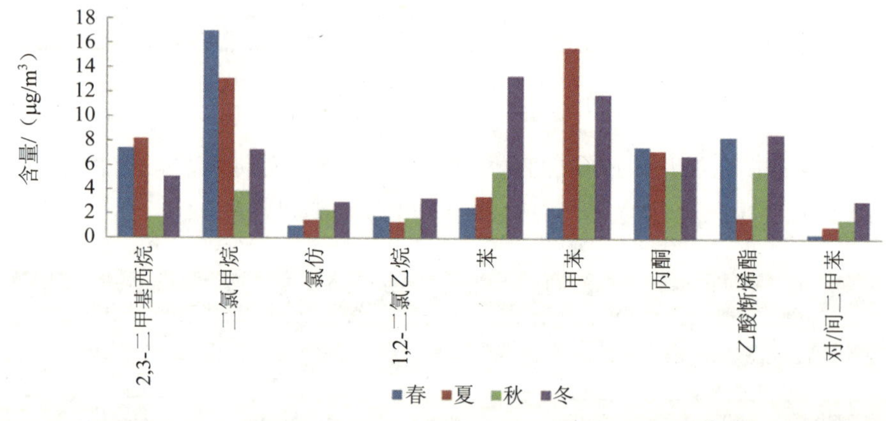

图 5-19 开封市环境空气中 VOCs 种类及含量

可以看出，开封市环境空气中 VOCs 种类有：苯系物、卤代烃、丙酮等。开封市环境空气中 VOCs 含量季节变化规律不太明显，但大致表现为冬季 VOCs 含量普遍较高，春季

2,3-二甲基丁烷、二氯乙烷、丙酮、乙酸乙烯酯含量较高，而夏季 2,3-二甲基丁烷、二氯乙烷、甲苯、丙酮含量较高，秋季含量适中。含量最高的化合物也为春季的二氯甲烷，浓度为 17.0 μg/m^3

图 5-20 显示了洛阳环境空气中检出的 VOCs 种类和含量。

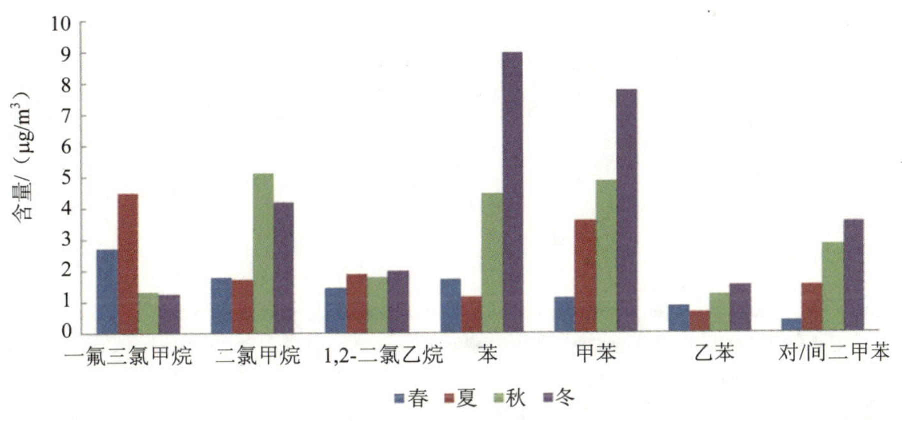

图 5-20 洛阳市环境空气中 VOCs 种类及含量

由图 5-20 可以看出，洛阳市环境空气中 VOCs 种类以苯系物和卤代烃为主。含量最高的化合物为冬季苯，浓度为 8.96 μg/m^3。洛阳市冬季环境空气中 VOCs 含量最高，秋季次之。

图 5-21 显示了周口环境空气中检出的 VOCs 种类和含量。

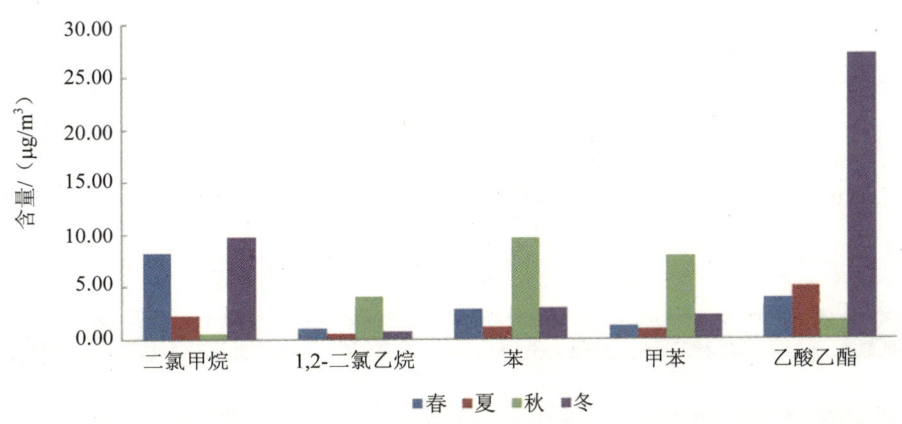

图 5-21 周口市环境空气中 VOCs 种类及含量

由图 5-21 可以看出，周口市环境空气中 VOCs 种类有：苯系物、卤代烃和乙酸乙酯等。含量最高的化合物为乙酸乙酯，浓度为 27.2 μg/m^3。周口市冬季环境空气中二氯甲烷、乙酸乙酯含量高于其他三季，而 1,2-二氯乙烷和苯系物则明显在秋季较高。

图 5-22 显示了安阳环境空气中检出的 VOCs 种类和含量。

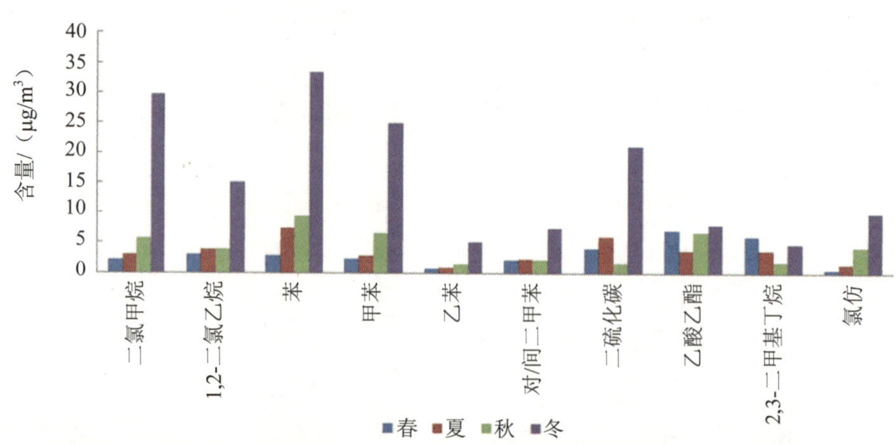

图 5-22 安阳市环境空气中 VOCs 种类及含量

可以看出，安阳市环境空气中 VOCs 种类有：苯系物、卤代烃、二硫化碳、乙酸乙酯等。含量最高的化合物为冬季苯，浓度为 33.5 μg/m^3。安阳市冬季环境空气中 VOCs 含量远远高于其他三季，且为 7 个城市中含量最高的。

图 5-23 显示了信阳环境空气中检出的 VOCs 种类和含量。

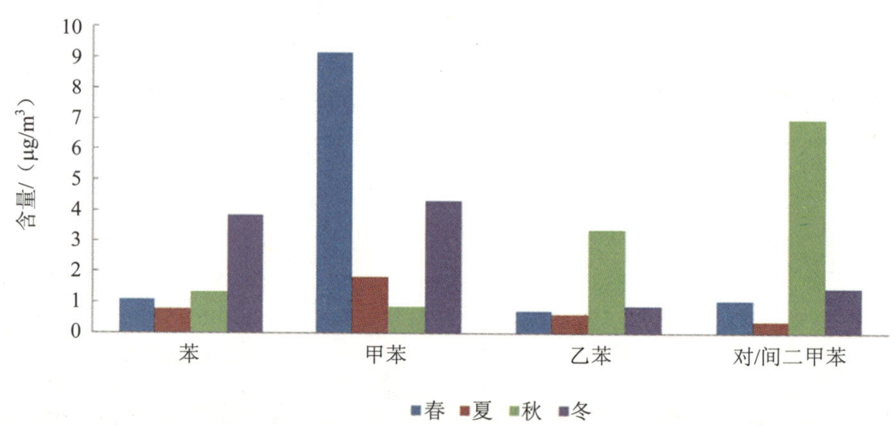

图 5-23 信阳市环境空气中 VOCs 种类及含量

信阳市环境空气中 VOCs 种类较少，主要为苯系物。含量最高的 VOC 为春季甲苯，浓度为 9.15 μg/m^3。信阳市 VOCs 季节分布并无明显规律。

综上所述，7 个城市环境空气中 VOCs 的成分主要为苯系物，其中含量较高的有苯、甲苯、二氯甲烷、乙酸乙酯和丙酮等。大部分城市（除平顶山、信阳外）冬季环境空气中 VOCs 含量高于其他三个季节，且 7 个城市中，安阳市冬季环境空气中 VOCs 含量最高，郑州市次之。

5.4.6　$PM_{2.5}$中污染物比例特征分析

从图 5-24 中可以看到，郑州市 $PM_{2.5}$ 中占比最高的污染物是水溶性离子，各个季节的比例在 43.98%～55.59%，夏季最高，其次为春季，秋冬季节相对较低；其次为碳质，各个季节的比例在 18.63%～22.64%，春季最高，夏季最低，但各个季节之间相差不大；金属元素各个季节的比例在 4.64%～10.37%，春季最高，冬季次之，夏秋季节相对较低；多环芳烃类在 $PM_{2.5}$ 中有一定的占比，各个季节在 0.01%～0.04%，冬季略高。

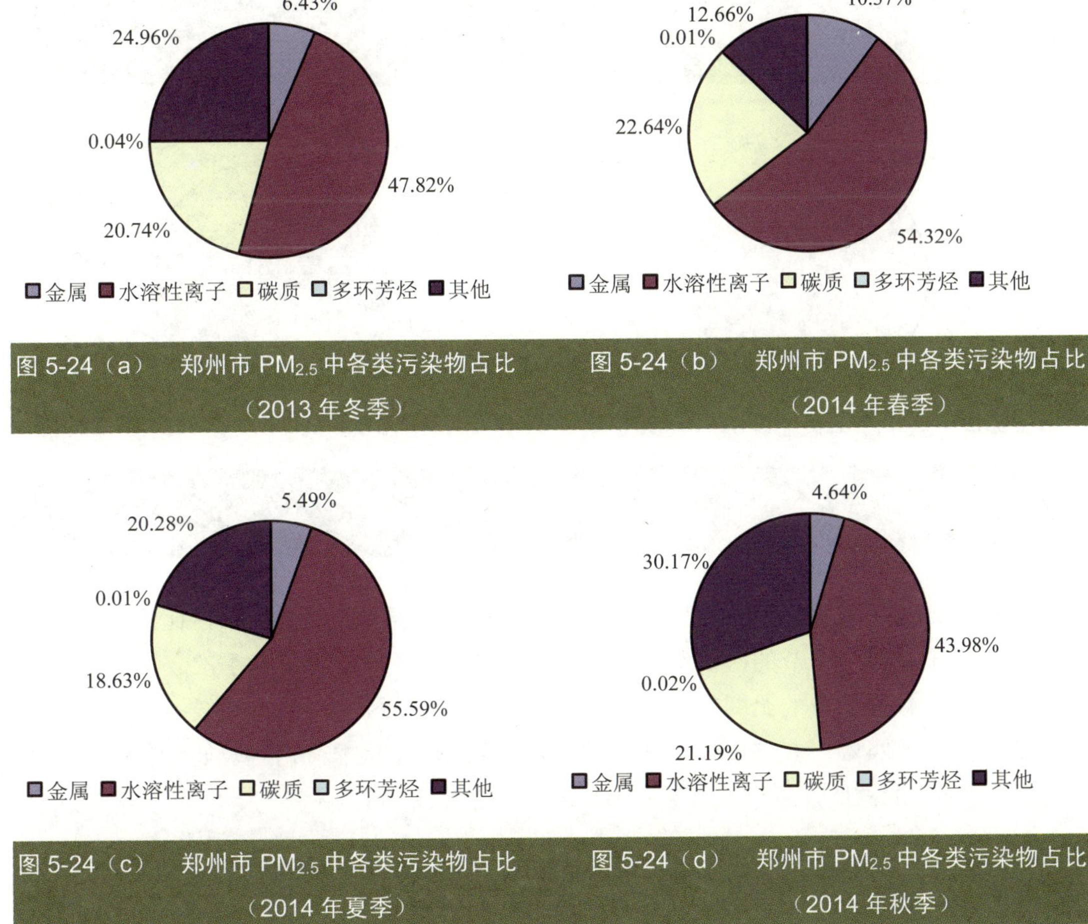

图 5-24（a）　郑州市 $PM_{2.5}$ 中各类污染物占比（2013 年冬季）

图 5-24（b）　郑州市 $PM_{2.5}$ 中各类污染物占比（2014 年春季）

图 5-24（c）　郑州市 $PM_{2.5}$ 中各类污染物占比（2014 年夏季）

图 5-24（d）　郑州市 $PM_{2.5}$ 中各类污染物占比（2014 年秋季）

开封污染物比例特征与郑州略有不同，水溶性离子占比在 28.42%～55.57%，夏季最高，秋季次之，冬春季节相对较低；碳质占比在 14.84%～24.38%，秋季较高，其他季节差别不大；金属元素占比在 5.12%～14.71%，春季最高，冬季次之，夏秋季节相对较低；多环芳烃有一定占比，各个季节均为 0.01%左右。

占比最高的污染物在各个季节依然为水溶性离子，但相较于其他省辖市，在冬春季节占比相对较低（图 5-25）。

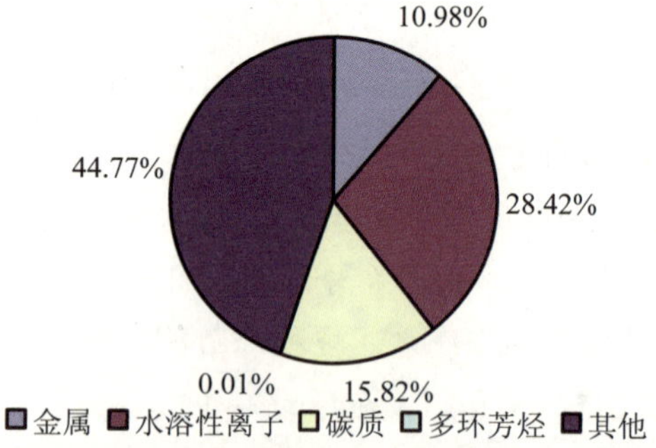

10.98%
28.42%
15.82%
0.01%
44.77%
金属 水溶性离子 碳质 多环芳烃 其他

图 5-25（a） 开封市 $PM_{2.5}$ 中各类污染物占比（2013 年冬季）

14.71%
32.66%
15.63%
0.01%
36.98%
金属 水溶性离子 碳质 多环芳烃 其他

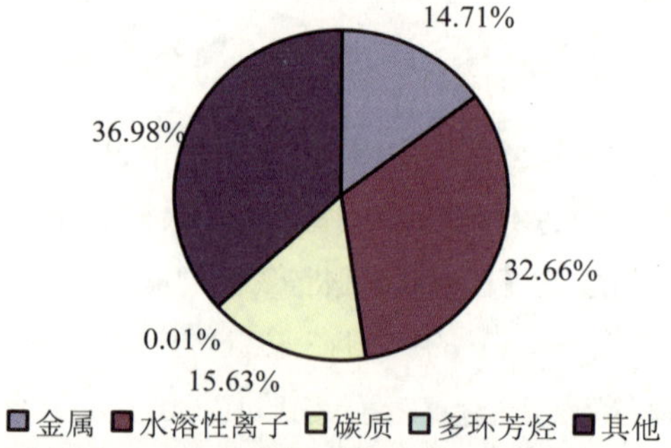

图 5-25（b） 开封市 $PM_{2.5}$ 中各类污染物占比（2014 年春季）

8.74%
55.57%
14.84%
0.01%
20.84%
金属 水溶性离子 碳质 多环芳烃 其他

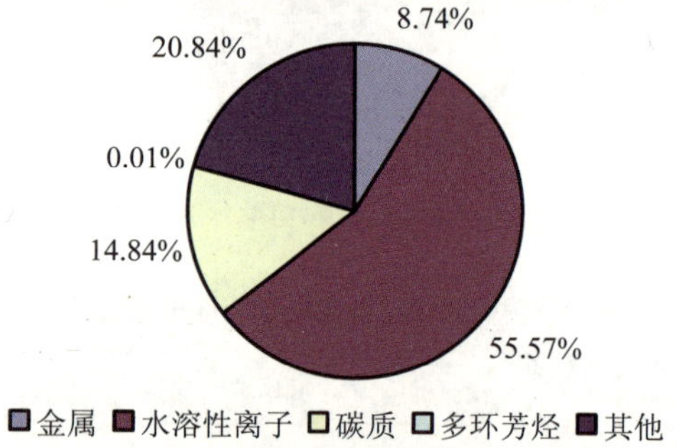

图 5-25（c） 开封市 $PM_{2.5}$ 中各类污染物占比（2014 年夏季）

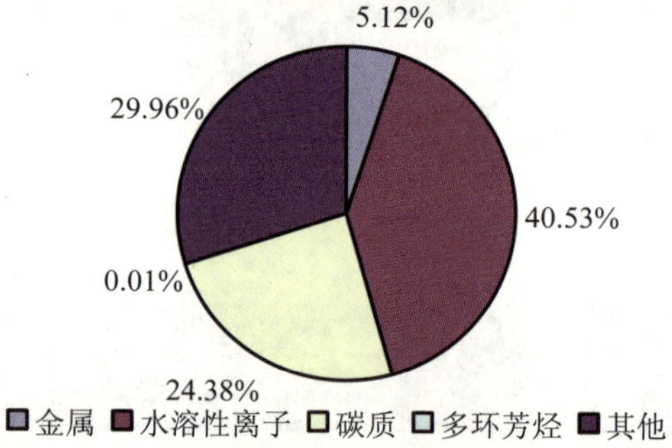

5.12%
40.53%
24.38%
0.01%
29.96%
金属 水溶性离子 碳质 多环芳烃 其他

图 5-25（d） 开封市 $PM_{2.5}$ 中各类污染物占比（2014 年秋季）

从图 5-26 中可以看到，洛阳市和郑州市污染物占比类似。$PM_{2.5}$ 中占比最高的污染物是水溶性离子，各个季节的比例在 42.91%～68.32%，夏季最高，春季次之，秋冬季节相对较低；碳质各个季节的比例在 18.52%～24.53%，冬季最高，秋季最低；金属元素各个季节的比例在 4.24%～ 8.45%，春季最高，冬季次之，夏秋季节相对较低；多环芳烃类在 $PM_{2.5}$ 中有一定的占比，各个季节约在 0.02%。

6.54%
42.91%
24.53%
0.02%
25.99%
金属 水溶性离子 碳质 多环芳烃 其他

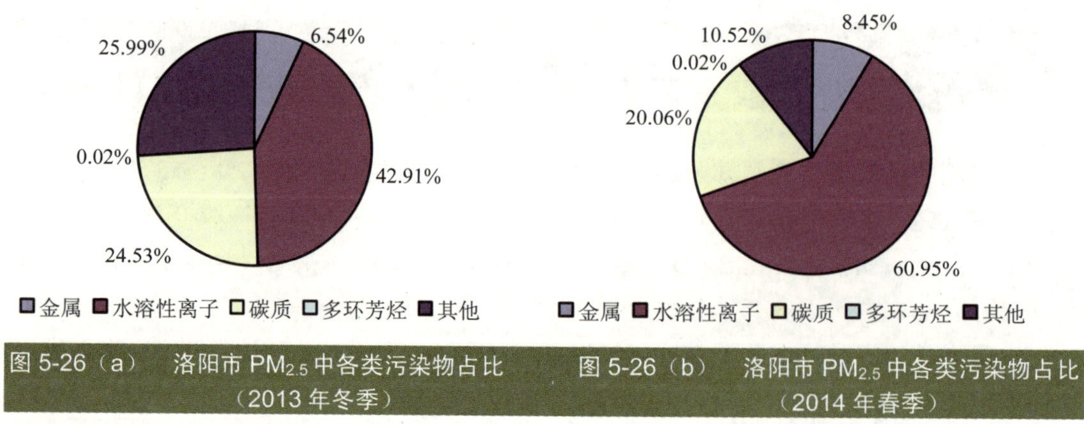

图 5-26（a） 洛阳市 $PM_{2.5}$ 中各类污染物占比（2013 年冬季）

8.45%
60.95%
20.06%
0.02%
10.52%
金属 水溶性离子 碳质 多环芳烃 其他

图 5-26（b） 洛阳市 $PM_{2.5}$ 中各类污染物占比（2014 年春季）

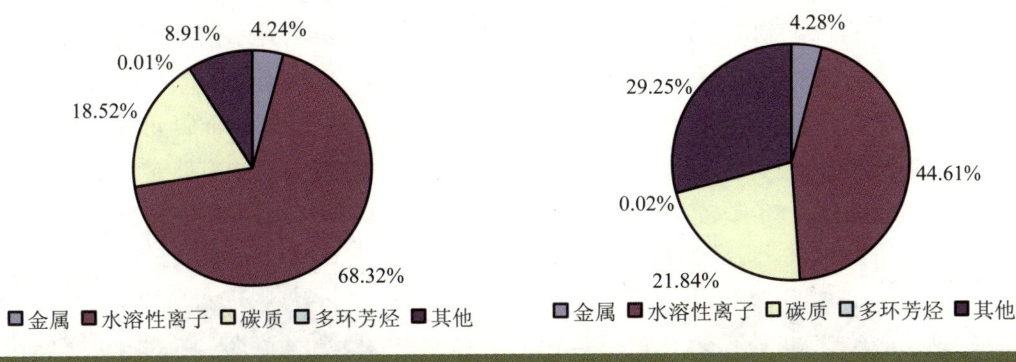

图 5-26（c） 洛阳市 $PM_{2.5}$ 中各类污染物占比（2014 年夏季）

图 5-26（d） 洛阳市 $PM_{2.5}$ 中各类污染物占比（2014 年秋季）

从图 5-27 中可以看到，安阳市和郑州市污染物占比类似。$PM_{2.5}$ 中占比最高的污染物是水溶性离子，各个季节的比例在 43.05%～65.49%，夏季最高，春季次之，秋冬季节相对较低；碳质各个季节的比例在 16.09%～23.72%，秋季最高，冬季次之，春夏季节相对较低；金属元素各个季节的比例在 5.63%～7.76%，春季最高，冬季次之，夏秋季节相对较低；多环芳烃类在 $PM_{2.5}$ 中有一定的占比，各个季节在 0.01%～0.06%。

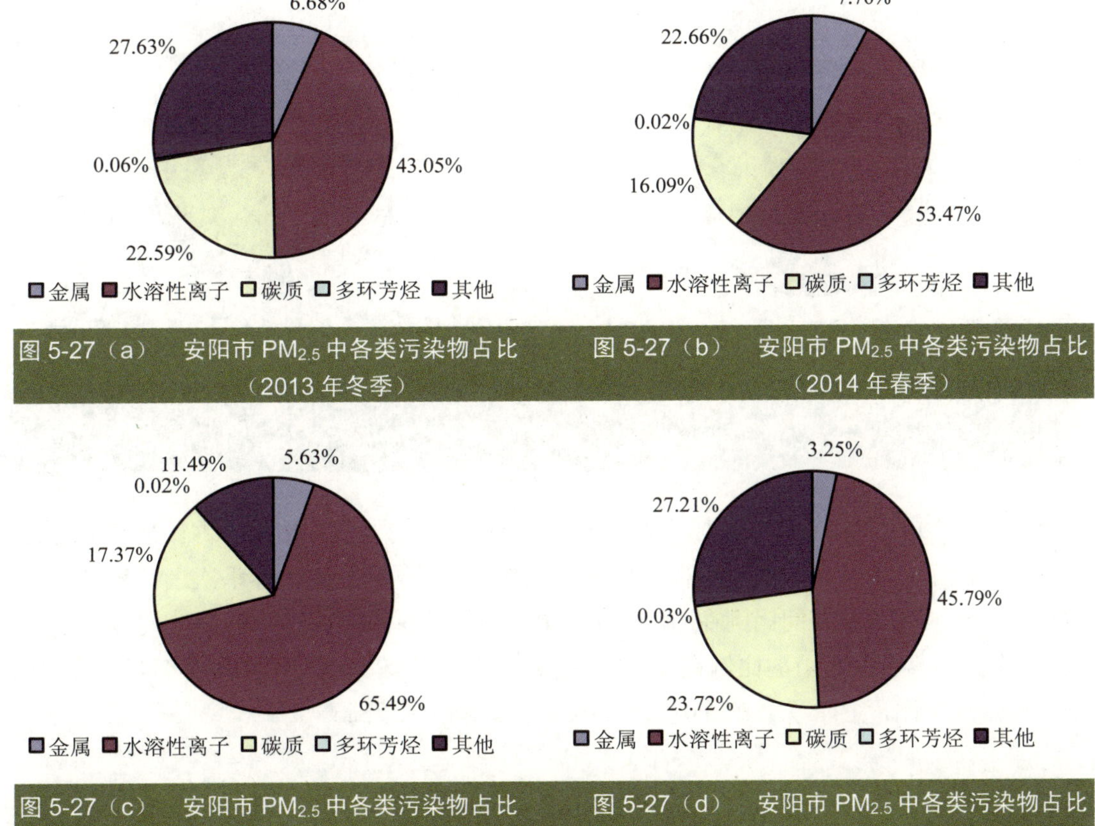

图 5-27（a） 安阳市 $PM_{2.5}$ 中各类污染物占比（2013 年冬季）

图 5-27（b） 安阳市 $PM_{2.5}$ 中各类污染物占比（2014 年春季）

图 5-27（c） 安阳市 $PM_{2.5}$ 中各类污染物占比（2014 年夏季）

图 5-27（d） 安阳市 $PM_{2.5}$ 中各类污染物占比（2014 年秋季）

从图 5-28 中可以看到，平顶山市 $PM_{2.5}$ 中占比最高的污染物是水溶性离子，各个季节的比例在 34.88%～55.92%，夏季最高，冬季和秋季次之，春季相对较低；碳质各个季节的比例在 15.33%～29.20%，冬季最高，夏秋季节次之，春季最低；金属元素各个季节的比例在 5.82%～8.20%，夏季最高，冬季最低；多环芳烃类在 $PM_{2.5}$ 中有一定的占比，各个季节在 0.02%～0.05%，冬季较高。

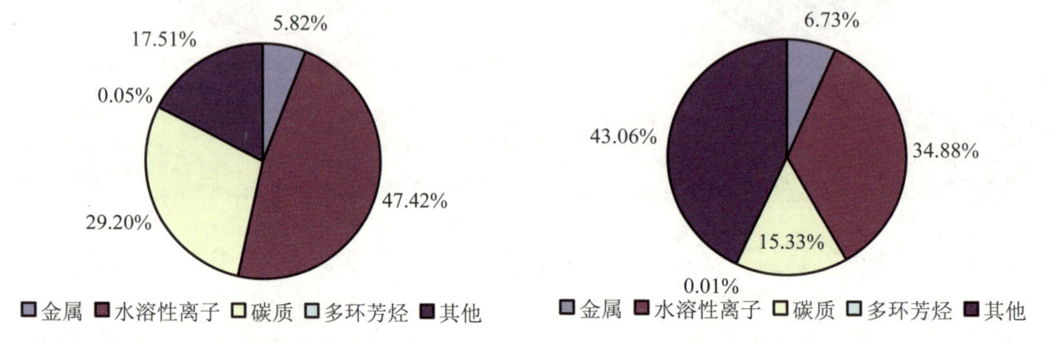

图 5-28（a） 平顶山市 $PM_{2.5}$ 中各类污染物占比（2013 年冬季）
图 5-28（b） 平顶山市 $PM_{2.5}$ 中各类污染物占比（2014 年春季）

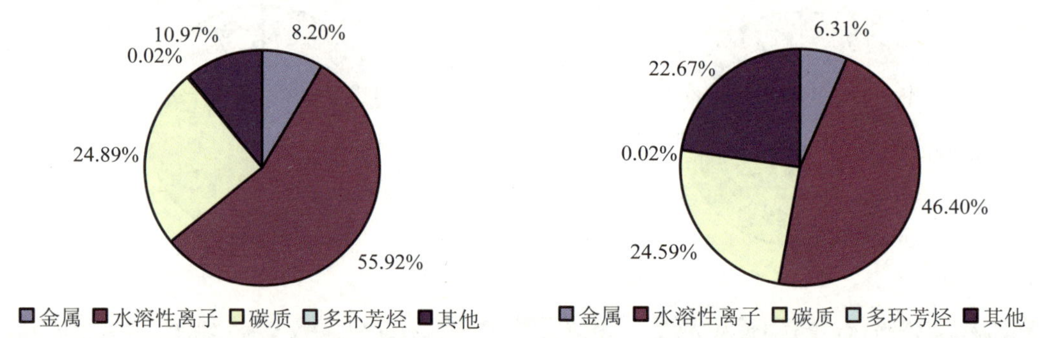

图 5-28（c） 平顶山市 $PM_{2.5}$ 中各类污染物占比（2014 年夏季）
图 5-28（d） 平顶山市 $PM_{2.5}$ 中各类污染物占比（2014 年秋季）

从图 5-29 中可以看到，安阳市和郑州市污染物占比类似。$PM_{2.5}$ 中占比最高的污染物是水溶性离子，各个季节的比例在 41.16%～65.73%，夏季最高，春季次之，秋冬季节相对较低；碳质各个季节的比例在 18.61%～30.28%，秋季最高，冬季次之，春夏季节相对较低；金属元素各个季节的比例在 3.49%～5.55%，各个季节相差不大；多环芳烃类在 $PM_{2.5}$ 中有一定的占比，各个季节在 0.01%～0.04%，冬季相对较高。

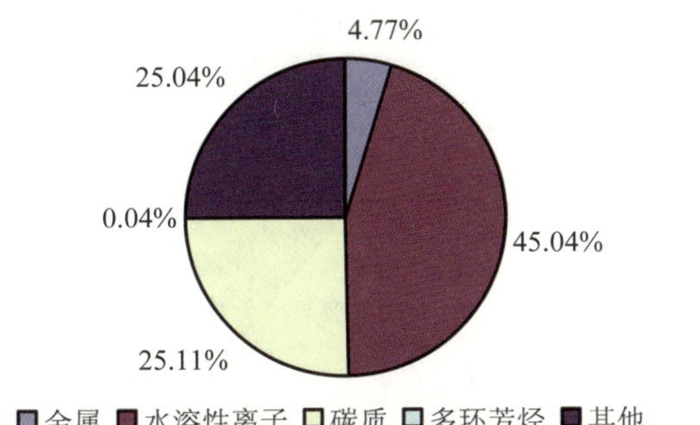

图 5-29（a） 周口市 $PM_{2.5}$ 中各类污染物占比（2013 年冬季）

3.49%
15.21%
0.02%
21.89%
59.39%
■金属 ■水溶性离子 □碳质 □多环芳烃 ■其他

图 5-29（b） 周口市 $PM_{2.5}$ 中各类污染物占比（2014 年春季）

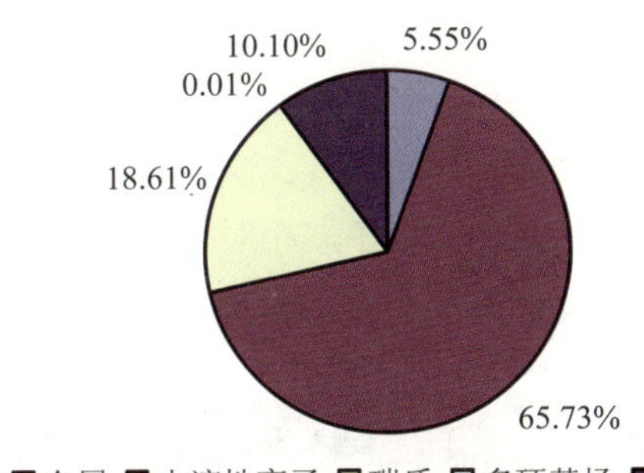

图 5-29（c） 周口市 $PM_{2.5}$ 中各类污染物占比（2014 年夏季）

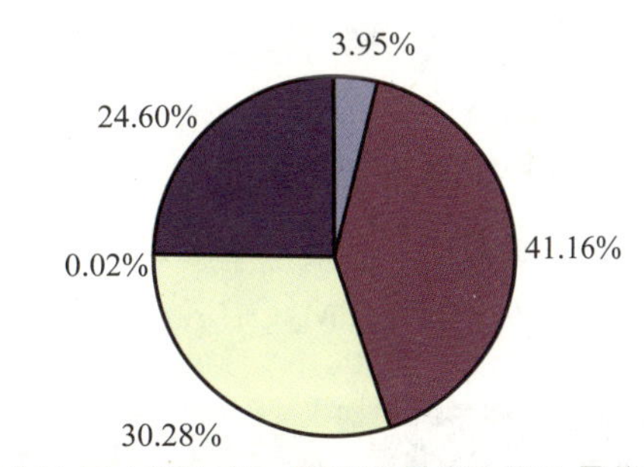

图 5-29（d） 周口市 $PM_{2.5}$ 中各类污染物占比（2014 年秋季）

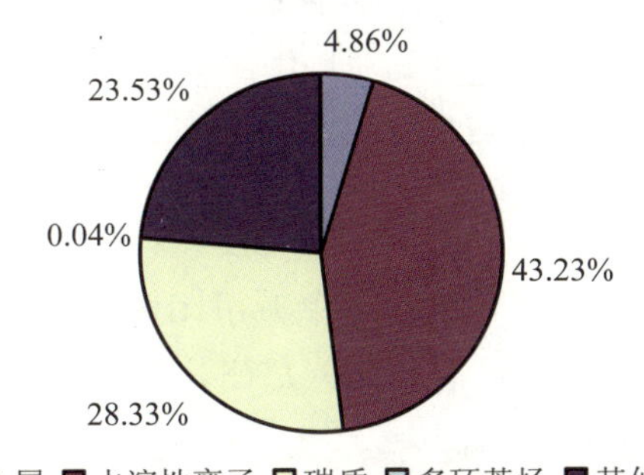

图 5-30（a） 信阳市 $PM_{2.5}$ 中各类污染物占比（2013 年冬季）

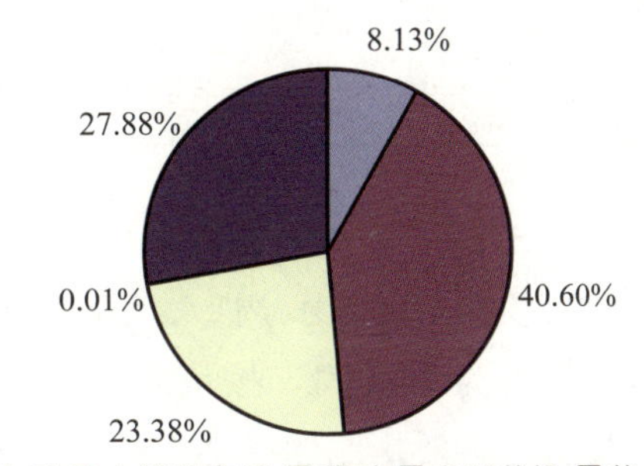

图 5-30（b） 信阳市 $PM_{2.5}$ 中各类污染物占比（2014 年春季）

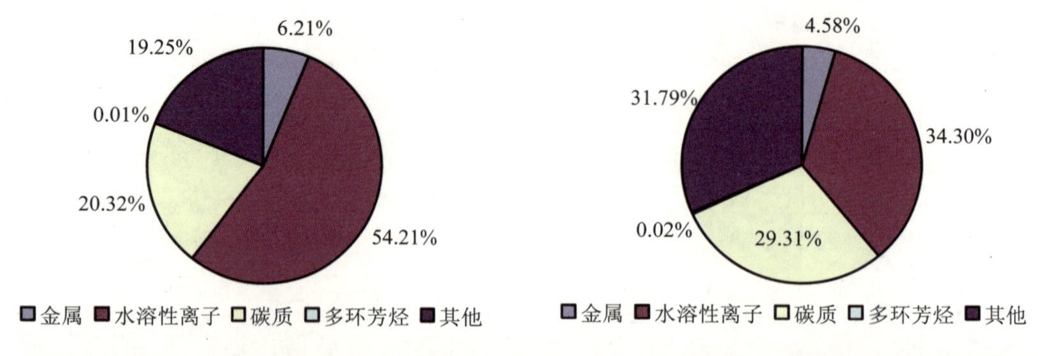

图 5-30（c） 信阳市 $PM_{2.5}$ 中各类污染物占比（2014 年夏季）

图 5-30（d） 信阳市 $PM_{2.5}$ 中各类污染物占比（2014 年秋季）

从图 5-30 中可以看到，安阳市和郑州市污染物占比类似。$PM_{2.5}$ 中占比最高的污染物是水溶性离子，各个季节的比例在 34.30%～54.21%，夏季最高，冬季次之，春秋季节相对较低；碳质各个季节的比例在 20.32%～29.31%，秋季最高，冬季次之，春夏季节相对较低；金属元素各个季节的比例在 4.58%～8.13%，春季最高，夏季次之，秋冬季节较低；多环芳烃类在 $PM_{2.5}$ 中有一定的占比，各个季节在 0.01%～0.04%，冬季相对较高。表 5-11 列出了上述 7 个城市 $PM_{2.5}$ 中各类污染物全年的平均占比。

表 5-11 河南省部分城市大气 $PM_{2.5}$ 中污染物质量比例（2014 年） 单位：%

	金属	水溶性离子	碳质	多环芳烃	其他
郑州	6.54	49.80	20.8	0.01	22.86
开封	10.22	35.82	29.5	0.01	24.50
洛阳	5.76	52.13	21.5	0.01	20.56
安阳	5.64	50.02	20.6	0.02	23.68
平顶山	6.55	45.16	23.5	0.02	24.74
周口	4.31	49.93	25.0	0.01	20.71
信阳	5.69	42.30	26.2	0.01	25.84
平均	6.39	46.45	23.87	0.01	23.27

结合表 5-11 和上述分析，可以看到，从地域分布来看，本书涉及的 7 个城市（郑州、开封、洛阳、安阳、平顶山、周口、信阳）占比最大的为水溶性离子，7 个城市比例在 35.82%～52.13%，平均为 46.45%，按从大到小依次为：洛阳、安阳、周口、郑州、平顶山、信阳、开封；其次为碳质，比例在 20.6%～29.5%，平均为 23.87%，按从大到小依次为开封、信阳、周口、平顶山、洛阳、郑州、安阳；再次为金属元素，比例在 4.31%～10.22%，平均为 6.39%，按从大到小依次为：开封、平顶山、郑州、洛阳、信阳、安阳、周口；多环芳烃占比在 0.01%～0.02%，安阳、平顶山较高。

从季节分布来看，水溶性离子一般表现为春夏季节较高，秋冬季节较低；碳质一般表现为秋冬季节较高，春夏季节较低；金属元素一般表现为冬季和春季较高，夏季和秋季较低，但各个季节差别并不大。

5.5 河南省关键大气污染源特征谱的建立

大气环境颗粒物的组成极其复杂，有的来自污染源的直接排放，有的则是一次污染物在大气中发生物理、化学或者生化反应而生成的二次污染物，要找出主城颗粒物污染源，最有效的方法就是通过主要的污染特征元素，辨别可能存在的污染来源，因此排放源成分谱对源解析研究具有重要意义。确定有贡献污染源种类并了解其颗粒物的化学组成，是保障源解析结果准确性的重要依据。源成分谱是分析不同源排放特征的重要基础数据，源成分谱是受体模型的重要输入参数，源成分谱与受体成分谱结合，可分析不同源到受体的组分的变化，为受体模型的改进提供基础。为了采取针对性的 $PM_{2.5}$ 污染控制措施，本书对其来源及化学组分特征进行了探讨和分析，并建立河南省典型城市主要 $PM_{2.5}$ 排放源的成分谱，为利用受体模型进行大气中 $PM_{2.5}$ 来源解析研究提供具有代表性的基础数据。

根据国内外大气颗粒物来源方面的研究结果和《大气颗粒物来源解析技术指南（试行）》，结合河南省典型城市的具体情况，确定了土壤尘、建筑尘、道路尘、扬尘、二次粒子（硫酸盐和硝酸盐）、燃煤尘、钢铁尘、机动车尾气、生物质（秸秆燃烧）共 9 类污染源。其中机动车尾气采用文献报道数据，其余为实测数据。

大气环境颗粒物的组成极其复杂，有的来自污染源的直接排放，有的则是一次污染物在大气中发生物理、化学或者生化反应而生成的二次污染物，要找出主要颗粒物污染源，最有效的方法就是通过主要的污染特征元素，辨别可能存在的污染来源。

排放源成分谱对源解析研究具有重要意义。确定有贡献污染源种类并了解其颗粒物的化学组成，是保障源解析结果准确性的重要依据。源成分谱是分析不同源排放特征的重要基础数据，源成分谱是受体模型的重要输入参数，源成分谱与受体成分谱结合，可分析不同源到受体的组分的变化，为受体模型的改进提供基础。为了采取针对性的 $PM_{2.5}$ 污染控制措施，本书对其来源及化学组分特征进行了探讨和分析，并建立河南省典型城市主要 $PM_{2.5}$ 排放源的成分谱，为利用受体模型进行大气中 $PM_{2.5}$ 来源解析研究提供具有代表性的基础数据。

5.5.1 土壤尘

在土壤尘各组分的质量百分比中，Si 含量最高最大。与国内外其他城市土壤尘成分谱比较，国外一些研究将铺过路面的道路尘、裸露路面的道路尘和土壤尘统一归为地质尘。美国 Judith C. Chow 和 John G. Watson 等 1999 年在得克萨斯州进行的土壤成分谱研究中，发现 Si、TC、Al、Ca、Fe 为主要成分，K. F. Ho、S. C. Lee 等在中国香港进行的土壤尘研究中，发现 Si、Al、OC、Fe、Ca、K 是土壤尘中含量最大的组分，这跟本书的结果基本一致。南开大学进行的石家庄和济南颗粒物源解析研究中，土壤尘主成分也与河南省典型城市研究结果一致。但不同地区主量成分含量差异较大，这与土壤类型和局地污染源有关。总体来说河南省 7 个典型城市土壤尘中主成分含量基本相同，其中信阳 Ca 含量稍低，平顶山 EC 含量稍高。

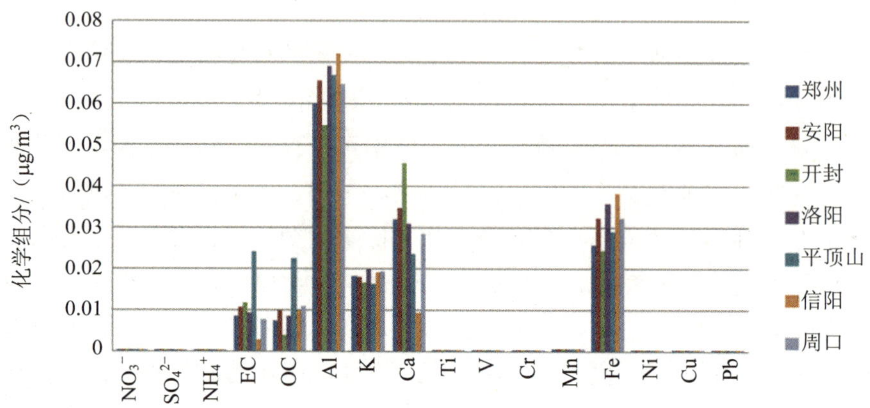

图 5-31　河南省典型城市土壤谱

5.5.2 建筑尘

建筑尘成分谱化学组分见图 5-32。建筑（水泥）尘主量成分是以地壳元素为主，为 Ca、Al、Fe、OC 和 EC，其中 Ca 是含量最大的元素，也是区别其他源类的重要元素。国外对建筑尘的研究一般直接检测水泥。纯水泥样品中 Ca 含量要比建筑工地采集的样品高得多，而其他地壳元素会相对较低。国内研究的建筑尘主要元素含量差别较大，建筑尘源类不同的分类方法及不同的采样方法会导致结果产生偏差。河南省重点 7 个典型城市建筑尘中，安阳的 Ca 成分含量最高，为 0.2～0.25 μg/m^3，其他城市含量在 0.05～0.10 μg/m^3。

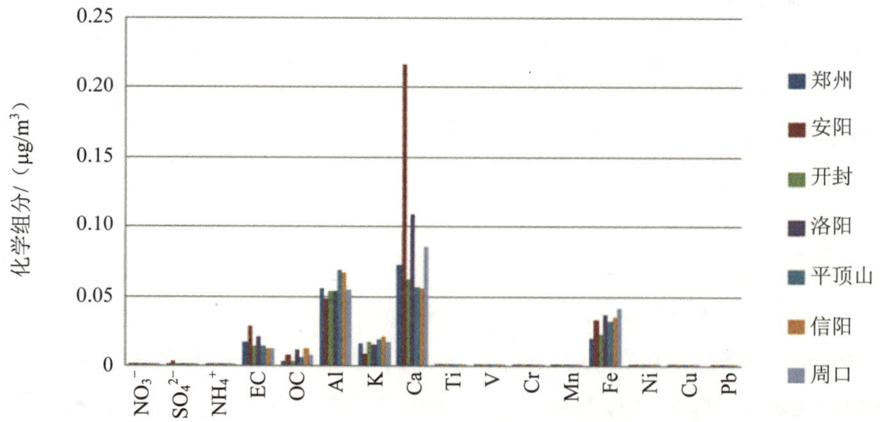

图 5-32　河南省典型城市建筑尘谱

5.5.3　道路尘

道路尘化学组分含量见图 5-33。由道路尘化学组分可以看出，主量成分为地壳元素 Si、Al、Ca、Fe、K 及 OC、EC。其中 Si 和 Ca 含量较高。Si 是土壤尘的标识元素，说明道路尘中含有相当部分的土壤尘，具有明显的土壤尘的组分特征；Ca 是建筑尘的标识元素，Ca 在道路尘中的含量远高于土壤尘，说明河南省典型城市道路尘受建筑尘影响很大，表现出了显著的建筑尘特征，这与河南省大规模的城市建设有关。道路尘的组分特征表明，道路尘是混合尘，兼有土壤尘、建筑尘和机动车排放尘等单一尘源明显的组分特征。与国内外其他城市道路尘成分谱比较，国外多将道路尘和土壤尘归为地质尘统一进行讨论。John G. Watson 1995 年在美国西部的科罗拉多州做的研究中，发现 Al、K、Ca 和 Fe 含量在地质尘的成分谱中都很相似。国内成分谱研究结果显示，道路尘的主量元素为 Al、Fe，Ca 和 K，与本次研究结果相近。总体来说河南省 7 个典型城市道路尘中主成分含量基本相同，平顶山 EC 和 OC 含量偏高。

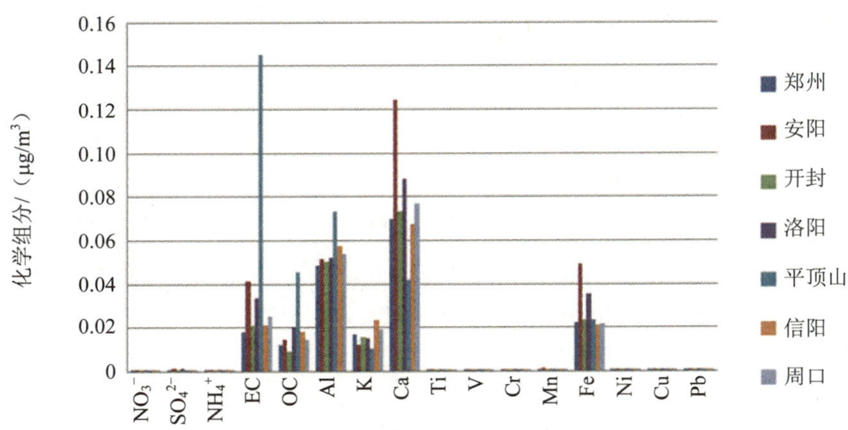

图 5-33　河南省典型城市道路尘谱

5.5.4　城市扬尘

城市扬尘的化学组分见图 5-34，城市扬尘的主量成分与道路尘基本完全一致，为地壳元素 Si、Al、Ca、Fe、K、Mg、OC 和 EC，而且含量也很近似，因此，城市扬尘与道路扬尘有很强的共线性。从 Si 和 Ca 的含量可以看出，城市扬尘主要含有土壤尘和建筑尘的特征，来源于机动车污染的 TC、Zn 和 Pb 含量较道路扬尘偏低。国内若干城市作了城市扬尘成分谱，济南的研究结果表明，济南市城市扬尘中地壳元素 Ca、Si、Al、Fe、Mg、K 具有较高的百分含量，其中 Ca 的百分含量超过了 Si，说明济南城市扬尘受到建筑尘的影响很大，表现出更多的建筑扬尘的特征。而石家庄市的研究结果表明，城市扬尘受土壤尘

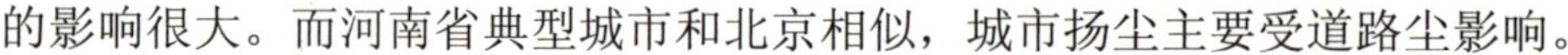

的影响很大。而河南省典型城市和北京相似，城市扬尘主要受道路尘影响。

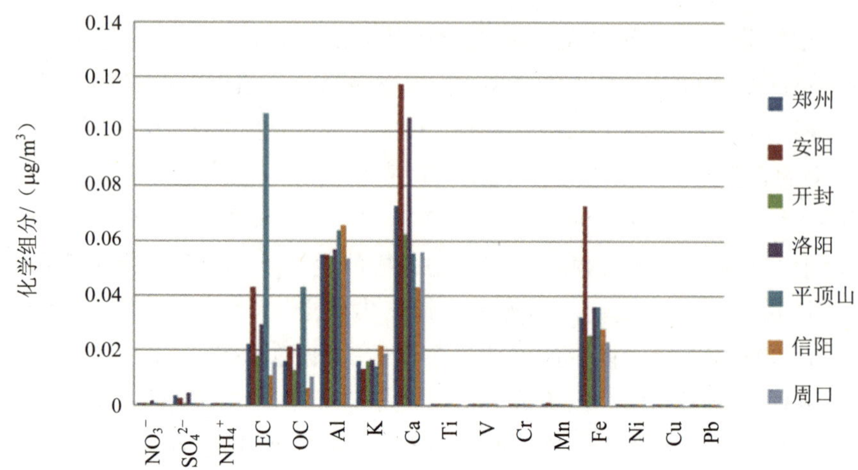

图 5-34　河南省典型城市扬尘谱

5.5.5　燃煤尘和钢铁尘

燃煤尘主量成分为 OC、EC、Al、K、Ca 和 Fe，与其他源类成分谱相比，Al 和 EC 是煤烟尘区别于其他源类的重要组分，是煤烟尘的标识元素，Fe 是钢铁尘的标识元素。河南省燃煤烟成分谱中，主要组分为 EC（0.05～0.1 μg/m^3），Al（0.04～0.05 μg/m^3）。钢铁尘成分谱中主要成分 Fe（0.3～0.35 μg/m^3）、Ca 和 EC，国外报道的钢铁尘中，含量最高的化学成分也是 Fe，和我们监测结果相似。

5.5.6　生物质燃烧尘

生物质燃烧尘的主量成分为 NO_3^-、SO_4^{2-}、NH_4^+、EC、OC 和 K，与其他源类成分谱相比，OC 和 K 是生物质燃烧尘区别于其他源类的重要组分，是生物质燃烧尘的标识元素。与国内外生物质燃烧成分谱相比，CMB 模型中美国生物质燃烧谱的主要组分 OC（0.35～0.1 μg/m^3）、K（0.05～0.1 μg/m^3），河南省典型城市生物质燃烧成分谱 K 含量偏低。

5.5.7　机动车源谱

机动车源谱的主量成分为 NO_3^-、SO_4^{2-}、NH_4^+、EC、OC 和 Pb，与其他源类成分谱相比，EC、OC 和 Fe、Mn 是机动车源谱区别于其他源类的重要组分，是机动车源谱的标识元素。

5.6 基于化学质量平衡法模型对河南省典型城市污染源解析

针对河南省主要城市扬尘、燃煤、生物质燃烧、机动车等排放的颗粒物，结合主要大气污染源谱和空气颗粒物成分谱信息，利用源解析模型识别各种污染的来源，评估各个源对环境污染的贡献值。

对城市春、夏、秋和冬季采样数据采用化学质量平衡法（CMB）源谱，结合污染源清单，把 $PM_{2.5}$ 本地污染来源（一次直接排放和二次转化）分为扬尘（道路尘、建筑尘、土壤尘和城市扬尘总和）、机动车、燃煤和工业过程共四类及其他。污染源排放清单采用全年统计值，不分季节。

一次排放由 CMB 模型模拟给出。二次转化应用数值模型模拟出各类源对大气环境 SO_2、NO_x、NH_3 各自浓度贡献比例（%），再乘上相应的二次类盐类所占比例（%）。机动车是指交通流动源、非道路机械等燃油排放；燃煤源是指燃煤电厂、居民面源等排放；工业生产是指工业锅炉、石油化工、建材、溶剂生产与使用等工业生产过程；扬尘是指交通道路扬尘、建筑尘、土壤风沙尘等；其他是指餐饮、汽修、建筑涂装等生活服务业以及畜禽养殖业、种植业等。

我们将源解析结果按照本地源、外地源；一次源、二次源；行业源及工业过程细分四个层次进行讨论。

5.6.1 河南省典型城市外来输送分析

河南省典型城市外来输送数据，采用大气所嵌套网格空气质量预报系统（NAQPMS）输出结果，模拟时间是 2013 年 7 月至 2014 年 6 月的整一年时间。模拟期间，河南全省外来输送对河南省七个典型 $PM_{2.5}$ 贡献率为 18%～63%。由于地方产业结构、地理和气象条件的差异，外来输送对各个城市的贡献各不相同。其中郑州、洛阳的外来输送影响相对较小，对城市的影响贡献率分别为 18%～27%和 19%～27%，平顶山外来输送影响贡献率为 24%～32%，这三个城市（郑州、洛阳、平顶山）还是以本地排放为主，和目前公布的五个城市（北京、上海、天津、石家庄、济南）外来输送数据相比，相差不大；其次是开封，外来输送影响贡献率为 33%～42%；河南省七个典型城市中，外来输送影响最大的是信阳、安阳和周口，外来输送影响贡献率分别达到了 42%～63%、44%～51%和 38%～45%。

监测期间，结合污染气体、颗粒物遥感结果以及气象数据，综合分析得到了河南省两个污染输送通道，分别为来自河北和山东方向的东北输送通道来自山西和陕西方向的西北输送通道。东南方向存在季节性输送（秸秆焚烧）。

2013 年 7 月至 2014 年 6 月，外省对河南省七个典型城市 $PM_{2.5}$ 输送和本地源贡献率见表 5-12。

表 5-12 河南省七个典型城市 $PM_{2.5}$ 输送和本地源贡献率 单位：%

典型城市	本地源贡献	外来输送贡献
郑州	73～82	18～27
安阳	49～56	44～51
洛阳	73～81	19～27
平顶山	68～76	24～32
信阳	37～58	42～63
周口	55～62	38～45
开封	58～67	33～42

5.6.2 河南省典型城市本地源解析

本书对河南省七个典型城市春夏秋冬季四个季节采样数据采用化学质量平衡法（CMB）进行 $PM_{2.5}$ 的污染来源解析。结合污染源清单，把 $PM_{2.5}$ 本地污染来源（一次直接排放和二次转化）分为扬尘、机动车、燃煤和工业过程共四类及其他。污染源排放清单采用全年统计值，不分季节。

5.6.2.1 郑州市

（1）本地污染来源的一次直接排放和二次转化

根据源解析结果，郑州（春夏秋冬）二次转化对 $PM_{2.5}$ 贡献率为 44%，一次直接排放对 $PM_{2.5}$ 贡献率为 56%（图 5-35）。

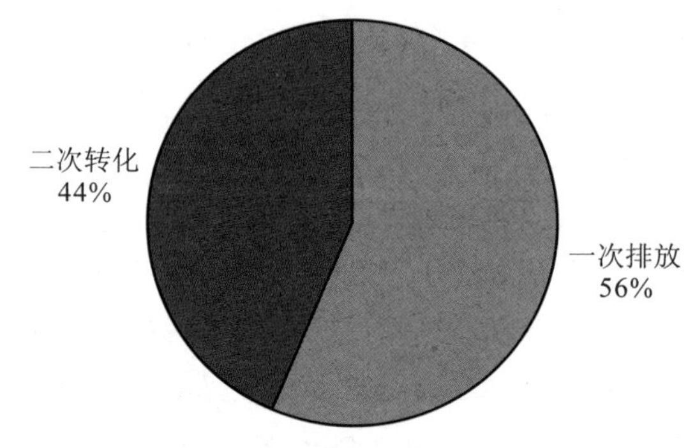

图 5-35 郑州 $PM_{2.5}$ 源解析

（2）城市不同季节源解析结果

根据 CMB 源解析和污染源排放清单（全年污染源排放清单统计）分析，郑州春季本地各类源对 $PM_{2.5}$ 的贡献率依次为：扬尘＞工业过程＞机动车＞燃煤（图 5-36）。扬尘对

$PM_{2.5}$贡献率为29%，是郑州春季$PM_{2.5}$污染的第一大来源。工业过程和机动车分别是郑州春季$PM_{2.5}$的第二、第三大污染来源（贡献率分别为23%和22%），燃煤对$PM_{2.5}$贡献率为18%，是郑州春季$PM_{2.5}$污染的第四大来源。前四大污染源对郑州$PM_{2.5}$的贡献比值总和为92%，是$PM_{2.5}$的主要贡献源。其他6%可能来源于餐饮、汽车修理、涂料等。

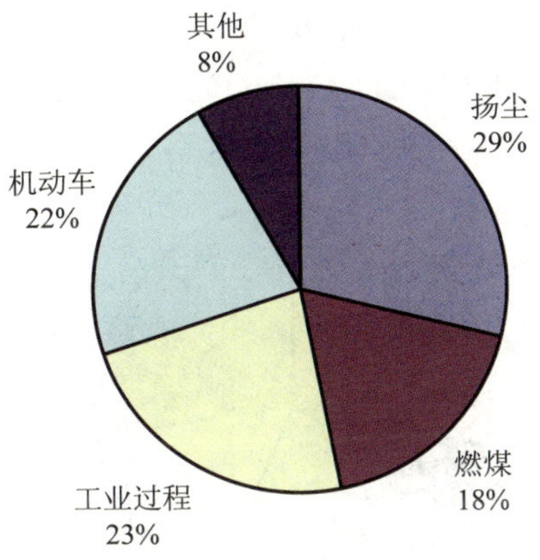

图5-36 郑州春季$PM_{2.5}$源解析结果

根据CMB源解析和污染源排放清单（全年污染源排放清单统计）分析，郑州夏季本地各类源对$PM_{2.5}$的贡献率依次为：工业过程＞燃煤＞扬尘＞机动车（图5-37）。工业过程对$PM_{2.5}$贡献率为26%，成为郑州夏季$PM_{2.5}$污染的第一大来源。燃煤和扬尘分别是郑州夏季$PM_{2.5}$的第二、第三大污染来源（贡献率分别为23%和20%），机动车对$PM_{2.5}$贡献率为18%，是郑州夏季$PM_{2.5}$污染的第四大来源。前四大污染源对郑州$PM_{2.5}$的贡献比值总和为87%，是$PM_{2.5}$的主要贡献源。其他13%可能来源于餐饮、汽车修理、涂料等。

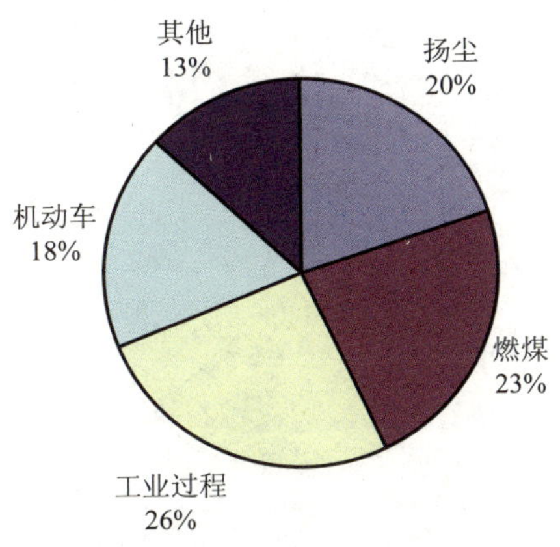

图5-37 郑州夏季$PM_{2.5}$源解析结果

郑州秋季本地各类源对 $PM_{2.5}$ 的贡献率依次为：生物质＞机动车＞扬尘=工业过程＞燃煤（图 5-38）。秋季生物质燃烧对 $PM_{2.5}$ 贡献率为 29%，是郑州秋季 $PM_{2.5}$ 污染的第一大来源。机动车对 $PM_{2.5}$ 贡献率为 22%，是郑州秋季 $PM_{2.5}$ 污染的第二大来源，工业过程和扬尘分别是郑州秋季 $PM_{2.5}$ 的第三、第四大污染来源（贡献率分别为 16%和 16%），燃煤对 $PM_{2.5}$ 贡献率 11%，是郑州秋季 $PM_{2.5}$ 污染的第五大污染来源。前五大污染源对郑州秋季 $PM_{2.5}$ 的贡献率总和为 94%。其他 6%可能来源于餐饮、农业、汽车修理、涂料等。

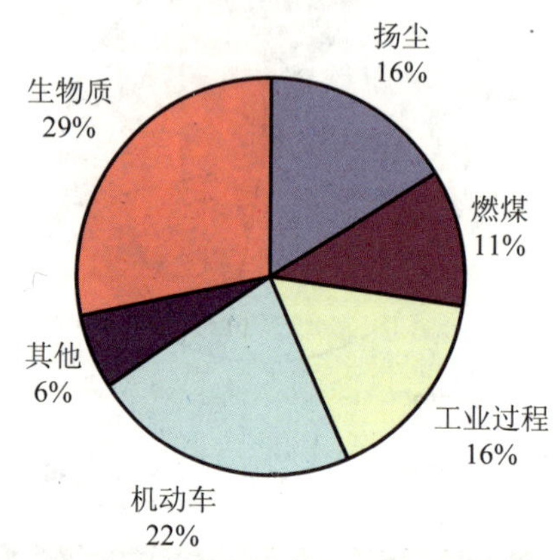

图 5-38 郑州秋季 $PM_{2.5}$ 源解析结果

郑州冬季本地各类源对 $PM_{2.5}$ 的贡献率依次为：扬尘＞燃煤＞工业过程＞机动车（图 5-39）。扬尘对 $PM_{2.5}$ 贡献率为 35%，是郑州冬季 $PM_{2.5}$ 污染的第一大来源。燃煤和工业过程分别是郑州冬季 $PM_{2.5}$ 的第二、第三大污染来源（贡献率分别为 25%和 16%），机动车对 $PM_{2.5}$ 贡献率为 14%，是郑州冬季 $PM_{2.5}$ 污染的第四大来源。前四大污染源对郑州冬季 $PM_{2.5}$ 的贡献率总和为 91%。其他 9%可能来源于餐饮、汽车修理、涂料等。

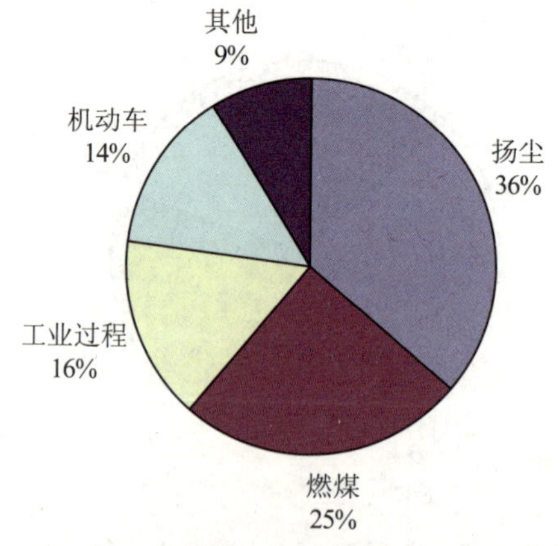

图 5-39 郑州冬季 $PM_{2.5}$ 源解析结果

综合郑州春、夏、秋、冬四个季节 $PM_{2.5}$ 源解析结果，工业过程、机动车、燃煤和扬尘是郑州 $PM_{2.5}$ 的主要污染贡献来源。

（3）城市全年源解析结果讨论

根据 CMB 源解析和污染源排放清单分析，郑州全年本地各类源对 $PM_{2.5}$ 的贡献率依次为：扬尘＞工业过程＞机动车≈燃煤（图 5-40）。全年中，扬尘对 $PM_{2.5}$ 贡献率为 26%，是郑州 $PM_{2.5}$ 污染的第一大来源。工业过程对 $PM_{2.5}$ 贡献率为 20%，是郑州 $PM_{2.5}$ 污染的第二大来源。机动车和燃煤分别是郑州 $PM_{2.5}$ 的第三、第四大污染来源（贡献率均为 19%）。前四大污染源对郑州 $PM_{2.5}$ 的贡献比值总和为 84%，是 $PM_{2.5}$ 的主要贡献源。其他 16%可能来源于生物质燃烧、餐饮、汽车修理、涂料等。

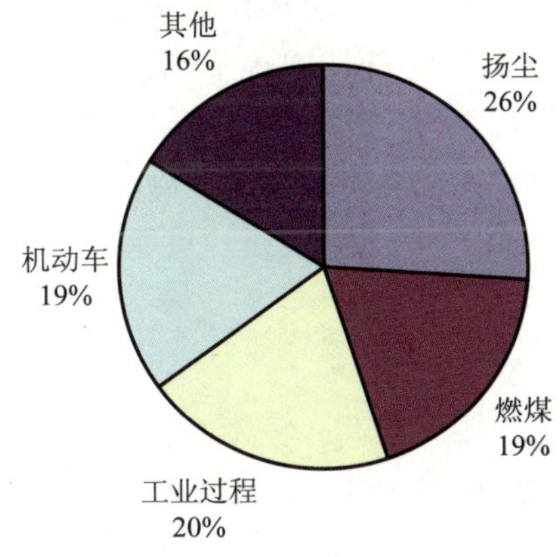

图 5-40 郑州全年 $PM_{2.5}$ 源解析结果

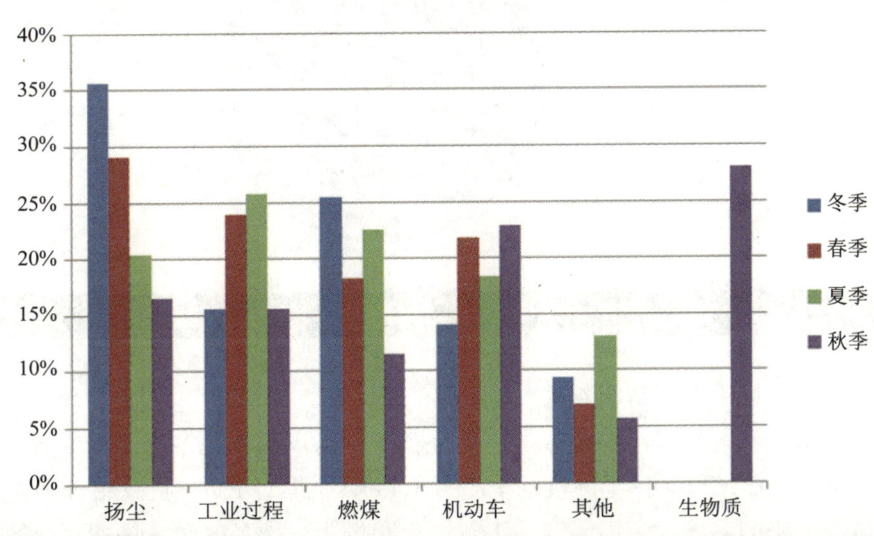

图 5-41 郑州不同季节 $PM_{2.5}$ 源解析结果对比

从郑州春、夏、秋、冬四个季节源解析的结果来看（图 5-41），扬尘、工业过程、燃煤、机动车污染源对 $PM_{2.5}$ 贡献季节变化比较明显：其中扬尘污染贡献在冬、春季较高，夏、秋季较低，究其原因，是冬季气候比较干燥，且裸土面积增大，而春季风沙较大风频较秋季节大，并且郑州 2014 年 8 月开始控制扬尘，因此造成扬尘污染在秋季较低；工业过程污染贡献季节变化不明显；燃煤污染贡献呈现出冬夏高、春秋低的趋势，可能是由于冬季燃煤，夏季用电量高等导致；机动车污染贡献也是冬春高、夏秋低。可见郑州市大气污染呈现出明显的季节性特征，冬季已不是单存的煤烟型污染，而是和春季一样呈现出煤烟叠加扬尘污染的混合型污染，夏秋季则呈现出从混合型污染到复合型污染过渡的特点，夏季是混合型污染再加机动车尾气污染，秋季污染是混合型污染再加机动车尾气污染、生物质燃烧。总体上，各种来源的贡献与季节变化和局地污染双重制约有关。

综合郑州春、夏、秋、冬四个季节 $PM_{2.5}$ 源解析结果，扬尘、工业过程、机动车、燃煤是郑州 $PM_{2.5}$ 的主要贡献来源。郑州 $PM_{2.5}$ 污染治理，既要加强对扬尘、燃煤、工业、机动车污染的控制，又要加强颗粒物气态前体物的控制，还要实施区域联防联控，实现区域环境空气质量的整体改善。

5.6.2.2 开封市

（1）本地污染来源的一次直接排放和二次转化

根据源解析结果，开封二次转化对 $PM_{2.5}$ 贡献率为 33%，一次直接排放对 $PM_{2.5}$ 贡献率为 67%（图 5-42）。

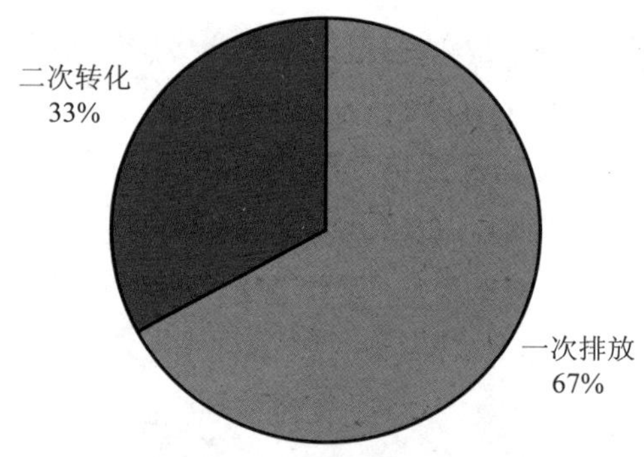

图 5-42 开封 $PM_{2.5}$ 源解析

（2）城市不同季节源解析结果

根据 CMB 源解析和污染源排放清单分析，开封夏季本地各类源对 $PM_{2.5}$ 的贡献率依次为：燃煤＞工业过程＞扬尘＞机动车（图 5-43）。燃煤对 $PM_{2.5}$ 贡献率分别为 27%是开封夏季 $PM_{2.5}$ 污染的第一大污染来源。工业过程和扬尘分别是开封夏季 $PM_{2.5}$ 的第二、第三大污染来源（贡献率分别为 24%和 20%）。机动车是开封夏季 $PM_{2.5}$ 第四大污染来源，对

$PM_{2.5}$ 贡献率 19%。前四大污染源对开封 $PM_{2.5}$ 的贡献率总和为 90%。其他 10%可能来源于餐饮、畜禽养殖、涂料等。

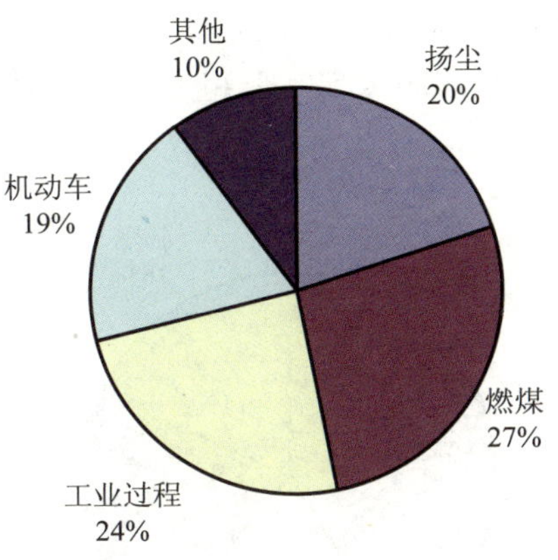

图 5-43 开封夏季 $PM_{2.5}$ 源解析

开封秋季本地各类源对 $PM_{2.5}$ 的贡献率依次为：生物质＞燃煤＞工业过程＞机动车＞扬尘（图 5-44）。秋季生物质燃烧对 $PM_{2.5}$ 贡献率为 38%，是开封秋季 $PM_{2.5}$ 污染的第一大来源。燃煤对 $PM_{2.5}$ 贡献率为 19%，是开封秋季 $PM_{2.5}$ 污染的第二大来源，工业工程和机动车分别是开封秋季 $PM_{2.5}$ 的第三、第四大污染来源（贡献率分别为 12%和 12%），扬尘对 $PM_{2.5}$ 贡献率 11%，是开封秋季 $PM_{2.5}$ 污染的第五大污染来源。前五大污染源对开封秋季 $PM_{2.5}$ 的贡献率总和为 92%。其他 8%可能来源于餐饮、农业、汽车修理、涂料等。

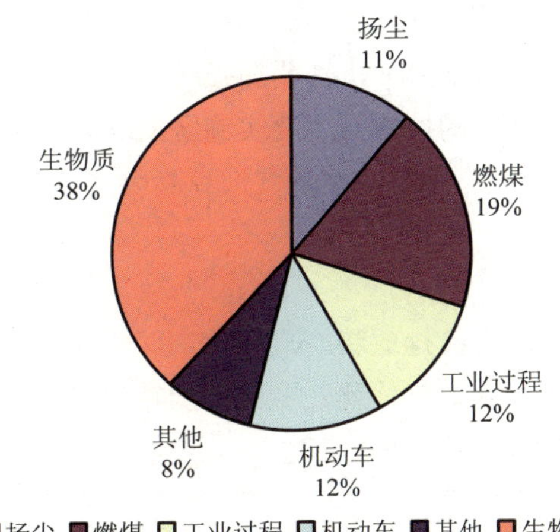

图 5-44 开封秋季 $PM_{2.5}$ 源解析

根据 CMB 源解析和污染源排放清单分析，开封本地各类源（夏季和秋季）对 $PM_{2.5}$

的贡献率依次为：燃煤＞工业过程＞扬尘＞机动车（图 5-45）。燃煤对 $PM_{2.5}$ 贡献率为 21%，是开封 $PM_{2.5}$ 污染的第一大污染来源。工业过程是开封 $PM_{2.5}$ 的第二大污染来源，对 $PM_{2.5}$ 贡献率为 20%。扬尘和机动车分别是开封 $PM_{2.5}$ 第三和第四大污染来源，对 $PM_{2.5}$ 贡献率均 18%。前四大污染源对开封 $PM_{2.5}$ 的贡献率总和为 77%。其他 23%可能来源于餐饮、畜禽养殖、涂料等。

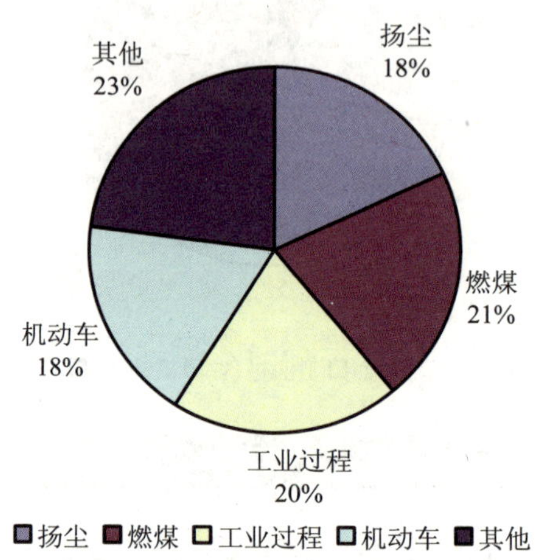

图 5-45 开封 $PM_{2.5}$ 源解析

（3）城市全年源解析结果

综合开封夏、秋两个季节 $PM_{2.5}$ 源解析结果，扬尘、工业过程、机动车、燃煤是开封 $PM_{2.5}$ 的主要贡献来源（图 5-45）。开封市大气污染也呈现出明显的季节性特征，夏季则呈现出从混合型污染到复合型污染过渡的特点，秋季污染是混合型污染再加机动车尾气污染、生物质燃烧。开封 $PM_{2.5}$ 污染治理，既要加强对扬尘、燃煤、工业、机动车污染的控制，又要加强颗粒物气态前体物的控制，还要实施区域联防联控，实现区域环境空气质量的整体改善。

5.6.2.3 洛阳市

（1）本地污染来源的一次直接排放和二次转化

根据源解析结果，洛阳（春、夏、秋、冬）二次转化对 $PM_{2.5}$ 贡献率为 48%，一次直接排放对 $PM_{2.5}$ 贡献率为 52%（图 5-46）。

（2）城市不同季节源解析结果

根据 CMB 源解析和污染源排放清单分析，洛阳春季本地各类源对 $PM_{2.5}$ 的贡献率依次为：燃煤＞扬尘＞机动车＞工业过程（图 5-47）。燃煤对 $PM_{2.5}$ 贡献率为 28%，是洛阳春季 $PM_{2.5}$ 污染的第一大来源。扬尘和机动车分别是洛阳春季 $PM_{2.5}$ 的第二、第三大污染来源（贡献率分别为 23%和 22%），工业过程对 $PM_{2.5}$ 贡献率为 19%，是洛阳春季 $PM_{2.5}$ 污染的第四大来源。前四大污染源对洛阳 $PM_{2.5}$ 的贡献率总和为 92%。其他 7%可能来源于餐饮、汽车修理、涂料等。

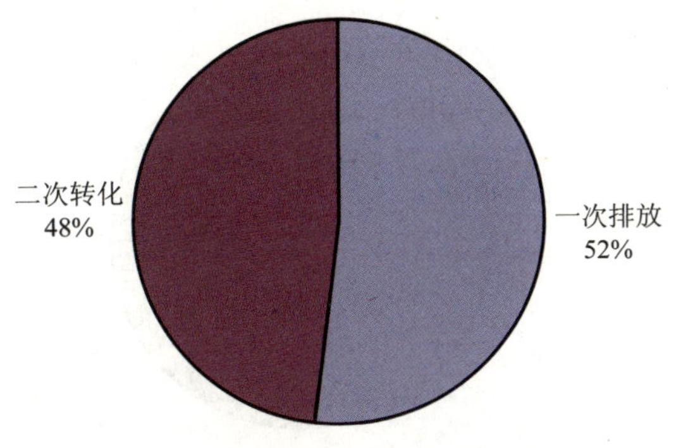

图 5-46 洛阳 $PM_{2.5}$ 源解析

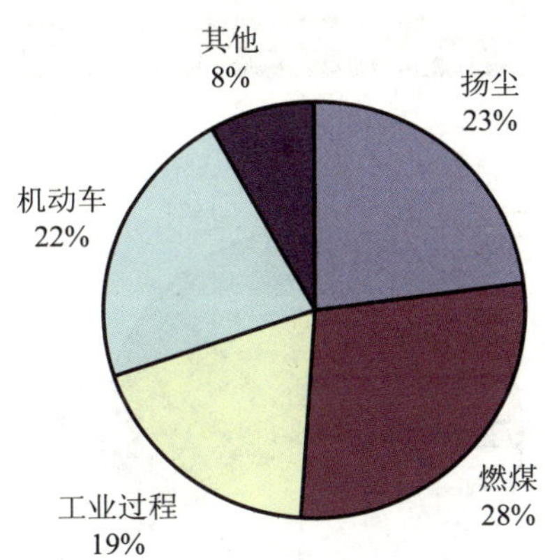

图 5-47 洛阳春季 $PM_{2.5}$ 源解析

洛阳夏季本地各类源对 $PM_{2.5}$ 的贡献率依次为：燃煤＞工业过程＞机动车＞扬尘（图 5-48）。燃煤对 $PM_{2.5}$ 贡献率均为 41%，是洛阳夏季 $PM_{2.5}$ 污染的第一大污染来源。工业过程和机动车分别是洛阳夏季 $PM_{2.5}$ 的第二、第三大污染来源（贡献率分别为 23%和 17%），扬尘对 $PM_{2.5}$ 贡献率均为 16%，是洛阳夏季 $PM_{2.5}$ 污染的第四大污染来源。前四大污染源对洛阳 $PM_{2.5}$ 的贡献率总和为 97%，其他 3%可能来源于餐饮、汽车修理、涂料等。

洛阳秋季本地各类源对 $PM_{2.5}$ 的贡献率依次为：机动车＞生物质＞燃煤＞工业过程＞扬尘（图 5-49）。秋季机动车和生物质燃烧对 $PM_{2.5}$ 贡献率分别为 26%和 24%，是洛阳秋季 $PM_{2.5}$ 污染的第一、第二大污染来源。燃煤和工业过程分别是洛阳秋季 $PM_{2.5}$ 的第三、第四大污染来源（贡献率分别为 20%和 15%），扬尘对 $PM_{2.5}$ 贡献率 13%，是洛阳秋季 $PM_{2.5}$

污染的第五大污染来源。前五大污染源对洛阳秋季 $PM_{2.5}$ 的贡献率总和为 98%。其他 2%可能来源于餐饮、农业、汽车修理、涂料等。

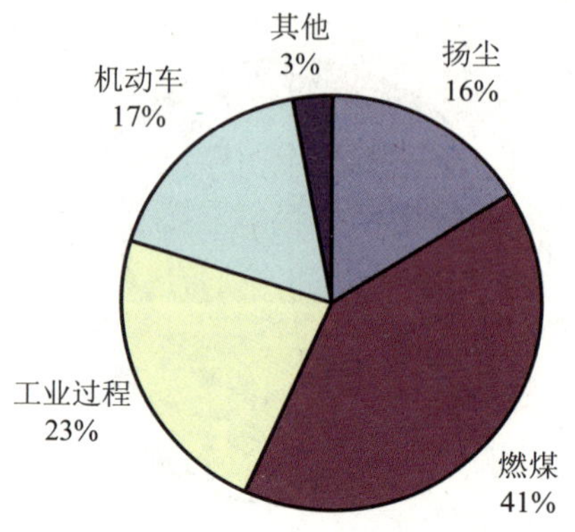

图 5-48 洛阳夏季 $PM_{2.5}$ 源解析

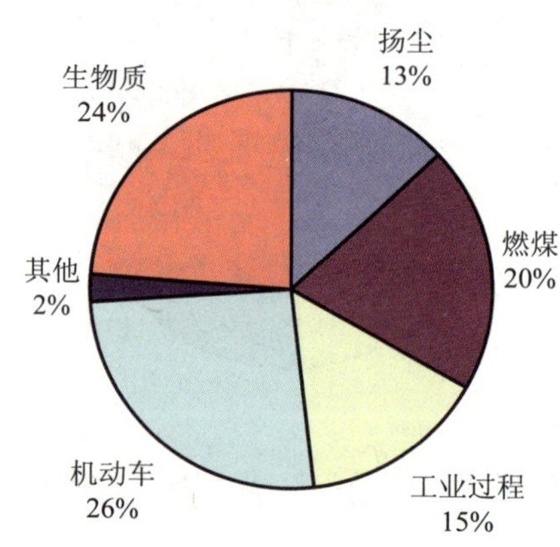

图 5-49 洛阳秋季 $PM_{2.5}$ 源解析

洛阳冬季本地各类源对 $PM_{2.5}$ 的贡献率依次为：燃煤＞工业过程＞机动车=扬尘（图 5-50）。燃煤和机动车对 $PM_{2.5}$ 贡献率分别为 38%和 19%，是洛阳冬季 $PM_{2.5}$ 污染的第一和第二大污染来源。机动车和扬尘分别是洛阳冬季 $PM_{2.5}$ 的第三、第四大污染来源（贡献率分别为 15%和 15%）。前四大污染源对洛阳 $PM_{2.5}$ 的贡献率总和为 87%，其他 13%可能来源于餐饮、汽车修理、涂料等。

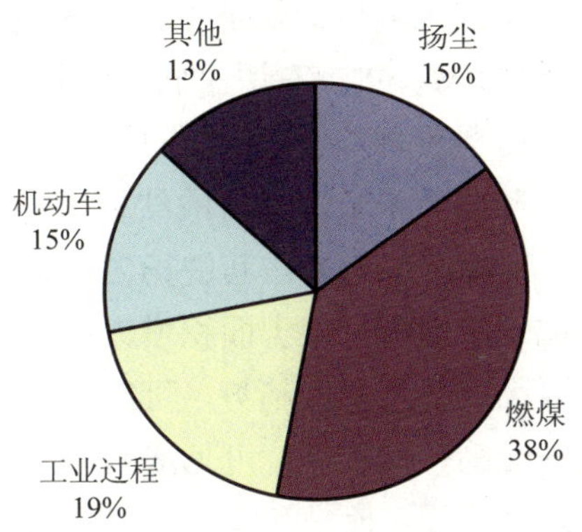

图 5-50 洛阳冬季 $PM_{2.5}$ 源解析

综合洛阳春、夏、秋、冬四个季节 $PM_{2.5}$ 源解析结果，工业过程、机动车、燃煤和扬尘是洛阳 $PM_{2.5}$ 的主要贡献来源。

（3）城市全年源解析结果讨论

根据 CMB 源解析和污染源排放清单分析，洛阳（春夏秋冬）本地各类源对 $PM_{2.5}$ 的贡献率依次为：燃煤＞机动车＞工业过程＞扬尘（图 5-51）。燃煤对 $PM_{2.5}$ 贡献率为 32%，是洛阳 $PM_{2.5}$ 污染的第一大来源。机动车和工业过程分别是洛阳 $PM_{2.5}$ 的第二、第三大污染来源（贡献率分别为 20%和 19%），扬尘对 $PM_{2.5}$ 贡献率为 17%，是洛阳 $PM_{2.5}$ 污染的第四大来源。前四大污染源对洛阳 $PM_{2.5}$ 的贡献率总和为 88%。其他 12%可能来源于餐饮、农业、汽车修理、涂料等。

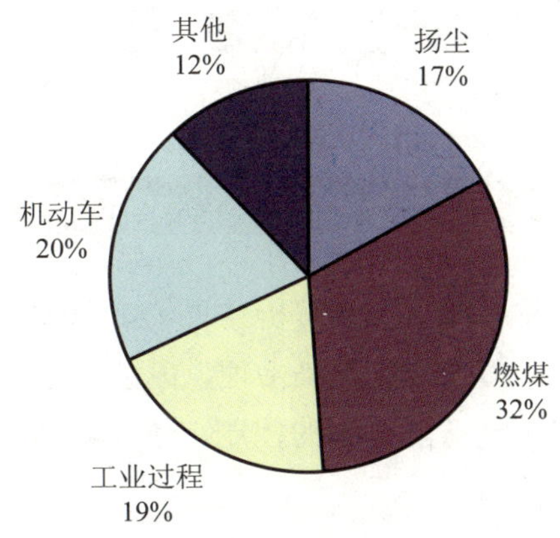

图 5-51 洛阳 $PM_{2.5}$ 源解析

从洛阳春、夏、秋、冬四个季节源解析的结果来看（图 5-52），四个季节中，扬尘、工业过程、燃煤、机动车污染源对 $PM_{2.5}$ 贡献有所不同，洛阳扬尘在冬季最低，春季较高。燃煤源贡献季节变化明显，冬、夏季较高。工业过程的污染贡献在四个季节中变化不是很大，机动车的贡献冬季低。从洛阳四个季节源解析的结果来看，扬尘、工业过程、燃煤、机动车污染源对 $PM_{2.5}$ 贡献季节变化比较明显：其中扬尘污染贡献在冬季较高，春、夏、秋季节较低，原因是冬季气候比较干燥，且裸土面积增大；工业过程污染贡献季节变化不明显；燃煤污染贡献呈现出冬夏高、春秋低的趋势，可能是由于冬季燃煤，夏季用电量高等导致；机动车污染贡献也是冬春高、夏秋低。可见洛阳市大气污染也呈现出明显的季节性特征，冬季已不是单存的煤烟型污染，而是和春季一样呈现出煤烟叠加扬尘污染的混合型污染，夏秋季则呈现出从混合型污染到复合型污染过渡的特点，夏季是混合型污染再加机动车尾气污染，秋季污染是混合型污染再加机动车尾气污染、生物质燃烧。总体上，各种来源的贡献与季节变化和局地污染双重制约有关。

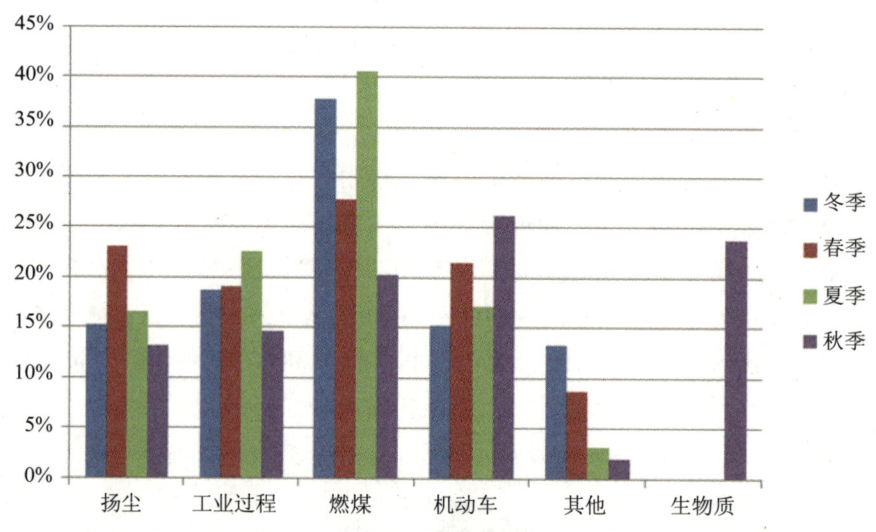

图 5-52　洛阳不同季节 $PM_{2.5}$ 源解析结果对比

综合洛阳春夏秋冬季四个季节 $PM_{2.5}$ 源解析结果，工业过程、机动车、燃煤和扬尘是洛阳 $PM_{2.5}$ 的主要贡献来源。洛阳 $PM_{2.5}$ 污染治理，既要加强对扬尘、燃煤、工业、机动车污染的控制，又要加强颗粒物气态前体物的控制，还要实施区域联防联控，实现区域环境空气质量的整体改善。

5.6.2.4　平顶山市

（1）本地污染来源的一次直接排放和二次转化

根据源解析结果，平顶山（春、夏、秋、冬）二次转化对 $PM_{2.5}$ 贡献率为 38%，一次

直接排放对 $PM_{2.5}$ 贡献率为 62%（图 5-53）。

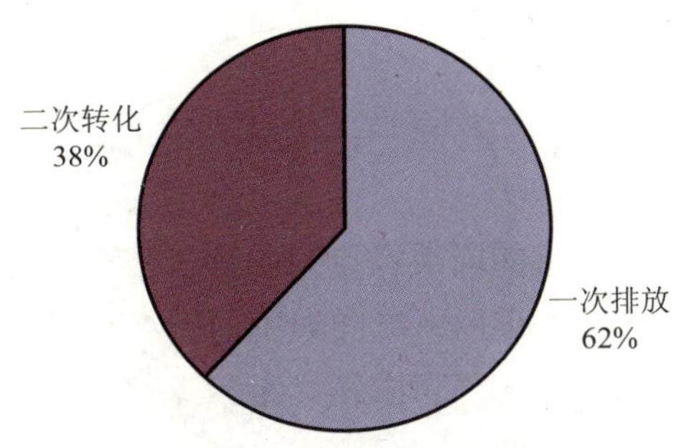

图 5-53 平顶山 $PM_{2.5}$ 源解析

（2）城市不同季节源解析结果

根据 CMB 源解析和污染源排放清单分析，平顶山春季本地各类源对 $PM_{2.5}$ 的贡献率依次为：工业过程≈燃煤＞机动车＞扬尘（图 5-54）。工业过程和燃煤对 $PM_{2.5}$ 贡献率均为 29%，是平顶山春季 $PM_{2.5}$ 污染的第一、第二大污染来源。机动车和扬尘分别是平顶山春季 $PM_{2.5}$ 的第三、第四大污染来源（贡献率分别为 17%和 12%）。前四大污染源对平顶山 $PM_{2.5}$ 的贡献率总和为 72%。其他 13%可能来源于餐饮和涂料等。

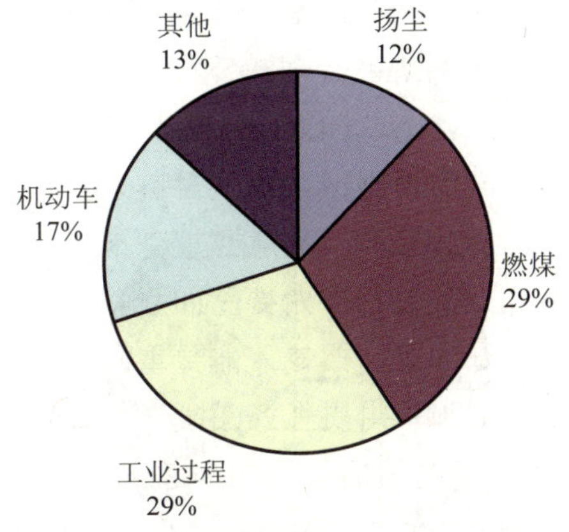

图 5-54 平顶山春季 $PM_{2.5}$ 源解析

平顶山夏季本地各类源对 $PM_{2.5}$ 的贡献率依次为：燃煤＞工业过程＞机动车＞扬尘（图 5-55）。燃煤和工业过程对 $PM_{2.5}$ 贡献率分别为 30%和 28%，是平顶山夏季 $PM_{2.5}$ 污染的第一、第二大污染来源。机动车和扬尘分别是平顶山夏季 $PM_{2.5}$ 的第三、第四大污染来源（贡献率分别为 23%和 17%）。前四大污染源对平顶山 $PM_{2.5}$ 的贡献率总和为 98%。其他 2%可能来源于餐饮和涂料等。

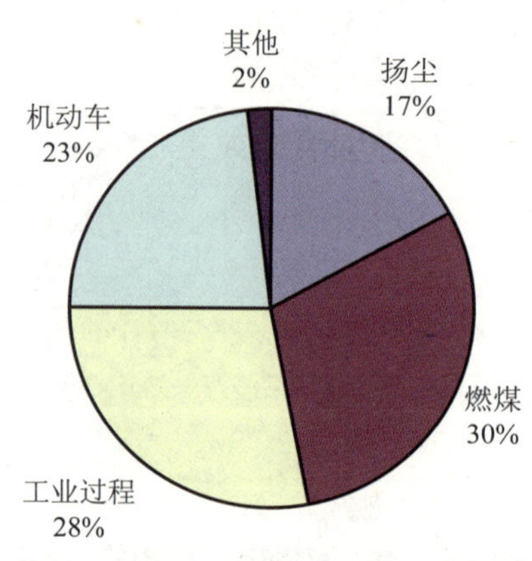

图 5-55 平顶山冬季 $PM_{2.5}$ 源解析

平顶山秋季本地各类源对 $PM_{2.5}$ 的贡献率依次为：生物质=机动车＞燃煤＞扬尘工业过程（图 5-56）。秋季生物质燃烧和机动车对 $PM_{2.5}$ 贡献率均为 24%，是平顶山秋季 $PM_{2.5}$ 污染的第一、第二大污染来源。燃煤对 $PM_{2.5}$ 贡献率为 23%，是平顶山秋季 $PM_{2.5}$ 污染的第三大来源，扬尘和工业过程分别是平顶山秋季 $PM_{2.5}$ 的第四、第五大污染来源（贡献率分别为 15%和 12%）。前五大污染源对平顶山秋季 $PM_{2.5}$ 的贡献率总和为 98%。其他 2%可能来源于餐饮、农业、汽车修理、涂料等。

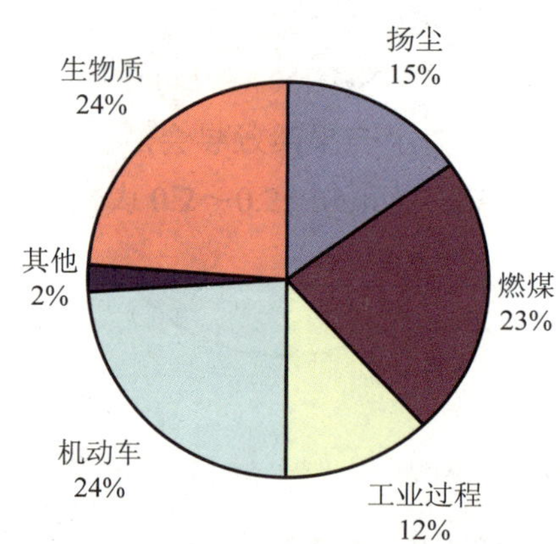

图 5-56 平顶山秋季 $PM_{2.5}$ 源解析

平顶山冬季本地各类源对 $PM_{2.5}$ 的贡献率依次为：工业过程＞燃煤＞机动车＞扬尘（图 5-57）。工业过程和燃煤对 $PM_{2.5}$ 贡献率分别为 31%和 30%，是平顶山冬季 $PM_{2.5}$ 污染的第一、第二大污染来源。机动车和扬尘分别是平顶山冬季 $PM_{2.5}$ 的第三、第四大污染来源（贡献率分别为 16%和 15%）。前四大污染源对平顶山 $PM_{2.5}$ 的贡献率总和为 92%。其他 8%可能来源于餐饮和涂料等。

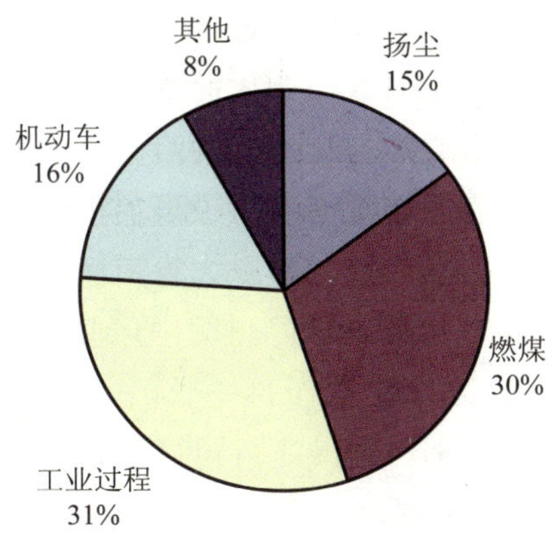

图 5-57　平顶山冬季 $PM_{2.5}$ 源解析

综合平顶山春、夏、秋、冬四个季节 $PM_{2.5}$ 源解析结果，工业过程、机动车、燃煤和扬尘是平顶山 $PM_{2.5}$ 的主要贡献来源。

（3）城市全年源解析结果讨论

根据 CMB 源解析和污染源排放清单分析，平顶山本地各类源对 $PM_{2.5}$ 的贡献率依次为：燃煤＞工业过程＞机动车＞扬尘（图 5-58）。燃煤和工业过程对 $PM_{2.5}$ 贡献率分别为 28%和 25%，是平顶山 $PM_{2.5}$ 污染的第一、第二大污染来源。机动车和扬尘分别是平顶山 $PM_{2.5}$ 的第三、第四大污染来源（贡献率分别为 20%和 15%）。前四大污染源对平顶山 $PM_{2.5}$ 的贡献率总和为 88%。其他 12%可能来源于餐饮和涂料等。

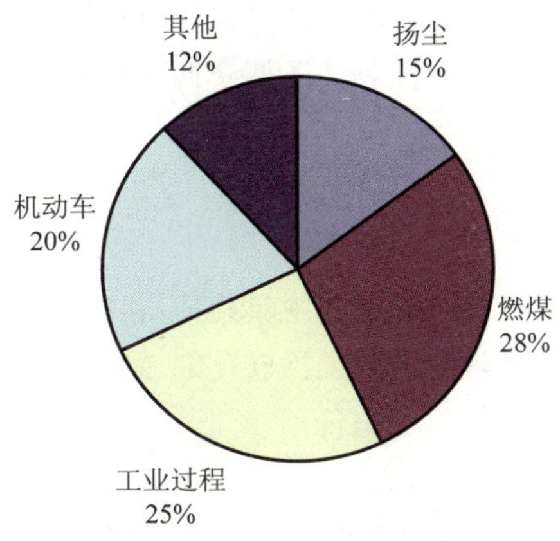

图 5-58　平顶山 $PM_{2.5}$ 源解析

从平顶山春、夏、秋、冬四个季节源解析的结果来看（图 5-59），四个季节中，扬尘、工业过程、燃煤、机动车污染源对 $PM_{2.5}$ 贡献有所不同，其中工业过程和燃煤基本持平。扬尘在夏季最低，冬季和春季较高。总体上，各种污染来源的贡献与季节变化和局地污染双重制约有关。平顶山市大气污染也呈现出明显的季节性特征，冬季已不是单存的煤烟型污染，而是和春季一样呈现出煤烟叠加扬尘污染的混合型污染，夏秋季则呈现出从混合型污染到复合型污染过渡的特点，夏季是混合型污染再加机动车尾气污染，秋季污染是混合型污染再加机动车尾气污染、生物质燃烧。

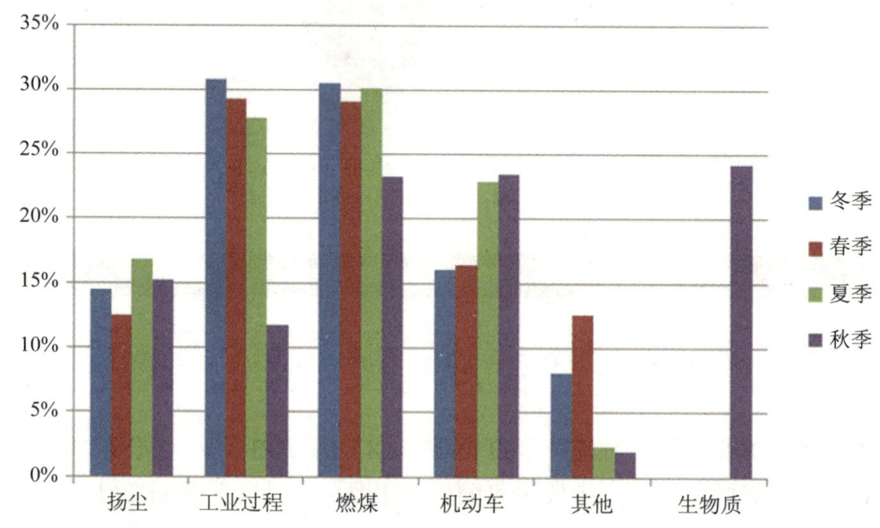

图 5-59　平顶山不同季节 $PM_{2.5}$ 源解析结果对比

综合平顶山春夏秋冬 $PM_{2.5}$ 源解析结果，工业过程、机动车、燃煤和扬尘是平顶山 $PM_{2.5}$ 的主要贡献来源。平顶山 $PM_{2.5}$ 污染治理，既要加强对扬尘、燃煤、工业、机动车污染的控制，又要加强颗粒物气态前体物的控制，还要实施区域联防联控，实现区域环境空气质量的整体改善。

5.6.2.5　安阳市

（1）本地污染来源的一次直接排放和二次转化

根据源解析结果，安阳（春夏秋冬）二次转化对 $PM_{2.5}$ 贡献率为 44%，一次直接排放对 $PM_{2.5}$ 贡献率为 56%（图 5-60）。

（2）城市不同季节源解析结果

根据 CMB 源解析和污染源排放清单分析，安阳春季本地各类源对 $PM_{2.5}$ 的贡献率依次为：工业过程＞机动车＞扬尘＞燃煤（图 5-61）。工业过程对 $PM_{2.5}$ 贡献率为 40%，是安阳春季 $PM_{2.5}$ 污染的第一大来源。机动车对 $PM_{2.5}$ 贡献率为 33%，是安阳春季 $PM_{2.5}$ 污染的第二大来源。扬尘和燃煤分别是安阳春季 $PM_{2.5}$ 的第三、第四大污染来源（贡献率分别为 11%和 9%）。前四大污染源对安阳 $PM_{2.5}$ 的贡献率总和为 93%。其他 7%可能来源于餐饮、涂料等。

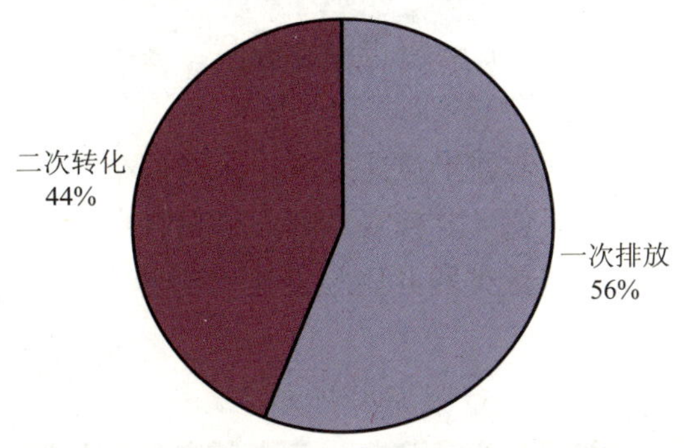

图 5-60 安阳 $PM_{2.5}$ 源解析

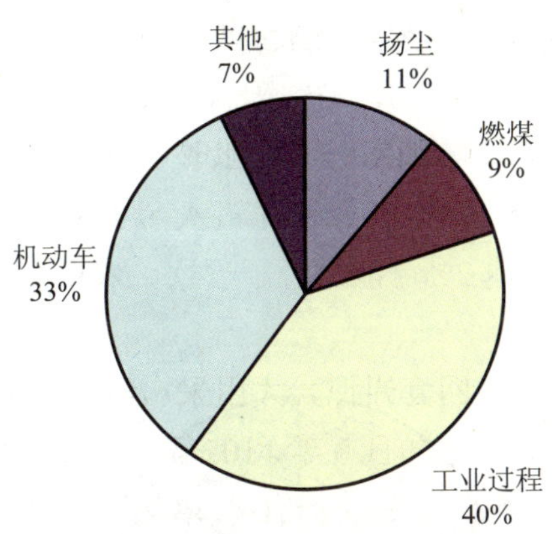

图 5-61 安阳春季 $PM_{2.5}$ 源解析

安阳夏季本地各类源对 $PM_{2.5}$ 的贡献率依次为：工业过程＞机动车＞燃煤＞扬尘（图 5-62）。工业过程对 $PM_{2.5}$ 贡献率均为 35%，是安阳夏季 $PM_{2.5}$ 污染的第一大污染来源。机动车对 $PM_{2.5}$ 贡献率均为 18%，成为安阳夏季 $PM_{2.5}$ 污染的第二大污染来源。燃煤和扬尘分别是安阳夏季 $PM_{2.5}$ 的第三、第四大污染来源（贡献率分别为 15%和 13%）。前四大污染源对安阳 $PM_{2.5}$ 的贡献率总和为 91%；其他 9%来源于餐饮、汽车修理、涂料等行业。

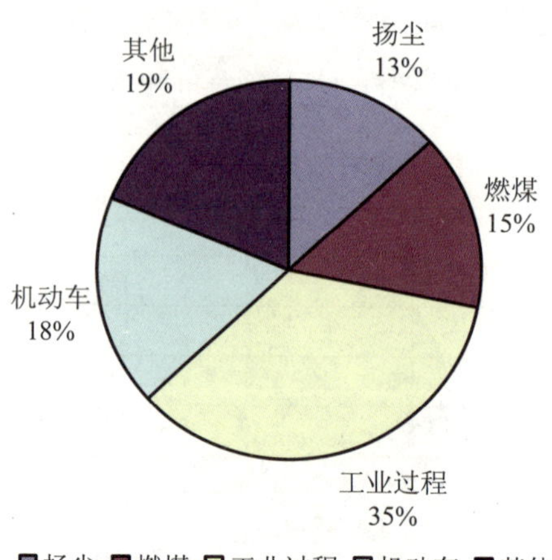

图 5-62 安阳夏季 $PM_{2.5}$ 源解析

安阳秋季本地各类源对 $PM_{2.5}$ 的贡献率依次为：生物质＞工业过程＞扬尘＞机动车＞燃煤（图 5-63）。秋季生物质燃烧对 $PM_{2.5}$ 贡献率为 36%，是安阳秋季 $PM_{2.5}$ 污染的第一大来源。工业过程对 $PM_{2.5}$ 贡献率为 27%，是安阳秋季 $PM_{2.5}$ 污染的第二大来源，扬尘和机动车分别是安阳秋季 $PM_{2.5}$ 的第三、第四大污染来源（贡献率分别为 15%和 11%），燃煤对 $PM_{2.5}$ 贡献率 10%，是安阳秋季 $PM_{2.5}$ 污染的第五大污染来源。前五大污染源对安阳秋季 $PM_{2.5}$ 的贡献率总和为 98%。其他 2%可能来源于餐饮、农业、汽车修理、涂料等。

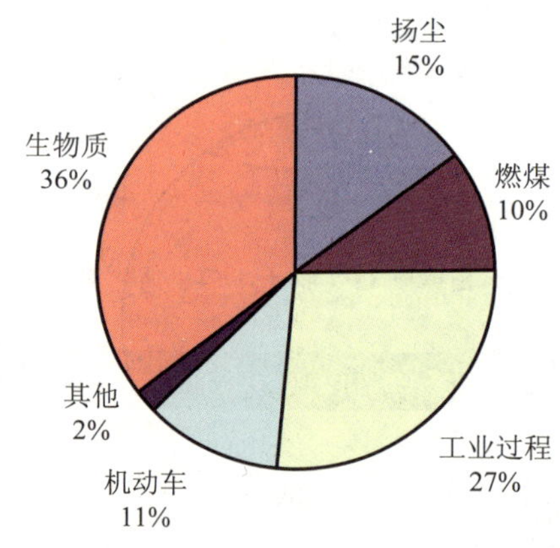

图 5-63 安阳秋季 $PM_{2.5}$ 源解析

安阳冬季本地各类源对 $PM_{2.5}$ 的贡献率依次为：燃煤≈工业过程＞扬尘＞机动车（图 5-64）。工业过程和燃煤对 $PM_{2.5}$ 贡献率均为 27%，是安阳冬季 $PM_{2.5}$ 污染的第一和第二大污染来源。扬尘和机动车分别是安阳冬季 $PM_{2.5}$ 的第三、第四大污染来源（贡献率分别为

25%和 21%)。前四大污染源对安阳 $PM_{2.5}$ 的贡献率总和为 99.5%；其他 0.5%可能来源于餐饮排放。

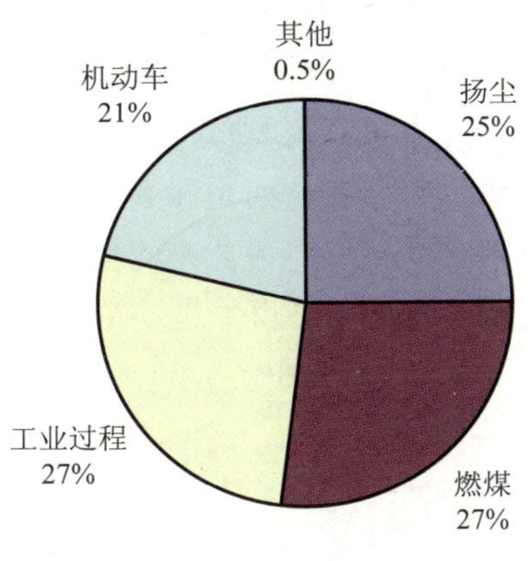

图 5-64　安阳冬季 $PM_{2.5}$ 源解析

综合安阳春、夏、秋、冬四个季节 $PM_{2.5}$ 源解析结果，工业过程、机动车、燃煤和扬尘是安阳 $PM_{2.5}$ 的主要污染贡献来源。

(3) 城市全年源解析结果讨论

根据 CMB 源解析和污染源排放清单分析，安阳本地各类源对 $PM_{2.5}$ 的贡献率依次为：工业过程＞机动车＞扬尘＞燃煤(图 5-65)。工业过程对 $PM_{2.5}$ 贡献率为 32%，是安阳 $PM_{2.5}$ 污染的第一大来源。机动车对 $PM_{2.5}$ 贡献率为 21%，是安阳 $PM_{2.5}$ 污染的第二大来源。扬尘和燃煤分别是安阳 $PM_{2.5}$ 的第三、第四大污染来源（贡献率分别为 16%和 15%)。前四大污染源对安阳 $PM_{2.5}$ 的贡献率总和为 84%。其他 14%可能来源于生物质燃烧、餐饮、涂料等。

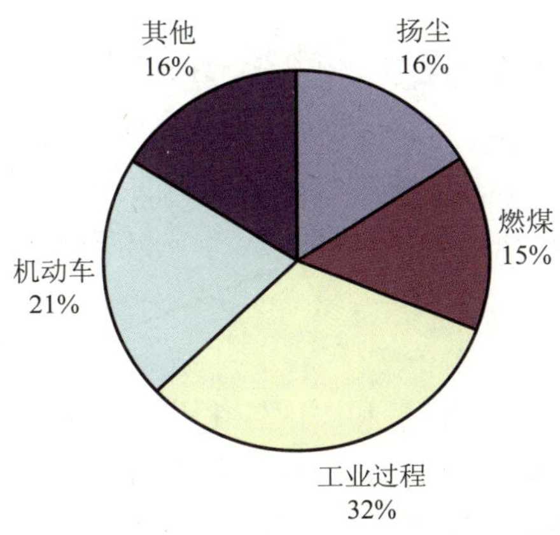

图 5-65　安阳全年 $PM_{2.5}$ 源解析

从安阳春、夏、秋、冬四个季节源解析的结果来看（图 5-66），扬尘、工业过程、燃煤、机动车污染源对 $PM_{2.5}$ 贡献季节变化比较明显：其中扬尘污染贡献在冬季较高，春、夏、秋季节较低，原因是冬季气候比较干燥，且裸土面积增大；工业过程污染贡献季节变化不明显；燃煤污染贡献呈现出冬夏高、春秋低的趋势，可能是由于冬季燃煤，夏季用电量高等导致；机动车污染贡献也是冬春高、夏秋低。可见安阳市大气污染也呈现出明显的季节性特征，冬季已不是单存的煤烟型污染，而是和春季一样呈现出煤烟叠加扬尘污染的混合型污染，夏秋季则呈现出从混合型污染到复合型污染过渡的特点，夏季是混合型污染再加机动车尾气污染，秋季污染是混合型污染再加机动车尾气污染、生物质燃烧。总体上，各种来源的贡献与季节变化和局地污染双重制约有关。

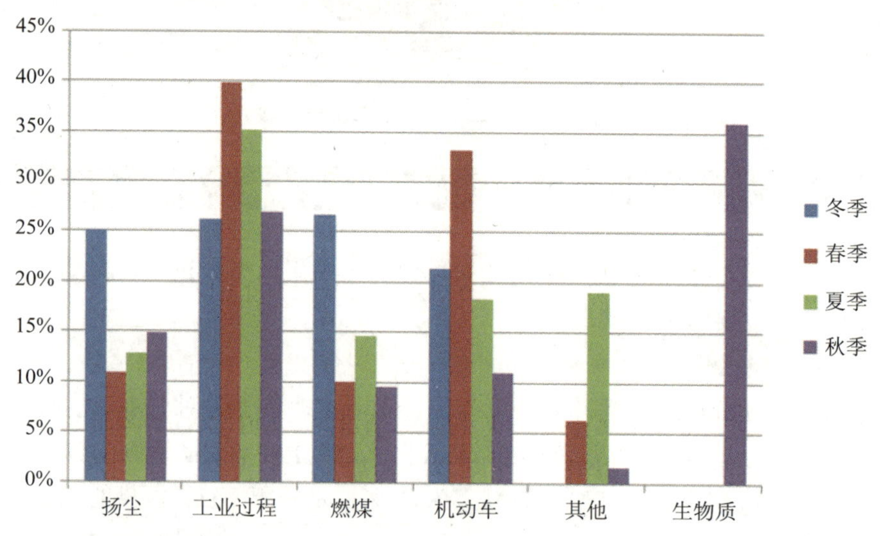

图 5-66 安阳不同季节 $PM_{2.5}$ 源解析结果对比

综合安阳春、夏、秋、冬四个季节 $PM_{2.5}$ 源解析结果，工业过程、机动车、燃煤和扬尘是安阳 $PM_{2.5}$ 的主要贡献来源。安阳 $PM_{2.5}$ 污染治理，既要加强对扬尘、燃煤、工业过程、机动车污染的控制，又要加强颗粒物气态前体物的控制，还要实施区域联防联控，实现区域环境空气质量的整体改善结合污染源排放清单和源解析分析结果。

5.6.2.6 周口市

（1）本地污染来源的一次直接排放和二次转化

根据源解析结果，周口（春、夏、秋、冬）二次转化对 $PM_{2.5}$ 贡献率为 48%，一次直接排放对 $PM_{2.5}$ 贡献率为 52%（图 5-67）。

（2）城市不同季节源解析结果

根据 CMB 源解析和污染源排放清单分析，周口春季本地各类源对 $PM_{2.5}$ 的贡献率依次为机动车>工业过程>燃煤>扬尘（图 5-68）。机动车对 $PM_{2.5}$ 贡献率为 50%，是周口春季 $PM_{2.5}$ 污染的第一大污染来源。工业过程和燃煤分别是周口春季 $PM_{2.5}$ 的第二、第三大污染来源（贡献率分别为 22%和 12%）。扬尘是周口春季 $PM_{2.5}$ 第四大污染来源，对 $PM_{2.5}$ 贡献率 11%。前四大污染源对周口 $PM_{2.5}$ 的贡献率总和为 95%。其他 5%可能来源于餐饮、畜禽养殖、涂料等。

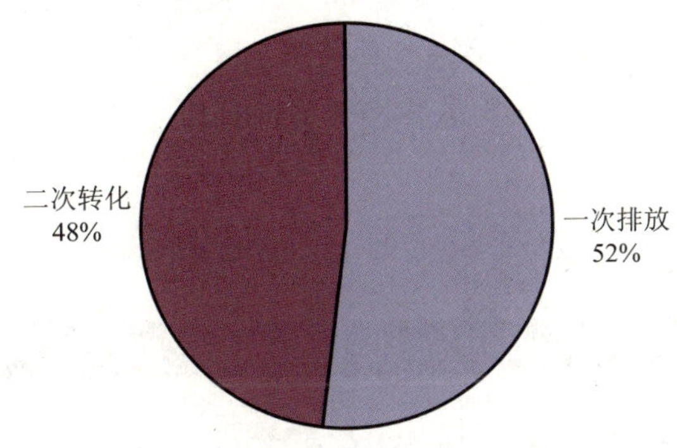

图 5-67 周口 $PM_{2.5}$ 源解析

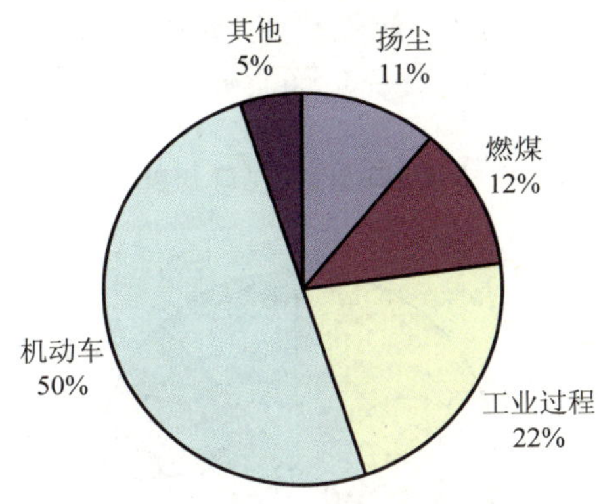

图 5-68 周口春季 $PM_{2.5}$ 源解析

周口夏季本地各类源对 $PM_{2.5}$ 的贡献率依次为：机动车>工业过程>燃煤>扬尘（图 5-69）。机动车对 $PM_{2.5}$ 贡献率为 31%，是周口夏季 $PM_{2.5}$ 污染的第一大污染来源。工业过程和燃煤分别是周口夏季 $PM_{2.5}$ 的第二、第三大污染来源（贡献率分别为 27%和 19%）。扬尘是周口夏季 $PM_{2.5}$ 第四大污染来源，对 $PM_{2.5}$ 贡献率为 14%。前四大污染源对周口 $PM_{2.5}$ 的贡献率总和为 91%。其他 9%可能来源于餐饮、畜禽养殖、涂料等。

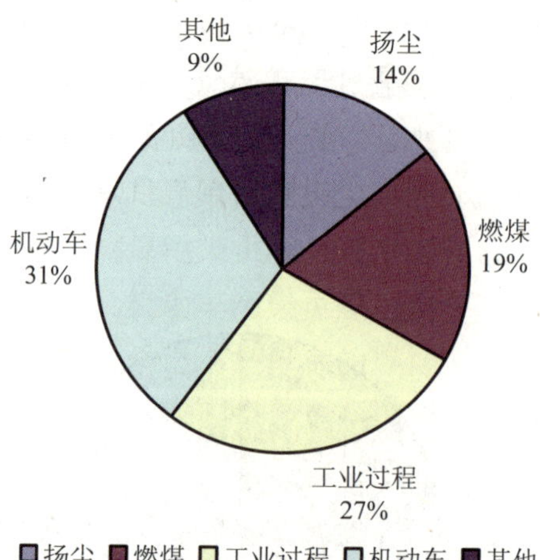

图 5-69 周口夏季 $PM_{2.5}$ 源解析

周口秋季本地各类源对 $PM_{2.5}$ 的贡献率依次为：生物质＞机动车＞燃煤＞扬尘＞工业过程（图 5-70）。秋季生物质燃烧对 $PM_{2.5}$ 贡献率为 42%，是周口秋季 $PM_{2.5}$ 污染的第一大来源。机动车对 $PM_{2.5}$ 贡献率为 24%，是周口秋季 $PM_{2.5}$ 污染的第二大来源，燃煤和扬尘分别是周口秋季 $PM_{2.5}$ 的第三、第四大污染来源（贡献率分别为 14%和 12%），工业过程对 $PM_{2.5}$ 贡献率为 8%，是周口秋季 $PM_{2.5}$ 污染的第五大污染来源。前五大污染源对周口秋季 $PM_{2.5}$ 的贡献率总和为接近 100%。

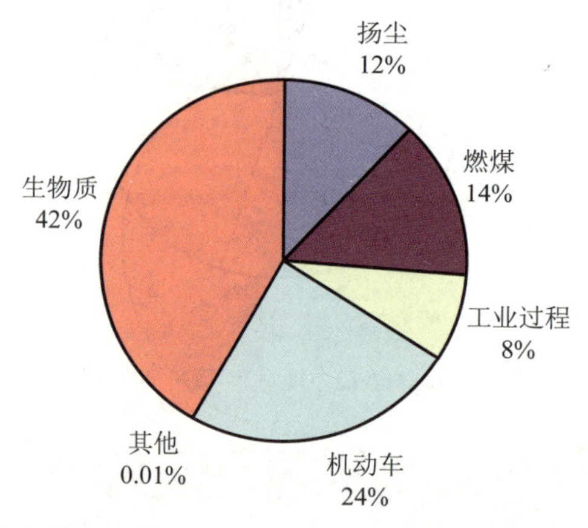

图 5-70 周口秋季 $PM_{2.5}$ 源解析

从成分平均含量来看，周口主要的几种金属元素含量按从高到低依次为：K＞Na＞Ca＞Fe＞Al＞Mg＞Zn＞Pb，周口大气颗粒物的地源属性仍较为突出，机动车和工业源对郑州大气颗粒物中金属元素成分有一定的贡献。但值得注意的是，周口 $PM_{2.5}$ 颗粒物中 K 含量较其他地市都高，在 $PM_{2.5}$ 中含量占比较高。K 作为秸秆燃烧产物中的高占比元素，常被用作生物质燃烧污染源的标识元素，周口 K 元素的高含量表明生物质燃烧可能是当地 $PM_{2.5}$ 的重要来源之一。和源解析结果相对应。

周口冬季本地各类源对 $PM_{2.5}$ 的贡献率依次为：机动车＞工业过程＞扬尘＞燃煤（图 5-71）。机动车对 $PM_{2.5}$ 贡献率分别为 35%，是周口冬季 $PM_{2.5}$ 污染的第一大污染来源。工业过程和燃煤分别是周口冬季 $PM_{2.5}$ 的第二、第三大污染来源（贡献率分别为 21%和 20%）。扬尘是周口冬季 $PM_{2.5}$ 第四大污染来源，对 $PM_{2.5}$ 贡献率 17%。前四大污染源对周口 $PM_{2.5}$ 的贡献率总和为 93%。其他 7%可能来源于餐饮、畜禽养殖、涂料等。

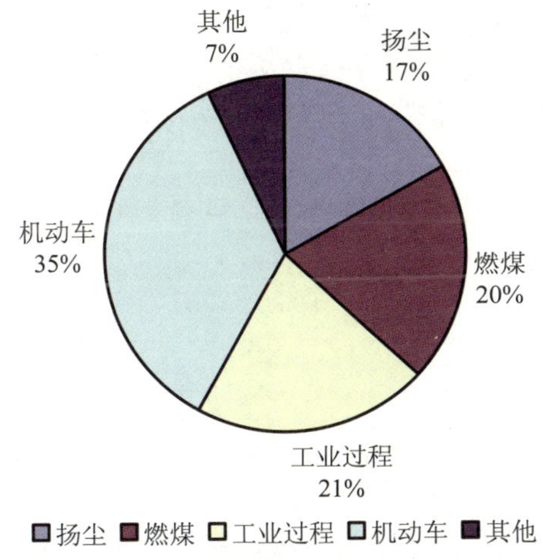

图 5-71 周口冬季 $PM_{2.5}$ 源解析

根据 CMB 源解析和污染源排放清单分析，周口本地各类源对 $PM_{2.5}$ 的贡献率依次为：机动车＞工业过程＞燃煤＞扬尘（图 5-72）。机动车对 $PM_{2.5}$ 贡献率为 35%，是周口 $PM_{2.5}$

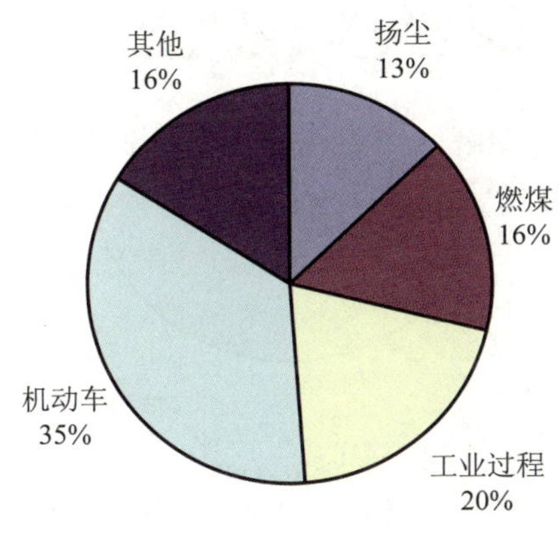

图 5-72 周口 $PM_{2.5}$ 源解析

污染的第一大污染来源。工业过程和燃煤分别是周口 $PM_{2.5}$ 的第二、第三大污染来源（贡献率分别为 20%和 16%）。扬尘是周口 $PM_{2.5}$ 第四大污染来源，对 $PM_{2.5}$ 贡献率 13%。前四大污染源对周口 $PM_{2.5}$ 的贡献率总和为 84%。其他 16%可能来源于餐饮、畜禽养殖、涂料等。

从周口市春、夏、秋、冬四个季节源解析结果来看（图 5-73），四个季节中，扬尘、工业过程、燃煤、机动车污染源对 $PM_{2.5}$ 贡献有所不同，其中工业过程对 $PM_{2.5}$ 的贡献率变化不太明显。扬尘在冬季较高，春、秋季较低。周口市大气污染也呈现出明显的季节性特征，冬季已不是单纯的煤烟型污染，而是和春季一样呈现出煤烟叠加扬尘污染的混合型污染，夏秋季则呈现出从混合型污染到复合型污染过渡的特点，夏季是混合型污染再加机动车尾气污染，秋季污染是混合型污染再加机动车尾气污染、生物质燃烧。总体上，各种来源的贡献与季节变化和局地污染双重制约有关，并且周口机动车污染贡献比较明显。

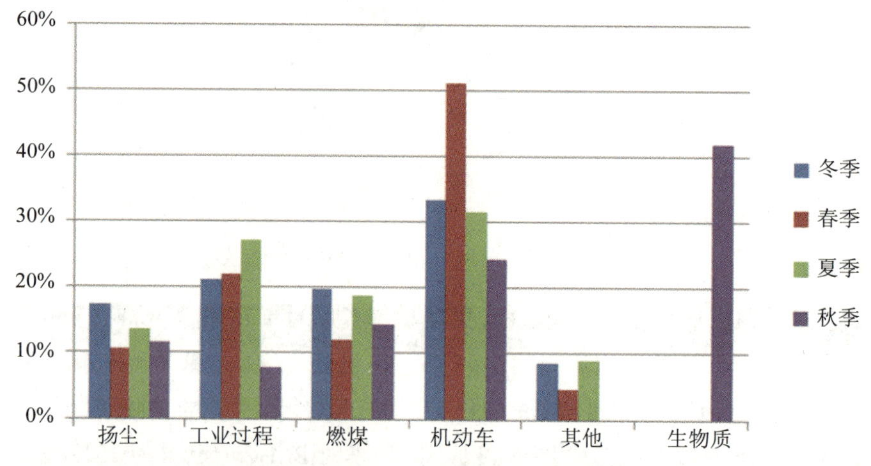

图 5-73 周口不同季节 $PM_{2.5}$ 源解析结果对比

综合周口春夏秋冬 $PM_{2.5}$ 源解析结果，机动车、工业过程、扬尘和燃煤是周口 $PM_{2.5}$ 的主要贡献来源。周口 $PM_{2.5}$ 污染治理，主要在严格管控机动车上，同时还要加强扬尘、燃煤和工业 $PM_{2.5}$ 治理。

5.6.2.7 信阳市

（1）本地污染来源的一次直接排放和二次转化

根据源解析结果，信阳（春、夏、秋、冬）二次转化对 $PM_{2.5}$ 贡献率为 40%，一次直接排放对 $PM_{2.5}$ 贡献率为 60%（图 5-74）。

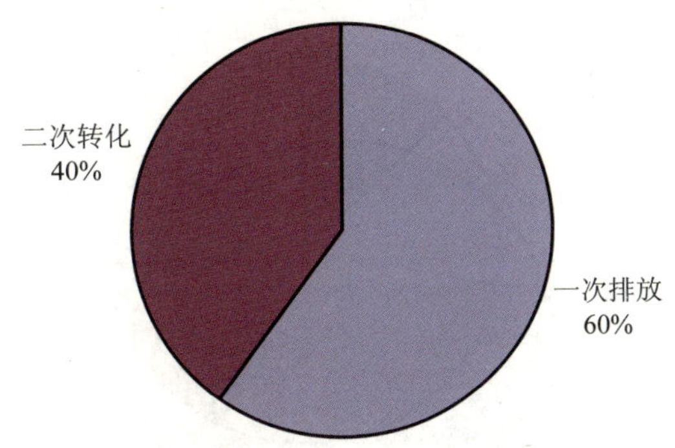

图 5-74 信阳 $PM_{2.5}$ 源解析

（2）城市不同季节源解析结果

根据 CMB 源解析和污染源排放清单分析，信阳春季本地各类源对 $PM_{2.5}$ 的贡献率依次为：机动车＞扬尘＞工业过程＞燃煤（图 5-75）。机动车和扬尘对 $PM_{2.5}$ 贡献率分别为 28%和 25%，是信阳春季 $PM_{2.5}$ 污染的第一和第二大污染来源。工业过程和燃煤分别是信阳春季 $PM_{2.5}$ 的第三、第四大污染来源（贡献率分别为 24%和 12%）。前四大污染源对信阳 $PM_{2.5}$ 的贡献率总和为 89%。其他 11%可能来源于餐饮、畜禽养殖、涂料等。

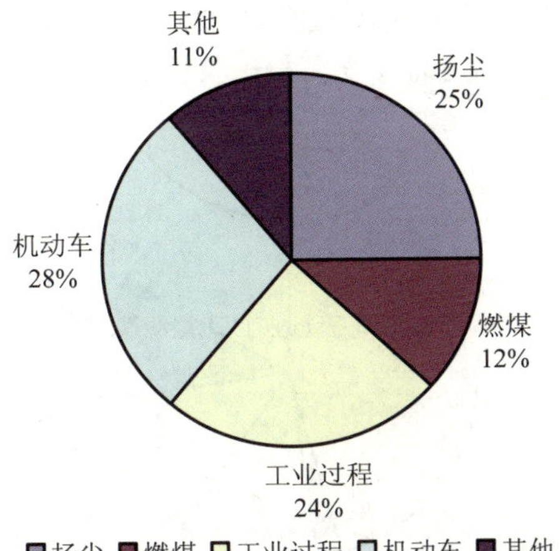

图 5-75 信阳春季 $PM_{2.5}$ 源解析

信阳夏季本地各类源对 $PM_{2.5}$ 的贡献率依次为：工业过程＞扬尘＞燃煤＞机动车（图 5-76）。工业过程和扬尘对 $PM_{2.5}$ 贡献率分别为 29%和 26%，是信阳夏季 $PM_{2.5}$ 污染的第一、第二大污染来源。机动车和燃煤分别是信阳夏季 $PM_{2.5}$ 的第三、第四大污染来源（贡献率分别为 17%和 15%）。前四大污染源对信阳 $PM_{2.5}$ 的贡献率总和为 83%，。其他 13%可能来源于餐饮、畜禽养殖、涂料等。

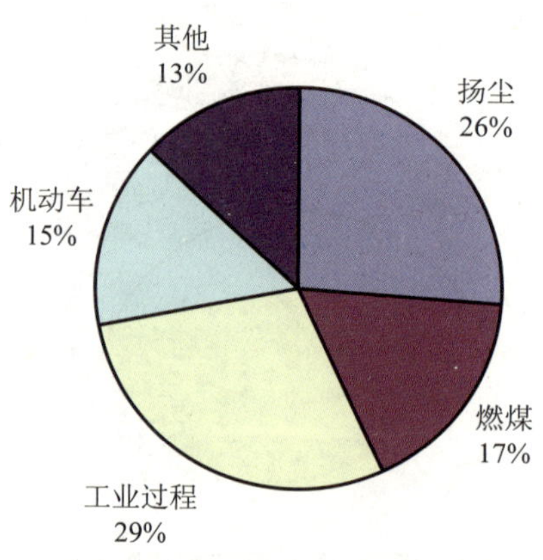

图 5-76 信阳夏季 $PM_{2.5}$ 源解析

信阳秋季本地各类源对 $PM_{2.5}$ 的贡献率依次为：生物质＞扬尘＞工业过程＞机动车＞燃煤（图 5-77）。秋季生物质燃烧对 $PM_{2.5}$ 贡献率为 42%，是信阳秋季 $PM_{2.5}$ 污染的第一大来源。扬尘对 $PM_{2.5}$ 贡献率为 15%，是信阳秋季 $PM_{2.5}$ 污染的第二大来源，工业过程和机动车分别是信阳秋季 $PM_{2.5}$ 的第三、第四大污染来源（贡献率分别为 12%和 11%），燃煤对 $PM_{2.5}$ 贡献率 10%，是信阳秋季 $PM_{2.5}$ 污染的第五大污染来源。前五大污染源对信阳秋季 $PM_{2.5}$ 的贡献率总和为 98%。其他 2%可能来源于餐饮、农业、汽车修理、涂料等。

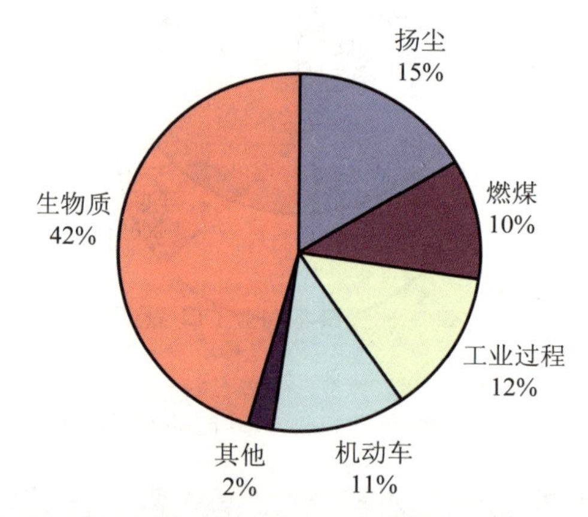

图 5-77 信阳秋季 $PM_{2.5}$ 源解析

信阳冬季本地各类源对 $PM_{2.5}$ 的贡献率依次为：机动车＞工业过程＞燃煤＞扬尘（图 5-78）。机动车和工业过程对 $PM_{2.5}$ 贡献率分别为 30%和 25%，是信阳冬季 $PM_{2.5}$ 污染的第一和第二大污染来源。燃煤和扬尘分别是信阳冬季 $PM_{2.5}$ 的第三、第四大污染来源（贡献率分别为 17%和 11%）。前四大污染源对信阳 $PM_{2.5}$ 的贡献率总和为 83%。其他 17%可能来源于餐饮、畜禽养殖、涂料等。

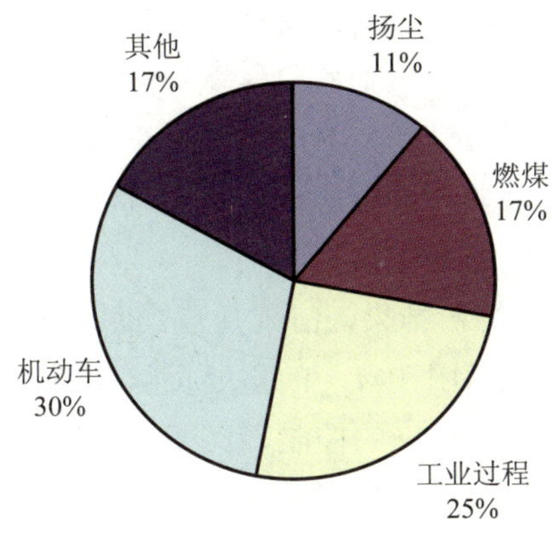

图 5-78 信阳冬季 $PM_{2.5}$ 源解析

综合信阳春、夏、秋、冬四个季节 $PM_{2.5}$ 源解析结果，信阳是背景农业城市，$PM_{2.5}$ 浓度整体偏低。工业过程、机动车、燃煤和扬尘是信阳 $PM_{2.5}$ 的主要贡献来源。

（3）城市全年源解析结果讨论

根据 CMB 源解析和污染源排放清单分析，信阳春季本地各类源对 $PM_{2.5}$ 的贡献率依次为：工业过程＞机动车＞扬尘＞燃煤（图 5-79）。工业过程和机动车对 $PM_{2.5}$ 贡献率分别为 23%和 22%，是信阳 $PM_{2.5}$ 污染的第一和第二大污染来源。扬尘和燃煤分别是信阳 $PM_{2.5}$ 的第三、第四大污染来源（贡献率分别为 19%和 15%）。前四大污染源对信阳 $PM_{2.5}$ 的贡献率总和为 79%。其他 21%可能来源于餐饮、畜禽养殖、涂料等。

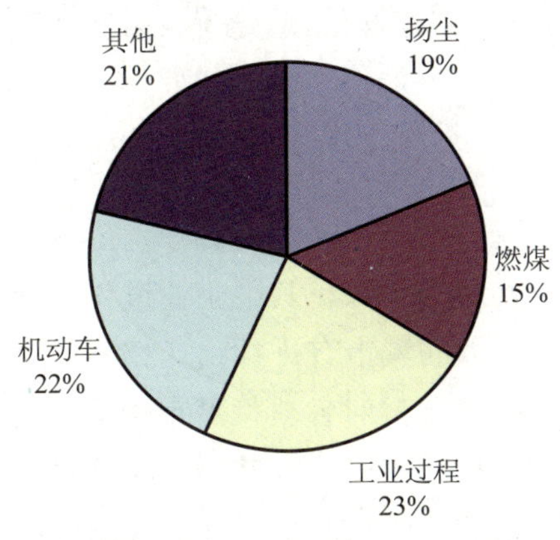

图 5-79 信阳 $PM_{2.5}$ 源解析

从信阳春、夏、秋、冬四个季节源解析的结果来看（图 5-80），扬尘、工业过程、燃煤、机动车污染源对 $PM_{2.5}$ 贡献有所不同，其中工业过程和燃煤污染源对 $PM_{2.5}$ 的贡献率变化不太明显。扬尘在冬季最低，春、夏季较高。信阳市大气污染也呈现出明显的季节性特征，冬季已不是单纯的煤烟型污染，而是和春季一样呈现出煤烟叠加扬尘污染的混合型污染，夏秋季则呈现出从混合型污染到复合型污染过渡的特点，夏季是混合型污染再加机动车尾气污染，秋季污染是混合型污染再加机动车尾气污染、生物质燃烧。总体上，各种来源的贡献与季节变化和局地污染双重制约有关。

综合信阳春夏秋冬 $PM_{2.5}$ 源解析结果，信阳是背景农业城市，$PM_{2.5}$ 浓度整体偏低。工业过程、机动车、燃煤和扬尘是信阳 $PM_{2.5}$ 的主要贡献来源。信阳 $PM_{2.5}$ 污染治理，既要加强对扬尘、燃煤、工业、机动车污染的控制，又要加强颗粒物气态前体物的控制，还要实施区域联防联控，实现区域环境空气质量的整体改善。

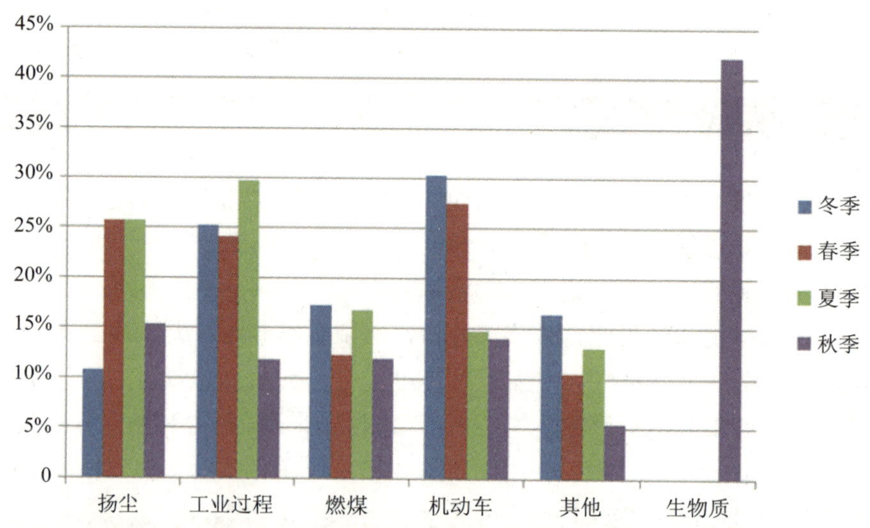

图 5-80 信阳不同季节 $PM_{2.5}$ 源解析结果对比

5.6.3 河南省典型城市大气灰霾来源分析结果比较和讨论

根据河南省典型城市本地源解析结果，本地源中，工业过程、机动车、扬尘和燃煤是河南省典型城市 $PM_{2.5}$ 四大主要污染来源。其中工业过程是河南省典型城市 $PM_{2.5}$ 的主要污染来源之一，工业过程影响显著的城市有平顶山（25%）和安阳（32%）；机动车已成为继工业源外河南省又一主要污染来源，对各典型城市影响显著，特别是周口（35%）重型载货卡车、三轮车等数量较大，机动车已成为其 $PM_{2.5}$ 首要污染来源。扬尘对河南省典型城市 $PM_{2.5}$ 的污染贡献显著城市有郑州（25%）、开封（18%）和信阳（19%）。综上所述河南省典型城市 $PM_{2.5}$ 的污染来源，由于地方产业结构、地理和气象条件的差异，既有共性又有地区特性（图 5-81）。

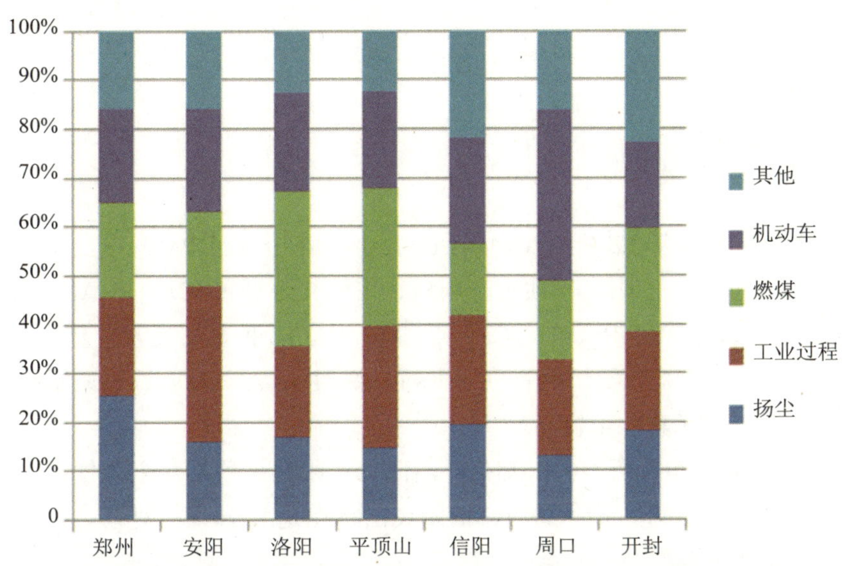

图 5-81 河南典型城市本地源解析对比

通过和北京、天津、石家庄、济南、上海等市公布的源解析结果对比。扬尘：河南省7个城市整体扬尘污染贡献率则和北京相当，郑州的扬尘 $PM_{2.5}$ 污染贡献比较高；燃煤，河南省6个城市中洛阳、平顶山贡献率则和北京、天津相当，其他相对偏低；工业过程，相对于北京、天津、河南省工业过程贡献比偏大，其中平顶山对 $PM_{2.5}$ 本地来源贡献达到30%以上；机动车对 $PM_{2.5}$ 污染贡献率中，周口相对较高（周口机动车中重型载货卡车和三轮车数量较多），其他城市高于天津低于北京（表 5-13）。

表 5-13 国内其他城市和河南省典型城市 $PM_{2.5}$ 源解析结果 单位：%

地区	公布时间	扬尘	燃煤	工业过程	机动车	其他	外来输送
北京	2014-04-15	14.3	22.4	18.1	31.1	14.1	28～36
天津	2014-08-22	30	27	20	17	6	22～34
石家庄	2014-08-29	22.5	28.5	25.2	15	8.8	23～30
济南	2014-10-30	24	27	18	15	16	20～32
上海	2015-01-08	13.4	13.5	28.9	29.2	15	16～36
郑州	—	25.4	19.4	20.2	19.3	15.7	18～27
开封	—	18.1	21.2	20.3	17.8	22.6	33～42
洛阳	—	17.0	31.6	18.8	20.0	12.6	19～27
平顶山	—	14.8	28.3	24.9	19.7	12.3	24～32
安阳	—	15.9	15.2	32.1	21.0	15.8	44～51
周口	—	13.3	16.2	19.5	35.1	15.9	38～45
信阳	—	19.3	14.6	22.7	21.6	21.8	42～63

说明：表中扬尘、燃煤、工业过程、机动车、其他是本地源，数值是它们占 $PM_{2.5}$ 本地源的贡献率，没有考虑外来输送贡献的比例。

5.7 小结

5.7.1 成分谱分析结果

（1）对河南省 2013 年 12 月—2014 年 11 月全年 4 个季节 $PM_{2.5}$ 中金属含量的研究表明，郑州、开封、洛阳、安阳、平顶山、周口、信阳 7 个城市 $PM_{2.5}$ 中 Al、V、Cr、Mn、Fe、Ni、Cu、Z n、As、Cd、Pb、Ti、Ca、K、Mg、Na 16 种金属元素总量在 $PM_{2.5}$ 中的质量占比在 4.31%～10.22%。总体来看，Ca、Na、K、Fe、Al、Mg 等地质属性较强的元素及 Zn、Pb 两种重金属元素含量较高。

金属元素的地域分布有所差异，郑州、洛阳、安阳、平顶山几个大气污染较严重的城市 $PM_{2.5}$ 金属元素分布较为一致；周口、信阳突出特点是 K 含量相对较高；而开封突出特点是 Ca 含量尤其是冬春季节非常高。

金属元素季节分布特征非常明显，研究区域大多显示为冬春季节高、夏秋季节低的特点，这与 $PM_{2.5}$ 的季节分布一致。

（2）对河南省 2013 年 12 月—2014 年 11 月全年 4 个季节 $PM_{2.5}$ 中水溶性离子含量的研究表明，NH_4^+、Na^+、K^+、Mg^{2+}、Ca^{2+}、F^-、Cl^-、NO_3^-、SO_4^{2-}九种水溶性离子总量在 $PM_{2.5}$ 中的质量占比在 35.8%～52.1%。总体来看，各个地市含量较高的几种离子均为 SO_4^{2-}、NO_3^-和 NH_4^+。二次无机气溶胶标志性产物 NH_4^+占比在 6.1%～9.8%，表明我省城市中二次无机气溶胶发生的比例较高，对大气已经 $PM_{2.5}$ 造成较为显著的影响。7 个城市大气 $PM_{2.5}$ 中 NO_3^-/ SO_4^{2-}的质量比在 0.62～0.88，低于汽车尾气排放的 NO_3^-/ SO_4^{2-}质量比（8∶1～13∶1），但高于煤炭燃烧的 NO_3^-/SO_4^{2-}的质量比（约 1∶2），表明研究区域的大气污染主要来源于化石燃料的燃烧，但是汽车尾气也已经对城市环境空气造成了显著影响。

从地域分布来看，各个地市几种水溶性离子含量和比重基本相似。但开封和周口三种主要离子比重较其他地市较低，表明工业源和机动车对环境空气 $PM_{2.5}$ 影响略小，K^+含量和比重相比于其他各市均略高，更加印证了生物质燃烧对周口 $PM_{2.5}$ 影响较大这一结论。

从季节分布来看，三种主要离子显示出不同的特点。SO_4^{2-}表现为夏季＞冬季＞春季＞秋季；NO_3^-表现为冬季＞春季＞秋季＞夏季；NH_4^+季节变化不太显著。

（3）地市检出的多环芳烃主要有菲、荧蒽、芘、苯并[*a*]蒽、䓛、苯并[*b*]荧蒽、苯并[*k*]荧蒽、苯并[*a*]芘、二苯并[*a,h*]蒽、苯并[*g,h,i*]苝、茚并[1,2,3-*cd*]芘等。其中大环的多环芳烃如苯并[*a*]蒽、䓛、苯并[*b*]荧蒽、苯并[*k*]荧蒽、苯并[*a*]芘、苯并[*g,h,i*]苝、茚并[1,2,3-*cd*]芘均有检出且个别因子浓度不低。小环的萘、苊、二氢苊、芴、蒽等检出率检出率很低。在致癌活性较强的几种多环芳烃中，苯并[*b*]荧蒽（BbF）、苯并[*k*]荧蒽（BkF）、茚并（1,2,3-*cd*）芘（IP）、苯并[*a*]芘（BaP）等几种多环芳烃的检出率、浓度水平均较高。

7 个城市苯并[a]芘全年平均浓度在 0.82～2.81 ng/m^3，各市从高到低依次为：安阳、平顶山、周口、信阳、郑州、开封、洛阳。除洛阳外，其余 6 市均超出《环境空气质量标准》（GB 3095—2012）所规定的苯并[a]芘（BaP）二类年均值标准限值（1 ng/m^3），需要引起高度警惕。

（4）河南省 2013 年 12 月—2014 年 11 月 $PM_{2.5}$ 颗粒物中 OC 的年均值含量在 14.2～20.8 μg/m^3，EC 的年均值含量在 2.9～4.1 μg/m^3。EC 地域差异不大，但 OC 表现出一定的地域差异，研究区域的 OC 含量为开封＞周口＞安阳＞信阳=平顶山＞洛阳=郑州。就季节分布来看，各城市 OC 含量表现出秋冬季节大于春夏季节的特征。其中周口、安阳、开封三地秋季 OC 含量明显较高，分别达到了 30.9 μg/m^3、29.1 μg/m^3、28.6 μg/m^3。EC 的季节分布也表现出秋冬季节大于春夏季节的特征，但由于本身含量较低，这种特征并不明显。

研究区域碳质组分基本占到了 20%以上。从季节分布上看，秋冬季节碳质组分的含量和占比明显高于春夏季节；从地域分布来看，开封、安阳、周口在秋冬季节碳质组分含量明显较高，而春夏季节除开封春季较高外，地域差异并不明显。

研究区域四个季节 OC/EC 均高于临界值 2.2，表明研究区域大气二次污染较为严重。秋季除了郑州、平顶山两地外，其余城市 OC/EC 均高于 6.0，表明这些城市秋季二次污染和产生的二次有机气溶胶（SOC）较高，这也是生物质燃烧的一个明显标志，表明秸秆禁烧这一举措仍需常抓不懈。

（5）7 个城市环境空气中 VOCs 的成分主要为苯系物，其中含量较高的有苯、甲苯、二氯甲烷、乙酸乙酯和丙酮等。大部分城市（除平顶山、信阳外）冬季环境空气中 VOCs 含量高于其他三个季节，且 7 个城市中，安阳市冬季环境空气中 VOCs 含量最高，郑州市次之。

（6）从地域分布来看，本书涉及的 7 个城市（郑州、开封、洛阳、安阳、平顶山、周口、信阳）在 $PM_{2.5}$ 占比最大的为水溶性离子，7 个城市比例在 35.82%～52.13%，平均为 46.45%，按从大到小依次为：洛阳、安阳、周口、郑州、平顶山、信阳、开封；其次为碳质，比例在 20.6%～29.5%，平均为 23.87%，按从大到小依次为开封、信阳、周口、平顶山、洛阳、郑州、安阳；再次为金属元素，比例在 4.31%～10.22%，平均为 6.39%，按从大到小依次为：开封、平顶山、郑州、洛阳、信阳、安阳、周口；多环芳烃占比在 0.01%～0.02%，安阳、平顶山较高。

从季节分布来看，水溶性离子一般表现为春夏季节较高，秋冬季节较低；碳质一般表现为秋冬季节较高，春夏季节较低；金属元素一般表现为冬季和春季较高，夏季和秋季较低，但各个季节差别并不大。

5.7.2 初步源解析结果

（1）$PM_{2.5}$ 中二次生成气溶胶成分偏高。由二氧化硫、氮氧化物等前体物二次生成的细颗粒物是河南省最重要的 $PM_{2.5}$ 组分，总共占质量浓度的 29%～52%。降低河南省 $PM_{2.5}$ 浓度需要同时考虑 $PM_{2.5}$ 一次源及二氧化硫、氮氧化物等多种前体污染物协同控制。

（2）远距离外来输送对河南省典型城市 $PM_{2.5}$ 影响显著，贡献比例为 18%～63%。主要的污染输送通道，分别为来自河北和山东方向的东北输送通道、来自山西和陕西方向的西北输送通道，东南方向存在季节性输送（秸秆焚烧）。因此针对河南省 $PM_{2.5}$ 污染情况，在加强本地治理的同时，还应该加强区域联防联控，实现区域环境空气质量整体改善。

（3）河南省典型城市 $PM_{2.5}$ 的本地污染源中，机动车、工业过程、燃煤和扬尘是四大主要污染来源，年平均贡献率分别为 22.1%、22.6%、20.9%和 17.7%。

- 机动车对河南省城市 $PM_{2.5}$ 影响较大，已经成为河南省一个主要污染来源，对 7 个城市 $PM_{2.5}$ 的贡献率在 17.8～35.1%；尤其是周口，机动车已成为 $PM_{2.5}$ 首要污染来源。
- 工业过程对河南省城市 $PM_{2.5}$ 贡献比仅次于机动车；其对 7 个城市 $PM_{2.5}$ 的贡献率在 18.8～32.1%；相对于北京、天津、河南省工业源贡献比偏大，其中安阳对 $PM_{2.5}$ 本地来源贡献达到 30%以上，说明河南省的工业产业结构和发达地区相比尚需进一步改善和优化。
- 燃煤也是河南省大气灰霾污染的重要影响因素，过度依赖煤炭的能源供应结构对河南的 $PM_{2.5}$ 污染影响巨大。其对 7 个城市 $PM_{2.5}$ 的贡献率在 15.2～31.6%；煤炭是河南省主导性的燃料来源，调整能源结构对我省的大气灰霾治理意义重大。
- 相对北京、上海的源解析结果，河南省扬尘对 7 个城市 $PM_{2.5}$ 的贡献率较高；特别是郑州，扬尘已经成为 $PM_{2.5}$ 的首要污染来源；其中建筑扬尘和道路扬尘贡献显著。

（4）工业过程对河南省各个城市 $PM_{2.5}$ 贡献率差异明显。其工业行业来源也各不相同，体现出显著的地区差异性。

（5）河南省 7 个城市 $PM_{2.5}$ 的污染来源既有共性又有地区特性，在严格管控工业过程、燃煤、机动车和扬尘等共性问题的同时，还应该结合地区特征，采取有针对性措施加强地区污染物管控，做到对症下药，方能药到病除。

- 郑州市的扬尘和工业工程对 $PM_{2.5}$ 污染影响相对较大，贡献率分别为 25.4%和 20.2%。其次为机动车，贡献率为 19.3%。郑州 $PM_{2.5}$ 应加大扬尘污染治理力度，同时要严格管控机动车、燃煤和工业过程的污染。
- 安阳市的工业过程和机动车对 $PM_{2.5}$ 污染影响相对较大，是安阳较大污染来源，贡献率分别为 32.1%和 21%，其次是燃煤（15.2%）和扬尘（15.9%）。安阳 $PM_{2.5}$ 的污染治理，特别要加强工业过程和燃煤的治理。
- 洛阳市的 $PM_{2.5}$ 的污染来源比较复杂，燃煤和机动车对 $PM_{2.5}$ 污染影响相对较大，是洛阳较大污染来源，贡献率分别为 31.6%和 20%。洛阳 $PM_{2.5}$ 的污染治理，特别要加强燃煤、机动车和工业过程的治理。

- 平顶山市的工业过程和燃煤是 $PM_{2.5}$ 主要污染来源，对平顶山污染影响相对较大，贡献率分别为 24.9%和 28.3%，其次是机动车（19.7%）和扬尘（14.8%）。平顶山 $PM_{2.5}$ 的污染治理，特别要加强燃煤和工业过程的治理。
- 信阳市的工业过程和机动车是信阳 $PM_{2.5}$ 主要污染来源，贡献率分别为 22.7%和 21.6%，其次是扬尘（19.3%）。信阳 $PM_{2.5}$ 污染治理，在严格管控机动车和扬尘污染的同时，要加强工业过程治理。
- 周口市的机动车对 $PM_{2.5}$ 影响相比其他城市更明显，贡献率为 35.1%，其次是工业过程（19.5%）和燃煤（16.2%）。周口 $PM_{2.5}$ 污染治理，主要需要下功夫严格管控机动车（重型货车）。
- 开封市的燃煤和工业过程是开封 $PM_{2.5}$ 主要污染来源，贡献率分别为 21.2%和 20.3%，其次是扬尘（18.1%）。开封 $PM_{2.5}$ 污染治理，特别要加强燃煤和工业过程的治理，同时也要严格管控机动车和扬尘污染。

（6）生物质燃烧对河南省各个城市秋季 $PM_{2.5}$ 贡献率比较明显，对 7 个典型城市的污染贡献率为 24%～42%。

第6章

河南省区域大气复合污染的模拟

计算机数值模拟是研究大气污染的形成及输送的重要方法。开展区域和城市尺度的空气污染数值模拟研究，既能把握各种尺度空气污染物的时空变化规律，又能为控制大气污染物的排放、预防严重污染事件的发生、加强环境空气质量的管理提供理论依据。这对于保护和改善生态环境，保障人体健康，促进经济和社会的可持续发展等方面都有重要的科学意义。

6.1 大气数值模型的研究进展

空气质量模型一般考虑了以下大气过程：排放（人为和自然源排放）、输送（水平流和垂直对流）、扩散（水平和垂直扩散）、化学转化（气、液、固相化学反应）、清除机制（干湿沉降）等。其理论研究一直是沿着湍流扩散三个理论体系发展起来的，即梯度输送理论（K 理论）、统计理论和相似理论。

（1）梯度输送理论（K 理论）是在湍流半经验理论的基础上发展起来的。其缺陷体现是：一方面，它把无规则的湍涡看成分子热运动，假定湍涡是流体微团，与分子输送模型具有相同属性，由此得到的梯度与通量之间的线性关系，实质上这只是一种假定。另一方面，近地层流场情况十分复杂，湍流输送的性质远非简单的线性关系，尤其是湍流交换系数，它随大气湍流场的性质及空间尺度而改变，其形式难以确定。因此梯度输送理论在小尺度预测上缺陷很突出，但它在处理大尺度污染扩散问题上具有一定优越性，能够利用观测的风速廓线资料，不需假定某种分布形式，即可得到污染物的浓度分布。

（2）统计理论是从湍流场的统计特征量出发，描述流场中扩散物质的散布规律。泰勒把扩散系数和湍流脉动场的统计特征量联系起来，用气象参数来表达这些统计特征量，找出扩散参数和气象条件的联系，导出了适用于连续运动扩散过程的泰勒公式。该理论的核心是扩散粒子关于时间和空间的概率分布，通过概率分布函数描述扩散粒子浓度的空间分布和时间变化。泰勒公式是在均匀、定常的假设条件下导出，而实际大气并不符合这种条件，只有在下垫面开阔平坦、气流稳定的小尺度扩散处理中，才近似满足这样的条件。

（3）相似理论是在量纲分析基础上发展起来的，是研究近地层大气湍流的一种有效理论方法。其基本原理是关于拉格朗日相似性的假设，假定流场的拉格朗日性质仅决定于表征流场欧拉性质的已知参数，粒子扩散的特征与流场的拉格朗日性质相联系。在上述假定下，可以把大气扩散和风速及温度的空间分布联系起来，但由于量纲分析的复杂性和不确定性，目前主要在小尺度的铅直扩散问题中比较成功。

鉴于空气质量模型在大气污染控制中的重要地位，开发和推广新型的空气质量模型显得尤为重要。自 1970 年到今，US EPA 或其他机构共资助开发了三代空气质量模型：20 世纪 70—80 年代，EPA 推出了第一代空气质量模型，这些模型又分为箱式模型、高斯扩散模型和拉格朗日轨迹模型，其中高斯扩散模型主要有 ISC、AERMOD、ADMS 等，拉格朗日模型如 OZIP/EKMA、CALPUFF 等；80—90 年代的第二代空气质量模型主要包括 UAM、ROM、RADM 在内的欧拉网格模型；90 年代以后出现的第三代空气质量模型是以 CMAQ、CAMx、WRF－CHEM、NAQPMS 为代表的综合空气质量模型，即“一个大气”的模拟系统。

（1）第一代空气质量模型主要包括了基于质量守恒定律的箱式模型、基于湍流扩散统计理论的高斯模型和拉格朗日轨迹模式。当时的模型一般以 Pasquill 和 Gifford 等研究者得出的离散不同稳定度条件下的大气扩散参数曲线和 Pasquill 方法确定的扩散参数为基础，采用简单的、参数化的线性机制描述复杂的大气物理过程，适用于模拟惰性污染物的长期平均浓度。高斯模式（如 ISC、AERMOD、ADMS）由于其结构简单，对输入数据的要求不高以及计算简便，20 世纪 60 年代以后，在大气环境问题中得到了最为广泛的应用。但近年来城市及区域环境问题如细粒子、光化学烟雾等往往与污染物在大气中的化学反应紧密相关，而第一代模型没有或仅有简单的化学反应模块，这使它们的应用受到了很大限制。但是这些模型结构简单、运算速度快、长期浓度模拟的准确度高，至今仍在常规污染物模拟方面被广泛使用。值得注意的是，第一代空气质量模型的划分并不是非常明确，例如 ADMS、AERMOD、CALPUFF 模型应用了 90 年代以来大气研究的最新成果，与传统的第一代模型已有很大不同。

（2）20 世纪 70 年代末 80 年代初，随着对大气边界层湍流特征的研究，研究者开展了大量室内试验、数值试验和现场野外观测等工作，发现高斯模型对许多问题都无法解答，这逐渐推动了第二代空气质量模型的发展。第二代欧拉数值空气质量模型中加入了比较复杂的气象模式和非线性反应机制，并将被模拟的区域分成许多三维网格单元。模型将模拟每个单元格大气层中的化学变化过程、云雾过程，以及位于该网格周边的其他单元格内的大气状况，这包括污染源对网格区域内的影响以及所产生的干、湿沉降作用等。这类模型在 1980—1990 年被广泛应用。这一时期一些三维城市尺度光化学污染模式（如 CIT、UAM 等模式）、区域尺度光化学模式 ROM 以及酸沉降模式（RADM、ADOM、STEM 等模式）开始得到研究。我国第二代空气质量模型主要有中国科学院的雷孝恩基于 RADM 模型建立的高分辨率对流层化学模式 HRCM，中国科学院大气物理所等研发的区域空气质量模式 RAQM 和三维时变欧拉型区域酸沉降模式 RegADM 等。

（3）第二代空气质量模式在设计上仅考虑了单一的大气污染问题，对于各污染物间的相互转化和相互影响考虑不全面，而实际大气中各种污染物之间存在着复杂的物理、化学反应过程。因此，20 世纪 90 年代末美国环保局基于“一个大气”理念，设计研发了第三代空气质量模式系统 Medels－3/CMAQ，CMAQ 是一个多模块集成、多尺度网格嵌套的三维欧拉模型，突破了传统模式针对单一物种或单相物种的模拟，考虑了实际大气中不同物种之间的相互转换和相互影响，开创了模式发展的新理念。当前主流的第三代空气质量模式还包括 CAMx、WRF－CHEM 等。特别是美国大气研究中心 NCAR 开发的 WRF－CHEM 模式考虑了气象和大气污染的双向反馈过程，在一定程度上代表了区域大气模式未来发展的主流方向。中国的第三代空气质量模式以中国科学院大气物理研究所自主研发的嵌套网格空气质量预报模式 NAQPMS 为代表，目前已在北京、上海、深圳、郑州等城市空气质量实时预报业务中得以应用。

无论是一代、二代或三代空气质量模型按照尺度划分，大致可以分为城市模型、区域模型和全球模型（如 GEOS－Chem）；按机理划分，可分为统计模型和数值模型，前者是以现有的大量数据为基础做统计分析建立的模型，后者则是对污染物在大气中发生的物理化学过程（如传输、扩散、化学反应等）进行数学抽象所建立；从流体力学的角度看，空气质量模型又分为拉格朗日模型和欧拉模型，前者由跟随流体移动的空气微团来描述污染物浓度的变化，后者则相对于固定坐标系研究污染物的运动，以空间内固定的微元为研究对象；从模型研究对象来看，空气质量模型又分为扩散模式、光化学氧化模式、酸沉降模式、气溶胶细粒子模式和综合性空气质量模式。

本书中选用的 NAQPMS 模式是中国科学院大气物理研究所发展的区域-城市空气质量模式系统，已实现多尺度多过程的双向嵌套数值模拟。该模式系统充分借鉴吸收了国际上先进的天气预报模式、空气污染预报模式等的优点，并结合中国各区域、城市的地理、地形环境、污染源排放资料等特点。理化过程采用模块化设计，包括了平流扩散、气溶胶、干湿沉降、大气化学反应、液相化学机制及一维诊断云模式等物理化学模块，提供 CBMZ、CB4 气相化学反应机制。NAQPMS 模式代表现今国内空气质量模式发展的水平，该模式被国家“十五”科技攻关项目选定为区域示范模型之一，已成功地实现了业务化，并在全国多个城市环保局空气质量预报部门投入业务运行，取得了较好的效果。

6.2 主要研究内容和技术路线

6.2.1 研究内容

（1）河南省大气灰霾模拟预测的数值模型构建

根据河南省以及周边的地形和天气特点，发展和完善嵌套网格空气质量预报模式（NAQPMS），建立河南省大气灰霾模拟预测多模式集合预报系统，通过和观测对比验证，提升大气灰霾预报科学性和实效性；完善大气化学资料同化方法，建立资料同化业务化系统。

（2）河南省大气灰霾形成的关键影响因素识别

利用数值模型系统研究典型灰霾过程大气灰霾来源与形成机制，确定各地区不同行业排放源与受体关系。

① 研究典型灰霾过程中主要污染物的区域分布特征；

② 评估河南省各省辖市的大气灰霾相互输送关系，分析各省辖市本地源和外来输送对郑州市空气质量的贡献。

（3）河南省大气环境预报预警技术方法

以自主研制的嵌套网格空气质量预报模式（NAQPMS）为核心，纳入国际上知名模式WRF-Chem、WRF-CMAQ、WRF-CAMx 等，建立河南省大气灰霾模拟预测数值模型。

（4）利用综合观测开展模型验证

针对典型污染过程，充分利用河南省已有的环境监测数据、气象数据，采用卫星遥感、地基光学立体观测和传统地面站点相结合的方法，开展综合观测对比实验，验证模型对典型污染过程的模拟能力，评估关键参数并制订参数化方案。

（5）河南省大气灰霾控制情景方案的评估与筛选

综合考虑河南各地区的产业布局、交通、规划与能源结构，应用情景分析的方法建立空气污染控制措施的多种方案，提出 2015 年和 2020 年实现空气质量目标的可能情景设计方案；针对河南省的大气重污染特征，提出重污染的预警管理方法和应急措施方案。通过模型确定主要大气灰霾物的排放控制目标和削减目标，并模拟不同大气灰霾控制方案的空气质量改善效果，为大气环境决策服务。

6.2.2 研究方法

采用技术成熟的嵌套网格大气环境质量数值系统（NAQPMS、CMAQ、CAMx 和WRF-Chem），选用合适的物理参数化方案和本地化参数，结合河南省本地的污染源排放清单与气象预报场，共同驱动大气环境质量数值模式，形成河南省区域大气复合污染的模拟、预测系统，并利用 $PM_{2.5}$、PM_{10}、NO_x、SO_2、O_3 等污染物的常规观测数据对系统模拟效果进行定量评估。主要包括以下三方面：

（1）区域大气基础数据子系统的建立

通过详细调查，建立完善的区域空气污染数据库系统；主要包括城市区域建筑群下垫面资料、污染源分布及其排放资料、实时气象资料及实时大气污染物的监测数据等；为空气质量数值模型的建立提供必要支持。

（2）大气灰霾模拟预测数值模型的搭建

本书将在郑州市安装的嵌套网格空气质量数值预报模式系统（NAQPMS）；利用新的大气污染数据库，构建以 NAQPMS 模式为主、结合 CMAQ 和 CAMx 模式的郑州空气质量多模式集成业务预报系统；从气象场、排放模型及空气质量模式三个方面改进数值模拟效果，优化模式系统，提高了大气污染数值预报准确率，为河南省重点城市尤其是郑州的空气质量提供 72 h 预报服务。

（3）数值预报模型的应用与验证

研究将结合 GIS 工具标记功能，采用 NAQPMS 模式耦合的在线源追踪技术，追踪不同污染物种来源，评估了郑州市及周边各源区对郑州市空气质量影响，以 2014 年为基准定量分析夏季周边源区对郑州市大气污染物浓度贡献量。以此为基础研究各种控制措施下郑州市空气质量特征及周边对郑州污染贡献量变化等；分析近几年郑州周边区域内火电厂对郑州市空气质量改善贡献；分析机动车尾气对郑州市光化学反应物种 NO_x 和臭氧影响等。利用本子课题建立的区域空气质量数值模型系统多模式集合的预报方式；对特定时间段内的空气质量进行数值预报；并与实际的在线测试结果进行比对，考察预报结果的准确度；提高优化模型的预报预警能力，使之能达到业务化的要求。

6.2.3 技术路线

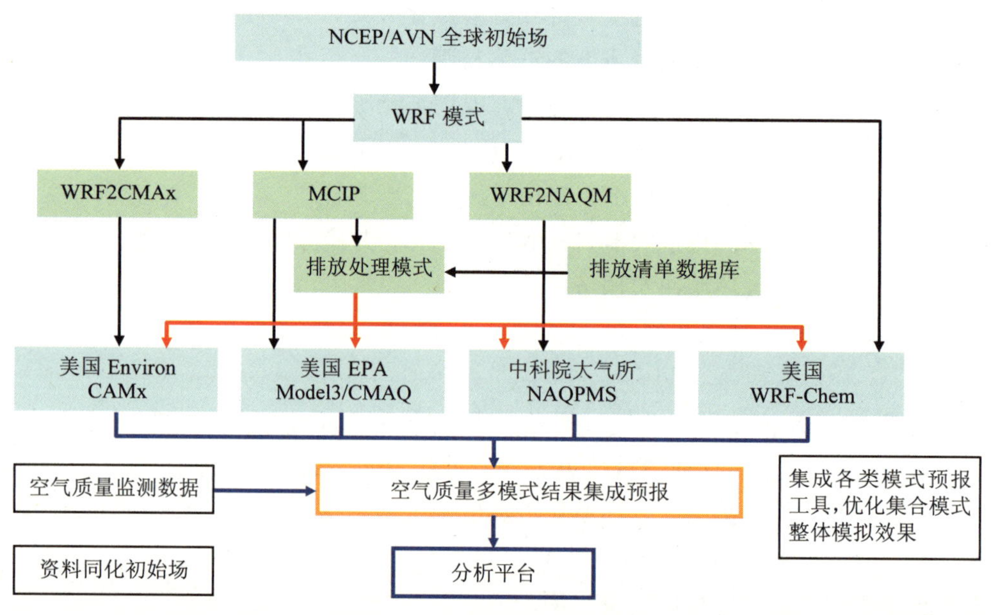

图 6-1 嵌套网格空气质量预报模式（NAQPMS）的系统架构

6.3 模式系统框架

嵌套网格空气质量预报系统（NAQPMS）由以下部分构成：基础数据系统，中尺度天气预报系统和空气污染预报系统等。系统结构框架如图 6-2 所示。

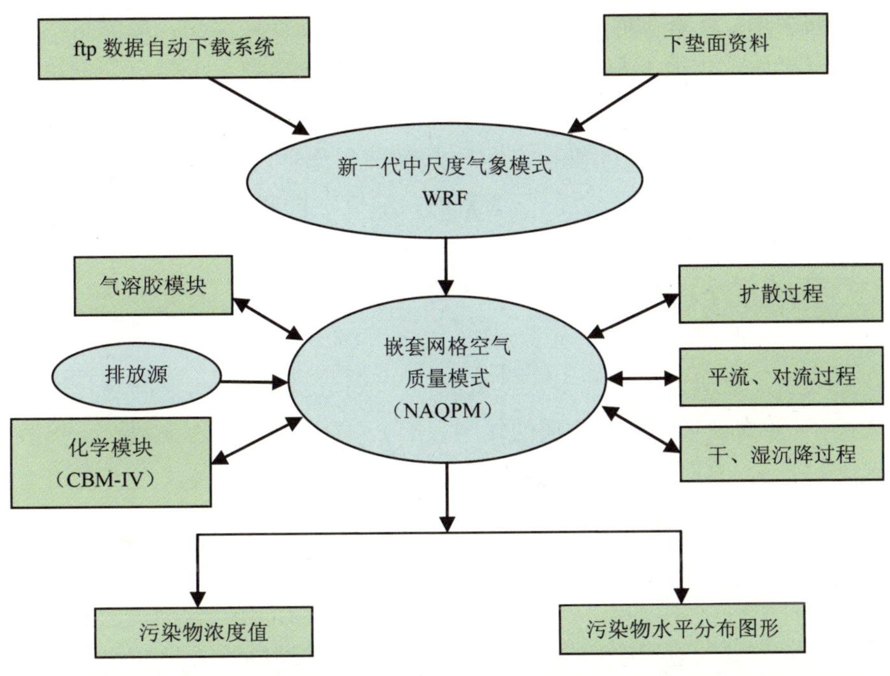

图 6-2 嵌套网格空气质量预报模式（NAQPMS）的系统架构

（1）基础数据子系统是整个空气污染数值预报业务系统的基础，包括污染源资料（WYGE）、气象全球预报资料（NCEP）、下垫面类型资料（USGS）和实时监测污染物的监测资料（JCGE）四个部分。下垫面资料采用 UCGS 的植被、地形高度等资料；污染源资料有主要大气污染源烟尘的排放浓度资料和每个污染源的地理经纬度资料；而气象数据是指经过 GCM（全球大气环流模式）处理后的网格化气象数据。该系统不仅能为模式系统提供预报初始场和边界场，还能提供对预报结果进行验证的观测数据。

（2）中尺度天气预报子系统选用新一代的气象模式 WRF，为空气质量预报子系统（NAQPM）提供逐时的气象场。WRF 模式是以美国国家研究中心（NCAR）、美国环境预测中心（NCEP）等美国的科研机构为中心开发的新一代中尺度天气预报模式和同化系统。WRF 模式系统具有可移植、易维护、可扩充、高效率、方便等诸多特性。由于该模式集成了过去几十年所有中尺度模式研究的成果，在数值计算、模式框架、程序优化等方面才用了当前最为成熟和最优化的技术，因此，世界上大多数国家选用该模式作为中尺度预报模式应用业务和科研。WRF 模式在天气预报、大气化学、区域气候、数值模拟研究等领域有着广泛的应用。

（3）空气质量预报子系统（NAQPM）是 NAQPMS 模式系统的核心组成部分，其空间结构为三维欧拉输送模式，垂直坐标采用地形追随坐标，水平结构为多重嵌套网格，采用单向、双向嵌套技术；污染物包括 SO_2、NO_x、C_mH_n、O_3、CO、NH_3、PM_{10}、$PM_{2.5}$ 等。NAQPM 模式成功实现了在线的、全耦合的包括多尺度多过程的数值模拟，模式可同时计算出多个区域的结果，在各个时步对各计算区域边界进行数据交换，从而实现模式多区域的双向嵌套。空气质量预报子系统中包括平流模块、扩散模块、干湿沉降模块、大气化学反应模块、气溶胶模块、起沙模块。其中大气化学模块中可选的反应机制有 CBMZ、CB4。CB4 机制主要应用于城市尺度的模拟，对一些物种和化学反应作了一定的简化，CBM-Z 是基于 CB4 发展起来的按结构分类的一个新的归纳化学机理。

6.4 模式系统的设置

考虑到空气质量数值预报涉及多尺度范围（区域尺度的空气污染问题与城市尺度的污染物演变规律）、多物种（几十种物质的化学反应）、多种物理过程（输送、扩散、化学转化、干湿沉降过程）、高时空分辨率等因素，嵌套网格空气质量模式系统在河南地区进行如下设置。

6.4.1 模式区域的选取

模式系统在河南省的应用采用 2 重嵌套技术：模拟区域的中心经纬度为东经 106°，北纬 24°，第一区域取东亚地区，水平分辨率为 45 km，水平网格点数为 132×122；第二区域取河南省及其周边省市，水平分辨率为 15 km，水平网格点数为 60×60（如图 6-3 所示）。相较之前的 3 重嵌套，此种设计精细分辨率覆盖的区域更广，计算量更大，结果也更为合理（图 6-3）。

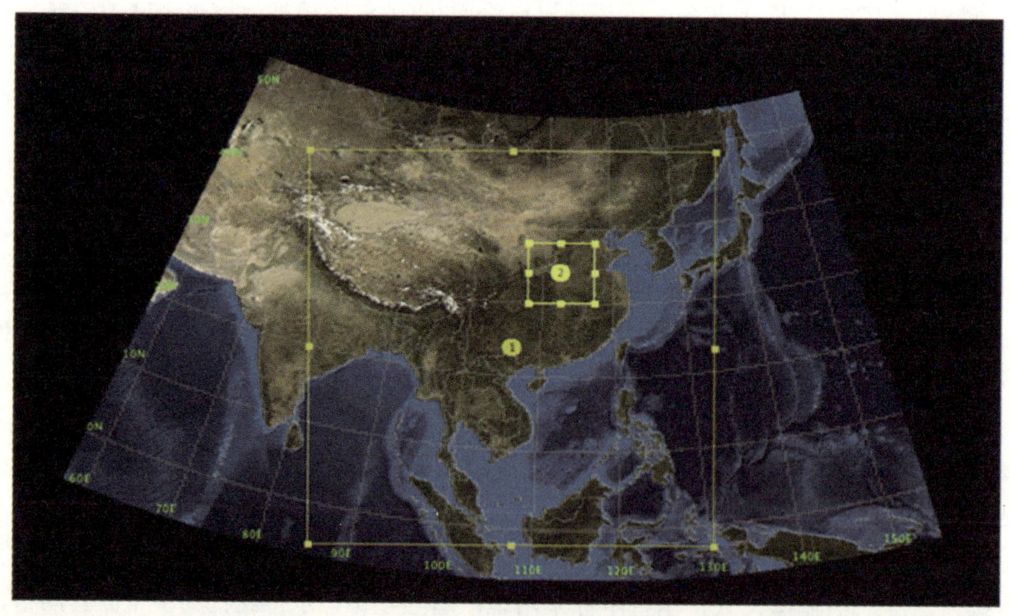

图 6-3 模式系统区域选取

6.4.2 WRF 气象过程参数化设置

气象模块 WRF 在各个微物理过程中依次选取的参数化方案为：

（1）采用五层土壤模式；

（2）积云参数化方案：选用 Grell 的积云对流参数化方案；

（3）显示为物理过程参数化方案：四个区域均采用简单冰相参数化方案边界层；

（4）参数化方案：两个区域均采用 MOZART 小时输出参数化方案；

（5）太阳辐射参数化方案：选用云层大气辐射参数化方案。

6.4.3 排放源的处理

工业点源、线源和面源构成了城市的多源排放体系，它们可以直接造成微尺度和区域尺度的污染物传输，这种污染在特定的气象条件下常易造成严重危害，尤其是在城市大气多尺度环流系统的相互作用下，城市点源、线源、面源排放的空气污染不断混合、扩散，并通过不同时空尺度的化学成分转化及光化学过程，形成其时空多尺度的污染分布特征。因此，对于城市空气污染数值模拟来说，要想反映城市空气污染的时空分布特征及其演变规律，污染物排放清单是必不可少的因子。本次模拟使用的排放清单数据来源主要包含以下三类。

（1）河南本地排放清单：根据河南省提供的环境统计年报以及排污申报统计等数据资料制作的河南省排放清单，主要污染物有 SO_2、NO_x、PM_{10}、$PM_{2.5}$ 等，第二区域的排放源如图 6-4 所示。

（2）MEIC 排放清单：模式区域内河南省以外地区采用 2010 年 MEIC 排放清单（Multi-resolution Emission Inventory for China，MEIC），该清单是清华大学开发的中国多尺度排放清单，包括 SO_2、NO_x、$PM_{2.5}$、BC、OC 等污染物的人为源排放数据。

（3）碳氢化合物的自然源排放取自全球散发物质名录 GEIA（the Global Emission Inventory Activity）。

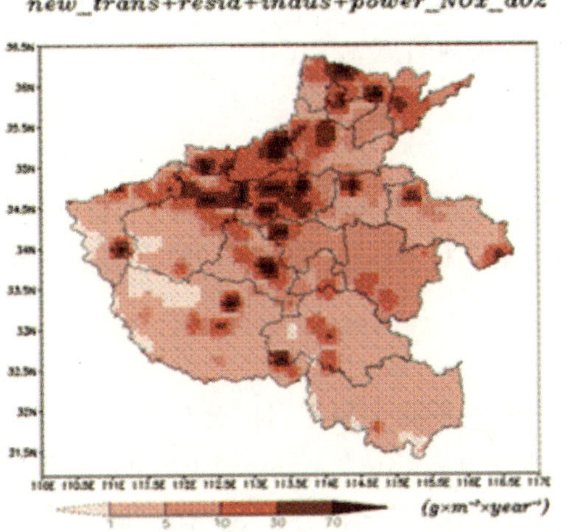

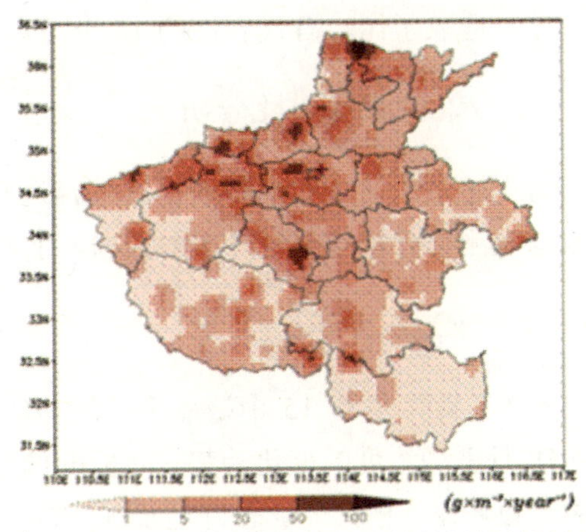

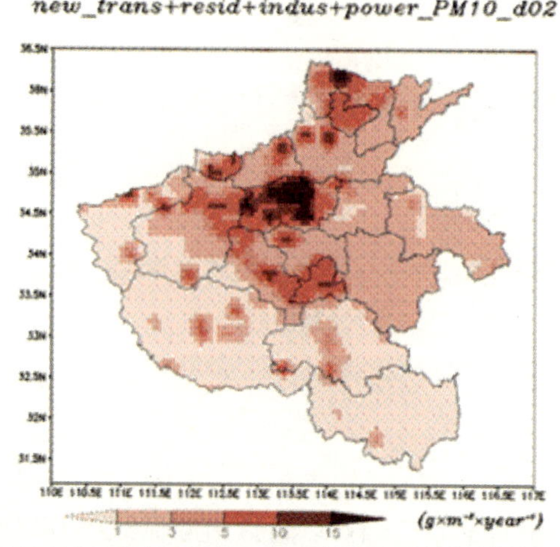

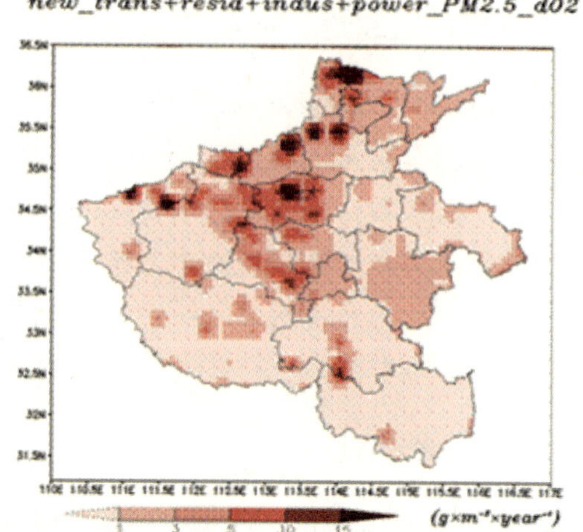

图 6-4 河南地区各个污染物网格化排放清单

6.4.4 模拟的时间长度

模拟时段为 2013 年 7 月 1 日—2014 年 6 月 30 日，为了减少初始条件扰动对模拟结果的影响，NAQPMS 系统启动时间设定为 2013 年 6 月 1 日。

6.5 模式验证对比

6.5.1 观测资料介绍

利用河南省环境监测站提供的河南地区 15 个城市站点污染物浓度监测资料，对 NAQPMS 模式模拟的各类污染物浓度进行了对比验证，评估了 NAQPMS 模式的模拟性能，并对河南省大气灰霾污染防治防控提出对策和建议。对观测数据进行统计分析、质量控制等，选取了比较有代表性的 15 个站点，具体观测站点见表 6-1。

6.5.2 污染物浓度对比分析

对上述监测站点的观测数据进行筛选整理，去除异常观测数值，NAQPMS 模拟结果提取与观测具有相同有效时次的数据，主要的污染物种有 NO_2、SO_2、PM_{10} 以及 $PM_{2.5}$ 等。

6.5.2.1 NO_2 浓度对比验证

图 6-5 是河南省 15 个站点平均的 NO_2 月均浓度观测与模拟对比分析图，其中折线代表 NO_2 月平均浓度的变化趋势，而标准偏差反映该月有效日均值对月均值的离散程度。从图中可以看出，模式能够较好地反映 NO_2 浓度月均值的变化趋势，NO_2 浓度随季节变化出

现冬季波峰夏季波谷的演变过程，且全年标准偏差较小，离散程度低，吻合程度较好。相较 NO_2 年平均观测值 52.1 μg/m^3，年平均模拟浓度为 56.9 μg/m^3，略微高估，均超出国家环境空气质量二级标准。

表 6-1 河南省观测站点

编号	城市名	监测站点名
1	郑州市	四十七中
2	开封市	世纪星幼儿园
3	洛阳市	市委党校
4	平顶山市	平顶山工学院
5	安阳市	棉研所
6	鹤壁市	迎宾馆
7	新乡市	开发区
8	焦作市	市监测站
9	濮阳市	油田运输公司
10	漯河市	三五一五工厂
11	三门峡市	开发区
12	商丘市	第三人民医院
13	信阳市	市酿酒公司
14	周口市	周口师范
15	驻马店市	市一纸厂

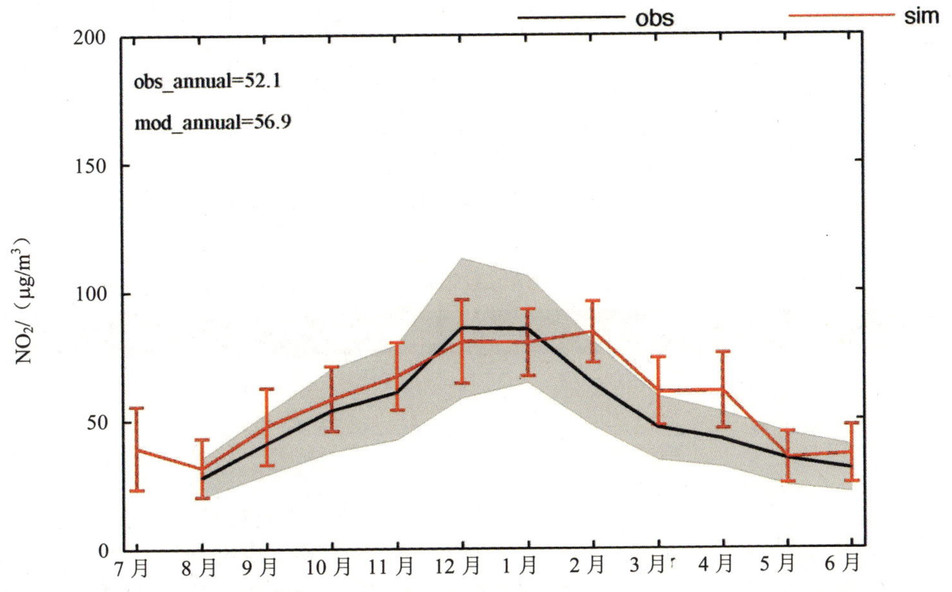

（黑线表示观测日均值，阴影区表示观测标准偏差；红色表示模拟日均值，红色短线表示模拟标准偏差）

图 6-5 河南省 15 个站点平均的 NO_2 月均浓度对比

图 6-6 是河南省 15 个监测站点 NO_2 月平均浓度观测与模拟对比图。总体上，大部分站点模式模拟的 NO_2 月平均浓度值可以再现其观测月均值的变化规律，呈现出冬季浓度达到最大值的单峰型分布特征。但在冬季（12 月和 1 月）NO_2 浓度观测值均略高于模拟值，这可能与冬季供暖等因素有关，造成大气 NO_2 浓度增加，其余月份 NO_2 模拟浓度值则呈现系统略微偏高的情况。

从图中可以发现，NO_2 浓度空间分布呈现北部高于其他地区的现象。河南省南部的信阳、驻马店；东部的商丘、周口；西部的洛阳、三门峡以及中部的平顶山、漯河等城市，观测与模拟的 NO_2 月均浓度值均维持在 100 μg/m^3 以下，而北部的安阳、濮阳等城市其 NO_2 月均浓度均在 100 μg/m^3 以上，这可能与污染物的输送有关，即污染物 NO_2 由河北、山东等省输送到河南北部。以下将着重分析河南中部郑州市、北部安阳市以及南部信阳市 NO_2 的特征状况及变化。

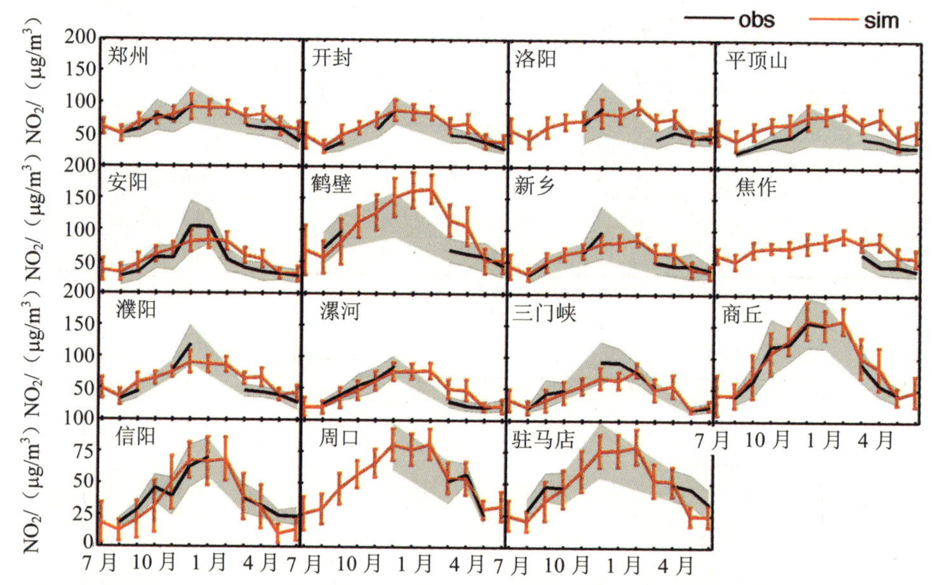

（黑线表示观测日均值，阴影区表示观测标准偏差；红色表示模拟日均值，红色短线表示模拟标准偏差）

图 6-6 河南地区 15 个观测站点 NO_2 月均值对比

6.5.2.2 SO_2 浓度对比验证

图 6-7 是河南省 15 个站点平均的 SO_2 观测与模拟月均浓度的对比图。从图中可以看到，模式可以很好地体现 SO_2 观测值全年的变化趋势，再现了其浓度随时间的变化，即在冬季达到最大值，夏季达到最小值。并且 SO_2 浓度的观测值在秋冬季节的每个月份离散程度较高，而在春夏季节离散程度比较低，对此模式也有很好的印证。

从图上可以看出，8 月、9 月、10 月模拟值与观测值吻合相当好，但是在其余月份，模式呈现一定程度的高估，尤其是在12月和1月。模拟峰值出现在12月，而观测峰值却出现在1月。从数值方面来看，全年SO_2浓度观测平均值为55.4 μg/m^3，而模拟平均值为64.4 μg/m^3；SO_2浓度观测最大值不超过100 μg/m^3，而模拟却达到120 μg/m^3。上述现象出现可能是由于冬季全省供暖，模式使用的排放源清单并未很好地考虑脱硫工艺的使用和推广，对SO_2排放源高估所导致。

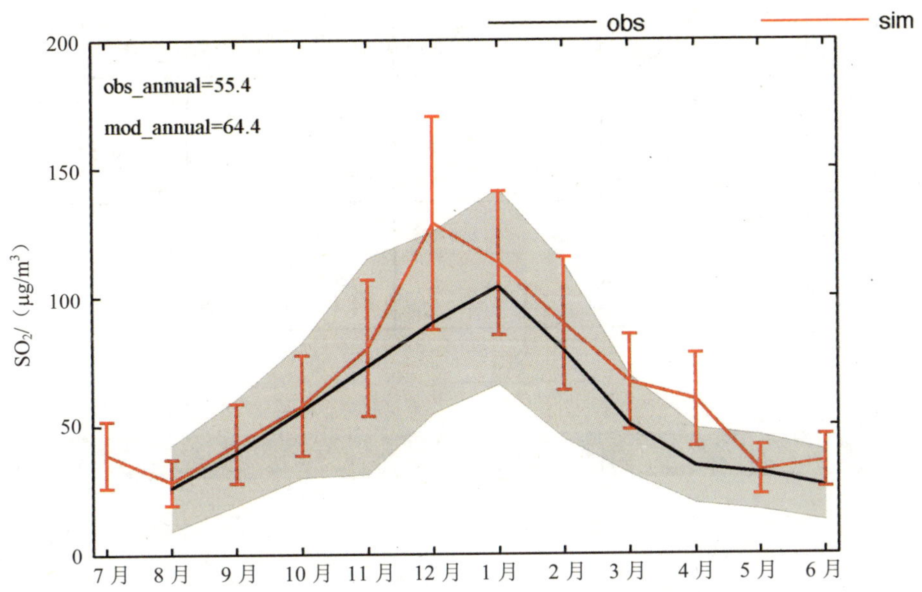

（黑线表示观测日均值，阴影区表示观测标准偏差；红色表示模拟日均值，红色短线表示模拟标准偏差）

图6-7 河南全省SO_2月平均浓度对比

图6-8给出了河南省15个污染物监测站点SO_2月均浓度观测与模拟对比图。可以从图中看到，总体上模式能够较好地反映出河南地区15个观测站点SO_2月平均浓度的变化趋势，即在冬季（12月、1月）达到最大值，在夏季达到最小值，且在冬季月份观测与模式数据离散程度均比较高，夏季二者离散程度较低。8月、9月、10月SO_2观测与模拟月均浓度吻合成交较好，在其余月份，SO_2模拟值略偏高，这可能与模式中SO_2排放源高估导致。从图中也可以看出，只有郑州市、濮阳市和信阳市SO_2观测与模拟月均浓度在12月达到峰值，而其余站点观测月均值在1月在最大值，模拟月均值却在12月达到最大值。

从空间分布来看，只有郑州市的SO_2观测最高月均浓度接近150 μg/m^3，平顶山、鹤壁、新乡、驻马店四市SO_2观测最高月均浓度略高于100 μg/m^3，漯河、三门峡、商丘、信阳、焦作五市SO_2观测最高月均浓度低于100 μg/m^3，而开封、洛阳、周口、安阳四市因缺少相应的观测数据而无法判断其最高月均浓度具体值，但从模拟数据来看，开封、洛阳SO_2月均浓度高于150 μg/m^3，安阳市略高于100 μg/m^3，周口浓度较低，处于100 μg/m^{3}以下。

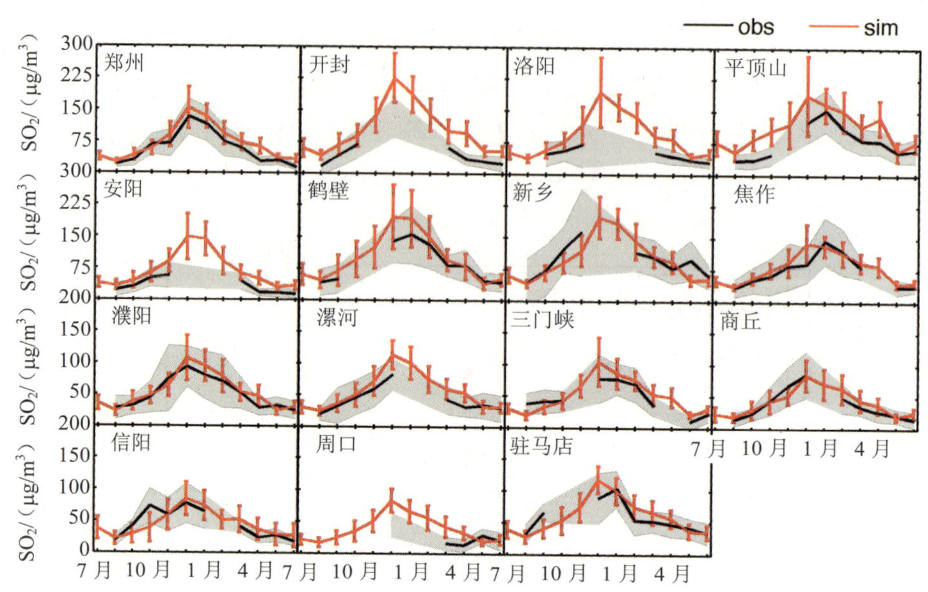

（黑线表示观测日均值，阴影区表示观测标准偏差；红色表示模拟日均值，红色短线表示模拟标准偏差）

图 6-8 河南地区 15 个观测站点 SO_2 月均值对比

6.5.2.3 PM_{10} 浓度对比

图 6-9 是河南省 15 个站点平均的 PM_{10} 观测与模拟月均浓度的对比图。从图中可以看到，模式可以很好地体现 PM_{10} 观测值全年的变化趋势，PM_{10} 浓度在冬季达到最大值，夏季达到最小值。PM_{10} 浓度的观测值表现出在秋冬季节的每个月份离散程度较高，而在春夏季节离散程度比较低，对此模式也有很好地印证。

与此同时可以看出，除了 7 月缺少相应的观测数据外，在 8 月和 4 月，PM_{10} 观测月均值与模拟月均值吻合一致；在 9 月和 2 月，模拟月均值略微偏高；而在其余月份模拟值均低于观测值。尤其是在 10 月和 12 月至次年 1 月期间，观测月均值出现了不同程度的升高，并在 12 月达到了峰值。10 月 PM_{10} 浓度升高可能是由于焚烧秸秆，导致大气中 PM_{10} 含量增加；12 月至次年 1 月为采暖季，在这期间，化石燃料使用量增加，也会引起 PM_{10} 增多。PM_{10} 观测年均值为 143.0 μg/m^3，模拟年均值为 127.9 μg/m^3，略微偏低，但是在整体上模式模拟结果还是能够准确的表征 PM_{10} 浓度的变化过程。

图 6-10 给出了河南省 15 个污染物监测站点 PM_{10} 月均浓度观测与模拟对比图。总体上，模式能够很好地反映出河南地区 15 个观测站点 PM_{10} 月平均浓度的变化趋势，即在冬季（12 月、1 月）达到最大值，在夏季达到最小值，且在冬季月份观测与模式数据离散程度均比较高，夏季二者离散程度较低。从图中还可以看出，只有郑州市 PM_{10} 模拟月均浓度在冬季略微高估，其余城市 PM_{10} 模拟月均浓度均呈现不同程度的低估。

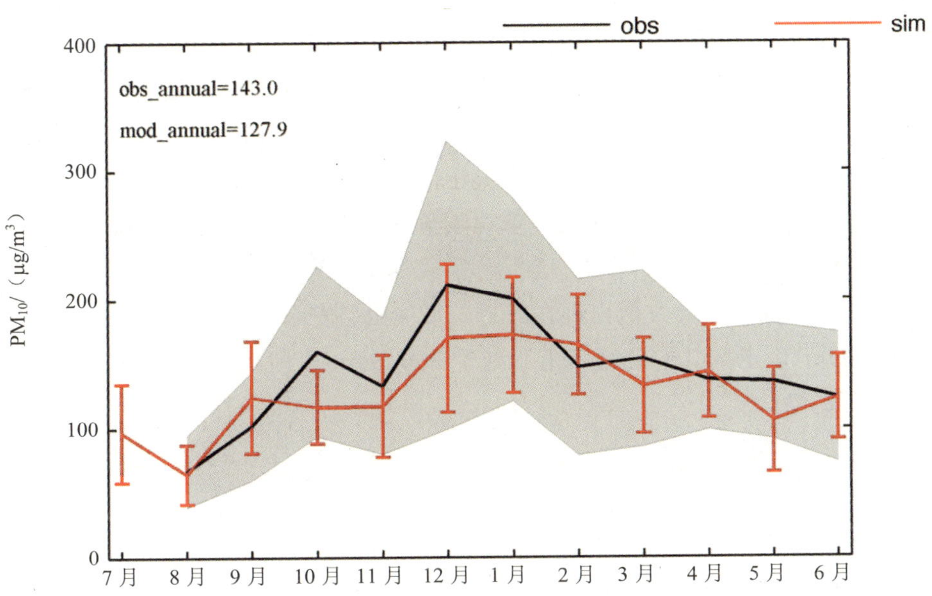

（黑线表示观测日均值，阴影区表示观测标准偏差；红色表示模拟日均值，红色短线表示模拟标准偏差）

图 6-9　河南全省 PM_{10} 月平均浓度对比

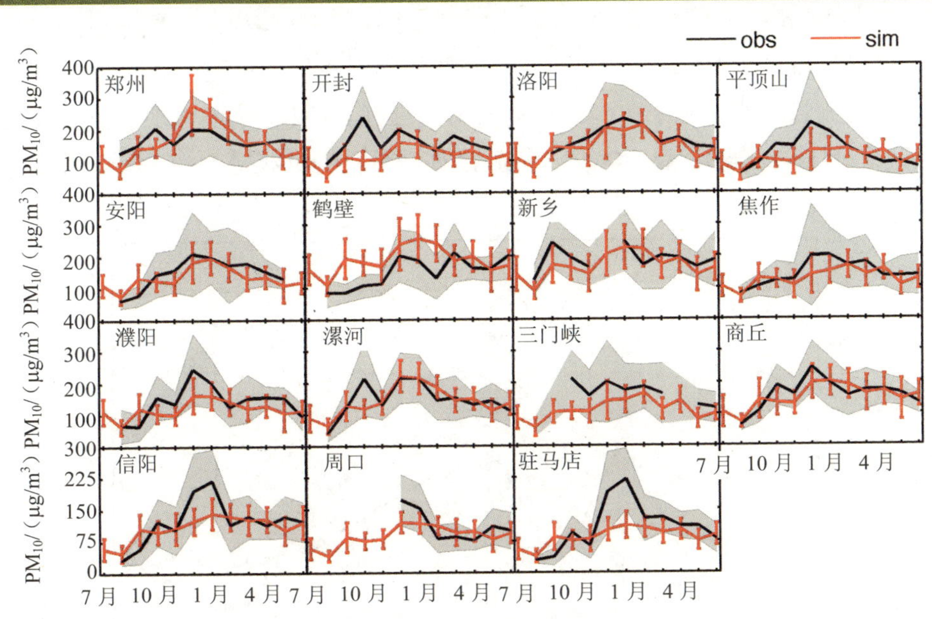

（黑线表示观测日均值，阴影区表示观测标准偏差；红色表示模拟日均值，红色短线表示模拟标准偏差）

图 6-10　河南地区 15 个观测站点 PM_{10} 月均值对比

比较各个城市 PM_{10} 浓度月均值变化可以发现，郑州、开封、平顶山、新乡、濮阳、漯河、三门峡、商丘、信阳、驻马店 10 个城市在 9—10 月和 12 月至次年 1 月两个时期会出现不同程度的峰值。9—10 月 PM_{10} 浓度升高可能与大面积焚烧秸秆有关，致使空气中 PM_{10} 含量上升；而 12 月至次年 1 月是采暖季，煤炭等化石燃料的大量使用，导致 PM_{10} 浓度大幅度增加。上述 10 个城市，除了郑州市在冬季模式模拟值偏高外，其余城市模式模拟结果均偏低。模式能够很好地模拟洛阳市与安阳市 PM_{10} 浓度的变化趋势，基本上模拟出最大值与最小值出现的时间及其浓度大小。模式也可以较好地反映焦作市 PM_{10} 的演变过程，但对于模拟的峰值略有偏低。受观测数据的限制，周口市在 2014 年上半年模式很好地展示 PM_{10} 的变化趋势，但在 12 月，模式模拟结果较观测值偏低。

就观测月均值而言，最大值出现在开封、平顶山、安阳、驻马店等城市，PM_{10} 月均浓度均在 250 μg/m^3 以上，其中驻马店市达到了 300 μg/m^3。河南省 PM_{10} 浓度呈现中部高、四周低的分布趋势。

6.5.2.4 $PM_{2.5}$ 浓度对比分析

对 $PM_{2.5}$ 观测数据采取质量控制后，选取了郑州、开封、洛阳、平顶山、安阳、鹤壁、新乡、焦作、濮阳、三门峡、驻马店 11 个城市的站点数据。由于 2013 年下半年只有郑州市和开封市有 $PM_{2.5}$ 观测数据，但经数据质量控制后，对于 2013 年 7—12 月这段时期，选取郑州市的数据进行分析。

图 6-11 是河南省 11 个站点平均的 $PM_{2.5}$ 月均浓度观测与模拟对比分析图。从图中可以看到，模式可以很好地反映 $PM_{2.5}$ 浓度月均值的变化趋势，体现出随时间的变化，$PM_{2.5}$ 浓度在冬季达到最大值，夏季达到最小值的演变过程。$PM_{2.5}$ 浓度的观测值均表现出在秋冬季节离散程度较高，而在春夏季节离散程度比较低，对此模式也有很好地印证。

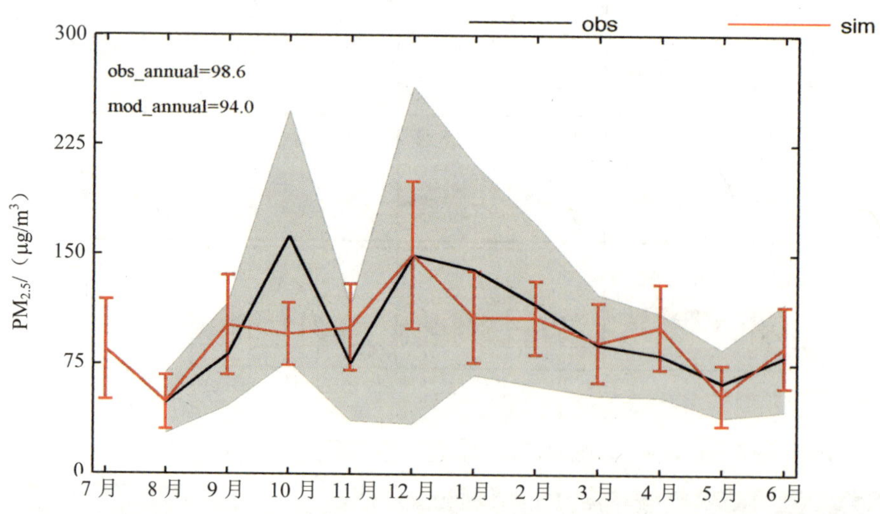

（黑线表示观测日均值，阴影区表示观测标准偏差；红色表示模拟日均值，红色短线表示模拟标准偏差；2013 年 7—12 月采用郑州站提供的数据，2014 年 1—6 月为全省 11 个站点平均）

图 6-11 河南省 11 个站点平均的 $PM_{2.5}$ 月均浓度对比

但需要注意的是，$PM_{2.5}$观测月均值浓度除了在冬季达到峰值外，在 2013 年 10 月也达到一个极大值，对此模式并没有很好地模拟。究其原因，可能是河南地区在 10 月大面积燃烧秸秆，导致空气中污染物质增多，从而产生了一系列复杂的化学反应，促使 $PM_{2.5}$浓度急剧增加。冬季 $PM_{2.5}$浓度上升增加，主要是因为采暖季化石燃料使用量增加，致使 $PM_{2.5}$浓度上升，对此模式模拟结果与观测吻合一致。除了在 1 月 $PM_{2.5}$模拟偏低，11 月及 4 月模拟偏高外，其余时间模拟值都能很好地反映观测值的变化趋势。

图 6-12 河南省 11 个污染物监测站点 $PM_{2.5}$月平均浓度观测与模拟对比图。由于观测数据有限，只有郑州站和开封站有比较全的数据，其余城市只有 2014 年上半年的观测数据。基于现有的数据，由图可见，总体上，模式能够很好地反映出河南地区 11 个观测站点 $PM_{2.5}$月平均浓度的变化趋势，即在冬季（12 月、1 月）达到最大值，在夏季达到最小值，且在冬季月份观测与模式数据离散程度均比较高，夏季二者离散程度较低。

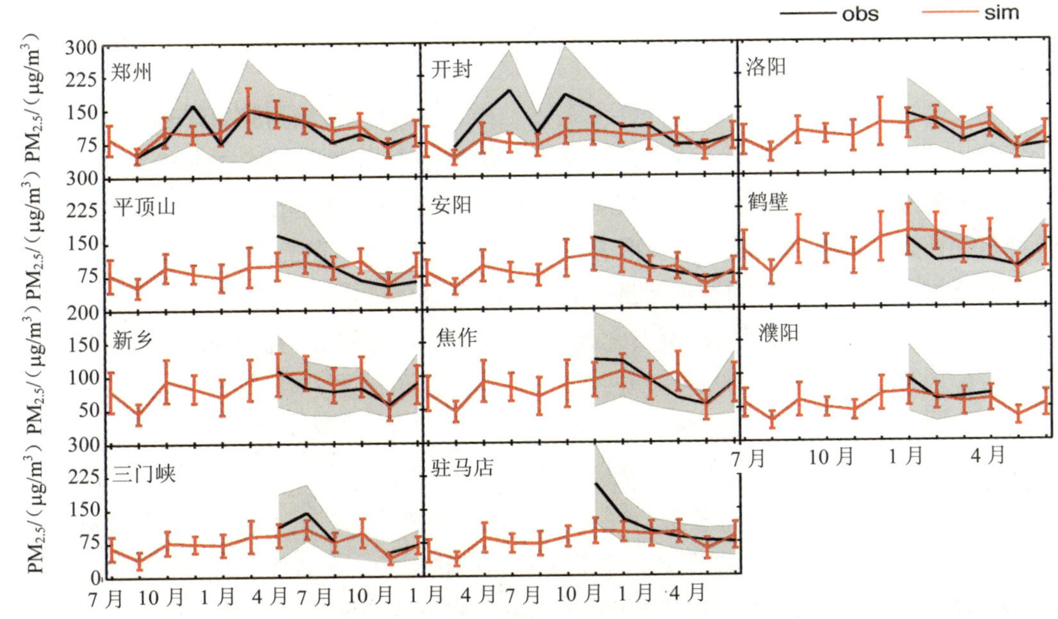

（黑线表示观测日均值，阴影区表示观测标准偏差；红色表示模拟日均值，红色短线表示模拟标准偏差）

图 6-12　河南地区 11 个观测站点 $PM_{2.5}$月均值对比

从图中也可以看出，只有郑州市和开封市展现出了完整的两个峰值，其他站由于数据缺失，只体现在冬季（1 月）出现波峰。模式在郑州市能够很好地模拟出冬季最大值的出现时间以及浓度大小，但对于 2013 年 10 月 $PM_{2.5}$浓度急剧增加，模式并没有很好地反映，这是由于生物质燃烧不确定性造成。而在开封市，针对上述两个峰值，模式也未能较好地体现出。洛阳市 $PM_{2.5}$观测月均浓度与模拟月均浓度吻合一致，在平顶山市、安阳市、濮阳市、焦作市、三门峡市、驻马店市等模式在冬季的模拟结果均偏低，这是由于采暖季化石燃料使用量加大，排放在大气中的污染物质增多导致。在鹤壁和新乡市，模拟结果却比观测值略微偏高。

就 $PM_{2.5}$ 观测月均浓度而言，除了开封、驻马店市 $PM_{2.5}$ 浓度最大值达到 150 μg/m^3 以上，其余城市 $PM_{2.5}$ 月均浓度均在 150 μg/m^3 以下。由于观测数据有限，也不能得出 $PM_{2.5}$ 浓度大致分布状况。重点分析郑州、洛阳和新乡三市 $PM_{2.5}$ 浓度随时间变化情况。

6.5.3 小结

（1）就河南省整体来讲，模式能够较好地反映各物种随观测值的变化趋势。对于 NO_2，模式能够体现 NO_2 浓度随季节变化出现冬季波峰夏季波谷的演变过程，且全年标准偏差较小，离散程度低，吻合程度较好。对于 SO_2，模式能够很好地再现其变化过程，但对于模拟值在冬季出现偏高，可能是由于冬季全省供暖，模式使用的排放源清单并未很好地考虑脱硫工艺的使用和推广，高估 SO_2 排放源。对于 PM_{10} 和 $PM_{2.5}$，模式也能较好地表征其演变过程，但在 10 月和 12 月、1 月，两物种浓度均出现不同程度的增加，前者可能是由于焚烧秸秆所导致，后者主要是因为冬季供暖，化石燃料增多导致。

（2）就河南省各个城市来讲，同河南整体一样，模式能够较好地体现观测浓度值以及其变化趋势。但在不同城市，不同季节，各个污染物浓度均有不同。总体来讲，西部和北部城市，污染物浓度高于东部和南部城市，这与排放源的分布基本一致。但值得注意的是，东部城市如商丘，由于其他原因（如外来输送），可能会使该城市浓度偏高。

（3）通过分析各污染物的统计参数，可以得到以下结论：

a. 对于 NO_2，除信阳和鹤壁两市之外，其余城市相关系数均在 0.50 之上，即模式数据能够较好地反映观测数据的变化趋势；对于 SO_2，郑州市 SO_2 模拟效果较好，相关系数为 0.64，有 68%的模拟值在观测值的 0.5～2 倍；开封、洛阳、濮阳和商丘等城市相关系数均在 0.50 以上，即模式能够较好地表征观测值的变化趋势；

b. 对于 PM_{10}，大部分城市模拟值与观测值相关性一般；安阳、濮阳、商丘、周口及鹤壁五个城市模拟偏差在可接受范围内，而其余城市则模拟较好，模拟偏差均在理想范围内；对于 $PM_{2.5}$，大部分城市模拟值与观测值相关性较好；其中安阳、新乡和商丘三市在 80%之上；周口市模拟偏差在可接受范围内，其余城市则模拟较好，模拟偏差均在理想范围内。

6.6 河南省大气污染物区域模拟及特征分析

河南位于中国中东部、黄河中下游，与安徽、山东、河北、山西、陕西、湖北等省相邻。地势西高东低，北部、西部、南部遍布山脉，且众多山脉沿省界呈半杯形分布，中东部为广阔的黄淮海平原，地势较低。河南省的气候有明显的过渡性特征，淮河以南属于北亚热带湿润半湿润气候区，温暖湿润；以北其他地区属于北温带半湿润气候区，特别是西部、北部的黄河、海河流域，干旱多沙，降水量少。春夏季盛行东南风，秋冬季盛行东北风。河南省产业结构存在地域性差异，受资源分布和产业布局的影响，全省以京广铁路为界，以西地区矿产资源开采加工为主的行业居多，主要以电力、水泥、电解铝、钢铁、焦作等排放废气的行业为主，排放污染物较多；而东部、南部以农业为主，工业企业以造纸、酿造、制革等以废水排放为主的行业居多，排放较少。正是由于上述地理、气候、产业结构等因素，当受东南风影响时，大气中污染物随风向西移动，遇山脉阻挡后，无法继续西移，便又转向东移，返回原地；当西北风盛行时，由于受到西部太行山脉的阻挡，污染物难以被清除，从而在原地不断积累，导致该地区大气环境质量恶化。

结合河南本省排放源来看，由于其特殊的地形特征、气象条件以及产业和能源结构，SO_2、NO_2、PM_{10}、$PM_{2.5}$、CO 以及 VOC 等主要污染物主要分布在西部和北部地区；而东部和南部地区农业较为发达，因此 NH_3 的含量要多于西北部。下面主要分析探讨 SO_2、NO_2、PM_{10} 和 $PM_{2.5}$ 等主要污染物的区域分布趋势。

6.6.1 NO_2 区域性特征

图 6-13 展示了模式模拟的河南省 NO_2 年均浓度水平分布。总体来看，河南省 NO_2 浓度呈三级阶梯状分布，即北部地区 NO_2 浓度最高，中东部地区次之，西部以及南部地区最低。北部地区，如郑州、焦作、濮阳、安阳中部、新乡西部、洛阳北部、平顶山中部以及许昌西部等地区，NO_2 年均浓度维持在较高水平，郑州市年均浓度达到 75 μg/m^3；开封、周口、漯河，以及许昌东部等城市和地区 NO_2 年均浓度较北部地区低，为 45～65 μg/m^3；西部及南部地区，如三门峡、南阳、驻马店、信阳以及洛阳南部等地区，为全省 NO_2 浓度低值区，三门峡西南部和南阳西北部年均浓度仅为 20 μg/m^3。值得注意的是，根据排放源的分布，NO_2 主要集中在西部和北部地区，东部和南部城市如商丘 NO_2 排放源较少，但结合图 6-13 和河南地区 15 城市 NO_2 月均浓度对比图可以发现，商丘市 NO_2 浓度并不低，可达 45～65 μg/m^3，初步分析可能与区域输送有关。

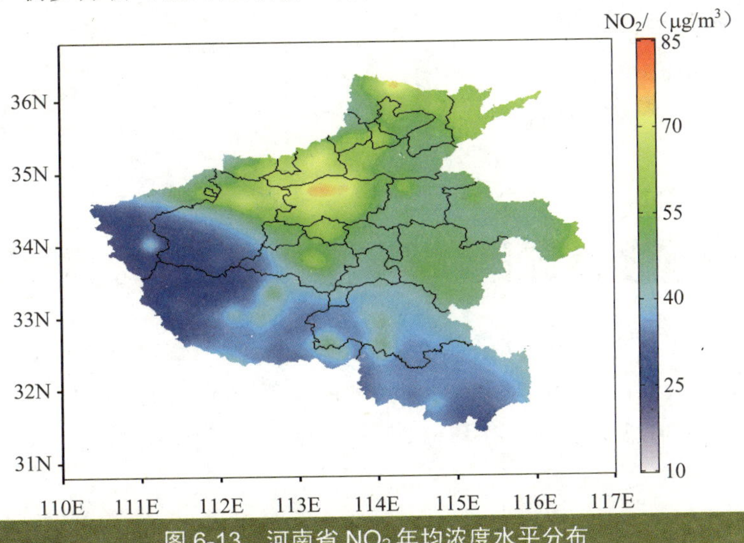

图 6-13 河南省 NO_2 年均浓度水平分布

图 6-14 给出了河南省 NO_2 模拟浓度的季节区域分布，从图中可以看出，春季河南省 NO_2 浓度北部高于其他地区，焦作、郑州两市大部分地区 NO_2 浓度均在 65 μg/m³ 以上，其他地区如安阳中东部、濮阳西部、新乡西部、洛阳北部，以及许昌西部 NO_2 浓度也维持在 55 μg/m³ 以上；除去平顶山中部，开封、商丘、周口等中东部城市 NO_2 浓度维持在 40～50 μg/m³；三门峡、南阳、驻马店、信阳及洛阳其余地区 NO_2 浓度较低，仅 25 μg/m³ 左右。

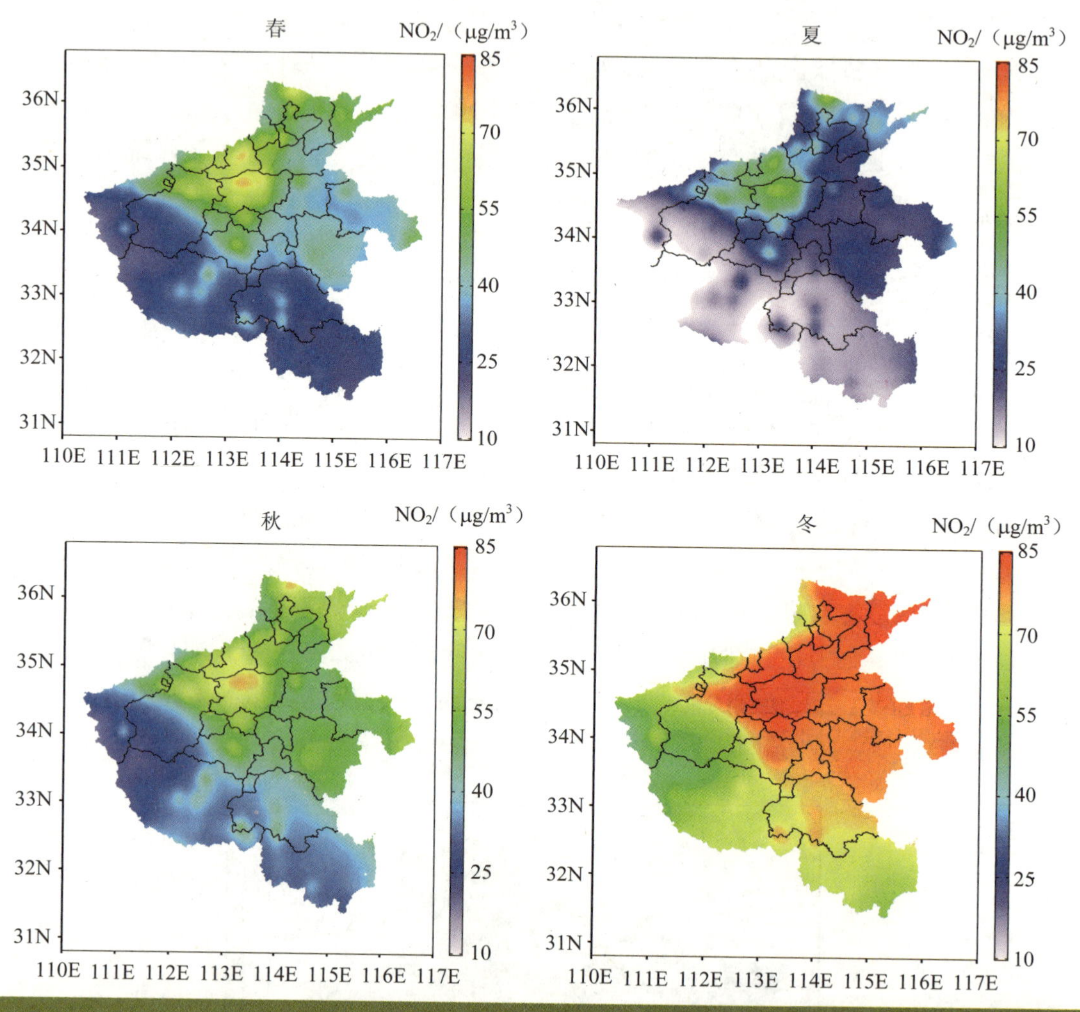

图 6-14 不同季节河南省 NO_2 浓度水平分布

河南省 NO_2 夏季分布与春季类似，但季节平均浓度全省普遍下降 15 μg/m³ 左右，西北部地区 NO_2 浓度最高，大部分城市 NO_2 浓度在 40 μg/m³ 以上；中东部开封、商丘、周口等地在 25 μg/m³ 左右，而三门峡、驻马店、南阳、信阳和洛阳中南部地区其浓度都在 10 μg/m³ 以下。

秋季除了三门峡南部、南阳西北部和洛阳市南部地区等 NO_2 浓度在 25 μg/m³ 以下，河南其余地区均在 35 μg/m^3 以上，其中郑州、焦作、安阳中北部、洛阳北部等地 NO_2 浓度达到了 65 μg/m^3 以上。

冬季 NO_2 浓度明显增加，全省只有三门峡南部、南阳西北部和洛阳市南端 NO_2 浓度在 50 μg/m^3 以下，其余地区达到 70 μg/m^3 以上，特别是郑州、焦作、濮阳、安阳中北部、洛阳北部等城市和地区 NO_2 浓度高达 85 μg/m^3 以上。

6.6.2　SO_2 区域性特征

图 6-15 展示了模式模拟的河南省 SO_2 年均浓度的水平分布。总体来看，河南省 SO_2 主要沿太行山脉堆积，大部分集中在濮阳、安阳、鹤壁、新乡、焦作、郑州、开封、济源、平顶山、许昌、漯河、洛阳北部和三门峡北部等城市和地区，污染地区呈现倒三角形，浓度在 50～80 μg/m^3，在郑州中西部、平顶山中部、洛阳西北部和安阳西北部 SO_2 浓度最大，达到 80 μg/m^3 以上。同时，在商丘东部、南阳南部和驻马店西南部 SO_2 浓度也出现高值区（60 μg/m^3），这与排放源的分布有较好的一致性。东部及南部地区，如信阳、周口、三门峡南部、南阳西部、驻马店东部以及洛阳南部等地区，为全省 SO_2 浓度低值区，三门峡西南部和南阳西北部以及信阳东部年均浓度仅为 35 μg/m^3。

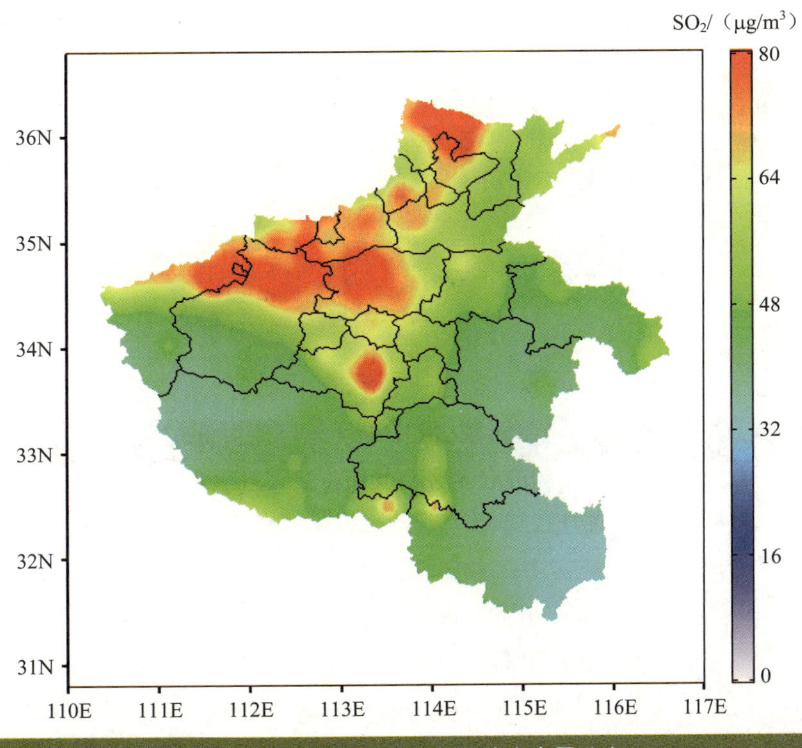

图 6-15　河南省 SO_2 年均浓度水平分布

图 6-16 展示了不同季节河南省模拟 SO_2 浓度的水平分布。从图中可以看到，春季河南北部以及中部部分城市 SO_2 浓度高于其他地区，均在 50 μg/m^3 以上，污染地区呈倒三角形

分布，特别是郑州中部、平顶山中部、洛阳西北部和安阳西北部污染物浓度达到 70 μg/m³以上。

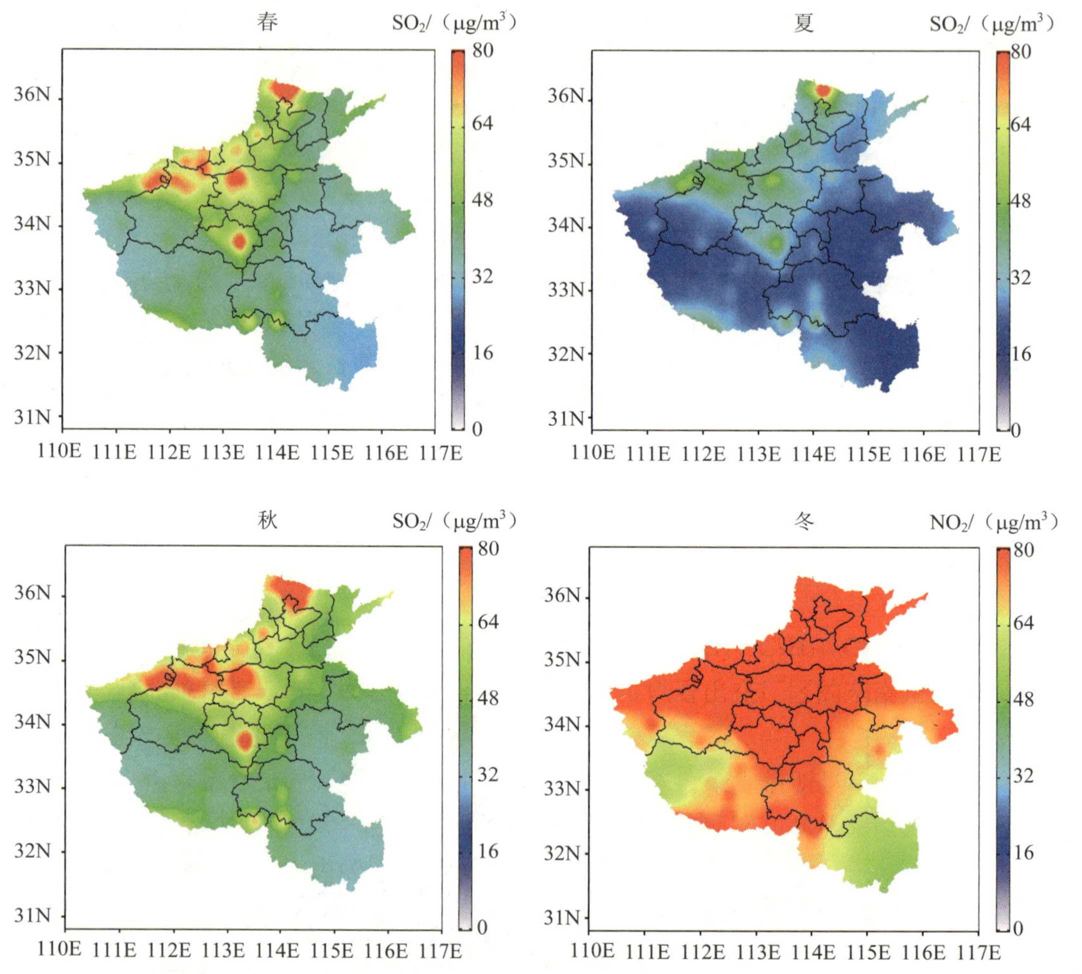

图 6-16 不同季节河南省 SO_2 浓度水平分布

夏季与秋季 SO_2 污染物分布与春季类似，但不同的是，夏季 SO_2 浓度全省普遍下降 20 μg/m³ 左右，为全年最低。安阳市中部 SO_2 浓度达到 70 μg/m³ 以上，其他地区 SO_2 浓度均在 45 μg/m³ 以下，其中商丘、开封、周口、驻马店、信阳、南阳、漯河、三门峡、洛阳南部、许昌东部等城市和地区浓度都在 30 μg/m³ 左右。

秋季 SO_2 浓度要比春季略高一些，污染物主要集中在安阳、鹤壁、新乡、郑州、许昌、平顶山、焦作、济源等城市以及洛阳、三门峡北部等地区，浓度均在 60 μg/m³ 以上，其中在安阳北部、郑州中西部、平顶山中部和洛阳北端 SO_2 浓度达到 80 μg/m³。

冬季 SO_2 浓度达到全年最高，从图中可以看到，只有信阳市中东部和南阳市西部地区 SO_2 浓度在 45～50 μg/m³，驻马店东部、周口东南部、洛阳和三门峡南部等地区 SO_2 浓度在 60～70 μg/m^3，全省其他地区浓度均在 80 μg/m^3 以上，SO_2 浓度在冬季大幅度增加可能是由供暖所导致的。

6.6.3 PM_{10} 区域性特征

图 6-17 展示了模式模拟的河南省 PM_{10} 年均浓度的水平分布。总体来看，河南省 PM_{10} 主要集中在郑州市及其周边区域，最高浓度达 200 μg/m^3，主要是由于郑州市本地污染物排放较多，且东南部为平原，地势开阔，西部有山脉，污染物汇集在此不易扩散。三门峡中南部、洛阳南部和南阳北部 PM_{10} 浓度为全省最低，最低值为 80 μg/m^3 左右。其余地区分布比较均匀，PM_{10} 浓度在 90～120 μg/m^3。与 NO_2 类似，在河南东部商丘市，PM_{10} 排放源较少，但结合图 6-17 和河南地区 15 城市 PM_{10} 月均浓度对比图可以发现，该市 PM_{10} 浓度并不低，在 100～115 μg/m^3，初步分析可能与区域输送有关。

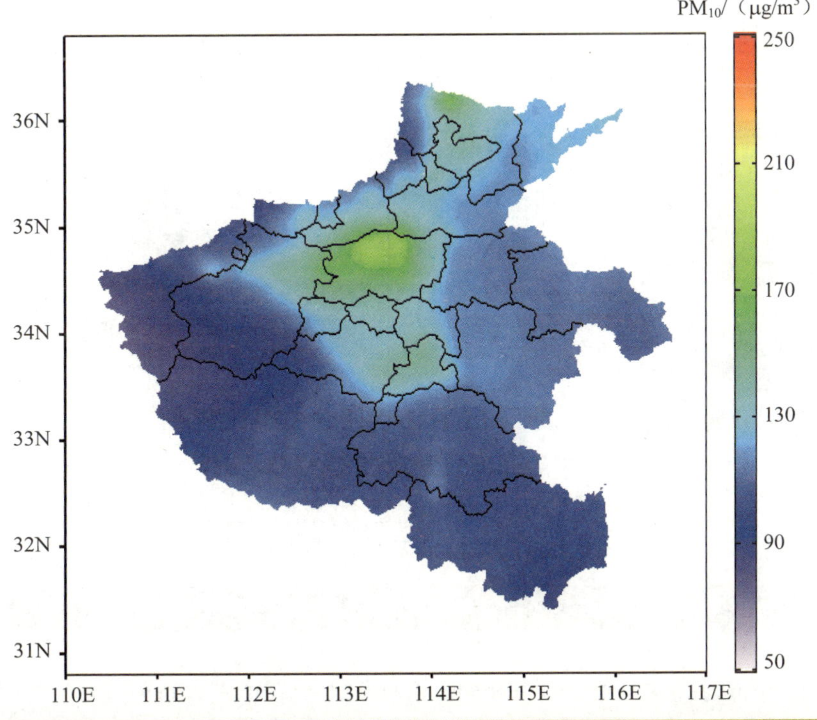

图 6-17 河南省 PM_{10} 年均浓度水平分布

图 6-18 给出了不同季节河南省模拟 PM_{10} 浓度的水平分布。春季，污染物主要集中在郑州市，该市 PM_{10} 浓度达到 170 μg/m^3，另外安阳市北部也存在高值，达 160 μg/m^3 左右。除三门峡中南部、洛阳南部和南阳北部 PM_{10} 浓度在 90 μg/m^3 左右，其余地区 PM_{10} 分布比较均匀，大概在 100～130 μg/m^3。

夏季，PM_{10} 浓度达到全年最低值。河南省北部及中部部分城市 PM_{10} 浓度较高，其中郑州市 PM_{10} 在 130 μg/m^3 左右，濮阳、安阳、鹤壁、新乡、焦作、济源、许昌等城市以及开封中西部、平顶山北部、洛阳北部、三门峡北部、漯河北部等地区浓度维持在 90 μg/m^3 左右，其他地区 PM_{10} 浓度均在 80 μg/m^3 以下。

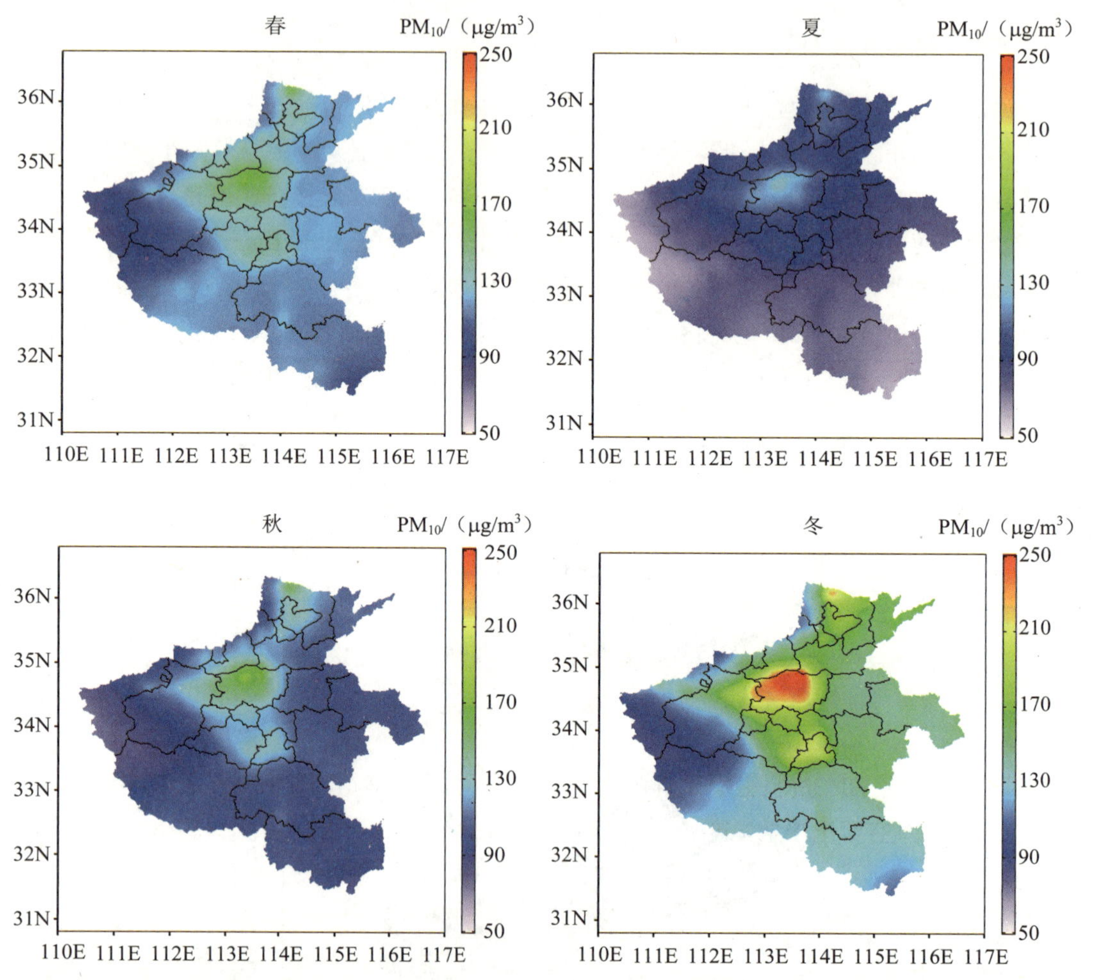

图 6-18　不同季节河南省 PM_{10} 浓度水平分布

秋季污染物分布与春季类似，郑州 PM_{10} 浓度仍为全省最高，可达 170 μg/m^3 以上，该市某些地方浓度达到 200 μg/m^3。污染物以郑州市为中心，向四周逐渐扩散。郑州周边地区如焦作、许昌、漯河、平顶山北部和洛阳北部 PM_{10} 浓度在 130～150 μg/m^3，安阳、鹤壁 PM_{10} 浓度也比较高，大概在 140 μg/m^3。河南省其他地区 PM_{10} 浓度均在 100 μg/m^3 以下。

冬季 PM_{10} 浓度整体增加，达到全年最大。由于冬季为采暖季，大气中污染物增多，再加上地形等条件不利于污染物清除，PM_{10} 主要还是集中在郑州市，浓度均在 250 μg/m^3 以上，其周边地区如许昌、漯河污染也比较严重，大概在 200 μg/m^3，安阳、鹤壁 PM_{10} 浓度也比较高，约 190 μg/m^3。除三门峡中南部、洛阳南部和南阳北端 PM_{10} 浓度比较低，在 100 μg/m^3 以下，其余地区 PM_{10} 分布比较均匀，大概在 130～160 μg/m^3。

6.6.4 $PM_{2.5}$区域性特征

图 6-19 展示了模式模拟的河南省 $PM_{2.5}$ 年均浓度的水平分布。从图中可以看出，河南省 $PM_{2.5}$ 主要分布在郑州及周边地区，如焦作、平顶山、许昌、漯河以及洛阳北部等，平均在 125 μg/m^3 以上，其中郑州市 $PM_{2.5}$ 高达 150 μg/m^3 以上。除此之外，在河南省最北部即安阳市，$PM_{2.5}$ 浓度也比较高，约为 150 μg/m^3。东部以及南部大部分城市分布较为均匀，$PM_{2.5}$ 浓度集中在 100～115 μg/m^3。三门峡南部、洛阳西南部、南阳西北部以及信阳市最南部 $PM_{2.5}$ 浓度最低，最小值在 80 μg/m^3 左右。这种区域分布特征，主要与地形及污染物排放分布有关。河南省东南部为广阔的黄淮海平原，地势平坦，而西北部则遍布山脉，来自安徽、山东、湖北等地的污染物输送到河南，向西遇到山脉阻挡，无法继续西移，污染物在此地区累积。且中西部城市工业较为发达，本地排放较大，污染物逐渐累积，形成了以中北部为中心，逐渐向东扩散的区域分布特征。

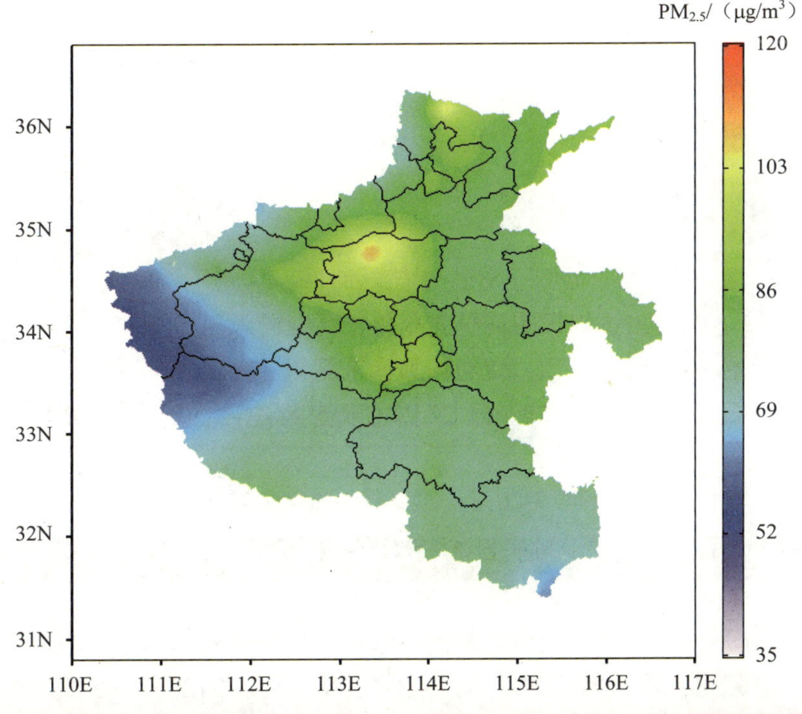

图 6-19 河南省 $PM_{2.5}$ 年均浓度水平分布

图 6-20 给出了不同季节河南省 $PM_{2.5}$ 浓度的水平分布。春季 $PM_{2.5}$ 主要集中在郑州市及其周边地区，可达 90 μg/m^3 以上，安阳市北部 $PM_{2.5}$ 浓度也略有偏高，约为 85 μg/m^3。三门峡、南阳西北部、洛阳西南部以及信阳等地区最南端 $PM_{2.5}$ 浓度较低，在 60 μg/m^3 以下，河南省其他地区 $PM_{2.5}$ 分布较为均匀，基本维持在 70～90 μg/m^3。

夏季 $PM_{2.5}$ 浓度达到全年最低值。全季度最高值出现在郑州以及安阳两市，浓度为

85 μg/m³，河南北部其他城市 $PM_{2.5}$ 均在 70 μg/m³ 左右。全季度最低值出现在三门峡市南部、信阳市东南部以及南阳市西北部，浓度在 50 μg/m³ 以下。

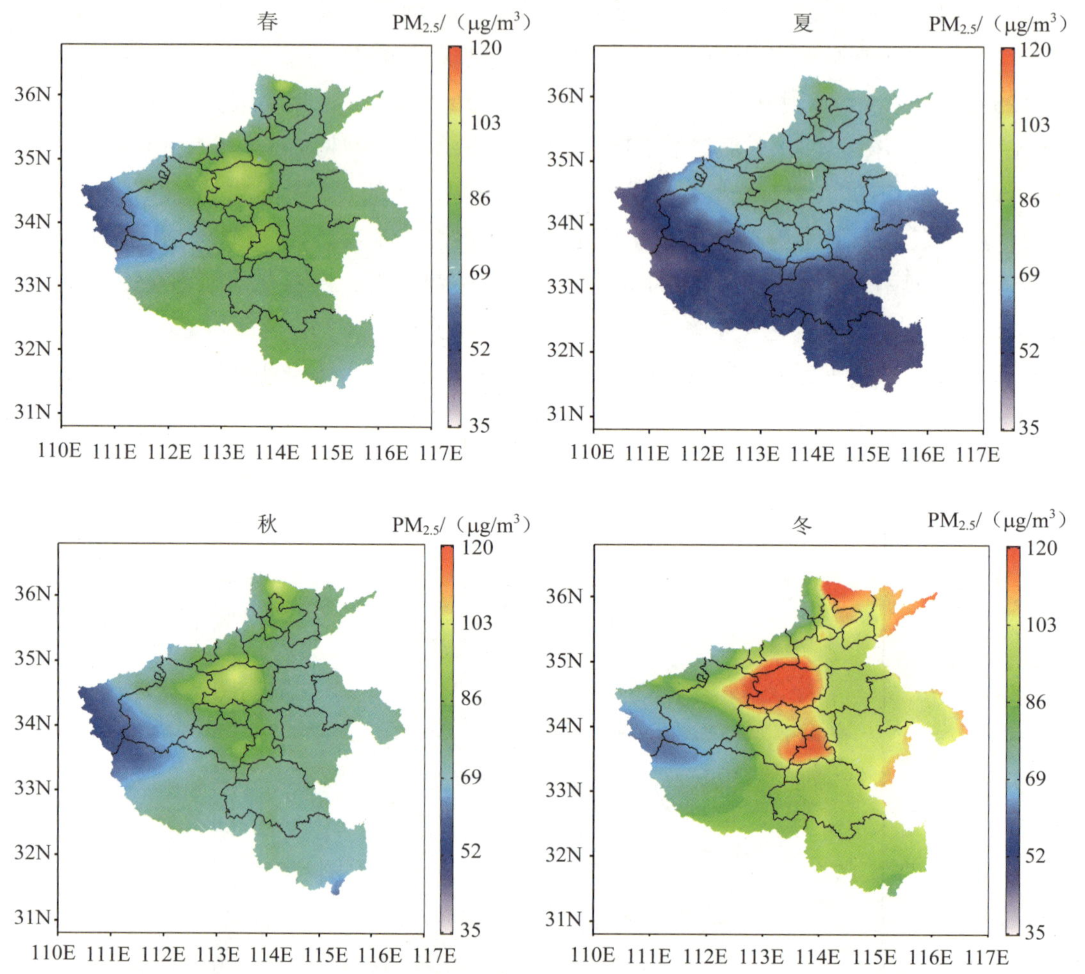

图 6-20 不同季节河南省 $PM_{2.5}$ 浓度水平分布

秋季 $PM_{2.5}$ 浓度分布与春季类似，最高值依旧出现在郑州市和安阳市北部地区，浓度高达 105 μg/m³，郑州市周边地区 $PM_{2.5}$ 浓度也维持在 85～90 μg/m³；最低值出现在三门峡市南部、洛阳市西南部以及南阳市西北部，该地区最高浓度为 55 μg/m³。河南省其余地区 $PM_{2.5}$ 浓度分布均匀，在 105 μg/m³ 左右。

冬季相较其他季节来讲，$PM_{2.5}$ 浓度达到全年最大。冬季是采暖季，大气污染物排放增多，导致一次排放和二次生成的 $PM_{2.5}$ 浓度增加，河南省北部、中部和东部地区污染比较严重。其中濮阳、安阳、鹤壁、郑州、许昌、漯河以及洛阳东北部、焦作南部、平顶山东部 $PM_{2.5}$ 浓度最高，达到 150 μg/m³ 以上，而新乡、开封、商丘、周口等城市 $PM_{2.5}$ 浓度也相对较高，维持在 130～150 μg/m³。三门峡中南部、洛阳南部和南阳西北部的 $PM_{2.5}$ 为全省最低，在 100 μg/m^3 以下。河南省其他地区，如信阳、驻马店等地 $PM_{2.5}$ 分布较为均匀，在 120～130 μg/m^3。

6.6.5 小结

（1）通过分析河南省主要空气污染物年均浓度水平分布，得出以下结论。

河南省 NO_2 浓度呈三级阶梯状分布，即北部地区 NO_2 浓度最高，中东部地区次之，西部以及南部地区最低。需注意的是，河南省东部城市商丘市 NO_2 浓度较高，与排放清单对比发现可能与区域输送等有关。

河南省 SO_2 主要沿太行山脉堆积，大部分集中在濮阳、安阳、鹤壁、新乡、焦作、郑州、开封、济源、平顶山、许昌、漯河、洛阳北部和三门峡北部等城市和地区，污染地区呈现倒三角形，与排放源的分布有较好的一致性。

河南省 PM_{10} 主要集中在郑州市及其周边区域，主要是由于郑州本地排放污染较多，且东南部为平原，地势开阔，西部有山脉，污染物汇集在此不易扩散。三门峡中南部、洛阳南部和南阳北部 PM_{10} 浓度为全省最低 80 μg/m^3。其余地区分布比较均匀。与 NO_2 类似，在河南东部商丘市，PM_{10} 排放源较少，但该市 PM_{10} 浓度并不低，初步分析可能与区域输送有关。

河南省 $PM_{2.5}$ 主要分布在郑州及周边地区。北部安阳市，$PM_{2.5}$ 浓度也比较高。东部以及南部大部分城市，分布较为均匀。三门峡南部、洛阳西南部、南阳西北部以及信阳市最南部 $PM_{2.5}$ 浓度最低。

（2）通过分析各污染物不同季节浓度水平分布，得出以下结论。

各污染物呈现出类似的季节变化特征，即冬季浓度最高，其次是秋季、春季，夏季浓度最低。与年均浓度水平分布类似，NO_2 浓度呈三级阶梯状分布，即北部最高，中东部次之，西部以及南部最低；SO_2 主要沿太行山脉堆积，大部分中西部和北部地区，污染地区呈现倒三角形，与排放源的分布有较好的一致性；颗粒物 PM_{10} 和 $PM_{2.5}$ 主要集中在郑州及其周边地区，并逐渐向四周扩散，且 $PM_{2.5}$ 扩散更为均匀。

6.7 河南省大气颗粒物主要影响因素的模拟

随着经济发展和产业结构的逐步转变，影响大气环境的主要污染物从传统的一次污染物逐渐向二次污染物转变。二次污染物生命周期长，迁移的范围也更广，因此区域间污染物输送对大气环境的影响也愈加显著。我国大气污染越来越呈现出复合型、区域型的特征。对于城市和区域来说，想要有效地改善大气环境，不但需要控制本地的污染，也需要弄清楚其他地区的影响，并采取相应的联防联控措施。

NAQPMS 模式耦合了在线源识别与追踪模块，通过对源排放和化学生成的标记追踪污染物的生消演变，可定量计算不同地区、行业排放对目标地区污染物的浓度贡献。与传统敏感性试验方法相比，该方法能保证模拟过程中污染物的生成效率保持不变，从而减小了非线性过程误差，同时不需要对模拟过程进行多次设定，可节约大量计算时间。模式定量计算了河南省不同地区相互贡献，为河南大气污染防治规划提供参考。

6.7.1 污染物的区域输送

如图 6-21 所示，NO_2 和 SO_2 主要来源于河南省排放，其省内贡献率分别为 86%和 74%，而省外输送贡献仅为 14%和 26%。NO_2 和 SO_2 是一次污染物，其生命周期短，排放到大气中后易发生化学反应转化为二次污染物，因此以本地排放为主，外地输送并不是很显著。颗粒物（包括一次排放和二次生成）主要来源于本省贡献，但 $PM_{2.5}$ 和 PM_{10} 的区域输送贡献率分别达 37%和 31%，说明在颗粒物长距离输送过程中，化学反应在其形成过程中发挥了重要作用。

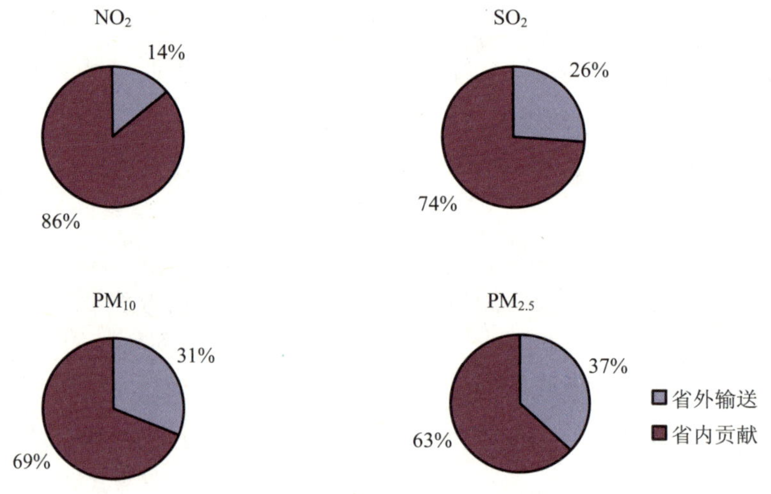

图 6-21 河南省各污染物省内与省外贡献比例

NO_2 是一次污染物，极易发生化学反应，生命周期短，跨区域传输量较小。从图 6-22 中可以看出，河南省大多数城市 NO_2 主要来自省内排放，郑州、开封、洛阳、平顶山、焦作、南阳、许昌、漯河以及驻马店等城市 NO_2 的省内贡献率已超过 90%，其中郑州和平顶山省内排放贡献率高达 97%；三门峡、信阳、周口、新乡、濮阳、鹤壁和济源等城市省内排放贡献率在 74%～89%；安阳和商丘等两个城市与河北、山东、江苏、安徽等省相邻，易受到外省排放的影响。其中安阳市省外排放贡献率为 33%；商丘市 NO_2 省外输送贡献率最大（47%），这也很好地解释该地区 NO_2 排放较少，但观测和模拟浓度较高的现象。

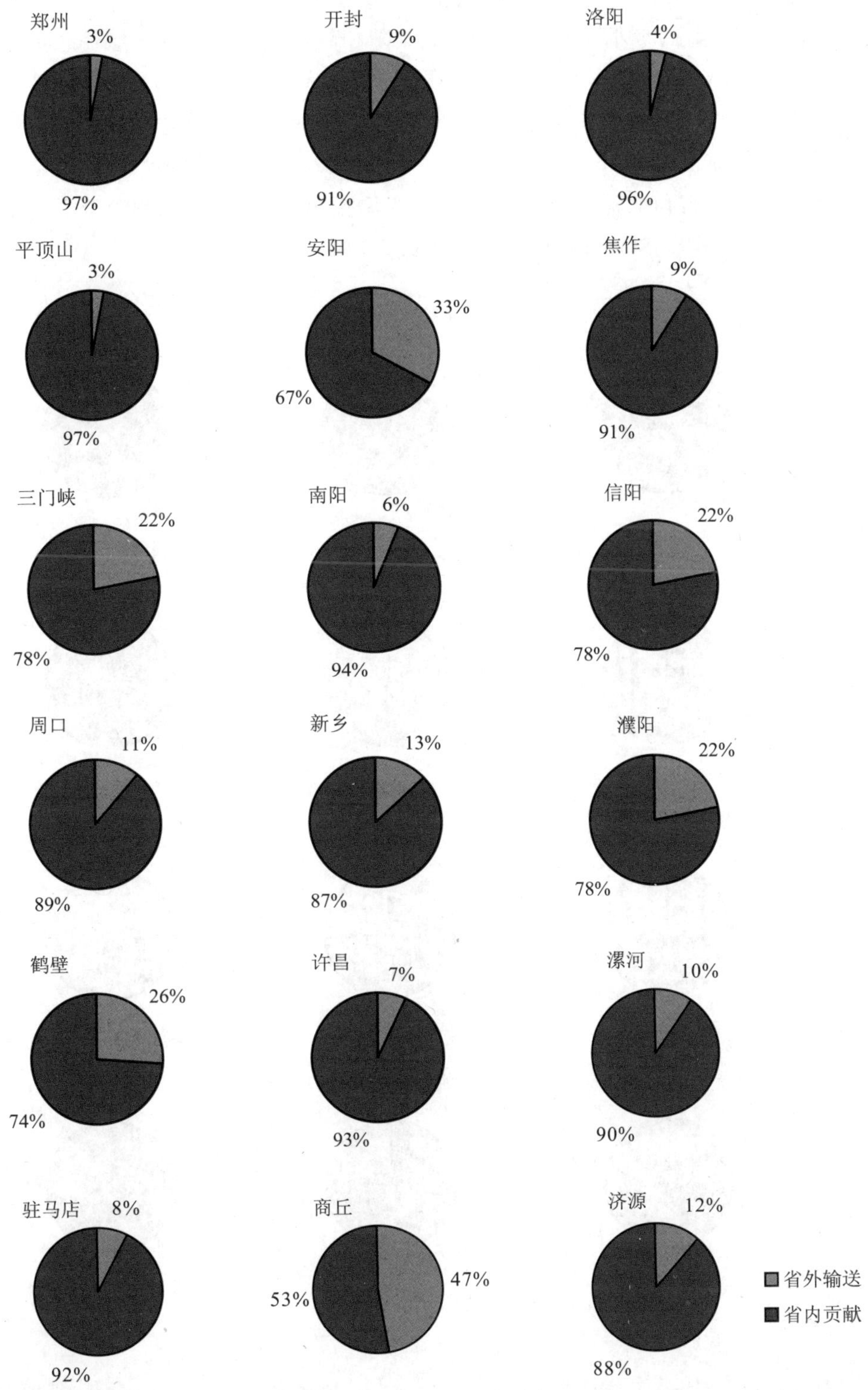

图 6-22 河南省各城市 NO_2 省内与省外贡献比例

如图 6-23 所示，安阳、信阳、周口、濮阳和商丘等城市 SO_2 区域输送贡献率所占比例最大，可达 42%～68%，其中商丘市省外输送贡献率最高（68%）。这些地区都处于河南省与其他省交界处，极易受到河北、山东、江苏、湖北和安徽等省排放的 SO_2 影响。省内排放贡献较大的城市有郑州、开封、洛阳、平顶山、焦作、三门峡、南阳、新乡、鹤壁、许昌、漯河、驻马店和济源等城市，省内贡献率在 66%～88%，郑州市位于河南省中部，人口密集，工业发达，SO_2 省内排放贡献率最大，高达 88%。

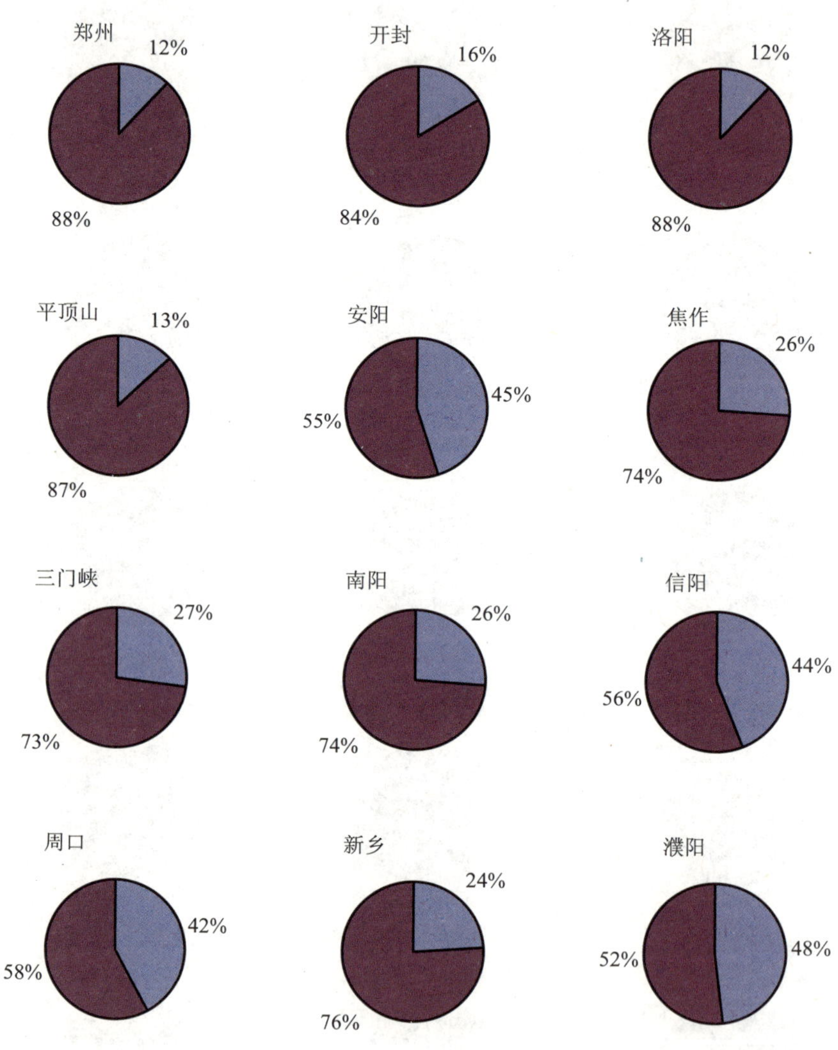

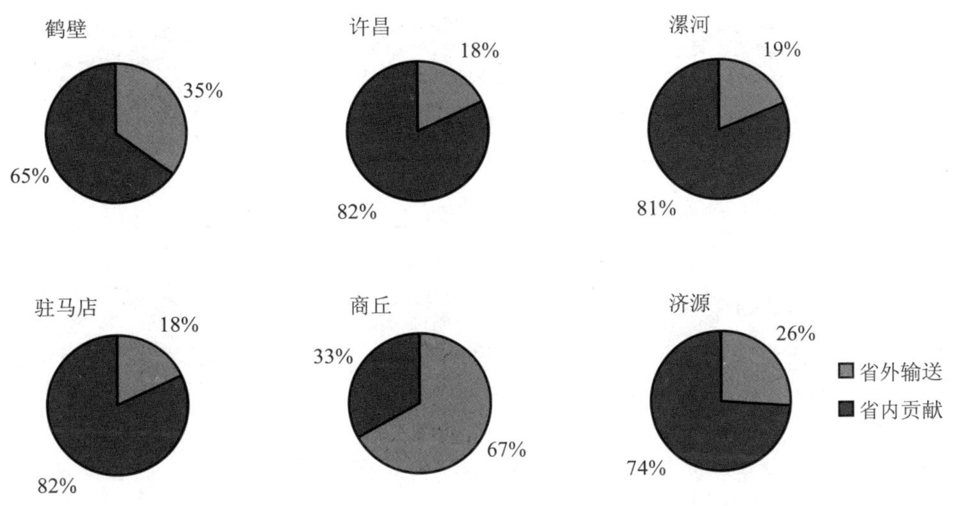

图 6-23 河南省各城市 SO_2 省内与省外贡献比例

河南省大多数城市的 PM_{10} 主要来自于省内贡献（图 6-24），但商丘、安阳、濮阳和信阳市省外输送贡献率可达 43%～61%，其中商丘贡献率最高（61%），其次是濮阳（50%）。颗粒物主要由一次排放和二次化学反应转换生成，在大气中的停留时间较长，可达数小时至数天，在大气中能跨区域长距离输送。上述四个城市位于河南省与河北、山东、江苏等省交界处，这些省份污染物排放量位于全国前列，颗粒物浓度较高，跨省输送量较大。其他城市如郑州、开封、洛阳、平顶山、济源等城市 PM_{10} 主要来自于省内贡献，其中郑州、洛阳两市贡献率均达到 80%以上最大；河南省其余城市省内贡献的 PM_{10} 基本维持在 67%～77%。

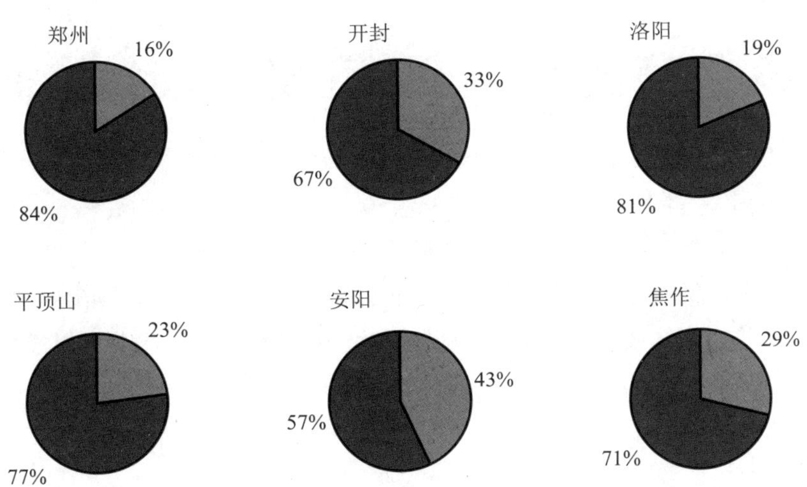

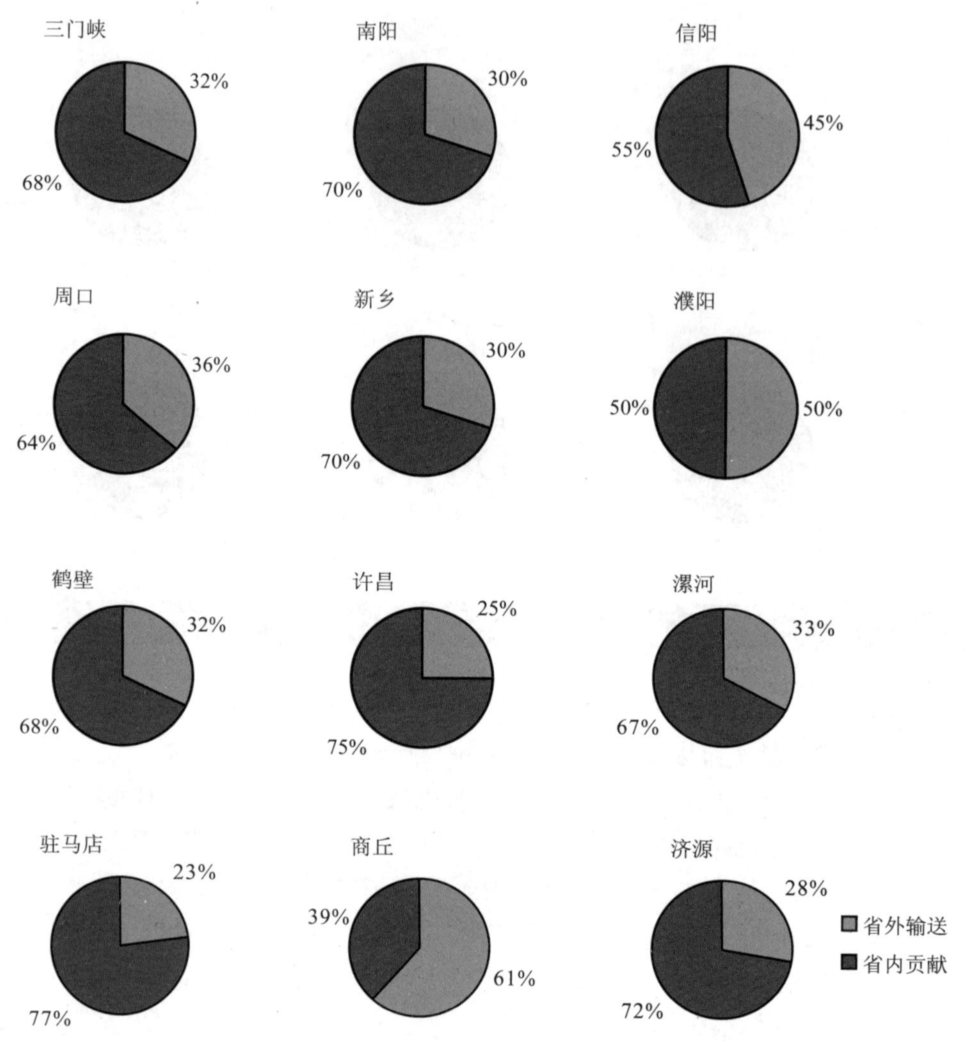

图 6-24 河南省各城市 PM_{10} 省内与省外贡献比例

如图 6-25 所示，相比 NO_2、SO_2 和 PM_{10}，区域输送对 $PM_{2.5}$ 贡献率显著增加。例如，安阳、信阳、周口、濮阳、商丘等城市省外输送对 $PM_{2.5}$ 贡献率在 40%～65%，省外输送贡献率最大的是商丘市（65%），其次是濮阳（55%）；开封、焦作、三门峡、南阳、新乡、鹤壁、许昌、漯河、驻马店和济源等城市，省外输送贡献率在 30%～40%；郑州、洛阳、平顶山等城市还是以本省贡献为主，省内贡献率均在 70%之上，其中郑州最高，河南省内贡献达 77%。

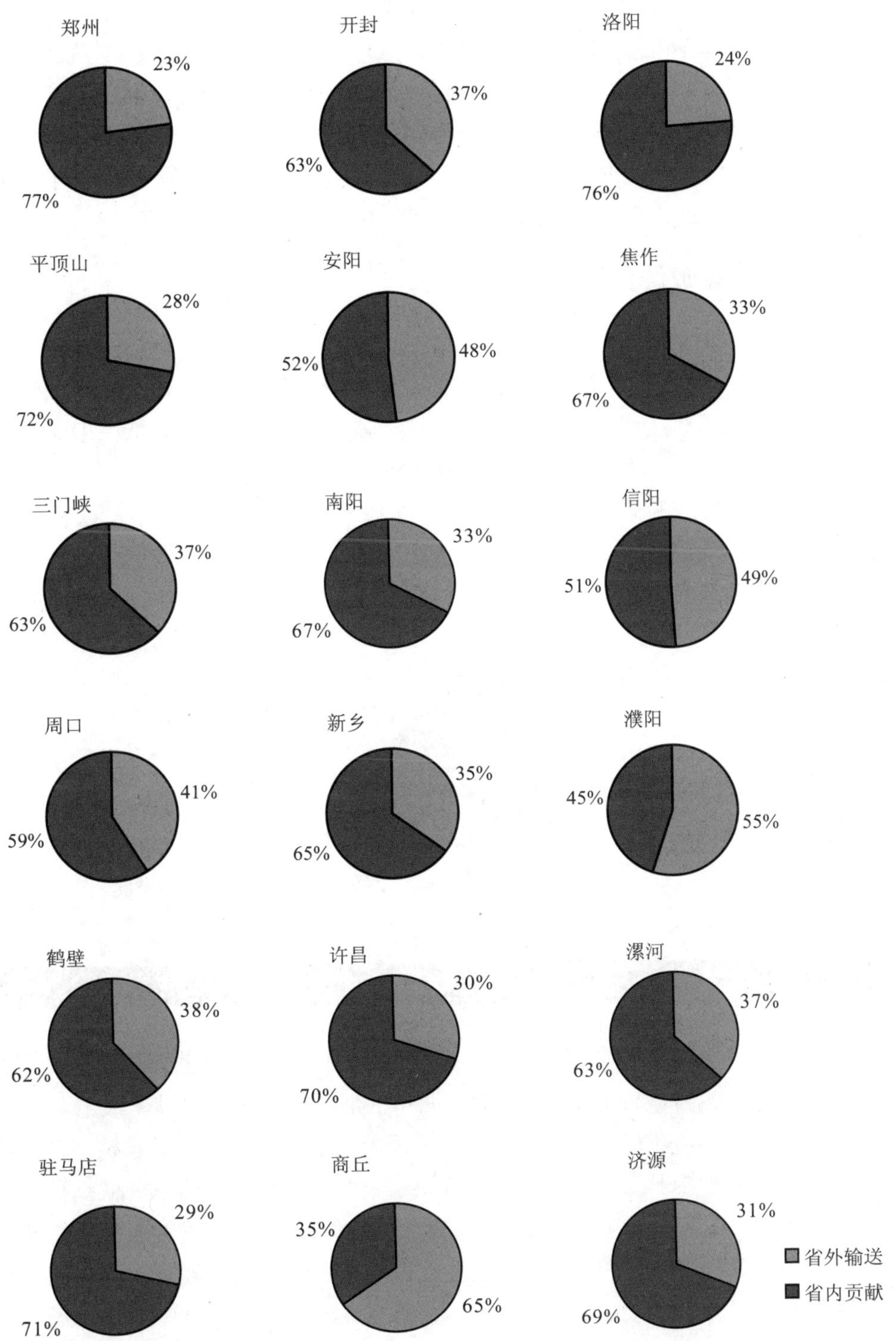

图 6-25　河南省各城市 $PM_{2.5}$ 省内与省外贡献比例

郑州地处河南省中部，人口密集，工业发达，机动车数量多。综合上述可以看出，郑州市大气主要污染物主要来自于省内排放。NO_2省内贡献率高达97%，省外输送贡献率仅为3%；SO_2的省内贡献率为88%，高于省外输送贡献率（12%）；PM_{10}也主要来自于省内排放及生成（84%），而来自其他省区域输送贡献率为16%。$PM_{2.5}$省内贡献率相对其他物种较低，但也达到77%，$PM_{2.5}$粒径较小，在大气中的停留时间较PM_{10}更长，外省排放和生成的$PM_{2.5}$能经过长距离输送到位于河南省中部的郑州市。

6.7.2 各行业排放源贡献分析

6.7.2.1 整体分析

图6-26给出了河南省主要行业对$PM_{2.5}$贡献比例，其中居民包括民用锅炉、居民活动、餐饮等行业排放的一次颗粒物以及前体物（NO_x、SO_2和VOC等）经过二次转化生成的颗粒物，扬尘主要包括由施工等引起的建筑扬尘以及道路扬尘。从图中可以看到，对于$PM_{2.5}$来讲，居民生活消耗的化石燃料贡献为23%，位居各行业之首；其次是机动车贡献（22%），再次是工业排放（21%）和扬尘（17%）；电厂贡献率最小，为8%；农业畜牧业对$PM_{2.5}$的贡献略高于电厂，为9%。

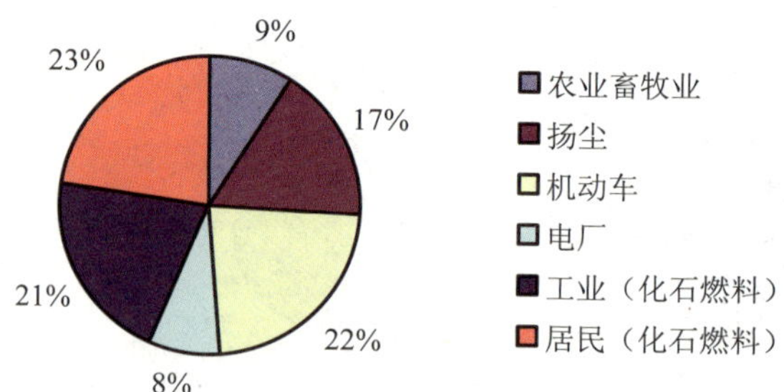

图6-26 河南省主要行业对$PM_{2.5}$贡献比例

如图6-27所示，大部分城市$PM_{2.5}$主要来自居民化石燃料燃烧与机动车，贡献率分别在19%～25%和21%～25%。郑州与商丘两市的居民化石燃料贡献率最大，为25%，而济源市最小，为19%。郑州、开封、洛阳、平顶山、信阳、周口、新濮鹤、许漯驻以及商丘等地机动车贡献率大于工业排放贡献率高1%～8%；南阳市机动车贡献率和工业贡献率相当，均为23%；而其余城市，如安阳、焦作、三门峡、济源等以工业为主的城市工业贡献率仅次于居民源，在26%～22%，这些地区机动车贡献占23%左右。除居民、机动车和工业排放外，扬尘对$PM_{2.5}$的贡献也较大，基本在14%～20%，其中郑州市扬尘贡献率高达20%；农业畜牧业与电厂对$PM_{2.5}$的贡献所占比例差不多，分别在8%～10%和6%～9%，农业和畜牧业贡献率稍高。

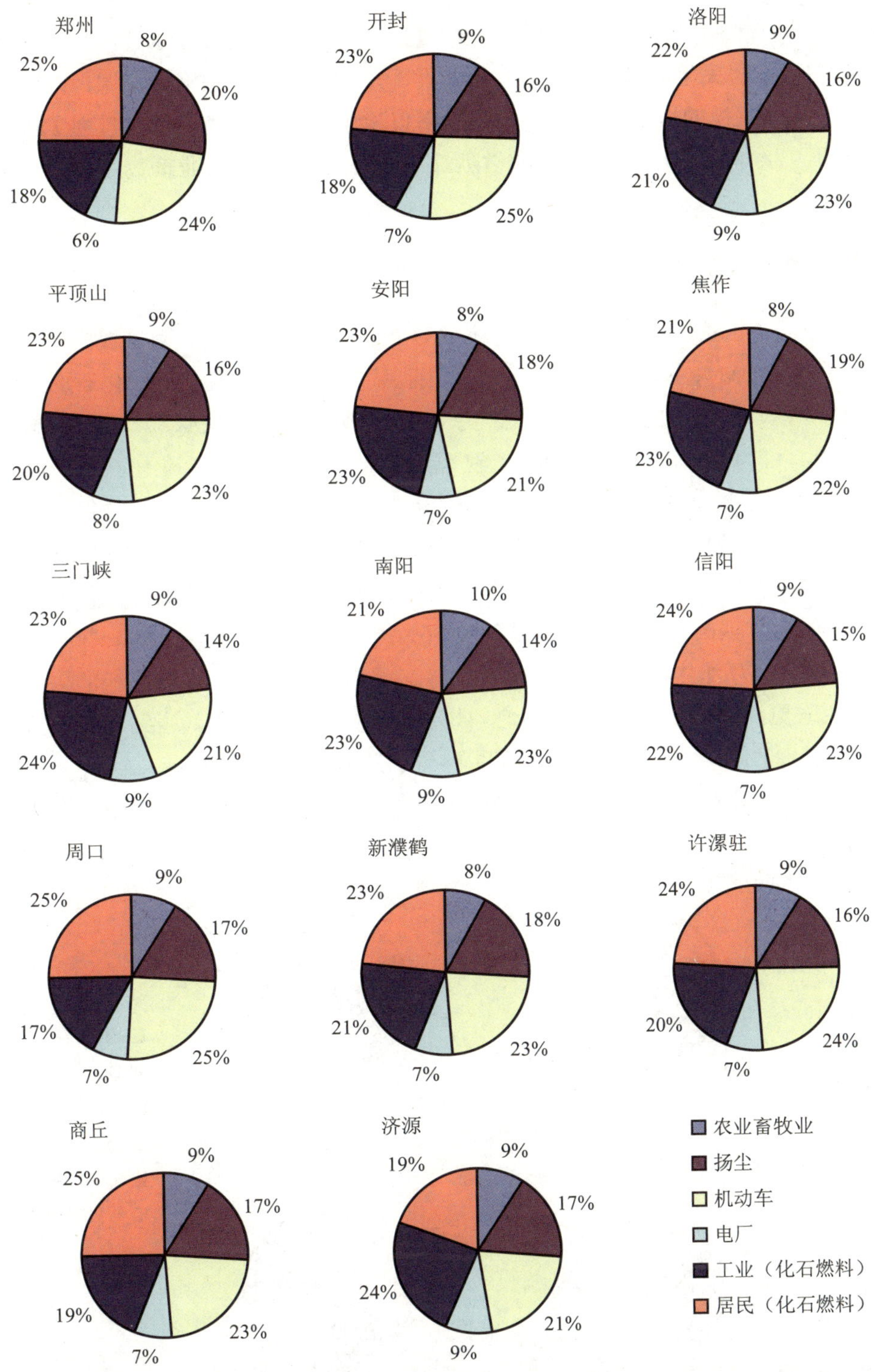

图 6-27　河南省各个城市主要行业对 $PM_{2.5}$ 贡献比例

郑州市人口众多，工业发达，机动车数量较多，城市建设较为迅速，年均 $PM_{2.5}$ 浓度 100 μg/m³ 左右。居民生活源对 $PM_{2.5}$ 贡献最大，为 25%；其次是机动车源，占到 24%；由于郑州市进行大规模的城市建设，扬尘贡献率仅次于机动车，为 20%；工业对 $PM_{2.5}$ 的贡献位居第四，为 18%；电厂对 $PM_{2.5}$ 的贡献最小，仅为 6%，而农业畜牧业贡献率略高于电厂，占到 8%。

6.7.2.2 分季节分析

从图 6-28 中可以看出，不同季节各主要行业对 $PM_{2.5}$ 的贡献比例呈现出较大的变化。春季，河南省的 $PM_{2.5}$ 主要来自于机动车，贡献率为 28%；其次是工业化石燃料燃烧，为 24%；居民生活贡献的 $PM_{2.5}$ 位居第三，为 17%；扬尘产生的 $PM_{2.5}$ 为 13%；电厂与农业畜牧业对 $PM_{2.5}$ 的贡献相同，均为 9%。夏季，$PM_{2.5}$ 主要来自于工业化石燃料燃烧，贡献率为 25%；其次是机动车（24%）、居民生活源（17%）和扬尘（15%）贡献；由于农业生产等活动，农业畜牧业对 $PM_{2.5}$ 的贡献略有增加，为 11%；电厂的为全行业最小，为 8%。秋季，河南省的 $PM_{2.5}$ 主要来自于机动车，贡献率为 26%；其次是工业化石燃料燃烧，为 24%；居民生活贡献的 $PM_{2.5}$ 位居第三，为 16%；扬尘产生的 $PM_{2.5}$ 为 15%；农业畜牧业对 $PM_{2.5}$ 的贡献略高于电厂，分别为 10%和 9%。冬季是采暖季，化石燃料的大量燃烧，排放且转化生成更多的 $PM_{2.5}$，居民化石燃料燃烧对 $PM_{2.5}$ 贡献最大，达到 32%；其次是扬尘的贡献率，为 23%；第三主要来源是机动车，为 17%；工业对 $PM_{2.5}$ 贡献为 16%；农业畜牧业对 $PM_{2.5}$ 贡献略高于电厂，分别为 7%和 5%。

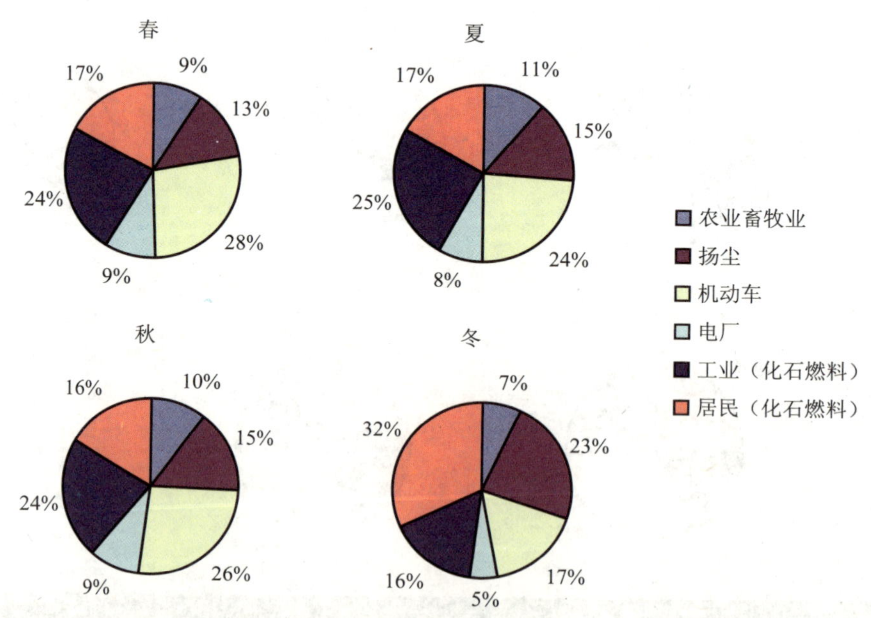

图 6-28　不同季节河南省主要行业对 $PM_{2.5}$ 贡献比例

（1）郑州

图 6-29 展示了不同季节郑州市各主要行业对 $PM_{2.5}$ 贡献比例。春季，郑州市的 $PM_{2.5}$ 主要来自于机动车，贡献率为 27%；其次是工业化石燃料燃烧，为 22%；居民生活贡献的 $PM_{2.5}$ 位居第三，为 17%；扬尘产生的 $PM_{2.5}$ 为 16%；电厂与农业畜牧业对 $PM_{2.5}$ 的贡献相同，均为 9%。夏季，$PM_{2.5}$ 主要来自于机动车，贡献率为 26%；其次是工业化石燃料燃烧，为 22%；再次是居民生活贡献的 $PM_{2.5}$，为 17%；扬尘产生的 $PM_{2.5}$ 为 16%；由于夏季农业生产等活动，农业畜牧业对 $PM_{2.5}$ 的贡献略有增加，为 11%；电厂贡献的 $PM_{2.5}$ 为全行业最小，为 8%。秋季，机动车仍是 $PM_{2.5}$ 主要来源，贡献率为 27%；工业化石燃料燃烧和扬尘对 $PM_{2.5}$ 贡献相同，均为 19%；居民生活贡献产生的 $PM_{2.5}$ 为 18%；农业畜牧业对 $PM_{2.5}$ 贡献略高于电厂，分别为 9%和 8%。冬季是采暖季，化石燃料的大量燃烧，排放且转化生成更多的 $PM_{2.5}$，这使得居民化石燃料燃烧产生的 $PM_{2.5}$ 大大增加，达到 35%；其次是扬尘的贡献率，为 26%；第三主要来源是机动车，为 17%；工业对 $PM_{2.5}$ 贡献为 13%；农业畜牧业对 $PM_{2.5}$ 贡献略高于电厂，分别为 5%和 4%。

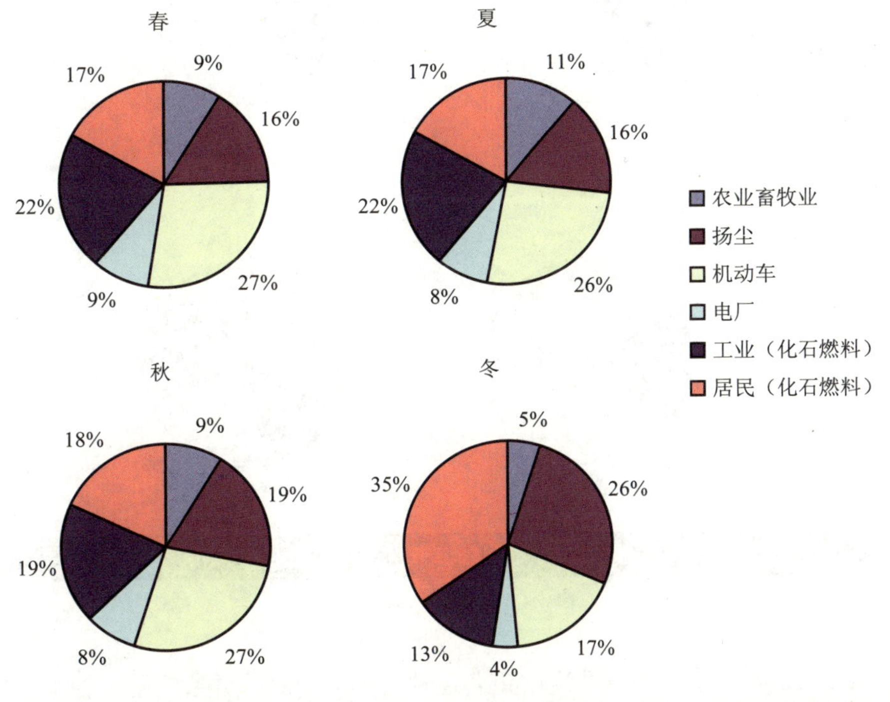

图 6-29　不同季节郑州市主要行业对 $PM_{2.5}$ 贡献比例

（2）开封

图 6-30 展示了不同季节开封市各主要行业对 $PM_{2.5}$ 贡献比例。春季，开封市的 $PM_{2.5}$ 主要来自于机动车，贡献率为 30%；其次是工业化石燃料燃烧，为 22%；居民生活贡献的 $PM_{2.5}$ 位居第三，为 17%；扬尘产生的 $PM_{2.5}$ 为 12%；农业畜牧业对 $PM_{2.5}$ 贡献略高于电厂，

分别为10%和9%。夏季，$PM_{2.5}$主要来自于机动车，贡献率为26%；其次是工业化石燃料燃烧，为23%；再次是居民生活贡献的$PM_{2.5}$，为16%；扬尘产生的$PM_{2.5}$为14%；由于夏季农业生产等活动，农业畜牧业对$PM_{2.5}$的贡献略有增加，为12%；电厂贡献的$PM_{2.5}$为全行业最小，为9%。秋季，与夏季类似，机动车仍是$PM_{2.5}$主要来源，贡献率为29%；其次是工业化石燃料燃烧，为19%；再次是居民生活贡献的$PM_{2.5}$，为17%；扬尘产生的$PM_{2.5}$为15%；农业畜牧业对$PM_{2.5}$贡献略高于电厂，分别为11%和9%。冬季是采暖季，化石燃料的大量燃烧，排放且转化生成更多的$PM_{2.5}$，这使得居民化石燃料燃烧产生的$PM_{2.5}$大大增加，达到33%；其次是扬尘的贡献率，为24%；第三主要来源是机动车，为17%；工业对$PM_{2.5}$贡献为14%；农业畜牧业对$PM_{2.5}$贡献略高于电厂，分别为7%和5%。

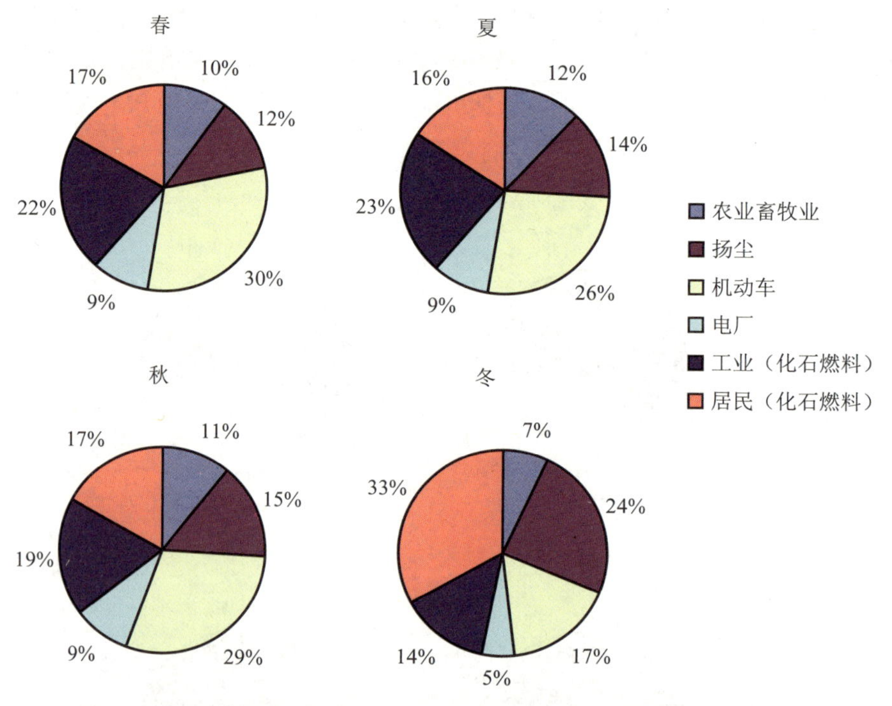

图6-30　不同季节开封市主要行业对$PM_{2.5}$贡献比例

（3）洛阳

图6-31展示了不同季节洛阳市各主要行业对$PM_{2.5}$贡献比例。春季，洛阳市的$PM_{2.5}$主要来自于机动车，贡献率为27%；其次是工业化石燃料燃烧，为24%；居民生活贡献的$PM_{2.5}$位居第三，为18%；扬尘产生的$PM_{2.5}$为12%；电厂对$PM_{2.5}$贡献略高于农业畜牧业，分别为11%和8%。夏季，$PM_{2.5}$主要来自于工业化石燃料燃烧，贡献率为25%；其次是机动车，为24%；再次是居民生活贡献的$PM_{2.5}$，为16%；扬尘产生的$PM_{2.5}$为14%；由于夏季农业生产等活动，农业畜牧业对$PM_{2.5}$的贡献略有增加，为11%；电厂贡献的$PM_{2.5}$为全行业最小，为10%。秋季，机动车仍是$PM_{2.5}$主要来源，贡献率为26%；其次是工业

化石燃料燃烧，为 22%；再次是居民生活贡献的 $PM_{2.5}$，为 16%；扬尘产生的 $PM_{2.5}$ 为 15%；农业畜牧业对 $PM_{2.5}$ 贡献略高于电厂，分别为 11%和 10%。冬季是采暖季，化石燃料的大量燃烧，排放且转化生成更多的 $PM_{2.5}$，这使得居民化石燃料燃烧产生的 $PM_{2.5}$ 大大增加，达到 31%；其次是扬尘的贡献率，为 22%；第三主要来源是机动车，为 18%；工业对 $PM_{2.5}$ 贡献为 16%；农业畜牧业对 $PM_{2.5}$ 贡献略高于电厂，分别为 7%和 6%。

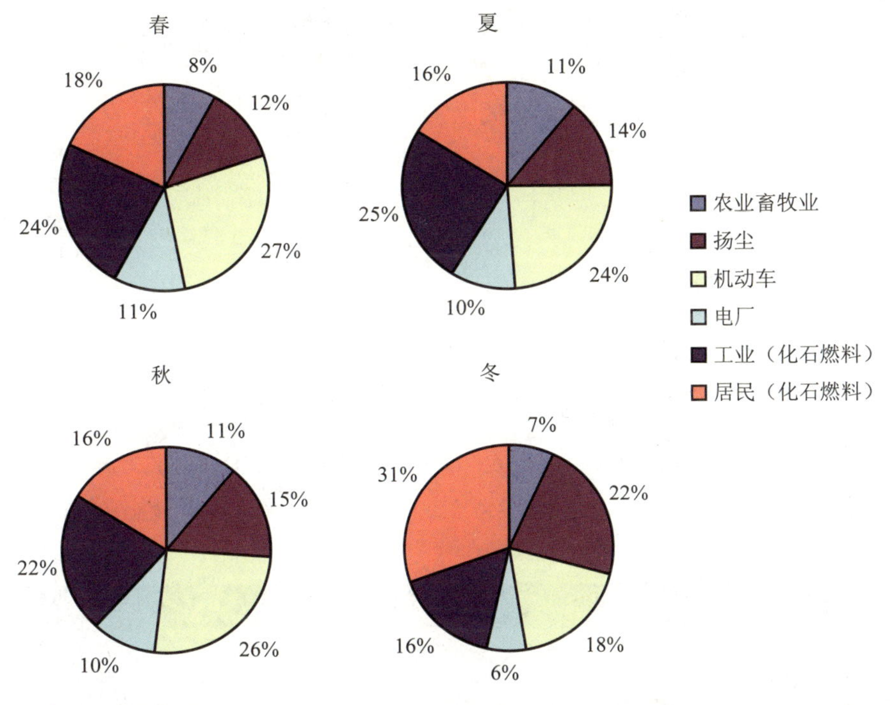

图 6-31　不同季节洛阳主要行业对 $PM_{2.5}$ 贡献比例

（4）平顶山

图 6-32 展示了不同季节平顶山市各主要行业对 $PM_{2.5}$ 贡献比例。春季，平顶山市的 $PM_{2.5}$ 主要来自于机动车，贡献率为 26%；其次是工业化石燃料燃烧，为 24%；居民生活贡献的 $PM_{2.5}$ 位居第三，为 18%；扬尘产生的 $PM_{2.5}$ 为 13%；电厂对 $PM_{2.5}$ 贡献略高于农业畜牧业，分别为 10%和 9%。夏季，$PM_{2.5}$ 主要来自于工业化石燃料燃烧，贡献率为 26%；其次是机动车，为 23%；再次是居民生活贡献的 $PM_{2.5}$，为 17%；扬尘产生的 $PM_{2.5}$ 为 14%；由于夏季农业生产等活动，农业畜牧业对 $PM_{2.5}$ 的贡献略有增加，为 11%；电厂贡献的 $PM_{2.5}$ 为全行业最小，为 9%。秋季，机动车仍是 $PM_{2.5}$ 主要来源，贡献率为 26%；其次是工业化石燃料燃烧，为 22%；再次是居民生活贡献的 $PM_{2.5}$，为 16%；扬尘产生的 $PM_{2.5}$ 为 15%；农业畜牧业对 $PM_{2.5}$ 贡献略高于电厂，分别为 11%和 10%。冬季是采暖季，化石燃料的大量燃烧，排放且转化生成更多的 $PM_{2.5}$，这使得居民化石燃料燃烧产生的 $PM_{2.5}$ 大大增加，达到 32%；其次是扬尘的贡献率，为 23%；第三主要来源是机动车，为 17%；工业对 $PM_{2.5}$

贡献为 15%；农业畜牧业对 $PM_{2.5}$ 贡献略高于电厂，分别为 7%和 6%。

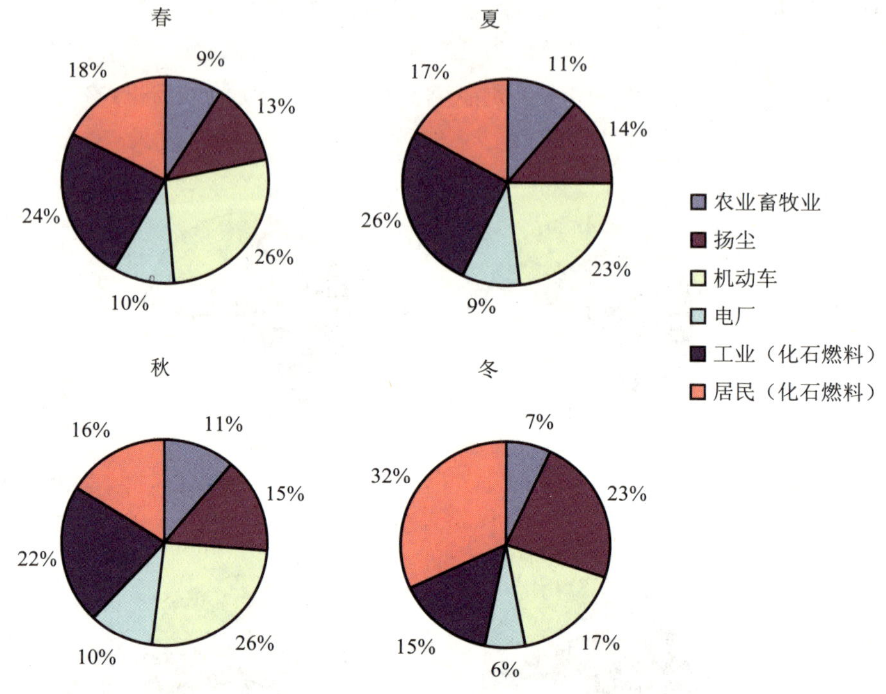

图 6-32　不同季节平顶山市主要行业对 $PM_{2.5}$ 贡献比例

（5）安阳

图 6-33 展示了不同季节安阳市各主要行业对 $PM_{2.5}$ 贡献比例。春季，安阳市的 $PM_{2.5}$ 主要来自于机动车和工业化石燃料燃烧，贡献率均为 26%；其次是居民生活贡献的 $PM_{2.5}$，为 17%；扬尘产生的 $PM_{2.5}$ 为 14%；农业畜牧业对 $PM_{2.5}$ 贡献略高于电厂，分别为 9%和 8%。夏季，$PM_{2.5}$ 主要来自于工业化石燃料燃烧，贡献率为 28%；其次是机动车，为 22%；再次是居民生活贡献的 $PM_{2.5}$，为 16%；扬尘产生的 $PM_{2.5}$ 为 15%；由于夏季农业生产等活动，农业畜牧业对 $PM_{2.5}$ 的贡献略有增加，为 11%；电厂贡献的 $PM_{2.5}$ 为全行业最小，为 8%。秋季，$PM_{2.5}$ 主要来自于机动车和工业化石燃料燃烧，贡献率均为 24%；其次是扬尘产生的 $PM_{2.5}$，为 16%；再次是居民生活贡献的 $PM_{2.5}$，为 17%；农业畜牧业对 $PM_{2.5}$ 贡献略高于电厂，分别为 10%和 9%。冬季是采暖季，化石燃料的大量燃烧，排放且转化生成更多的 $PM_{2.5}$，这使得居民化石燃料燃烧产生的 $PM_{2.5}$ 大大增加，达到 31%；其次是扬尘的贡献率，为 26%；第三主要来源是工业，为 20%；机动车对 $PM_{2.5}$ 贡献为 13%；农业畜牧业对 $PM_{2.5}$ 贡献略高于电厂，分别为 6%和 4%。

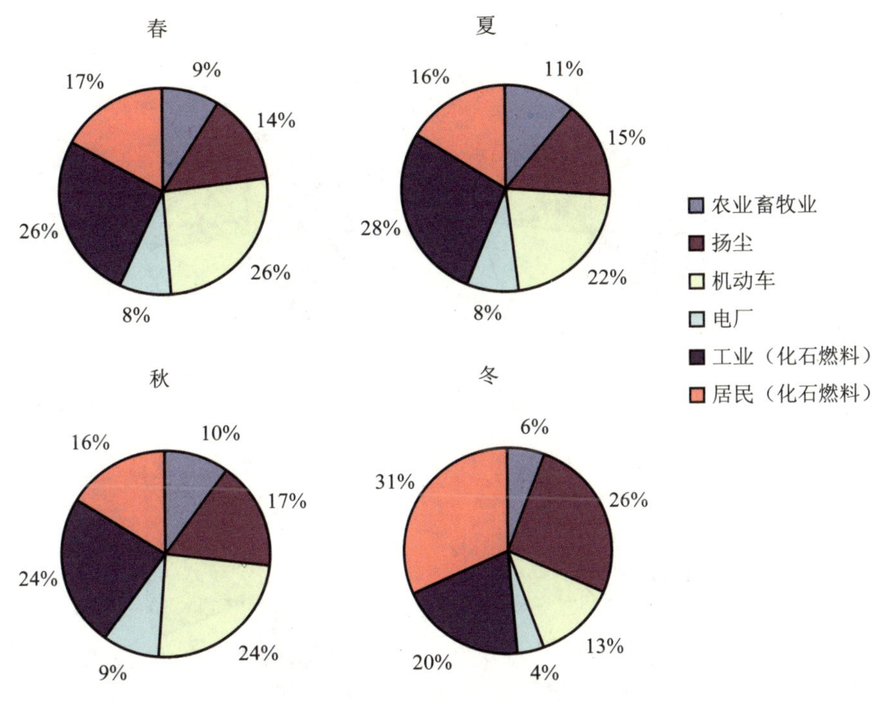

图 6-33 不同季节安阳市主要行业对 $PM_{2.5}$ 贡献比例

（6）焦作

图 6-34 展示了不同季节焦作市各主要行业对 $PM_{2.5}$ 贡献比例。春季，焦作市的 $PM_{2.5}$ 主要来自于工业化石燃料燃烧，贡献率为 27%；其次是机动车，为 25%；居民生活与扬尘对 $PM_{2.5}$ 的贡献相同，均为 15%；电厂与农业畜牧业对 $PM_{2.5}$ 贡献为 9%和 8%。夏季，$PM_{2.5}$ 主要来自于工业化石燃料燃烧，贡献率为 27%；其次是机动车，为 23%；再次是扬尘贡献的 $PM_{2.5}$，为 16%；居民生活产生的 $PM_{2.5}$ 为 15%；由于夏季农业生产等活动，农业畜牧业对 $PM_{2.5}$ 的贡献略有增加，为 11%；电厂贡献的 $PM_{2.5}$ 为全行业最小，为 8%。秋季，$PM_{2.5}$ 主要来自于机动车和工业化石燃料燃烧，贡献率均为 24%；其次是扬尘产生的 $PM_{2.5}$，为 18%；再次是居民生活贡献的 $PM_{2.5}$，为 15%；农业畜牧业对 $PM_{2.5}$ 贡献略高于电厂，分别为 10%和 9%。冬季是采暖季，化石燃料的大量燃烧，排放且转化生成更多的 $PM_{2.5}$，这使得居民化石燃料燃烧产生的 $PM_{2.5}$ 大大增加，达到 28%；其次是扬尘的贡献率，为 26%；第三主要来源是工业，为 20%；机动车对 $PM_{2.5}$ 贡献为 16%；农业畜牧业对 $PM_{2.5}$ 贡献略高于电厂，分别为 6%和 5%。

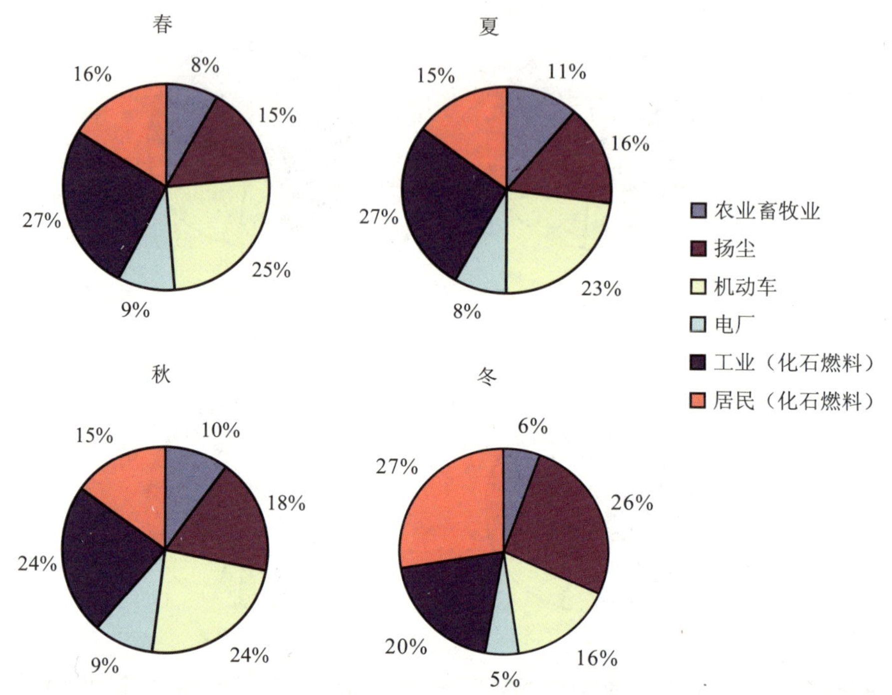

图 6-34 不同季节焦作市主要行业对 $PM_{2.5}$ 贡献比例

（7）三门峡

图 6-35 展示了不同季节三门峡市各主要行业对 $PM_{2.5}$ 贡献比例。春季，三门峡市的 $PM_{2.5}$ 主要来自于工业化石燃料燃烧，贡献率为 27%；其次是机动车，为 25%；居民生活贡献的 $PM_{2.5}$ 位居第三，为 18%；扬尘产生的 $PM_{2.5}$ 为 11%；电厂对 $PM_{2.5}$ 贡献略高于农业畜牧业，分别为 11%和 8%。夏季，$PM_{2.5}$ 主要来自于工业化石燃料燃烧，贡献率为 27%；其次是机动车，为 21%；再次是居民生活贡献的 $PM_{2.5}$，为 17%；扬尘产生的 $PM_{2.5}$ 为 13%；由于夏季农业生产等活动，农业畜牧业对 $PM_{2.5}$ 的贡献略有增加，为 12%；电厂贡献的 $PM_{2.5}$ 为全行业最小，为 10%。秋季，工业化石燃料燃烧仍是 $PM_{2.5}$ 主要来源，贡献率为 25%；其次是机动车，为 24%；再次是居民生活贡献的 $PM_{2.5}$，为 17%；扬尘产生的 $PM_{2.5}$ 为 13%；农业畜牧业对 $PM_{2.5}$ 贡献略高于电厂，分别为 11%和 10%。冬季是采暖季，化石燃料的大量燃烧，排放且转化生成更多的 $PM_{2.5}$，这使得居民化石燃料燃烧产生的 $PM_{2.5}$ 大大增加，达到 30%；其次是扬尘的贡献率，为 20%；第三主要来源是工业，为 18%；机动车对 $PM_{2.5}$ 贡献为 17%；农业畜牧业对 $PM_{2.5}$ 贡献略高于电厂，分别为 8%和 7%。

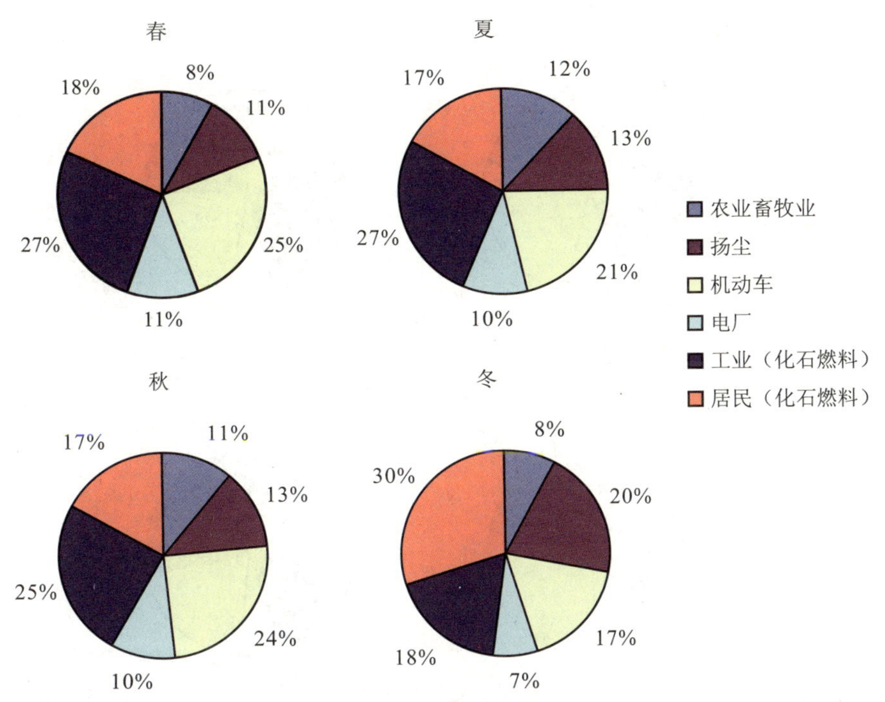

图 6-35 不同季节三门峡市主要行业对 $PM_{2.5}$ 贡献比例

（8）南阳

图 6-36 展示了不同季节南阳市各主要行业对 $PM_{2.5}$ 贡献比例。春季，南阳市的 $PM_{2.5}$ 主要来自于机动车和工业化石燃料燃烧，贡献率均为 26%；其次是居民生活贡献的 $PM_{2.5}$，为 17%；扬尘产生的 $PM_{2.5}$ 位居第三，为 11%；电厂与农业畜牧业对 $PM_{2.5}$ 贡献为 10%和 9%。夏季，$PM_{2.5}$ 主要来自于工业化石燃料燃烧，贡献率为 29%；其次是机动车，为 22%；再次是居民生活贡献的 $PM_{2.5}$，为 17%；扬尘产生的 $PM_{2.5}$ 为 13%；由于夏季农业生产等活动，农业畜牧业对 $PM_{2.5}$ 的贡献略有增加，为 12%；电厂贡献的 $PM_{2.5}$ 为全行业最小，为 7%。秋季，机动车仍是 $PM_{2.5}$ 主要来源，贡献率为 26%；其次是工业化石燃料燃烧，为 25%；再次是居民生活贡献的 $PM_{2.5}$，为 15%；扬尘产生的 $PM_{2.5}$ 为 13%；农业畜牧业对 $PM_{2.5}$ 贡献略高于电厂，分别为 11%和 10%。冬季是采暖季，化石燃料的大量燃烧，排放且转化生成更多的 $PM_{2.5}$，这使得居民化石燃料燃烧产生的 $PM_{2.5}$ 大大增加，达到 28%；其次是扬尘和机动车对 $PM_{2.5}$ 贡献，均为 20%；工业对 $PM_{2.5}$ 贡献为 17%；农业畜牧业对 $PM_{2.5}$ 贡献略高于电厂，分别为 8%和 7%。

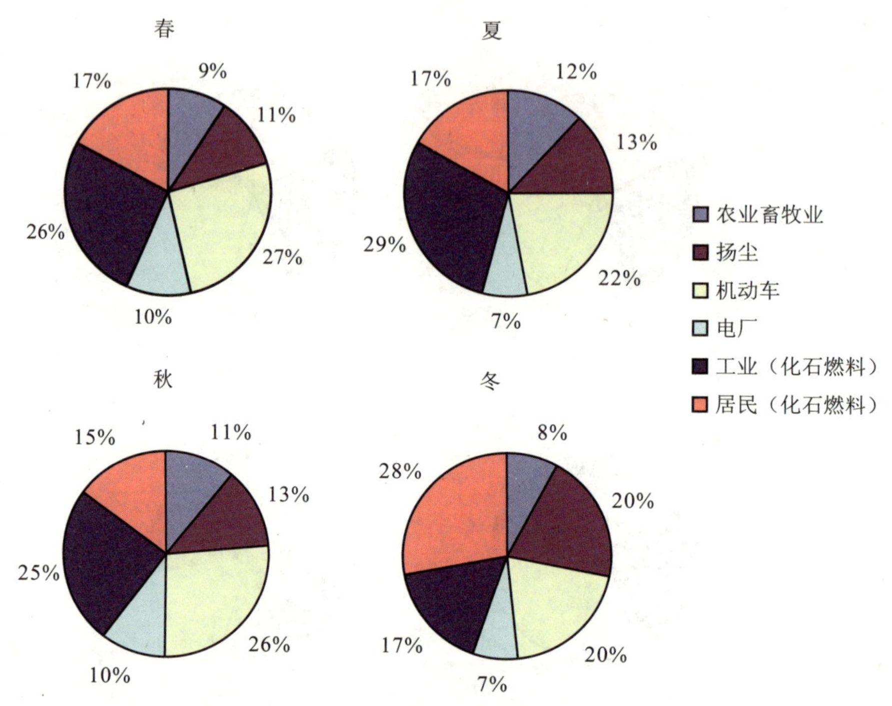

图 6-36 不同季节南阳市主要行业对 $PM_{2.5}$ 贡献比例

（9）信阳

图 6-37 展示了不同季节信阳市各主要行业对 $PM_{2.5}$ 贡献比例。春季，信阳市的 $PM_{2.5}$ 主要来自于机动车，贡献率为 26%；其次是工业化石燃料燃烧，为 25%；居民生活贡献的 $PM_{2.5}$ 位居第三，为 17%；扬尘产生的 $PM_{2.5}$ 为 13%；农业畜牧业对 $PM_{2.5}$ 贡献略高于电厂，分别为 10%和 9%。夏季，$PM_{2.5}$ 主要来自于工业化石燃料燃烧，贡献率为 31%；其次是机动车，为 20%；再次是居民生活贡献的 $PM_{2.5}$，为 19%；扬尘产生的 $PM_{2.5}$ 为 14%；由于夏季农业生产等活动，农业畜牧业对 $PM_{2.5}$ 的贡献略有增加，为 11%；电厂贡献的 $PM_{2.5}$ 为全行业最小，为 5%。秋季，机动车仍是 $PM_{2.5}$ 主要来源，贡献率为 27%；其次是工业化石燃料燃烧，为 23%；再次是居民生活贡献的 $PM_{2.5}$，为 16%；扬尘产生的 $PM_{2.5}$ 为 14%；农业畜牧业对 $PM_{2.5}$ 贡献略高于电厂，分别为 11%和 9%。冬季是采暖季，化石燃料的大量燃烧，排放且转化生成更多的 $PM_{2.5}$，这使得居民化石燃料燃烧产生的 $PM_{2.5}$ 大大增加，达到 31%；其次是扬尘的贡献率，为 20%；第三主要来源是机动车，为 18%；工业对 $PM_{2.5}$ 贡献为 17%；农业畜牧业对 $PM_{2.5}$ 贡献略高于电厂，分别为 8%和 6%。

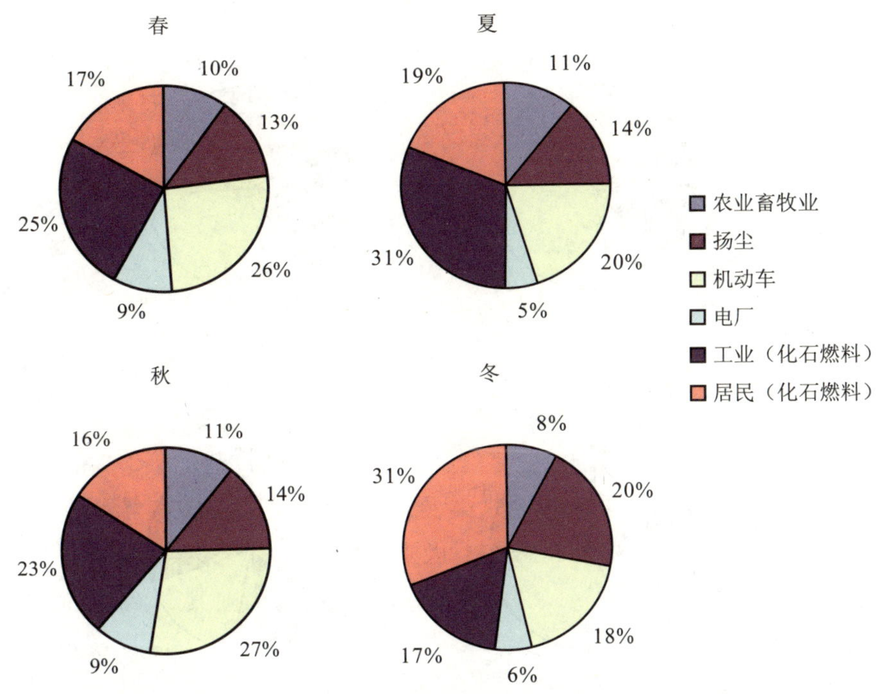

图 6-37 不同季节信阳市主要行业对 $PM_{2.5}$ 贡献比例

（10）周口

图 6-38 展示了不同季节周口市各主要行业对 $PM_{2.5}$ 贡献比例。春季，周口市的 $PM_{2.5}$ 主要来自于机动车，贡献率为 30%；其次是工业化石燃料燃烧，为 21%；居民生活贡献的 $PM_{2.5}$ 位居第三，为 18%；扬尘产生的 $PM_{2.5}$ 为 13%；农业畜牧业对 $PM_{2.5}$ 贡献略高于电厂，分别为 10%和 8%。夏季，$PM_{2.5}$ 主要来自于机动车，贡献率为 27%；其次是工业化石燃料燃烧，为 23%；再次是居民生活贡献的 $PM_{2.5}$，为 18%；扬尘产生的 $PM_{2.5}$ 为 15%；由于夏季农业生产等活动，农业畜牧业对 $PM_{2.5}$ 的贡献略有增加，为 11%；电厂贡献的 $PM_{2.5}$ 为全行业最小，为 6%。秋季，机动车仍是 $PM_{2.5}$ 主要来源，贡献率为 31%；其次是工业化石燃料燃烧，为 18%；再次是居民生活贡献的 $PM_{2.5}$，为 17%；扬尘产生的 $PM_{2.5}$ 为 15%；农业畜牧业对 $PM_{2.5}$ 贡献略高于电厂，分别为 10%和 9%。冬季是采暖季，化石燃料的大量燃烧，排放且转化生成更多的 $PM_{2.5}$，这使得居民化石燃料燃烧产生的 $PM_{2.5}$ 大大增加，达到 35%；其次是扬尘的贡献率，为 23%；第三主要来源是机动车，为 17%；工业对 $PM_{2.5}$ 贡献为 13%；农业畜牧业对 $PM_{2.5}$ 贡献略高于电厂，分别为 7%和 5%。

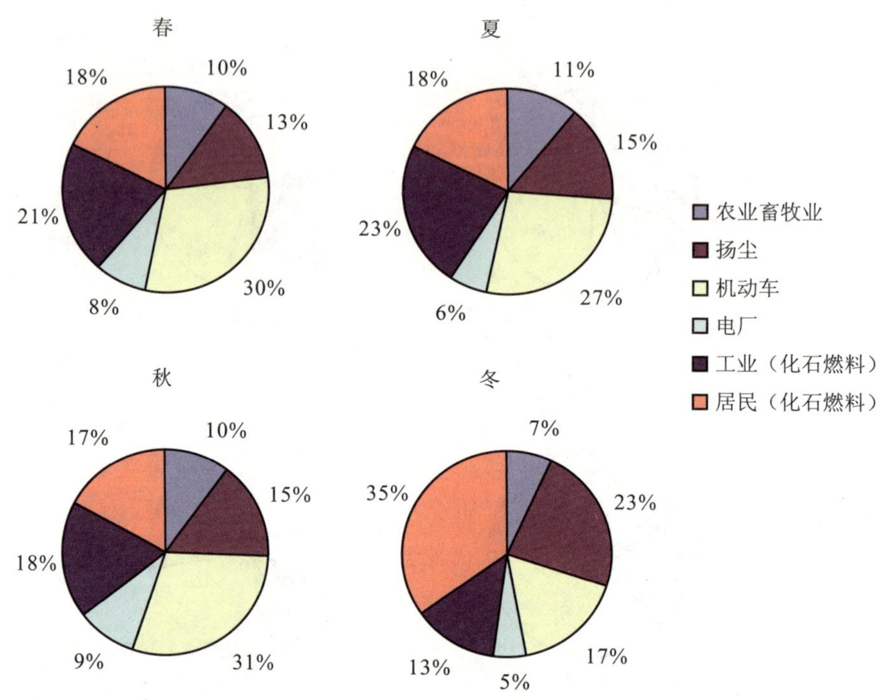

图 6-38 不同季节周口市主要行业对 $PM_{2.5}$ 贡献比例

（11）新濮鹤

图 6-39 展示了不同季节新濮鹤地区各主要行业对 $PM_{2.5}$ 贡献比例。春季，新濮鹤地区的 $PM_{2.5}$ 主要来自于机动车，贡献率为 28%；其次是工业化石燃料燃烧，为 24%；居民生活贡献的 $PM_{2.5}$ 位居第三，为 17%；扬尘产生的 $PM_{2.5}$ 为 14%；农业畜牧业对 $PM_{2.5}$ 贡献略高于电厂，分别为 9%和 8%。夏季，$PM_{2.5}$ 主要来自于工业化石燃料燃烧和机动车，贡献率均为 25%；其次是居民生活贡献的 $PM_{2.5}$，为 16%；扬尘产生的 $PM_{2.5}$ 为 15%；由于夏季农业生产等活动，农业畜牧业对 $PM_{2.5}$ 的贡献略有增加，为 11%；电厂贡献的 $PM_{2.5}$ 为全行业最小，为 8%。秋季，机动车仍是 $PM_{2.5}$ 主要来源，贡献率为 26%；其次是工业化石燃料燃烧，为 22%；再次是扬尘贡献的 $PM_{2.5}$，为 17%；居民生活产生的 $PM_{2.5}$ 为 16%；农业畜牧业对 $PM_{2.5}$ 贡献略高于电厂，分别为 10%和 9%。冬季是采暖季，化石燃料的大量燃烧，排放且转化生成更多的 $PM_{2.5}$，这使得居民化石燃料燃烧产生的 $PM_{2.5}$ 大大增加，达到 33%；其次是扬尘的贡献率，为 26%；第三主要来源是工业，为 16%；机动车对 $PM_{2.5}$ 贡献为 15%；农业畜牧业对 $PM_{2.5}$ 贡献略高于电厂，分别为 6%和 4%。

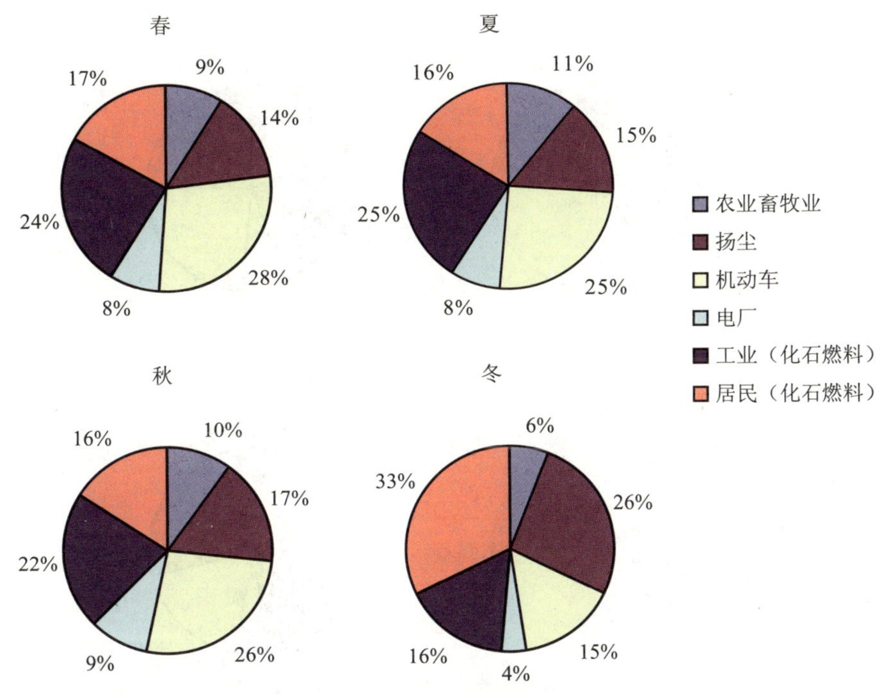

图 6-39 不同季节新濮鹤地区主要行业对 $PM_{2.5}$ 贡献比例

（12）许漯驻

图 6-40 展示了不同季节许漯驻地区各主要行业对 $PM_{2.5}$ 贡献比例。春季，许漯驻地区的 $PM_{2.5}$ 主要来自于机动车，贡献率为 29%；其次是工业化石燃料燃烧，为 23%；居民生活贡献的 $PM_{2.5}$ 位居第三，为 17%；扬尘产生的 $PM_{2.5}$ 为 12%；农业畜牧业对 $PM_{2.5}$ 贡献略高于电厂，分别为 10%和 9%。夏季，$PM_{2.5}$ 主要来自于工业化石燃料燃烧，贡献率为 26%；其次是机动车，为 24%；再次是居民生活贡献的 $PM_{2.5}$，为 18%；扬尘产生的 $PM_{2.5}$ 为 14%；由于夏季农业生产等活动，农业畜牧业对 $PM_{2.5}$ 的贡献略有增加，为 11%；电厂贡献的 $PM_{2.5}$ 为全行业最小，为 7%。秋季，机动车仍是 $PM_{2.5}$ 主要来源，贡献率为 28%；其次是工业化石燃料燃烧，为 21%；再次是居民生活贡献的 $PM_{2.5}$，为 17%；扬尘产生的 $PM_{2.5}$ 为 14%；农业畜牧业对 $PM_{2.5}$ 贡献略高于电厂，分别为 11%和 9%。冬季是采暖季，化石燃料的大量燃烧，排放且转化生成更多的 $PM_{2.5}$，这使得居民化石燃料燃烧产生的 $PM_{2.5}$ 大大增加，达到 33%；其次是扬尘的贡献率，为 22%；第三主要来源是机动车，为 18%；工业对 $PM_{2.5}$ 贡献为 15%；农业畜牧业对 $PM_{2.5}$ 贡献略高于电厂，分别为 7%和 5%。

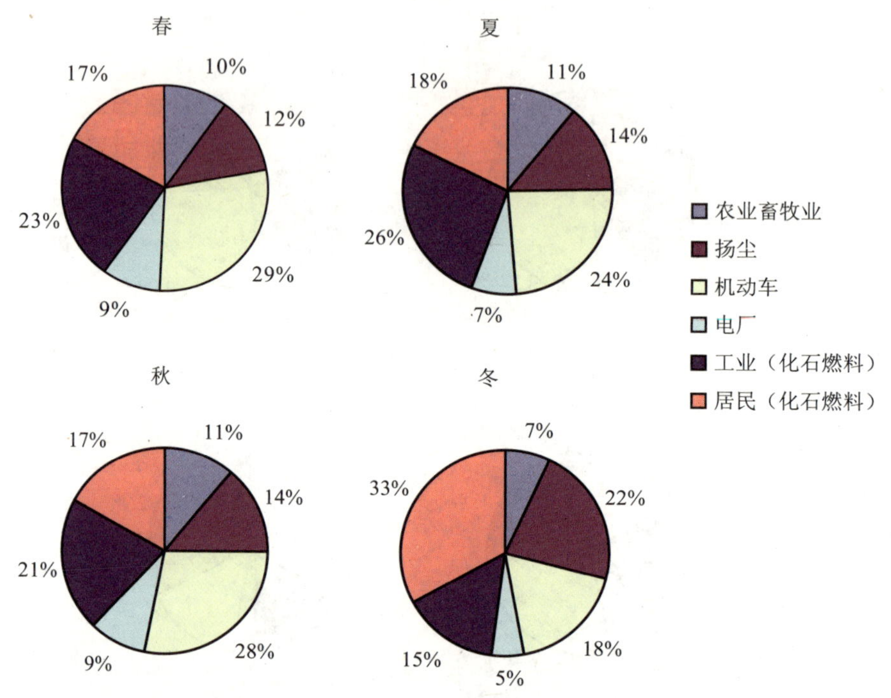

图 6-40 不同季节许漯驻地区主要行业对 $PM_{2.5}$ 贡献比例

（13）商丘

图 6-41 展示了不同季节商丘市各主要行业对 $PM_{2.5}$ 贡献比例。春季，商丘市的 $PM_{2.5}$ 主要来自于机动车，贡献率为 27%；其次是工业化石燃料燃烧，为 23%；居民生活贡献的 $PM_{2.5}$ 位居第三，为 18%；扬尘产生的 $PM_{2.5}$ 为 13%；农业畜牧业对 $PM_{2.5}$ 贡献略高于电厂，分别为 10%和 9%。夏季，$PM_{2.5}$ 主要来自于机动车，贡献率为 25%；其次是工业化石燃料燃烧，为 23%；再次是居民生活贡献的 $PM_{2.5}$，为 18%；扬尘产生的 $PM_{2.5}$ 为 15%；由于夏季农业生产等活动，农业畜牧业对 $PM_{2.5}$ 的贡献略有增加，为 11%；电厂贡献的 $PM_{2.5}$ 为全行业最小，为 8%。秋季，机动车仍是 $PM_{2.5}$ 主要来源，贡献率为 29%；其次是工业化石燃料燃烧，为 20%；再次是居民生活贡献的 $PM_{2.5}$，为 17%；扬尘产生的 $PM_{2.5}$ 为 15%；农业畜牧业对 $PM_{2.5}$ 贡献略高于电厂，分别为 10%和 9%。冬季是采暖季，化石燃料的大量燃烧，排放且转化生成更多的 $PM_{2.5}$，这使得居民化石燃料燃烧产生的 $PM_{2.5}$ 大大增加，达到 33%；其次是扬尘的贡献率，为 24%；第三主要来源是机动车，为 16%；工业对 $PM_{2.5}$ 贡献为 15%；农业畜牧业对 $PM_{2.5}$ 贡献略高于电厂，分别为 7%和 5%。

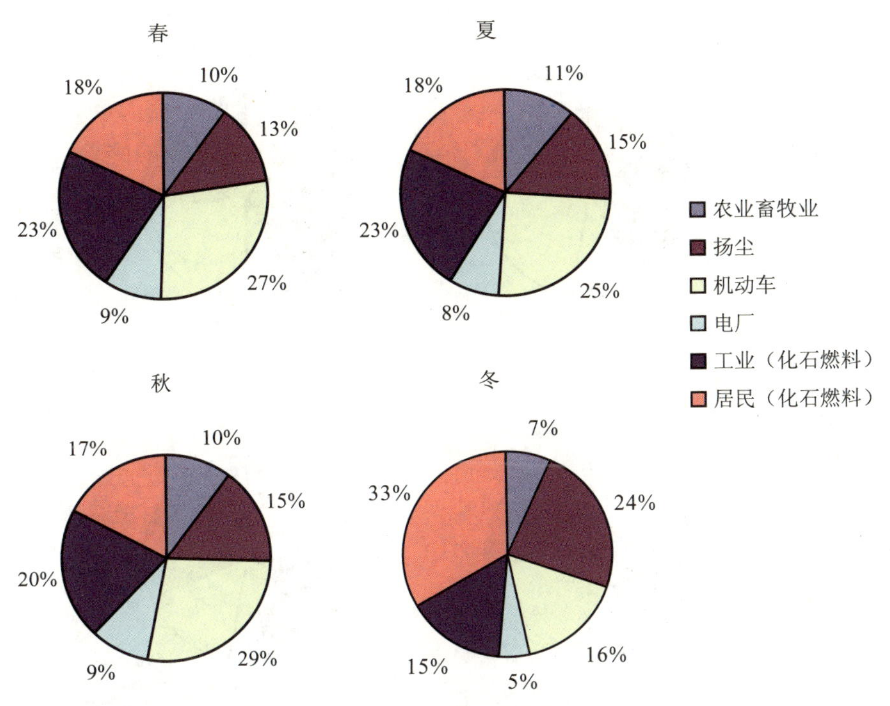

图 6-41　不同季节商丘市主要行业对 $PM_{2.5}$ 贡献比例

（14）济源

图 6-42 展示了不同季节济源市各主要行业对 $PM_{2.5}$ 贡献比例。春季，济源市的 $PM_{2.5}$ 主要来自于工业化石燃料燃烧，贡献率为 27%；其次是机动车，为 25%；居民生活与扬尘贡献的 $PM_{2.5}$ 位居第三，为 14%；电厂对 $PM_{2.5}$ 贡献略高于农业畜牧业，分别为 11%和 8%。夏季，$PM_{2.5}$ 主要来自于工业化石燃料燃烧，贡献率为 27%；其次是机动车，为 23%；再次是扬尘贡献的 $PM_{2.5}$，为 16%；居民生活产生的 $PM_{2.5}$ 为 15%；由于夏季农业生产等活动，农业畜牧业对 $PM_{2.5}$ 的贡献略有增加，为 11%；电厂贡献的 $PM_{2.5}$ 为全行业最小，为 8%。秋季，工业化石燃料燃烧是 $PM_{2.5}$ 主要来源，贡献率为 26%；其次是机动车，为 23%；再次是扬尘贡献的 $PM_{2.5}$，为 16%；居民生活产生的 $PM_{2.5}$ 为 15%；农业畜牧业对 $PM_{2.5}$ 贡献与电厂相同，均为 10%。冬季是采暖季，化石燃料的大量燃烧，排放且转化生成更多的 $PM_{2.5}$，这使得居民化石燃料燃烧产生的 $PM_{2.5}$ 大大增加，达到 26%；其次是扬尘的贡献率，为 24%；第三主要来源是工业，为 21%；机动车对 $PM_{2.5}$ 贡献为 16%；农业畜牧业对 $PM_{2.5}$ 贡献略高于电厂，分别为 7%和 6%。

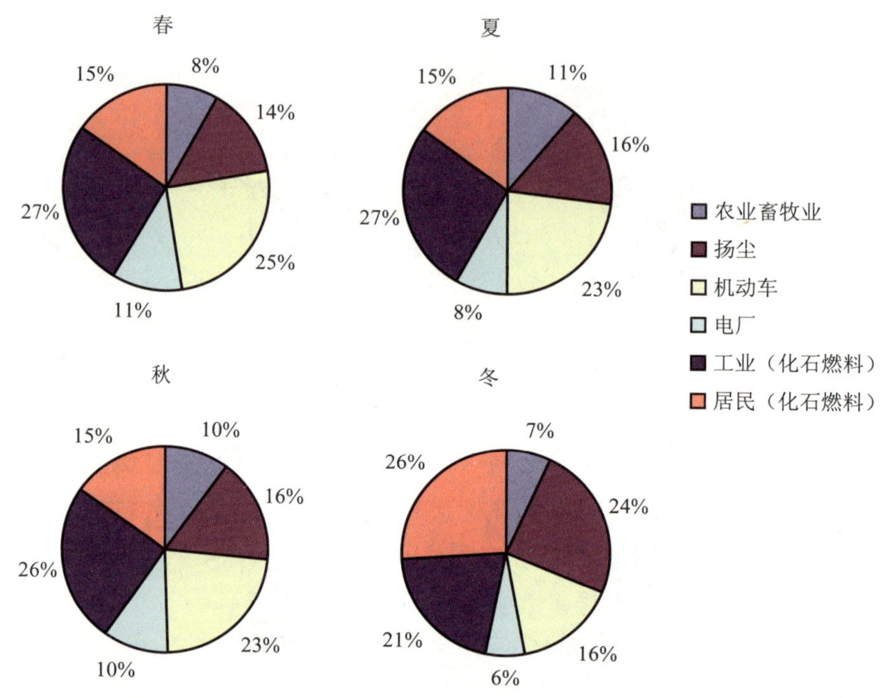

图 6-42 不同季节济源市主要行业对 $PM_{2.5}$ 贡献比例

6.7.3 各行业排放源区域贡献分析

不同行业对河南省 $PM_{2.5}$ 年均绝对浓度贡献量的区域分布如图 6-43 所示，而图 6-44 给出了各行业的贡献分担率。结合两张图可以看出，河南省 $PM_{2.5}$ 的主要来源有居民源、工业源、机动车源以及扬尘等。不同行业对 $PM_{2.5}$ 的贡献在各城市均呈现不同的分布，这主要与各地区产业结构、城市建设等有很大的关系。

居民源贡献的 $PM_{2.5}$ 呈现出中东部较高、西南部较低的分布特征。郑州、许昌、漯河以及洛阳东北部、平顶山东部，居民源排放的 $PM_{2.5}$ 年均值浓度在 18～25 μg/m^3，行业分担率为 20%～27%。三门峡南部、洛阳南部和南阳北部是居民源排放低值区，$PM_{2.5}$ 年均值在 10 μg/m^3 左右，该行业对 $PM_{2.5}$ 浓度的贡献仅为 12%～15%。河南省其余地区生活源排放的 $PM_{2.5}$ 浓度维持在 15～20 μg/m^3，大概占该行列排放总量的 15%～22%。

工业产生贡献的 $PM_{2.5}$ 与居民源呈现出不同的分布特征，其对 $PM_{2.5}$ 浓度的贡献主要分布在河南省西北地区，沿太行山一线，如安阳、鹤壁、济源、焦作以及新乡西北部等，南阳南部和信阳南部浓度也较高。在上述地区，工业生产对 $PM_{2.5}$ 年均值的绝对贡献在 20～

30 μg/m³，占到总浓度的 20%～30%，其中在安阳北部地区，工业产生的 $PM_{2.5}$ 浓度高达 30 μg/m³。河南省其他地区工业排放的 $PM_{2.5}$ 分布较为均匀，浓度在 12～18 μg/m³。这主要还是与河南省产业结构有关，西北部地区工厂数量较多，污染物排放量较大。

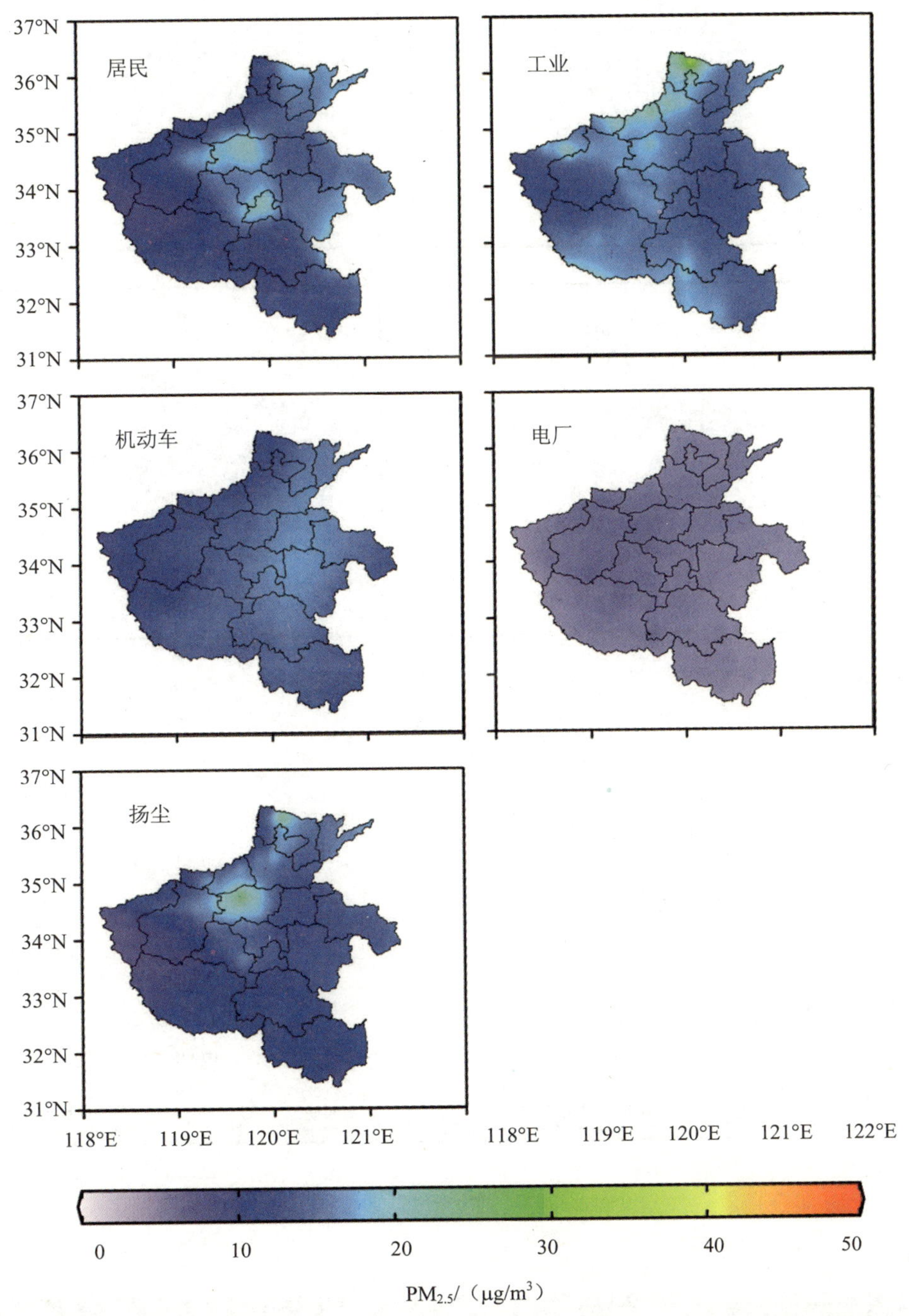

图 6-43　河南省 $PM_{2.5}$ 行业贡献绝对浓度区域分布

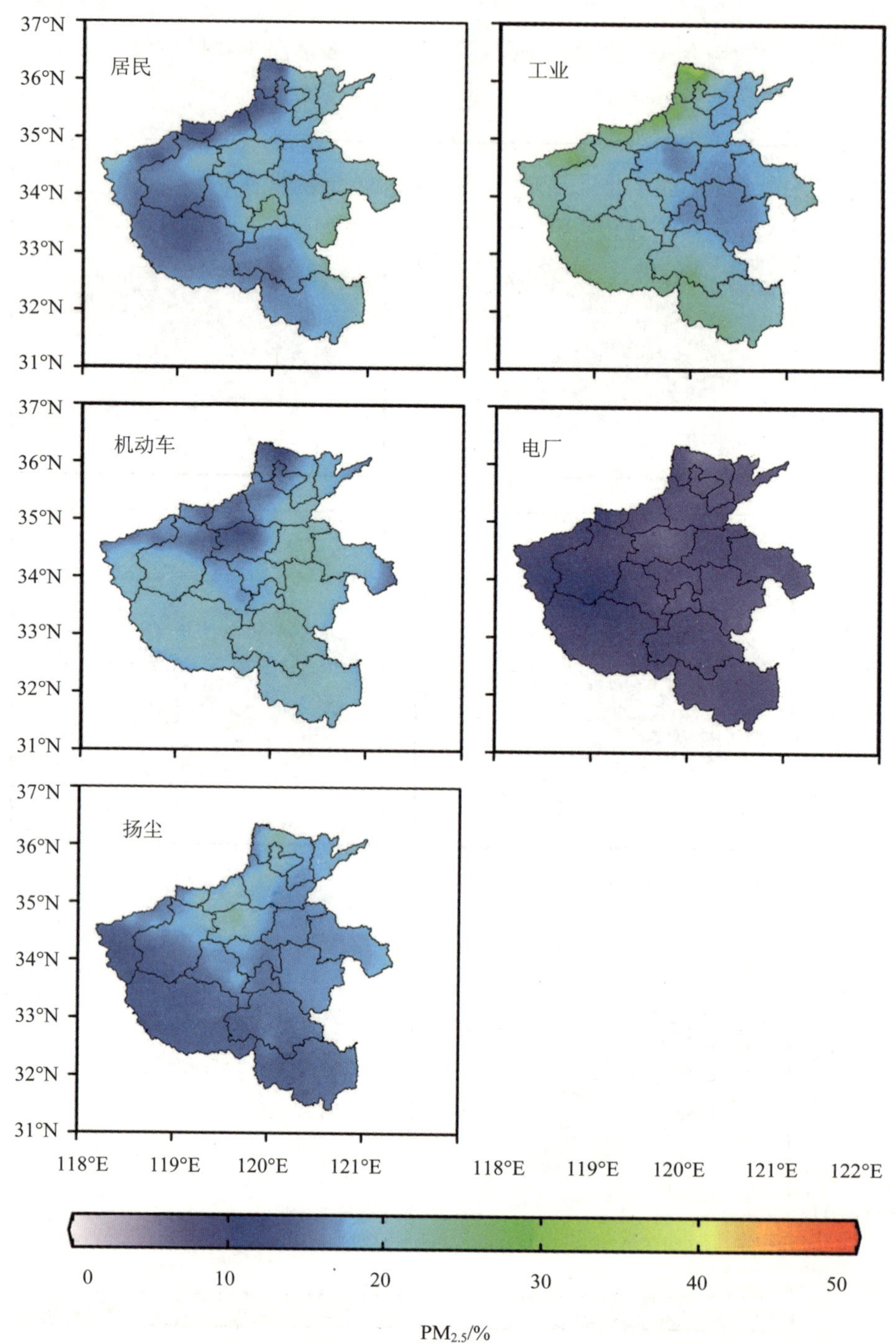

图 6-44 河南省 $PM_{2.5}$ 行业贡献分担率区域分布

机动车贡献的 $PM_{2.5}$ 主要集中在中东部以及南部部分城市和地区，年均绝对浓度贡献量为 15～25 μg/m³，占总浓度的 15%～25%。其中周口市机动车保有量较大，机动车 $PM_{2.5}$ 浓度行业分担率在 20%～23%；其他地区机动车贡献的 $PM_{2.5}$ 浓度在 10～15 μg/m³（10%～15%）。

扬尘主要包括建筑施工等产生的建筑扬尘和由机动车等产生的道路扬尘。从图中可以看出，在郑州、洛阳、平顶山、安阳、焦作和新乡等部分城市和地区，扬尘产生的 $PM_{2.5}$ 浓度较高，在 20～28 μg/m³，占总浓度的 20%～30%。河南省西南部地区扬尘贡献较低，仅为 8～12 μg/m³；其余地区分布均匀，扬尘贡献的绝对浓度在 12～18 μg/m³，占总量 15%～20%。

电厂贡献的 $PM_{2.5}$ 在所有行业中最低，全省分布较为均匀，年均贡献浓度仅有 5～10 μg/m³，占总浓度的 10%以下。

6.7.4　河南省排放污染物区域分布模拟

图 6-45 展示了河南省内排放对各主要污染物浓度的绝对贡献量，图 6-46 是河南省内排放的相对贡献率。结合两张图可以看出，河南省排放的空气污染物对于 NO_2、SO_2、PM_{10} 和 $PM_{2.5}$ 四个污染物浓度的贡献主要集中在郑州市及其周边地区，且逐渐向四周降低，绝对贡献浓度最低值均出现在濮阳、商丘、周口、信阳、南阳、三门峡等与其他省市交界处。其中，NO_2 省内贡献量的高值区主要出现在郑州市及周边地区，年均浓度达到 50 μg/m³ 以上，该区域 NO_2 有 80%以上来自于河南省本省贡献；河南省污染源排放造成的 SO_2 主要分布在郑州、焦作、安阳以及洛阳、平顶山、许昌北部，绝对贡献量达 45～50 μg/m³，部分地区浓度还超过 50 μg/m³，上述地区 SO_2 河南省本省贡献率 75%以上；PM_{10} 和 $PM_{2.5}$ 区域分布比较相似，主要集中在郑州市及其周边地区，但 $PM_{2.5}$ 省内贡献高值区分布范围略大。上述地区由本省贡献的 PM_{10} 年均浓度在 96～120 μg/m³，局部地区高达 120 μg/m³ 以上，占总浓度的 70%以上；$PM_{2.5}$ 本省年均贡献量在 60～75 μg/m³，部分地区浓度甚至超过 75 μg/m³，占总浓度的 70%以上。结合图 6-45 和图 6-46 可以发现，河南本省排放的污染物均集中在郑州市及其周边地区，并向四周逐渐降低。在濮阳、商丘、周口、驻马店、信阳、南阳、三门峡等与其他省市交界的地区，本省排放的污染物浓度均达到最小值，但这些地区污染物浓度并不低。由此说明，这些地区污染物很大部分来自周边省市的长距离输送，即上述地区是外省市污染物输送到河南省的主要通道。

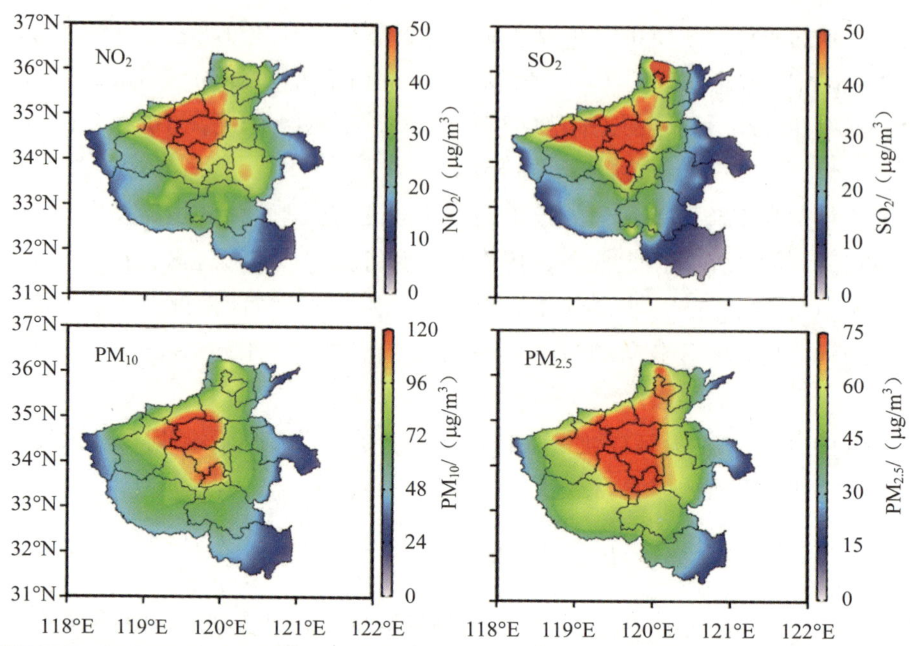

图 6-45 河南省内排放源对主要污染物浓度的绝对贡献量

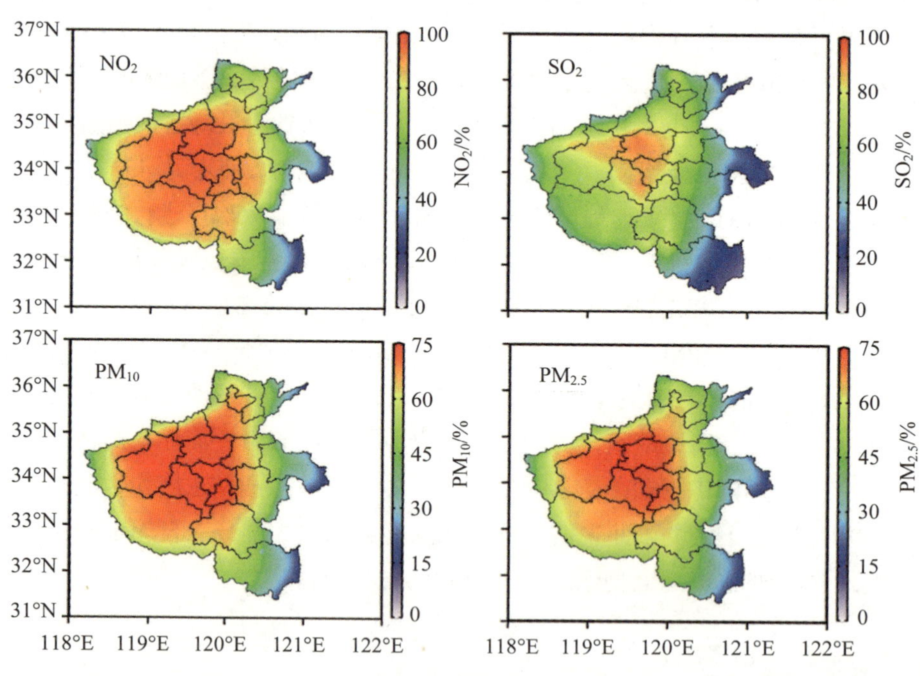

图 6-46 河南省内排放源对主要污染物的相对贡献率

6.7.5　数值模拟结果与 CMB 输出结果的差异分析

化学质量平衡（CMB）模型能够较好的解析区域大气颗粒物的来源，但其解析的范围和精度局限于大气监测点位的布设；较适合小范围、以城市为单位的地区污染源解析；比较而言，数值模型法则更多依赖于大气源清单排放企业地理分布的区域范围，其更适合大范围、以市、省或局部地区为单位的大气污染源解析。

正是因为两种解析方法覆盖地域范围的差异，导致了数值模型法与 CMB 输出结果的存在一定差异。通过同一城市不同解析方法获得结果的比较，可以清晰的看出这种差异。以书中郑州市的 $PM_{2.5}$ 源解析结果为例，其 CMB 法的解析范围主要集中在郑州市的主城区（金水区、管城区、二七区、惠济区、中原区），而数值模拟法则覆盖了包括郊区六县在内的全郑州市范围；与 CMB 法的解析结果相比，数值模型法的解析结果也存在两个显著差异：一是"燃煤"贡献比例显著增高；这是因为"燃煤"中比例较大的居民散烧煤多集中在县、乡及农村地区，此外，燃煤电厂也多分布在该区域；将县、乡及农村地区纳入解析范围统计后，"燃煤"的贡献比例增加，这与郑州市的煤炭消费的区域分布相符。第二个显著差异就是"扬尘"的比例显著降低。这是因为郑州市的县、乡及农村地区的绿化相对较好，其建筑扬尘、道路扬尘的排放量要远远低于市区。将县、乡及农村地区纳入解析范围统计后，"扬尘"的贡献比例下降，这与郑州市的扬尘地区分布强度相符。

6.7.6　小结

经过本章分析，得到以下结论。

（1）通过分析污染物区域输送，得到以下结论。

从整体上看，NO_2 和 SO_2 主要来源于河南省排放，其省内贡献率分别为 86%和 74%，省外输送平均贡献率最大的是 $PM_{2.5}$，平均贡献率达到 37%，PM_{10} 主要以省内贡献为主，占到了 69%，但省外输送也占到一定比例（31%）。安阳、濮阳、信阳和商丘等城市，地处河南省与其他省市交界处，容易受到外省污染物影响，这些城市污染物区域输送所占比例较大。

在不同季节，各城市不同污染物的省内贡献与省外输送比例均有不同。就全省来讲，对于 NO_2，主要来自于省内贡献，且夏季省内贡献最大，为 92%，冬季最小，占 80%；对于 SO_2，也主要来自省内贡献，春季省内贡献最大，为 76%，冬季最小，占 72%；对于 PM_{10}，以省内贡献为主，但区域输送明显增加，春季省外输送比例最大，为 34%，冬季省外输送比例最小，为 28%；对于 $PM_{2.5}$，虽以省内贡献为主，但区域输送的比例显著增大，同样，春季省外输送比例最大，为 39%，冬季省外输送比例最小，占 25%。不同城市，各污染物二者比例随季节而变化，但安阳、濮阳、信阳和商丘等城市，受到河北、山东等其他省份影响，区域输送贡献所占比例较大。

郑州地处河南省中部，人口密集，工业发达，机动车数量多。郑州市大气主要污染物主要来自于省内贡献。NO_2省内贡献率高达97%，省外输送贡献率仅为3%；SO_2的省内贡献率为88%，高于区域输送贡献率（12%）；PM_{10}也主要来自于省内贡献，为84%，而来自其他省区域输送贡献率为16%。$PM_{2.5}$省内贡献率相对其他物种较低，但也在75%之上，为77%，相较省外输送33%的贡献率也较高。从季节方面来看，郑州市NO_2省内贡献夏季最大（99%），冬季最小（93%）；SO_2省内贡献夏季最小（84%），其他季节省内贡献均一样（88%）；颗粒物PM_{10}和$PM_{2.5}$，其省外输送均在夏季最大，分别为21%和27%，冬季省外输送最小，分别为11%和18%。郑州市对大气主要污染物贡献率较高，与当地的地形条件、人口密度、工业化和机动车数量有着密切的关系。

（2）通过对影响$PM_{2.5}$各行业排放源贡献分析，得到以下结论。

从整体上看，对于$PM_{2.5}$，由居民生活消耗的化石燃料与机动车对$PM_{2.5}$贡献均为23%，位居各行业之首；其次是工业排放（21%）和扬尘（17%）；电厂贡献率最小，仅有7%；农业畜牧业对$PM_{2.5}$的贡献略高于电厂为9%。大部分城市$PM_{2.5}$主要来自居民化石燃料燃烧与机动车，相对贡献率在19%～25%和21%～25%。

不同季节，各主要行业对$PM_{2.5}$的贡献有着很大的变化。就全省而言，春季，河南省的$PM_{2.5}$主要来自于机动车，贡献率为27%；夏季，$PM_{2.5}$主要来自于工业化石燃料燃烧，贡献率为26%；秋季，河南省的$PM_{2.5}$主要来自于机动车，贡献率为26%；冬季是采暖季，化石燃料的大量燃烧，排放且转化生成更多的$PM_{2.5}$，居民化石燃料燃烧对$PM_{2.5}$贡献最大，达到31%。

模拟时段内郑州市$PM_{2.5}$浓度为100 μg/m^3，居民生活源对$PM_{2.5}$贡献最大，为25%；其次是机动车源，占到24%；由于郑州市进行大规模的城市建设，扬尘贡献率仅次于机动车，为20%；工业对$PM_{2.5}$的贡献位居第四，为18%；电厂对$PM_{2.5}$的贡献最小，为6%，而农业畜牧业贡献率略高于电厂，占到8%。春季，郑州市的$PM_{2.5}$主要来自于机动车，贡献率为28%；夏季，$PM_{2.5}$主要来自于机动车，贡献率为26%；秋季，机动车仍是$PM_{2.5}$主要来源，贡献率为27%；冬季是采暖季，化石燃料的大量燃烧，排放且转化生成更多的$PM_{2.5}$，这使得居民化石燃料燃烧产生的$PM_{2.5}$大大增加，达到34%。

（3）通过分析河南省各行业排放源区域分析，得到如下结论。

河南省$PM_{2.5}$的主要来源有居民源、工业源、机动车源以及扬尘等。不同行业对$PM_{2.5}$的贡献在各城市均呈现不同的分布，这主要与各地区产业结构、城市建设等有很大的关系。

居民源排放的$PM_{2.5}$也呈现中东部较高、西南部较低的分布情况。郑州、许昌、漯河以及洛阳东北部、平顶山东部，居民源贡献的$PM_{2.5}$年均值在18～25 μg/m^3，占总浓度的20%～27%。工业产生的$PM_{2.5}$主要分布在河南省西北地区，沿太行山一线，如安阳、鹤壁、济源、焦作以及新乡西北部等，南阳南部和信阳南部浓度也较高。在上述地区，$PM_{2.5}$工业贡献浓度20～30 μg/m^3，占总浓度的20%～30%。这主要与河南省产业结构有关，西北部地区工厂数量较多，故而排放也多。机动车贡献的$PM_{2.5}$主要集中在河南省中东部以及南部地区，年均值维持在15～25 μg/m^3，占总浓度的15%～25%。在郑州、洛阳、平顶山、安阳、焦作和新乡等部分城市和地区，扬尘贡献的 $PM_{2.5}$ 浓度较高，在 20～28 μg/m^3，占总浓度的 20%～30%。相对于其他行业，电厂排放的 $PM_{2.5}$ 在所有行业中贡献最低，全省浓度贡献分布较为均匀，年均值 5～10 μg/m^3，占总浓度 10%以下。

（4）通过分析河南本省排放各主要污染物的区域分布，得到以下结论。

河南省排放的空气污染物对于 NO_2、SO_2、PM_{10} 和 $PM_{2.5}$ 等四个污染物浓度的贡献主要集中在郑州市及其周边地区，且逐渐向四周降低，绝对贡献浓度最低值均出现在濮阳、商丘、周口、信阳、南阳、三门峡等与其他省市交界处。

NO_2 省内贡献量的高值区主要出现在郑州市及周边地区，年均浓度达到 50 μg/m^3 以上，该区域 NO_2 有 80%以上来自于河南省本省贡献；河南省污染源排放造成的 SO_2 主要分布在郑州、焦作、安阳以及洛阳、平顶山、许昌北部，绝对贡献量达 45～50 μg/m^3，部分地区浓度还超过 50 μg/m^3，上述地区 SO_2 河南省本省贡献率 75%以上；PM_{10} 和 $PM_{2.5}$ 区域分布比较相似，主要集中在郑州市及其周边地区，但 $PM_{2.5}$ 省内贡献高值区分布范围略大。

河南省濮阳、商丘、周口、驻马店、信阳、南阳、三门峡等与其他省市交界的地区，本省排放的污染物浓度均达到最小值，但这些地区污染物浓度并不低。由此说明，这些地区污染物很大部分来自周边省市的长距离输送，即上述地区是外省市污染物输送到河南省的主要通道。

6.8 河南省空气质量不同场景的数值模拟

为了贯彻《大气污染防治行动计划》，确保实现空气质量改善目标。2013 年，河南省与环保部签订目标责任书，提出到 2017 年，全省可吸入颗粒物浓度比 2012 年下降 15%。2014 年，河南省制订《蓝天工程行动计划》。

本书结合目标责任书和《蓝天工程行动计划》，利用课题 6 提供的污染源削减的量化结果，运用中国科学院大气物理研究所研发的 NAQPMS 数值模式，定量评估了《蓝天工程行动计划》对全省可吸入颗粒物浓度的削减效果，并运用逆向推理的方法，评估完成目标责任书所需要的大气污染物排放源的削减比例。

6.8.1 研究方法

首先基于空气质量数值模式 NAQPMS 对 2013.7—2014.6（基准年）空气质量模拟并验证结果。针对《蓝天工程行动计划》的效果，我们采用河南省环境检测中心提供的不同行业不同物种污染源的削减比例，在基准排放清单的基础上，构建《蓝天工程行动计划》实施后的排放清单，并运行空气质量数值模式，评估《蓝天工程行动计划》对大气可吸入颗粒物的改善效果。

针对完成目标责任书所需要的大气污染物排放源的削减比例的估算，我们利用数值模式对河南省大气可吸入颗粒物源解析的结果（不同行业、不同地区的贡献），构建大气污染物总量优化模型。其基本结构如下：

$$C_i = \sum_{j=1}^{N}(1 - A_j)B_i Q_{ij} \quad (6\text{-}1)$$

$$C_i \leqslant C_{\text{target}} \quad (6\text{-}2)$$

式中，i 和 j 分别表示站点和模式标记的 $PM_{2.5}$ 生成区域编号，C_i 和 Q_{ij} 分别代表不同物种的质量浓度以及第 j 个污染源对其的贡献。A_j 为削减系数，范围为 0～100%，当污染源全部削减时，其值为 100%；反之，则为 0。C_{target} 代表目标浓度。为了考虑化学非线性对大气颗粒物浓度的影响，我们引进 B_i，对于一次污染物，B_i 等于 1；对于硫酸盐、硝酸盐和二次有机物，其值随物种及其削减比例而变化，由一系列不同场景敏感性试验结果所获得。需要指出的是，作为约束条件，公式（6-2）不能保证公式（6-1）中 A_j 有一组唯一解，即有多种控制方案可以实现 $PM_{2.5}$ 达标的要求。本模型以 APEC 期间削减力度为参考，在合理范围内解析污染源削减量最小的一个削减场景。

6.8.2 《蓝天工程行动计划》的效果

本书根据河南省《蓝天工程行动计划》具体治理措施参数化后所提供的河南省不同行业不同物种污染源的削减量（表 6-2），构建了 2017 年大气污染排放清单。运用 NAQPMS 空气质量数值模式，定量评估了措施对河南省可吸入颗粒物的削减效果。

考虑周边省份是否采取控制措施、措施力度如何，气象条件影响污染物从周边省份向河南输送等不确定性等因素，如果分年度落实减排政策，河南省可吸入颗粒物的浓度也会有明显改善。2015 年可吸入颗粒物的浓度降幅在 3.3%～7.3%，2016 年可吸入颗粒物的浓度降幅在 7.0%～11.0%。如果在 2017 年全面落实现有的减排政策，将对河南带来明显的可吸入颗粒物浓度改善，其降幅在 9.3%～13.3%。同时需要指出，虽然效果明显，但是河南省仍然存在大气可吸入颗粒物不能降低 15%的风险，因此需要制定更加强化的措施以进一步削减排放。

表 6-2 根据蓝天行动计划拟定的情景模拟方案

	目标污染物	减排目标
工业污染源	二氧化硫	至 2017 年按下降 15%排放计
	烟粉尘（细颗粒物）	按清单里数据，至 2017 年下降 10%，每年下降 3.5%计
	氮氧化物	至 2015 年火电行业排放下降 80%，至 2016 年水泥行业排放下降 70%；至 2016 年冶金（黑金、有色）、焦化、玻璃窑炉行业排放下降 70%
生活污染源	烟粉尘（细颗粒物）	A：按燃煤削减 80%计，至 2017 年按燃煤削减 78%计
	扬尘（细颗粒物）	至 2017 年，预期目标为降低 10%～20%，此处主要指的是各类扬尘均下降
	机动车	到 2017 年减少 10%左右

注：VOCs 的减排量按照 NO_x 减排量的 50%的估计。

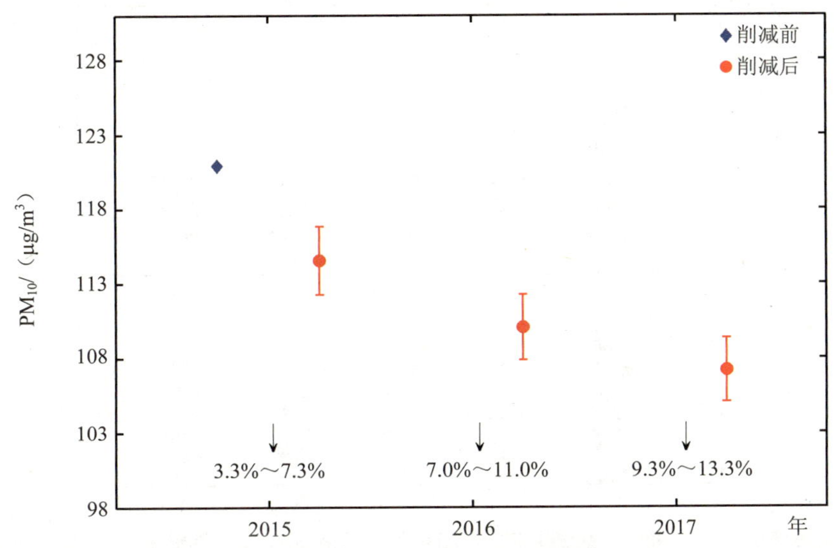

图 6-47 基准年气象条件下蓝天工程污染物减排对河南省 2015—2017 年 PM_{10} 浓度影响

6.8.3 完成大气污染物削减责任目标各污染物的削减量模拟

研究显示，气象条件对河南省大气污染物浓度的影响不可忽视。Zhao et al（2012）的研究表明，气象条件可导致东亚地面大气颗粒物浓度变化 6%～20%。跨界输送对河南省的影响也不忽视，本书显示，来自周边输送对河南省大气颗粒物的影响达到 30%～38%。根据《大气污染防治行动计划》的要求，河北省 2017 年 $PM_{2.5}$ 浓度将削减 25%，山东、江苏和山西 $PM_{2.5}$ 浓度削减 20%，安徽、陕西和湖北 PM_{10} 浓度分别削减 10%、15%和 12%。因此本书将基于不同气象条件以及周边省份是否完成任务等排放情景，估算完成《目标责任书》所需要的大气污染物排放源削减比例。

6.8.3.1 基于基准年（2013 年 7 月—2014 年 6 月）气象条件

（1）周边省份完成削减目标

图 6-48 展示了为满足河南省 PM_{10} 平均浓度下降 15%，本省不同污染物所需削减排放量。需要指出的是，由于 VOCs 的排放清单以及控制措施不确定性较大，本书参考其他研究结果，设定 VOCs 的削减幅度为 NO_x 的 50%。

如图 6-48 所示，为了完成责任书目标，建议河南省 SO_2、NO_x、NH_3、VOCs 和 PM_{10} 分别削减 35 万 t、53 万 t、25 万 t、19 万 t 和 16 万 t，分别为各自排放量的 31%、35%、28%、18%和 24%。

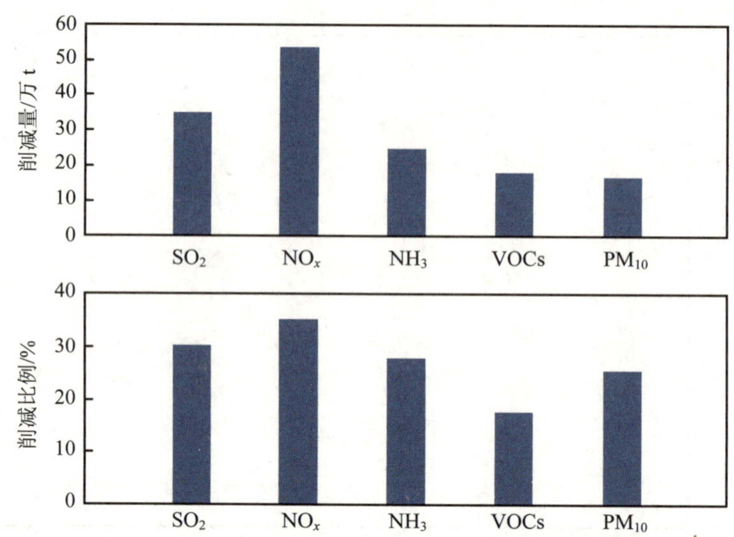

图 6-48　基准年及周边控制场景下，河南省不同污染物需要的削减量和削减比例

图 6-49 展示了不同行业不同污染物的削减比例，可以发现不同行业 SO_2 需要削减的比例均在 25%以上，其中工业需要削减最多，为 32.5%。NO_x 的削减比例在 28%～40%，工业和电厂的比例最高，达到 39%，机动车削减 28%。对于 PM_{10}，扬尘削减比例最大，为 30%。工业、电厂分别需要削减 24%和 20%。对于 NH_3，农业源需要削减 29%。

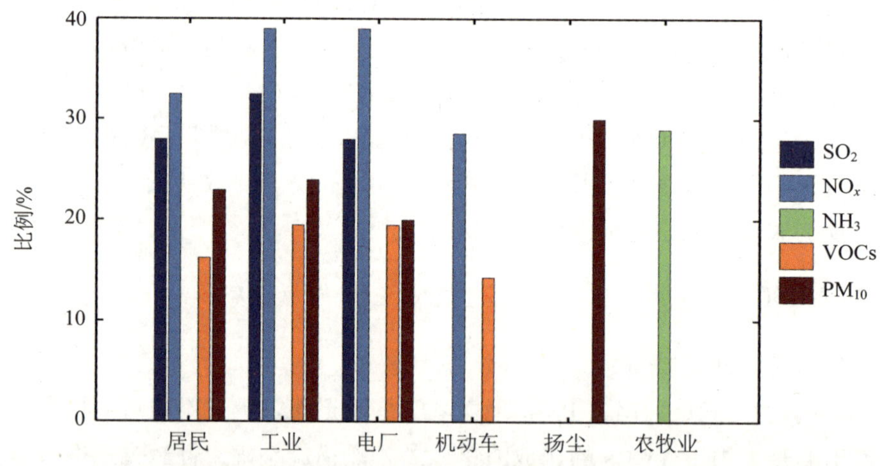

图 6-49　在基准年及周边控制场景下，河南省不同行业不同污染物需削减比例

（2）周边省份排放强度不变

图 6-50 展示了在周边省份维持目前排放强度的情况下，在基准年的气象条件下，河南省需要的削减量和比例。如图 6-50 所示，在该情景下，河南削减更多的污染排放量，建议 SO_2、NO_x、NH_3、VOCs 和 PM_{10} 削减 44 万 t、63 万 t、26 万 t、22 万 t 和 21 万 t，分别为

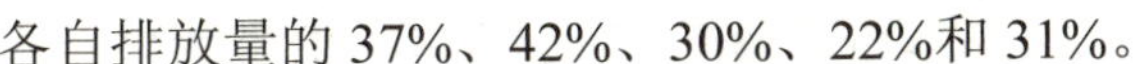
各自排放量的 37%、42%、30%、22%和 31%。

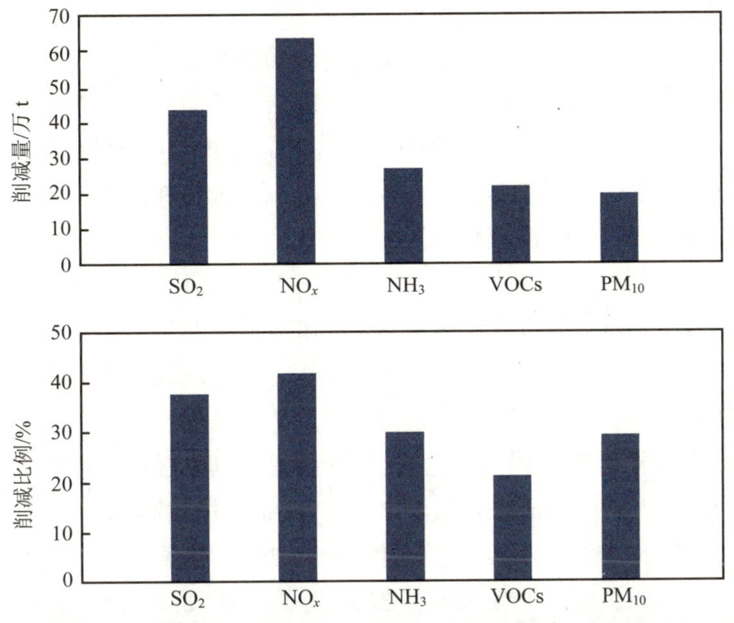

图 6-50 周边省份维持目前排放强度下削减量和比例

图 6-51 展示了不同行业不同污染物的削减比例，可以发现不同行业 SO_2 需要削减的比例均在 30%以上，其中工业需要削减最多，为 40.3%。NO_x 的削减比例在 35%～46%，工业和电厂的比例最高，分别为 46%和 44%，机动车削减 36.4%。对于 PM_{10}，扬尘削减比例最大，为 36%。工业、电厂分别需要削减 26%和 20%。对于 NH_3，农业源需要削减 31%。

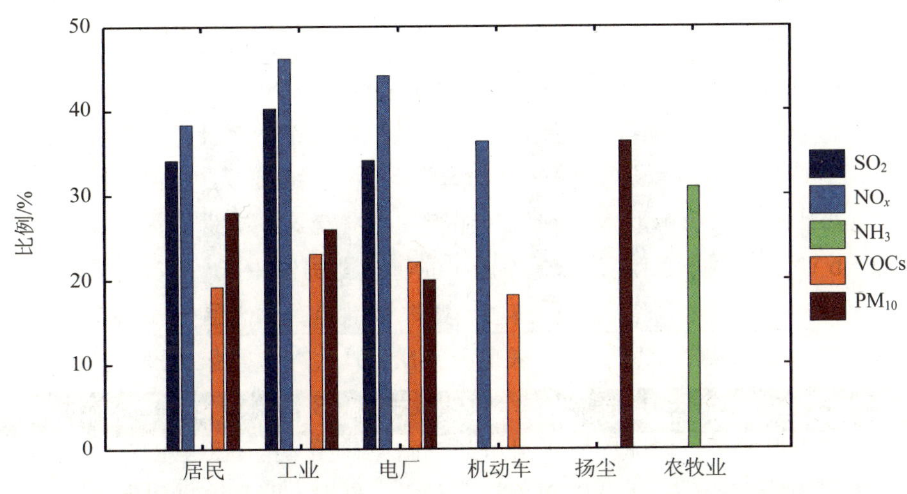

图 6-51 在基准年及周边维持目前排放强度下，不同污染物各行业需削减比例

6.8.3.2 基于极端气象条件

研究显示，气象条件对河南省大气污染物浓度的影响不可忽视。Zhao 等（2012）的研究表明，气象条件可导致东亚地面大气颗粒物浓度年际变化 6%～20%。因此，在极端不利气象条件下，河南省需要削减更多的排放量才能满足 PM_{10} 下降 15%的目标。本章假设不利气象条件可导致 PM_{10} 浓度较基准条件增加 15%。设定在此不利条件下，周边省份排放强度不变，作为河南省染物控制最严格的情景。

图 6-52 展示了在极端气象条件下，周边省份排放强度不变时，河南省需要的削减量和比例。如图 6-50 所示，为了完成责任书目标，建议河南省 SO_2、NO_x、NH_3、VOCs 和 PM_{10} 需要分别削减 57 万 t、83 万 t、37 万 t、27 万 t 和 35 万 t，分别为各自排放量的 49%、55%、42%、27%和 52%。

图 6-53 展示了不同行业不同污染物的削减比例，可以发现不同行业 SO_2 需要削减的比例均在 40%以上，其中工业需要削减最多，为 50.4%。NO_x 的削减比例在 50%～60%，机动车比例最高，达到 57.2%，工业和电厂的削减 53.3%。对于 PM_{10}，扬尘削减比例最大，为 66%。工业、电厂分别需要削减 42%和 37%。对于 NH_3，农业源需要削减 43%。

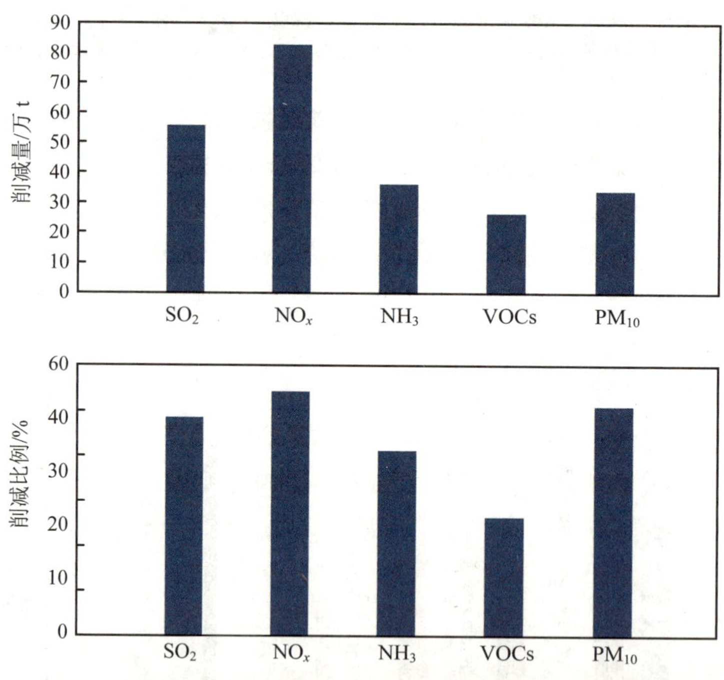

图 6-52 在极端气象和周边维持目前排放强度的条件下，河南省不同污染物需要的削减量和削减比例

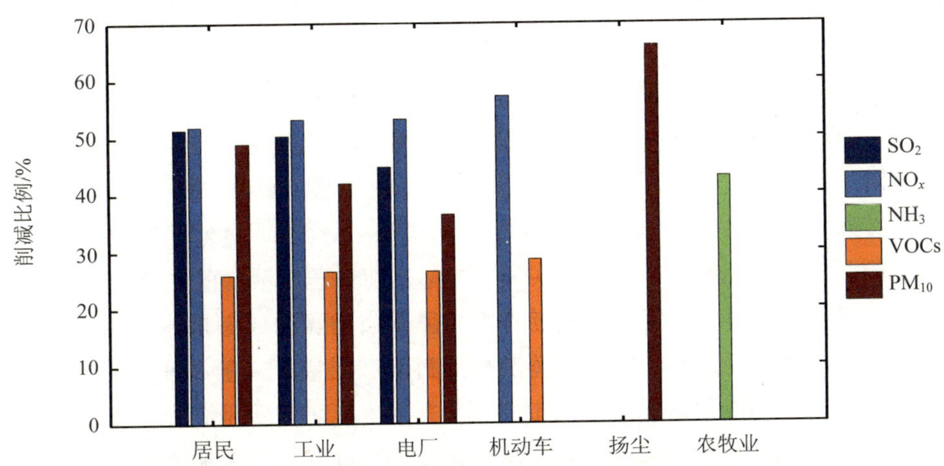

图 6-53　在极端气象和周边维持目前排放强度的条件下，河南省不行行业不同污染物需削减比例

6.9　不确定性分析

由于针对 VOCs 的控制较难量化，行动计划对这些措施还有待细化明确。应当加大对 VOCs 和 NH_3 的控制力度，以达到 $PM_{2.5}$ 浓度显著下降的环境目标。

周边省份的控制力度难以确定。研究显示，周边省份对河南省大气可吸入颗粒物的影响达到 30%以上，因此周边省份的控制力度对于控制情景的效果评估有较大影响。

本书采用了 2013 年 7 月—2014 年 6 月作为模拟的基准年，尽管预测了极端气象条件下大气污染的影响，但是 2017 年的气象场难以确定，这会对模拟结果有所影响。建议借鉴三年空气质量平均值作为考核依据，以更客观反映污染物减排程度。

6.10　小结

（1）运用中科院自主研发的数值模型，基于清华大学 MEIC 排放清单以及河南省环境监测中心自主发展的排放清单，模拟了 2013 年 7 月—2014 年 6 月河南省主要污染物浓度。结果显示，模式能够较好地反映各物种的时空变化。对于 SO_2 日均值来讲，15 个市县相关系数在 0.5～0.64，45%～68%模拟值在观测值 0.5～2 倍；对于 NO_2 日均值来讲，15 个市县相关系数大多在 0.45～0.64，52%～90%模拟值在观测值 0.5～2 倍；PM_{10} 的平均相对偏差（MFB）和平均相对误差（MFE）分别在 16%～31%和 40%～56%，$PM_{2.5}$ 则分别在 26%～27%和 39%～52%，均在欧美地区所建议模拟标准范围之内。

（2）分析河南省主要空气污染物年均浓度水平分布，得出以下结论：河南省 NO_2 浓度呈三级阶梯状分布，即北部地区 NO_2 浓度最高，中东部地区次之，西部以及南部地区最低。

SO_2主要沿太行山脉堆积，污染地区呈现倒三角形，与排放源的分布有较好的一致性。PM_{10}和$PM_{2.5}$在郑州市及其周边区域出现高值区，主要是由于郑州本地排放污染较多，且东南部为平原，地势开阔，西部有山脉，污染物汇集在此不易扩散。各污染物呈现出类似的季节变化特征，即冬季浓度最高，其次是秋季、春季，夏季浓度最低。

（3）量化污染物区域输送，发现：从整体上看，河南省NO_2和SO_2主要来源于省内排放，其省内贡献率分别为86%和74%，省外输送贡献率分别为14%和26%。相比NO_2和SO_2，$PM_{2.5}$的区域输送贡献率较大（37%），PM_{10}省外输送贡献略低于$PM_{2.5}$，为31%。

（4）不同季节，各城市不同污染物的省内贡献与省外输送比例均有不同。河南省排放源对NO_2、SO_2、PM_{10}和$PM_{2.5}$四个污染物浓度的贡献主要集中在郑州市及其周边地区（70%～80%），且逐渐向四周降低，绝对贡献浓度最低值均出现在濮阳、商丘、周口、信阳、南阳、三门峡等。省外输送对濮阳、商丘、周口、驻马店、信阳、南阳、三门峡等地区影响最大（35%～70%），是导致其浓度较高的重要原因，即上述地区是外省市污染物输送到河南省的主要通道。

（5）不同行业对河南省平均$PM_{2.5}$贡献不同，居民生活、工业、机动车、扬尘、电厂及农牧业对全省$PM_{2.5}$平均浓度贡献分别为23%、21%、23%、17%、7%和9%。贡献也有明显的季节变化，就全省而言，在上述6个行业中，春季，河南省的$PM_{2.5}$主要来自于机动车，贡献率为27%；夏季，$PM_{2.5}$主要来自于工业化石燃料燃烧，贡献率为26%；秋季，河南省的$PM_{2.5}$主要来自于机动车，贡献率为26%；冬季是采暖季，化石燃料的大量燃烧，排放且转化生成更多的$PM_{2.5}$，居民化石燃料燃烧对$PM_{2.5}$贡献最大，达到31%。

（6）行业贡献呈明显的空间不均匀性。居民源排放的$PM_{2.5}$也呈现中东部较高、西南部较低的分布特征，贡献的$PM_{2.5}$年均值在18～25 $\mu g/m^3$，占总浓度的20%～27%。工业产生的$PM_{2.5}$主要分布在河南省西北地区，沿太行山一线，$PM_{2.5}$工业贡献浓度20～30 $\mu g/m^3$，占总浓度的20%～30%，这与工业分布一致。机动车贡献的$PM_{2.5}$主要集中在河南省中东部及南部地区，贡献年均值在15～25 $\mu g/m^3$，占总浓度的15%～25%。扬尘贡献的$PM_{2.5}$浓度较高，在20～28 $\mu g/m^3$，占总浓度的20%～30%。相对于其他行业，电厂贡献的$PM_{2.5}$在全省分布比较均匀，年均值5～10 $\mu g/m^3$，占总浓度10%以下。这可能与高架源有关。

（7）根据河南省环境监测中心提供的《蓝天工程行动计划》削减清单，考虑周边省份控制措施力度以及其导致的对河南影响的不确定性，运用空气质量数值模式，评估蓝天计划对河南大气环境的削减效果。结果表明，在2013年7月—2014年6月气象条件下，《蓝天工程行动计划》使得2015河南省可吸入颗粒物年均浓度降低幅度在3.3%～7.3%；2016年均浓度降低幅度在7.0%～11.0%；2017年均浓度降低幅度在9.3%～13.3%。

（8）基于空气质量数值模式和源解析结果，构建大气污染物总量优化模型。结果发现，在基准气象条件下，如果周边地区污染物按照各自的目标责任书削减，河南省可吸入颗粒物年均浓度完成15%的削减目标，建议SO_2、NO_x、NH_3、VOCs和PM_{10}分别削减35万t、

53 万 t、25 万 t、19 万 t 和 16 万 t，为各自排放量的 31%、35%、28%、18%和 24%。如周边地区按目前排放强度排放，建议上述污染物分别削减 44 万 t、63 万 t、26 万 t、22 万 t 和 21 万 t，分别为各自排放量的 37%、42%、30%、22%和 31%。在极端不利气象条件下，如果周边省份维持目前排放强度不变，建议上述污染物分别削减 57 万 t、83 万 t、37 万 t、27 万 t 和 35 万 t，分别为各自排放量的 49%、55%、42%、27%和 52%。

（9）受到 VOCs 控制较难量化、气象条件、周边控制力度以及削减评估等方面不确定性的影响，本书结果有一定的不确定性，建议开展进一步工作。

第7章

河南省大气灰霾污染防治对策与建议

河南省总面积16.7万km²，占全国面积的1.74%，却承载了全国近10%的人口，过高的人口密度、经济活动产生巨大的能源消耗，由此产生的废气是大气污染的主要来源；同时，受风向、气候因素的影响，周边省份的外来输送污染物带来较大影响。河南省的大气灰霾污染属于煤烟尘、机动车尾气、扬尘和二次气溶胶、氨、挥发性有机物为主的多源复合型污染。

本地源污染为主：随着经济的快速发展，河南省大兴土木，引进外资，开办工业园等，将大量污染物排入大气，大规模经济建设一定程度上危害了大气环境。气态污染物（二氧化硫、氮氧化物）由于其性状不稳定，在空气中停留时间短，多以本地污染为主，夏季氮氧化物集中在东南部农业县市；而较为稳定的颗粒物则不仅有本地污染源，也有外来输送，以京广—陇海铁路作为分界线，西北污染较严重，东南污染较轻，郑州地处陇海线和京广线交汇处，环境空气质量更差；太行山山脉东侧存在大气污染物的"聚集带"，工业较为集中，地理条件不利于污染扩散，导致污染物在河南省西北集聚，这与河南省整体的工业布局、自然资源分布和各城市工业企业的发展水平关系密切。

外来输入加剧污染：河南省地势西高东低，北、西、南三面环山，东部平原，空气污染状况具有显著的地理分布特征，地形条件导致河南省大气污染物的输出不利，整体是净输入状态。冬春季，受北风影响，河南省西北部、中部受到来自河北和山东方向的东北输送通道、来自山西和陕西方向的西北输送通道影响较大；夏秋季主导风向为东南风，东南部受到安徽影响，西南部受湖北输送影响，存在季节性输送（秸秆焚烧）。

气象条件影响显著：河南省为大陆性季风气候，冬季污染物浓度最高，春、秋季次之，夏季最轻，大气污染物浓度变化呈U形，与冬春季取暖燃煤量大、静风天气有明显关系；受秸秆焚烧影响，每年的6月、10月会出现局部高值。冬季比较容易形成不利于污染物扩散的地面天气形势，地面和低空风速较小，常伴有较强的辐射逆温或低空逆温，导致污染物不断积累；城市建设增大了地面摩擦系数，近地面污染物（低矮锅炉排放口、生活面源、机动车尾气、道路及工地扬尘等）得不到好的横向稀释的条件，容易在城区内积累高浓度污染；而高空有风，大型电厂等企业的高烟囱则相对较易扩散，导致下风向的区域形成外来输送污染。

河南省产业结构转型升级步伐缓慢，发展模式依然粗放，污染物长期超环境容量排放，多年的经济发展使得大气污染物长期积累；经济总量、能源消耗、人口数量仍将保持较快增长，生态资源、环境容量和经济快速发展的矛盾仍将加剧，并将长期存在。随着经济社会的快速发展，以煤炭为主的能源消耗大幅攀升，机动车保有量急剧增加，氮氧化物（NO_x）和挥发性有机物（VOCs）排放量显著增长，臭氧（O_3）和 $PM_{2.5}$ 污染加剧，在 PM_{10} 和总悬浮颗粒物（TSP）污染还未全面解决的情况下，京津冀及其周边地区（包括河南）等区域 $PM_{2.5}$ 和 O_3 污染加重，河南灰霾现象频繁发生，能见度降低。

改善环境质量的关键是减少污染的排放，大气污染问题既与燃料结构有关，也是人口、交通、工业高度集聚的结果，需要综合性治理，河南要抓大气主要污染成因（能源结构、产业结构），关注重点区域（京广、陇海铁路沿线几个大城市），着手锅炉、工业、机动车、扬尘、秸秆方面的管理治理，推动区域联动减少污染。大气灰霾污染防治，不仅需要强化企业和政府的责任，更需要广大市民同努力、共奋斗，全社会形成合力持续推进，促进河南省大气环境质量的持续改善。

7.1　实施颗粒物和气态污染物协同控制，全力完成大气削减责任目标

7.1.1　多种污染物造成复合型大气污染

随着城市化、工业化、区域经济一体化进程的加快，河南省大气污染正从局地、单一的城市空气污染向区域、复合型大气污染转变，表现出明显的区域大气污染特征——SO_2、NO_x、VOCs 和颗粒物等多种污染物造成的复合大气污染。由二氧化硫、氮氧化物等前体物二次生成的盐类是河南省最重要的大气 $PM_{2.5}$ 组分，占质量浓度的 29%～52%。因此，同时考虑 $PM_{2.5}$ 一次源及二氧化硫、氮氧化物等多种前体污染物协同控制，是河南省灰霾防治的核心工作，也是颗粒物减排的首要工作。

当前河南省以煤炭为主的能源结构未发生根本性变化，煤烟型污染作为主要污染类型长期存在，城市大气环境中以二氧化硫、氮氧化物和可吸入颗粒物为特征的传统煤烟型污染问题依然严重，污染问题没有全面解决；同时机动车保有量持续增加，尾气污染愈加严重，城市建设、农业发展等引起的挥发性有机物、臭氧和颗粒物细粒子等二次污染问题接踵而至，灰霾、光化学烟雾、酸雨等复合型大气污染物问题日益突出，并以城市为中心向区域蔓延。

7.1.2　实施多污染物协同控制

依据源清单，河南省主要的大气污染物中，氮氧化物、二氧化硫、颗粒物（包含 PM_{10} 和 $PM_{2.5}$）和 NH_3 排放比为 11∶9∶5∶7，四种污染物的排放总量接近 440 万 t。以排放总量而言，气态污染物氮氧化物、二氧化硫仍是大气污染物的主要组成，必须严格控制。从对大气灰霾的影响程度看，颗粒物、NH_3 污染物的直接排放量虽然小于氮氧化物和二氧化硫，但其对灰霾影响非常显著；也必须要重点控制。

全面控制区域大气复合污染。对 SO_2、NO_x、NH_3 和颗粒物等多种污染物造成的复合大气污染进行协同防治，是关系河南省大气污染防治成否的关键所在。全面控制区域大气复合污染，不仅仅考虑 SO_2、NO_x，要进一步加强其他污染物排放总量控制，在重点行业（建材、火电、钢铁、有色、石油和化工）、机动车、建筑行业实施一次颗粒物排放总量控制，协同对烟粉尘以及石化、喷涂等十大重点行业挥发性有机物（VOCs）污染，以及温室气体等进行防治。逐步建立详细的颗粒物及其前体物排放动态数据库，分析确定节能减排和污染控制协同效应及调控技术对策。

强化《河南省蓝天工程行动计划》（豫政[2014]32 号）相关措施。依据《国务院关于印发大气污染防治行动计划的通知》（国发[2013]37 号），河南省制定下发《河南省蓝天工程行动计划》（豫政[2014]32 号），着力缓解可吸入颗粒物、细颗粒物、SO_2、NO_x 等污染因子对大气环境造成的影响。

针对《河南省蓝天工程行动计划》中各项大气污染防治措施进行量化，进行不同场景的数值模拟，对全省可吸入颗粒物浓度的削减效果进行定量评估；在基准排放清单（2013 年）的基础上，模拟了《河南省蓝天工程行动计划》的实施对可吸入颗粒物的改善效果，可得到如下结论：如果分年度落实减排政策，河南省可吸入颗粒物的浓度会有明显改善：2015 年可吸入颗粒物浓度相比 2013 年降幅在 3.3%～7.3%，2016 年相比 2013 年降幅在 7.0%～11.0%，2017 年相比 2013 年降幅在 9.3%～13.3%。

为达到《目标责任书》所需要的大气污染物排放源的削减比例（15%），在基于基准年（2013 年 7 月—2014 年 6 月）气象条件（即气象条件不变）前提下，如果周边省份完成各自的削减目标，河南省 SO_2、NO_x、NH_3、VOCs 和 PM_{10} 需要分别削减 35 万 t、53 万 t、25 万 t、19 万 t 和 16 万 t，分别为各自排放量的 31%、35%、28%、18%和 24%；如果周边省份维持目前排放强度，即周边省份未完成责任目标任务，河南则需要削减更多的污染排放量，SO_2、NO_x、NH_3、VOCs 和 PM_{10} 需要分别削减 44 万 t、63 万 t、26 万 t、22 万 t 和 21 万 t，分别为各自排放量的 37%、42%、30%、22%和 31%。如果 2017 年为恶劣气象条件，大气污染物更加不易扩散，这意味着河南省 SO_2、NO_x、NH_3、VOCs 和 PM_{10} 需要分别削减 57 万 t、83 万 t、37 万 t、27 万 t 和 35 万 t，分别为各自排放量的 49%、55%、42%、27%和 52%。

7.2 优先控制颗粒物、氮氧化物及氨的排放总量

7.2.1 颗粒物、氮氧化物和氨是形成大气灰霾的核心污染物

河南省城市环境空气首要污染物仍为颗粒物，大气污染较为严重。从 2014 年河南省大气污染物的监测浓度看，全省 PM_{10} 年均浓度值为 136 μg/m^3，18 个地市浓度值在 125～158 μg/m^3，全部超出二级浓度限值；全省 $PM_{2.5}$ 年均浓度值为 82 μg/m^3，18 个地市浓度值

在 71～97 μg/m^3，全部超出二级浓度限值。

NO_x 也是造成河南省城市大气污染的重要污染物。“十一五”以来，河南省的 NO_x 排放量得到了较为显著的控制，但 NO_x 及其生成物对河南省的大气环境仍造成显著影响。2014 年河南省大气 $PM_{2.5}$ 的成分分析中，NO_3^-是主要的组分之一，其质量占比超过 20%。目前河南省氮氧化物排放量的削减工作，仍大有可为。

氨对大气二次气溶胶的生成具有重要作用。氨是大气中唯一的碱性气体，能与硫酸根、硝酸根等一系列阴离子生成铵盐。铵盐是我省大气 $PM_{2.5}$ 的主要组成成分，其摩尔浓度排在各种离子的第一位。在重灰霾天气过程中，铵盐的质量浓度占 $PM_{2.5}$ 的 50%以上。

颗粒物、硝酸根和铵也是形成灰霾天气的主要污染物。立体监测结果表明，河南省的灰霾天与大气颗粒物尤其是 $PM_{2.5}$ 浓度具有高度相关性；而相关研究表明，NH_3 在灰霾天的形成中起到催化剂作用，是重灰霾的形成过程中最重要的化学组分。硝酸根则是灰霾细离子的主要组成部分。综上可知，颗粒物和 NH_3 是河南省大气灰霾治理最关键的污染因子，控制大气颗粒物、氮氧化物及氨的浓度对治理灰霾、改善河南省的环境空气质量、完成大气削减责任目标至关重要。

7.2.2　颗粒物排放量的削减需要各部门齐抓共管

河南省大气颗粒物的直接排放源较为分散。源清单结果表明，$PM_{2.5}$ 和 PM_{10} 主要来源于电厂、工业生产、交通源、居民生活及建筑、道路扬尘等；其中 $PM_{2.5}$ 工业源排放约占其直接排放总量的 52%；PM_{10} 的建筑扬尘排放约占总排放的 45%，其次工业扬尘排放约占总排放的 22%。

要有效削减颗粒物的排放量，必须协调多部门来齐抓共管。$PM_{2.5}$ 总量削减的核心控制工业排放，尤其是削减水泥、火电及金属冶炼行业的 $PM_{2.5}$ 排放量进行削减；同时也有效控制机动车数量，加强居民生活小散源的控制；PM_{10} 的总量控制则要把重心放在控制建筑、交通扬尘上，同时也要强化对火电厂、水泥厂等的管控。

城市扬尘控制就是当前颗粒物排放量削减的一个有效抓手。源解析结果表明，郑州市扬尘已经成为城市 $PM_{2.5}$ 的首要污染来源，贡献率为 25.4%；其对 PM_{10} 的分担率更是达到 38.7%，也是其第一大来源。其中土壤尘（包含道路尘）占 28.8%，建筑尘占 9.9%。而根据相关估算结果，2013 年建筑、市政工程施工产生的扬尘占郑州市扬尘总量的 91.7%。

兰州市的相关管理模式和经验对河南省有很好借鉴作用。在扬尘污染防治中，兰州市的联动机制卓有成效，即城区深入推行“属地化、网格化”管理制度：城区 49 个一级网格由市级领导包抓，338 个二级网格由市级部门包抓，1 482 个三级网格由县级干部包抓，每块网格的治污责任落实到人，并执行严格的督查考核制度。各县区政府与所辖街道、乡镇签订责任书，在各街道社区设置了环保专干，对燃煤小锅炉、小火炉及道路开挖施工、建筑拆迁施工和道路清扫扬尘实行责任到人的包区域监管，形成了纵向到底、横向到边的污染监管模式，保证扬尘和燃煤两大低空面源污染得到有效管控。

7.2.3 氮氧化物的削减主要依靠工业锅炉的脱硝工程和机动车减排

河南省大气源清单表明，河南省的 NO_x 的排放来主要源于电厂源、工业源、交通源和居民源，其中电厂源、工业源和交通源排放超过总排放量的 98%。

要有效削减 NO_x 的排放量，必须要抓主要排放源。NO_x 总量削减的核心控制工业锅炉的排放；同时加强居民生活小散源的控制。按照河南省蓝天行动计划的安排，2014 年 6 月底前，河南省所有的燃煤机组锅炉废气完成脱硝处理，氮氧化物浓度达到国家现行火电厂大气污染物排放标准；2015 年 6 月底前新型干法窑外分解水泥熟料生产企业完成烟气脱硝处理，脱硝效率达到 70%以上，氮氧化物排放浓度达到国家水泥工业大气污染物排放标准；2015 年，化工行业完成脱硝治理，氮氧化物排放浓度达到河南省相关行业的排放标准要求；2016 年冶金、焦化和玻璃窑炉烟气完成脱硝治理，脱硝效率达到 70%以上。这些措施的落实将会实现河南省氮氧化物排放的显著降低。

此外，针对机动车排放的 NO_x 进行控制，也是氮氧化物削减的一项重要工作。源清单表明，河南省机动车排放的 NO_x 总量占比超过总量的三成。而近年来河南省机动车数量的增加速度较快，落实机动车减排，需要多部门的综合协调，加大机动车尾气监测能力建设的投入，大幅加强对机动车排放的监管。统计表明，河南省机动车减排严重滞后，下一步仍有较大的潜力可挖。

7.2.4 氨排放量的削减主要依靠控制农业施肥量，加强对畜禽养殖的监管

$PM_{2.5}$ 的二次粒子中水溶性气溶胶粒子与大气中 NH_3 的含量相互关联，研究表明，人为源 NH_3 排放主要来自农业。研究表明，减少农业源 NH_3 排放可有效减少空气中的 $PM_{2.5}$ 浓度，控制 NH_3 排放是减少大气颗粒物浓度最经济有效的方法。

河南是全国农业大省，化肥是粮食生产中的重要影响因素之一，农田化肥施用量占全国的 11.7%，规模化养殖场/小区 21 100 家，均位居全国第一，NH_3 排放量大。氨排放源包括农田化肥、畜禽养殖业以及生物质燃烧、人体排放、化工行业、废物处理和机动车尾气等行业。源清单表明，2013 年河南省共排放氨 88.7 万 t，其中来自农田施肥及畜牧养殖的排放量占总排放量的 97%；其中畜牧业约占了 55%，农田排放约占 40%。南阳、信阳、驻马店、周口和商丘五个农业大市是全省 NH_3 的主要排放地区，其累计排放量约占全省总排放的 50%。

畜牧、养殖业的氨排放主要来自畜禽的粪便、尿液处理工程。目前，河南省畜牧业在建设的时候很少会建造粪便处理设施或配套粪便掩埋场。除了畜牧业，化肥的滥用也是一个重要的氨排放源。中国每公顷农田每年施肥约 400 kg，是欧美国家的 4 倍，当季利用率还不到 30%，而欧美可以达到 60%～70%；化肥过度使用情况非常严重。按照农业部门的数据，1984—2013 年，我国亩均化肥施用量增长了 225%，但是粮食产量只增长了 56%；高效施肥方式的推广也能有效降低肥氨的挥发排放；目前，河南省还存在大量直接将化肥

洒在土壤表面的施肥方式，如果能推广土层下 4～6 cm 的施肥方法，将能有效地降低肥氨的挥发；新型的脲酶抑制剂等新技术的推广应用也能有效降低农业肥氨的排放。

7.3 严格控制重点行业大气污染物排放

7.3.1 控制小、散污染源是当前河南省控制大气污染最直接有效的手段

小、散污染源所产生的大气污染主要包括颗粒物和二氧化硫、氮氧化物和氨等。其对形成灰霾的实际影响程度全面、直接。据统计，2013 年河南省工业锅炉 4 025 台，但民用在用锅炉数量一直底数不清，尤其 20 t 以下小型燃煤锅炉存在监管和治理难的问题，而参考数据显示，20 t 以下燃煤锅炉始终是排放超标的重灾区，未上任何脱硫除尘设施，普遍使用劣质煤，更加重环境空气污染。在 2014 年环保部对华北地区重点城市大气污染治理工作综合督查中，河南的燃煤散烧污染治理不到位被点名，郑州市集中供热率仅 25.8%，每年散烧用煤量超过百万吨，没有采取有效的治理措施。控制小、散源可从以下几点入手。

（1）加强锅炉行业管理。目前工业锅炉没有明确的行业管理部门，国家对工业锅炉的管理主要局限于作为压力装备的安全方面，量大面广的工业燃煤锅炉缺乏行业管理，导致锅炉行业节能减排监督不力，技术进步缓慢。

（2）提高国家锅炉大气污染物排放标准执行率。新发布的《锅炉大气污染物排放标准》（GB 13271—2014）对燃煤、燃油和燃气锅炉的颗粒物、二氧化硫、氮氧化物等污染物排放浓度限值提出了更高的要求，需要针对民用锅炉小而散，标准执行力度难，小锅炉没有约束机制等突出问题提出切实可行的解决对策。

（3）推广先进节能环保锅炉，坚决拆除小锅炉；尤其是 10 t 以下的小型燃煤锅炉。尽管近年来高效煤粉锅炉等节能环保先进锅炉技术已有突破，但缺乏激励机制和政策支持，这类先进锅炉技术没有得到很好的推广应用。而淘汰 20 t 以下的热水、蒸汽锅炉，转而采用集中式的供热、供水，不仅能提高工地效率，降低污染物的排放量，同时也便于监管；可有效降低河南省大气中颗粒物和二氧化硫的浓度。

7.3.2 加强工业大气污染物排放的源头治理

根据源清单研究，非金属矿物制品业、电力、热力生产和供应业、黑色金属冶炼和压延加工业、有色金属冶炼及压延加工业、化学原料和化学制品制造业是河南省 SO_2、NO_x、CO、$PM_{2.5}$ 和 PM_{10} 等主要污染物的重点排放企业类型。全面控制区域大气复合污染，要进一步加强各类污染物排放总量控制，在重点行业（建材、火电、钢铁、有色、石油和化工）、建筑行业实施污染物排放总量控制，协同对挥发性有机物（VOCs）污染，以及温室气体等进行防治。

控制火电、建材、钢铁等高污染行业。河南省七个典型城市中，安阳、平顶山、信阳

工业贡献居各市影响的首位，郑州、开封、周口工业贡献排第二，贡献率在 18.8%～32.1%。河南省污染物的主要排放行业集中在工业能耗比较高的电力、热力生产和供应业，非金属矿物制品业以及黑色金属冶炼和压延加工业。

实施区域性季节性排放总量控制，禁止新、改、扩建火电、钢铁、建材、焦化、有色、石化化工等行业中的高污染项目。远期科学规划调整，分期分批将重污染企业迁出环境空气敏感区。实施严格限排措施，强制企业有效运行治污措施：对于火电行业，分期分批对河南省 262 台燃煤机组锅炉提标改造，实行湿式电除尘、脱硫增容和脱硝深度改造，要求污染物排放达到《火电厂大气污染物排放标准》（GB 13223—2011）特别排放限值；新型干法窑外分解水泥熟料生产线及水泥磨机完成粉尘治理设施提标改造和烟气脱硝治理，脱硝效率达到 70%以上，污染物排放达到《水泥工业大气污染物排放标准》（GB 4915—2013）特别排放限值；钢铁行业烧结/球团设备要求全部建成脱硫或制酸设施以及烟尘治理，要求达到《钢铁烧结球团大气污染物排放标准》（GB 28662—2012）特别排放限值，轧钢、炼钢、炼铁企业污染物排放达到相关新标准；玻璃行业完成脱硫脱硝治理，脱硫效率达到 85%以上、脱硝效率达到 70%以上，要求达到《平板玻璃大气污染物排放标准》（GB 26453—2011）、《电子玻璃大气污染物排放标准》（GB 29495—2013）等相关标准；黄金冶炼、铅锌冶炼行业建成脱硫或制酸设施以及烟尘治理，要求污染物排放达到相关行业的排放标准，河南省有更严格的要求时执行河南省标准；含砖瓦、石材、耐火、陶瓷等建筑材料制造业完成烟尘综合治理，要求达到《砖瓦工业大气污染物排放标准》（GB 29620—2013）、《陶瓷工业大气污染物排放标准》（GB 25464—2010）等要求，河南省有更严格的要求时执行河南省要求；焦化行业完成脱硝除尘治理，脱硝效率达到 85%以上，达到《炼焦化学工业污染物排放标准》（GB 16171—2012）特别排放限值；化工行业完成脱硫脱硝治理，脱硫效率达到 85%以上，化肥行业氮氧化物达到河南省相关要求；对于无组织排放，对工业企业的物料处理、输送、装卸、储存过程进行封闭，对块石、黏湿物料、浆料，以及车船装卸料过程采取有效抑尘措施，控制颗粒物无组织排放，各重污染行业执行相关标准。

7.3.3 推进产业结构升级，调整能源结构

从产业能耗所占比例来看，河南省第二产业是耗能大户，省委、省政府出台的《加快推进产业结构战略性调整的指导意见》，产业结构调整目标要大力发展技术含量高、市场潜力大的高成长性制造业，加快培育先导作用突出的战略性新兴产业，在具有比较优势的电子信息、新能源汽车等领域抢占先机，打造传统支柱产业新的竞争优势。严控高耗能、高排放行业盲目扩张，健全落后产能退出机制。

煤炭是河南省主导性的燃料来源，占全省能源消耗量的八成以上，工业用煤集中在电力、水泥、黑色金属冶炼、化工、采矿等行业，与河南省产业结构相匹配。河南省重点区域煤炭使用对 $PM_{2.5}$ 的贡献在 35.7%～53.2%。

河南省大气污染防治的重点之一在于优化能源结构，逐渐减少煤炭消费量，建成以使

用电和天然气等清洁能源为主的城市，在 2013 年煤炭消费总量 3.0 亿 t 的基础上，每年削减煤炭用量 2%，争取到 2020 年，将煤炭消费总量降低到 2.6 亿 t。淘汰小型燃煤锅炉，提高能源利用效率。对于必须使用燃煤作为能源的工业企业，必须有严格的烟气净化措施。城市建成区禁止新建燃煤、重油锅炉，完成 10 t/h 及以下燃煤锅炉清洁能源改造或拆除；工业、生活 10 t/h 以上燃煤锅炉综合治理，脱硫效率达到 85%以上，污染物排放达到《锅炉大气污染物排放标准》（GB 13271—2014）特别排放限值。

7.3.4　控制机动车污染

河南省本地污染源中，机动车对城市 $PM_{2.5}$ 影响较大，已经成为一个主要污染来源，机动车年平均贡献率为 22.1%。

控制机动车污染，第一，提高汽车尾气标准及车用汽油排放标准，加快推进车用油尽早达到国 V 标准是最直接也是最有效的手段之一。第二，提高燃油质量，推进新能源汽车，2015 年底前全面供应国Ⅳ标准车用汽油，2016 年底前全面供应国Ⅳ标准车用柴油，在城区全面停售 90 号汽油，鼓励使用清洁替代燃料或推广燃料清洁剂。第三，加快淘汰黄标车和老旧车辆，2014 年淘汰行政事业单位 2005 年年底前注册的黄标车，2015 年全面淘汰 2005 年年底以前注册的营运黄标车，2017 年基本淘汰黄标车，估算至 2017 年，机动车尾气污染物下降约 10%。第四，加强在用车监管，发展公共交通。

7.4　重点控制郑州、安阳的大气污染物排放

7.4.1　郑州市是全省大气污染物排放量最大的城市

郑州市大气灰霾现象突出。源清单统计结果表明，郑州市的大气污染物排放总量居全省第一位。其 SO_2、NO_x、PM_{10}、$PM_{2.5}$、VOCs 五种污染物的排放量均居全省第一。巨大的大气污染物排放量，对郑州市的大气质量造成了显著影响。卫星遥感和地面监测的结果都表明，以郑州市为中心、包括开封、洛阳、新乡等市部分地区在内，存在一个较显著的大气污染物“聚集区”；受该“聚集区”的影响，2014 年，郑州市在气象上被定义上的“灰霾”的时间达到 233 d；其中居民明显感觉不适的中度、重度灰霾达到 47 d，属于国内灰霾较严重的城市之一。因此，重点控制郑州市迫在眉睫。

扬尘污染是郑州市最重要的大气 $PM_{2.5}$ 污染来源。源解析结果表明，郑州市全年扬尘对 $PM_{2.5}$ 贡献率为 26%，是郑州 $PM_{2.5}$ 污染的第一大来源，其主要来源有以下三个。

粗放施工造成的建筑扬尘。随着河南省城市化进程的加快，包括郑州在内的许多城市正处于城市建筑施工的高峰期，建筑、拆迁、道路施工及堆料、运输遗撒等施工过程产生的建筑尘，已成为城市重要的扬尘源。

不容忽视的道路扬尘。随着河南省城市人口不断增加，机动车数量迅速增长，交通干

道上的颗粒物被反复碾压与汽车排放的尾气颗粒物混合，共同形成道路扬尘，道路扬尘对空气颗粒物的贡献除了与自然风力有关以外，更重要的是与道路的等级、清扫方式、车流量及车速等人为因素有关，所以道路扬尘对大气颗粒物的贡献不容忽视。

量大面广的土壤扬尘。由于地表裸露、气候干燥、风力等因素，各种沉降在地面的颗粒物、气溶胶离子就又会进入空气，形成土壤扬尘。土壤扬尘主要来自于城市周边农田、河道、山体等，以及城市内部的裸露地面包括市区内待开发土地、未绿化或硬化的空地等。

由于扬尘污染源点多面广，难以统一治理，而且河南省地处北方，土壤质地疏松，秋冬春季干旱少雨，这些不利的气候条件和自然条件，更加重了扬尘污染。因此，控制扬尘必须由各地人民政府主导，各部门协调分工；细化目标，明确责任，真正做到领导牵头，落实到人，夯实责任，形成一级抓一级，真正把扬尘污染防尘工作落到实处，做出成效。

工业排放量全省最大。源解析结果表明，工业过程对 $PM_{2.5}$ 贡献率为 20%，是郑州 $PM_{2.5}$ 污染的第二大来源。而根据源清单结果，郑州市的 SO_2、$PM_{2.5}$ 和 VOCs 主要来源于工业源的排放，这三种污染物工业排放分别占总排放的 52%、44%和 74%。电厂源对 SO_2 和 NO_x 的贡献较大，分别占总排放的 37%和 48%。建筑扬尘对郑州市的 PM_{10} 贡献较大，占 41%。

结合郑州市大气污染物排放的工业类型可知，火电厂，水泥陶瓷产业，铝-电产业，造纸业是 SO_2、NO_x、PM_{10}、$PM_{2.5}$ 污染物的主要排放行业，四大行业排放的大气污染物量超过排放总量的 2/3。控制郑州市工业大气排放的重点就是控制这四大产业类型。

机动车污染较突出。除了工业排放外，郑州市的机动车污染也较为突出。根据源解析结果，机动车排放对 $PM_{2.5}$ 贡献率为 19%，是 $PM_{2.5}$ 的第三大来源。相对其他周边大中城市而言，郑州市单位面积内机动车保有量比例偏高。郑州市建成区面积 294 km^2（全国第 21 名），机动车保有量达到 280 万辆（全国第 10 名）（其中黄标车近 20 万辆），单位面积机动车保有量比例约为 0.95，居全国前列，超过周边省份的省会城市。

除了单位面积的机动车的保有量较大外，河南高速公路通车总里程超过 6 000 km，全国第一，公路通行量颇高，过境车辆尤其重型货车非常多，尤其夜间无证照、假证照、超标车辆上路，且由于车辆保有量激增、部分高速路段施工等原因，致使高峰期部分高速公路出现短时间拥堵现象，由此排出的机动车尾气污染物量非常高。此外，河南省的油品质量也落后于北京等发达地区。河南刚刚实行国Ⅳ汽油，尚不排除部分农村等落后地区仍有暗渠道流通的劣质油。

7.4.2 安阳市的大气污染程度全省最重

安阳市是河南省大气污染最严重的城市之一。根据河南省大气污染源清单，安阳市单位面积的 SO_2 排放量为 21 t/km^2，单位面积的 $PM_{2.5}$ 排放量为 6.3 t/km^2，分别是全省平均水平的 2.1、2.5 倍；均位居全省前列；来自气象部门的数据表明，2014 年，安阳市出现中度、重度灰霾达到 69 d，即全年约 1/5 时间，当地居民明显感觉不适；卫星遥感及地面监测结果也表明，安阳处于华北平原上以邯郸—邢台为中心的污染聚集带上。与省内其他城市相比，安阳市污染程度相对较重，是国内灰霾最严重的城市之一。2014 年年底，安阳市由于大气污染问题遭到环保部点名批评。

工业排放是安阳市最重要的大气 $PM_{2.5}$ 污染来源。根据源解析结果，工业过程对 $PM_{2.5}$ 贡献率为 32%，是安阳 $PM_{2.5}$ 污染的第一大来源。机动车对 $PM_{2.5}$ 贡献率为 21%，是安阳 $PM_{2.5}$ 污染的第二大来源。扬尘和燃煤分别是安阳 $PM_{2.5}$ 的第三、第四大污染来源（贡献率分别为 16%和 15%）。前四大污染源对安阳 $PM_{2.5}$ 的贡献率总和为 84%。其他 14%可能来源于生物质燃烧、餐饮、涂料等。

结合安阳的产业结构，钢铁冶炼、火电厂、炼焦、水泥/陶瓷业、有色金属冶炼是其大气污染物的主要排放行业，这四大行业的排放量占安阳市工业大气排放总量比例超过 60%。

此外，周边省份的污染输送对安阳影响显著。安阳市的大气污染来源相对复杂。除了本地排放外，安阳还较易受到河北省的影响。根据大气模型模拟的结果，安阳市是河南省受到外来输送污染影响最重的城市之一；省外输送污染物总量约占其总量的 1/3。在重污染季节，外来输送的贡献可高到 50%；因此，区域共治、联防联控是对安阳市实现区域整体空气质量改善非常必要。

坚持区域共治、联防联控，进一步完善区域联防联控机制，定期协商区域大气污染防治重大事项，组织实施环评会商、联合执法、信息共享、预警应急等大气污染防治措施，通报区域大气污染防治工作进展，治理时加强地区联手，研究确定阶段性工作要求、工作重点和主要任务，以达到最佳治理效果。区域联防联控的核心是做到以下两点。

完善灰霾监测预警信息共享和发布制度。中国的 6 000 家重点企业排放了 65%的废气，河南的 200 多家重点企业（国控源+省控源）排放了全省的 70%废气，目前河南省重点源环保信息已逐步向公众公开发布，“只有信息公开才是一切公众参与的基础”，请老百姓参与身边的环保监督举报。建立灰霾污染防治考核和奖惩制度，环境空气质量不达标的城市要制定限期达标规划，对工作责任不落实、工作进度滞后、造成严重污染事件的地区和部门，要严肃追究责任。

建立区域重污染天气应急联动机制。各级政府制订并实施灰霾天气环境应急预案，建立区域（携手周边省份、省内城市群）重污染天气应急联动机制，根据灰霾天气变化情况，适时启动环境应急工作，努力控制大气污染。省市两级重污染天气应急预案须定期开展演练、评估与修订，落实政府主要责任人负责制，配套实施方案。当单个城市空气质量达到重污染天气预警等级时，及时启动城市重污染天气应急预案；多个城市空气质量达到重污染天气预警等级时，同时启动省级、市级应急预案，推动城市联动、共同应对。重污染日应急方案在重点减排企业中，停产高污染企业，完全切断污染源；通过降低生产负荷，减少污染供需，市县限产污染减排。

7.5 控制 1 月、12 月及秸秆焚烧季节的大气污染物排放

7.5.1 河南省空气污染呈现显著时间差异，冬季最差

河南省城市环境空气质量具有明显的季节特征。灰霾季节分布不尽相同。但总体表现为秋冬季节尤其是冬季的灰霾天数高于春夏季节（除开封）。轻微灰霾在春夏季节出现得最多，轻度灰霾大多出现在秋季，而重度灰霾主要出现在秋季和冬季。与河南省大气污染规律基本一致，几种污染物的浓度均表现为冬季最高，春秋两季次之，夏季最低的特点。从月际分布来看，各种污染物浓度均在 1 月出现最高值，而最小值一般出现在 7 月、8 月、9 月。此外，受秋季秸秆燃烧、不利气象条件等的影响，每年的 6 月、10 月易出现污染物的局部高值。

河南省为大陆性季风气候，冬季污染物浓度最高，春、秋季次之，夏季最轻，大气污染物浓度变化呈 U 形，与冬春季取暖燃煤量大、静风天气有明显关系。冬季比较容易形成不利于污染物扩散的地面天气形势，地面和低空风速较小，常伴有较强的辐射逆温或低空逆温，导致污染物不断积累；城市建设增大了地面摩擦系数，近地面污染物（低矮锅炉排放口、生活面源、机动车尾气、道路及工地扬尘等）得不到好的横向稀释的条件，容易在城区内积累高浓度污染；而高空有风，大型电厂等企业的高烟囱则相对较易扩散，导致下风向区域形成外来输送污染。

7.5.2 重点控制 12 月至次年 1 月污染物排放，强化 6 月、10 月的秸秆焚烧的监管

优化能源结构，减少冬季燃煤。河南省地理位置决定大气扩散能力，冬春季空气质量明显不如夏秋季，与冬春季取暖燃煤量大、静风天气多有明显关系，排放污染物扩散慢。控制面源污染，力争到 2017 年底实现全省淘汰小型燃煤锅炉，在全省主要城市城区实现无燃煤区。改变采暖供热方式，使供热燃煤逐步由分散、低效、高耗和低空排放向集中、高效和低污染转化，发展区域型、大规模集中供热，形成以热电联产为主体的供热体系。

严控冬季工业生产。对于一些污染大户如铝厂和建材基地等，合理安排生产时间，尽可能将大宗生产任务放到夏秋季进行，而秋冬季作为休整时间，或在灰霾严重时段停止生产，尤其采暖期间对城市周边的铸造、砖瓦等重污染企业实行强制停产减污。冬季采暖期，推进热电联产，加快集中热源建设，实施拆小并大，用优势热源淘汰落后小热源，提高清洁能源比重。非保障民生的企业如出现二氧化硫超标排放应立即实施停产治理。承担供热、供电等民生保障工作和因生产工艺特殊不能停产治理且污染物不能稳定达标排放的企业应最大限度实施限产减排措施。

强化污染源监管。针对主要城区及市郊的电厂及其他重点企业，采暖期采取限产停产措施，对未经审批擅自生产的企业严管重罚。要不间断关注生产和排放环节，实施 24 h 驻

厂监察和监控平台在线监测，对烟囱的进口和出口的烟粉尘、二氧化硫、氮氧化物的浓度实时值、瞬时排放量、小时值、月报表等加强观测，及时发现问题，如有超标排放实施高限处罚，强制企业有效运行治污措施。

加强在用车监管。对 NO_x 和 VOCs 减排贡献较大的是外埠车辆（特别是重型大货车、大客车）绕行和市域内机动车单双号限行，对扬尘减排贡献较大的是渣土车禁行。实施按车牌尾号区域限行交通管理措施，如按车牌尾号工作日（法定节假日除外）区域限行的机动车车牌尾号分为 5 组定期轮换限行日，可分批次推广至所有在运车辆，冬季、重大节会和严重污染时强制实行单双号限行；“冒黑烟”车辆一律 24 h 设卡劝返等。

控制冬季扬尘污染。扬尘污染源点多面广，难以统一治理，而且河南省地处北方，土壤质地疏松，秋冬春季干旱少雨，这些不利的气候条件和自然条件，更加重了扬尘污染。加大城市道路冲洗、保洁频次，提高机械化吸尘作业比重，逐年扩大道路冲洗和机扫保洁范围，减少人工清扫扬尘污染；秋、冬季无雨期间应每日于早、中、晚三个污染高峰时段的前 30 min 进行道路洒水，及时清理路面尘土和垃圾。四级以上大风天气或市政府发布空气质量预警时，严禁进行土方开挖、回填等可能产生扬尘的施工，同时覆网防尘；施工现场应保持环境卫生整洁并设专人负责，应安装使用喷淋装置，确保裸露地面全覆盖喷淋；施工单位在施工过程中，对转运土石方、拆除临时设施、现场搅拌等易产生扬尘的工序必须采取降尘和湿法作业措施。

控制秸秆焚烧。秸秆焚烧对河南省 6 月、10 月的大气质量影响显著。以 2013 年的数据测算，夏收和秋收季的秸秆焚烧等农业面源污染使河南省 6 月、10 月的 PM_{10} 浓度平均有大约 21%和 48%的提高。若以全年衡量，河南省及周边地区的秸秆焚烧可能造成全省大气颗粒物浓度均值有 2%～5%的提升。

秸秆焚烧防治要依托各级政府，加强组织领导，实行“网格化”管理。实行党政一把手负责制，成立协调机构，细化分解任务，明确监管责任，将责任落实到县和乡镇人民政府。同时要建立联动机制，齐抓共管，形成合力。农业、气象、公安、消防、林业等相关部门要各负其责，按照工作分工紧密配合。

具体做法上可实行“网格化”管理，即从市到县、从县到乡、从乡到村逐级建立秸秆禁烧工作网格，每块网格的禁烧责任落实到人，并执行严格的督查考核制度。各县区政府与所辖乡镇签订责任书，把责任落实到人，把任务具体到农户和地块。同时充分发挥乡、村等基层组织的作用，群防群治，对重点田块和敏感区域严防死守。

广泛开展秸秆禁烧宣传教育。让每个农户都能认识到焚烧秸秆的害处，禁烧秸秆的意义，应该采取全方位“广角度”多形式宣传办法，形成家喻户晓的宣传效应，充分发挥电台、电视台、宣传车等有声媒体宣传作用。相关部门可利用宣传车在广大农村巡回宣传，直接面向农民宣传焚烧秸秆物危害和禁烧秸秆的意义。在村庄可通过张贴悬挂标语等有形形式宣传，在农村中小学可发放“秸秆禁烧宣传手册”。秸秆禁烧的宣传教育应深入到田间地头，让每个农民了解到秸秆禁烧的政策规定、焚烧秸秆的严重危害和秸秆综合利用的好处。

拓宽秸秆综合利用渠道。要切实解决秸秆焚烧问题，仅仅靠死盯硬守抓防烧是不够的，必须坚持疏堵结合，探索和扩大秸秆的利用途径和利用率。因此，应该积极拓宽秸秆利用渠道，对秸秆综合利用的各项技术进行大力推广，引导农民对秸秆进行综合利用。

7.6 推动环保立法，加强政策保障

通过相关的立法手段来推动环境保护，目前是河南省大气环境保护的一项重要工作。例如，针对颗粒物、NO_x、SO_2 和 VOCs 等多种污染物造成的复合大气污染进行协同防治，是关系河南省大气污染防治成否的关键所在，建议出台《河南省大气污染防治条例》，全面控制区域大气复合污染，进一步加强各类污染物排放总量控制，确定节能减排和污染控制协同效应及调控对策。

河南省典型城市 $PM_{2.5}$ 的本地污染源中，扬尘平均贡献率为 17.7%，其中郑州市扬尘已经成为 $PM_{2.5}$ 的首要污染来源，建筑扬尘和道路扬尘贡献显著，如果不加以有效的控制，城市扬尘将是空气颗粒物的主要来源，建议出台《扬尘污染防治条例》，对各类扬尘污染防治措施进一步细化目标。

汽车产销量的飙升带来了严重的机动车污染问题，机动车尾气排放已成为空气污染的主要来源，过境车辆尤其重型货车非常多，郑州市单位面积内机动车保有量比例居全国首位，建议出台《机动车排气污染防治条例》，控制机动车污染。

人为源 NH_3 排放主要来自农业，化肥、畜禽粪便等，河南是全国农业大省，粮食主产区之一，化肥、农药使用量大，畜禽养殖量及污染物排放量全国第二，建议出台《农业环境污染防治条例》，加强农业面源污染治理，防治秸秆焚烧。

通过一系列由政府、人大主导的管理办法、法律法规等，进一步规范社会排污单位的行为，加强环境保护的精细化管理，确保河南省的大气环境保护“有法可依”，进一步推动河南省的大气环境保护工作。

7.7 加强宣传，发挥社会力量

有关部门应加大扬尘污染防治的宣传力度，营造控尘氛围。充分利用广播、电视、报纸、网络等主流媒体，开辟专栏宣传控尘措施，报道工作进展动态，曝光存在的问题。动员社会各方力量积极参与扬尘污染防治，例如可由市民担任扬尘防控监督员，对不执行扬尘防治措施的工地随时举报，还可组织各施工项目建设单位负责人进行扬尘污染防治培训，要求各类施工工地和物业小区必须在工地内醒目位置悬挂横幅、张贴标语，形成全社会共同参与扬尘污染防治工作的良好氛围。

总之，2014 年郑州市等省辖市城市建设力度仍在加大，例如郑州市 2014 年计划投资

700 多亿元用于 271 个建设项目，城市建设仍是重头戏。河南省又将面临大规模城市建设、改造带来的扬尘污染问题。为此河南省应尽快出台扬尘污染管理条例或办法，各级政府应切实采取有效措施，改变目前粗放的管理模式，才能保证河南省与环保部签署的空气质量改善目标的完成。

7.8　采用经济及政策导向长远调控

相比技术对策，政策导向可作为长期更为有效的调控手段。根据目前的产业结构、工业布局、能源结构等，建立长效措施和机制，完善有关规划和政策意见，有效手段包括行政管制、经济政策及产业政策等。从立法上，制定严格的排放总量和企业应该采取的环境技术规范并以法律法规的形式颁布，以强制企业执行，对烟粉尘-灰霾产生量较高的企业实施强制退出或者对某些落后工艺给出详细的退出时间表。

而相对于行政管制，经济政策效果则更好。首先是征税，税收作为经济发展的调节剂，可以有效地引导经济发展方向，调整消费习惯，合理调控经济发展与社会发展的关系等。如对在冬春季节依然进行生产的灰霾产生源较大的铝粉厂、建材厂课以污染税，征税的额度要足以影响到其正常收益，并作为灰霾整治专项资金不得挪作他用；鼓励民众低碳出行，高峰时段收取中心城区拥堵费，提高停车收费，对于非商务及公务用车，设置月油耗额度，超过限额加征污染税；同时对于减少灰霾产生源的行为和方式进行“负征税”，即补贴，直接的表现在于政府对公共交通给予财政补贴，以大幅降低公交和地铁费用，对于已有道路的整修和新建路段设置相应的单车道，同时提供便利的租车及车辆维修及保管服务，对于购买混合动力车和新能源汽车的消费行为给予补贴，动用公共财政对各种造绿行为进行扶持和技术援助。其次，近年来排污权交易在国际上方兴未艾，河南省也正在试行，排放成本低的企业通过将排污权转让给排污成本高的企业，双方的利益都能得到提高，而社会污染总量并未提高，在环境质量没有恶化的情况下，一部分成员的总福利得到改善。

推进空气质量考核，以奖惩促改善。2014 年《山东省环境空气质量生态补偿暂行办法》出台基于空气质量改善的生态补偿机制，其基础是各城市的空气质量排名，即在全省空气质量均未达到国家标准的情况下，空气质量同比改善的市，对全省治霾做正贡献，省向市补偿；同比恶化的市做出负贡献，市向省补偿，一季度一兑现一公开，体现“谁保护谁受益；谁污染谁付费”的原则。作为基础的空气质量，环境监测管理上升至省级，由第三方监测公司承接环境空气质量监测点位的运营，有效避免可能的干预，确保监测点位合理、监测数据科学准确。市、县、区可参照省级，对下一级开展生态补偿，也可进一步开展至乡镇和街道办事处，形成治理大气污染的层层递进的责任体系。生态补偿制度可积极调动地方党委、政府治理大气污染的积极性，强化改善空气质量主体的责任意识。

北京 APEC 会议、南京青奥会期间的非常规临时治污措施取得显著成效，其中部分治污措施转为常态化，借鉴并应用于河南省，才能逐步改善河南省的空气质量。《大气污染防治行动计划》明确提出环保、气象部门合作建立重污染天气监测预警体系；相关部门（公安、交通、农业、工信等）协作，加强对大气排放源的监管与淘汰。

7.9 鼓励公众参与，大力倡导绿色生活

大气环境质量和每个人的生活息息相关，全社会共同参与，大力倡导绿色生活，是大气污染防治的重要措施之一，《大气污染防治法》规定，任何单位和个人都有保护大气环境的义务。政府应大力提倡和鼓励公众采用绿色生活方式，并身体力行，起带头和榜样作用。

一是坚持低碳出行，公交优先。公共汽车、地铁、火车等公共交通工具载客量大，人均每千米排放的大气污染物少。政府应带头和鼓励乘坐公共交通工具、合作乘车、环保驾车，或者步行、骑自行车等绿色出行方式，既有益于健康、节约能源，又减少出行中产生的机动车污染物排放。

二是选择绿色消费，厉行节约，循环利用物品，参与垃圾分类。政府鼓励和引导公民、法人和其他组织使用有利于保护环境的产品和再生产品，减少废弃物的产生。公民应当遵守环境保护法律法规，配合实施环境保护措施，按照规定对生活废弃物进行分类放置，减少日常生活对环境造成的危害。选购绿色产品，循环利用物品，有助于减少产品生产、流通、消费及处理处置环节的污染和能耗，也有助于减少处理生活垃圾所需的运输、填埋或焚烧需求，从而降低这些过程的大气污染物排放。

三是养成节电习惯，适度使用空调。河南省是耗煤大省，发电、供暖均以燃煤为主，适度使用空调、关闭不用的电器电源等节约用电习惯，意味着减少燃煤，可以间接减少大气污染物排放。

四是扩大环保宣传教育层面，提高全社会环保意识。加大新闻媒体宣传报道力度，及时报道宣传生态建设和环境保护的先进典型和成功经验，调动群众参与环境保护的积极性和主动性。

提高全民的环境意识是一项刻不容缓的、复杂的、长期的任务，任重道远。唯有社会全方位协调与合作，齐心协力，建立健全环境意识的长效机制，才能切实提高全社会群众的环境意识，只有这样才能使全社会各界都积极参与到环保中来，人人具备环保意识，自觉履行环保义务，从自己做起，从身边的每一件小事做起，时时注意环境保护，才能真正解决环保问题。

建议：

将河南省纳入重点区域大气污染防治“十三五”规划，进入全国大气污染防治战略格局，进而在大气污染治理项目、重点污染源治理、政策、资金、技术等方面，给予支持。这对于河南省进一步强化大气治理工作、切实改善区域空气质量至关重要。

参考文献

[1] Anderson T L，Masonis S J，Covert D S，et al. In situ measurement of the aerosol extinction-tobackscatter ratio at a polluted continental site，J. Geophys. Res.，105，26907-26915，2000.

[2] Barrett K. Dry deposition in the EMEP NOx model：t he oversea parameterization. EMEP/ MSC2w note 3/94. 1994，Norwegian Meteorological Institute，Oslo.

[3] Bergin M S，Noblet G S，Petrini K，et al. Formal uncertainty analysis of a Lagrangian photochemical air pollution model. Evironmental Science and Technology，1999，33（7）：1116-1126.

[4] Binkowski，F.S，S. J.，Roselle，Models-3 Community Multiscale Air Quality（CMAQ） model aerosol component 1. Model description. Journal of Geophysical Research，2003，108：4183-4200.

[5] Blifford I H，Meeker，G O 1967，A factor analysis model of large scale pollution. Atmospheric Environment，1（2）：147-157.

[6] Burr M J，Zhang Y. Source apportionment of fine particulate matter over the Eastern U.S. Part I：Source sensitivity simulations using CMAQ with the Brute Force method. Atmos Pollut Res，2011，2：300-317.

[7] Burr M J，Zhang Y. Source apportionment of fine particulate matter over the Eastern U.S. Part II：Source apportionment simulations using CAMx/PSAT and comparisons with CMAQ source sensitivity simulations. Atmos Pollut Res，2011，2：318-336.

[8] Chen H.，Gu X. F.，Cheng T. H.，et al. Characteristics of aerosol types over China，J. of Remote Sensing，2013，17（6）：1559-1571.

[9] Christoph V. Friedeburg，Irene Pundt，Kai-Uwe Mettendorf，Thomas Wagner and Ulrich Platt，Multi-axis-DOAS measurements of NO_2 during the BAB II motorway emission campaign，Atmospheric Environment，2005，39（5）：977-985.

[10] Cooper S M，D L Peterson，Spatial distribution of tropospheric ozone in western Washington，USA. Environmental Pollution，2000，107：339-347.

[11] Donghai Xie，Tianhai Cheng，Wen Zhang， et al.，Aerosol type over east Asian retrieval using total and polarized remote Sensing，J. Quantitative Spectroscopy&RadiativeTransfer，12（9）：15-30，2013.

[12] Dong-qing Yang，Stephanie H，Kwan. An Emission Inventory of Marine Vessels in Shanghai in 2003. Environ. Sci. Technol.，2007，41（15）：5183-5190.

[13] Eck T. F.，Holben B. N.，Reid J. S.，et al. Wavelength dependence of the optical depth of biomass burning，urban，and desert dust aerosols，J. Geophys. Res.，1999，104（D24）：31333-31350.

[14] F. Wittrock，H. Oetjen，A. Richter，et al. MAX-DOAS measurements of atmospheric trace gases in Ny-Ålesund - Radiative transfer studies and their application，Atmos. Chem. Phys.，2004，4，955-966.

[15] Fish，D.J. and Jones，R.L.，Rotational Raman scattering and the ring effect in Zenith-sky spectra. Geophysical Research Letters，1995，22（7）：811-814.

[16] Grainger J F，Ring J，Anomalous Fraunhofer line profiles. Nature，1962，193：762.

[17] Heckel，A. Richter，T. Tarsu，et al. MAX-DOAS measurements of formaldehyde in the Po-Valley，Atmos. Chem. Phys.，2005，5，909-918.

[18] Intergovernmental Panel on Climate Change. Climate Change 2007，The Physical Sscience，Technical Summary of the Working Group Report. Cambridge University Press，New York，2007.

[19] Ke L，Liu W，Wang Y，et al. Comparison of $PM_{2.5}$ source apportionment using positive matrix factorization and molecular marker-based chemical mass balance. Sci Total Environ，2008，394：290-302.

[20] Koo B，Wilson G M，Morris R E，et al. Comparison of source apportionment and sensitivity analysis in a particulate matter air quality model. Environ Sci Technol，2009，43：6669-6675.

[21] Kwok R H F，Napelenok S L，Baker K R. Implementation and evaluation of $PM_{2.5}$ source contribution analysis in a photochemical model. Atmos Environ，2013，80：398-407.

[22] Lee D，Balachandran S，Pachon J，et al. Ensemble-trained $PM_{2.5}$ source apportionment approach for health studies. Environ Sci Technol，2009，43：7023-7031.

[23] Marquard L C，Wagner T，Platt U. Improved air mass factor concepts for scattered radiation differential optical absorption spectroscopy of atmospheric species. Journal of Geophysical Research-Atmospheres，2000，105（D1）：1315-1327.

[24] Miller M，Friedlander S，Hidy G. A chemical element balance for the Pasadena aerosol. J Colloid Interface Sci，1972，39：165-176.

[25] Noxon J F，Whipple E C，Hyde R S. Stratospheric NO_2，1. Observational method and behavior at mid-latitude. J. Geophys. Res，1979，84：5047-5065.

[26] Ohara T，Akimoto H，Yan X，et al. An Asian emission inventory of anthropogenic emission sources for the period 1980-2020. Atmospheric Chemistry and Physics，2007，7（16）：6843-6902.

[27] Paatero P，Tapper U. Analysis of different modes of factor analysis as least squares fit problems. Chemometr Intell Lab Syst，1993，18：183-194.

[28] Platt U，Perner D. Simultaneous measurements of atmospheric CH_2O，O_3 and NO_2 by differential optical absorption. J. Geophys. Res.，1979，84（10）：6329-6335.

[29] Platt U. Differential optical absorption spectroscopy（DOAS）. Air Monitoring by Spectroscopic Techniques，ed. M.W. Sigrist. New York：John Wiley & Sons，Inc. 1994.

[30] Platt U. Dry deposition of SO_2，Atmospheric Environment，1978，12（1）：363-367.

[31] Platt，U.，Perner，D.，Harris，G.W.，et al. Detection of NO_3 in the polluted troposphere by differential optical absorption. Geophys. Res. Lett，1980，7（1）：89-92.

[32] R. Sinreich，R. Volkamer，F. Filsinger，et al. MAX-DOAS detection of glyoxal during ICARTT 2004，Atmos. Chem. Phys.，2007，7，1293-1303.

[33] Roselle S. J.，et al. Photolysis rates for CMAQ，in Science Algorithms of the EPA Models-3 Community Multi-scale Air Quality（CMAQ） Modeling System，edited by D. W. Byun and J. K. S. Ching，Rep. EPA 600/R-99/030，chap14，1999U.S.Environ. Protect. Agency Atmos. Model. Div.，Research Triangle Park，N. C.

[34] Sassen K. Identifying Atmospheric Aerosols with Polarization Lidar，in：Advanced Environmental Monitoring，edited by：Kim，Y. J. and Platt，U.，Springer-Verlag，Berlin，136-142，2008.

[35] Schauer J J，Rogge W F，Hildemann L M，et al. Source apportionment of airborne particulate matter using organic compounds as tracers. Atmos Environ，1996，30：3837-3855.

[36] Seinfeld，J.H.，Ozone air quality models：A critical review. Journal Air Pollution Control Association. 1998，38（5）：616-645.

[37] Song Y，Zhang Y H，Xie S D，et al. Source apportionment of $PM_{2.5}$ in Beijing by positive matrix factorization. Atmos Environ，2006，40：1526-1537.

[38] Streets D G，Bond T C，Carmichael G R，et al. An inventory of gaseous a primary aerosol emissions in Asia in the year 2000. Journal of Geophysical Research. 2003，108（D21）：8809.

[39] Stutz，J.，Platt，U.，Numerical Analysis and Estimation of the Statistical Error of Differential Optical Absorption Spectroscopy Measurements with Least-Squares methods. Appl. Opt.，1996，35（30）：6041-6053.

[40] Wagner，T.，Otten，C.，Pfeilsticker，K.，et al. DOAS moonlight observation of atmospheric NO_3 in the Arctic winter. Geophys. Res. Lett，2000，27（21）：3441-3444.

[41] Wagner，T.，von Friedeburg，C.，Wenig，M.，et al. UV-visible observations of atmospheric O_4 absorptions using direct moonlight and zenith-scattered sunlight for clear-sky and cloudy sky conditions. JOURNAL OF GEOPHYSICAL RESEARCH，2002，107（D20）：1-15.

[42] Wang Z S，Chien C J，Tonnesen G S. Development of a tagged species source apportionment algorithm to characterize three-dimensional transport and transformation of precursors and secondary pollutants. J Geophys Res Atmos，2009，114：D21206.

[43] Watson J G，Cooper J A，Huntzicker J J. The effective variance weighting for least squares calculations applied to the mass balance receptor model. Atmos Environ，1984，18：1347-1355.

[44] Willem A H，Asman，Berdowski J，et al. Tinus PullesGeneration and Evaluation of Emission Data Annual Report 1998，2000：1-16.

[45] Xu Jin，Xie Pinhua，et al. Observation of tropospheric NO_2 by Airborne Multi Axis DOAS in Pearl River Delta region，Chin. Phys. B，2014，23（9）.

[46] Zheng M，Cass G R，Schauer J J，et al. Source apportionment of $PM_{2.5}$ in the southeastern United States using solvent-extractable organic compounds as tracers. Environ Sci Technol，2002，36：2361-2371.

[47] 白乃彬. 中国大陆 CO_2、SO_2 和 NO_x 1°×1°网格排放估计. 中国大气臭氧变化及其对气候环境的影响（一）[M]. 北京：气象出版社，1996.
[48] 陈分定. PMF、CMB、FA 等大气颗粒物源解析模型对比研究[D].长春：吉林大学，2011.
[49] 董雪玲.大气可吸入颗粒物对环境和人体健康的危害[J].资源产业，2004，6（5）：50-53.
[50] 冯银厂，白志鹏，朱坦.大气颗粒物二重源解析技术原理与应用[J]. 环境科学，2009，23（增刊）：106-108.
[51] 古金霞.天津市区 $PM_{2.5}$ 污染特征及灰霾等级评价方法研究[D].天津：南开大学，2010.
[52] 关大博，刘竹. 雾霾真相-京津冀地区 $PM_{2.5}$ 污染解析及减排策略研究[M]. 北京：中国环境出版社，2014.
[53] 郭婧，华蕾，荆红卫.大气颗粒物的源成分谱研究现状综述[J].大气颗粒物的源成分谱研究现状综述[J].环境监控与预警，2011，3（6）：28-32.
[54] 郭英起. 大气环境影响评价实用技术[M]. 北京：气象出版社. 1993.
[55] 韩月梅，沈振兴，曹军骥，等.西安市大气颗粒物中水溶性无机离子的季节变化特征[J].环境化学，2009，28（2）：261-266.
[56] 贺克斌，余学春，陆永棋，等. 城市大气污染物来源特征[J]. 城市环境与城市生态，2003，16（6）：269-271.
[57] 胡方超，王振会，张兵关，等.遥感试验数据确定大气气溶胶类型的方法研究[J]. 中国激光，36（2）：313-316，200.
[58] 姜金华，彭新东. 复杂地形上城市冬季大气污染的数值模拟研究[J]. 高原气象，2002，21（1）：1-7.
[59] 蒋维楣、刘建宁、曹文俊，等.空气污染气象学教程[M]，2 版. 北京：气象出版社，2004.
[60] 金岭，徐亮，高闽光，等. 利用 SOF-FTIR 技术监测化工厂区 VOCs 排放[J]. 大气与环境光学学报，2013，8（6）.
[61] 李昂，谢品华，刘文清，等. 被动差分光学吸收光谱法监测污染源排放总量研究[J]. 光学学报，2007：27（9）：9.
[62] 李昂，谢品华，刘文清，等.被动差分光学吸收光谱法监测污染源排放总量研究[J]，光学学报，2007，27.
[63] 李红，方栋. 中国温室气体排放清单信息库软件及网页的开发[J]. 城市环境与城市生态，2000，13（1）：31-35.
[64] 李琼，林丽珊，魏如檀. 2004—2011 年关于灰霾研究的文献计量分析[J]. 编辑学报，2012，24（1）：51-54.
[65] 李舒，李艳丽，骆强.郑州市近地层不同高度大气气溶胶中元素组成及富集因子分析[J].现代农业科技，2011，（2）：295-299.
[66] 刘丽莉，姚志良.机动车尾气排放 VOCs 研究进展[J].环境科学与技术，2012，35（3）：68-74.
[67] 刘文清，崔志成，刘建国，等. 大气痕量气体测量的光谱学和化学技术[J]. 量子电子学报，2004，21（2）：202-210.

[68] 刘亚梦.我国大气污染物时空分布及其与气象因素的关系[D].兰州：兰州大学，2014.

[69] 龙时磊.上海地区灰霾过程中的主要物理和化学问题研究[D].上海：中国科学院大学，2014.

[70] 鲁然英.城市环境空气质量及其评价方法研究[D].兰州：兰州大学，2004.

[71] 潘鹄，耿福海，陈勇航，等. 利用微脉冲激光雷达分析上海地区灰霾过程[J]. 环境科学学报，2010，11（5）：345-367.

[72] 秦敏，谢品华，刘建国，等. 基于二极管阵列 PDA 的紫外-可见差分吸收光谱（DOAS） 系统的研究[J]. 光谱学与光谱分析，2005，25（9）：1463-1467.

[73] 苏芳，邵敏，蔡旭辉，等.利用逆向轨迹反演模式估算北京地区甲烷源强[J].环境科学学报，2002，22（5）：586-591.

[74] 唐孝炎，张远航，邵敏. 大气环境化学[M]. 北京：高等教育出版社，2006.

[75] 田贺忠，郝吉明，陆永琪，等. 中国氮氧化物排放清单及分布特征[J]. 中国环境科学，2001，21（6）：493-497.

[76] 童志权. 大气环境影响评价[M]. 北京：中国环境科学出版社，1988.

[77] 王鑫，傅德黔，李锁强. 美国国家污染物排放清单[J]. 中国统计，2007（2）：60-61.

[78] 王跃思，辛金元，李占清，等. 中国地区大气气溶胶光学厚度与Angstrom参数联网观测（2004-08—2004-12）[J]. 环境科学，27（9）：1704-1711.

[79] 王自发，等，嵌套网格空气质量预报模式系统的发展与应用[J]. 大气科学，2006，30（5）：778-790.

[80] 邬明权，牛铮，乔玉良，等. 基于MODIS数据的北京气溶胶类型特性与影响因素分析[J]，地球信息科学学报，11（4），2009.

[81] 吴兑，毕雪岩，邓雪娇，等. 珠江三角洲大气灰霾导致能见度下降问题研究[J]. 气象学报，2006（4）.

[82] 吴兑，毕雪岩，邓雪娇，等.珠江三角洲大气灰霾导致能见度下降问题研究[J].气象学报，2006，64（4）：510-516.

[83] 吴兑.关于霾与雾的区别和灰霾天气预警的讨论[J].气象，2005，31（4）：3-7. .

[84] 徐晋，谢品华，司福祺，等. 利用多轴差分吸收光谱技术反演对流层 NO_2[J]. 光谱学与光谱分析，2010（1）：11.

[85] 徐晋，谢品华，等. 机载多轴差分吸收光谱技术获取对流层 NO_2 垂直柱浓度的研究[J]. 物理学报，2012（2）：204.

[86] 徐晋，谢品华，等. 基于机载平台的 NO_2 垂直廓线反演灵敏度研究[J]. 物理学报，2013（10）：62.

[87] 杨新兴，尉鹏，冯丽华. 大气颗粒物 $PM_{2.5}$ 及其源解[J]. 前沿科学，2013（26）：12-19.

[88] 于建华，等，北京地区 PM_{10} 和 $PM_{2.5}$ 质量浓度的变化特征[J]. 环境科学研究，2004，17（1）：45-47.

[89] 于娜，魏永杰，胡敏.北京城区和郊区大气细粒子有机物污染特征及来源解析[J]. 环境科学学报，2009，29（2）：243-251.

[90] 张保安，钱功望.中国灰霾历史渊源与现状分析[J].环境与可持续发展，2007（1）：56-58.

[91] 张灿，周志恩，翟崇志.基于重庆本地碳成分谱的 $PM_{2.5}$ 碳组分来源分析[J].环境科学，2014，35（3）：810-819.

[92] 张涛，陶俊，王伯光.广州市春季大气颗粒物的粒径分布及能见度研究[J].中国科学院研究生院学报，2010，27（3）：331-336.

[93] 张延君，郑玫，蔡靖. $PM_{2.5}$ 源解析方法的比较与评述[J]. 科学通报，2015，60（2）：109-121.

[94] 赵斌，马建中. 天津市大气污染源排放清单的建立[J]. 环境科学学报，2008，2（2）：368-375.

[95] 赵秀娟，蒲维维，孟伟，等. 北京地区秋季雾霾天 $PM_{2.5}$ 污染与气溶胶光学特征分析[J].环境科学，2013，34（2）：416-423.

[96] 赵秀娟，蒲维维，孟伟，等. 北京地区秋季雾霾天 $PM_{2.5}$ 污染与气溶胶光学特征分析[J].环境科学，2013，34（2）：416-423.

[97] 中央气象局.地面气象观测规范（第 4 部分：天气现象观测）（QX/T 48—2007）[M].北京：气象出版社，2007.

[98] 朱坦，冯银厂. 大气颗粒物来源解析技术、原理及应用[M]. 北京：科学出版社，2012.

[99] 朱元，郑海洋，顾学军，等. 大气气溶胶的检测方法研究[J].环境科学与技术，2005，28（增刊）：175-177.

后 记

《大气灰霾追因与防治对策——河南省大气灰霾污染专项研究成果》由中国环境出版社出版，研究工作历时两年多，但其实从策划到验收通过已有近五年时间了。

2012 年初由河南省政府人民参事室主任带队通过国务院参事室就大气灰霾问题走访了北京市环保局、北京大学、中国环境科学研究院等相关单位和唐孝炎院士。2012 年 5 月由河南省环保厅、河南省人民政府参事室、河南环保联合会共同在郑州举办了全国范围的“中原经济区大气灰霾论坛”邀请了国内众多大气方面的专家来为河南的大气污染防治出谋划策。之后，经过多次的走访调研，根据各方的工作经历（实力）等选择了中科院合肥物质科学研究院作为技术研究的协作单位。

2013 年初，河南省环保厅向省政府提交了“河南省大气灰霾污染专项研究工作计划”。河南省政府对专项研究做出批示，省财政安排专项经费支持课题研究。2013 年 5 月，“河南省大气灰霾专项研究”开题报告经过专家论证，专项研究工作正式启动。

监测研究工作历时两年，于 2015 年 4 月 22 日通过了专家验收，2015 年 6 月，我以省政府参事名义向省委、省政府报告了研究成果，即刻得到了省委副书记邓凯、常务副省长李克、主管副省长张维宁等省领导的批示。

在这里，第一要感谢的是我们的协作单位，中科院系统的同志们。由于他们的支持，我们才获得今天这样的成果，才赢得专家那么高的评价意见。他们弥补了传统监测手段无法解决的一些问题，例如：地基遥感监测、卫星遥感监测，建立了河南的数字模型，通过源清单的建立，实现了对全省 18 个地市数值模型源解析。

第二要感谢的就是我们各个市环境监测站的同志们，对大气灰霾污染专项研究的帮助，以及长期以来对我们工作的支持。

第三要感谢的就是省中心课题组的同志们，六个专题，我们动用了中心的一些领导和几乎全部的室主任和部分副主任，他们都有各自的工作，但是他们额外承担了大气灰霾污染的研究工作，两年多的时间里，同志们任劳任怨，加班加点，没有任何报酬，克服一切困难，出色的完成了任务。与此同时，培养了一批年轻人，例如：每个专题由中心的业务骨干承担，特别是总报告的执笔人是我们中心“80”后的年轻人。

还要感谢本专项工作的协作单位——中科院合肥物质科学研究院和大气物理所；感谢刘文清院士、刘建国院长、谢品华所长、王自发主任、李杰老师为河南省大气灰霾研究工作做出的贡献。我们在工作的繁忙交流中建立了深厚的友谊，这也是我的又一大收获！

另外，在全部的工作中始终得到所有厅领导及相关处室、单位的关注、支持，从立项、开题、整个工作过程到验收给予了最大的支持。

研究工作接近尾声时，验收会前一个多月，我们拿着六个专题报告、总报告及相关数据，50 万字的研究内容，呈送 9 位专家帮我们预审，印象深刻的是魏复盛院士，拿到报告数小时后即将其中一个关键性问题提出反馈意见，专家认真的工作态度给我留下了深刻的印象，专家们提出了上百条意见、建议，我们采纳了近 70 条，并且进行了认真修改完善，在 2015 年 4 月 22 日通过了专家验收。

我国大气灰霾研究方面首席科学家郝吉明院士对河南灰霾问题从理论到实际都一针见血的指出来，给予了我们最大的关注、支持和指导。柴发合老师、贺弘老师、钟流举老师、虞统老师、伏晴艳老师等对研究工作提出了大量的真知卓见、卓有成效的意见和建议。向专家们表示深深的敬意。

魏复盛院士作为我国环境监测的首席科学家，十分关心和支持本书的编写和出版工作，并在百忙之中抽出时间亲自为本书撰写序言。再次对魏院士表示衷心的感谢。

长期以来，河南省人民政府参事室及参事们对大气灰霾污染高度关注，对专项研究工作给予了最大的支持与帮助，他们的促进作用使研究工作得以顺利开展。

对我们聘请的法律顾问董黎光先生对本书的指导表示感谢。

最后，还要感谢中国环境出版社为本书的顺利出版提供的支持。

尽管我和参与本书编写的同志们都付出了不少艰辛，书稿也吸收了诸位专家、老师们的研究成果，但是大气灰霾课题涉及的学科、门类和知识面非常广，再加上我们的知识结构、理论研究水平和实践经验都比较欠缺，在时间紧迫的条件下，完成本书的编写任务，肯定存在许多不足和错误的地方，我和所有编写人员都十分愿意接受专家、学者和读者朋友们的批评指正，作为一名环境保护事业的老兵，我衷心希望本书能对河南及周边省份的大气污染防治工作起到积极有益的推动作用。

多克辛

2015 年 12 月 18 日于郑州